影视包装剪辑从入门到精通

张驰　杨诺　编著

清华大学出版社
北京

内 容 简 介

本书是针对 Final Cut Pro X 软件所编写的教材，书中系统地介绍了 Final Cut Pro X 软件的使用方法、影视剪辑的制作流程。

全书分为 13 章，第 1~10 章是依据影视剪辑的要求，对软件的各项功能以图文结合的形式进行了详细讲解，在每一个知识点讲解中都配有文字叙述以及相应的步骤图示。第 11~13 章，展示了三个不同领域即定格动画、商业广告抠像、微课制作等内容的实际案例，来讲解在实际应用中的使用方法。

本书附赠了书中所有实例的素材文件、源文件、视频教程以及 PPT 教学课件，读者可以在阅读本书的同时进行实践操作，体验真实的影视剪辑操作，了解项目制作流程。

本书内容从零基础开始，适合多类人群阅读，如影视制作专业的学生、影视后期从业者，包括零基础的爱好者也可将本书作为入门的学习用书。

图书在版编目(CIP)数据

成品：Final Cut Pro X影视包装剪辑从入门到精通 / 张驰，杨诺 编著. —北京：清华大学出版社，2019
ISBN 978-7-302-51277-6

Ⅰ. ①成…　Ⅱ. ①张…　②杨…　Ⅲ. ①视频编辑软件　Ⅳ. ①TN94

中国版本图书馆 CIP 数据核字(2018)第 216758 号

责任编辑： 李　磊　焦昭君
封面设计： 王　晨
版式设计： 孔祥峰
责任校对： 牛艳敏
责任印制： 宋　林

出版发行： 清华大学出版社
网　　址： http://www.tup.com.cn，http://www.wqbook.com
地　　址： 北京清华大学学研大厦 A 座　　**邮　　编：** 100084
社 总 机： 010-62770175　　**邮　　购：** 010-62786544
投稿与读者服务： 010-62776969，c-service@tup.tsinghua.edu.cn
质 量 反 馈： 010-62772015，zhiliang@tup.tsinghua.edu.cn
印 装 者： 北京亿浓世纪彩色印刷有限公司
经　　销： 全国新华书店
开　　本： 185mm×260mm　　**印　　张：** 20　　**字　　数：** 564 千字
版　　次： 2019 年 1 月第 1 版　　**印　　次：** 2019 年 1 月第 1 次印刷
定　　价： 99.00 元

产品编号：077169-01

Final Cut Pro是由苹果公司开发的一款专业的视频非线性剪辑软件，是到目前为止Mac OS平台最好的视频剪辑软件，本书是为Final Cut Pro所编写的教材。

本书主要针对Final Cut Pro软件进行系统介绍，以实际授课的单元章节形式进行撰写，每一章均标注了概述、教学目标、要点、课后练习等内容。全书共分13章，每一个知识点都配有实例进行完全解析，在文字讲解的同时配有详细的软件操作截图，旨在通过更加贴近实际讲授的方式，让读者体会到身临课堂的感觉。同时Final Cut Pro中每个重要设置的实际用途通过操作清晰地表现出来，使读者能够更有效地掌握软件的各种使用技法，轻松高效地完成影视项目的剪辑工作。在本书的最后几章中，作者展示了三个完整的项目实践案例，内容涉及定格动画、抠像、微课制作等不同的领域。每一个案例从新建项目、素材的导入直至视频完成、发布，逐一对视频剪辑的全流程进行分析与演示。通过本书的学习，相信大家可以完全掌握Final Cut Pro软件的操作方法，能够从空白的时间线开始，独立进行视频剪辑的全部工作流程。

目前该软件的最新版本是Final Cut Pro X，本书在讲解与实例演示过程中使用了该版本，建议大家选择相同的软件版本进行本书的阅读学习。Final Cut Pro X经过重新打造，较以前的版本进行了大规模更新，打破了老式的Timeline轨道的局限，全新动态剪辑界面，让操作更加快速与精准。

本书内容从零基础开始，适合多类人群使用，如影视制作专业的学生、影视后期从业者，包括零基础的爱好者也可将本书作为入门的学习用书。

本书的作者为艺术院校影视专业的专职教师，常年从事影视后期制作的教学、培训工作，并且有丰富的影视制作实践经验。本书由张驰、杨诺编著，高思、孟树生、程伟华、高建秀、李永珍、程伟国、华涛、程伟新等人也参与了部分编写工作。

为了方便读者学习，随书赠送所讲授内容相对应的所有素材，读者可根据章节编号在“素材”文件夹中找到使用。案例中提供的素材为作者日常工作中所使用的原创素材，均提供了高清版本，未经许可请勿他用。具体的内容可扫描下列二维码，推送到自己的邮箱中，然后下载获取（注意：请将这几个二维码下的压缩文件全部下载完毕后，再进行解压，即可得到完整的文件）。

编　者

目 录
CONTENTS

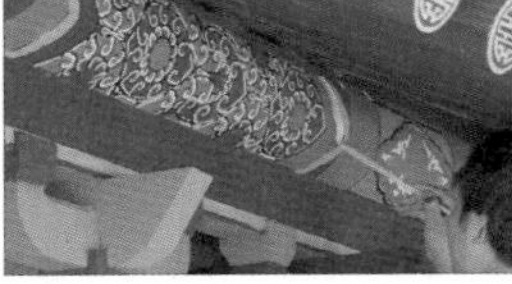

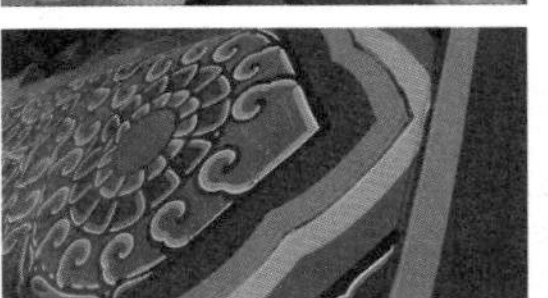

第10章 导出与共享项目

第11章 商业案例——定格动画

第12章 商业案例——抠像

第13章 商业案例——微课制作

第1章
初入Final Cut Pro世界

本章概述：

本章主要介绍剪辑的基本流程以及在首次打开Final Cut Pro时需要了解的与之后的剪辑工作相关的界面信息，是最基础的部分。

教学目标：

(1) 熟练把握剪辑工作流程。
(2) 初步了解Final Cut Pro各界面的基本作用。
(3) 能够根据需求对工作区进行个性化设置。

本章要点：

(1) 剪辑的基本工作流程
(2) Final Cut Pro界面功能
(3) 使用预设工作区
(4) 自定义与保存工作区
(5) 隐藏和退出Final Cut Pro

通常来说，开始进行一个新的剪辑项目非常简单，创建一个项目，导入媒体文件，将它们拖曳到时间线上，然后就可以开始剪辑了。但剪辑真的如此容易吗？当然不是。对于一部影片来说，剪辑的过程是在编剧、导演之后的第三次创作，是对镜头进行调整与重组的过程，也是与观众进行交流和沟通的过程。剪辑师们运用剪辑的手法吸引观众在观影过程中的全部注意力，引导观众去看电影中他们希望能够注意到的部分，规避不完美的部分。这就要求我们在进行剪辑的过程中要进行独立思考，积累大量的经验与教训，多听多看，逐步成熟。而在剪辑过程中，对于剪辑软件中相关设置的熟练运用也会达到事半功倍的效果。本章我们将初步了解剪辑的基本工作流程及Final Cut Pro中的各个界面在之后的剪辑工作中所扮演的角色。

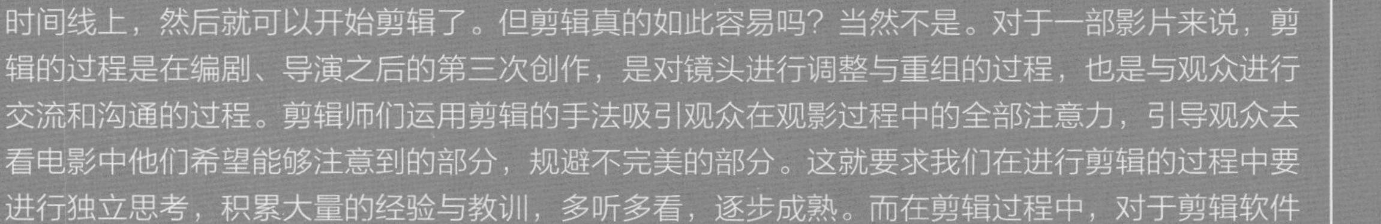

1.1 基本工作流程

无论是刚刚入门的剪辑新手，还是经验丰富的资深剪辑师，在进行视频剪辑的过程中都会自觉或不自觉地形成自己的剪辑偏好，在剪辑过程中，由于各个流程的顺序与个人操作习惯不同，使用的工具也不尽相同。但无论如何，基本的视频剪辑工作流程均包括以下一些步骤，即使有时候它们的顺序会有所改变。

1 前期的视频拍摄。既包括拍摄的视频素材与同步收录的音频素材，也包括需要进行收集的与项目有关的各类资源，这是最基础的准备阶段。

2 视频的采集与传输。将拍摄的文件传输到硬盘并进行整理，需要注意的是，为防止媒体文件意外损坏，需要在传输的同时将文件进行备份。

3 在剪辑软件中根据具体要求创建项目文件。在剪辑软件中一般会预先进行特定的项目设置，也可以进行自定义设置(在Final Cut Pro中则还需要建立资源库与事件)。

4 导入素材。在进行导入的过程中，对于高分辨率与高码率的素材可以进行转码，建立代理文件，对不完美的镜头进行修正并对媒体文件的元数据进行分析，提取关键词。

5 组织剪辑。将整理组织好的素材拖曳到时间线中进行剪辑，这是整个剪辑工作中最为重要的一环。

6 添加效果设置。在已经剪辑完毕的视频中添加转场和效果并进行调色，使整个影片在视觉效果上趋于统一。

7 添加字幕。根据影片的要求对字幕的效果进行调整。

8 音频效果。添加背景音乐，混合音频，改善声音效果。

9 导出影片。根据不同的要求将编辑好的项目导出适合在互联网或移动设备上进行播放的媒体文件。

1.2 Final Cut Pro功能特色

Final Cut Pro为原生64位软件，基于Cocoa编写，支持多路多核心处理器，支持GPU加速，支持后台渲染，独有的Apple ProRes编码可以编辑从标清到5K的各种分辨率视频，几乎可以和所有视频格式完美地结合起来，并且拥有大量的插件和配套软件的支持。

Final Cut Pro具有强大的剪辑功能，包括特有的“磁性时间线”功能，可以让片段自动保持同步，防止在时间线中移动片段后遗留黑色空隙。同样，在进行片段重组的过程中，剪辑片段能够自动让位，解决在剪辑过程中片段之间的冲突和同步问题；在导入媒体文件后，系统会在后台自动对媒体内容进行智能分析，对画面内容、摄像机数据、镜头类型等方面进行分类，并将其以关键词的方式进行归纳总结；可将多个复杂的片段归整起来，打包成为一个复合片段，便于移动或复制；片段连接以及次要故事情节功能能够自动在主要故事情节上创建片段连接等。

在进行学习之前，如果需要了解更多的关于Final Cut Pro软件的特色功能，以及该软件对于计算机性能的要求，建议在进行软件购买与安装之前，提前阅读苹果官方网站中所提供的相关信息，了解计算机的相关性能与系统需求。

提示

Final Cut Pro的相关功能还可以选择【帮助】菜单命令进行查询。通过搜索栏可以对功能进行筛选，如图1-1所示。

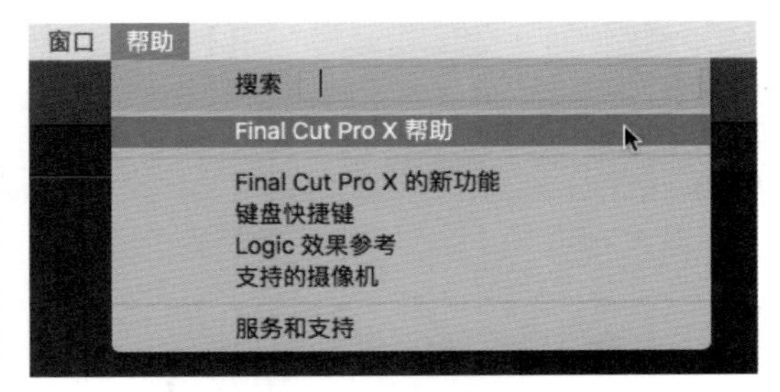

图1-1　【帮助】菜单

1.3 Final Cut Pro工作区布局

1.3.1 打开Final Cut Pro

当软件安装完成后，单击Dock栏中的Final Cut Pro应用程序图标，即可打开该软件，如图1-2所示。

图1-2　Final Cut Pro应用程序图标

如果在安装后Dock栏中没有出现Final Cut Pro应用程序图标，则选择菜单【前往】|【应用程序】命令(快捷键为Shift+Command+A)，如图1-3所示。

在弹出的应用程序窗口中选择已经安装好的Final Cut Pro应用程序，如图1-4所示。

图1-3　【应用程序】命令

图1-4　选择应用程序

按住鼠标左键，将Final Cut Pro应用程序拖曳到Dock栏中，如图1-5所示。

Final Cut Pro应用程序图标就会出现在Dock栏中，如图1-6所示。

图1-5　拖曳应用程序到Dock栏

图1-6　在Dock栏中显示应用程序图标

1.3.2　工作区介绍

我们的学习首先从这个简单的空白工作区开始。初次运行Final Cut Pro时，整个工作区显示为空白状态。随着在软件中进行剪辑操作的增多，工作区中的内容会相应地出现一些变化，如图1-7所示。

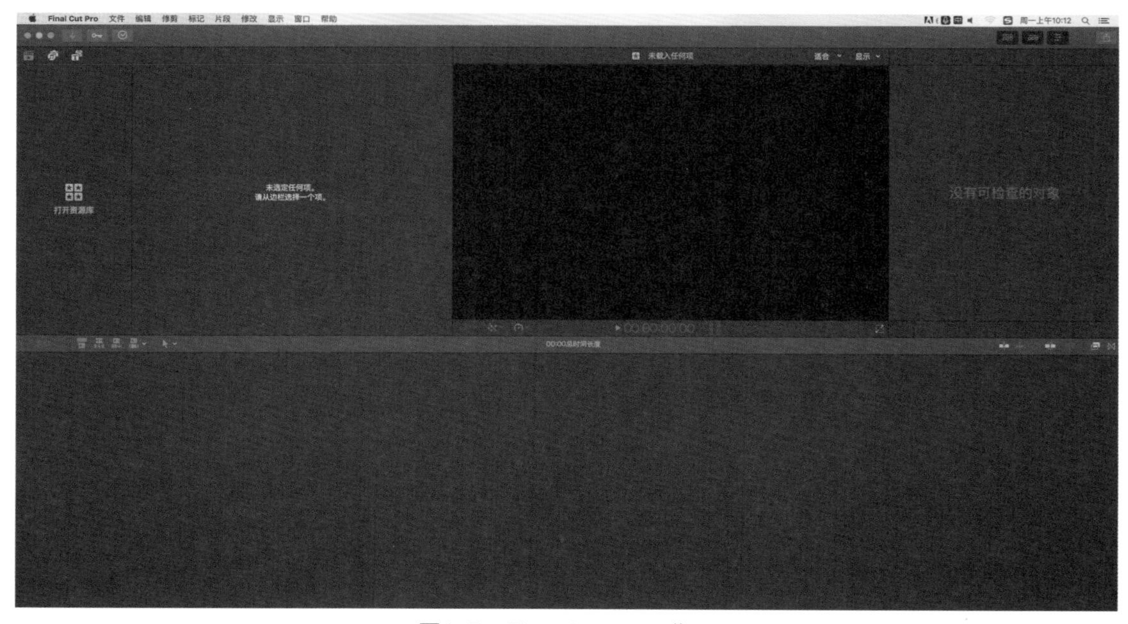

图1-7　Final Cut Pro工作区

在这里将Final Cut Pro的工作区分为四个主要部分进行讲解。

浏览器：位于工作区的左上方，用于浏览并组织媒体文件的位置，包括资源库和事件浏览器两部分。在Final Cut Pro中，剪辑前的准备工作都是在这里完成的，它是保存和整理文件的地方，既包含资源库、事件、项目，也包含导入的媒体文件等信息。有效地利用浏览器可以使我们的剪辑工作更有条理，更有效率，如图1-8所示。

检视器：位于工作区的正上方，用于查看和修剪片段的位置。在编辑的过程中需要与时间线同时查看，如图1-9所示。

提示

大多数的剪辑软件在默认界面中有两个检视器。一个用于预览单个选中的片段，另一个用于预览时间线中的项目文件。与其他剪辑软件不同，在Final Cut Pro的默认界面中只显示一个检视器，既可以预览事件浏览器中的媒体文件，又可以预览时间线上的项目文件。如果在剪辑时习惯使用两个检视器进行工作，则选择菜单【窗口】|【在工作区中显示】|【事件检视器】命令(快捷键为Control+Command+3)，然后在工作区中就会并排显示两个检视器。如果需要关闭，可以再次按快捷键，如图1-10所示。

图1-8　浏览器

图1-9　检视器

时间线：位于工作区的下方，用于编辑项目的位置。这是最直观显示项目的地方，大部分的剪辑工作都在时间线上进行，如图1-11所示。

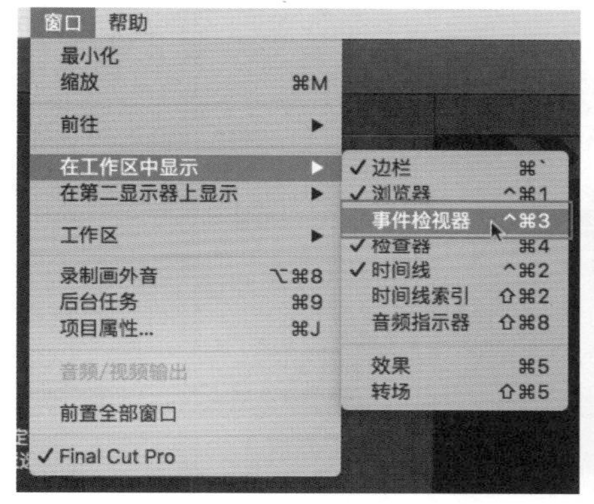

图1-10　【事件检视器】命令

图1-11　时间线

检查器：位于工作区的右上方，是显示所选内容详细信息的位置。未进行选择时为空白状态，选择不同的检查对象会相应地显示不同的信息，如图1-12所示。

图1-12　检查器

提示

工作区右上角的三个标志是用来控制各窗口显示和隐藏的按钮，由左至右分别为“显示或隐藏浏览器”按钮(快捷键为Control+Command+1)，“显示或隐藏时间线”按钮(快捷键为Control+Command+2)，“显示或隐藏检查器”按钮(快捷键为Command+4)，如图1-13所示。

选择菜单【窗口】|【在工作区中显示】中的命令也可以对相应的窗口进行显示和隐藏，如图1-14所示。

图1-13　显示和隐藏窗口按钮

1.3.3 使用预设工作区

在剪辑过程中，每个人的工作习惯与要求都会有所不同，所以对工作区中各个窗口的排列组合的要求也不尽相同。除了初次打开Final Cut Pro时默认的工作区布局以外，软件中还提供了多种在编辑的不同阶段可供使用的预设工作区。

选择菜单【窗口】|【工作区】命令，在工作区设置中包含多种预设，可以根据实际情况进行选择，如图1-15所示。

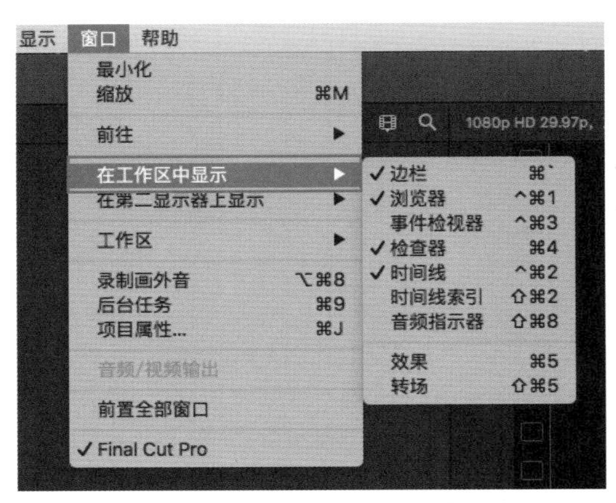

图1-14 【在工作区中显示】命令

提示

除了通过菜单栏对工作区进行选择外，还可以通过快捷键进行各工作区之间的切换与重置，分别是默认工作区(快捷键为Command+0)、整理工作区(快捷键为Control+Shift+1)、颜色与效果工作区(快捷键为Control+Shift+2)。

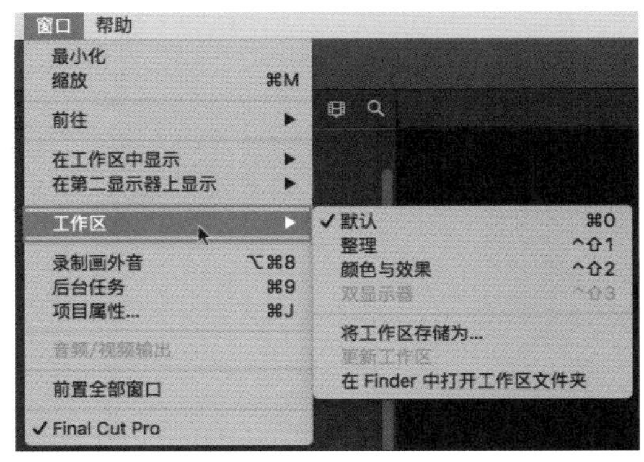

图1-15 【工作区】命令

1.3.4 自定义工作区布局

在Final Cut Pro中，还可以通过调整工作区中各窗口的大小来创建最适合自己的工作区。

将鼠标悬放在事件浏览器与检视器之间的垂直分隔条上，当鼠标的光标变为左右双箭头的调整状态时按住鼠标左键并向左拖曳，如图1-16所示。

将鼠标悬放在检视器与时间线之间的水平分隔条上，当鼠标的光标变为上下双箭头的调整状态时按住鼠标左键并向下拖曳，如图1-17所示。

图1-16 调整垂直分隔条

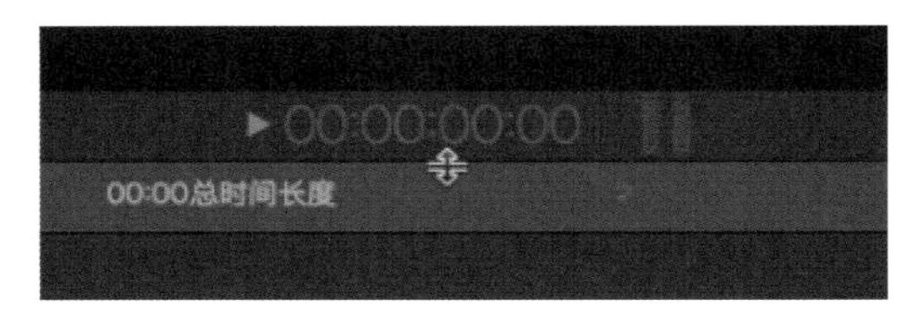

图1-17 调整水平分隔条

经过以上调整，检视器的大小会发生相应的变化，如图1-18所示。

注意

通过拖曳调整一个窗口的大小时，与之相邻的窗口大小也会相应地进行调整。

当需要使当前工作区恢复到初始状态时，可以再次按快捷键Command+0，重置当前工作区。

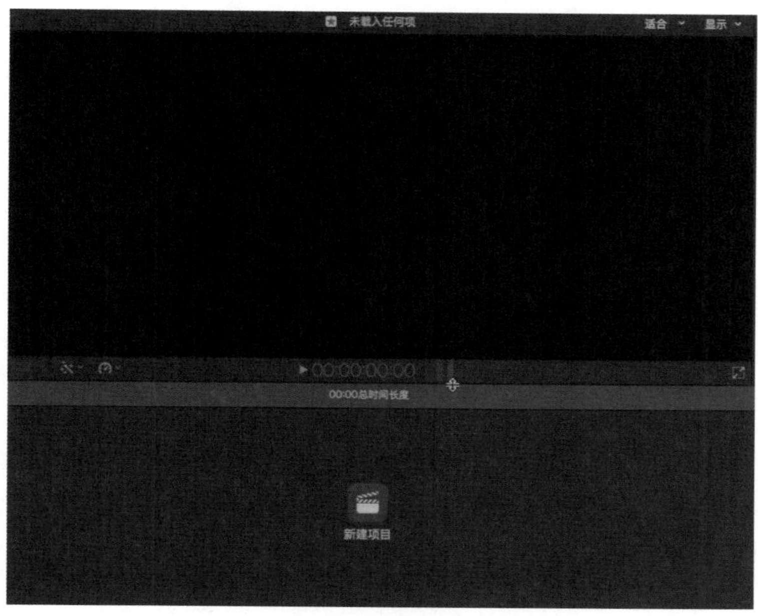

图1-18　调整检视器大小

1.3.5　保存工作区

当对工作区进行自定义设置后，可以在Final Cut Pro中将此工作区进行存储，以便于下次直接进行调用或与其他工作区进行切换。

在自定义好工作区后，选择菜单【窗口】|【工作区】|【将工作区存储为】命令，弹出“存储工作区”对话框，如图1-19所示。

对自定义设置的工作区进行重命名后，单击“存储”按钮即可保存当前工作区，如图1-20所示。

再次选择菜单【窗口】|【工作区】命令，即可看到之前进行保存的自定义工作区，如图1-21所示。

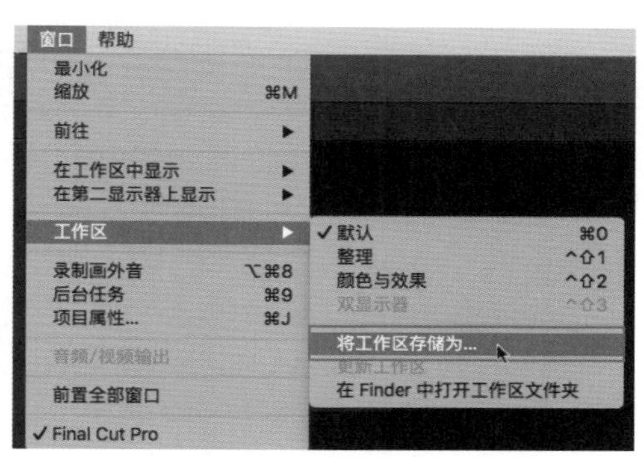

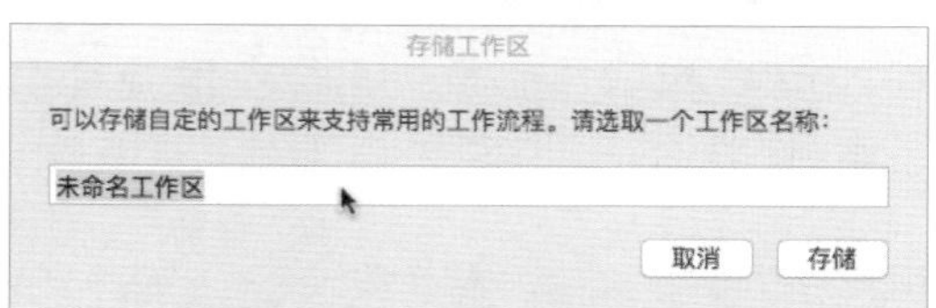

图1-19　执行命令后弹出对话框

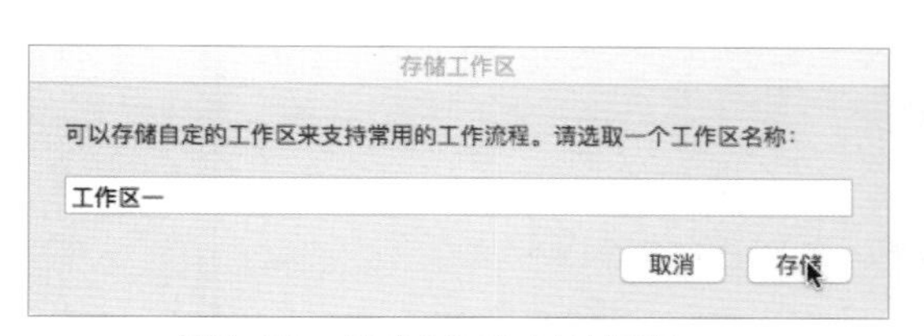

图1-20　重命名工作区并保存

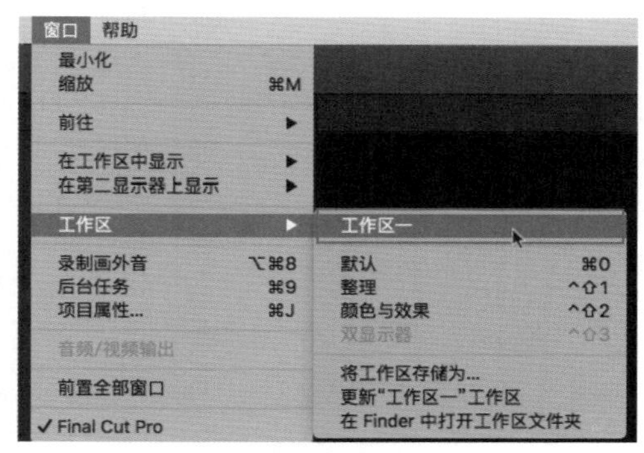

图1-21　查看自定义工作区

1.4 保存、隐藏与关闭程序

在Final Cut Pro中，后台会自动对整个编辑过程进行保存。如果在剪辑的过程中同时打开了多个程序，为了便于各程序之间的切换，可以将Final Cut Pro进行隐藏。

选择菜单【Final Cut Pro】|【隐藏Final Cut Pro】命令(快捷键为Command+H)，可以对Final Cut Pro进行隐藏，如图1-22所示。

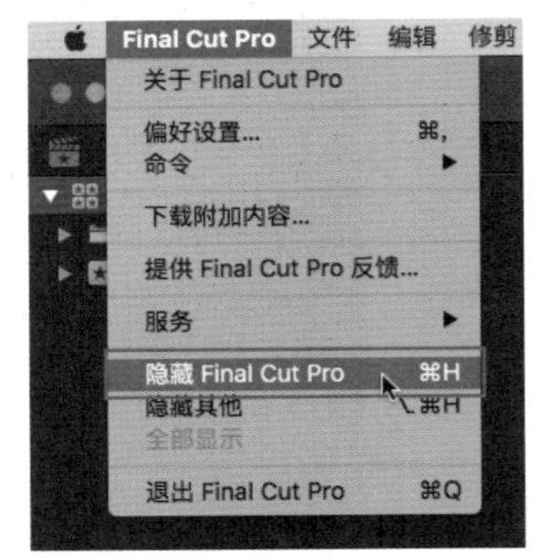

图1-22 【隐藏Final Cut Pro】命令

隐藏整个工作区之后，即可对其他应用程序进行操作。再次单击Dock栏中的Final Cut Pro应用程序图标，可以再次显示Final Cut Pro工作区。

选择菜单【Final Cut Pro】|【退出Final Cut Pro】命令(快捷键为Command+Q)，可以退出Final Cut Pro，如图1-23所示。

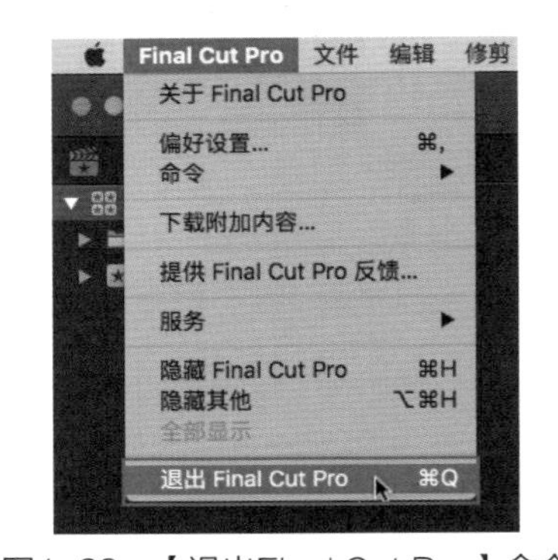

图1-23 【退出Final Cut Pro】命令

1.5 课后习题

(1) 如何在工作区中显示“事件检视器”？

(2) 如何显示或隐藏“浏览器”“时间线”或“检查器”？

(3) 如何使用预设工作区?

(4) 如何自定义并保存工作区?

(5) 如何隐藏与退出程序?

为了便于读者快速熟悉软件中的快捷键，本书除了在各步骤内对快捷键进行了标注外，在第1~10章章末均对相应章节所涉及的快捷键进行了总结，方便读者进行查阅或练习，从而为后三章商业案例的快速操作与实践打下基础。

快捷键		
1	Shift+Command+A	打开应用程序
2	Control+Command+1	显示或隐藏浏览器
3	Control+Command+2	显示或隐藏时间线
4	Control+Command+3	显示或隐藏事件检视器
5	Command+4	显示或隐藏检查器
6	Command+0	默认工作区
7	Control+Shift+1	整理工作区
8	Control+Shift+2	颜色与效果工作区
9	Command+H	隐藏Final Cut Pro
10	Command+Q	退出Final Cut Pro

第2章 项目设置与媒体导入

本章概述：

本章主要介绍Final Cut Pro中的浏览器，让读者了解资源库、事件与项目的基本设置，以及在事件浏览器中对导入的媒体文件进行整理与分析的技巧。本章的内容并未进入剪辑的中间环节，是必不可少的前期准备工作。

教学目标：

(1) 根据要求对资源库、事件以及项目进行设置。
(2) 能够导入符合要求的媒体文件。
(3) 了解相关的视频规格设置。
(4) 能够使用不同方式对导入的媒体进行筛选与标注。
(5) 熟练使用事件浏览器对片段进行预览。

本章要点：

(1) 事件与项目的相关设置
(2) 导入媒体设置
(3) 转码与修正
(4) 检查器的应用
(5) 筛选媒体文件
(6) 浏览器的设置与使用

俗话说“巧妇难为无米之炊”，就像《舌尖上的中国》中所说的，要做出一顿精美的饭菜对原料的挑选是相当严格的，剪辑工作亦是如此。想要剪出一部经得起推敲的片子，在剪辑一开始，对拍摄的原始媒体文件的整理与筛选工作便起到“地基”的作用。当对大量片段进行剪辑时，为了能让我们更加直观地对片段进行整理与筛选，Final Cut Pro中的浏览器应运而生。本章将讲解如何开始一个剪辑的项目。

2.1 资源库设置

第一次打开Final Cut Pro时，整个工作区都是空白的，这就需要通过新建一个类似于“公文包”的东西来保存之后需要导入软件中的所有媒体文件，以及在编辑过程中进行修改的各种信息。同时，还可以在这个公文包中对导入的媒体文件进行详细的整理与标注。在Final Cut Pro中，称这个类似于“公文包”的功能为“资源库”。

2.1.1 新建资源库

动手操作：新建资源库

▶素材：无　　▶源文件：资源库/第2章

1 选择菜单【文件】|【新建】|【资源库】命令，如图2-1所示。

2 在弹出的“存储”对话框中为新建的资源库选择存储位置并进行重命名。设置完成后，单击右下角的“存储”按钮，如图2-2所示。

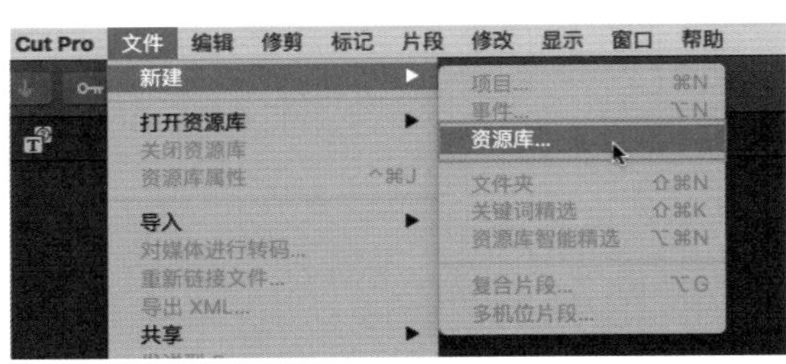

图2-1　【资源库】命令

图2-2　“存储”对话框

> **提示**
>
> 在Final Cut Pro中，资源库包含在之后剪辑工作中的所有事件、项目以及媒体文件。所以在选择其存储位置时，应尽量使用外部连接的硬盘或阵列，并对媒体文件进行备份。

3 这时刚打开软件时一片空白的工作区发生了变化，在资源库中显示新建好的资源库(标志为▦)，如图2-3所示。

> **提示**
>
> 如果工作区中没有显示资源库边栏，可以单击浏览器左上角的“显示或隐藏资源库边栏”按钮，打开资源库边栏，如图2-4所示。在Final Cut Pro中，按钮呈现蓝色时表示该功能为激活状态。当资源库中包含多个事件时，可以单击相应资源库图标左侧的白色下三角按钮，展开和折叠其包含的事件。

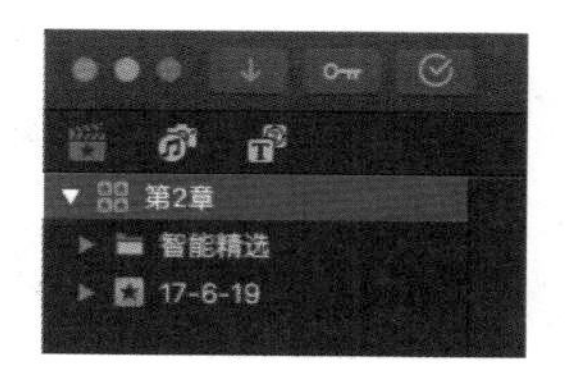

图2-3　资源库

图2-4　“显示或隐藏资源库边栏”按钮

2.1.2　切换资源库

动手操作：打开与关闭资源库

▶素材：无　　▶源文件：资源库/第2章

1 再次打开Final Cut Pro时会默认打开上一次工作时所编辑的内容，以便于继续进行编辑工作。如果需要切换资源库，则选择菜单【文件】|【打开资源库】命令，在菜单中会显示最近编辑过的资源库，单击其中一个即可打开该资源库，如图2-5所示。

2 如果在最近打开的资源库列表中没有找到需要的资源库，则选择菜单【文件】|【打开资源库】|【其他】命令(快捷键为Command+O)，在弹出的“打开资源库”对话框中对资源库进行查找，如图2-6所示。

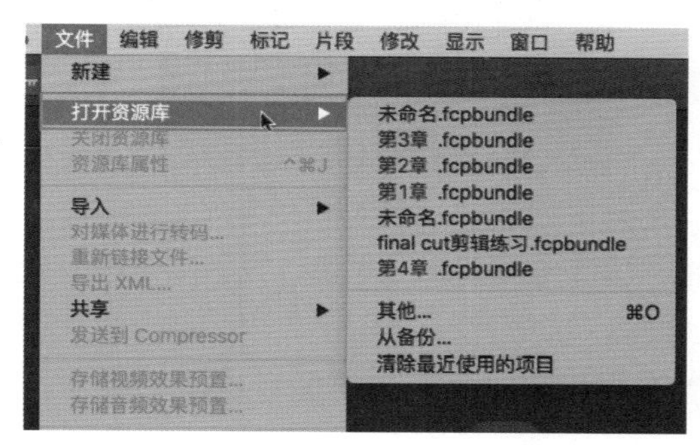

图2-5　【打开资源库】命令

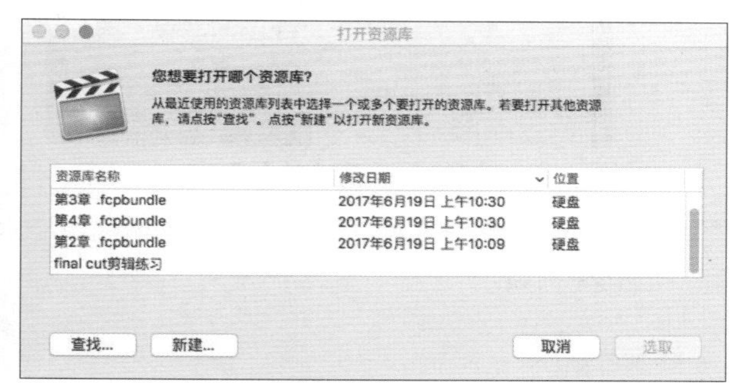

图2-6　“打开资源库”对话框

提示

当打开多个资源库时，在资源库中会按照打开的先后顺序进行排列，最新打开的资源库处于最上方。

3 当需要关闭暂时不用的资源库时，选择该资源库并单击鼠标右键，在弹出的快捷菜单中选择【关闭资源库】命令，如图2-7所示。

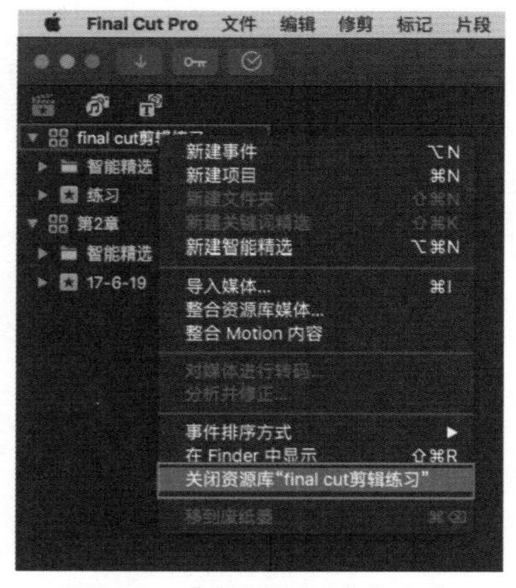

图2-7　【关闭资源库】命令

2.2　事件设置

当新建好资源库后，在该资源库下会自动创建一个以日期为名称的新事件，如图2-8所示。

所谓事件相当于一个存放文件的文件夹，是用来保存项目、片段、音频和图片等文件的地方。打开资源库就会显示出所有可用的事件。打开事件后，所有可用于剪辑的片段都会以缩略图的形式排列在事件浏览器中。一个资源库中可以有多个事件。

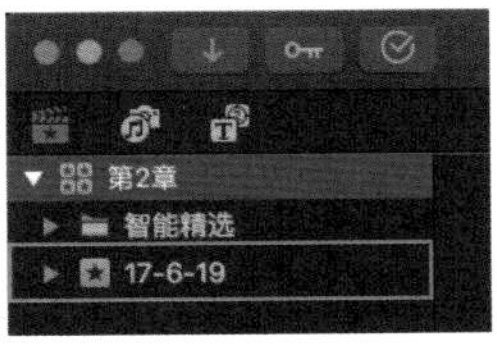

图2-8　新建事件

2.2.1　新建事件

动手操作：新建事件

▶素材：无　▶源文件：资源库/第2章

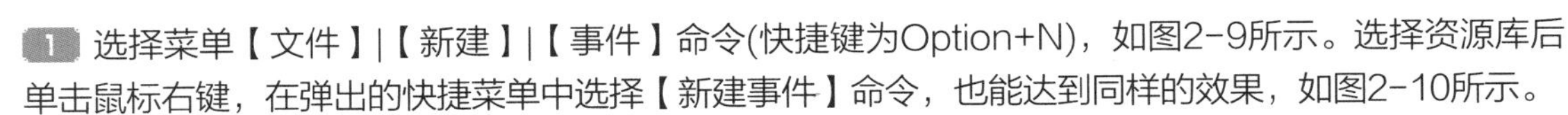

1 选择菜单【文件】|【新建】|【事件】命令(快捷键为Option+N)，如图2-9所示。选择资源库后单击鼠标右键，在弹出的快捷菜单中选择【新建事件】命令，也能达到同样的效果，如图2-10所示。

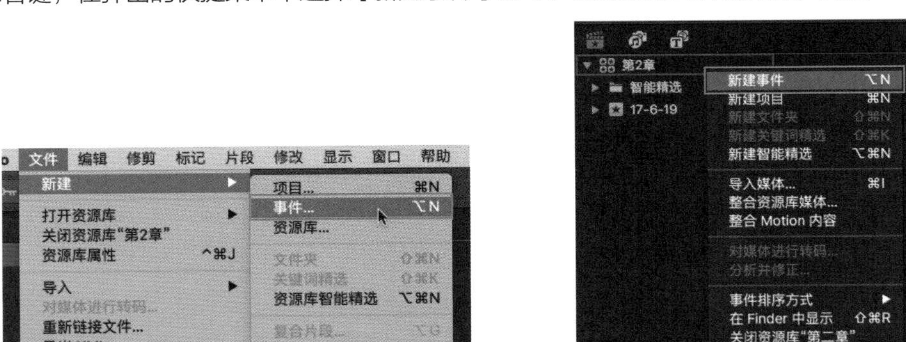

图2-9　【事件】命令

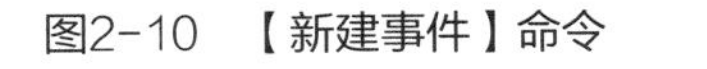

图2-10　【新建事件】命令

2 弹出“新建事件”对话框，在“事件名称”文本框中重命名事件后，单击“好”按钮新建事件，如图2-11所示。

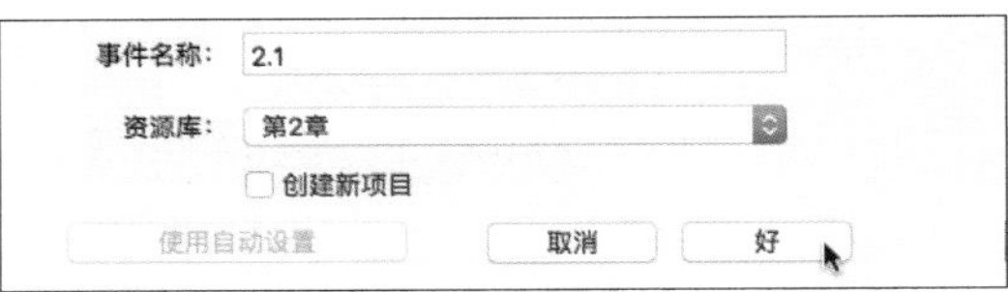

图2-11　“新建事件”对话框

> **提示**
>
> 当建立多个资源库时，可以单击“资源库”右侧的下三角按钮打开下拉列表，在其中可以切换资源库改变事件的新建位置。

3 当勾选“创建新项目”复选框时，会打开项目的相关设置，此时单击“好”按钮，在创建事件的同时在该事件下创建一个项目。关于“创建新项目”中的内容将在项目设置中进行详细介绍，如图2-12所示。

图2-12　创建新项目

4 在对应资源库下一个新的事件就建立好了，如图2-13所示。

图2-13　新建事件

2.2.2 删除事件

动手操作：删除事件

▶素材：无 ▶源文件：资源库/第2章

1 选择需要删除的事件，单击鼠标右键，在弹出的快捷菜单中选择【将事件移到废纸篓】命令(快捷键为Command+Delete)，如图2-14所示。

2 弹出“删除事件”对话框，询问是否确认删除所选事件，单击“继续”按钮即可删除所选事件，如图2-15所示。

提示

在对事件进行过编辑之后，删除该事件时，事件中所有导入的媒体文件和建立的项目都将被删除，但对存储在计算机或硬盘中的源媒体文件没有影响。

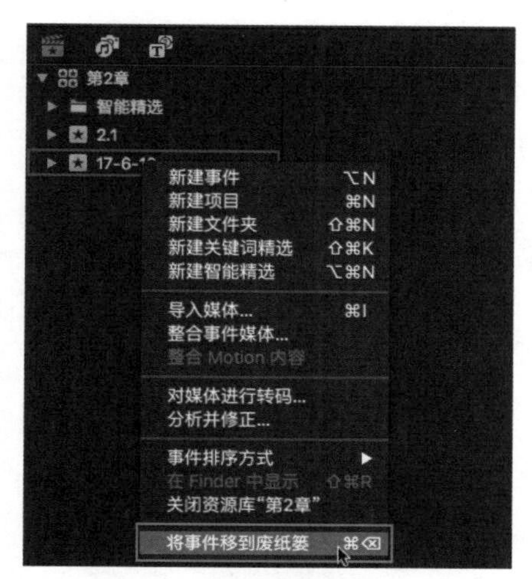

图2-14 【将事件移到废纸篓】命令

3 当资源库中仅包含一个事件时，同样按上述操作尝试删除该事件，如图2-16所示。

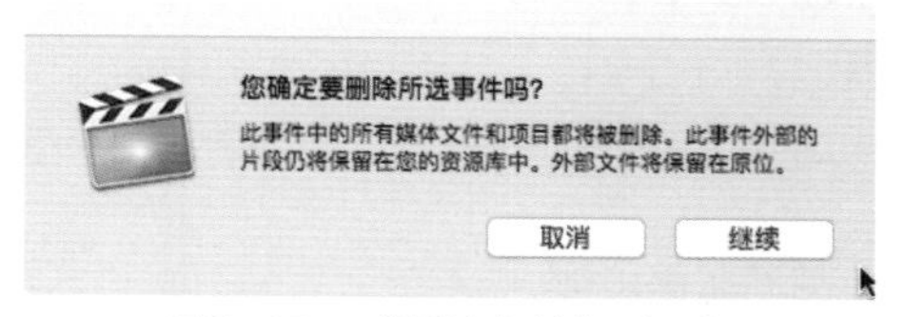

图2-15 “删除事件”对话框

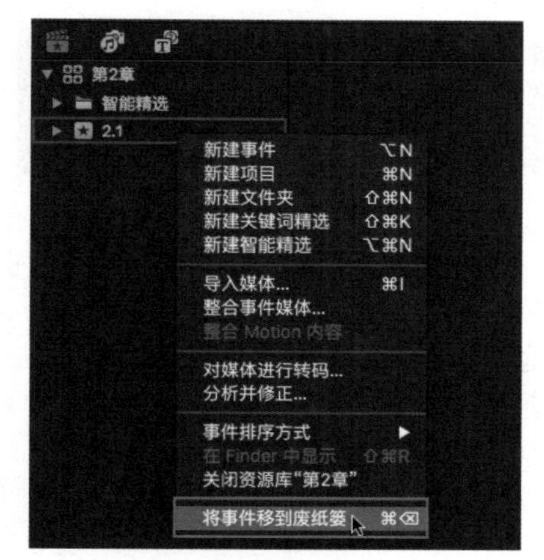

图2-16 删除资源库中仅包含的一个事件

4 在弹出的对话框中单击“继续”按钮，如图2-17所示。

5 此时会弹出提示对话框，提示不能进行删除事件的操作。这是因为在资源库中至少要包含一个事件，当仅有一个事件时是不允许删除这个事件的。此时需要重新建立一个事件后再进行删除，如图2-18所示。

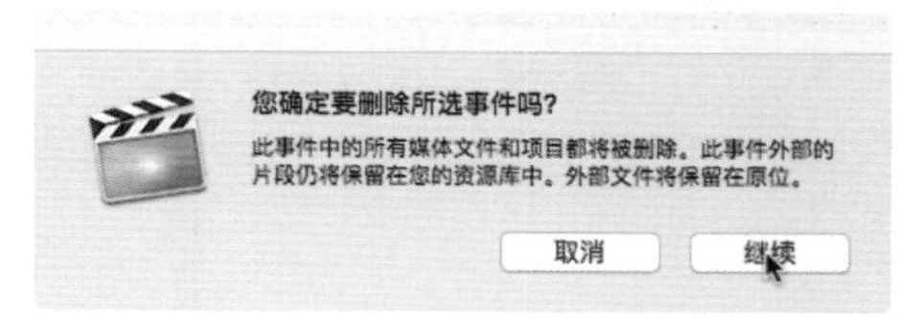

图2-17 单击“继续”按钮

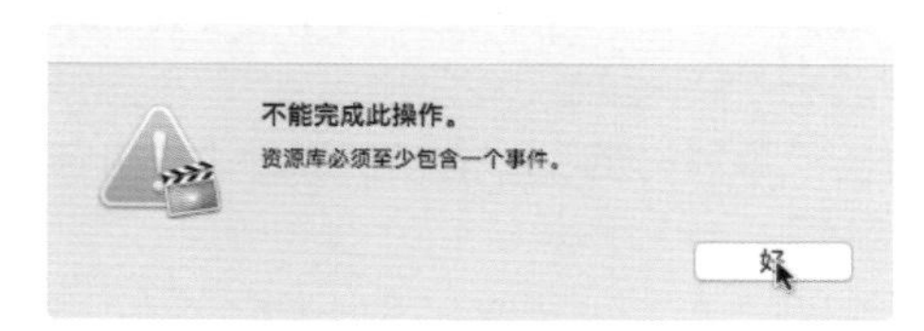

图2-18 提示对话框

2.3 项目设置

在Final Cut Pro中“项目设置”规定了之后的影片规格。

2.3.1 新建项目

动手操作：自定设置创建项目

▶素材：无　　▶源文件：资源库/第2章/2.3

1 选择菜单【文件】|【新建】|【项目】命令(快捷键为Command+N)，如图2-19所示。

2 弹出“项目设置”对话框，在“项目名称”文本框中对项目进行重命名，并根据需要设定相关参数后，单击“好”按钮创建项目，如图2-20所示。

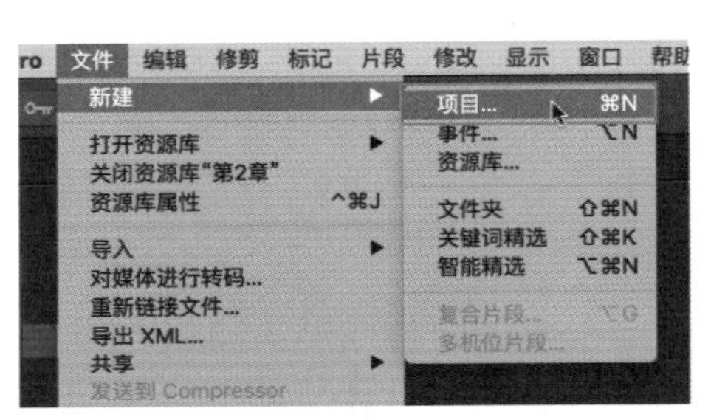

图2-19　【项目】命令

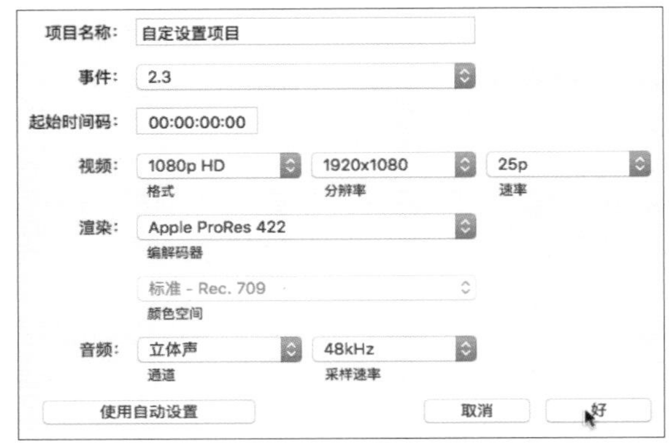

图2-20　“项目设置”对话框

弹出的对话框在默认状态下使用自定设置新建项目。在自定设置中所有参数均可进行选择。

项目名称：可以对项目进行重新命名。

事件：通过下拉菜单切换设置将项目存储在哪一个事件之下。

起始时间码：媒体文件放到项目中开始编辑的位置。

视频：关于项目的规格设定，包括格式、分辨率和速率。

渲染：预览与输出项目时使用的渲染模式。

音频：包括环绕声和立体声，采样速率数值越大，音频质量越高。

3 事件浏览器中会显示新建好的项目，如图2-21所示。

图2-21　新建项目

动手操作：使用自动设置创建项目

▶素材：无　　▶源文件：资源库/第2章/2.3

1 在资源库中选择事件后单击鼠标右键，在弹出的快捷菜单中选择【新建项目】命令(快捷键为Command+N)，如图2-22所示。

2 弹出“项目设置”对话框，单击“使用自动设置”按钮，切换“项目设置”对话框，如图2-23所示。

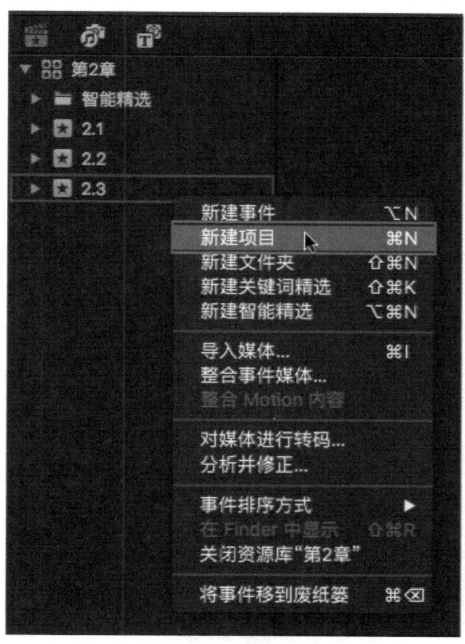

图2-22　【新建项目】命令

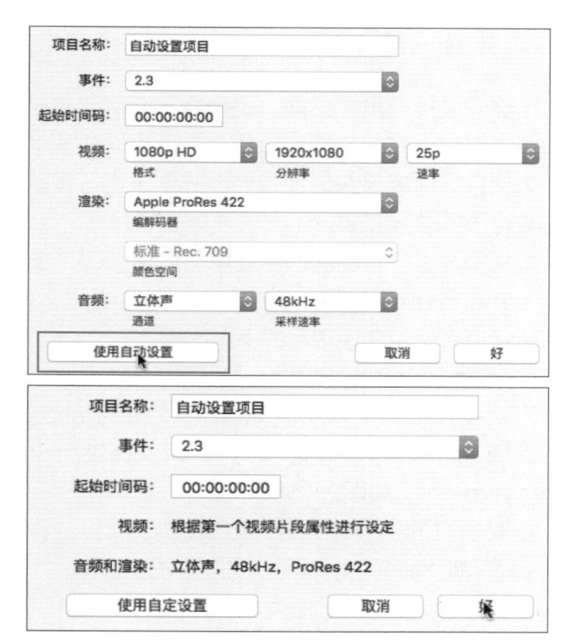

图2-23　“项目设置”对话框

提示

“自动设置”中的各项设定与“自定设置”基本相同。在“自动设置”中，默认新建的项目规格会根据第一个视频片段的属性来进行设定，并且音频设置与渲染编码格式也是固定的。

3 单击“好”按钮关闭“项目设置”对话框，事件浏览器中会显示新建好的项目，如图2-24所示。

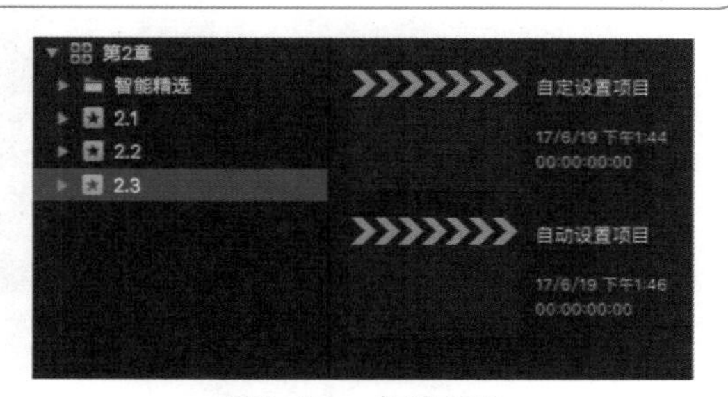

图2-24　新建项目

2.3.2　重命名与删除项目

1 单击项目名称，当项目名变为蓝色后即可在文本框中对其进行重命名，如图2-25所示。

2 在事件浏览器中选择需要删除的项目后单击鼠标右键，在弹出的快捷菜单中选择【移到废纸篓】命令(快捷键为Command+Delete)，即可删除该项目，如图2-26所示。

图2-25　重命名项目

图2-26　【移到废纸篓】命令

提示

按快捷键Command+Z可以撤销上一步命令。

2.3.3 复制项目

剪辑的过程与设计相同，是一个不断修改、不断完善的过程。在设计过程中，每次进行修改时都需要备份前一稿的文件，以便在之后可以快速地进行调用与比较，剪辑也是如此。为了便于在修改一个项目之后能够快速地找到上一个未进行修改的项目以防止我们改变主意，所以建议在进行修改之前对项目进行复制。

1 选择需要进行复制的项目后单击鼠标右键，在弹出的快捷菜单中选择【复制项目】命令(快捷键为Command+D)，如图2-27所示。

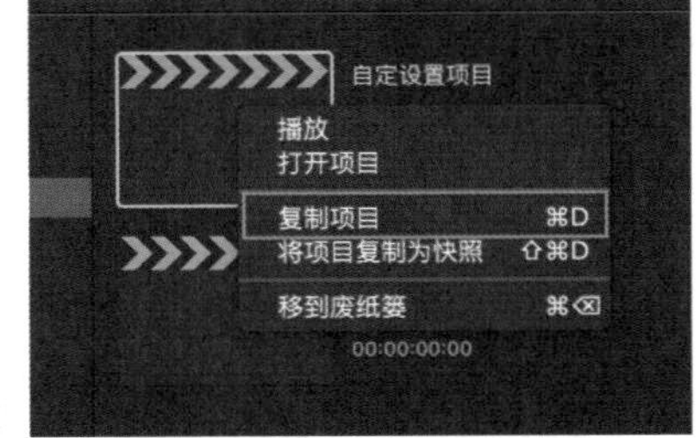

图2-27 【复制项目】命令

2 复制项目后，在原项目的下方出现了一个以“原项目名称+编号”命名的新项目，如图2-28所示。

3 再次在该项目上单击鼠标右键，在弹出的快捷菜单中选择【将项目复制为快照】命令(快捷键为Shift+Command+D)，如图2-29所示。

4 在原项目的下方出现了一个以“原项目名称+快照+具体日期”命名的新项目，如图2-30所示。

图2-28 复制为项目

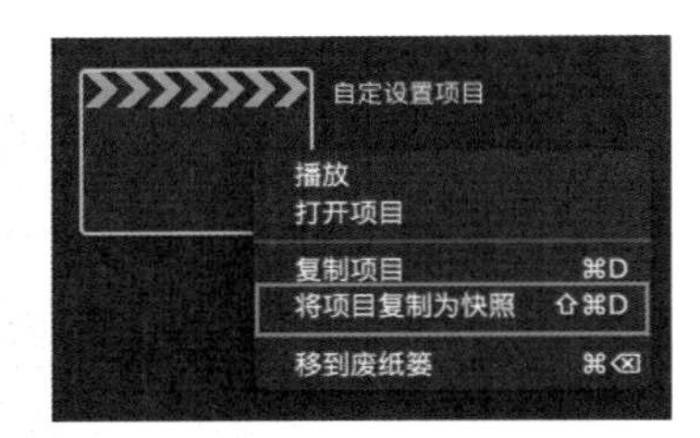

图2-29 【将项目复制为快照】命令

图2-30 复制为项目快照

提示

【复制项目】命令是将项目文件和后台的渲染文件、波形文件及制作的优化或代理文件全部复制到新建的项目中，而【将项目复制为快照】命令则只复制工程文件。

2.3.4 修改项目设置

当进行一段编辑工作后，如果发现需要对正在工作的项目设置进行调整，就需要用到检查器。

1 选择需要修改设置的项目，单击检查器左上角的“显示信息检查器”按钮，显示项目的详细信息，如图2-31所示。

2 单击蓝色的“修改”按钮，弹出“项目设置”对话框，如图2-32所示。

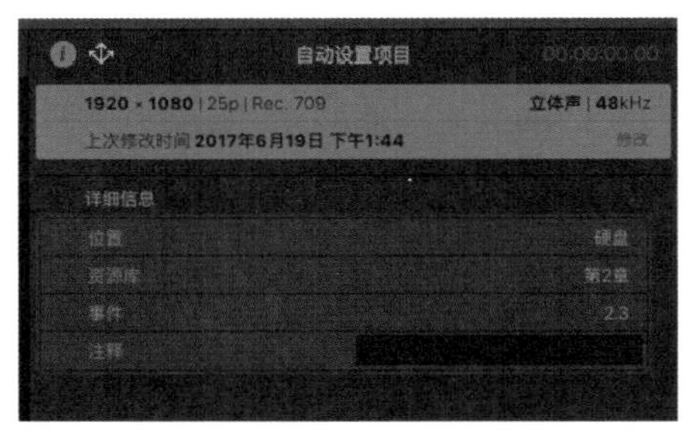

图2-31 信息检查器

3 在“项目设置”对话框中可以修改项目名称与有关的项目设置，如图2-33所示。

图2-32　“修改”按钮

图2-33　“项目设置”对话框

2.4　视频规格设置

2.4.1　格式、分辨率与速率

进行拍摄的视频总是围绕着格式、分辨率及速率来进行设定的。摄像机一般可以使用大小不同的清晰度，并以不同的速率和方法进行录制。在Final Cut Pro的“项目设置”对话框中体现在“视频”设置中。默认的设置为1080p HD、1920×1080、25p，如图2-34所示。

图2-34 “视频”设置

分辨率也称作帧大小，每一帧就是一幅图像，分辨率是指这幅图像的尺寸，显示为水平线上的像素数与垂直线上的像素数。对于1920×1080的分辨率来说，即每一条水平线上包含有1920个像素点，共有1080条线，即扫描列数为1920列，行数为1080行。

1080p是指一种视频显示格式，p是指逐行扫描，通常的画面分辨率为1920×1080，即一般所说的高清晰度电视。而i是指隔行扫描，即采用交错式的形式扫描视频，在进行播放时，先扫描奇数行的垂直画面，再扫描偶数行的垂直画面，利用视觉暂留效果仍旧显示一幅完整的画面。

HD英文全称为High Definition，即指“高分辨率”，也就是“高清”。高清电视(HDTV)，是由美国电影电视工程师协会确定的高清晰度电视标准格式。

NTSC(National Television Standards Committee)，意思是“(美国)国家电视标准委员会”。每秒29.97帧，标准分辨率为720×480，24比特的色彩位深，画面的宽高比为4：3或16：9。

PAL(Phase Alteration Line)，意思是逐行倒相。它是德国指定的彩色电视广播标准。每秒25帧，标准分辨率为720×576，24比特的色彩位深，画面的宽高比为4：3。

速率(Frames Per Second，FPS)，简单来说，是指每秒刷新的图片的数量。当捕捉一系列运动中的静态图像时，帧速率指每秒所包含静止帧的格数。如果每秒捕捉的图像足够多，那么在进行连续播放时，一系列静态的图片看起来就像是运动起来的画面。在电视电影中速率并不尽相同，这取决于摄像机或视频格式和设置。

提示

如果在预设中没有我们所需要的格式要求，可以单击“视频”下拉按钮，在弹出的下拉列表中选择“自定”选项进行自定义，如图2-35所示。

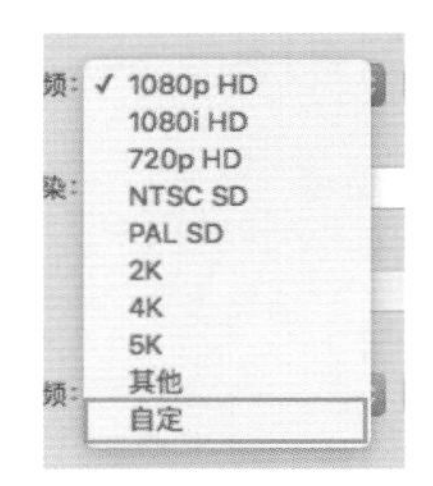

图2-35 “自定”选项

2.4.2 时间码

在剪辑软件中的时间码由四组数字构成，每组数字之间以“：”相隔，如图2-36所示。

图2-36 时间码

在读取时间码时，应该按照由右至左的顺序，由冒号隔开为“时：分：秒：帧”。播放时由00:00:00:01开始。假设速率为25时，每满25帧向前进一格显示为00:00:01:00，而秒与分钟则以60为单位向前递进。如果知道确定的时间点，则可以直接输入数值进行查看。

2.5 媒体文件的导入

在进行之前一系列的基础设置后，即可开始导入媒体文件。

2.5.1 导入媒体

动手操作：导入媒体

▶素材：素材/风景1 ▶源文件：资源库/第2章/2.5

1 选择菜单【文件】|【导入】|【媒体】命令(快捷键为Command+I)，如图2-37所示。

提示

也可以在事件资源库中单击鼠标右键，在弹出的快捷菜单中选择【导入媒体】命令(快捷键为Command+I)，或者直接单击浏览器窗口左上角的“从设备、摄像机或归档导入媒体”按钮，如图2-38所示。

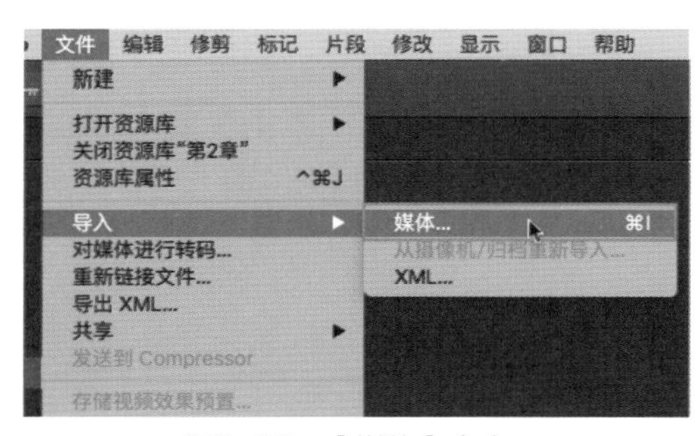

图2-37 【媒体】命令

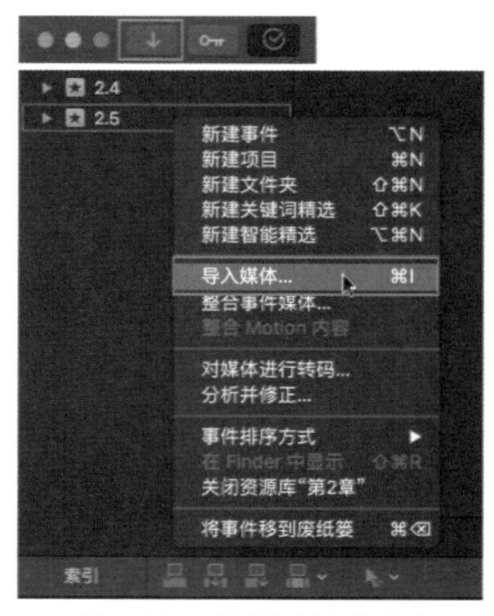

图2-38 【导入媒体】命令

2 打开“媒体导入”窗口，如图2-39所示。

图2-39　“媒体导入”窗口

3 在“媒体导入”窗口中，可以在下方的列表中选择媒体文件进行预览，列表中也显示了关于媒体文件的时间长度等信息，如图2-40所示。

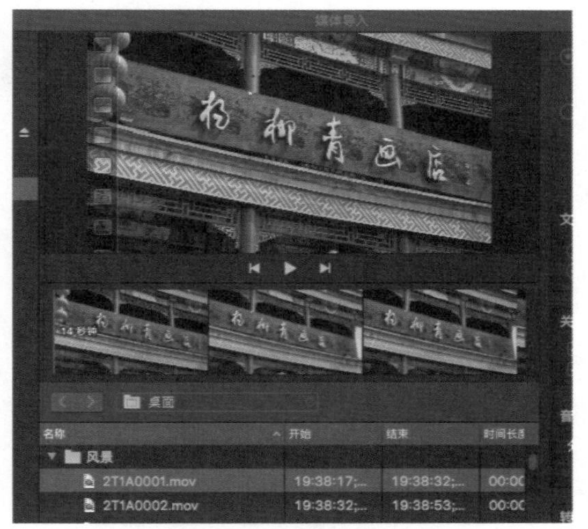

图2-40　预览媒体文件

提示

在选择媒体文件时，使用快捷键Command+A可以进行全选。当需要选择相邻的一组媒体文件时，可以在选择第一个媒体文件后，按住Shift键的同时选择最后一个媒体文件。当需要选择特定的几个媒体文件时，先选择其中一个，然后在按住Command键的同时进行选择。如果已经将需要导入的媒体文件整理到同一文件夹内，可以直接导入该文件夹。

在列表中显示为浅灰色的文件为不支持导入的文件格式。

4 决定好需要导入的媒体文件后，需要选择将其导入哪一个事件中。默认选择导入当前事件，如果要导入其他已经创建好的事件时，可以单击“添加到现有事件”选项的下拉列表框右侧的下三角按钮，在下拉列表中进行切换，如图2-41所示。

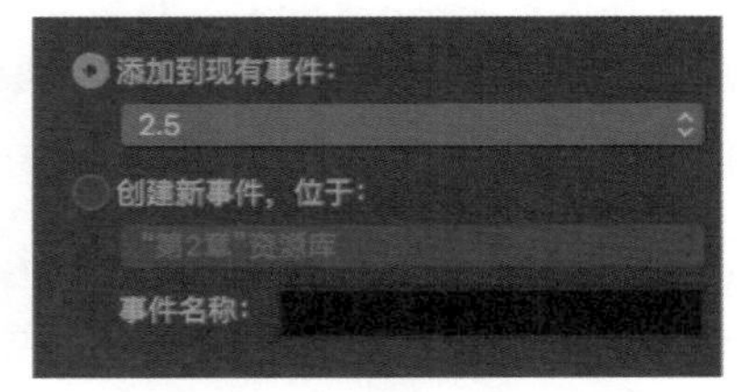

图2-41　设置导入媒体位置

提示

如果没有创建事件或需要创建新的事件，可以选中“创建新事件，位于”单选按钮，在这里可以选择新事件保存的位置及为该事件命名。

5 在导入媒体文件时，可以选择是否将其复制到资源库。当选中“拷贝到资源库”单选按钮时，导入的媒体文件会被复制到资源库。如果选中“让文件保留在原位”单选按钮，则所选择的媒体文件不会进行复制，如图2-42所示。

6 在“关键词”选项组中，当勾选“从Finder标记”复选框后，会创建以Finder标记命名的关键词精选。而勾选“从文件夹”复选框后，会创建以导入的文件夹命名的关键词精选，如图2-43所示。

7 在“转码”选项组中，可以根据实际需要对导入的媒体文件进行调整，如图2-44所示。

图2-42 “文件”选项组

图2-43 “关键词”选项组

图2-44 “转码”选项组

“创建优化的媒体”选项会基于当前选择导入的媒体文件进行优化，制作编码为Apple ProRes 422的同名称高质量的文件副本。

“创建代理媒体”选项则多用于源媒体文件分辨率较高、素材量较大的情况，会创建编码为Apple ProRes 422(Proxy)的同名称低质量的文件副本。

8 当选择“分析并修正”选项组中的各选项时，Final Cut Pro会相应地对导入媒体文件的画面与声音进行分析与修正，如图2-45所示。

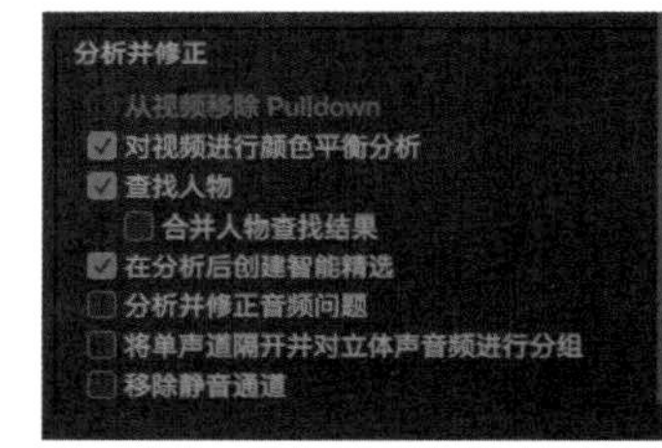

图2-45 “分析并修正”选项组

“对视频进行颜色平衡分析”选项会在导入媒体文件的过程中检测画面中色偏和对比度的问题。

“查找人物”选项是通过自动分析导入媒体的画面，判断画面中的拍摄内容、人数与景别等内容。

“在分析后创建智能精选”选项会基于对画面中包含人物的片段进行分析出的关键词创建智能精选。

“分析并修正音频问题”选项会修正媒体文件中音频杂音和视频噪声等问题。

9 完成设置后单击“导入所选项”按钮开始导入，如图2-46所示。

图2-46 “导入所选项”按钮

10 导入完成后，在事件浏览器中相应的事件下会立即以缩略图的形式显示导入的媒体文件，如图2-47所示。

提示

如果在媒体文件导入完成后发现需要进行转码与修正，可以在事件浏览器中选择该片段，单击鼠标右键，在弹出的快捷菜单中选择【对媒体进行转码】或【分析并修正】命令，打开相应的对话框进行设置，如图2-48所示。

11 在导入媒体文件后，即使有大量的媒体文件需要转码与分析，导入的速度仍旧非常快，但这并不意味着所有的转码分析工作已经完成。Final Cut Pro会在后台处理这些工作，单击浏览器上方的“显示或隐藏后台进程”按钮(快捷键为Command+9)，打开“后台任务”窗口，如图2-49所示。

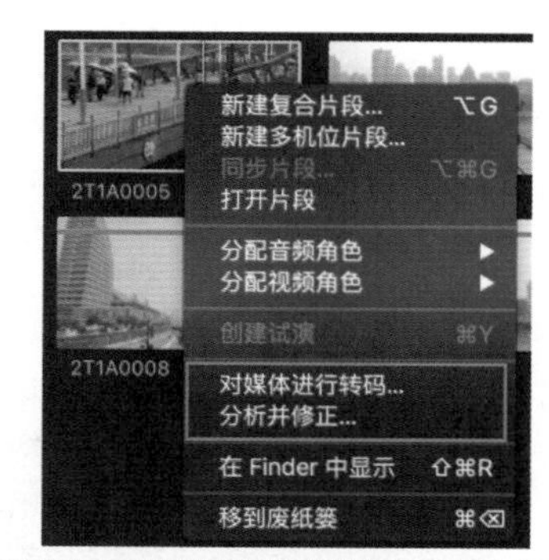

图2-47　查看媒体文件

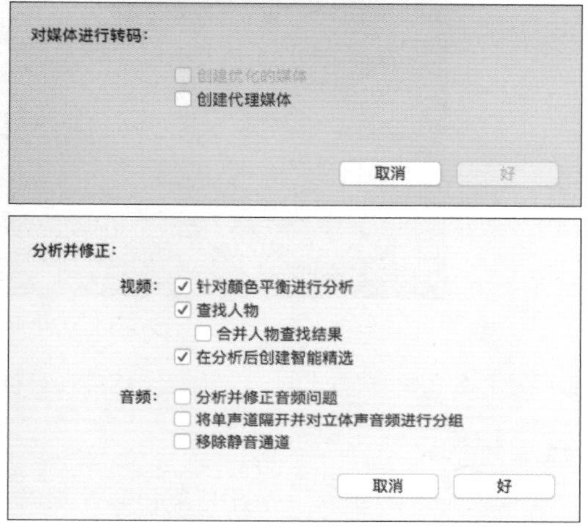

图2-48　【对媒体进行转码】与【分析并修正】命令

图2-49　“显示或隐藏后台进程”按钮

12 在“后台任务”窗口中各工作以列表的形式显示，后台正在运行的任务会以进度条和百分比的形式呈现。当需要暂停和取消该任务时可以单击右侧的“暂停”或“关闭”按钮。没有在后台工作的任务为闲置状态，如图2-50所示。

13 单击相关任务名称左侧的白色下三角形按钮，可以查看媒体文件转码与修正的进度。正在进行的工作右侧的进度条会呈现为蓝色并显示百分比。单击百分比右侧的“暂停”和“关闭”按钮，可以暂停和取消对该片段的转码与分析，如图2-51所示。

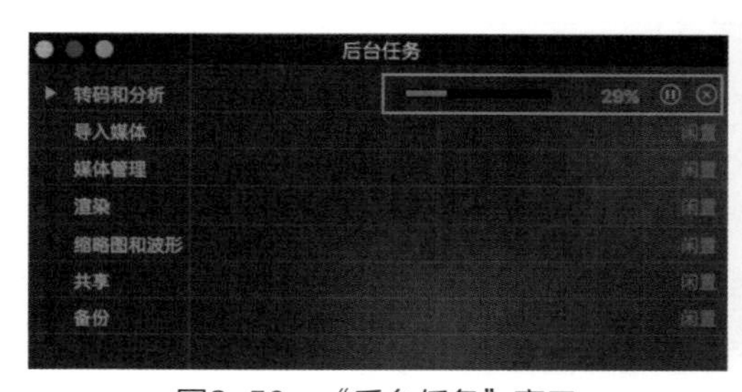

图2-50　“后台任务”窗口

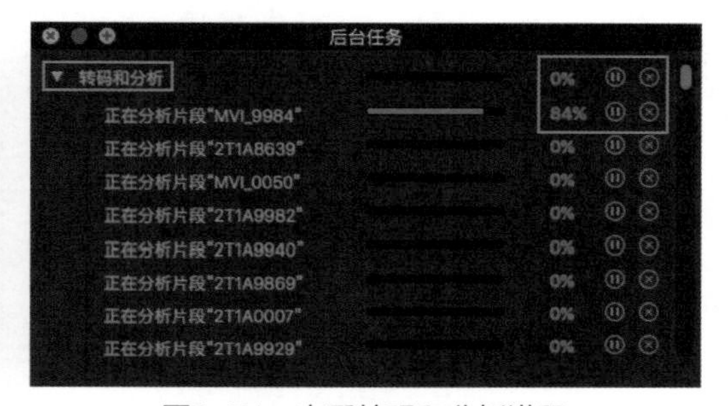

图2-51　查看转码和分析进程

14 当后台有任务进行时，“显示或隐藏后台进程”按钮为状态，完成后台任务后，该按钮则呈状态。

动手操作：查找人物

▶素材：素材/风景1 ▶源文件：资源库/第2章/2.5.1

1 在导入媒体文件时，勾选“查找人物”与“在分析后创建智能精选”复选框，导入完成后会自动在原事件内创建一个名为“人物”的文件夹，如图2-52所示。

2 单击文件夹左侧的白色下三角按钮，打开“人物”文件夹。在文件夹内会显示根据片段画面中的人物数量及景别等信息分析出的结果创建的智能精选，如图2-53所示。

图2-52 “人物”文件夹

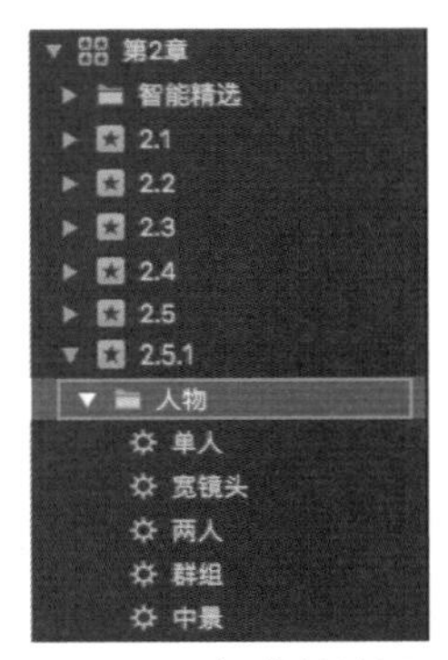

图2-53 智能精选词

3 单击相应的智能精选词，会筛选出软件在进行分析后认为符合该条件的相关片段，如图2-54所示。

> **提示**
> 进行过“人物分析”并符合条件的片段缩略图上会出现一条紫色的横线标记。

图2-54 “群组”智能精选

2.5.2 元数据

Final Cut Pro在导入媒体文件的同时会自动在后台对其内容进行分析并生成元数据，数据内容包括文件的创建日期、开始时间、结束时间、片段持续的时间长度、帧速率、帧大小等信息。在事件浏览器中选择一个片段，单击检查器中的“显示信息检查器”按钮，切换至“信息检查器”，可以对该片段的元数据进行查看，如图2-55所示。

> **提示**
> 按快捷键Command+4可以打开检查器。

默认显示“基本”元数据视图，单击检查器左下角的“基本”下拉按钮，在弹出的下拉列表中可以选择不同的元数据栏，也可以通过“将元数据视图存储为”和“编辑元数据视图”选项储存和自定义元数据栏，如图2-56所示。

单击检查器右下角的“应用自定名称”下拉按钮，在弹出的下拉列表中可以利用片段的元数据自定义片段名称，如图2-57所示。

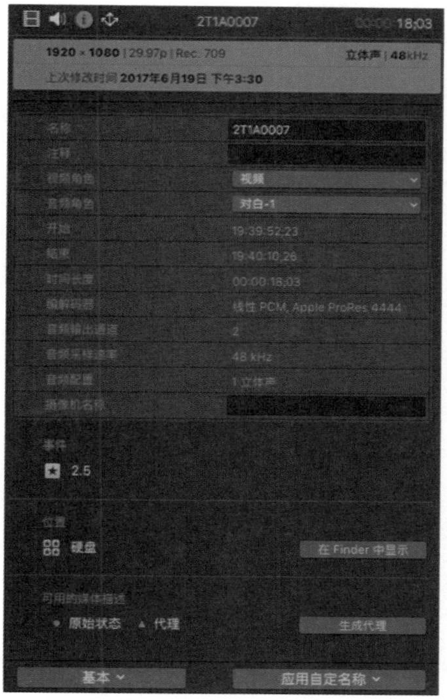

图2-55　信息检查器

图2-56　“基本”按钮

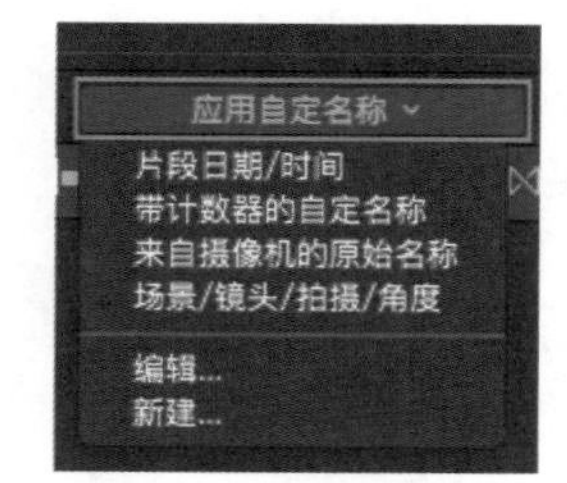

图2-57　“应用自定名称”按钮

动手操作：手动添加元数据

▶素材：素材/风景1　▶源文件：资源库/第2章/2.5

在“信息检查器”中除了显示固定的基本信息外，还可以对片段的元数据进行自定义设置。

1 选择片段后，在检查器中单击“基本”下拉按钮，在弹出的下拉列表中选择“通用”选项，如图2-58所示。

2 此时检查器中的相关元数据选项发生了变化，在“场景”文本框中输入场景名称后即可成功为片段手动添加元数据，如图2-59所示。

图2-58　“通用”选项

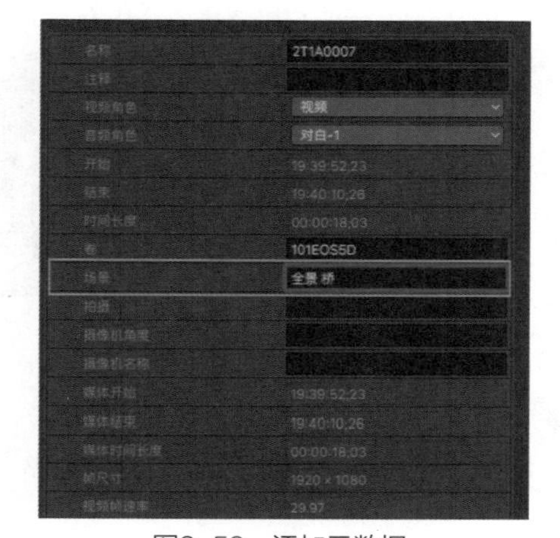

图2-59　添加元数据

提示

根据不同的需要，可以在检查器中通过切换元数据视图为片段添加不同的元数据。例如，景别、摄像机的型号与角度、角色类型等信息。

2.6 片段的整理与筛选

在本节中将学习如何整理与筛选片段，当对片段进行评价或添加关键词后，Final Cut Pro会按照使用者的要求将这些数据分类、整理和过滤。在之后的编辑过程中可以更容易地进行查找和使用。

2.6.1 利用评价功能筛选片段

动手操作：收藏片段

▶素材：素材/风景1 ▶源文件：资源库/第2章/2.6

1 在事件浏览器中选择片段后，选择菜单【标记】|【个人收藏】命令(快捷键为F)，如图2-60所示。

2 此时被选择的片段上出现一条绿色的线，如图2-61所示。

3 单击浏览器右上角的“片段过滤”列表框右侧的下三角按钮，在弹出的下拉列表中选择“个人收藏”选项，如图2-62所示。

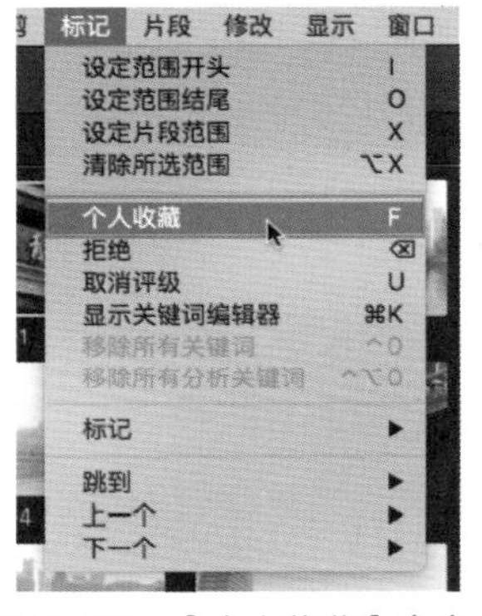

图2-60 【个人收藏】命令

图2-61 收藏片段

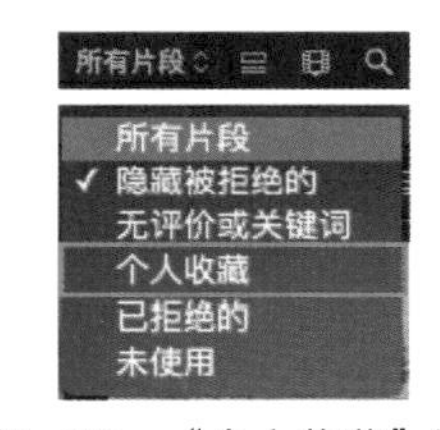

图2-62 “个人收藏”选项

4 此时事件浏览器中只会显示已经被收藏的片段，如图2-63所示。

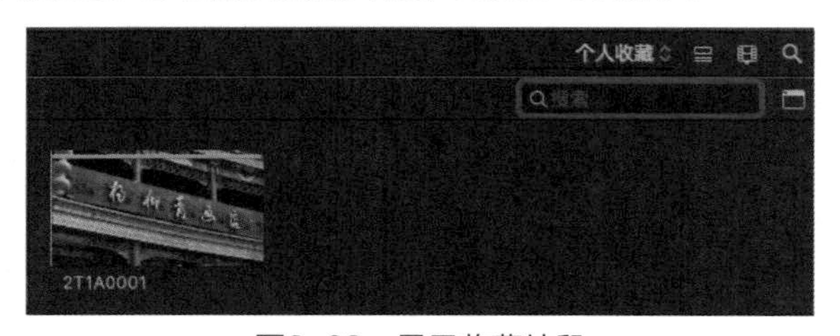

图2-63 显示收藏片段

提示

选择某一片段后按F键可以将其添加到“个人收藏”中，按快捷键Control+F可以显示已经收藏的片段。

动手操作：拒绝片段

▶素材：素材/风景1 ▶源文件：资源库/第2章/2.6

1 在事件浏览器中选择片段后，选择菜单【标记】|【拒绝】命令(快捷键为Delete)，如图2-64所示。

2 此时被选择的片段上出现一条红色的线，如图2-65所示。

3 单击浏览器右上角的“片段过滤”列表框右侧的下三角按钮，在弹出的下拉列表中选择“已拒绝的”选项，如图2-66所示。

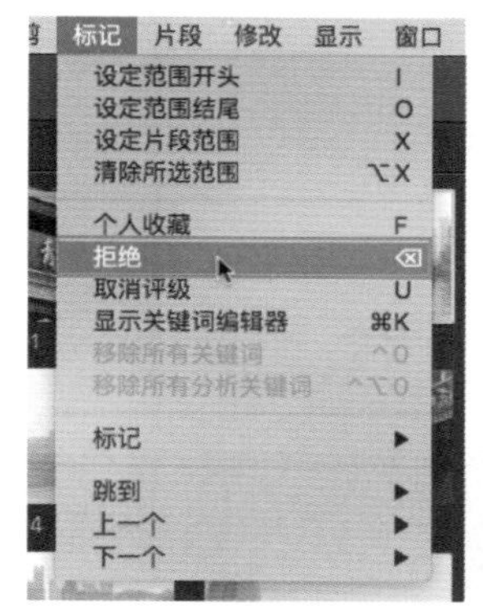

图2-64　【拒绝】命令

图2-65　拒绝片段

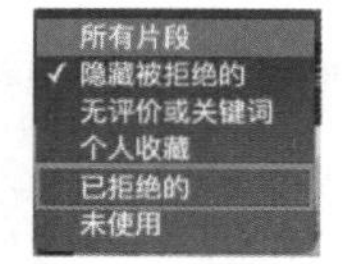

图2-66　“已拒绝的”选项

4 此时事件浏览器中只会显示已经被拒绝的片段，如图2-67所示。

5 当选择“隐藏被拒绝的”选项时，事件浏览器中会显示已经被拒绝以外的片段，如图2-68所示。

6 如果需要取消评价，只需选中该片段后选择菜单【标记】|【取消评级】命令(快捷键为U)，如图2-69所示。

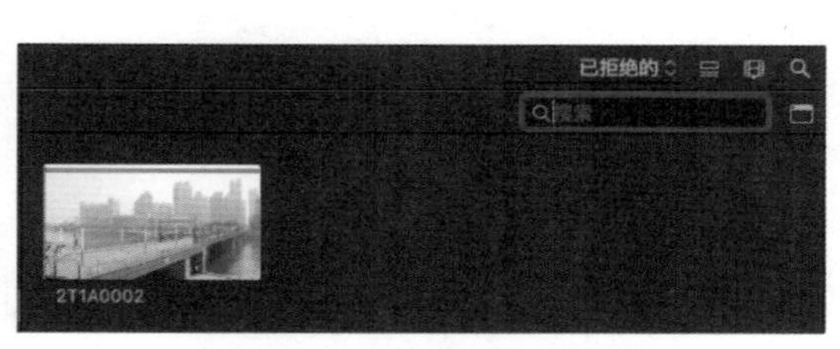

图2-67　显示已拒绝的片段

图2-68　显示被拒绝以外的片段

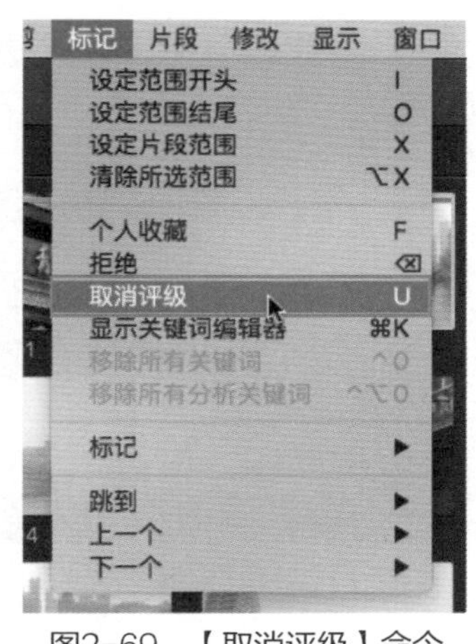

图2-69　【取消评级】命令

提示

当为片段设置好出入点后再对该片段进行评价时，仅会评价出入点之间的部分，在进行筛选时也仅显示被评价的部分，如图2-70所示。

当需要某一评价的片段时，打开“片段过滤”列表框的下拉列表选择相应的选项，在事件浏览器中会显示符合相应选项的片段。这种功能在进行剪辑的过程中对于片段的筛选非常有用。

图2-70　评价部分片段

2.6.2 关键词与关键词精选

动手操作：自定义关键词

▶素材：素材/风景1 ▶源文件：资源库/第2章/2.6

1 在事件浏览器中选择片段后，选择菜单【标记】|【显示关键词编辑器】命令(快捷键为Command+K)，如图2-71所示。

2 在弹出的“关键词编辑器”中可以输入关键词，如图2-72所示。

3 如果需要为该关键词添加快捷键，可以单击“关键词快捷键”左侧的下三角形按钮完整显示该对话框，选择该关键词后通过拖曳的方式实现，如图2-73所示。

4 关闭“关键词编辑器”后发现被选择的片段上出现一条蓝色的线，在相应的事件下也自动创建了关键词精选，如图2-74所示。

5 单击事件下的关键词精选，在事件浏览器中只会显示添加了该关键词的片段，如图2-75所示。

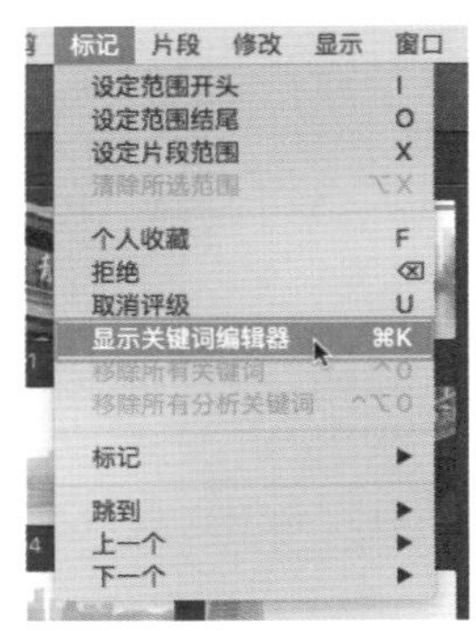

图2-71 【显示关键词编辑器】命令

图2-72 关键词编辑器

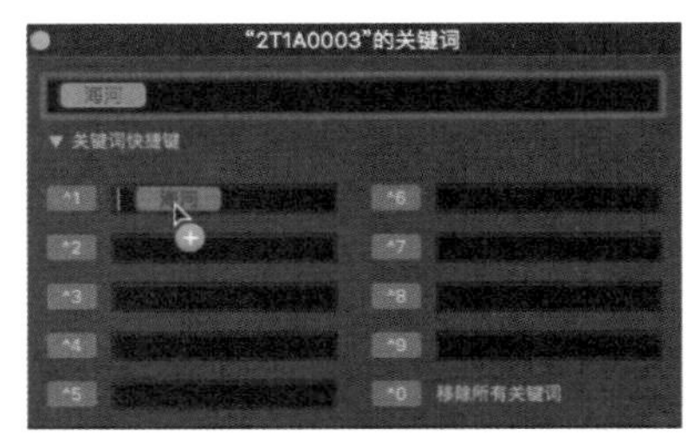

图2-73 添加快捷键

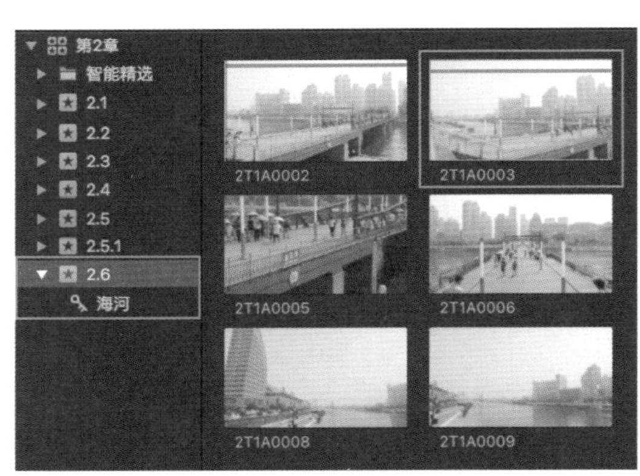

图2-74 创建关键词精选

图2-75 查看关键词片段

动手操作：新建关键词精选

▶素材：素材/风景1 ▶源文件：资源库/第2章/2.6

1 选择事件后单击鼠标右键，在弹出的快捷菜单中选择【新建关键词精选】命令(快捷键为Shift+Command+K)，如图2-76所示。

2 在相应事件下方会新建一个“未命名”关键词精选，选择文本框后对其进行重命名，如图2-77所示。

3 在事件浏览器中选择片段后按住鼠标左键，当光标右下方出现绿色的圆形“+”标志时将该片段拖曳到新建的关键词精选后释放鼠标，如图2-78所示。

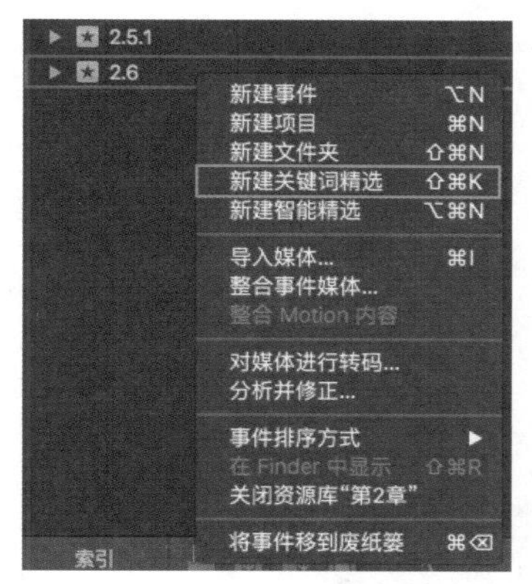

图2-76　【新建关键词精选】命令

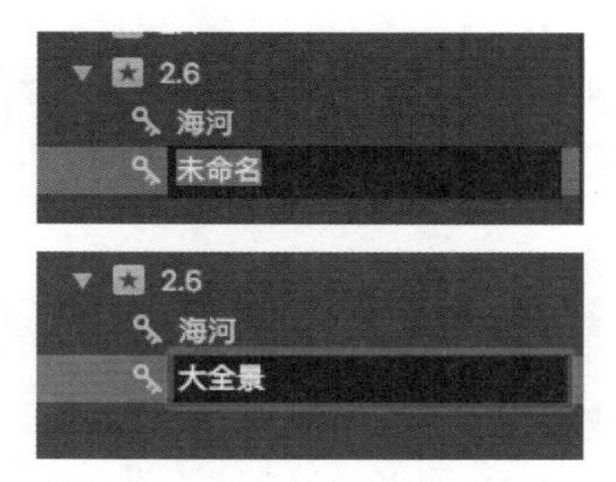

图2-77　重命名关键词精选

图2-78　添加关键词

4 单击该关键词精选后，出现相应的片段，如图2-79所示。

图2-79　查看关键词片段

提示

添加过关键词的片段缩略图上会出现一条蓝色的线。

将设置好出入点的片段拖曳到关键词精选中后，只有出入点之间的部分被添加关键词，而相应的关键词精选中也仅仅显示出入点之间的片段内容，如图2-80所示。

动手操作：删除关键词

▶素材：素材/风景1　▶源文件：资源库/第2章/2.6

1 在事件浏览器中选择片段后，选择菜单【标记】|【显示关键词编辑器】命令(快捷键为Command+K)，如图2-81所示。

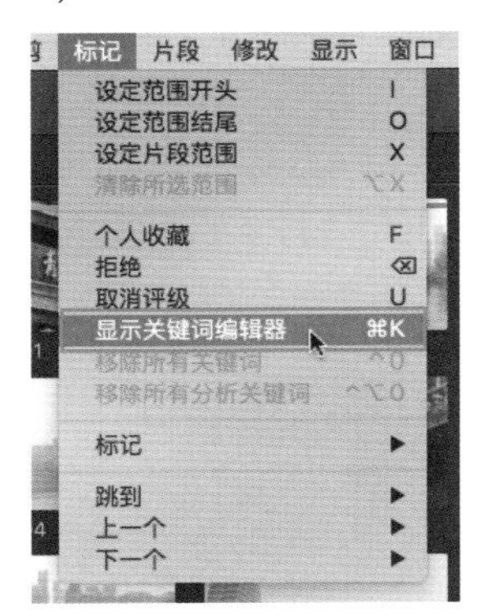

图2-81　【显示关键词编辑器】命令

图2-80　为部分片段添加关键词

提示 

也可以单击浏览器左上角的“显示或隐藏关键词编辑器”按钮，如图2-82所示。

图2-82　“显示或隐藏关键词编辑器”按钮

2 在打开的“关键词编辑器”中选择相应的关键词，按Delete键即可删除，如图2-83所示。

提示

当片段的缩略图上出现蓝色和绿色的线时，说明该片段既添加了关键词，又添加了个人收藏的评价，如图2-84所示。

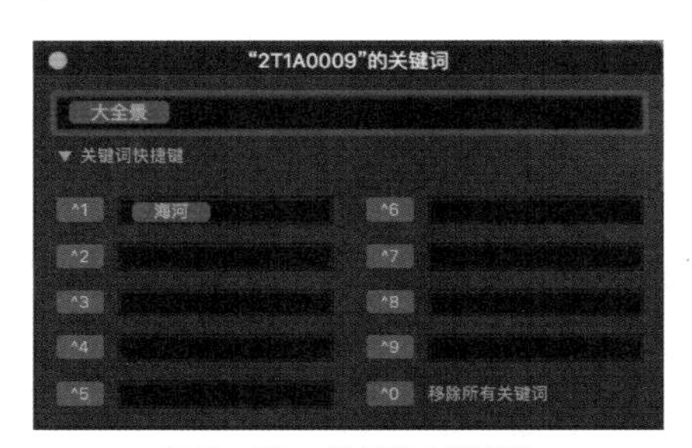

图2-83　关键词编辑器

图2-84　收藏片段并添加关键词

2.6.3　过滤器与智能精选

动手操作：利用过滤器搜索关键词

▶素材：素材/风景1　▶源文件：资源库/第2章/2.6

1 激活浏览器后，按快捷键Command+F，弹出“过滤器”，如图2-85所示。

2 在弹出的“过滤器”中默认按照“文本”的方式进行过滤，当片段已经被添加了关键词时，单击右上角的灰色“+”右侧的下三角按钮，打开下拉列表，增加对于片段过滤的条件，在下拉列表中可以按照评分、关键词、媒体类型等方式进行筛选，如图2-86所示。

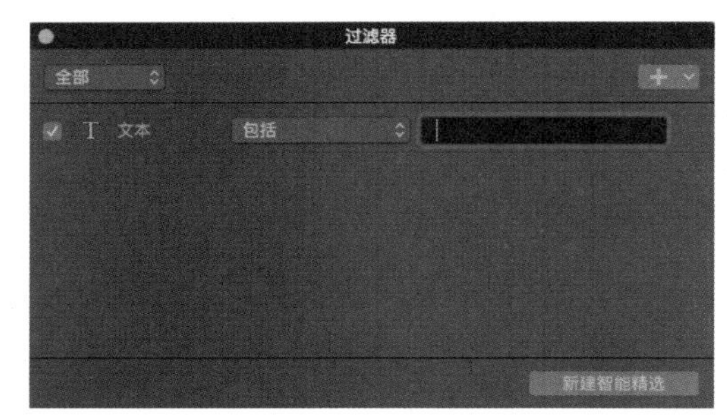

图2-85　过滤器

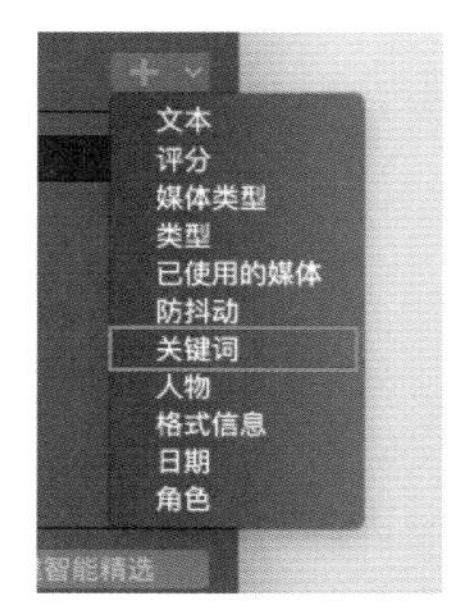

图2-86　“关键词”选项

3 选择“关键词”选项后，“过滤器”中会出现之前添加过的关键词信息。当选项前的复选框被勾选时，说明该选项已经被列入过滤条件，如图2-87所示。

提示

当需要使用新的过滤条件时，将原来的条件取消勾选。当有多个过滤条件时，单击左上角的“全部”按钮右侧的下三角按钮，打开下拉列表，将“全部”选项切换成“任一”选项。此时，当片段符合“过滤器”中的任何一个条件，就会显示在事件浏览器中。当需要删除某一个过滤条件时，单击该条件右侧的灰色圆形按钮，如图2-88所示。

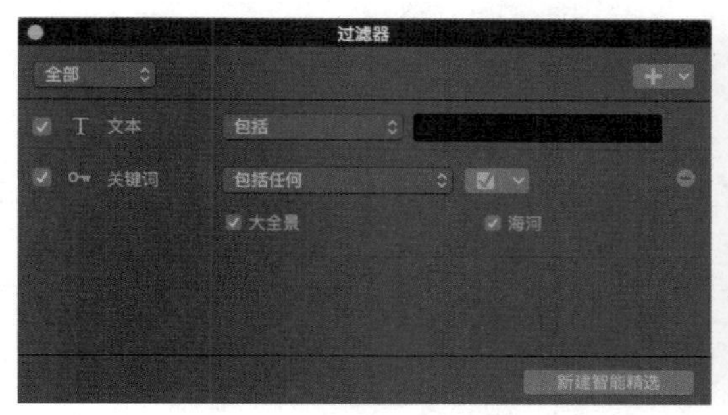

图2-87 设置过滤条件

图2-88 切换与删除过滤条件

4 选择“包括任何”选项，打开下拉列表，在此可以利用关键词按照不同的条件进行筛选，如图2-89所示。

5 如果之后会多次使用这些片段，在设定完毕后单击右下角的“新建智能精选”按钮保存当前过滤结果。此时会在相对应的事件下新建一个未命名的智能精选。在此智能精选中包含符合之前“过滤器”中条件的片段，如图2-90所示。

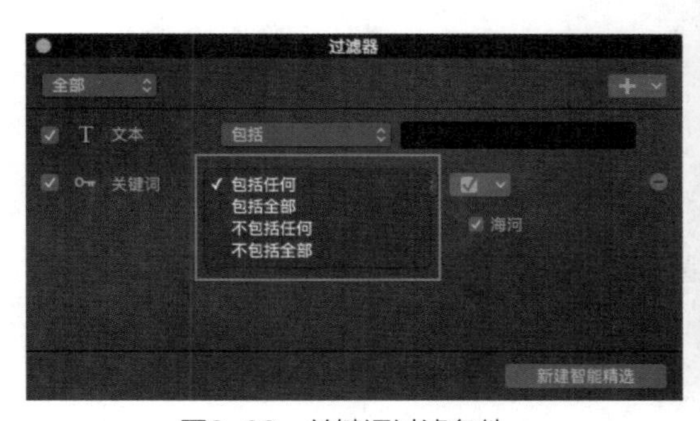

图2-89 关键词过滤条件

图2-90 新建智能精选

提示

也可以先在事件中新建智能精选，选择该事件后单击鼠标右键，在弹出的快捷菜单中选择【新建智能精选】命令(快捷键为Option+Command+N)，双击该智能精选后，在“过滤器”中添加关键词过滤条件。

注意

必须在激活浏览器的情况下才会打开“过滤器”，如果当前选中的为时间线，同样的命令会打开时间线索引。

动手操作：利用过滤器查找元数据信息

▶素材：素材/风景1　▶源文件：资源库/第2章/2.6

1 选择事件后单击鼠标右键，在弹出的快捷菜单中选择【新建智能精选】命令(快捷键为Option+Command+N)，如图2-91所示。

2 在所选事件下会出现一个“未命名”的智能精选，将其重命名为“场景”。此时该智能精选下没有符合条件的片段，如图2-92所示。

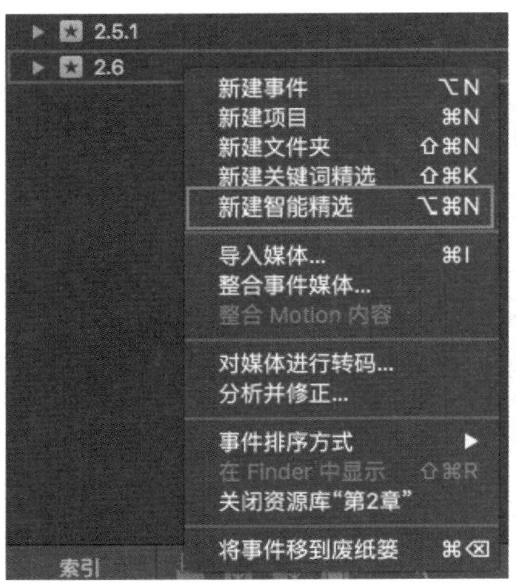

图2-91　【新建智能精选】命令

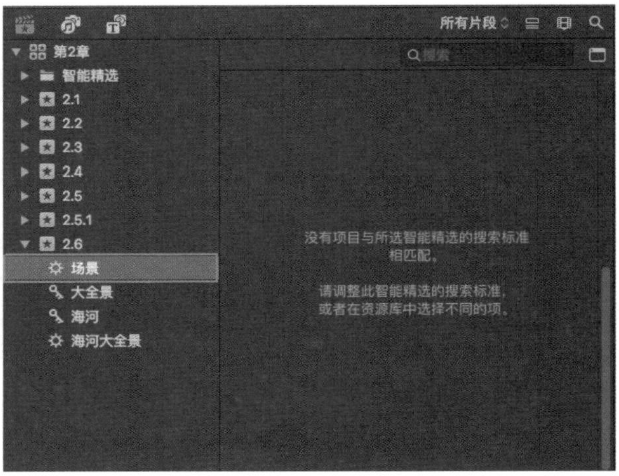

图2-92　智能精选

3 双击智能精选“场景”，弹出过滤器，如图2-93所示。

4 单击过滤器右上角的灰色“+”右侧的下三角按钮，在弹出的下拉列表中选择“格式信息”选项，如图2-94所示。

图2-93　过滤器

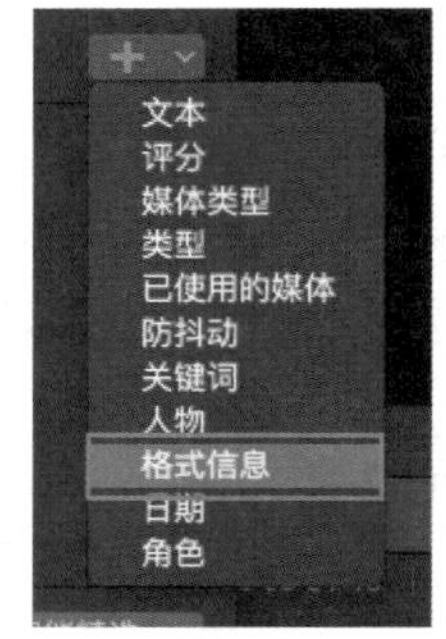

图2-94　“格式信息”选项

5 过滤器中会出现“格式”选项，在该选项右侧的列表框中依次选择“场景”和“包括”，并在下方的文本框中输入“全景 桥”，如图2-95所示。

6 此时会在相应的智能精选中筛选到上一节中手动添加了场景关键词的片段，如图2-96所示。

提示

选择“卷”选项，在弹出的下拉列表中除了“场景”选项外，还有许多基于元数据可供筛选的条件，当我们手动对元数据进行添加与修改后均可以利用这种方法进行筛选，如图2-97所示。

如果想要把多个添加了不同元数据的片段显示在同一个智能精选，则可以在过滤器中添加多个筛选条件，取消勾选筛选条件前复选框中的白色对勾，从而屏蔽符合条件的片段。

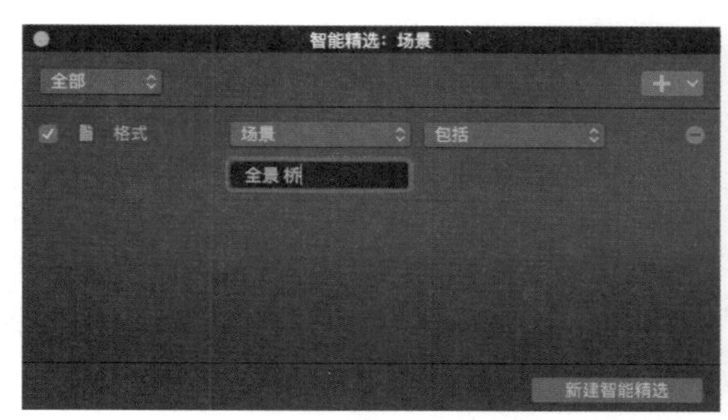

图2-95　添加格式信息

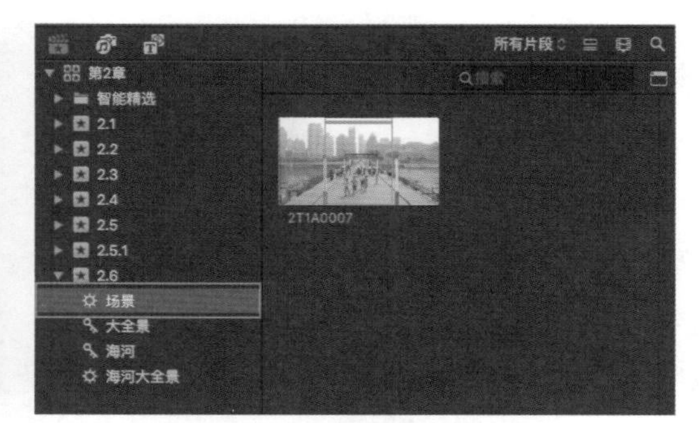

图2-96　查看智能精选片段

2.7　预览片段

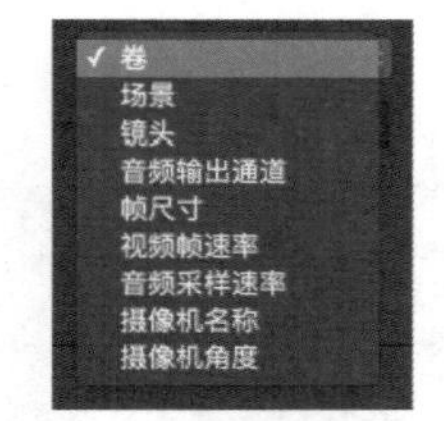

图2-97　元数据筛选选项

当成功导入媒体文件后，在事件浏览器中立即以缩略图的形式显示导入的媒体文件。在这里，我们可以对其进行预览。单击资源库中已经新建好的事件，使该事件中的片段显示在事件浏览器中，单击右上角“片段过滤”列表框右侧的下三角按钮，在弹出的下拉列表中选择“所有片段”选项，确保该事件中所有片段均被显示出来，如图2-98所示。

图2-98　显示所有片段

提示

在Final Cut Pro中，默认在每个片段的缩略图下方显示其名称，如果未显示其名称，那么选择菜单【显示】|【浏览器】|【片段名称】命令(快捷键为Option +Shift+N)，当菜单中的命令呈显示状态时，在该命令前会显示“√”标志，如图2-99所示。

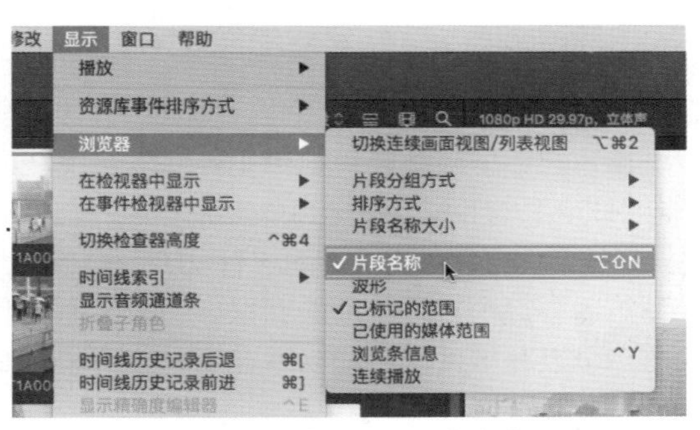

图2-99　【片段名称】命令

2.7.1 片段外观设置

动手操作：切换预览模式

▶素材：素材/风景1 ▶源文件：资源库/第2章/2.7

1 单击浏览器右上角的“在连续画面和列表模式之间切换片段显示”按钮，可以将缩略图显示模式切换为列表显示模式，如图2-100所示。

所有片段

图2-100 “切换片段显示”按钮

2 当切换为列表模式后，事件浏览器中所有的片段按名称顺序进行排列，并且显示出更多关于片段的元数据信息。选择某一片段后可以在事件浏览器上方浏览该片段。默认显示片段的名称、开始结束时间、时间长度、创建日期、视频角色、音频角色等信息，拖曳列表下方的滚动条会显示更多信息，如图2-101所示。

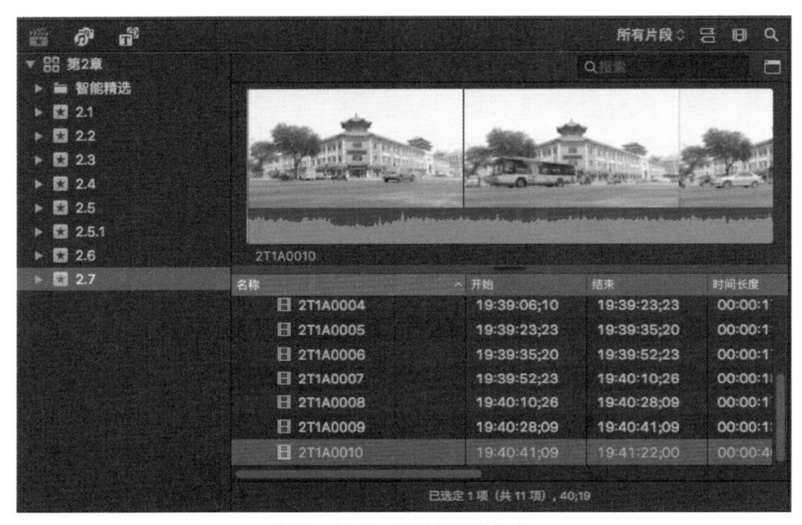

图2-101 列表显示模式

3 当需要显示更多的片段信息时，可以在列表中的“名称”一栏上单击鼠标右键，在弹出的快捷菜单中，选项前显示“√”标志时表示该选项已经显示在列表中，我们可以根据自己的需要自定义在事件浏览器中显示的与片段有关的元数据信息，如图2-102所示。

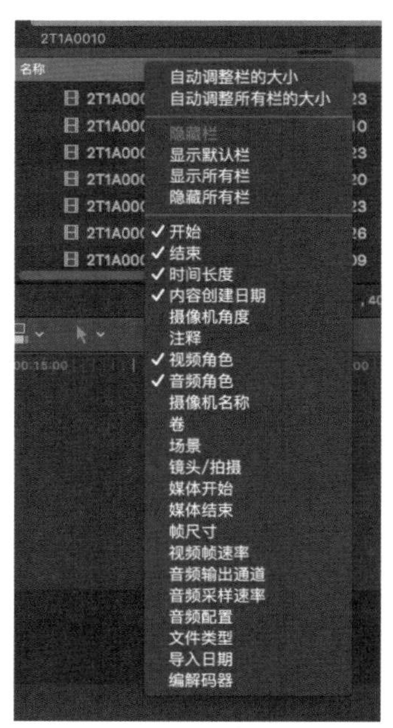

图2-102 列表显示栏

动手操作：片段外观设置

▶素材：素材/风景1 ▶源文件：资源库/第2章/2.7

1 单击“片段外观和过滤菜单”按钮，弹出“片段设置”对话框，在该对话框中可以调整事件浏览器中的片段外观，如图2-103所示。

2 拖曳“调整片段高度”滑块可以放大和缩小事件浏览器中每个片段所占的面积。当向左拖曳滑块后，可以在事件浏览器中多显示一些片段，如图2-104所示。

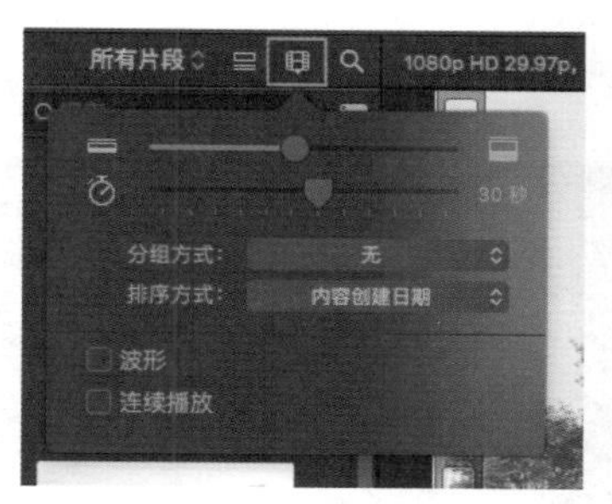

图2-103　“片段外观和过滤菜单”按钮

图2-104　向左拖曳滑块

3 当向右拖曳滑块后，可以在事件浏览器中放大显示片段缩略图，在编辑过程中更加便于观察所选片段的内容，如图2-105所示。

4 拖曳“调整片段显示时间长度”滑块，可以缩短或延长片段显示的长度。默认显示为每格30s，如图2-106所示。

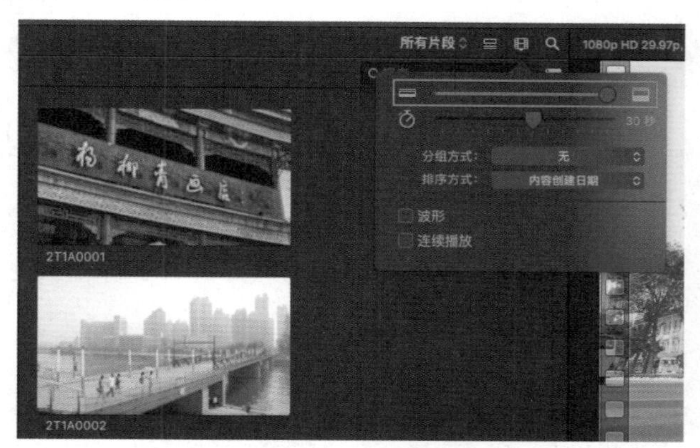

图2-105　向右拖曳滑块

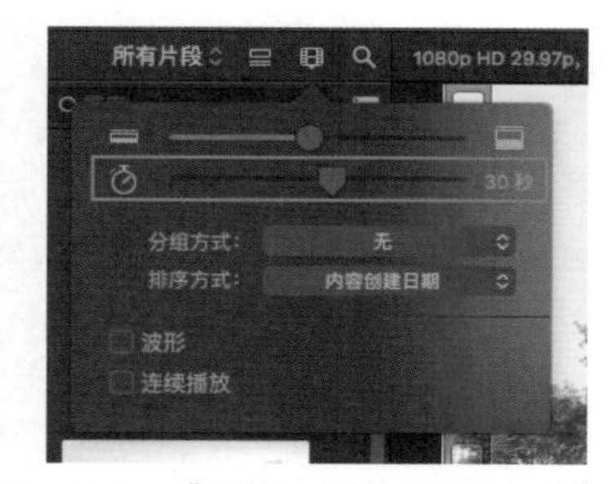

图2-106　“调整片段显示时间长度”滑块

5 向左拖曳滑块，直到右边的参数显示为“全部”。此时，一个缩略图就代表一个片段，可以在事件浏览器中获得更多与片段有关的信息，如图2-107所示。

6 将滑块拖曳到时间轴的最右边，事件浏览器中的缩略图发生了变化，此时每一格显示0.5s片段，如图2-108所示。

图2-107　以全部的形式显示片段

图2-108　显示0.5s 片段

7 向左拖曳滑块，将参数调整为2s，上下拖曳滚动条可以查看新显示出来的片段缩略图，如图2-109所示。

8 这时片段每2s就会显示一张缩略图。每一片段的开始和结尾处为垂直线，当行末片段出现锯齿状的边缘，表示该片段在此行末播放到结尾，下一行的内容仍旧为这一片段的内容，如图2-110所示。

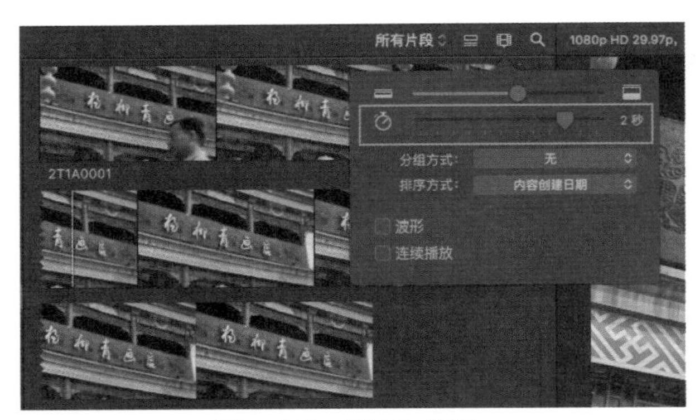

图2-109　显示2s片段

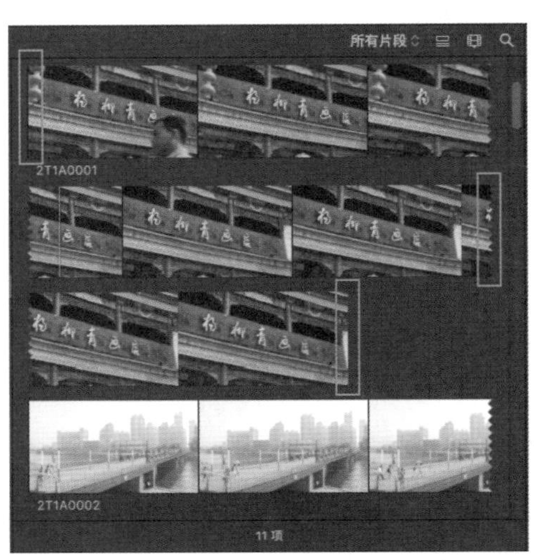

图2-110　查看片段首尾

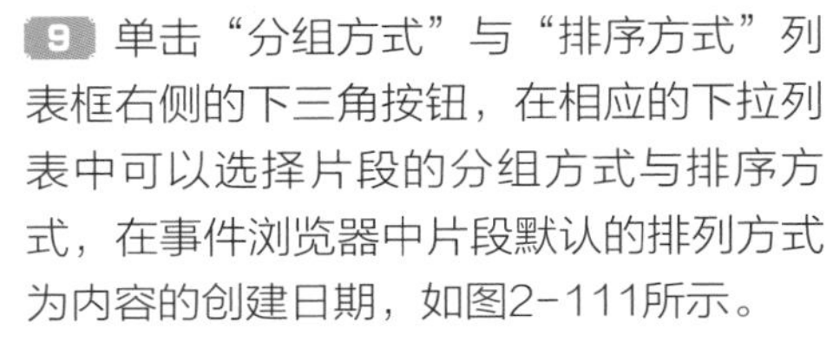

9 单击“分组方式”与“排序方式”列表框右侧的下三角按钮，在相应的下拉列表中可以选择片段的分组方式与排序方式，在事件浏览器中片段默认的排列方式为内容的创建日期，如图2-111所示。

10 当事件浏览器中的片段以缩略图的形式进行显示时默认不显示声音波形，选择“波形”选项，可以显示或隐藏片段的音频波形，如图2-112所示。

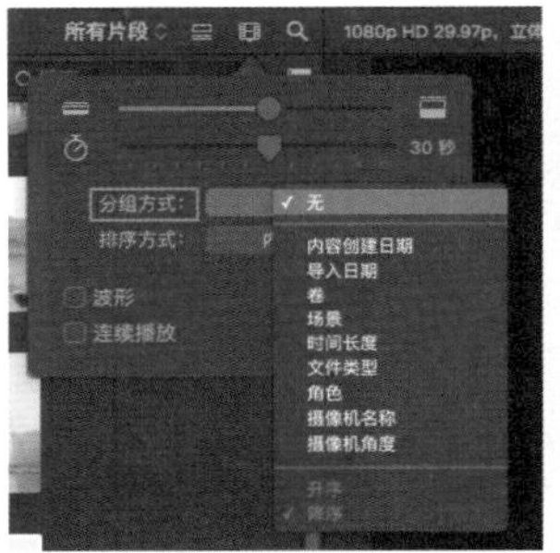

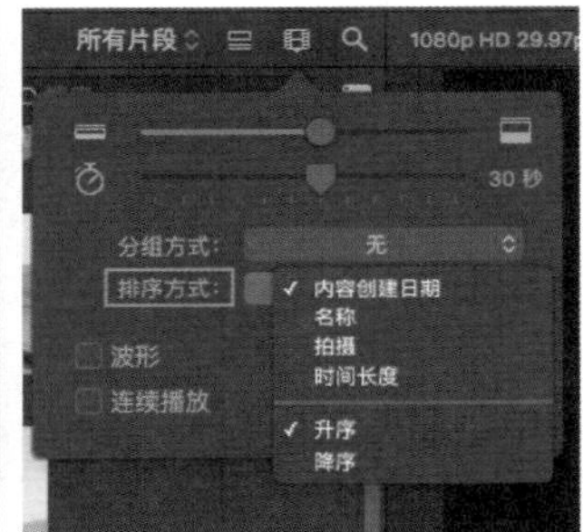

图2-111　片段的分组方式与排序方式

11 在事件浏览器中对所选片段进行播放时，该片段播放完毕即会停止。选择“连续播放”选项时，被选中的片段播放完毕后会继续播放与其相邻的下一个片段，如图2-113所示。

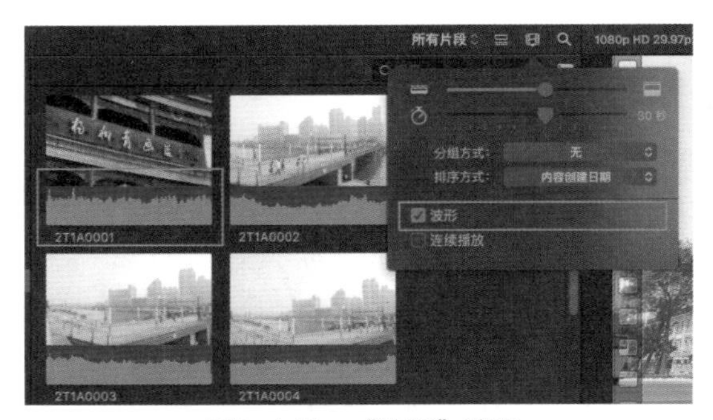

图2-112　“波形”选项

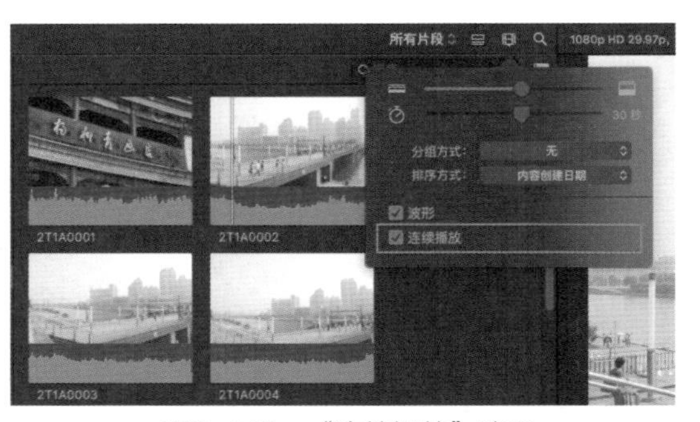

图2-113　“连续播放”选项

12 单击“开关搜索栏”按钮，显示和隐藏搜索栏，在搜索栏中可以利用片段名称对事件浏览器中的片段进行筛选，如图2-114所示。

图2-114　“开关搜索栏”按钮

2.7.2 在浏览器中预览片段

单击事件浏览器中的片段后，将其调入检视器中，被选中的片段外部会有一个黄色的外框，如图2-115所示。

选中需要预览的片段后，按空格键在事件浏览器中进行播放，与检视器中的画面和播放位置相一致，如图2-116所示。

图2-115　选择片段

> **提示**
>
> 在缩略图上显示的白色垂直线表示选择该片段时播放指示器所在的位置，播放指示器的位置会随着播放的进度相应变化，按空格键进行预览时是从播放指示器所在的位置进行播放，如图2-117所示。

图2-116　检视器

图2-117　播放指示器

动手操作：浏览片段

▶素材：素材/风景1　▶源文件：资源库/第2章/2.7

在事件浏览器中预览片段的方法有很多种，通过鼠标可以实时浏览片段，帮助我们迅速定位到某一个人物或者场景。在Final Cut Pro中默认并不能通过鼠标实时浏览片段，需要打开“浏览”功能。

1 选择菜单【显示】|【浏览】命令(快捷键为S)，如图2-118所示。

2 此时将鼠标悬停在片段缩略图上，当光标变为手的形状后左右滑动鼠标，即可浏览所选片段，同时在检视器中也会出现相应的片段，如图2-119所示。

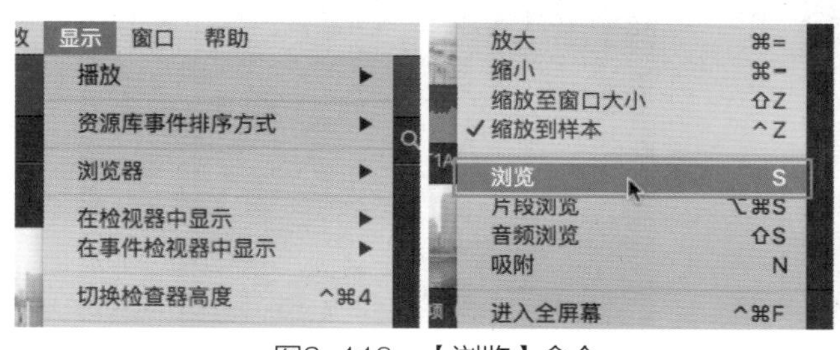

图2-118　【浏览】命令

图2-119　浏览片段

提示

被选中的片段外部会显示一个黄色的外框。缩略图上的两条垂直线，红色的线为扫视播放头，表示浏览时的实时位置，会随着鼠标的位置进行相应的变化。而白色的线则不会发生改变，它表示在选择该片段时播放指示器所在的位置。

3 如果希望在浏览片段的同时对声音进行浏览，可以选择菜单【显示】|【音频浏览】命令(快捷键为Shift+S)，打开“音频浏览”功能，如图2-120所示。

4 选择菜单【显示】|【吸附】命令(快捷键为N)，打开“吸附”功能，如图2-121所示。

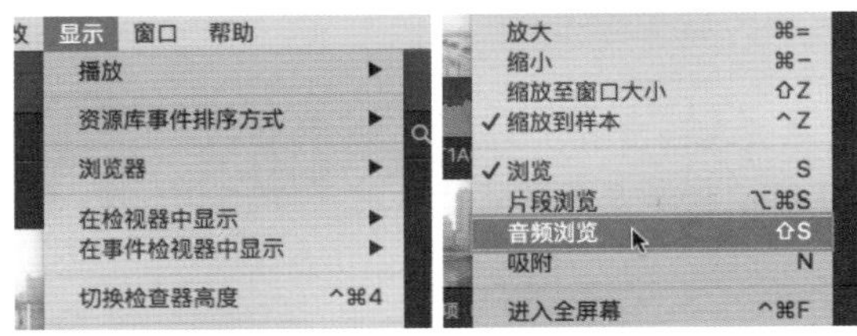

图2-120 【音频浏览】命令

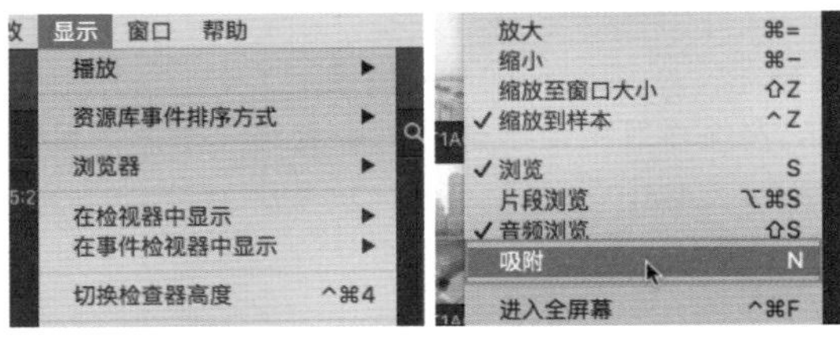

图2-121 【吸附】命令

5 此时扫视播放头会自动吸附到播放指示器的位置，如图2-122所示。

图2-122 自动吸附

>> 动手操作：利用快捷键预览片段

▶素材：素材/风景1 ▶源文件：资源库/第2章/2.7

1 选择事件浏览器中的片段后，按空格键从播放指示器位置播放该片段，再按一次空格键可以停止播放。

2 按快捷键Control+Shift+I，可以从头开始播放所选片段。

3 快捷键J、K、L分别可以倒放、暂停与播放所选片段。多次按J键或L键可以加快倒放或播放的速度。

4 当播放指示器在所选片段的起始帧位置时，检视器中画面的左侧会出现胶片状的齿孔，如图2-123所示。

5 同样，当播放指示器在片段的结束帧位置时，检视器中画面的右侧会出现齿孔，如图2-124所示。

图2-123 起始帧

图2-124 结束帧

2.7.3 设置出入点

在编辑过程中如果仅仅需要所选片段的部分内容时，就需要在事件浏览器中通过设置入点和出点为其设定一个选择的范围。

动手操作：设置入点和出点

▶素材：素材/风景1　▶源文件：资源库/第2章/2.7

1 选择事件浏览器中的片段后，按空格键进行播放，确定开头位置后，选择菜单【标记】|【设定范围开头】命令(快捷键为I)添加入点，如图2-125所示。

2 继续播放片段，到结尾位置后选择菜单【标记】|【设定范围结尾】命令(快捷键为O)添加出点，此时该片段中的出入点设定完毕，如图2-126所示。

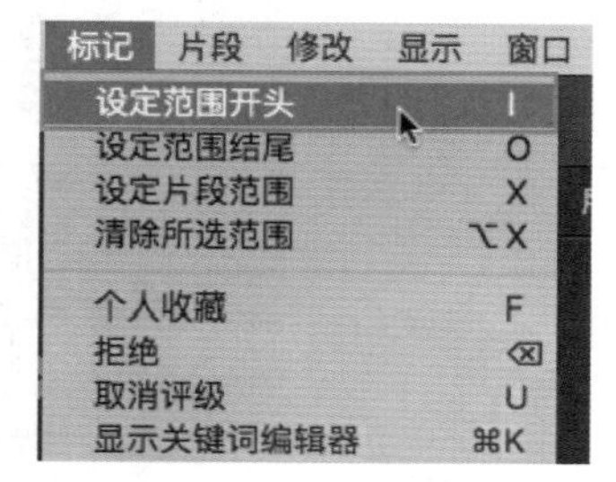

图2-125　【设定范围开头】命令

提示

出入点设定的位置为播放指示器停止时所在的位置。但如果打开了“浏览”功能，出入点设定的位置为红色的扫视播放头所在的位置。

3 为片段设定好出入点后，在该片段的出入点之间的片段内容上显示一个黄色的矩形外框作为提醒。而未设置出入点的片段在被选中的情况下，整个片段都显示在黄色矩形外框之内，如图2-127所示。

图2-126　选择部分片段

图2-127　查看片段出入点

动手操作：调整出入点位置

▶素材：素材/风景1　▶源文件：资源库/第2章/2.7

1 在设定好出入点后可以使用快捷键【/】对片段出入点之间的内容进行反复播放，此时可以通过检视器对画面进行观察，以了解所设定的出入点位置是否精确。

2 当需要对出入点的位置进行修改时，可以将鼠标悬停在黄色外框上，光标会变成双箭头的调整状态，如图2-128所示。

3 按住鼠标左键拖曳黄色的外框可以改变出入点的位置，如图2-129所示。

图2-128　处于调整状态

图2-129　改变片段出入点

4 为了能准确地找到新的入点和出点的位置，可以使用←键或→键以帧为单位进行微调，再次按I键或者O键，即可重新定位入点和出点的位置。

5 选择菜单【标记】|【跳到】|【范围开头】/【范围结尾】命令(快捷键为Shift+I/Shift+O)，可以快速将播放指示器跳到入点/出点位置，如图2-130所示。

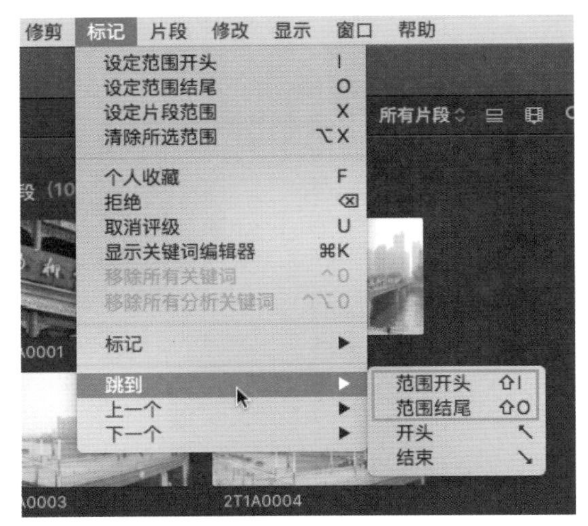

图2-130 【跳到范围开头/结尾】命令

6 当需要删除出入点时，可以直接使用快捷键。选择片段后使用快捷键Option+I可以删除片段的入点，使用快捷键Option+O可以删除出点，使用快捷键Option+X会同时删除所选片段的入点和出点。

2.7.4 添加标记

“标记”功能可以用来对片段进行注释，在编辑的过程中起到提示的作用。比如，标记镜头的运动方向、需要规避的镜头抖动问题，或者是之后的编辑过程中需要完成的工作等。

动手操作：添加与修改标记

▶素材：素材/风景1 ▶源文件：资源库/第2章/2.7

1 在事件浏览器中对所选片段进行预览，在需要提示的位置按空格键暂停播放。

2 选择菜单【标记】|【标记】|【添加标记】命令(快捷键为M)，如图2-131所示。

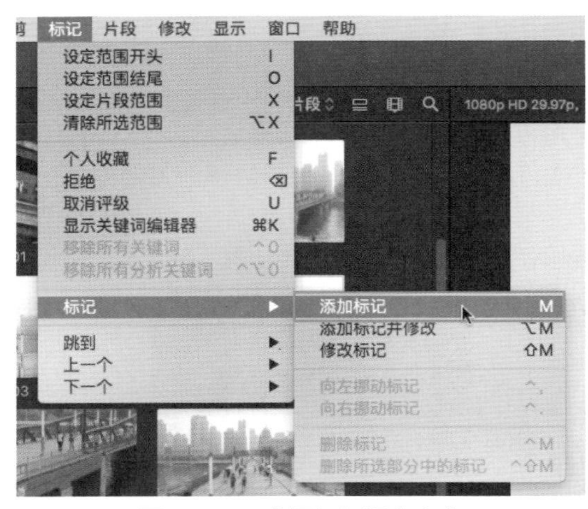

图2-131 【添加标记】命令

3 此时在播放指示器的位置会添加一个蓝色的标记，如图2-132所示。

4 如果需要对标记进行注释，可以双击添加的标记(快捷键为Shift+M)，打开“标记”对话框，添加或修改所需要注意的内容，如图2-133所示。

图2-132　添加标记

图2-133　“标记”对话框

5 选择菜单【标记】|【标记】|【向左挪动标记】/【向右挪动标记】命令(快捷键为Control+【，】或 Control+【。】)，可以向左/右以帧为单位微移标记，如图2-134所示。

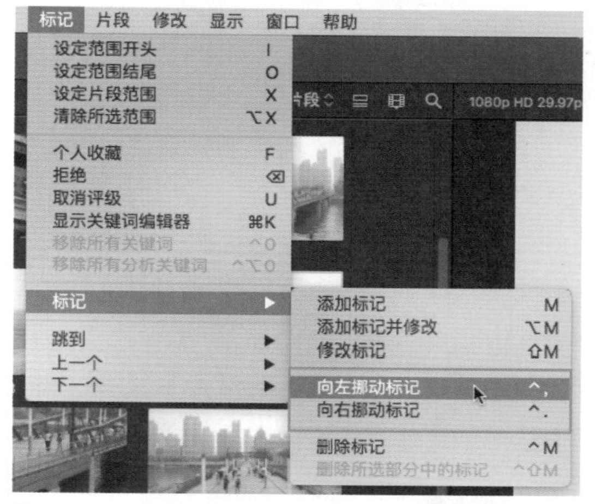

图2-134　【向左挪动标记】/【向右挪动标记】命令

6 选择已经添加的标记后单击鼠标右键，在弹出的快捷菜单中选择【拷贝标记】命令，可以对该标记进行复制，如图2-135所示。

7 拖曳播放指示器到新的位置，按快捷键Command+V，即可在播放指示器所在的位置粘贴标记，如图2-136所示。

图2-135　【拷贝标记】命令

图2-136　粘贴标记

8 按快捷键Control+Shift+M，可以删除所选部分中的标记，按快捷键Control+M，可以删除标记。

提示 

在Final Cut Pro中，按快捷键Command+Z，可以撤销此次的操作。

2.8 课后习题

(1) 如何创建资源库、事件及项目?
(2) 尝试导入媒体文件并对其进行转码与修正。
(3) 如何为片段添加关键词与评价?
(4) 如何利用过滤器筛选片段?
(5) 在事件浏览器中如何利用鼠标与快捷键预览片段?
(6) 如何设定片段的出入点及标记?

快捷键		
1	Command+O	打开资源库
2	Option+N	新建事件
3	Command+Delete	删除事件
4	Command+N	新建项目
5	Command+Delete	删除项目
6	Command+Z	撤销上一步命令
7	Command+D	复制项目
8	Shift+Command+D	将项目复制为快照
9	Command+I	导入媒体
10	Command+A	全选
11	Command+4	显示或隐藏检查器
12	F	收藏片段
13	Delete	拒绝片段
14	U	取消评级
15	Command+K	显示关键词编辑器
16	Shift+Command+K	新建关键词精选
17	Command+F	打开过滤器
18	Option+Command+N	新建智能精选
19	Option+Shift+N	显示与隐藏片段名称
20	S	浏览
21	Shift+S	音频浏览
22	N	吸附
23	Control+Shift+I	从头播放片段
24	空格键	播放与暂停
25	J	倒退
26	K	暂停

27	L	播放
28	I	设定范围开头
29	O	设定范围结尾
30	X	设定片段范围
31	Option+X	清除所选范围
32	/	播放出入点之间的片段
33	←	向左以帧为单位微调
34	→	向右以帧为单位微调
35	Shift+I	跳到入点
36	Shift+O	跳到出点
37	Option+I	删除入点
38	Option+O	删除出点
39	M	添加标记
40	Option+M	添加标记并修改
41	Shift+M	修改标记
42	Control+，	向左挪动标记
43	Control+。	向右挪动标记
44	Command+C	复制
45	Command+V	粘贴
46	Control+Shift+M	删除所选部分标记
47	Control+M	删除标记

2.9 课后拓展：修改资源库存储位置

在Final Cut Pro中，一个资源库就相当于一个工程文件，之后进行的所有编辑工作都保存在这个文件中。当单击资源库时，在检查器中会显示该资源库的属性。这些信息中包括资源库备份文件与媒体文件的存储位置，在编辑过程中导入的文件、生成的代理文件与优化文件、渲染文件、分析文件、缩略图图像及音频的波形文件所占的空间大小等信息，如图2-137所示。

单击“修改设置”按钮，打开修改存储位置的对话框，如图2-138所示。

在弹出的对话框中单击“媒体”列表框右侧的下三角按钮，在弹出的下拉列表中选择“选取”选项，修改资源库中新导入进来的媒体文件、缓存文件及备份文件的位置，如图2-139所示。

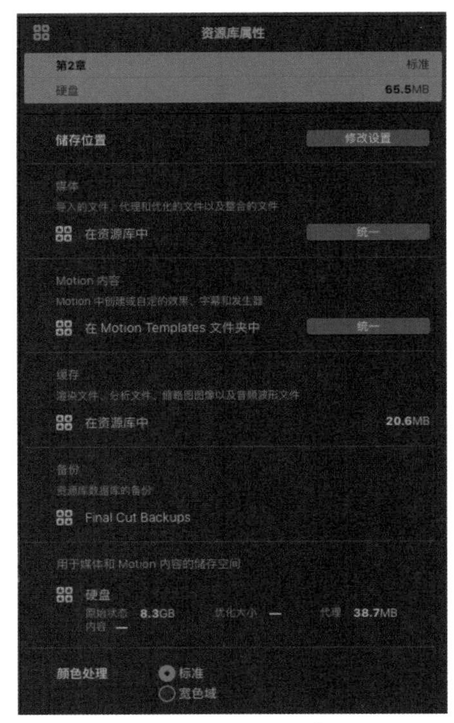

图2-137　“资源库属性”检查器

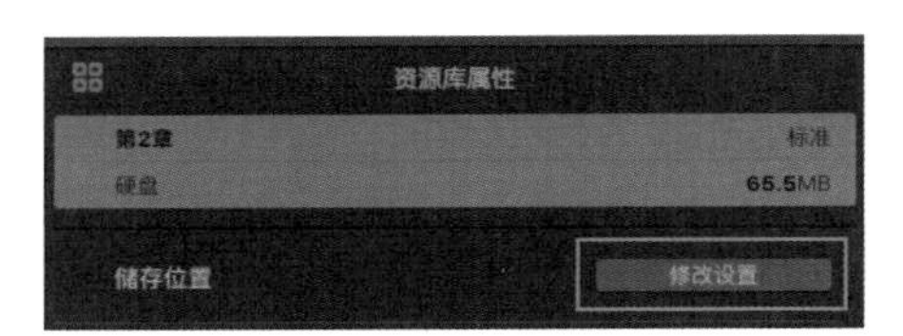

图2-138　“修改设置”按钮

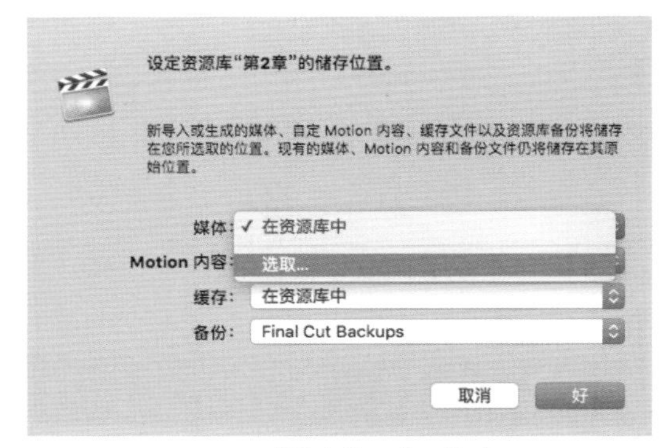

图2-139　“储存位置”对话框

第3章 剪辑基础

本章概述：

本章主要学习如何在Final Cut Pro特有的磁性时间线中对项目中的片段进行基本的编辑工作，如何预览项目并对时间线进行设置，以及工具栏中工具的基本使用方法。

教学目标：

(1) 能够根据需要灵活选择片段的添加与编辑方式。
(2) 运用多种方式在时间线中预览项目。
(3) 根据编辑工作的类型调整时间线的外观。
(4) 熟悉工具栏中工具的使用方式并在编辑过程中灵活进行切换。
(5) 熟练对快捷键进行自定义设置。

本章要点：

(1) 在时间线上排布片段
(2) 连接、插入、追加与覆盖编辑
(3) 时间线索引
(4) 修改项目中的片段
(5) 时间线外观设置
(6) 工具栏
(7) 自定义快捷键

将媒体文件导入事件中，并在事件浏览器中对片段进行整理、筛选、评价、标记等工作后，说明我们已经完成了整个剪辑过程中前期的准备工作。在这个过程中，我们也已经初步预览片段并对片段中的内容有了一定的了解。接下来开始进入整个编辑过程中最重要，也是最吸引人的环节——在时间线中创建故事情节。本章将继续学习如何使用之前导入的媒体文件，在时间线中对其进行排列组合，创建故事情节，并对其进行最基本的粗剪工作。

3.1 磁性时间线

在Final Cut Pro工作区下方显示时间线，这是完成编辑工作的主要界面。在Final Cut Pro特有的磁性时间线中，可以快速地对片段顺序进行排列组合并完成精确到帧的剪辑工作。在时间线中，每次只能预览和编辑一个项目。当打开一个项目时，时间线最上方会显示该项目的名称及时间长度，如图3-1所示。当创建了多个项目时，单击时间线上项目名称左右的三角按钮，可以实现项目之间的切换。

图3-1 项目名称及时间长度

提示

按快捷键Control+Command+2能够显示或隐藏时间线。

3.1.1 在时间线中添加片段

打开新建的项目时，时间线上并无任何内容。这时需要将已经筛选好的片段添加到时间线上，在事件资源库中选择片段，并按住鼠标左键将其拖曳到时间线上，进入时间线后，鼠标的光标下方会出现一个绿色的圆形“+”标志，如图3-2所示。

释放鼠标后，所选片段被添加到时间线中的深灰色区域内。Final Cut Pro的时间线中没有轨道的概念，中央的深灰色区域为项目的主要故事情节，添加到这个深灰色区域中的片段是这个项目中最为重要的内容，如图3-3所示。

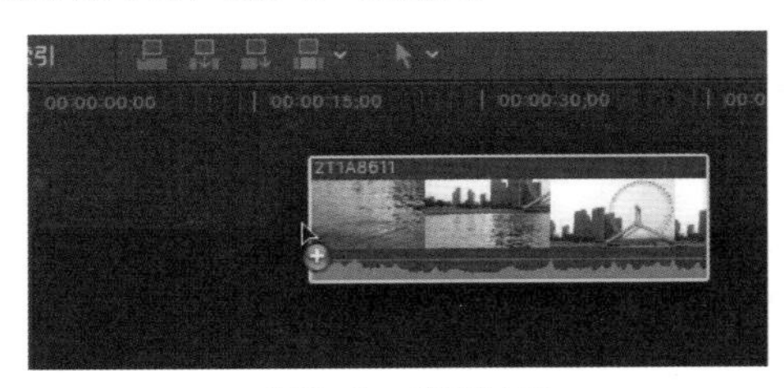

图3-2 添加片段

图3-3 主要故事情节

注意

在事件浏览器中为片段设置好出入点后，将其放置到时间线上时仅显示出入点之间的内容。

提示

与导入媒体文件时相同，按快捷键Command+A，可以选择事件浏览器中的所有片段。选择相邻的一组片段时可以先选择第一个片段，再按住Shift键的同时选择最后一个片段。当需要选择特定的几个片段时，先选择其中一个片段，然后按住Command键的同时进行选择。

3.1.2 调整片段顺序

将片段排列到时间线上后，也许会发现某个片段的位置需要调整。区别于旧时间线，在Final Cut Pro特有的磁性时间线中，将需要调整的片段直接拖曳到新的位置，新位置上的片段会自动向两边分离让出位置，并在添加新的片段后自动进行吸附，不会留下空隙。而片段原来所在的位置也会自动闭合，弥补被拖曳片段离开后的空隙。

>> 动手操作：调整片段位置

▶素材：素材/风景2 ▶源文件：资源库/第3章/3.1

1 在时间线上已经通过拖曳的方式添加了四个片段，单击选择第三个片段将其拖曳到项目中第一个片段与第二个片段之间，如图3-4所示。

2 当拖曳片段离开原位置时，时间线上原位置右边的片段会自动弥补所选片段原来的位置，如图3-5所示。

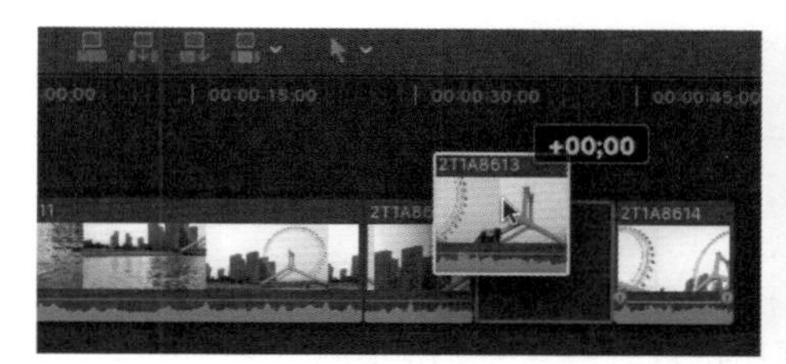

图3-4 拖曳片段

图3-5 磁性时间线

3 拖曳片段到第一个片段与第二个片段之间，此时该位置自动让出空间，出现了一个与所选片段长度相同的蓝色外框，如图3-6所示。

4 将片段放到蓝色外框的位置后，释放鼠标，即可更改项目中片段的排列顺序，如图3-7所示。

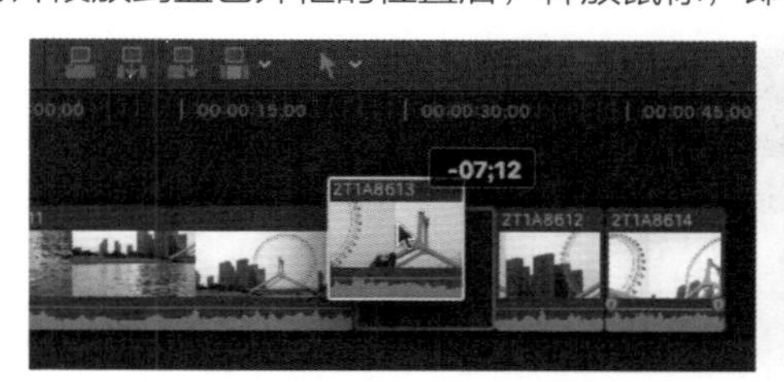

图3-6 插入片段

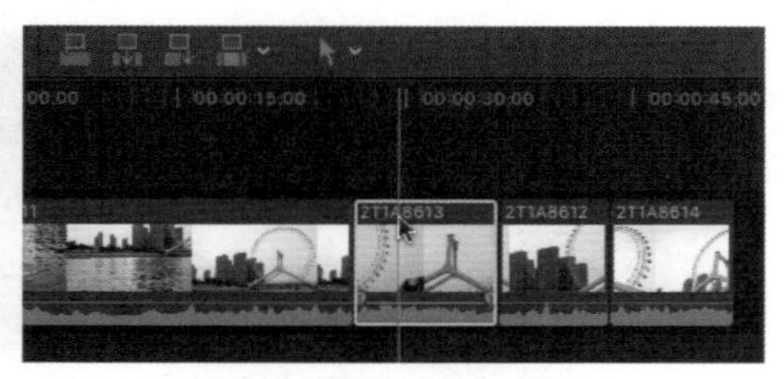

图3-7 调整片段顺序

提示

在对片段进行拖曳时，片段上会出现白色的数字，表示该片段在时间线上移动的位置。向左移动时数字前的符号为“-”，向右移动时符号为“+”，如图3-8所示。

图3-8 查看片段的移动位置

3.1.3 “连接”“插入”“追加”与“覆盖”编辑

在时间线上添加了一些片段，从而创建了基本的故事情节，这是剪辑工作中最为基本的一个环节。排布片段，调整片段顺序，这样就构成了影片的最基本结构，接下来可以添加更多的片段，获得更多的细节。

时间线左上角有四个编辑按钮，如图3-9所示。

图3-9　编辑按钮

由左至右分别为：

- “将所选片段连接到主要故事情节”(快捷键为Q)。
- “将所选片段插入到主要故事情节或所选故事情节”(快捷键为W)。
- “将所选片段附加到主要故事情节或所选故事情节”(快捷键为E)。
- “用所选片段覆盖主要故事情节或所选故事情节”(快捷键为D)。

或者选择【编辑】菜单，在下拉菜单中也可以依次看到相应的命令，如图3-10所示。

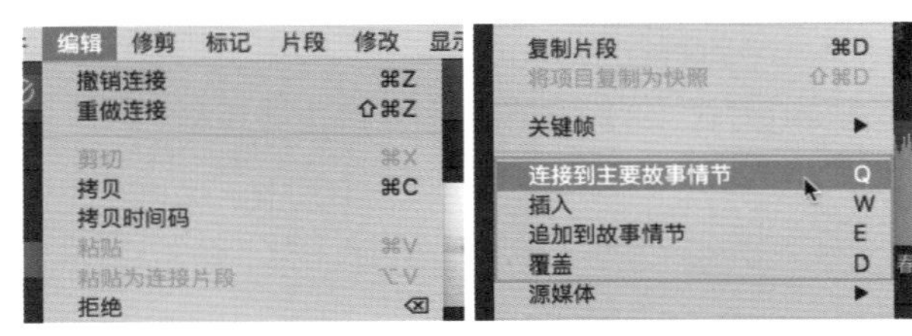

图3-10　编辑片段命令

接下来要利用这四种方式将片段放置到时间线上，并比较它们之间的差异。

>> 动手操作：运用“连接”方式添加片段

▶素材：素材/风景2　▶源文件：资源库/第3章/3.1

在剪辑的过程中，添加背景音乐时，不需要将所选片段插入主要故事情节中的片段之间。而是将其以连接片段的形式连接到主要故事情节中现有的片段上。

1 将播放指示器拖曳至想要连接片段的主要故事情节的位置，选择事件浏览器中的音频片段，单击编辑栏中的“将所选片段连接到主要故事情节”按钮，或者选择菜单【编辑】|【连接到主要故事情节】命令(快捷键为Q)，如图3-11所示。

图3-11　“将所选片段连接到主要故事情节”按钮

2 选择的音频片段会以连接片段的形式添加到时间线中主要故事情节指定位置上，并且与主要故事情节之间有一条蓝色的线相连，如图3-12所示。

3 连接片段会保持它与主要情节相对的位置，当移动主要故事情节中的片段时，与之相连的片段也同样会进行移动，如图3-13所示。

图3-12　连接片段

图3-13　移动主要故事情节片段

4 如果仅仅想拖曳主要故事情节中的片段，则需要在按住【`】键的同时拖曳该片段，此时鼠标的光标下方会出现一个黄色的切断连接标记，如图3-14所示。

5 当选择连接片段进行拖曳时，与之相连接的主要故事情节中片段的位置不会发生改变，音频片段会连接到主要故事情节中其他片段上，如图3-15所示。

图3-14 忽略连接线

图3-15 移动连接片段

6 按住Option键的同时利用鼠标拖曳主要故事情节中的片段，可以复制该片段。此时光标下方会出现一个绿色的圆形“＋”标志，如图3-16所示。

注意

在使用快捷键Q执行【连接到主要故事情节】命令时，所选片段会连接到时间线上播放指示器所在位置的主要故事情节上。

提示

也可以利用鼠标将片段直接拖曳到时间线上与主要故事情节相连，作为连接片段存在的视频片段排列在主要故事情节的上方，而音频片段则排列在下方，如图3-17所示。

图3-16 复制片段

图3-17 拖曳片段进行连接

动手操作：运用“插入”方式添加片段

▶素材：素材/风景2 ▶源文件：资源库/第3章/3.1

1 将播放指示器拖曳至想要插入片段的位置，如图3-18所示。

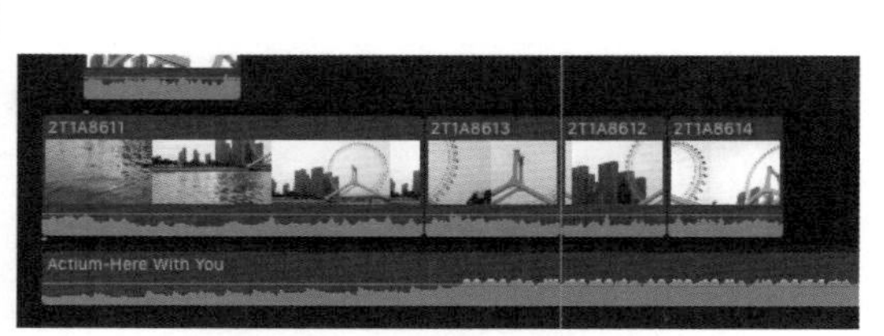

图3-18 选择插入片段位置

2 选择事件浏览器中的片段，单击编辑栏中的“将所选片段插入到主要故事情节或所选故事情节”按钮，或者选择菜单【编辑】|【插入】命令(快捷键为W)，如图3-19所示。

图3-19 “将所选片段插入到主要故事情节或所选故事情节”按钮

3 所选片段会直接插入时间线中播放指示器所在位置的主要故事情节中，如图3-20所示。

注意

在执行【插入】命令时，时间线上该故事情节的持续时间会延长。也就是说，将所选片段插入故事情节中的同时，播放指示器之后的片段会自动向后移动，空余出插入片段长度的位置。

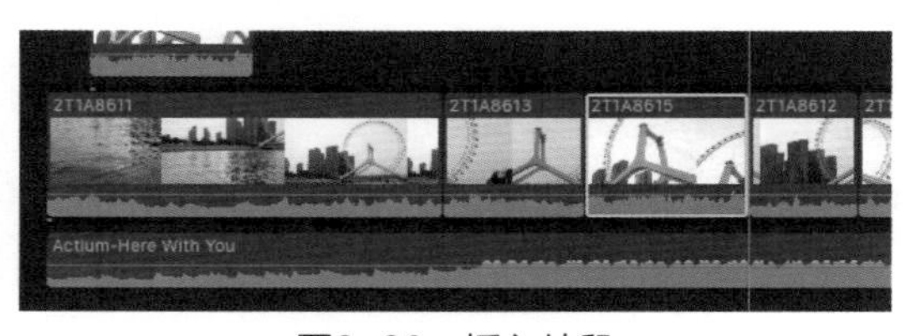

图3-20 插入片段

提示

在执行【插入】、【追加到故事情节】和【覆盖】命令时，会直接将所选片段以相应方式添加到主要故事情节中。如果需要将片段添加到次级故事情节中，需要先对该故事情节进行选择。

动手操作：运用“追加”方式添加片段

▶素材：素材/风景2　▶源文件：资源库/第3章/3.1

1 选择事件浏览器中的片段，单击编辑栏中的“将所选片段附加到主要故事情节或所选故事情节”按钮，或者选择菜单【编辑】|【追加到故事情节】命令(快捷键为E)，如图3-21所示。

图3-21　“将所选片段附加到主要故事情节或所选故事情节”按钮

2 所选片段被添加到主要故事情节的末尾，如图3-22所示。

图3-22　追加片段

注意

利用追加编辑方式将新的片段添加到故事情节的末尾，并不受播放指示器在时间线上位置的影响。

提示

在事件浏览器中对片段进行多选，将它们同时追加到时间线上，先后顺序与它们在浏览器中的前后顺序相同。如果通过单击的方式进行选择，则其先后顺序是按照选择时的顺序。

动手操作：运用“覆盖”方式添加片段

▶素材：素材/风景2　▶源文件：资源库/第3章/3.1

1 将播放指示器拖曳到主要故事情节中需要进行覆盖的开始位置，如图3-23所示。

2 选择事件浏览器中的片段，单击编辑栏中的“用所选片段覆盖主要故事情节或所选故事情节”按钮，或者选择菜单【编辑】|【覆盖】命令(快捷键为D)，如图3-24所示。

3 所选片段会从播放指示器位置开始，向后覆盖时间线中原有的片段，如图3-25所示。

图3-23　选择覆盖片段位置

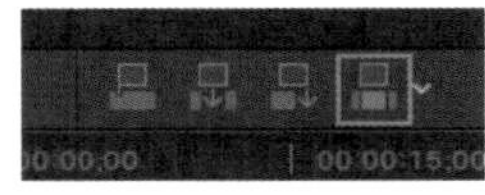

图3-24　“用所选片段覆盖主要故事情节或所选故事情节”按钮

> **注意**
>
> 在执行【覆盖】命令时，时间线中整个项目的时间长度不会发生改变。所选片段在时间线中以播放指示器所在的位置为入点，对播放指示器之后的片段进行覆盖，覆盖的范围为所选片段持续的时间长度。

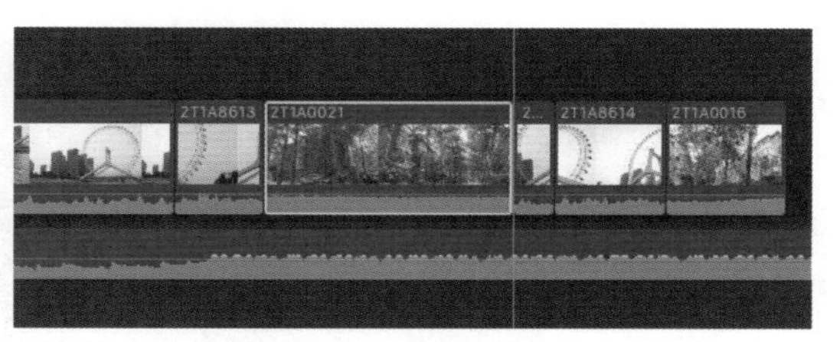

图3-25　覆盖片段

3.1.4　定位片段位置

当时间线中的片段较多，并需要查看时间线中某一特定片段在事件浏览器中的位置时，可以对其进行快速定位。

1 选择时间线上需要进行定位的片段，单击鼠标右键，在弹出的快捷菜单中选择【在浏览器中显示】命令(快捷键为Shift+F)，如图3-26所示。

2 此时事件浏览器中与时间线上所选片段相应的片段会显示激活状态的黄色外框，呈被选中的状态，如图3-27所示。

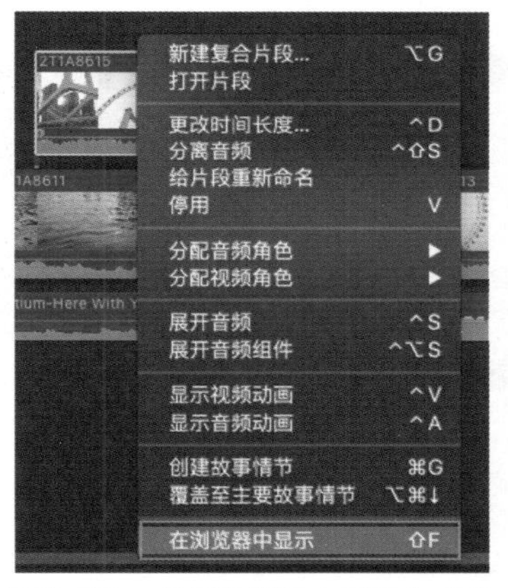

图3-26　【在浏览器中显示】命令

图3-27　定位所选片段

3.1.5　复制与删除片段

1 选择需要进行复制的连接片段，按快捷键Command+C进行复制后，将播放指示器拖曳到需要粘贴该片段的位置，按快捷键Command+V即可进行粘贴，如图3-28所示。

图3-28　复制与粘贴片段

2 当选择主要故事情节中的片段时，在进行复制后，按快捷键Command+V，直接将该片段粘贴在时间线中播放指示器所在的主要故事情节中，而按快捷键Option+V，则将片段以连接片段的方式粘贴在时间线中播放指示器所在的主要故事情节上，如图3-29所示。

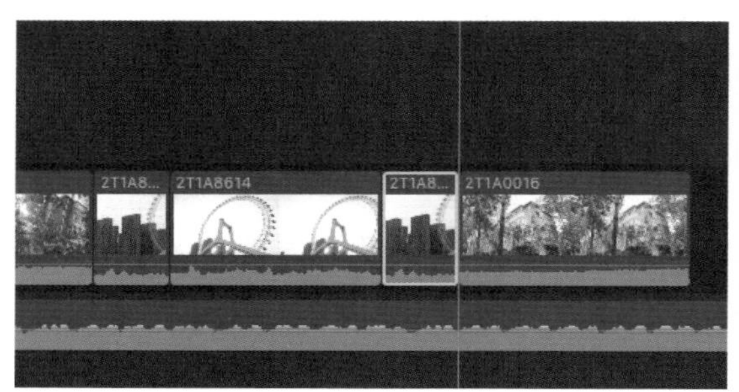

图3-29　复制与粘贴片段

提示

按快捷键Command+V，粘贴片段会改变项目的时间长度，而按快捷键Option+V，粘贴片段则不会改变项目的时长。

3 当需要删除时间线中的片段时，可以在选择该片段后，按Delete键进行删除，当删除所选片段后，之后的片段会自动前移，弥补被删除的片段所占的位置，如图3-30所示。

图3-30　删除片段

提示

在删除主要故事情节中的片段时，与之相连的连接片段也会一起被删除。

4 当按快捷键Shift+Delete删除所选片段时，可以保留该片段在时间线上的位置，之后的片段不会向前移动，原片段的位置会留下空隙，对与之相连的连接片段也没有影响，如图3-31所示。

图3-31　删除片段

3.1.6　时间线索引

1 单击时间线左上角的“显示或隐藏时间线索引”按钮(快捷键为Command+Shift+2)，可以打开“时间线索引”，如图3-32所示。

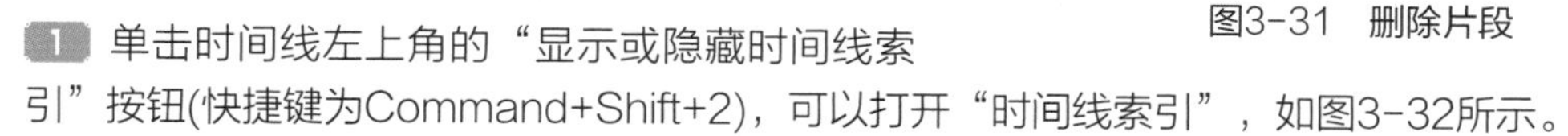

图3-32　“显示或隐藏时间线索引”按钮

2 在“时间线索引”中，时间线中的内容都会按照由左至右的顺序，以列表的方式由上至下进行显示，在此可以以文字的形式更加直观地查看时间线上的内容，如图3-33所示。

提示

“时间线索引”中的“位置”一栏表示该片段在整个项目中开始的位置。

在时间线中添加关键词、效果或转场后，这些内容也会呈现在“时间线索引”中。

3 “时间线索引”中的播放指示器位置与时间线上播放指示器的位置相对应。在时间线上左右拖曳播放指示器时，“时间线索引”中的播放指示器会相应上下移动。呈浅灰色状态显示的片段为在时间线上被选中的片段内容，如图3-34所示。

图3-33　时间线索引

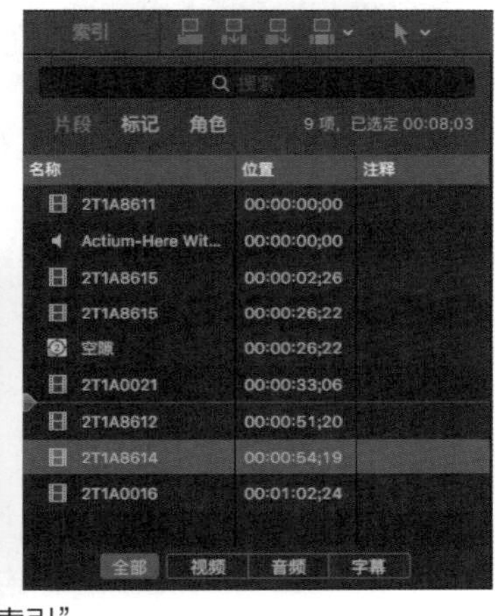

图3-34　查看“时间线索引”

4 单击左下角的“全部”按钮可以查看时间线上的全部内容，而单击“视频”等按钮，则可以对片段的类型进行切换，如图3-35所示。

5 利用“搜索栏”及“片段”“标记”“角色”按钮可以对列表中的内容进行筛选，如图3-36所示。

6 在“搜索栏”右下角可以看到当前在“时间线索引”中所包含的片段数量。“时间码”显示的是当前选中片段的时间长度，如图3-37所示。

图3-35　“视频”按钮

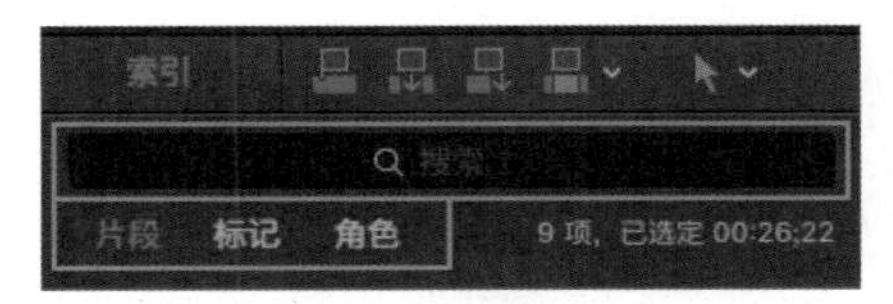

图3-36　搜索栏及按钮

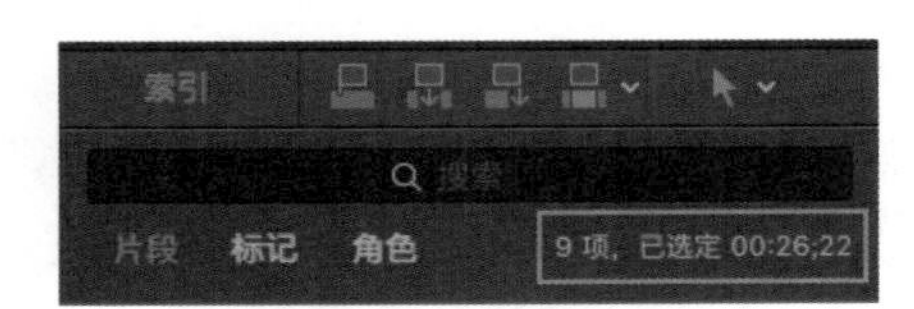

图3-37　查看片段信息

3.1.7 展开与分离音频

在拍摄的过程中常常会因场地的限制、时间的影响，或现场的不可预估因素而导致同期声的噪声问题。此时常常会使用分开采集视频和音频，或是在后期对视频画面进行配音的方式。这就需要在编辑过程中将片段中的音频分离出来进行查看或删除。

1 选择时间线中的片段后单击鼠标右键，在弹出的快捷菜单中选择【展开音频】命令(快捷键为Control+S)，如图3-38所示。

2 此时所选片段的视频和音频被分离，但是连接关系还在，也就是说可以同时进行选择和移动，如图3-39所示。

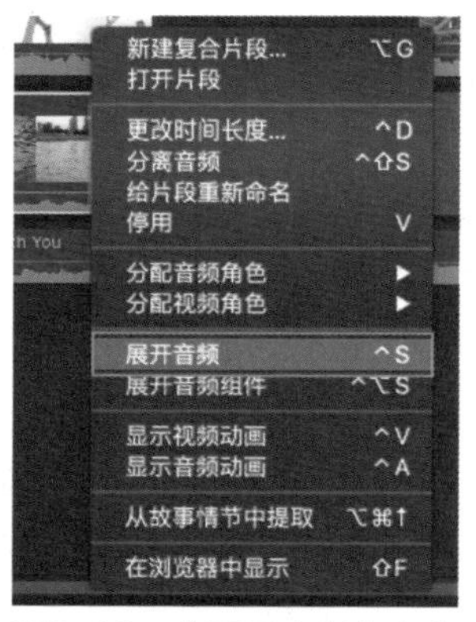

图3-38 【展开音频】命令

图3-39 移动音频

3 再次选择该片段后单击鼠标右键，在弹出的快捷菜单中选择【折叠音频】命令(快捷键为Control+S)，片段会恢复到原始状态，如图3-40所示。

4 当需要彻底分离音频与视频之间的连接时，选择该片段后单击鼠标右键，在弹出的快捷菜单中选择【分离音频】命令(快捷键为Control+Shift+S)，如图3-41所示。

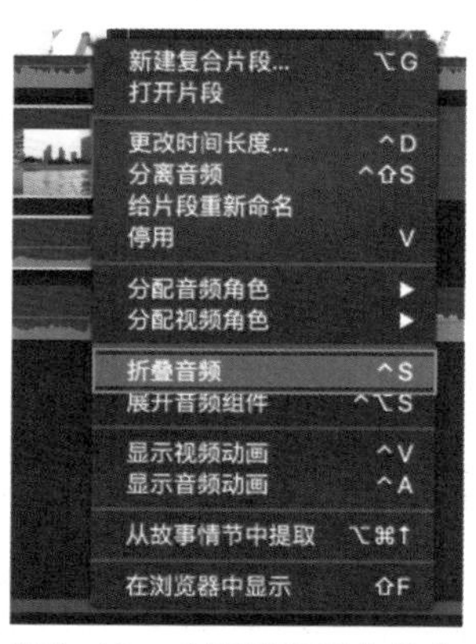

图3-40 【折叠音频】命令

图3-41 【分离音频】命令

5 此时音频被分离出来放置到主要故事情节的下方，并与主要故事情节相连接。该片段中音频与视频的联系被完全割断，可以单独对视频或者音频进行选择、移动与删除，如图3-42所示。

图3-42 分离音频

3.1.8　源媒体

之前介绍的四种编辑方式都是同时将片段中的音频与视频放置到时间线上，但在进行编辑工作的过程中，有时候仅需要某一个片段的音频或视频，此时将时间线中片段的音频或视频一个个手动分离后再进行删除的方式太烦琐，在Final Cut Pro中提供了一种更为便捷的编辑方式。

动手操作：使用源媒体编辑片段

▶素材：素材/风景2　▶源文件：资源库/第3章/3.1

1 选择菜单【编辑】|【源媒体】命令，在【源媒体】命令中提供了三种方式编辑片段，可以自动将片段的视频与音频进行分离，将其以【全部】(快捷键为Shift+1)、【仅视频】(快捷键为Shift+2)或【仅音频】(快捷键为Shift+3)的方式添加到时间线上，如图3-43所示。

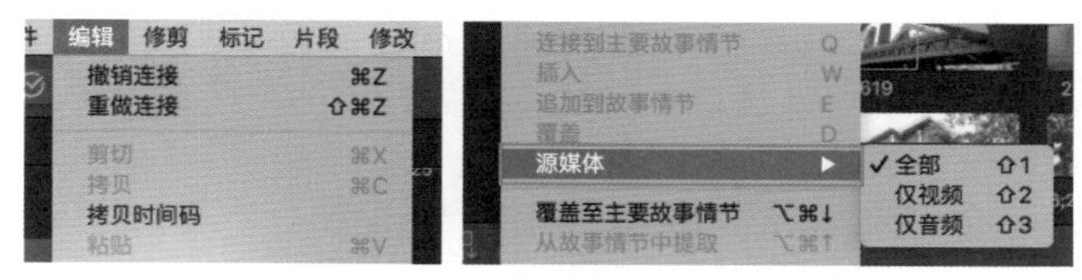

图3-43　【源媒体】命令

2 另外，也可以在时间线左上角的编辑栏中单击右侧的下三角按钮，在弹出的下拉列表中选择编辑方式，默认状态下将片段的音频与视频同时放置到时间线中(快捷键为Shift+1)，如图3-44所示。

3 在下拉列表中选择“仅视频”选项(快捷键为Shift+2)，如图3-45所示。

4 在事件浏览器中选择片段后将其拖曳到时间线上，此时在时间线中仅添加该片段的视频部分，而该片段中的音频部分已经被自动删除，并没有放入时间线中，如图3-46所示。

图3-44　“全部”选项

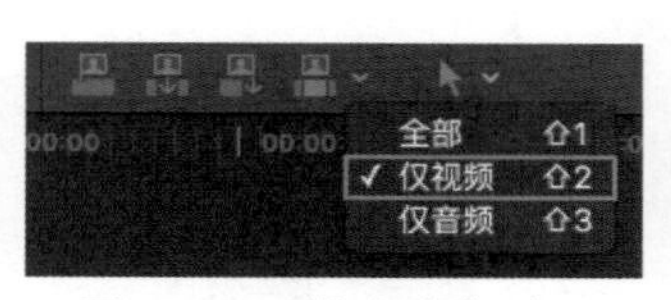

图3-45　“仅视频”选项

图3-46　仅添加视频片段

5 在下拉列表中选择“仅音频”选项(快捷键为Shift+3)，如图3-47所示。

6 在事件浏览器中选择片段后将其拖曳到时间线上，此时在时间线中仅添加所选片段的音频部分，如图3-48所示。

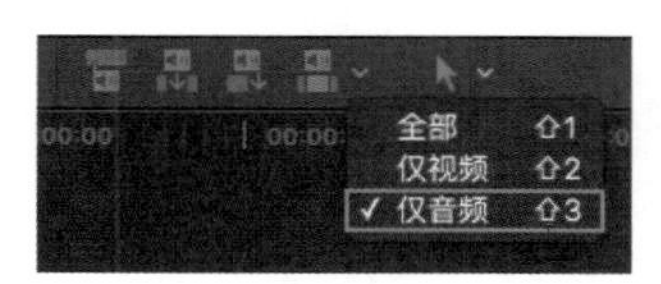

图3-47　“仅音频”选项

图3-48　仅添加音频片段

3.2　预览项目

在将所有需要的片段添加到时间线上并进行排列组合后，便可以利用时间线并通过检视器对整个项目进行预览。在时间线中预览项目的方式与浏览器中的方式大致相同。

3.2.1 预览项目的方法

动手操作：使用快捷键预览项目

▶素材：素材/风景2 ▶源文件：资源库/第3章/3.2

1 使用快捷键是在时间线中预览一个项目最简单的方法。在时间线中可以通过快捷键J、K、L与空格键对项目进行播放。

◆ L键可以播放项目，多次按L键可以加速播放。
◆ K键可以暂停播放。
◆ 空格键可以播放和暂停播放。
◆ J键可以倒放项目，多次按J键可以加速向后播放。
◆ 在按住K键的同时，每按一次J键可以倒退一帧，使用←键可以达到同样的效果。
◆ 在按住K键的同时，每按一次L键可以前进一帧，使用→键可以达到同样的效果。
◆ 快捷键Shift+←及Shift+→可以以10帧为单位向后或者向前进行播放。
◆ 快捷键Home或Fn+←可以使播放指示器跳到项目的开始位置。
◆ 快捷键End或Fn+→可以使播放指示器跳到项目的结尾位置。
◆ 快捷键↑与↓可以快速将播放指示器定位到项目中某个片段的入点或出点，实现编辑点之间的跳转。

提示

使用以上快捷键进行播放时，是从播放指示器所在的位置开始播放。当打开“浏览”功能时，是以红色的扫视播放头所在的位置开始播放。

2 此外，在预览过程中选择菜单【显示】|【播放】命令，在该菜单中包含多种对播放范围与播放方式进行设置的命令，如图3-49所示。

◆ 快捷键/可以播放所选范围内的内容。
◆ 快捷键Shift+“？”可以重复播放当前位置前后片段。
◆ 快捷键Control+Shift+I可以从头开始播放项目。
◆ 快捷键Control+Shift+O则会将项目播放到结尾。
◆ 快捷键Shift+Command+F将检视器放大至全屏模式来播放项目，使用快捷键Esc可以退出全屏模式。

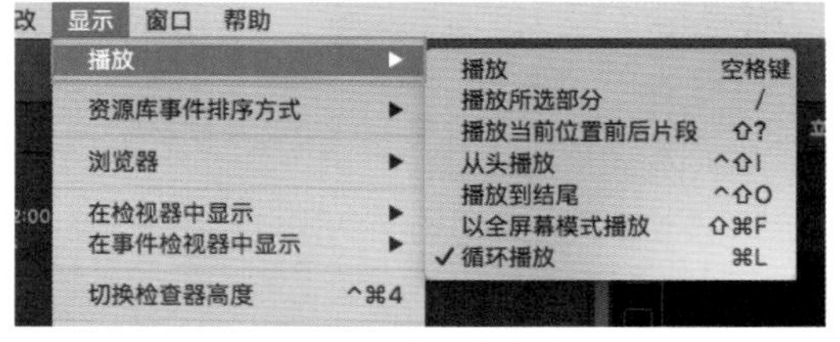

图3-49 【播放】命令

◆ 快捷键Command+L可以循环播放项目，当播放到项目结尾处时不会自动停止播放工作，会再次从项目开始进行循环播放。

3 在播放时间线上的项目时，检视器中的时间码可以对播放的时间位置进行直观地查看，如图3-50所示。

动手操作：使用鼠标预览项目

▶素材：素材/风景2 ▶源文件：资源库/第3章/3.2

图3-50 时间码

1 在时间线上拖曳播放指示器即可快速查找项目中的特定片段，并且在检视器中显示当前片段的内容，如图3-51所示。

2 与在事件浏览器中的预览方式相同，也可以利用浏览功能查看时间线中的项目。选择菜单【显示】|【片段浏览】命令(快捷键为Option+Command+S)，激活片段浏览功能，如图3-52所示。

3 此时将鼠标悬停在时间线中的片段上时，该片段上会出现一条亮橙色的线。当左右滑动鼠标时，这条线会随着光标移动位置，实时浏览时间线上的项目，如图3-53所示。

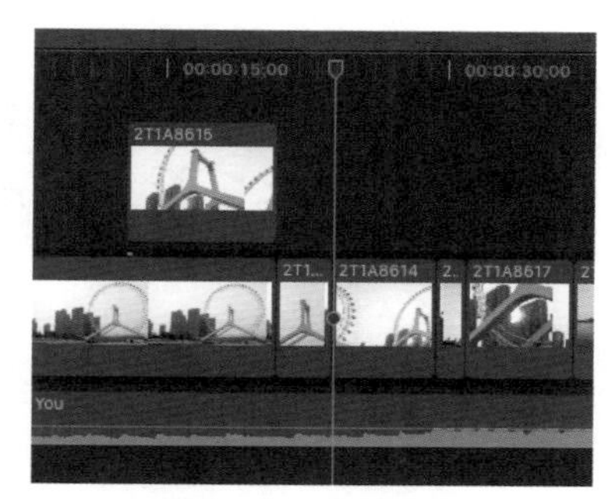

图3-51　查看项目

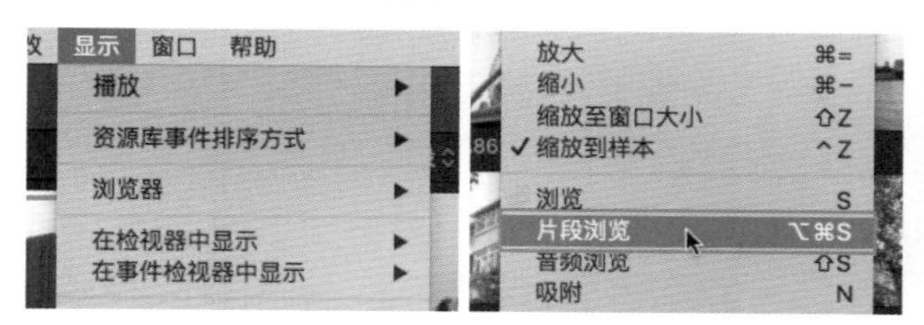

图3-52　【片段浏览】命令

图3-53　浏览视频片段

提示

当打开“片段浏览”功能时，按L键和空格键进行播放时会从扫视播放头的位置开始。

在使用“浏览”功能时是对时间线中的项目进行浏览，而“片段浏览”功能可以分别对主要故事情节中的片段或次级故事情节中的片段进行浏览。

动手操作：音频浏览

▶素材：素材/风景2　▶源文件：资源库/第3章/3.2

1 在使用鼠标对时间线中的项目进行预览时不会同时对相应的音频进行预览，如果需要对音频进行预览，可以选择菜单【显示】|【音频浏览】命令(快捷键为Shift+S)，激活“音频浏览”功能，如图3-54所示。

2 此时将鼠标悬停在时间线中的音频片段上左右滑动，对音频进行浏览，如图3-55所示。

图3-54　【音频浏览】命令

图3-55　浏览音频片段

3 单击时间线右上角的“打开或关闭视频和音频浏览”按钮(快捷键为S)和“打开或关闭音频浏览”按钮(快捷键为Shift+S)，激活“浏览”和“音频浏览”功能，如图3-56所示。

图3-56　“打开或关闭视频和音频浏览”按钮

4 此时在时间线中除了白色的播放指示器外，还出现了一条红色的线，当滑动鼠标预览时间线中的片段时，白色的播放指示器位置不发生改变，红色的扫视播放头则会随着光标移动，实时对时间线上的视频和音频进行浏览，如图3-57所示。

> **提示**
>
> 当关闭“浏览”功能时，“音频浏览”功能同样会被停用，而当需要将注意力集中在画面上时，可以按快捷键Shift+S关闭“音频浏览”功能。

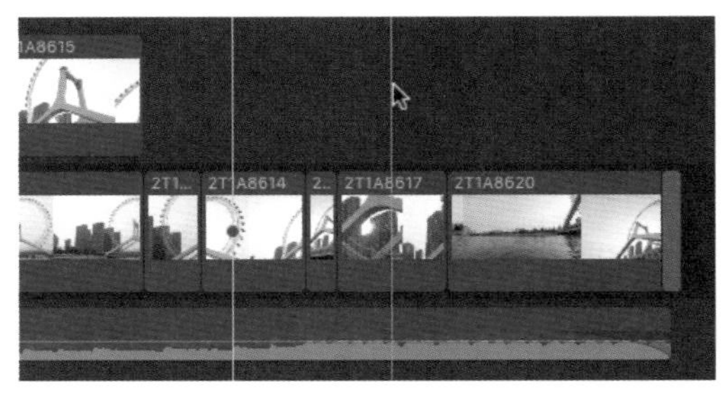

图3-57　浏览片段

3.2.2　独奏与停用片段

在进行编辑的过程中，有时需要对项目中的某一片段或某一部分进行反复地观看与斟酌，为了防止时间线中其他片段的干扰，此时可以使用“独奏”与“停用”功能。

动手操作：独奏片段

▶素材：素材/风景2　▶源文件：资源库/第3章/3.2

1 选择时间线上的视频片段后，选择菜单【片段】|【独奏】命令(快捷键为Option+S)，或者单击时间线右上角的“独奏所选项”按钮，激活“独奏”功能，如图3-58所示。

2 时间线上的音频片段变成了灰色，如图3-59所示。

3 按空格键播放项目，此时时间线上的音频片段被屏蔽，只能预览所选择的视频片段内容。

4 再次单击“独奏所选项”按钮，取消该功能，项目中的音频片段会取消屏蔽，恢复成正常的状态，如图3-60所示。

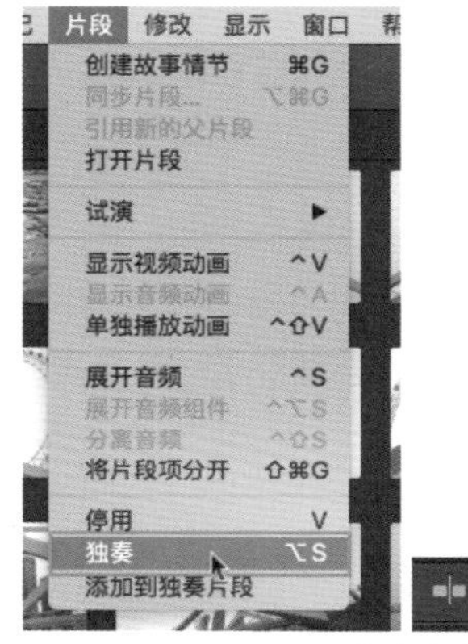

图3-58　【独奏】命令

图3-59　独奏视频片段

图3-60　取消屏蔽

动手操作：停用片段

▶素材：素材/风景2　▶源文件：资源库/第3章/3.2

1 选择时间线上的片段后，选择菜单【片段】|【停用】命令(快捷键为V)，如图3-61所示。或者在所选片段上单击鼠标右键，在弹出的快捷菜单中选择【停用】命令，如图3-62所示。

2 此时时间线上的所选片段变成了灰色，如图3-63所示。

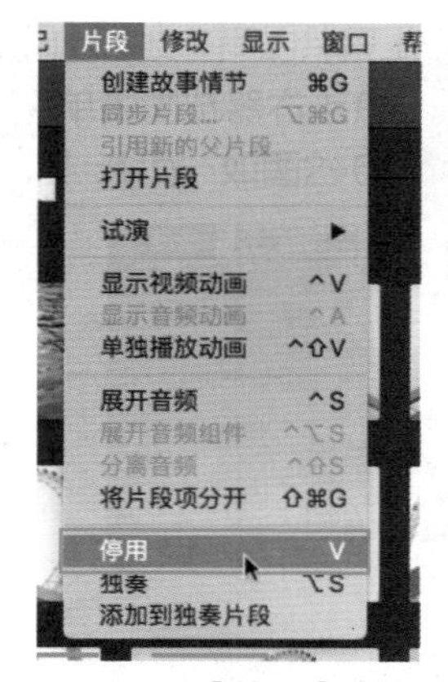

图3-61　【停用】命令1

图3-62　【停用】命令2

图3-63　停用片段

3 按空格键播放项目，此时所选片段的音频与视频均被屏蔽。

4 再次选择该片段后单击鼠标右键，在弹出的快捷菜单中选择【启用】命令(快捷键为V)，重新启用该片段，如图3-64所示。

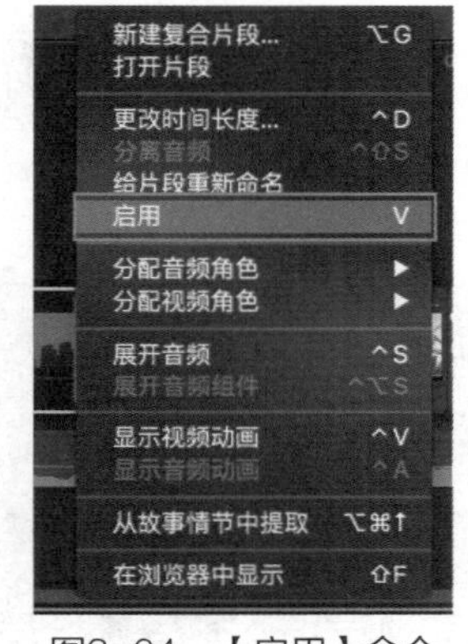

图3-64　【启用】命令

3.2.3　为项目添加标记

在第2章中已经学习了如何在事件浏览器中为所选片段添加标记来进行片段内容的注释，我们可以利用同样的方法在时间线的项目中添加标记。标记是在进行编辑过程中标记时间节点和具体内容的方式，也可以用来提示项目中某一位置在之后编辑过程中的待办事项，或是添加连接片段的位置等内容。

动手操作：添加标记

素材：素材/风景2　源文件：资源库/第3章/3.2

1 在时间线中将播放指示器拖曳到指定位置，按M键添加标记，如图3-65所示。

提示

在时间线中未选择特定的片段时，标记会添加在播放指示器所在位置的主要故事情节上。当需要将标记添加到连接片段上时，需要选择该片段后再进行添加，如图3-66所示。

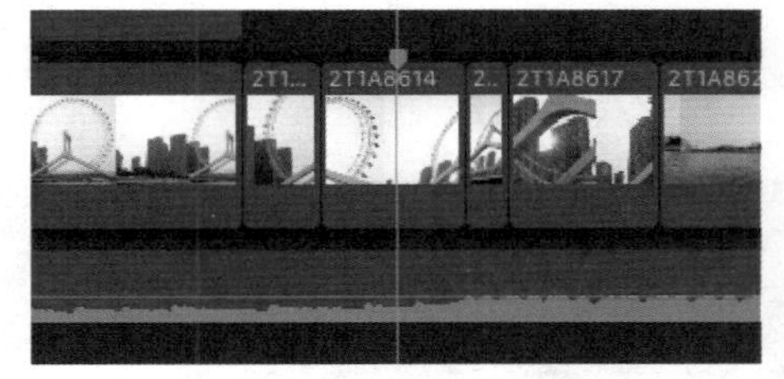

图3-65　添加标记

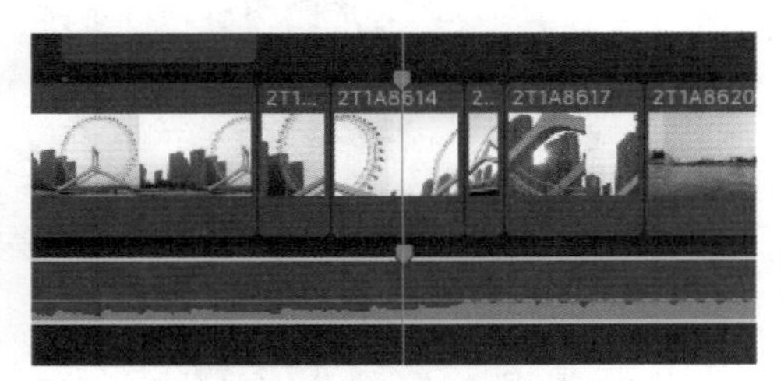

图3-66　为连接片段添加标记

2 双击添加的标记，打开“标记”对话框，对话框下方的时间码表示所选标记在时间线中所处的位置，如图3-67所示。

3 在“标记”对话框的上部有三个按钮，可以分别将标记设置为“标准”“待办事项”及“章节”模式，如图3-68所示。

4 在“标记”对话框的文本框中添加注释内容，并将其切换为“待办事项”模式，标记由蓝色变为红色，单击右下角的“完成”按钮，关闭对话框，如图3-69所示。

5 打开“时间线索引”，单击“标记”按钮后，可以仅对添加到时间线上的标记进行查看。单击列表中的标记名称，时间线上的播放指示器会快速地跳转到该标记的位置，如图3-70所示。

6 单击“全部”按钮旁的“显示未完成的待办事项”按钮，可以查看已经添加的“待办事项”标记及信息，选择其他按钮也会切换到相应的标记列表，如图3-71所示。

图3-67 “标记”对话框

图3-68 标记模式按钮

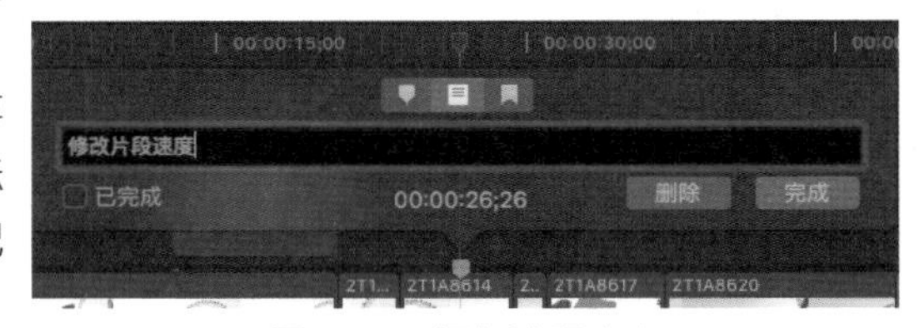

图3-69 添加注释内容

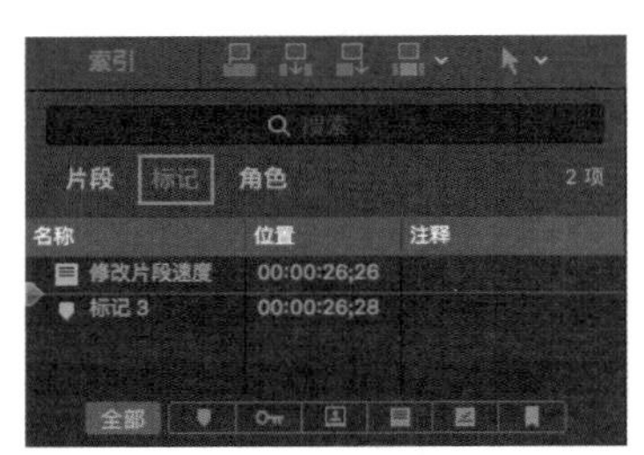

图3-70 查看标记

图3-71 切换标记类型

提示

按快捷键Control+【;】与Control+【’】可以快速地将播放指示器跳转到上一个或者是下一个标记的位置，实现标记之间的跳转。

3.2.4 检视器

在Final Cut Pro中的默认工作区中仅显示一个检视器，所以需要注意在进行预览时，检视器中所播放的内容是事件浏览器中所选择的片段，还是时间线上的项目。

1 当时间线被激活的情况下，其外部会出现一个蓝色的外框。检视器上显示的名称为所选项目的名称，出现在检视器中的内容为项目中播放指示器所在位置的片段画面，如图3-72所示。

2 未被激活的事件浏览器中所选片段的外框变为灰白色，如图3-73所示。

图3-72 查看时间线中项目

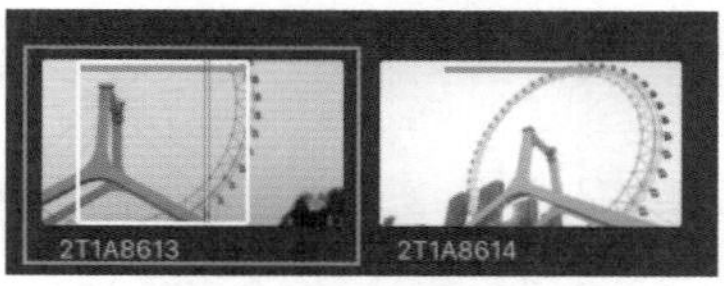

图3-73 未激活状态

3 当事件浏览器被激活时，所选片段的外框由灰白色变成黄色，该片段的内容也会显示在检视器中。此时检视器中所显示的名称为所选片段的名称，如图3-74所示。

图3-74 查看事件浏览器中片段

4 在检视器左上角显示的信息为当前片段或项目的格式，如图3-75所示。

5 单击检视器右上角百分比右侧的下三角按钮，在弹出的下拉列表中可以设置片段画面在检视器中的显示比例，如图3-76所示。

6 单击“显示”右侧的下三角按钮，在弹出的下拉列表中可以选择检视器的显示模式、质量、媒体类型等信息，如图3-77所示。

图3-75 查看片段或项目格式

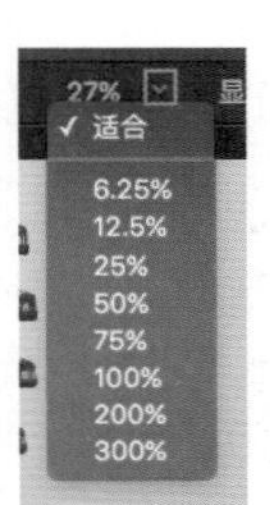

图3-76 显示比例列表

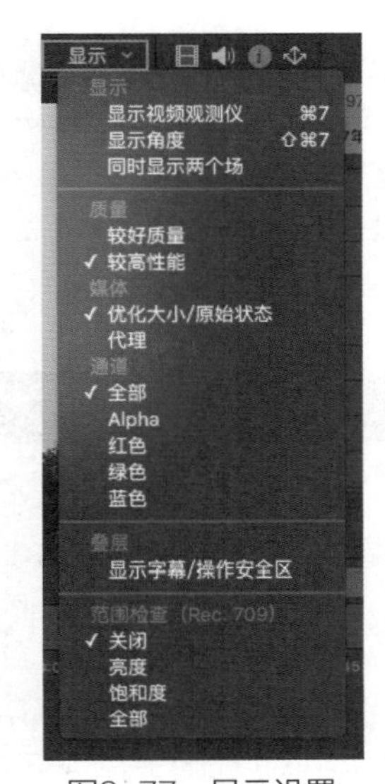

图3-77 显示设置

7 检视器左下角的三个编辑按钮由左至右分别为“变换”按钮、“选取颜色校正和音频增强选项”按钮与“选取片段重新定时选项”按钮。单击下三角按钮，打开相应的下拉列表后可以进行相关选项的切换。这三个按钮的功能在后面会进行详细的讲解，如图3-78所示。

8 单击时间码左侧的“播放”按钮可以对片段进行播放与暂停。在进行播放时，时间码右侧的“显示和隐藏音频指示器”按钮会实时对音频进行监控，单击该按钮可以打开“音频指示器”，如图3-79所示。

9 选择时间线中的片段，单击时间码后其变为蓝色(快捷键为Control+P)，如图3-80所示。

图3-78　编辑按钮

图3-79　“显示和隐藏音频指示器”按钮

图3-80　激活时间码

10 在时间码中输入数值后按Enter键，时间线中的播放指示器会直接跳转到该位置，如图3-81所示。

11 当选择时间线中的片段后，双击时间码后输入数字(快捷键为Control+D)，会修改所选片段的时间长度，如图3-82所示。

图3-81　输入数值

图3-82　设置片段时长

提示

在事件浏览器中为片段设定入点，双击时间码后输入数字，可以精确地设定选区范围，如图3-83所示。

图3-83　设定选区范围

提示

在输入数值时可以在前面添加“+”或者“-”表示数值的增减，如图3-84所示。

快捷键Command+1，在检视器中显示“事件浏览器”中选定片段的画面，而按快捷键Command+2，则会在检视器中显示“时间线”上播放指示器所在位置的画面，使用这两个快捷键可以进行“事件浏览器”与“时间线”之间的快速切换。

图3-84　输入符号

12 选择菜单【Final Cut Pro】|【偏好设置】命令(快捷键为Command+【，】)，打开“偏好设置”对话框，如图3-85所示。

13 在打开的对话框中，单击“通用”按钮，切换到“通用”对话框，如图3-86所示。

14 单击“时间显示”列表框后的下三角按钮，在弹出的下拉列表中可以切换时间码的显示模式，如图3-87所示。

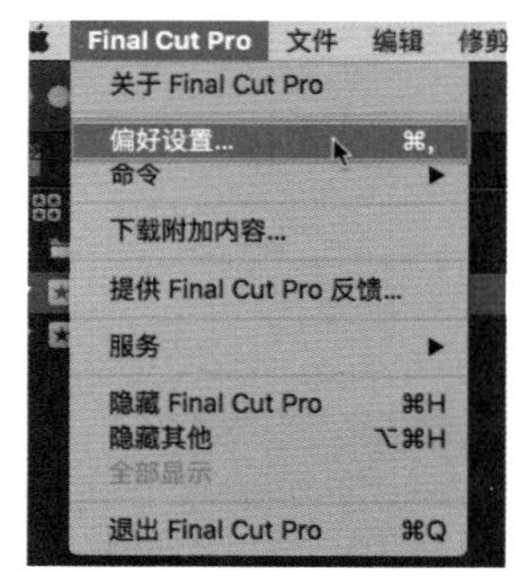

图3-85　【偏好设置】命令

图3-86 “通用”对话框

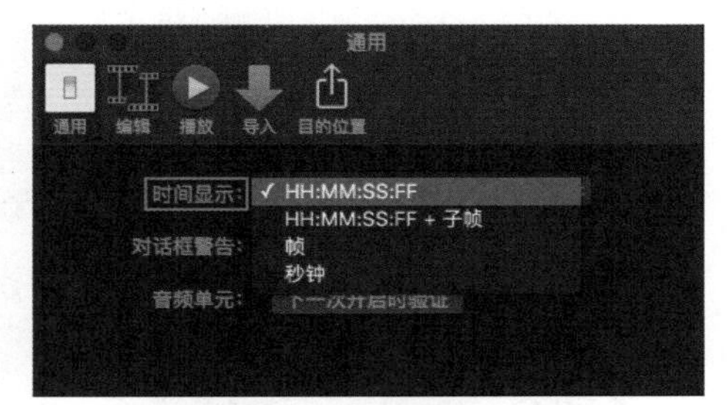

图3-87 “时间显示”选项

3.3 时间线外观设置

为了在时间线上更加容易地对片段进行观察与编辑，可以按照自己的工作习惯对时间线进行自定义设置。

3.3.1 调整时间线显示范围

1 按快捷键Command++可以放大时间线显示，时间线中片段的长度会增加，显示更多的片段缩略图。按快捷键Command+-可以缩短时间线显示，在时间线中显示更多的片段。

2 按快捷键Shift+Z可以将项目中的所有片段以合适的大小全部显示在时间线上，如图3-88所示。

图3-88 显示所有片段

注意

在进行以上操作时，需要确保时间线窗口为激活状态。

提示

在放大和缩小时间线的过程中，项目的总长度并没有改变，所改变的仅仅是项目中片段缩略图的显示长度，放大时间线以便于在编辑的过程中更快地找到特定的画面。

3.3.2 片段外观设置

动手操作：修改片段外观

▶素材：素材/风景2 ▶源文件：资源库/第3章/3.3

1 单击时间线右上角的“更改片段在时间线中的外观”按钮，打开“片段外观”对话框，如图3-89所示。

2 分别单击第一行的六个“片段显示选项”按钮，可以设置时间线上片段的显示模式。

◆ 第一个按钮：时间线中仅显示片段的音频波形，如图3-90所示。

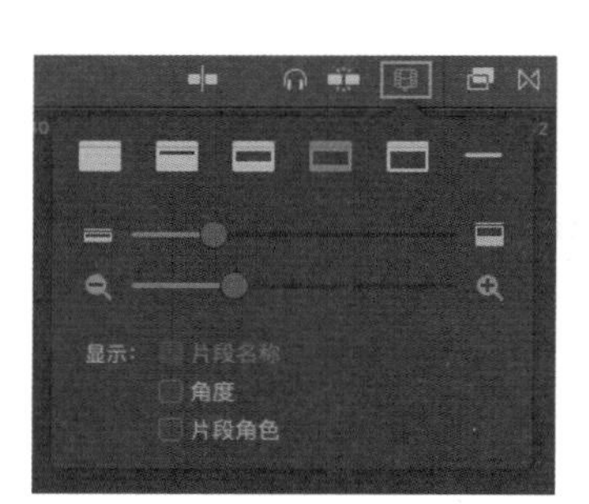

图3-89　“更改片段在时间线中的外观”按钮

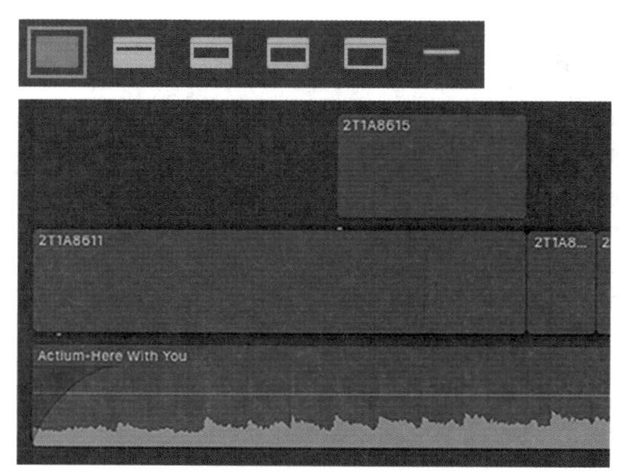

图3-90　片段显示模式一

◆ 第二个按钮：时间线中同时显示片段的视频缩略图与音频波形，但音频波形的显示大于视频缩略图的显示，如图3-91所示。

◆ 第三个按钮：比例均衡地显示片段的视频缩略图与音频波形，如图3-92所示。

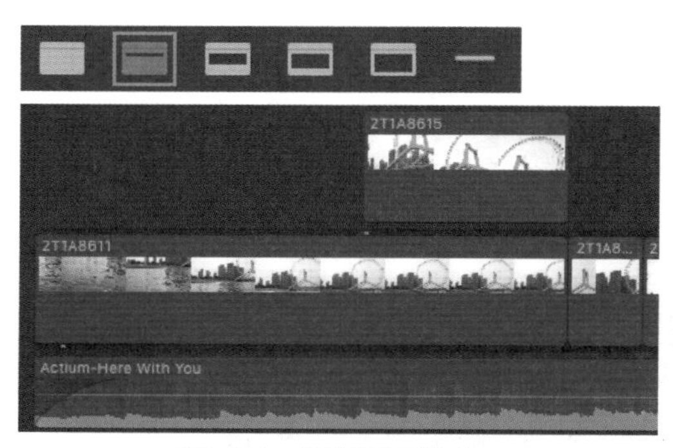

图3-91　片段显示模式二

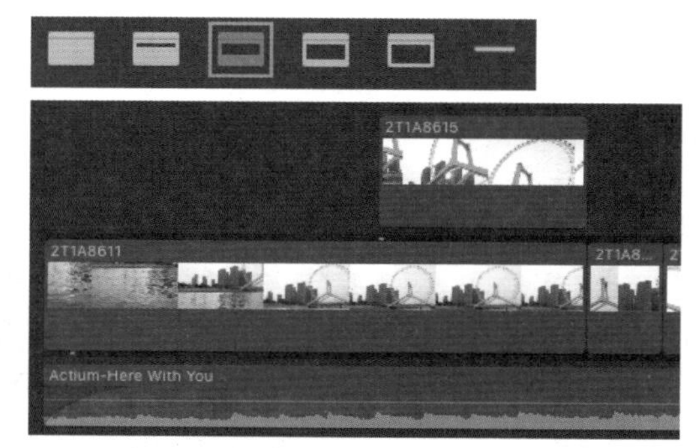

图3-92　片段显示模式三

◆ 第四个按钮：时间线中默认的片段显示模式，视频缩略图的显示范围大于音频波形的显示范围，如图3-93所示。

◆ 第五个按钮：在时间线中仅显示片段的视频缩略图部分，如图3-94所示。

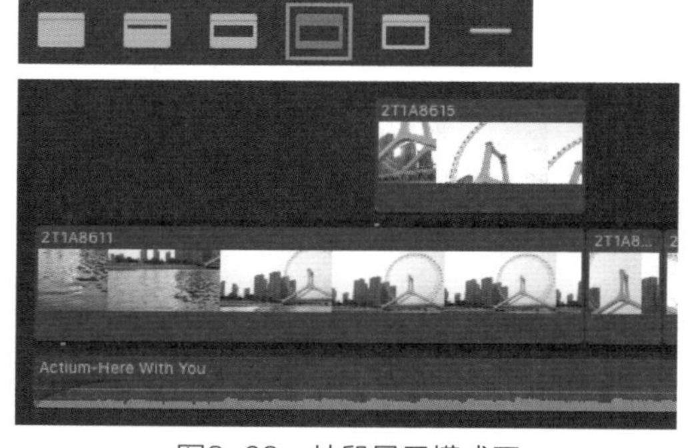

图3-93　片段显示模式四

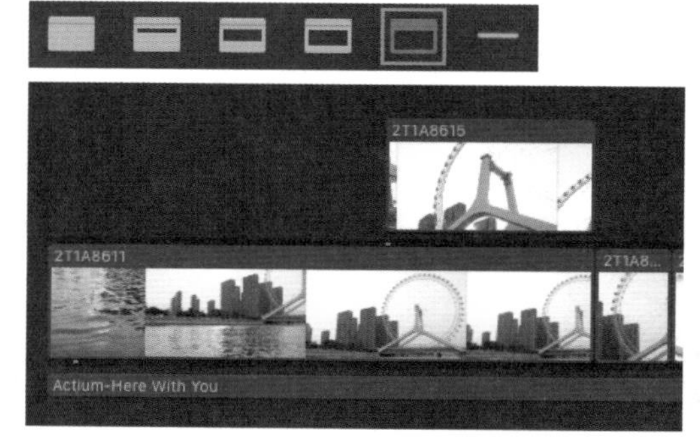

图3-94　片段显示模式五

◆ 第六个按钮：在时间线中既不显示片段的视频缩略图，也不显示音频波形，如图3-95所示。

提示 

也可以利用快捷键Control+Option+↑及Control+Option+↓在这六个模式之间进行切换。

3 第二行的滑块可以控制时间线上所有片段的高度。在拖曳滑块的过程中，越往右片段高度越高，如图3-96所示。

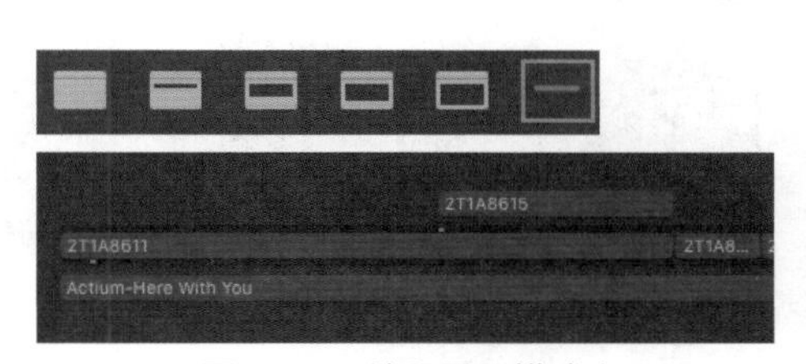

图3-95　片段显示模式六

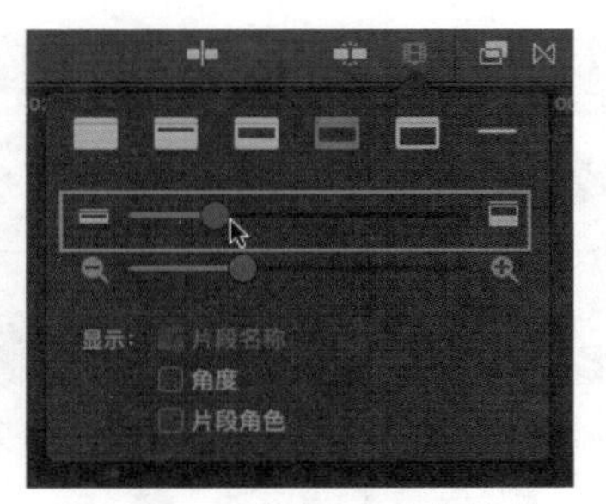

图3-96　“片段高度”滑块

4 拖曳第三行“调整时间线缩放级别”滑块，可以放大和缩小时间线，如图3-97所示。

5 勾选“显示”选项前的复选框，可以设置片段在时间线上所显示的标题名称，如图3-98所示。

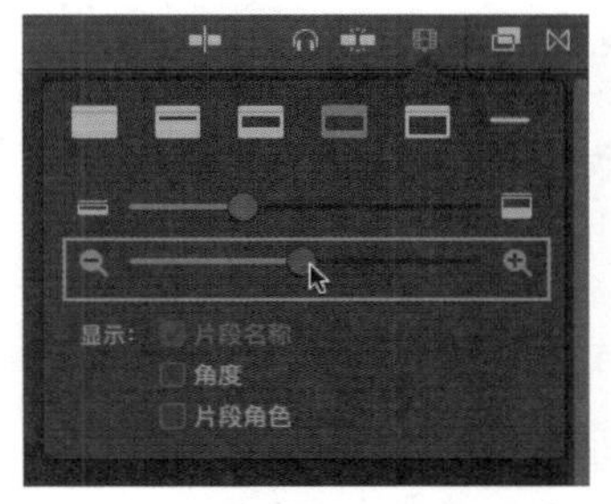

图3-97　“调整时间线缩放级别”滑块

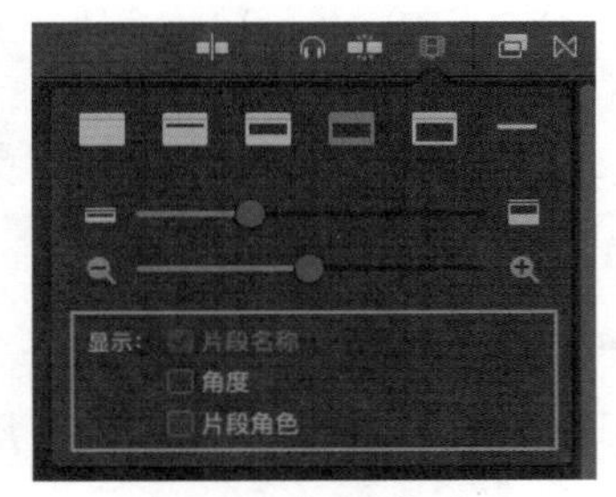

图3-98　“显示”选项

3.3.3 吸附功能

1 单击时间线右上角的“吸附”按钮(快捷键为N)，激活后变为蓝色，如图3-99所示。

2 还可以选择菜单【显示】|【吸附】命令(快捷键为N)，如图3-100所示。

图3-99　“吸附”按钮

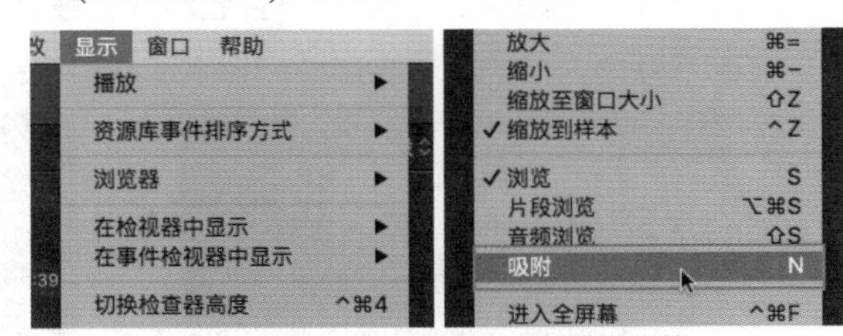

图3-100　【吸附】命令

3 此时在时间线上滑动鼠标，扫视播放头会自动被吸附到编辑点上，并由红色变为黄色，如图3-101所示。

4 此外，在打开“吸附”功能的情况下，将片段拖曳到时间线上时，片段也会自动地与时间线上的编辑点对齐，如图3-102所示。

5 再次单击“吸附”按钮将该功能关闭，之后再滑动鼠标进行浏览时，扫视播放头便不会自动吸附到编辑点上了。

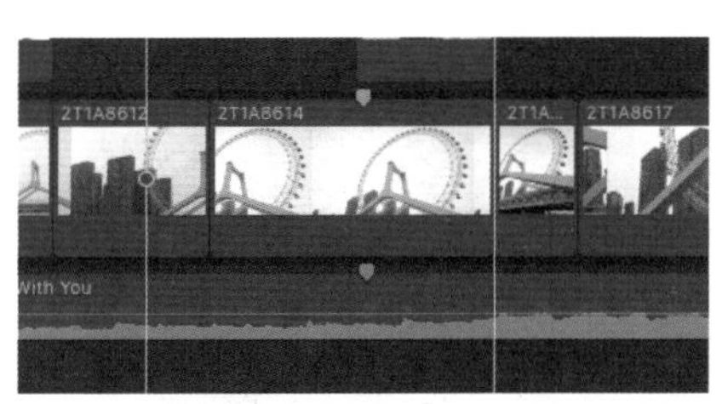

图3-101　“吸附”功能1

图3-102　“吸附”功能2

3.4 工具栏

在之前的学习中，我们已经将所需要的片段放置到时间线上，在进行预览的过程中会发现一些问题，此时需要我们对时间线中的项目进行更进一步的编辑，更加精确地完成剪辑任务。在本节中将初步介绍如何利用工具栏中的工具编辑时间线上的片段。

单击工具栏右侧的下三角按钮，打开下拉列表，在这里可以对编辑工具进行切换，如图3-103所示。

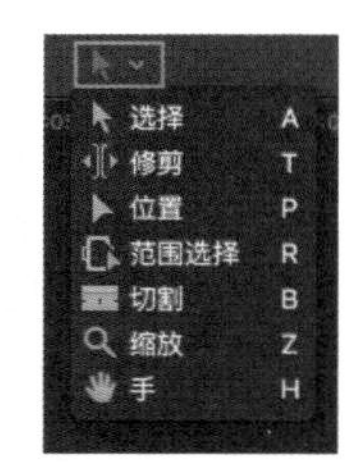

图3-103　工具栏

3.4.1 选择工具

在Final Cut Pro的工具栏中默认的编辑模式为“选择工具”(快捷键为A)，这是在编辑工作中经常使用的工具，在该模式下鼠标的光标显示为黑色的箭头形状。使用“选择工具”可以对事件、项目或者片段等内容进行选择和拖曳等操作，如图3-104所示。

而当用选择工具单击编辑点时，编辑点会显示红色或黄色的外框。选择编辑点后，按住鼠标左键对编辑点进行拖曳会改变所选片段的出入点位置，如图3-105所示。

图3-104　选择与拖曳片段

图3-105　拖曳编辑点

3.4.2 修剪工具

“修剪工具”(快捷键为T)，用于对时间线上的片段进行微调。

在该模式下，选择时间线上片段的编辑点后拖曳鼠标，同样可以修改片段持续的时间长度，如图3-106所示。

图3-106　拖曳编辑点

处于“修剪”模式时，将鼠标悬停在时间线中的片段上，光标会变为白色的箭头与胶片的滑移状态，如图3-107所示。

左右拖曳鼠标会微调所选片段的出入点位置，但不改变片段持续的时间，如图3-108所示。

图3-107　滑移光标

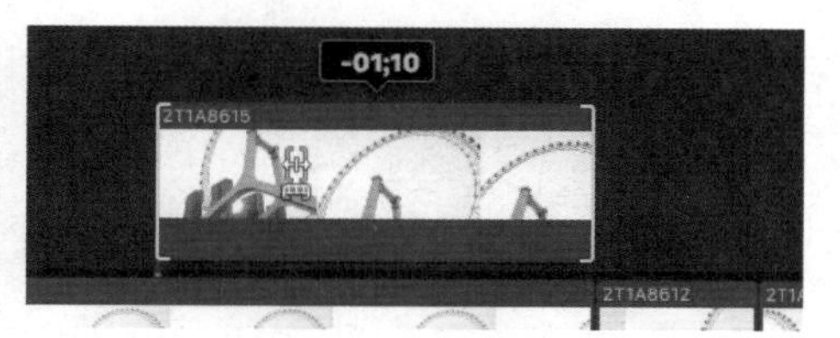

图3-108　滑移片段

3.4.3 位置工具

“位置工具”(快捷键为P)，在该编辑模式下移动时间线上的片段，相邻片段之间不会自动进行吸附。横向移动时，片段之间会进行覆盖并保留原片段的位置，如图3-109所示。

当利用“位置工具”从故事情节中提取片段时，片段在原故事情节中的位置同样会被保留下来，如图3-110所示。

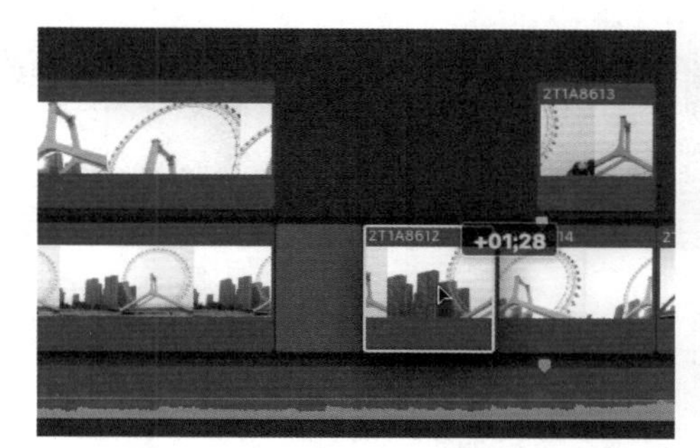

图3-109　使用“位置工具”移动片段

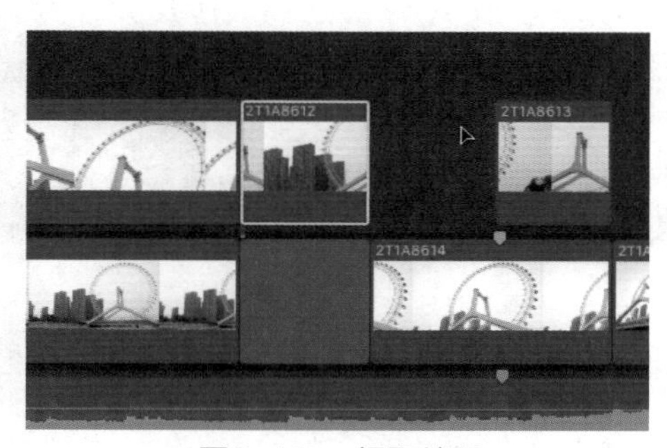

图3-110　提取片段

3.4.4 范围选择工具

“范围选择工具”(快捷键为R)，在该编辑模式下，可以对时间线及事件浏览器中的片段进行框选。在时间线上单击后进行拖曳，框选时间线上的多个片段或某个片段的部分内容建立选区，如图3-111所示。

图3-111　框选片段

框选后所选部分会出现一个黄色的矩形外框，利用鼠标拖曳黄框左右两侧的小矩形可以改变选区的范围，如图3-112所示。

在事件浏览器中，则可以利用“范围选择工具”在同一片段中创建多个选区。在事件浏览器

图3-112　调整选区范围

中将片段缩略图放大后，按住鼠标左键进行拖曳框选片段内容，如图3-113所示。

图3-113　建立选区

按住Command键可以同时建立多个选区，如图3-114所示。

建立选区后，被框选的部分会出现一个黄色的矩形外框，利用鼠标对入点及出点的位置进行拖曳，可以改变选区的范围，如图3-115所示。

图3-114　建立多个选区

图3-115　修改选区范围

提示

按快捷键【`】可以播放所选区域中的片段内容；按快捷键Option+X可以取消所选选区；按快捷键X可以取消所有选区。

3.4.5　切割工具

“切割工具”（快捷键为B)，在该编辑模式下，鼠标的光标为刀片状，如图3-116所示。

在时间线中的片段上单击，在该位置的片段进行切割，如图3-117所示。

图3-116　切割工具

图3-117　切割片段

提示

在对连接片段进行切割时，切割线为实线。而切割主要故事情节中的片段时，切割线为虚线，如图3-118所示。

图3-118 切割线

3.4.6 缩放工具

“缩放工具”(快捷键为Z)，在该编辑模式下，鼠标光标为放大镜的形状，单击可以放大时间线，如图3-119所示。

按住Option键，光标中放大镜的“+”变为“-”，此时在片段上单击会缩小时间线，如图3-120所示。

图3-119 缩放工具

图3-120 缩小时间线

按住鼠标左键不放，并在时间线上拖曳框选片段，所框选的片段会被放大，并将它们充满整个时间线，如图3-121所示。

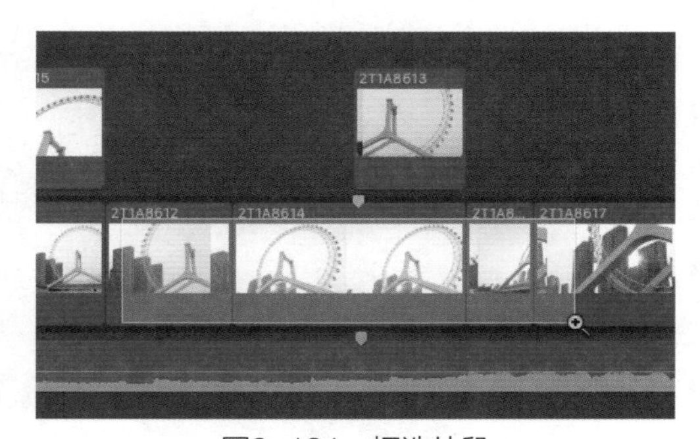

图3-121 框选片段

3.4.7 抓手工具

“抓手工具”(快捷键为H)，在该模式下鼠标光标变为手的形状，如图3-122所示。

其功能类似于鼠标左右键之间滚轮的功能。按住鼠标左键，光标变为握拳状态后左右拖曳鼠标可以查看时间线上各个位置的片段，如图3-123所示。

图3-122 抓手工具

图3-123 移动时间线

3.5 课后习题

(1) 添加片段的方式有哪些?

(2) 如何在不移动连接片段的情况下移动与之相连的主要故事情节中的片段?

(3) 如何预览项目?

(4) 如何快速显示时间线中所有的片段?

(5) 如何调整时间线中片段的显示比例?

(6) 如何停用时间线中的音频?

(7) 如何为项目中的连接片段添加标记?

(8) 工具栏中的工具分别有什么样的功能?

快捷键		
1	Control+Command+2	显示或隐藏时间线
2	Command+A	全选
3	Q	连接到主要故事情节
4	W	插入
5	E	追加到故事情节
6	D	覆盖
7	Shift+F	在浏览器中显示
8	Command+C	复制
9	Command+V	粘贴
10	Option+V	以连接片段的方式粘贴
11	Delete	删除
12	Shift+Delete	保留位置进行删除
13	Command+Shift+2	显示或隐藏时间线索引
14	Control+S	展开音频/折叠音频
15	Control+Shift+S	分离音频
16	Shift+1	添加片段全部内容
17	Shift+2	仅添加片段视频
18	Shift+3	仅添加片段音频
19	L	播放/加速播放
20	K	暂停
21	J	倒放/加速倒放
22	空格	播放/暂停
23	Control+Shift+I	从头播放片段
24	空格键	播放与暂停
25	←	向左微移一帧

26	→	向右微移一帧
27	Shift+←	向左移动十帧
28	Shift+→	向右移动十帧
29	Home/Fn+←	跳到开始位置
30	End/Fn+→	跳到结尾位置
31	↑	上一编辑点
32	↓	下一编辑点
33	/	播放所选部分
34	Shift+?	播放当前位置前后片段
35	Contorl+Shift+I	从头播放
36	Contorl+Shift+O	播放到结尾
37	Shift+Command+F	以全屏模式播放
38	Esc	退出全屏
39	Conmmand+L	循环播放
40	Option+Command+S	片段浏览
41	Shift+S	音频浏览
42	S	浏览
43	Option+S	独奏
44	V	停用/启用
45	M	添加标记
46	Control+;	跳到上一个标记
47	Control+’	跳到下一个标记
48	Control+P	激活时间码跳转播放指示器
49	Control+D	激活时间码设置片段长度/选区范围
50	Command+1	激活浏览器
51	Command+2	激活时间线
52	Command+,	打开偏好设置
53	Command++	放大时间线显示
54	Command+-	缩小时间线显示
55	Shift+Z	在时间线上以合适大小显示所有片段
56	Control+Option+↑	切换片段显示模式
57	Control+Option+↓	切换片段显示模式
58	N	吸附
59	A	选择工具
60	T	修剪工具
61	P	位置工具
62	R	范围选择工具

63	B	切割工具
64	Z	缩放工具
65	H	抓手工具
66	`	播放选区
67	Option+X	取消所选选区
68	X	取消所有选区
69	Option+Command+K	自定命令

3.6 课后拓展：自定义快捷键

通过之前的学习，我们发现在Final Cut Pro中有很多命令都有多种方式可以得到实现。大多数的编辑命令，既可以在菜单栏中的下拉菜单中找到相应选项，也可以在工作区中的编辑按钮，或者右击所弹出的快捷菜单中找到。使用哪一种方式去创建编辑命令跟个人的剪辑习惯有很大的关系。但在选择编辑命令时，最为便捷的方式就是通过菜单栏中每个命令后相应的快捷键。

如果之前使用过其他剪辑软件，就会发现Final Cut Pro中的快捷键可能会与它有一些差异。这时可以按照之前使用的剪辑软件的习惯自定义Final Cut Pro中的快捷键。

1 选择菜单【Final Cut Pro】|【命令】|【自定】命令(快捷键为Option+Command+K)，如图3-124所示。

图3-124 【自定】命令

2 打开的“命令编辑器”分为上下两部分，上半部分表示正在使用的键盘布局，下半部分为Final Cut Pro中当前所包含的所有快捷键及相应的编辑命令，如图3-125所示。

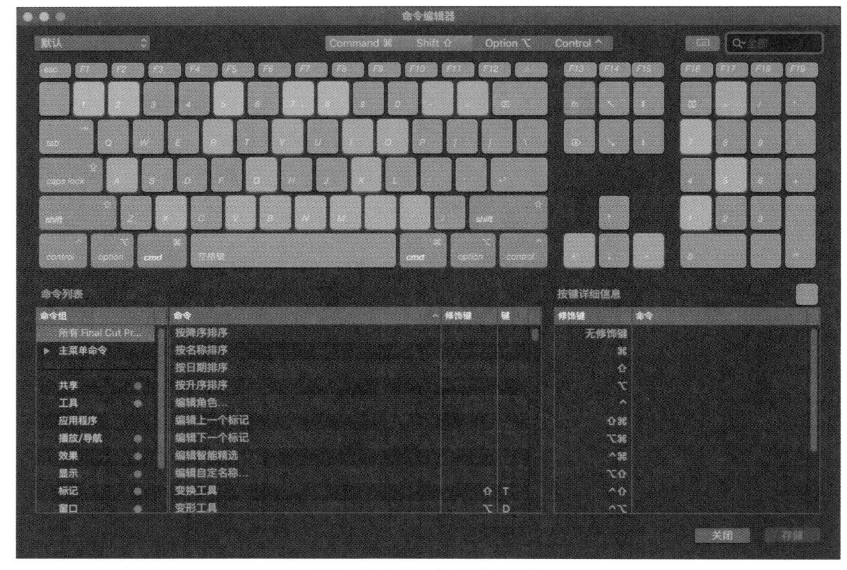

图3-125 命令编辑器

3 单击“命令”栏中的编辑命令，会在右方显示该命令的详细信息，如图3-126所示。

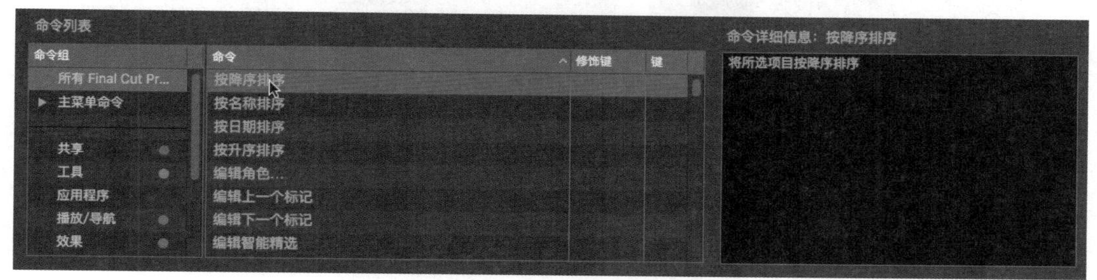

图3-126 显示命令详细信息

4 单击左上角“默认”列表框右侧的下三角按钮，在弹出的下拉列表中导入已有的快捷键布局或者对原始快捷键布局进行复制，而右上角的搜索栏中可以对快捷键进行快速搜索，如图3-127所示。

5 单击“复制”选项，复制默认快捷键布局，在弹出的对话框中对其进行重命名后，单击“好”按钮进行保存，如图3-128所示。

6 再次单击左上角的“默认”列表框右侧的下三角按钮，在弹出的下拉列表中对保存过的快捷键布局进行切换，如图3-129所示。

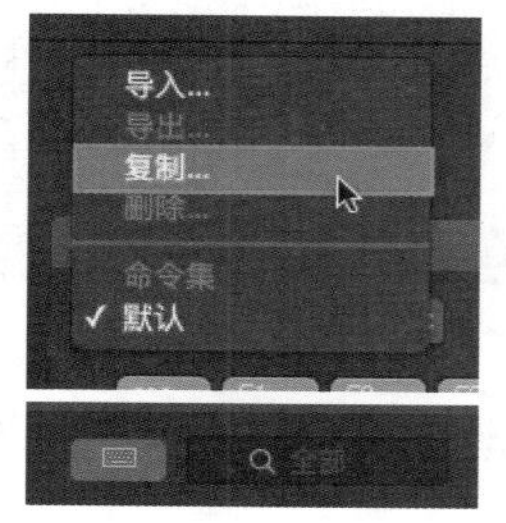

图3-127 复制与搜索快捷键

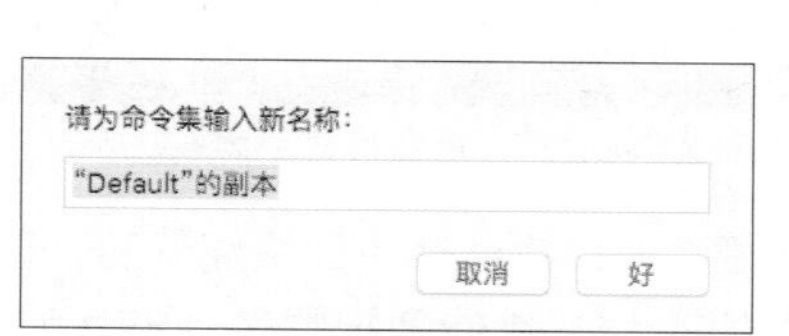

图3-128 重命名快捷键

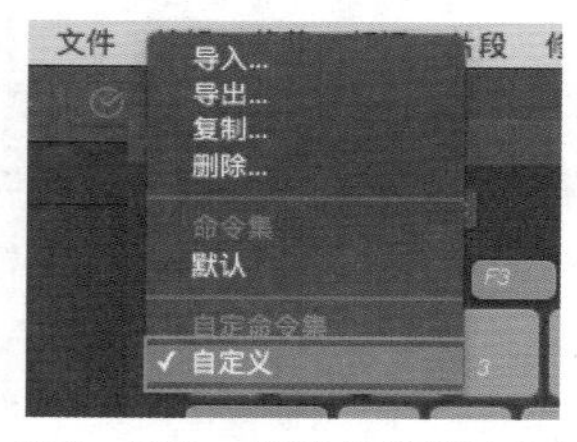

图3-129 切换快捷键布局

提示

在Final Cut Pro中不能对默认快捷键布局进行修改，当未进行复制时会弹出提示对话框，此时单击右下角的“制作拷贝”按钮即可，如图3-130所示。

7 单击键盘中的字母，会将所有与其有关的编辑命令及相关的快捷键调入右下角的“按键详细信息”栏，如图3-131所示。

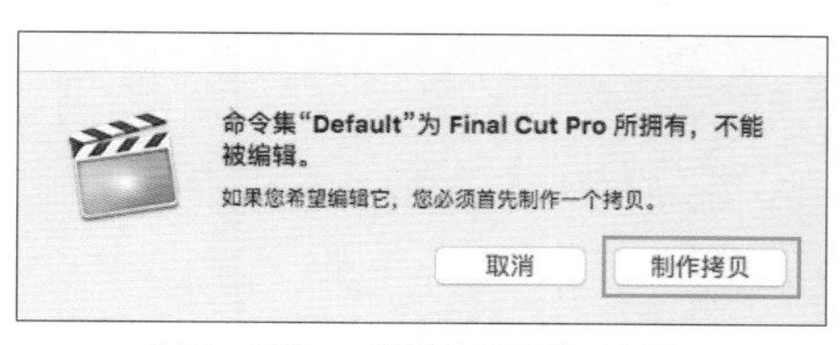

图3-130 “制作拷贝”按钮

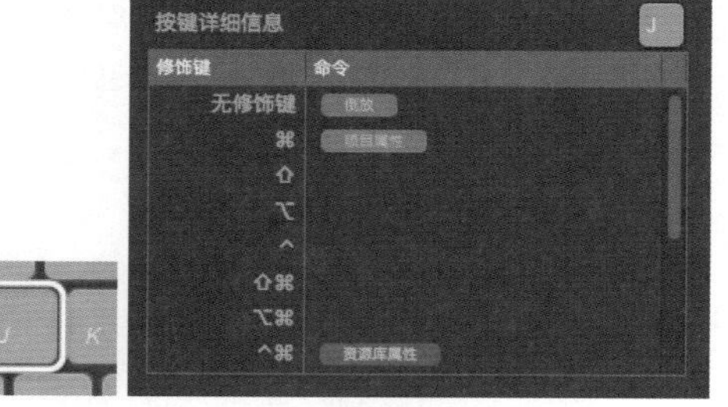

图3-131 “按键详细信息”栏

8 右侧显示为空白的修饰键表示该快捷键为空余状态，按住鼠标将编辑命令在“命令”栏中拖曳至空余修饰键后，释放鼠标，即可为该命令添加相应的快捷键，如图3-132所示。

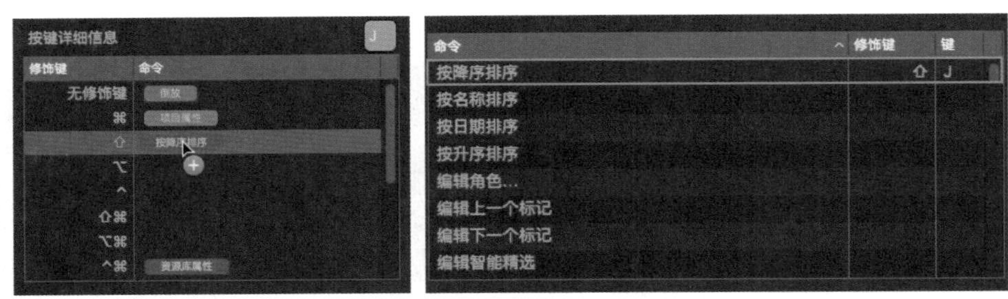

图3-132　添加快捷键

9 在Final Cut Pro中自定义快捷键时有四个可以作为修饰键的符号，分别为Command、Shift、Control和Option，当在键盘上按住修饰键时相应的按键会被激活为蓝色，此时键盘中变成灰色的按键为未被占用的状态，如图3-133所示。

图3-133　查看快捷键布局

10 除此之外，还可以在“命令”栏中选择需要修改的快捷键后，直接输入希望自定义的快捷键内容。例如，将“切割工具”的B键修改为在其他剪辑软件中默认的V键，如图3-134所示。

11 当重新设定的快捷键与原快捷键布局有冲突时，会弹出提示对话框。单击“重新指定”按钮，重新指定快捷键，如图3-135所示。

图3-134　修改快捷键

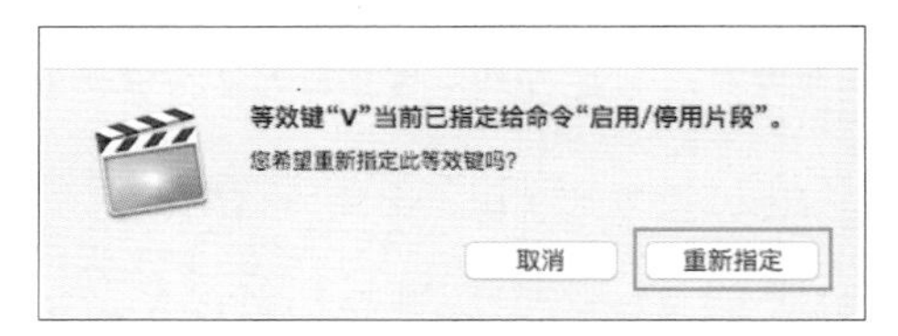

图3-135　“重新指定”按钮

为了便于大家学习，本书中所有编辑命令之后所提示的快捷键均为默认快捷键键盘中的设置。

第4章 剪辑技巧

本章概述：

本章主要学习几个在进行编辑过程中较为实用的剪辑技巧，并利用这些技巧精细地调整时间线中的片段。

教学目标：

(1) 尝试对时间线中的片段进行替换，并选择适合的替换方式。
(2) 能够创建试演，对片段进行对比与挑选。
(3) 熟练应用创建故事情节与复合片段的方式整理时间线。
(4) 能够对事件浏览器及时间线中的片段创建静帧，并修改静帧长度。
(5) 熟练使用三点编辑的方式编辑片段。
(6) 利用修剪工具对时间线中的片段进行卷动、滑动与滑移编辑。
(7) 创建与剪辑多机位片段。

本章要点：

(1) 替换片段
(2) 试演
(3) 创建故事情节
(4) 复合片段
(5) 占位符与空隙
(6) 插入静帧
(7) 三点编辑
(8) 卷动、滑动与滑移编辑
(9) 多机位剪辑

现在，我们已经能够在浏览器中将杂乱无章的片段进行整理与标注，将其放置到时间线上，并按照自己的编辑思路对片段进行初步的排序与剪辑。此时片段的位置已经大致确定下来，然后就需要对片段进一步修剪与调整。所以，在本章中将介绍一些在Final Cut Pro中较为便捷与实用的剪辑技巧。

4.1 替换片段

在第3章中，我们已经使用连接、插入、追加及覆盖的方式将事件浏览器中的片段放置到时间线上，接下来将使用替换的方式用一个新的片段替换时间线中的片段。

动手操作：替换编辑

▶素材：素材/建筑　▶源文件：资源库/第4章/4.1

1 选择事件浏览器中的新片段，按住鼠标左键，将其拖曳到时间线中需要进行替换的片段上，此时鼠标的光标下方出现一个绿色的圆形“+”标志，时间线上的原片段显示为亮灰色，如图4-1所示。

2 释放鼠标左键，时间线中会弹出一个菜单，如图4-2所示。

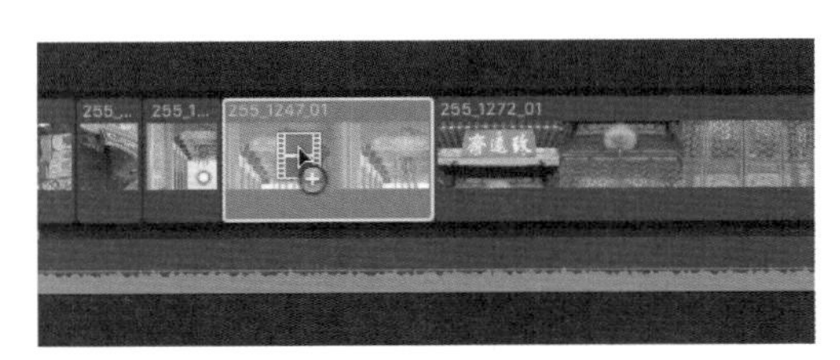

图4-1　拖曳片段

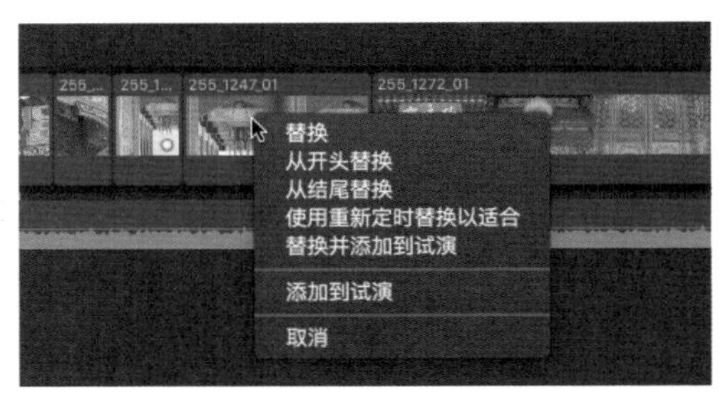

图4-2　弹出菜单

3 在菜单栏中选择【替换】命令时(快捷键为Shift+R)，时间线中原来的片段被新的片段替换。当两个片段的时间长度不同时，会影响整个项目的时间长度，如图4-3所示。

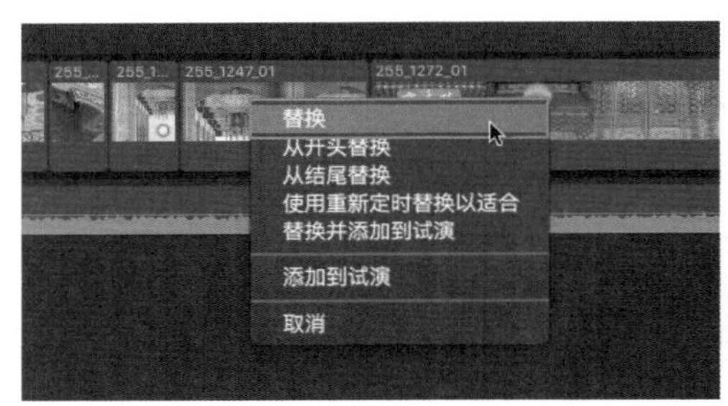

图4-3　替换片段

4 选择【从开头替换】命令时(快捷键为Option+R)，将时间线中原片段的开始位置与新片段的开始位置对齐后，按照时间线中原片段的时间长度进行替换。时间线中的总项目时间长度不发生改变，如图4-4所示。

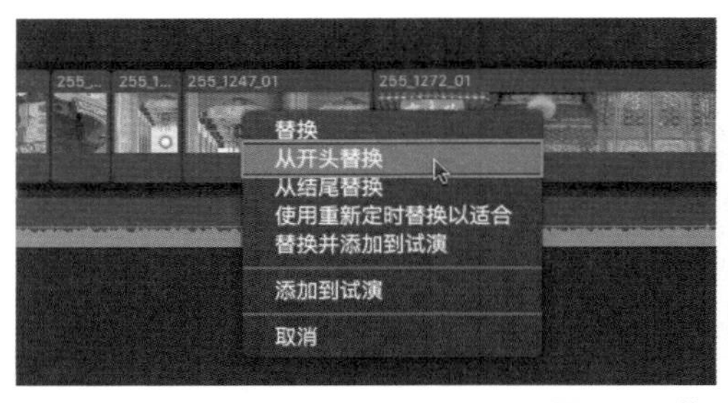

图4-4　从开头替换片段

5 选择【从结尾替换】命令时，将时间线中原片段的结束位置与新片段的结束位置对齐后，按照时间线中原片段的时间长度进行替换。时间线中的总项目时间长度不发生改变，如图4-5所示。

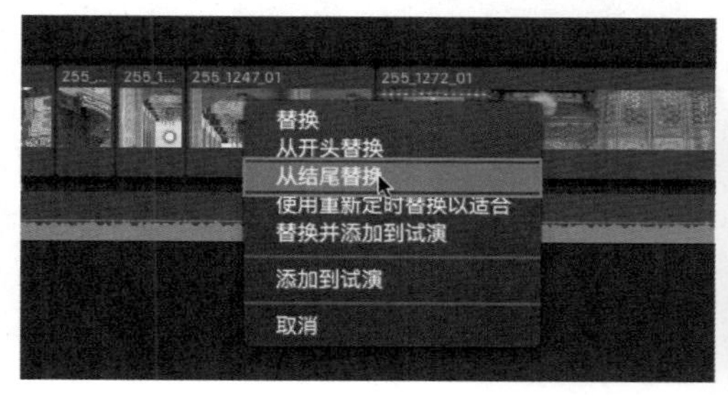

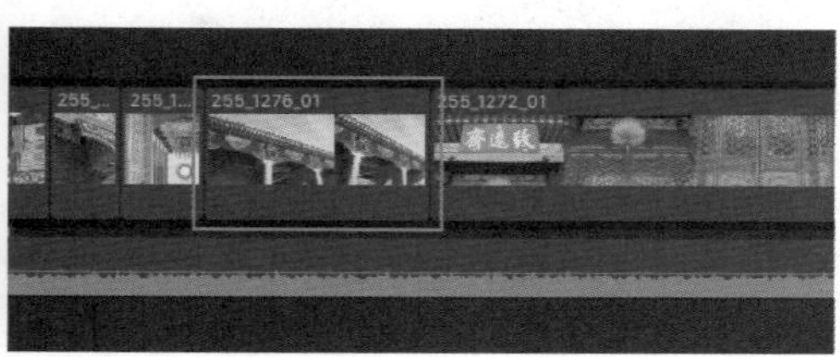

图4-5　从结尾替换片段

6 在事件浏览器中所选片段的时间长度小于时间线中原片段的时间长度时，选择【从开头替换】或【从结尾替换】命令，弹出提示对话框，如图4-6所示。

7 在弹出的对话框中单击“继续”按钮，时间线中的所选片段会被替换，整个项目的长度会缩短，如图4-7所示。

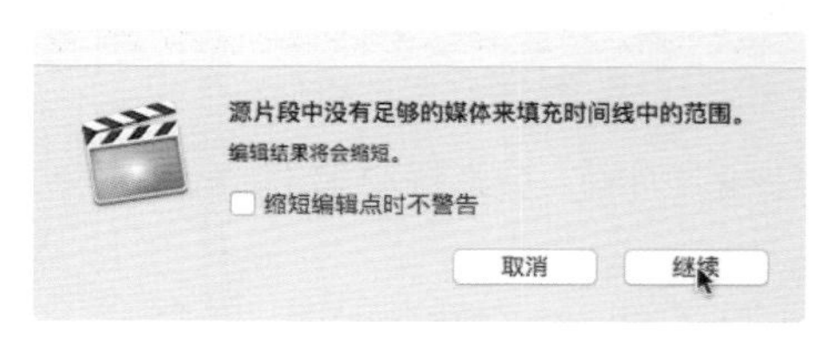

图4-6　提示对话框

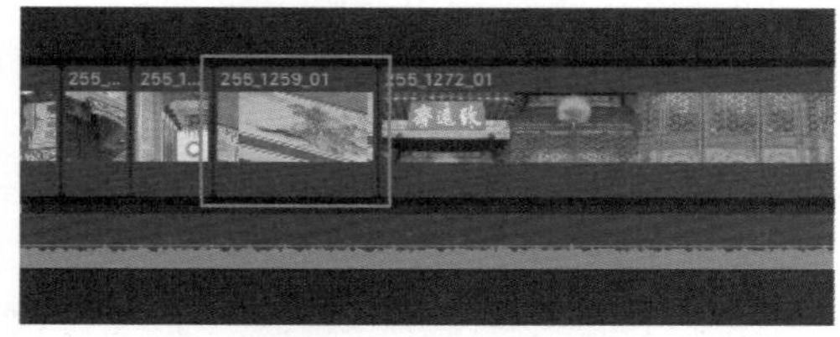

图4-7　替换片段

8 选择【使用重新定时替换以适合】命令时，时间线中原片段的开始位置与新片段的开始位置对齐后，以时间线中原片段的时间长度为准将新片段替换到时间线上。如果新片段的时间长度大于或小于时间线中的原片段，那么新片段将会自动根据原片段的时间长度调整速度以适应时长。此时时间线中整体项目的持续时间不会发生变化，如图4-8所示。

图4-8　使用重新定时替换片段

4.2　试演片段

剪辑工作是一个反复与修改的过程，并需要在这个过程中进行不断的创新与尝试，提供多种剪辑方案与风格。利用“试演”功能可以在时间线中的同一位置放置多个片段，根据具体的要求随时调用，避免反复地修改浪费时间和精力。

》动手操作：创建试演片段

▶素材：素材/建筑　▶源文件：资源库/第4章/4.2

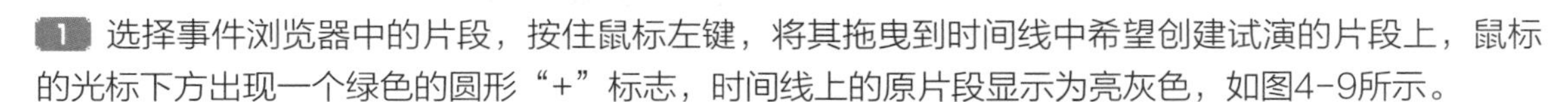

1 选择事件浏览器中的片段，按住鼠标左键，将其拖曳到时间线中希望创建试演的片段上，鼠标的光标下方出现一个绿色的圆形“+”标志，时间线上的原片段显示为亮灰色，如图4-9所示。

2 释放鼠标左键，时间线中会弹出一个菜单，选择【添加到试演】命令，如图4-10所示。

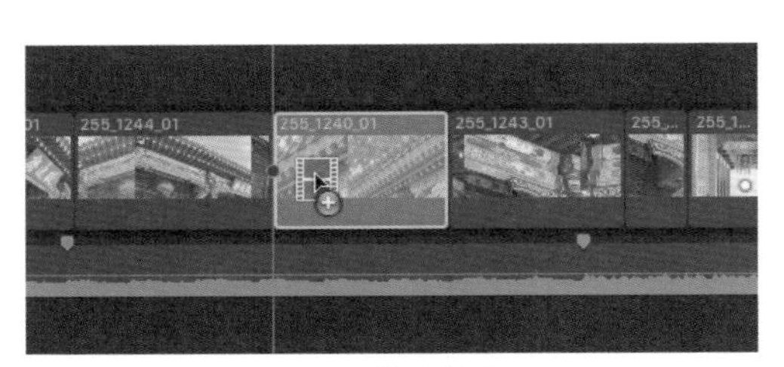

图4-9　拖曳片段

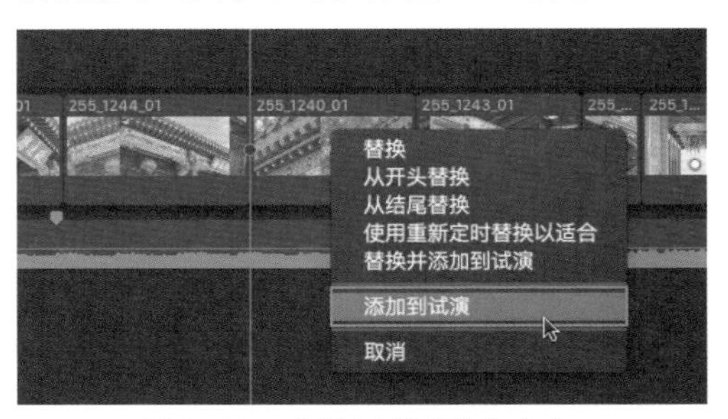

图4-10　【添加到试演】命令

提示

在同一位置上可以添加多个试演片段。

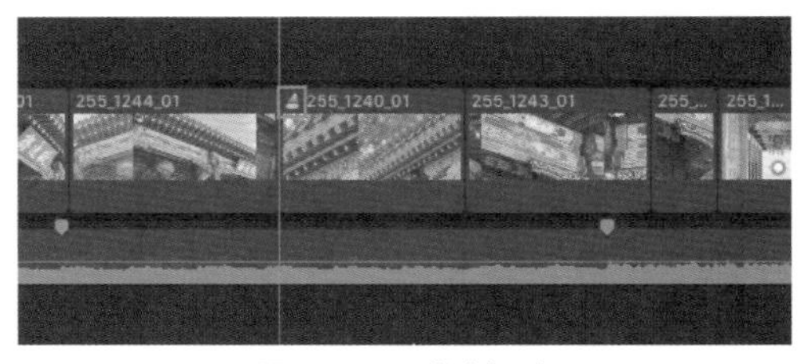

图4-11　试演标志

3 在时间线中创建试演的片段，左上角会显示一个聚光灯式的标志，单击该标志可以打开“试演”对话框，如图4-11所示。

也可以在选择该试演片段后单击鼠标右键，在弹出的快捷菜单中选择【试演】|【打开试演】命令(快捷键为Y)，或选择菜单【片段】|【试演】|【打开】命令，如图4-12所示。

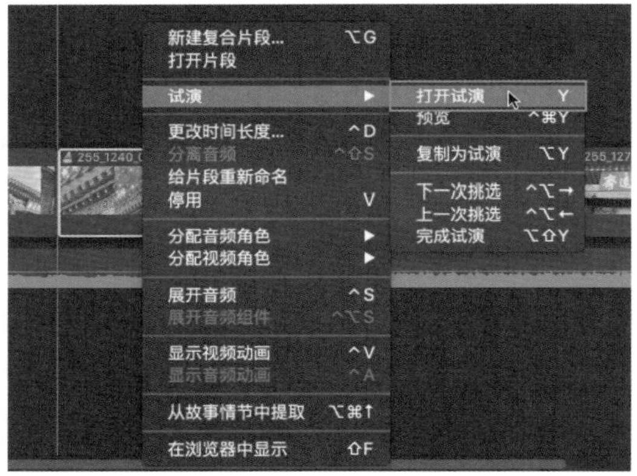

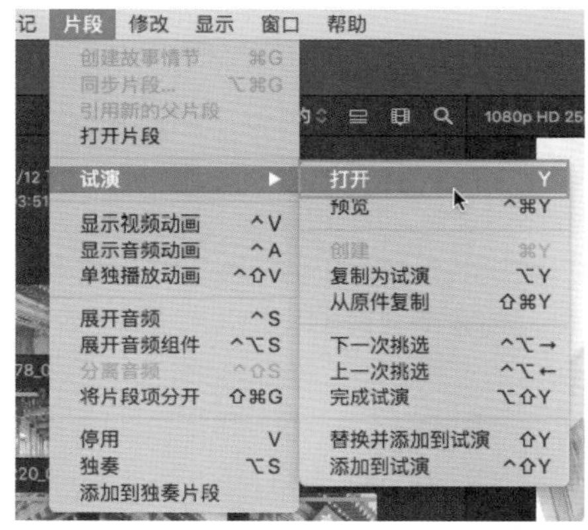

图4-12　【打开试演】或【打开】命令

4 在“试演”对话框中，出现在正中央位置的片段为当前被选中的片段，片段缩略图上的信息显示当前片段名称及时间长度。下方的标志中蓝色表示当前片段为激活状态，星星标志表示该片段为选中状态，圆点表示该片段为备用状态，标志的数量表示该对话框中包含的试演片段数量，如图4-13所示。

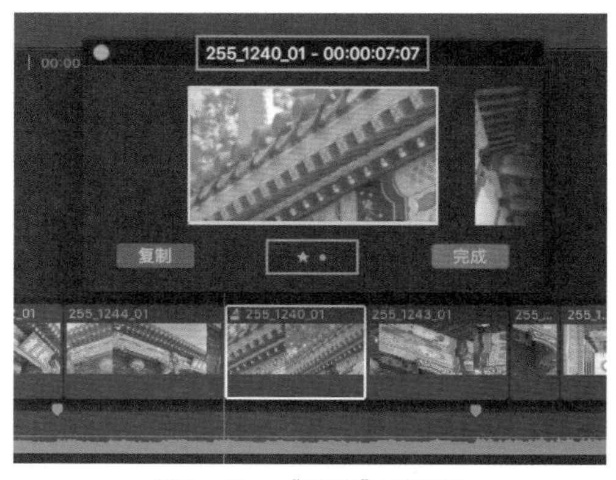

图4-13　“试演”对话框

提示

按←键或→键，可以在试演片段之间进行快速切换，时间线中的片段会相应进行切换，如图4-14所示。

5 当需要在“试演”对话框中为同一个片段添加不同的效果时，单击左下角的“复制”按钮，对其进行复制后再进行编辑，复制后的片段名称为“原片段名称+副本+数字”的形式。当确定好自己所需要的片段后，单击“完成”按钮，将它切换到时间线上，如图4-15所示。

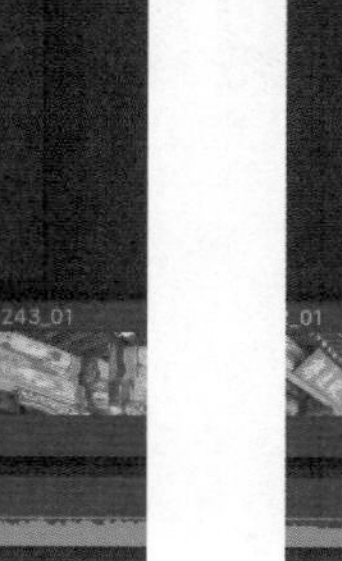

图4-14 切换试演片段

图4-15 复制试演片段

6 选择试演片段后单击鼠标右键，在弹出的快捷菜单中选择【试演】|【预览】命令(快捷键为Control+Command+Y)，或者选择菜单【片段】|【试演】|【预览】命令，时间线中的试演片段会自动进行重复播放，如图4-16所示。

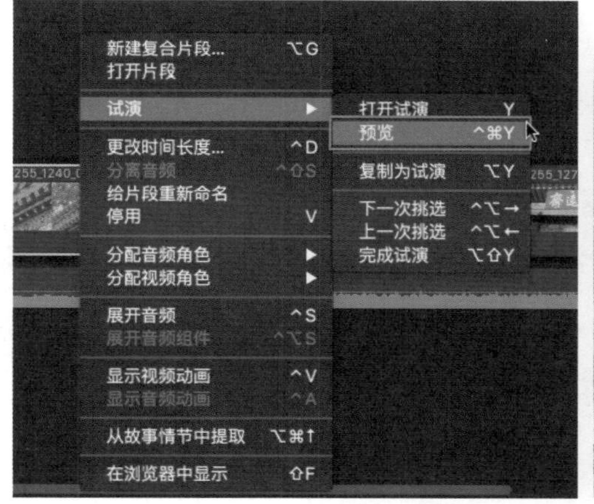

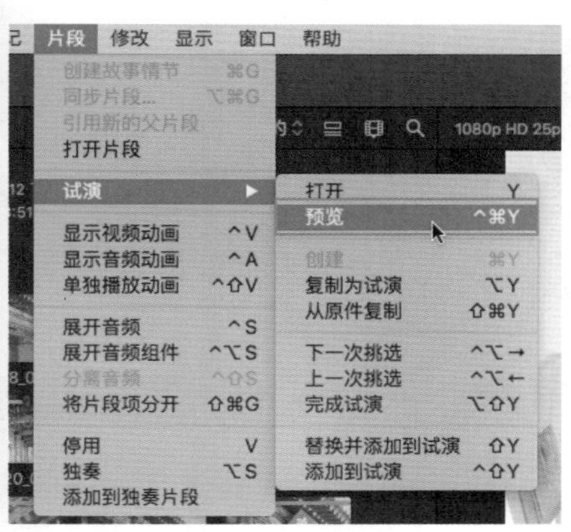

图4-16 【预览】命令

提示

在“试演”对话框关闭的状态下，按快捷键Control+Option+←或Control+Option+→，可以在试演片段之间进行快速切换。

7 确定好所需的片段后，选择试演片段后单击鼠标右键，在弹出的快捷菜单中选择【试演】|【完成试演】命令(快捷键为Option+Shift+Y)，也可选择菜单【片段】|【试演】|【完成试演】命令，如图4-17所示。

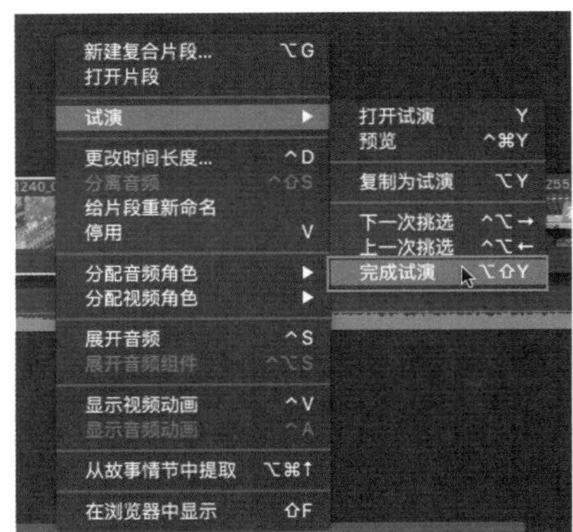

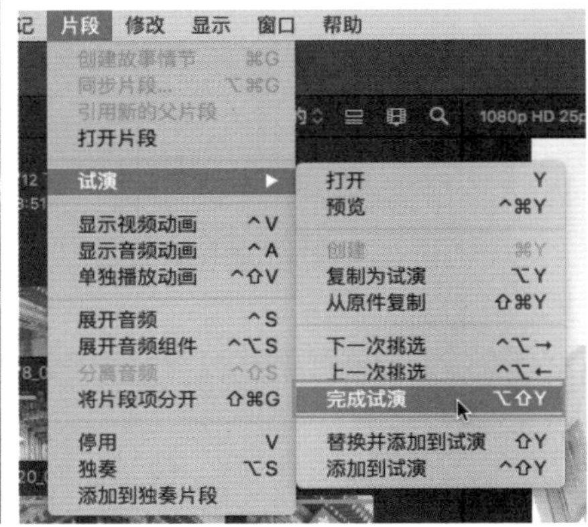

图4-17 【完成试演】命令

提示

完成试演后无法恢复原试演片段中的其他内容。

在事件浏览器中，可以在选择多个片段后，单击鼠标右键，在弹出的快捷菜单中选择【创建试演】命令(快捷键为Command+Y)。此时事件浏览器中会新建一个试演片段，之后可以将其拖曳到时间线中，如图4-18所示。

当需要对同一个片段进行反复修改时，也可以利用试演功能。选择时间线上的片段后，选择菜单【片段】|【试演】|【复制为试演】命令(快捷键为Option+Y)，之后在"试演"对话框中对这个片段进行调节与切换，直到达到满意的效果，如图4-19所示。

图4-18 "创建试演"片段

4.3 创建故事情节

运用之前学过的"连接"编辑方式将片段连接到时间线中主要故事情节的片段上，在移动主要故事情节时，与之相连的连接片段也会同时进行移动。在时间线中的主要故事情节上添加了多个连接片段时，为了方便移动可以将它们变成一个整体。此时通过创建故事情节的方式将连接片段整理成一

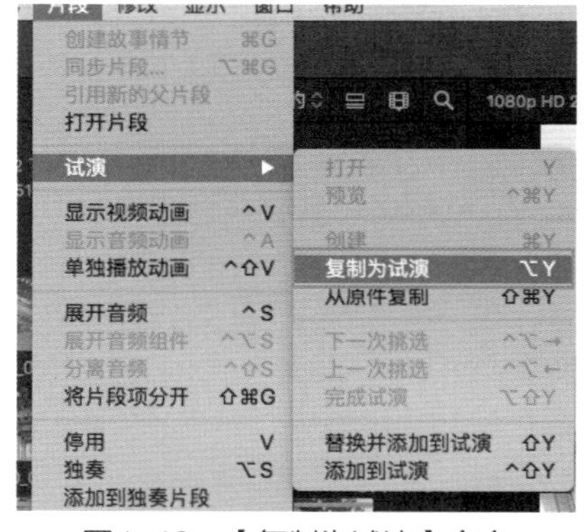

图4-19 【复制为试演】命令

个次级故事情节后，统一地连接到主要故事情节中的片段上。

动手操作：创建故事情节

▶素材：素材/建筑　▶源文件：资源库/第4章/4.3

1 按住鼠标左键在时间线中进行拖曳，框选主要故事情节上方的多个连接片段后单击鼠标右键，在弹出的快捷菜单中选择【创建故事情节】命令(快捷键为Command+G)，如图4-20所示。

或者选择菜单【片段】|【创建故事情节】命令，如图4-21所示。

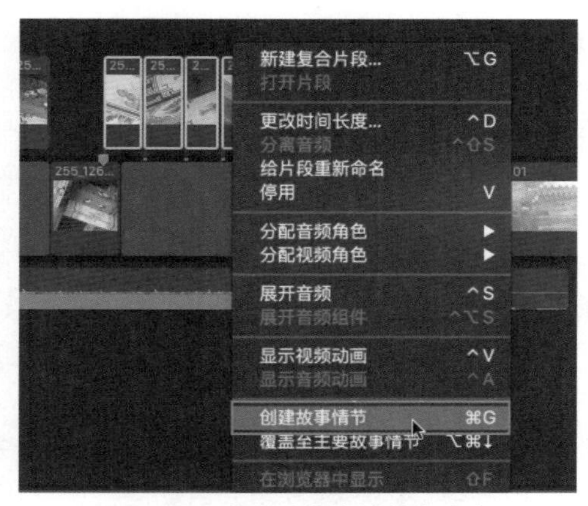

图4-20　【创建故事情节】命令

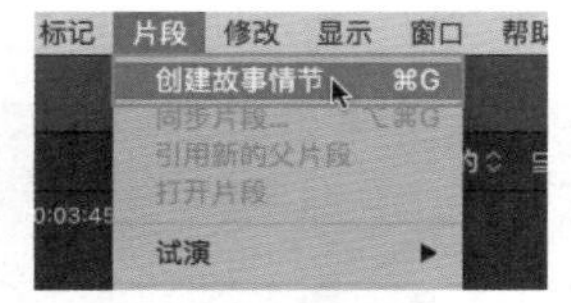

图4-21　【创建故事情节】命令

2 所选的连接片段被放置到同一个横框内，合并为一个次级故事情节。最左边只有一条连接线与主要故事情节相连，如图4-22所示。

3 次级故事情节仍是连接片段，移动与之相连的主要故事情节时它也会同时进行移动，如图4-23所示。

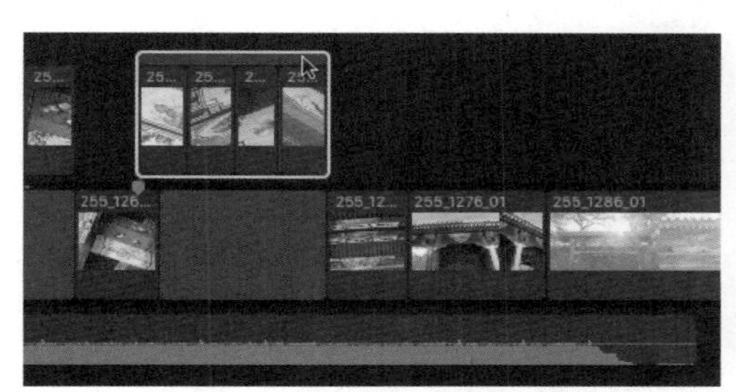

图4-22　次级故事情节

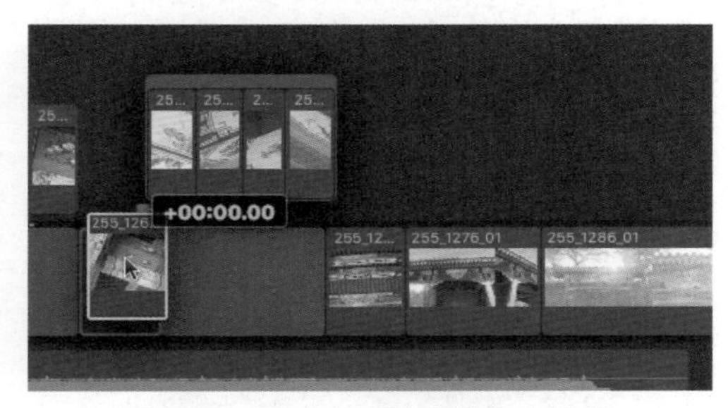

图4-23　移动主要故事情节中片段

4 单击次级故事情节的外框选择该故事情节，左右拖曳鼠标可以对其进行整体的移动，如图4-24所示。

5 对次级故事情节内的片段进行拖曳可以调整片段的顺序，如图4-25所示。

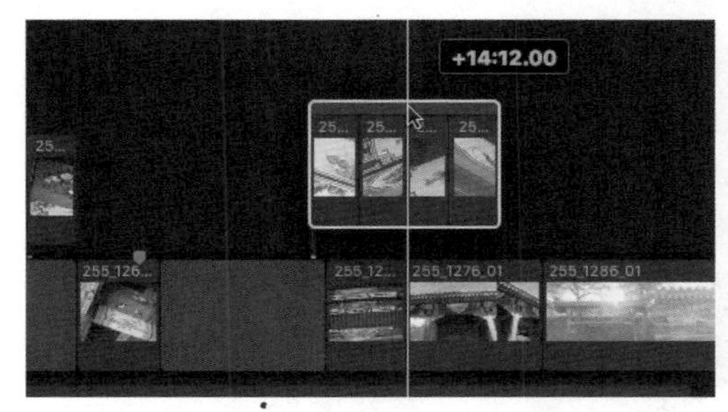

图4-24　移动次级故事情节

图4-25　调整片段顺序

动手操作：调整故事情节

▶素材：素材/建筑　▶源文件：资源库/第4章/4.3

1 当需要将其他片段添加到已经创建的次级故事情节中时，在事件浏览器中选择该片段后，按住鼠标左键将其拖曳进来，如图4-26所示。

提示

如果想要利用【插入】、【追加到故事情节】与【覆盖】命令将片段添加到次级故事情节中，需要先选中该次级故事情节，否则会添加到主要故事情节中。

图4-26　在故事情节中添加片段

2 同样，也可以将片段从次级故事情节里拖曳出来，之后的片段会自动向前移动弥补空隙，如图4-27所示。

3 选择次级故事情节中的片段，按Delete键可以删除该片段，之后的片段会自动向前移动弥补空隙。按快捷键Shift + Delete，在删除该片段后会保留原片段的位置，如图4-28所示。

图4-27　将片段拖曳出故事情节

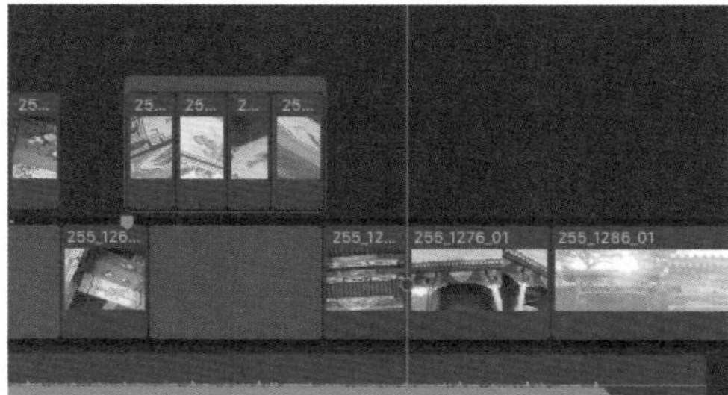

图4-28　删除故事情节中片段

4 选择次级故事情节中片段的编辑点，按住鼠标左键进行拖曳可以修改片段的持续时间。该故事情节的持续时间相应也会发生变化，如图4-29所示。

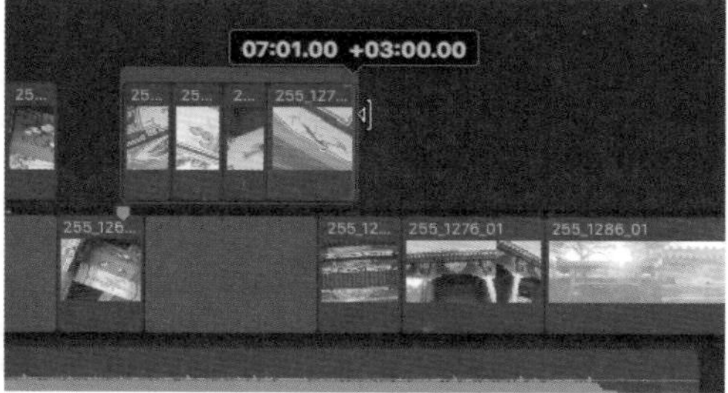

图4-29　调整故事情节时间长度

5 选择次级故事情节后，选择菜单【片段】|【将片段项分开】命令(快捷键为Shift+Command+G)可以拆分该故事情节，如图4-30所示。

图4-30 【将片段项分开】命令

动手操作：故事情节的提取与覆盖

▶素材：素材/建筑 ▶源文件：资源库/第4章/4.3

1 选择故事情节中的片段后单击鼠标右键，在弹出的快捷菜单中选择【从故事情节中提取】命令(快捷键为Option+Command+↑)，如图4-31所示。

2 所选片段会被移动到原故事情节的上方位置并与原故事情节相连，而原故事情节中仍保留所选片段的位置，如图4-32所示。

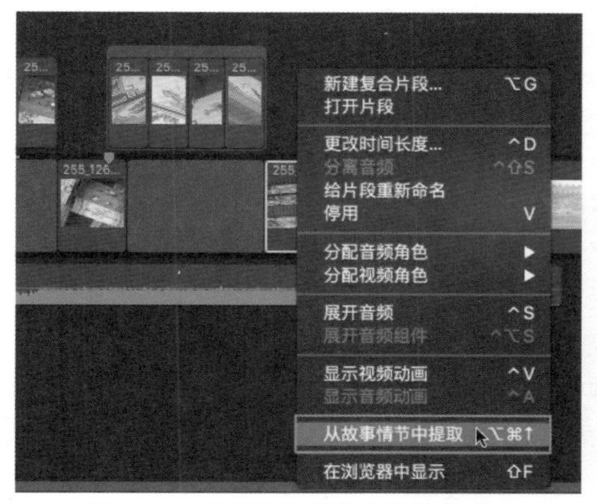

图4-31 【从故事情节中提取】命令

图4-32 提取片段

3 选择创建的次级故事情节中的片段后，选择菜单【编辑】|【覆盖至主要故事情节】命令(快捷键为Option+Command+↓)，如图4-33所示。

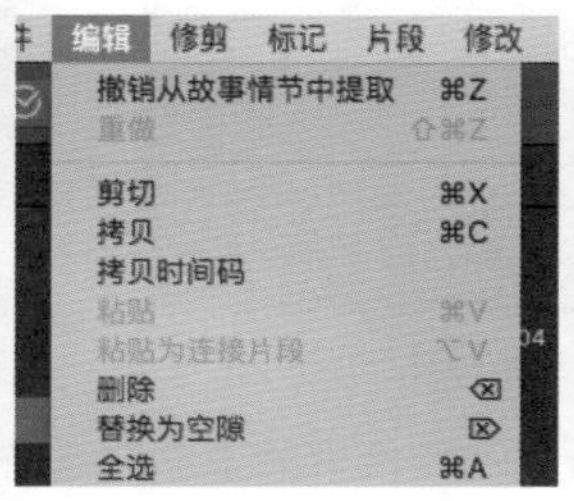

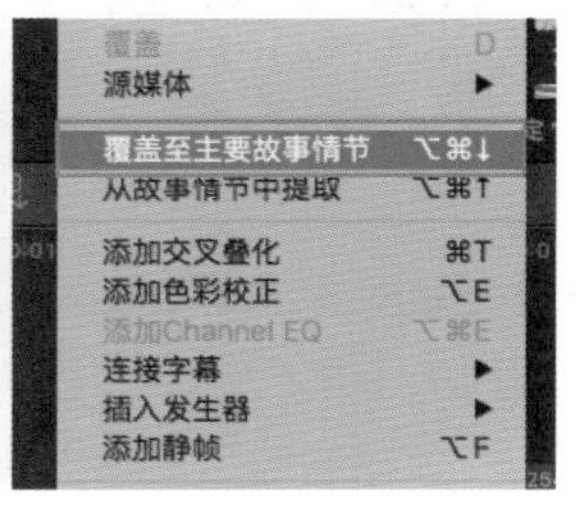

图4-33 【覆盖至主要故事情节】命令

4 次级故事情节会向下移动，将主要故事情节中相应位置的片段进行覆盖，如图4-34所示。

图4-34　将连接片段覆盖至主要故事情节

> **提示**
>
> 在将整个次级故事情节覆盖至主要故事情节中时，会覆盖主要故事情节原位置上的所有片段，并且次级故事情节会自动分离，如图4-35所示。

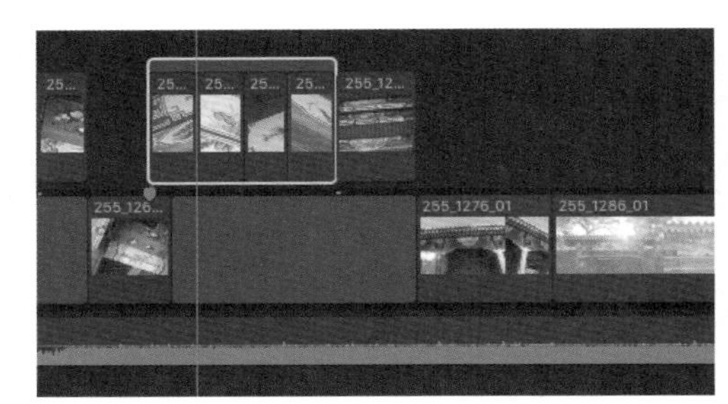

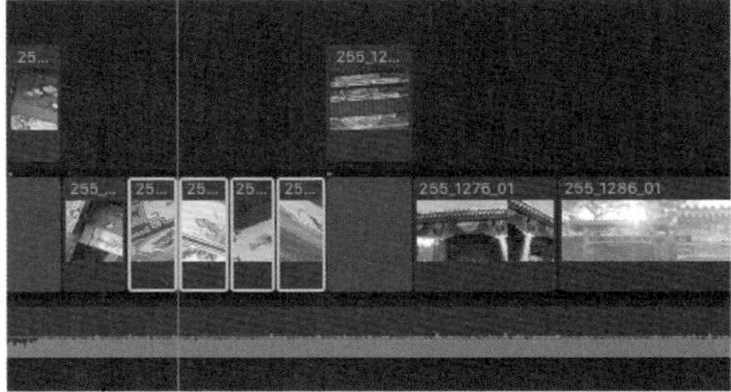

图4-35　将故事情节覆盖至主要故事情节

4.4 复合片段

Final Cut Pro中的“复合片段”功能与其他剪辑软件中的“序列嵌套”功能很相似。它会将所选部分的所有片段进行打包后组成一个新的片段。当对一个相对复杂的影片进行编辑时，为了避免对时间线中多层片段进行误操作；或是在需要多人进行合作剪辑的情况下，为了便于观察与整合，都会对时间线中的片段进行整理后，将其制作成复合片段。

动手操作：创建复合片段

▶素材：素材/建筑　▶源文件：资源库/第4章/4.4

1 框选时间线上需要进行打包的所有片段后，单击鼠标右键，在弹出的快捷菜单中选择【新建复合片段】命令(快捷键为Option+G)，如图4-36所示。或是选择菜单【文件】|【新建】|【复合片段】命令，如图4-37所示。

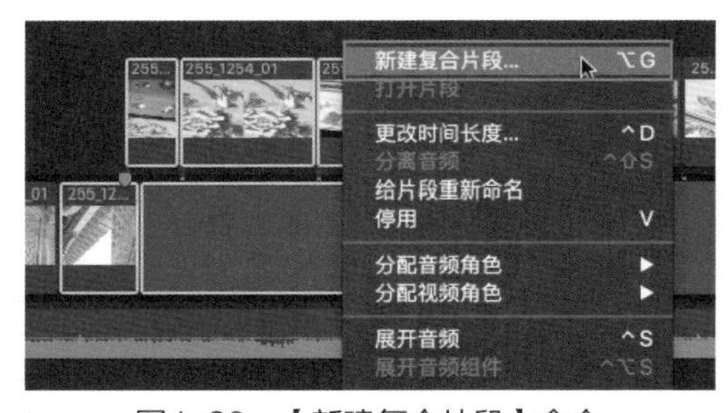

图4-36　【新建复合片段】命令

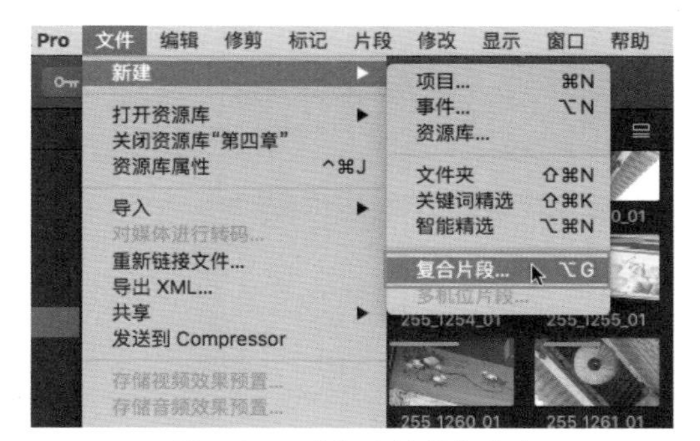

图4-37　【复合片段】命令

2 在弹出的对话框中为新建的复合片段重命名，并选择将其存储到哪个事件中，设置完成后，单击“好”按钮，创建复合片段，如图4-38所示。

图4-38 设置对话框

3 此时时间线中被框选的所有片段被打包成一个完整的片段，左上角的名称也发生了改变，如图4-39所示。

4 在事件浏览器中也相应创建了一个与时间线中同名的复合片段，左上角有一个黑色的复合片段标志，如图4-40所示。

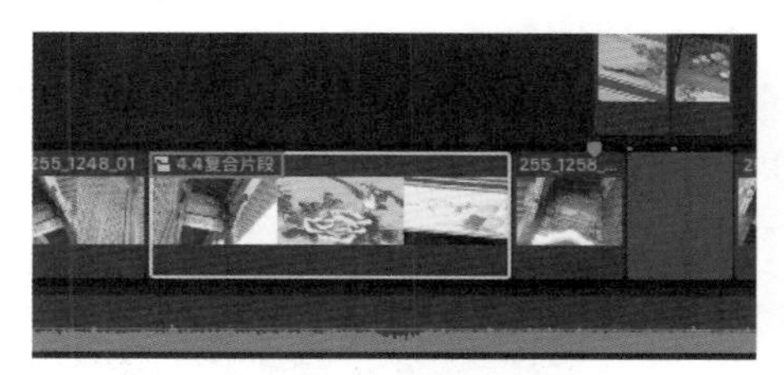

图4-39 创建复合片段

图4-40 复合片段缩略图

提示

如果在框选片段时，既包含主要故事情节中的片段，也包括次级故事情节中的片段，那么在将其整合成复合片段时，所有片段都会排列在同一条时间线上。

动手操作：修改与拆分复合片段

▶素材：素材/建筑 ▶源文件：资源库/第4章/4.4

将时间线上的片段整合为复合片段后，并不意味着在之后的编辑过程中无法再次对该片段进行修改。复合片段实际上是在原时间线中的位置上，将所选范围中的所有片段整合后创建一个新的工程文件，既可以一次性地为复合片段中的所有片段添加效果，也可以将其展开后进行单独修改。

1 如果需要再次对复合片段中的某一个片段进行单独编辑，可以双击该复合片段将其展开。与此同时，时间线会显示复合片段中的内容，如图4-41所示。

图4-41 复合片段时间线

提示

在复合片段时间线中，右侧阴影部分的片段不会显示在项目中，在项目时间线上为其他片段的位置。

2 此时在时间线中显示的名称也由原项目的名称更新为复合片段的名称，如图4-42所示。

图4-42 时间线名称

3 时间线中原项目和它所包含的复合片段的时间与位置是相对固定的。在时间线中单击复合片段的编辑点进行拖曳，可以缩短复合片段的持续时间。同时复合片段时间线中的范围也会发生相应的变化，如图4-43所示。

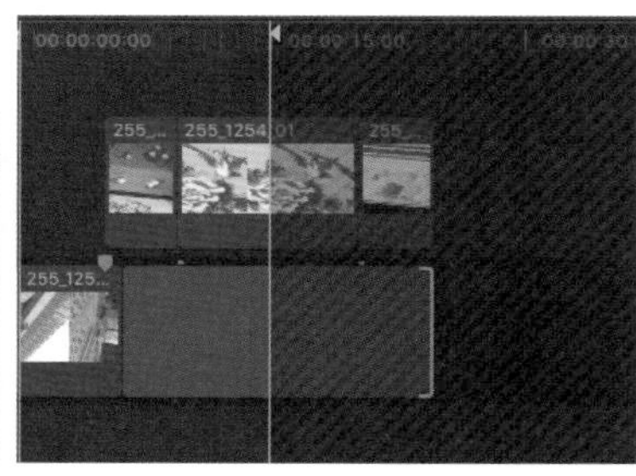

图4-43 缩短复合片段时间长度

4 但是，当选择复合片段的编辑点后想要通过拖曳加长这个片段的开头或是结尾时，即使在首尾的片段中有多余媒体，仍旧无法完成操作，编辑点会呈红色大括号状，如图4-44所示。

5 这是因为复合片段的持续时间无法直接进行增加，需要双击打开该复合片段后，在复合片段时间线中进行调整，如图4-45所示。

图4-44 延长复合片段时间长度

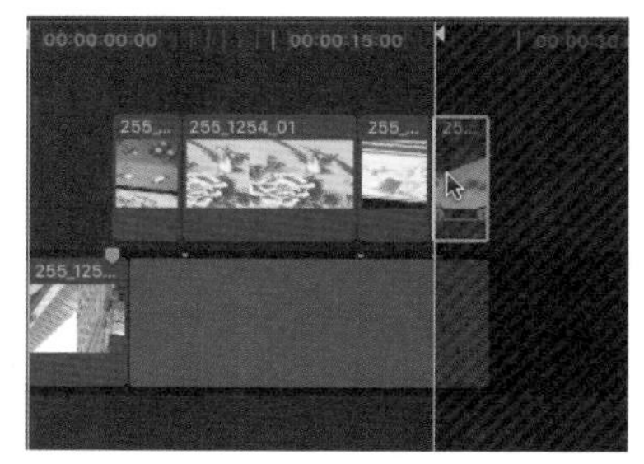

图4-45 在复合片段中添加片段

6 修改完复合片段后，单击时间线上复合片段名称左侧的三角按钮，切换到原项目的时间线中，如图4-46所示。

提示 

使用快捷键Command+】与Command+【可以快速地进行切换。

7 此时再次选择复合片段的编辑点后，按住鼠标左键进行拖曳就可以对其进行调整，如图4-47所示。

图4-46 切换时间线

图4-47 延长复合片段持续时间

8 当需要将复合片段进行拆分时，先选择时间线中的复合片段，然后选择菜单【片段】|【将片段项分开】命令(快捷键为Shift+Command+G)，如图4-48所示。

9 此时时间线中的复合片段被展开为未进行整合之前的状态，如图4-49所示。

提示

虽然时间线中的复合片断被拆分，但该复合片段仍旧存在于时间浏览器中，如图4-50所示。

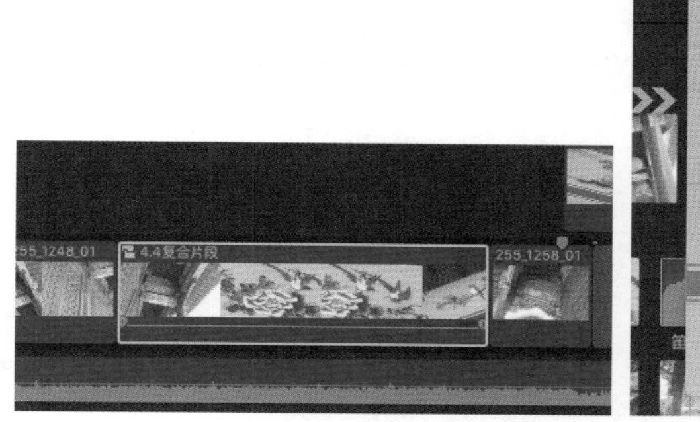

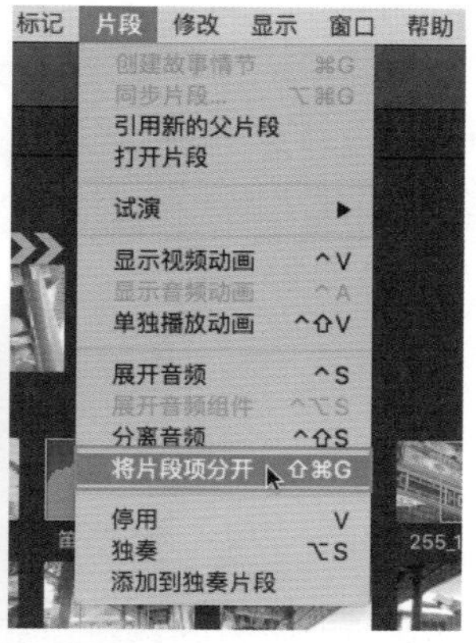

图4-48　【将片段项分开】命令

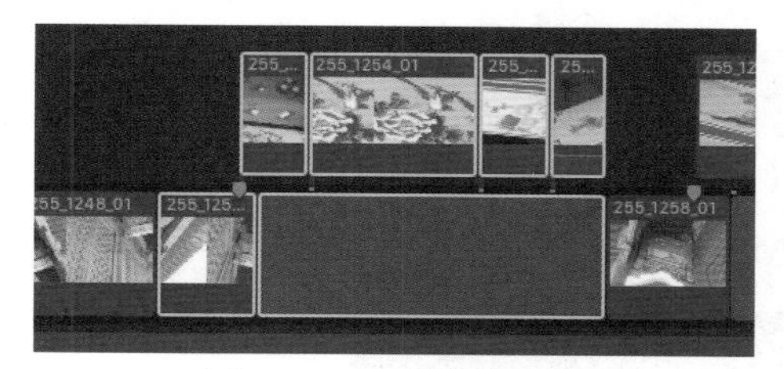

图4-49　拆分复合片段

图4-50　复合片段缩略图

4.5　占位符与空隙

Final Cut Pro特有的磁性时间线会将拖曳到时间线上的片段自动吸附到一起，在移动与删除片段的过程中不会留下黑色的空隙。但在某些剪辑工作中总项目的时间长度是固定的，并且需要一边拍摄一边进行剪辑工作。此时就需要在时间线中空出一定区域，以便在之后的编辑工作中插入后续拍摄的片段，在时间线中利用“空隙”与“占位符”功能为该片段占据位置。

动手操作：插入空隙

▶素材：素材/建筑　▶源文件：资源库/第4章/4.5

1 将时间线上的播放指示器拖曳到需要插入空隙的位置，选择菜单【编辑】|【插入发生器】|【空隙】命令(快捷键为Option+W)，如图4-51所示。

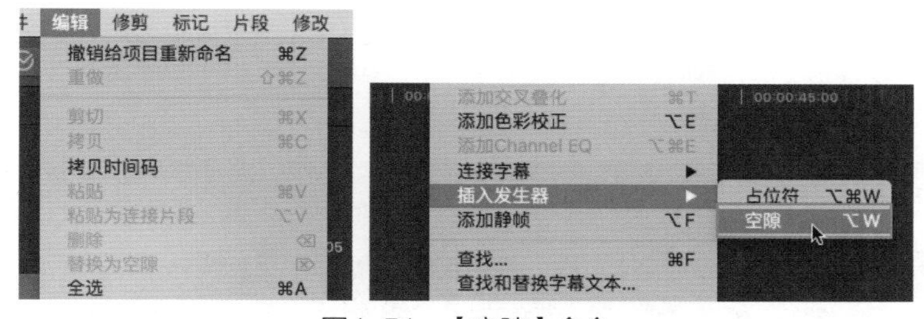

图4-51　【空隙】命令

2 时间线中会以播放指示器所在的位置开始，插入一段时长为3秒的空隙片段，如图4-52所示。

3 选择空隙片段的编辑点，按住鼠标左键进行拖曳可以修改空隙的持续时间，如图4-53所示。

图4-52　插入空隙

图4-53　调整空隙持续时间

4 此外也可以将时间线中的片段替换为空隙。选择该片段后，选择菜单【编辑】|【替换为空隙】命令，如图4-54所示。

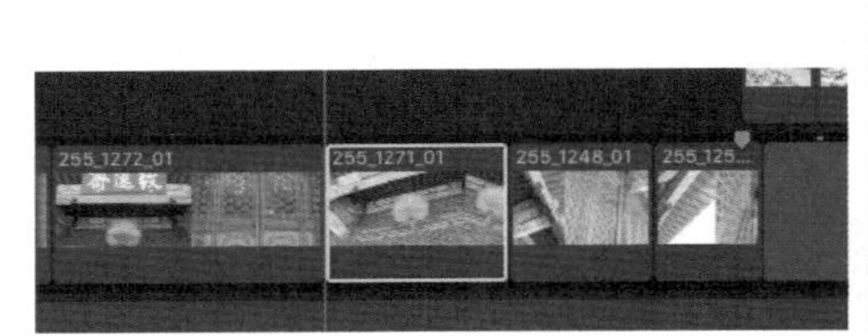

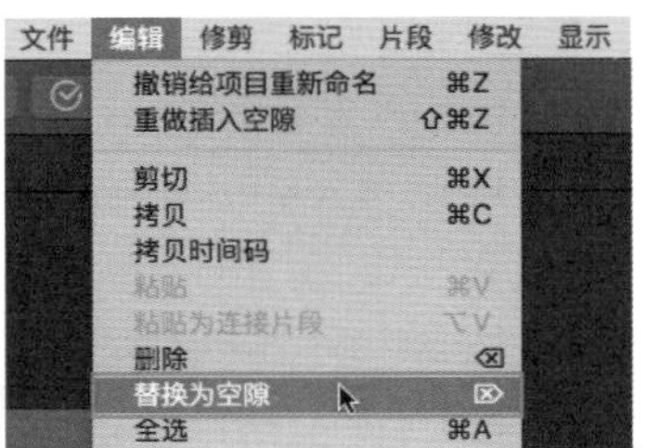

图4-54　【替换为空隙】命令

5 时间线中被选中的片段会被替换为空隙，如图4-55所示。

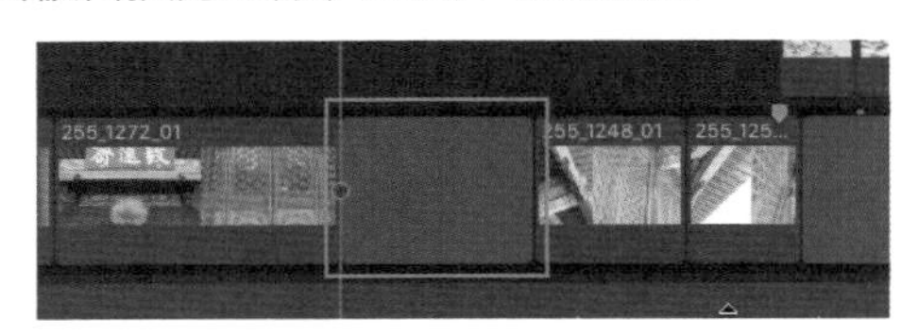

图4-55　将片段替换为空隙

»动手操作：插入占位符

▸素材：素材/建筑　▸源文件：资源库/第4章/4.5

1 将时间线上的播放指示器拖曳到需要插入占位符的位置，选择菜单【编辑】|【插入发生器】|【占位符】命令(快捷键为Option+Command+W)，如图4-56所示。

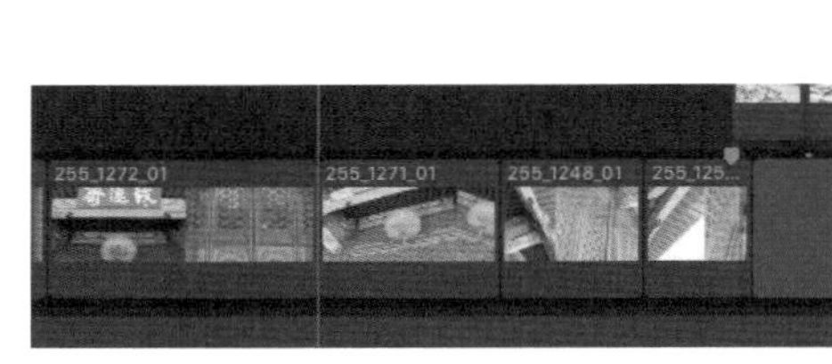

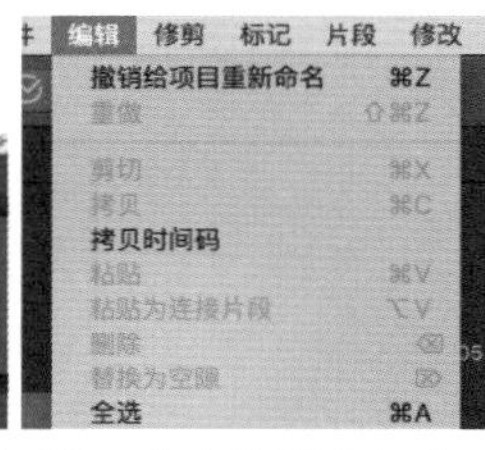

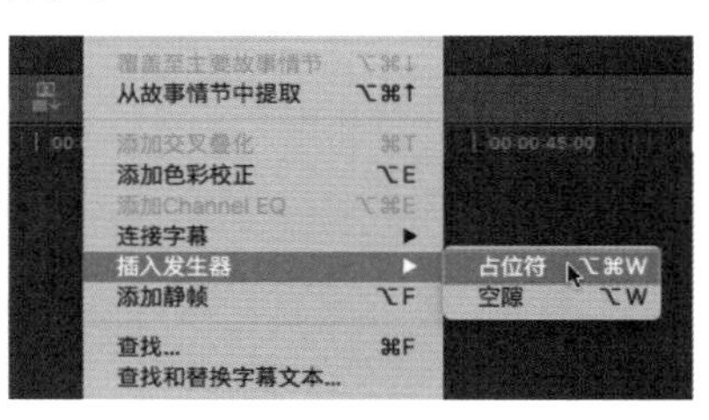

图4-56　【占位符】命令

2 在时间线中会以播放指示器所在的位置开始插入占位符，默认持续时间为3s，通过拖曳可以修改占位符的长度，如图4-57所示。

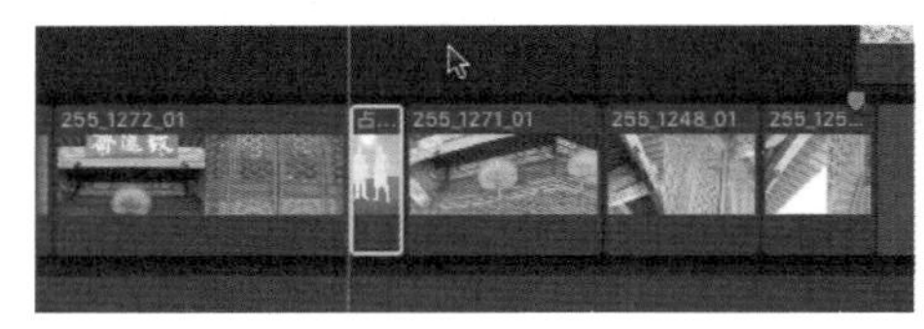

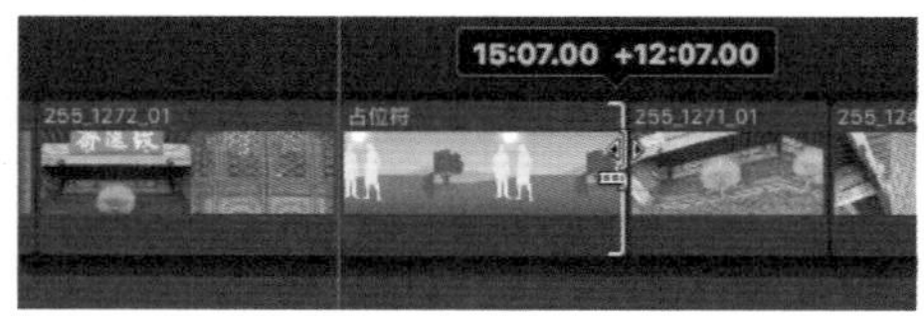

图4-57　调整占位符持续时间

3 按空格键对占位符进行预览。与空隙不同，占位符在检视器中会显示可以作为提示的画面，如图4-58所示。

图4-58　占位符画面

4 选择添加的占位符，按快捷键Command+4打开检查器，“信息检查器”中显示了占位符的相关信息。在“名称”文本框中进行重命名，如图4-59所示。

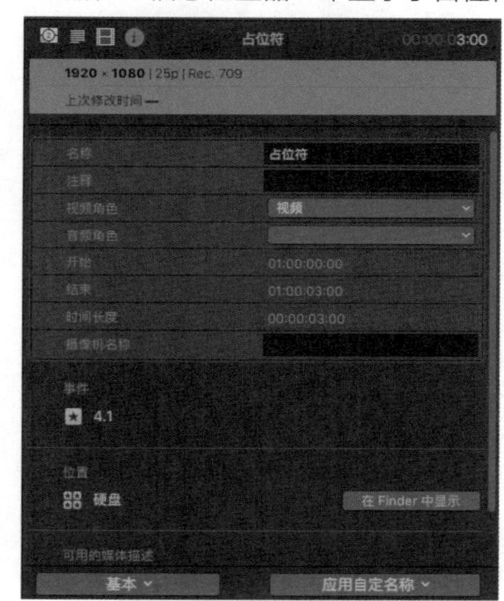

图4-59　查看占位符信息

5 单击检查器左上角的“显示发生器检查器”按钮，如图4-60所示。

图4-60　“显示发生器检查器”按钮

6 在“发生器检查器”中单击选项列表框右侧的下三角按钮，在弹出的下拉列表中可以对占位符的各项参数进行设置，如图4-61所示。

- Framing：设置画面中的景别。
- People：设置场景中的人数。
- Gender：设置场景中人物的性别。
- Background：设置场景中的背景画面。
- Sky：设置场景中的天气情况。
- Interior：勾选复选框后，背景显示为室内画面。
- View Notes：勾选复选框后，在检视器中会显示文本框，可以输入文字进行提示。

提示

在进行参数设置时，检视器中的画面会随着参数的改变而相应地进行变化。

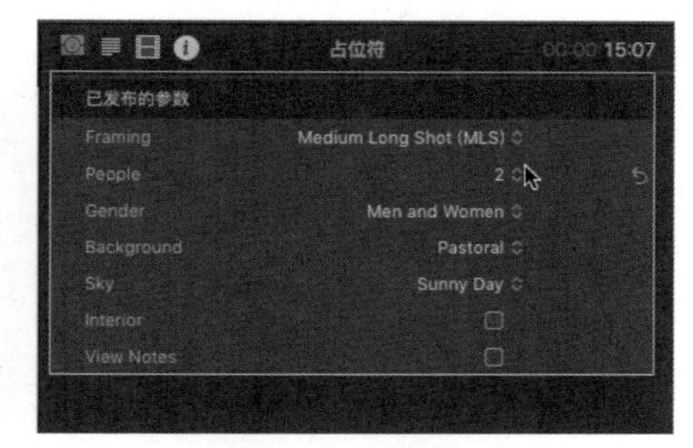

图4-61　发生器检查器

7 当对设定的参数不满意时，将鼠标悬停在“发生器检查器”的右上角，此时在该位置显示“隐藏”与“还原”按钮。单击“还原”按钮，将设定的参数恢复为初始状态，如图4-62所示。

8 此外，激活View Notes选项时，单击检查器左上角的“显示文本检查器”按钮，切换至“文本检查器”，如图4-63所示。

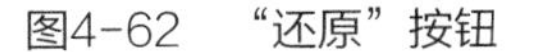

图4-62 “还原”按钮

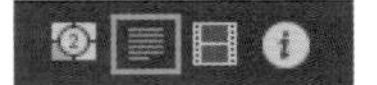

图4-63 “显示文本检查器”按钮

9 在“文本检查器”中输入文本注释，并对文字的格式属性与外观属性进行详细设置与修改，如图4-64所示。

10 单击文字外观属性选项左侧的复选框，激活变为蓝色后对该选项进行设置。单击选项右上角的“隐藏”和“显示”按钮，折叠与展开该选项的参数设置信息，如图4-65所示。

11 在设置完成后，单击文本右侧的下三角按钮，在弹出的下拉列表中按需求选择“存储格式属性”选项，以便下一次直接进行调用，如图4-66所示。

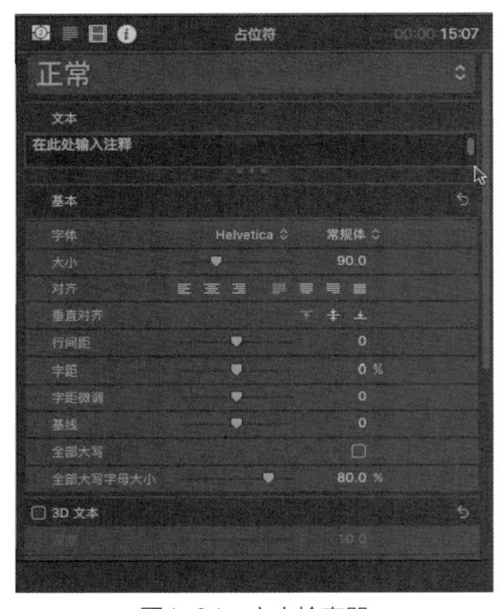

图4-64 文本检查器

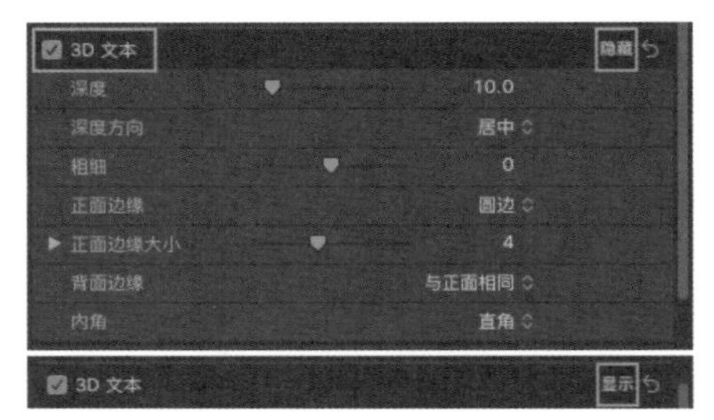

图4-65 显示与隐藏参数栏

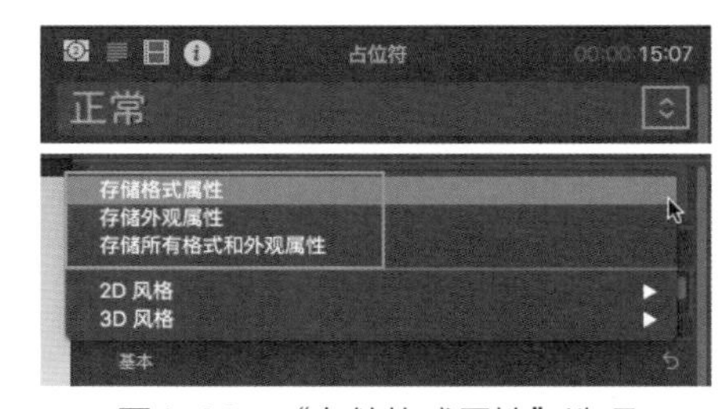

图4-66 “存储格式属性”选项

提示

单击“2D风格”与“3D风格”选项右侧的三角按钮，在弹出的下拉列表中提供了一部分文字效果的预设，可以直接进行选择与使用，如图4-67所示。

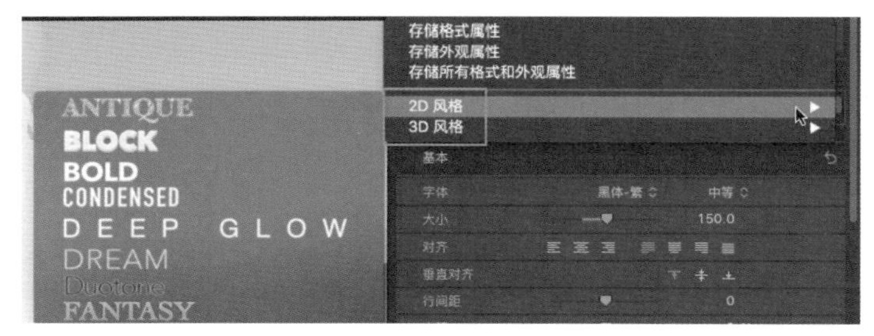

图4-67 文字风格预设

4.6 图像编辑

在进行编辑的过程中，有时需要在原片段中添加图像与PSD分层文件，或是直接在原片段添加静帧来制作停格或强调的效果，本节介绍在Final Cut Pro中添加和编辑图像的方式。

4.6.1 制作静帧图像

动手操作：从时间线制作静帧

▶素材：素材/建筑　▶源文件：资源库/第4章/4.6

1 选择时间线上的片段，将播放指示器拖曳到需要制作“静帧”效果的位置，如图4-68所示。

2 选择菜单【编辑】|【添加静帧】命令(快捷键为Option+F)，如图4-69所示。

图4-68　选择静帧位置

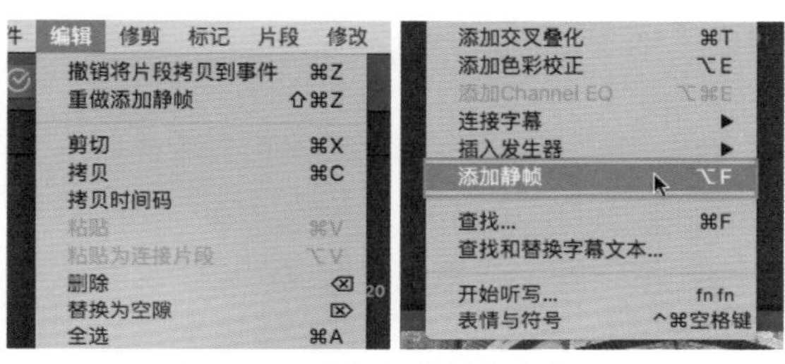

图4-69　【添加静帧】命令

3 播放指示器位置的静帧会被延长为4s的单帧画面，并插入时间线中，如图4-70所示。

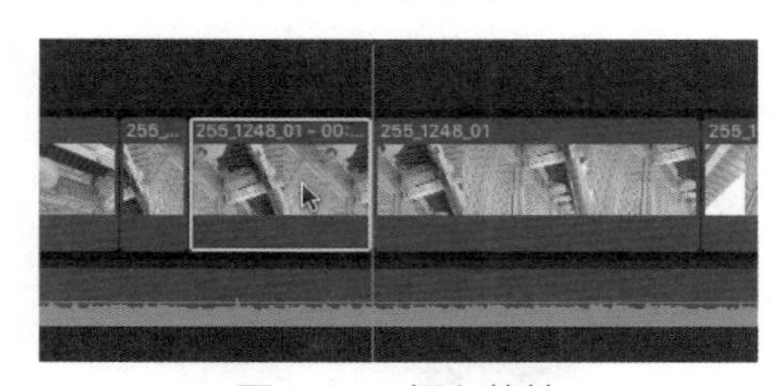

图4-70　插入静帧

动手操作：从浏览器制作静帧

▶素材：素材/建筑　▶源文件：资源库/第4章/4.6

1 将时间线中的播放指示器拖曳到需要连接静帧画面的位置，如图4-71所示。

2 在事件浏览器中的片段上选择需要制作静帧的画面，选择菜单【编辑】|【连接静帧】命令(快捷键为Option+F)，如图4-72所示。

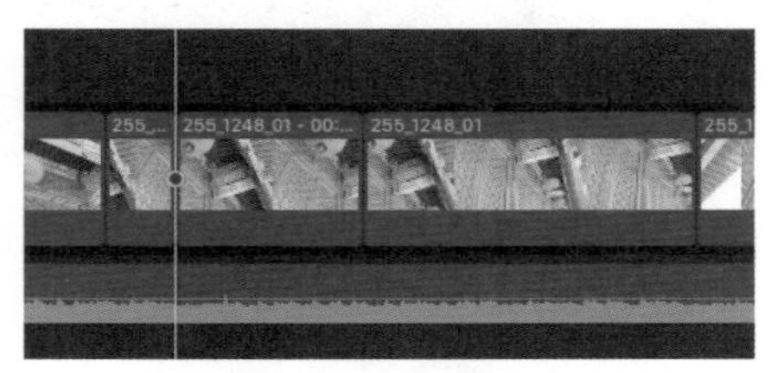

图4-71　选择静帧位置

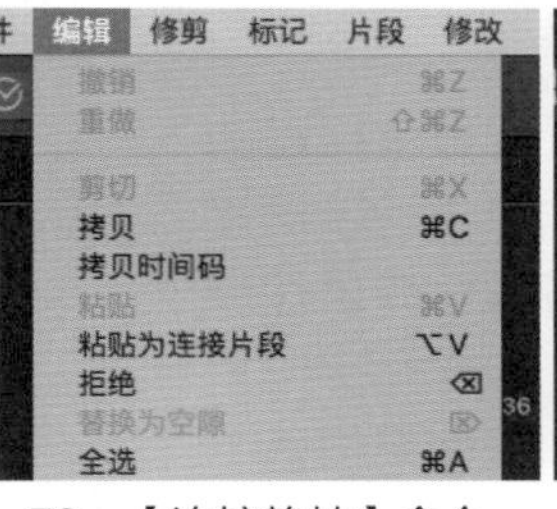

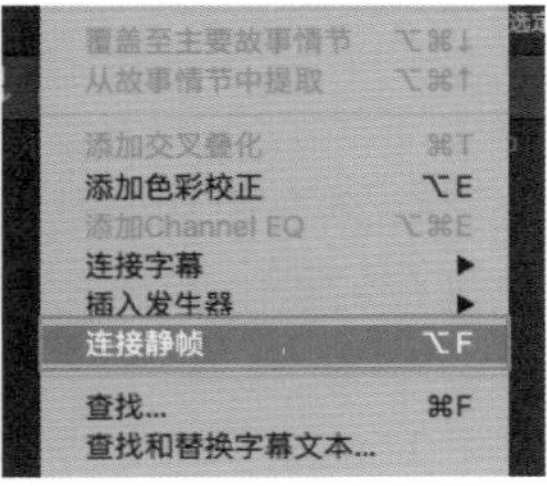

图4-72　【连接静帧】命令

3 此时制作的静帧以连接片段的形式连接在主要故事情节中的原片段上，如图4-73所示。

提示

在时间线中的片段创建静帧后，静帧会以播放指示器为开始点，直接插入时间线上，整个项目的持续时间会延长。

在事件浏览器中的片段创建静帧后，静帧以连接片段的形式连接到主要故事情节中播放指示器所在的位置，整个项目的持续时间不发生改变。

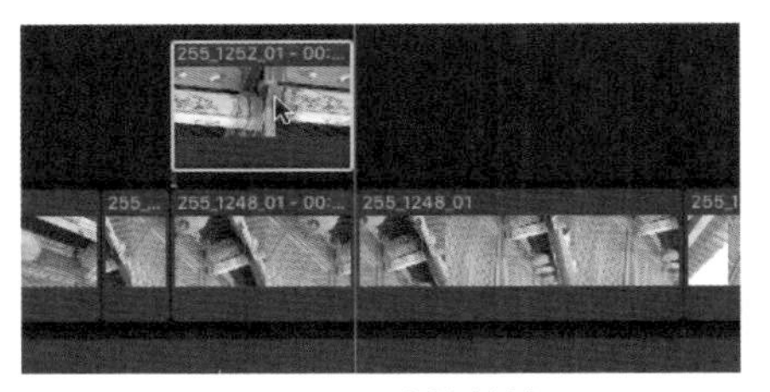

图4-73　连接静帧

4.6.2 修改静帧长度

静帧没有时间长度的限制，在将其添加到时间线中时会默认添加4s的内容。需要根据实际情况对静帧的长度进行调整。

动手操作：手动修改静帧长度

▶素材：素材/建筑　▶源文件：资源库/第4章/4.6

1 单击静帧两侧的编辑点，当编辑点变为黄色的大括号后，按住鼠标左键进行拖曳可以修改静帧的长度，如图4-74所示。

2 或者选择菜单【修改】|【更改时间长度】命令(快捷键为Control+D)，如图4-75所示。

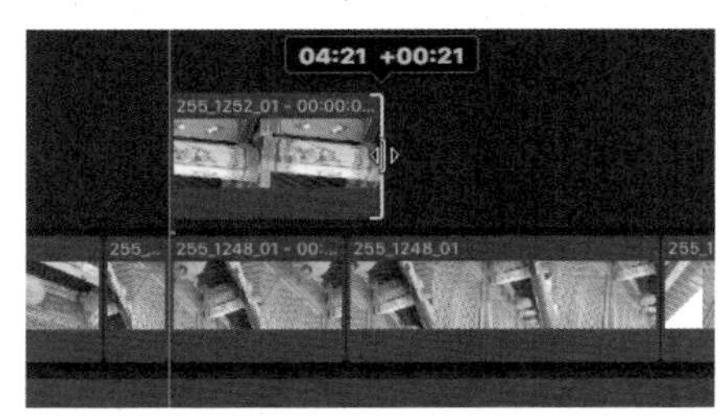

图4-74　调整静帧长度

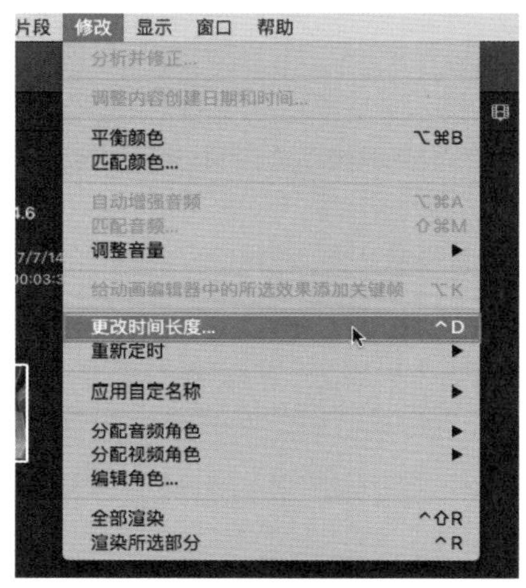

图4-75　【更改时间长度】命令

3 此时“检视器”中的时间码被激活，通过输入数值可以更加精确地修改静帧长度，如图4-76所示。

图4-76　修改静帧长度

动手操作：修改静帧默认长度

▶素材：素材/建筑　▶源文件：资源库/第4章/4.6

当需要在项目中添加大量时间长度相同的图片文件时，如果在添加之后一个个地手动修改会浪费大量的时间。在此，可以修改添加静帧的默认时间。

1 选择菜单【Final Cut Pro】|【偏好设置】命令(快捷键为Command+【，】)，如图4-77所示。

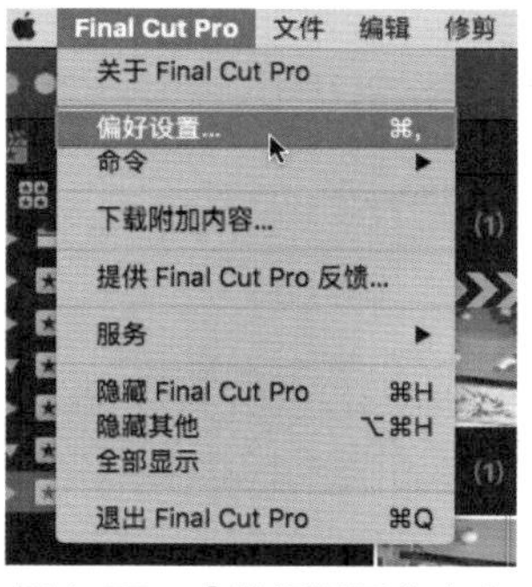

图4-77　【偏好设置】命令

2 单击“编辑”按钮，切换至“编辑”对话框，如图4-78所示。

3 在“静止图像”选项中，默认持续长度为4s。单击数值两侧的微调按钮可以修改数值，也可以直接输入需要的数值修改时间长度，如图4-79所示。

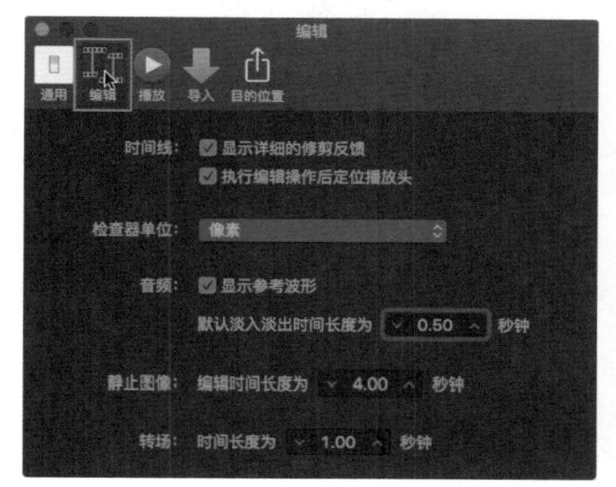

图4-78　“编辑”对话框

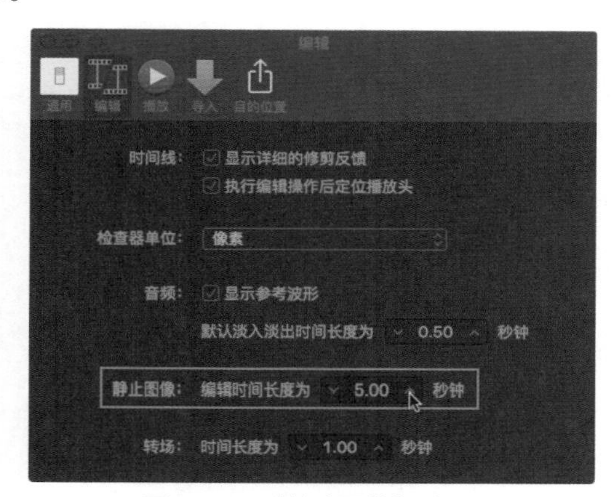

图4-79　“静止图像”选项

4 再次连接静帧图像时，静帧的长度与设置的默认静止图像时间长度相同，如图4-80所示。

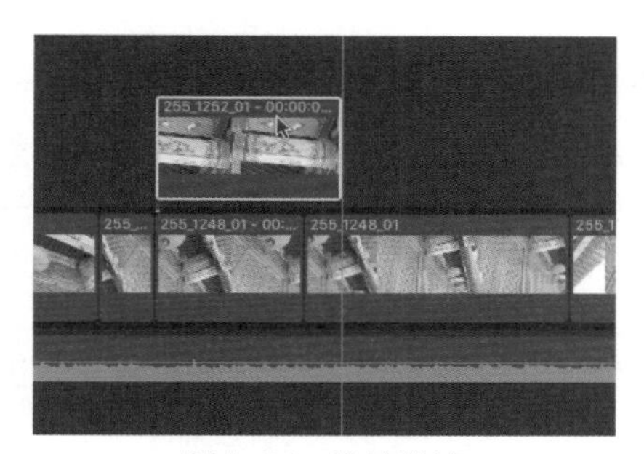

图4-80　连接静帧

4.6.3　PSD分层文件

在Final Cut Pro中，除了可以对图片文件进行编辑外，同样可以对Photoshop所制作的分层文件进行导入与编辑工作。

动手操作：查看PSD分层文件

▶素材：素材/建筑　▶源文件：资源库/第4章/4.6

1 将PSD分层文件导入事件浏览器中后，片段的左上角会显示一个“多层文件”图标，并且该片段的扩展名为“.psd”，如图4-81所示。

图4-81　PSD文件缩略图

2 将其以连接片断的形式放置到时间线上，PSD文件默认长度为1分钟，如图4-82所示。

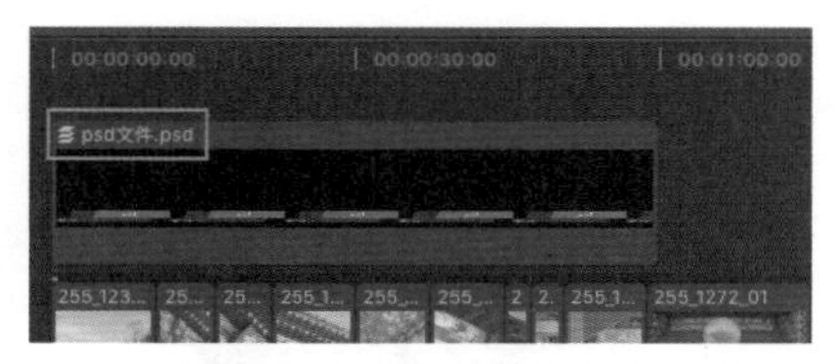

图4-82　连接PSD文件

3 在此，将其视为一个复合片段。双击该片段在时间线中将其展开。展开后对PSD文件中的各个图层进行查看，各图层在开始位置相互连接，如图4-83所示。

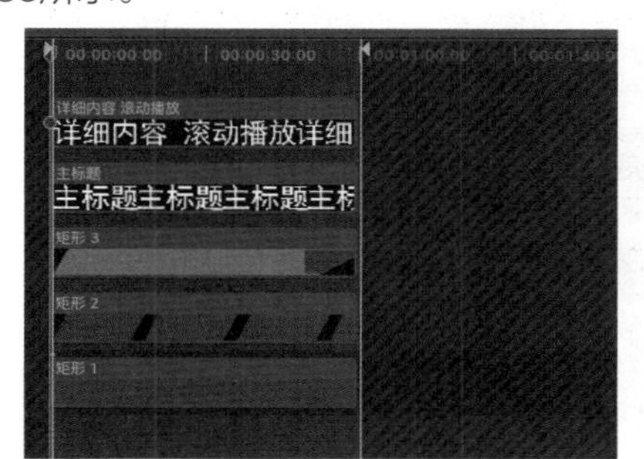

图4-83　展开PSD文件

4 在时间线中按照之前介绍的方式对各图层分别进行编辑，编辑完成后，单击时间线名称左侧的箭头按钮，切换回项目时间线(快捷键为Command+【)，如图4-84所示。

图4-84　切换时间线

提示

当导入的PSD文件左上角没有“多层文件”图标时，即使文件扩展名为“.psd”，双击该片段在时间线中仍不能将其展开。此时将PSD文件重新导入Photoshop中，将颜色模式由CMYK转换为RGB即可，如图4-85所示。

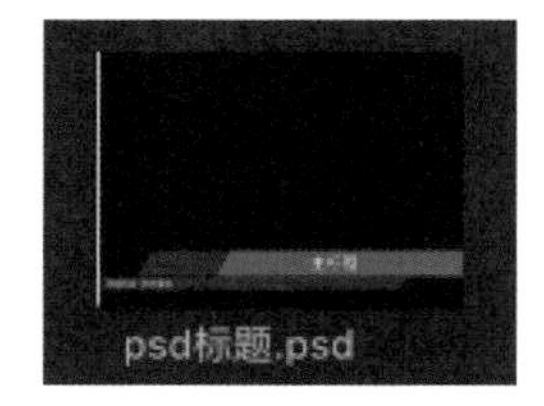

图4-85　PSD文件缩略图

4.7 修剪技巧

在之前的编辑工作中，已经将片段排列到时间线中并进行合理的安排，然后一边预览时间线中的项目，一边对项目中的片段进行精确调整，这时就需要再次使用到工具栏中的工具。

4.7.1 快速拆分片段

在工具栏中将编辑方式切换至“切割工具”(快捷键为B)后，单击时间线中的片段快速进行拆分，但在手动切割时，对于时间点的把握并不是非常精确。在编辑过程中，还可以利用更为便捷的方式对片段进行快速拆分。

1 将时间线中的播放指示器拖曳到需要进行切割的片段上，此时可以结合检视器，按←键和→键，以帧为单位精确调整切割位置，如图4-86所示。

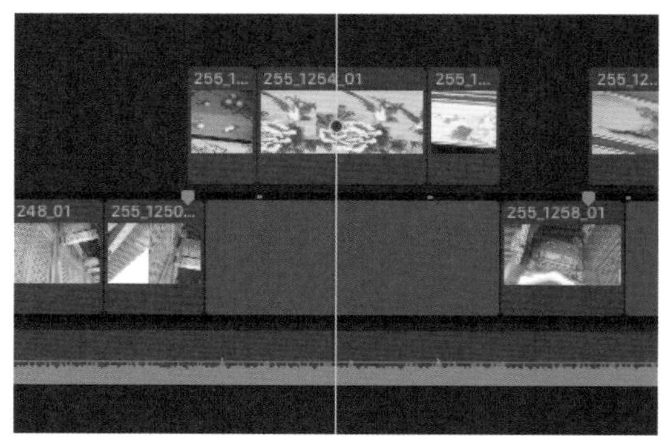

图4-86　调整切割位置

2 选择菜单【修剪】|【切割】命令(快捷键为Command+B)，如图4-87所示。

3 此时时间线中播放指示器所在位置的主要故事情节上已经被进行切割，片段被分为两段，如图4-88所示。

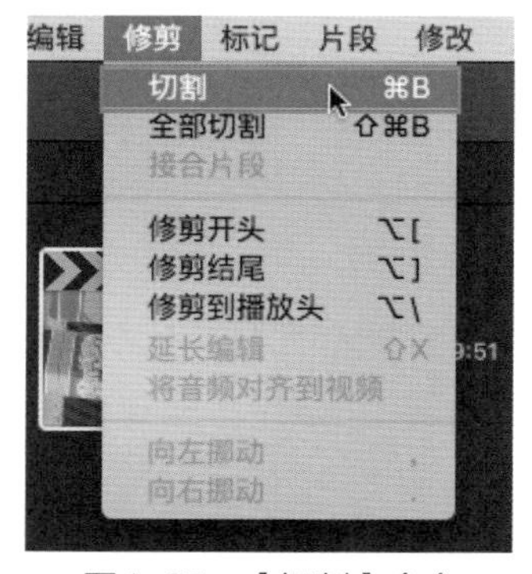

图4-87　【切割】命令

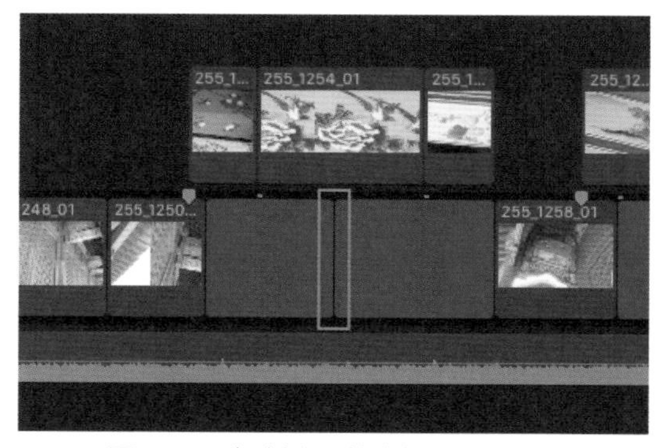

图4-88　切割主要故事情节中的片段

4 当对时间线中播放指示器所在位置的连接片段进行切割时，则在选择该片段的情况下，按快捷键Command+B，如图4-89所示。

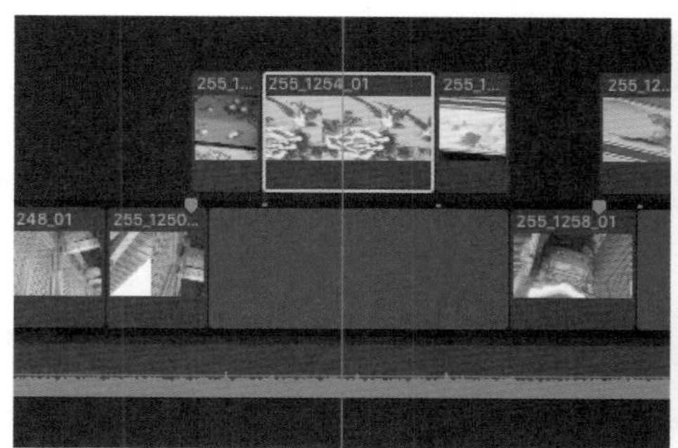

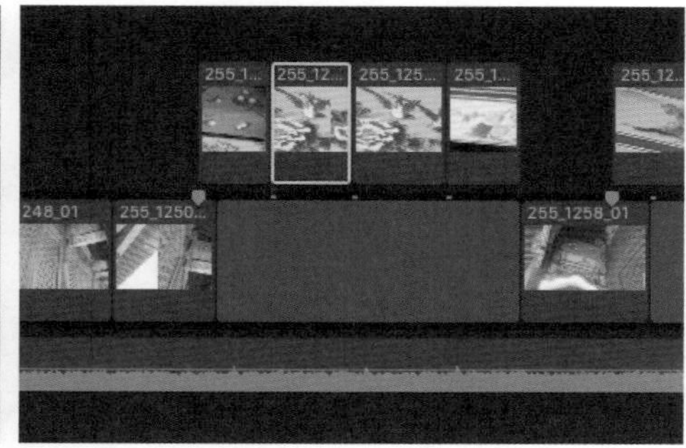

图4-89　切割连接片段

5 当对时间线上播放指示器所在位置的所有片段进行拆分时，可以选择菜单【修剪】|【全部切割】命令(快捷键为Shift+Command+B)，如图4-90所示。

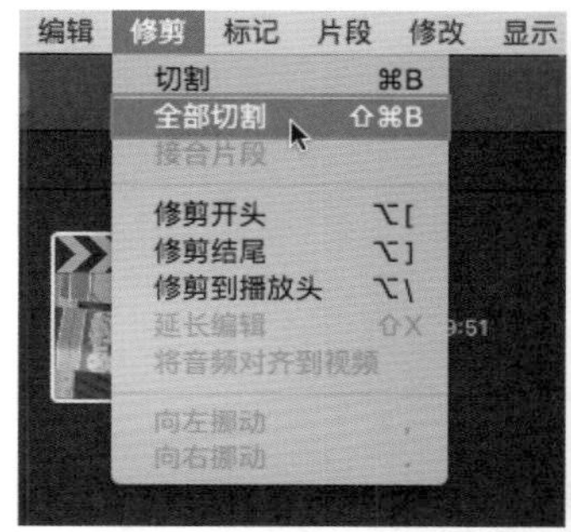

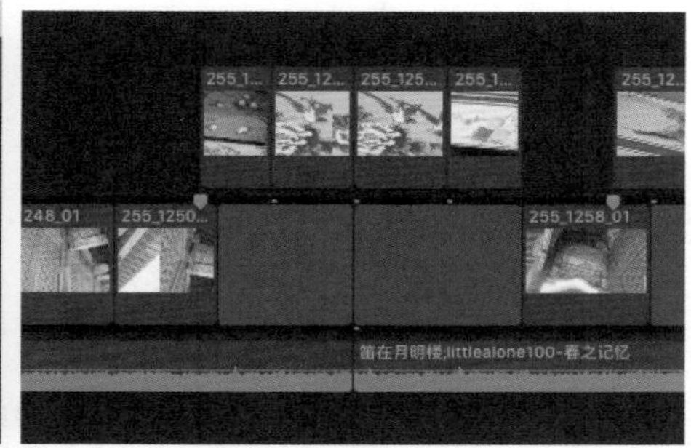

图4-90　【全部切割】命令

4.7.2　连接误剪片段

在进行剪辑工作时往往会将一个完整的片段进行多次切割，并重新排列组合，但经过之后的编辑会发现有一些对片段的切割工作是没有必要或是因误操作而造成的。此时可以利用“修剪工具”将其重新连接起来。

1 在工具栏中将编辑方式切换为“修剪工具”(快捷键为T)，如图4-91所示。

2 接下来尝试利用“修剪工具”将被切割的片段进行重新连接，如图4-92所示。

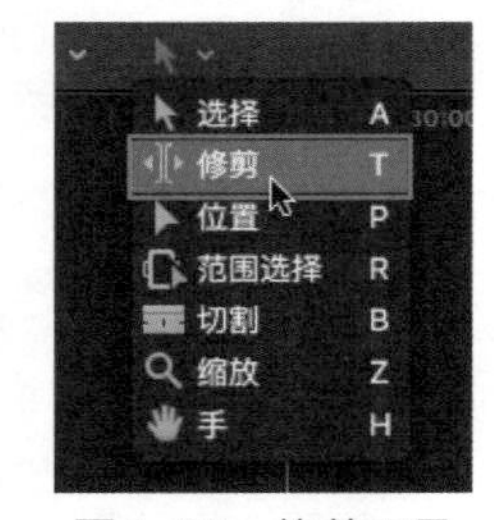

图4-91　修剪工具

注意

此处的连接方式是指将原来属于同一片段的内容进行连接，在时间线中主要故事情节中同一片段的不同部分之间相连的编辑点为一条虚线。

3 单击选中被错误切割的两片段之间的切割线，如图4-93所示。

4 按Delete键进行删除，此时两个片段重新进行连接，如图4-94所示。

图4-92　切割线

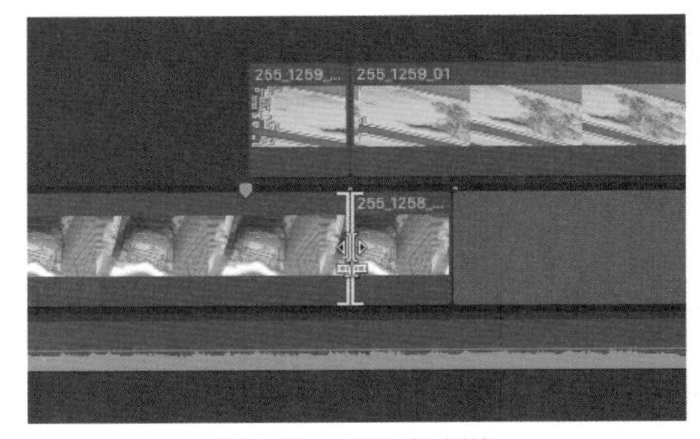

图4-93　选择切割线

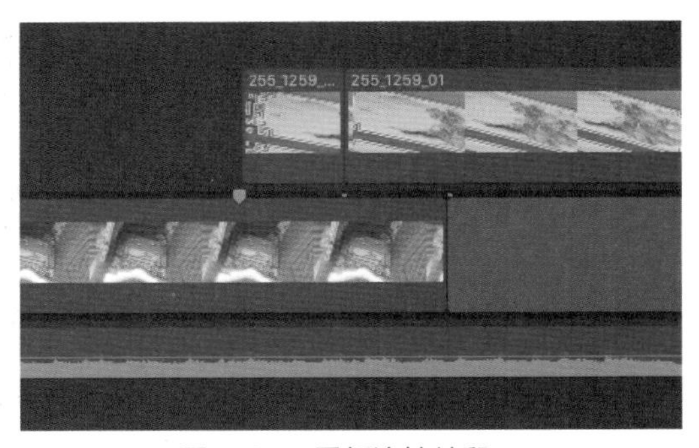

图4-94　重新连接片段

5 当需要重新连接被切割的片段时，可先框选连接片段，创建一个故事情节。框选图中的连接片段后，单击鼠标右键，在弹出的快捷菜单中选择【创建故事情节】命令(快捷键为Command+G)，如图4-95所示。

6 此时被框选的片段被创建为一个次级故事情节，两个片段之间的编辑点也由原来的实线变为虚线，如图4-96所示。

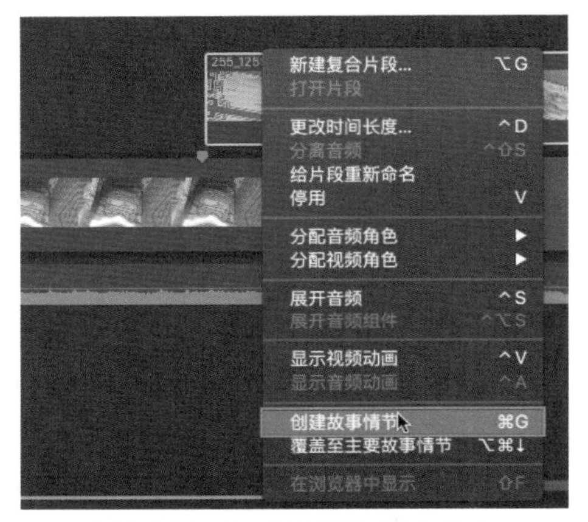

图4-95　【创建故事情节】命令

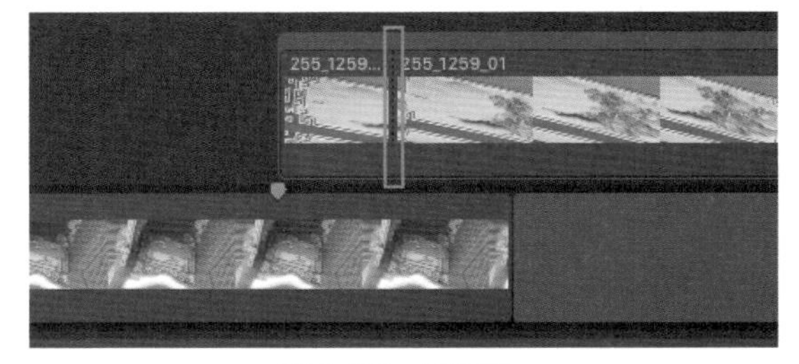

图4-96　切割线

7 单击片段之间的切割线，按Delete键进行删除，此时两个片段重新进行连接，如图4-97所示。

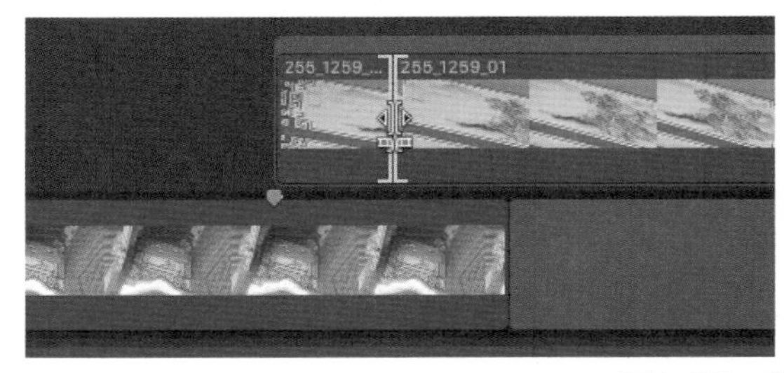

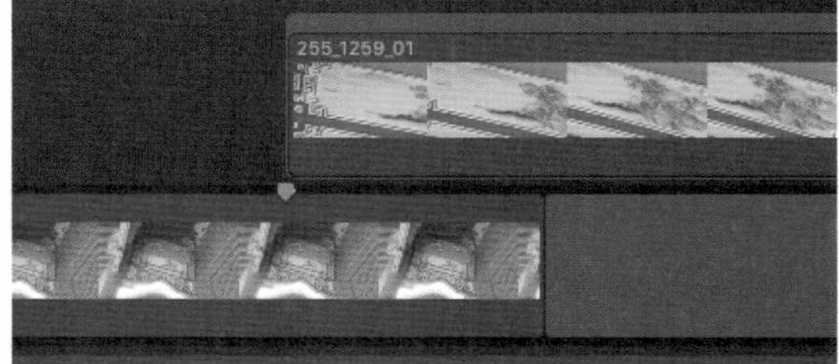

图4-97　重新连接片段

4.7.3　修剪片段的开头与结尾

当在事件浏览器中没有为片段设定出入点，或需要重新设置出入点位置时，也可以将其放置到时间线中进行预览后快速地修剪片段的开头和结尾。

1 选择时间线上的片段，将播放指示器拖曳至片段中重新确定的开头位置，如图4-98所示。

2 选择菜单【修剪】|【修剪开头】命令(快捷键为Option+【)，如图4-99所示。

3 片段的开头会自动移动到播放指示器所在的位置，如图4-100所示。

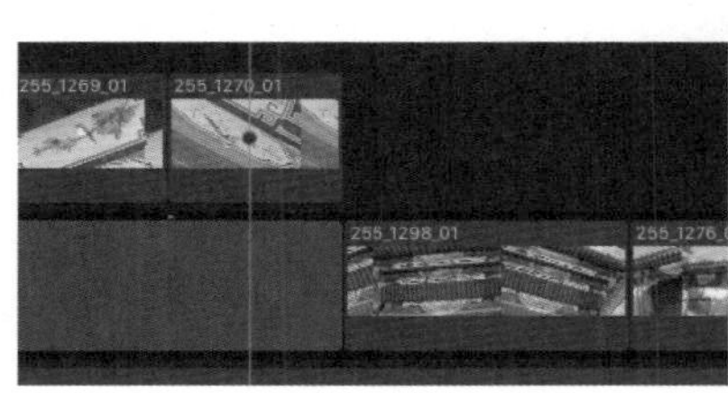

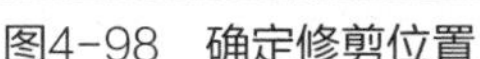
图4-98　确定修剪位置

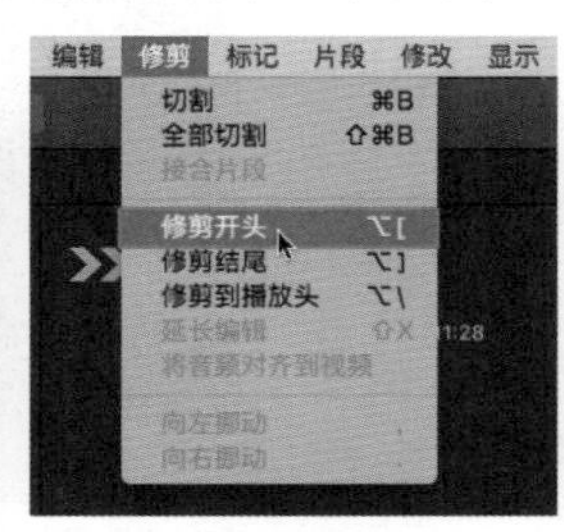

图4-99【修剪开头】命令

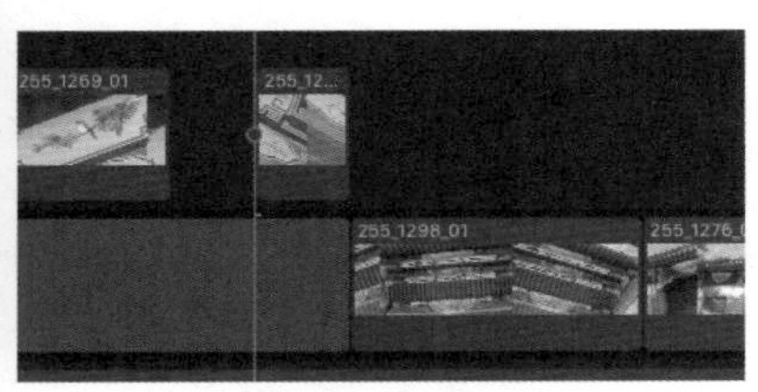
图4-100　修剪片段开头

4 选择菜单【修剪】|【修剪结尾】命令(快捷键为Option+】)，片段的结尾会自动移动到播放指示器所在的位置，如图4-101所示。

5 选择片段开头或结尾处的编辑点，将播放指示器拖曳到编辑点之前或之后的位置，如图4-102所示。

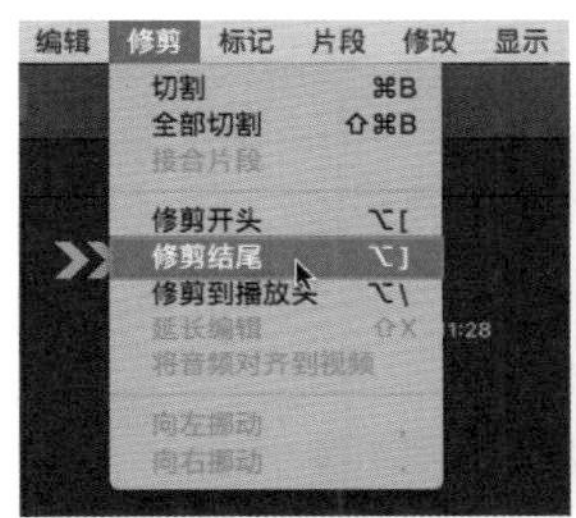

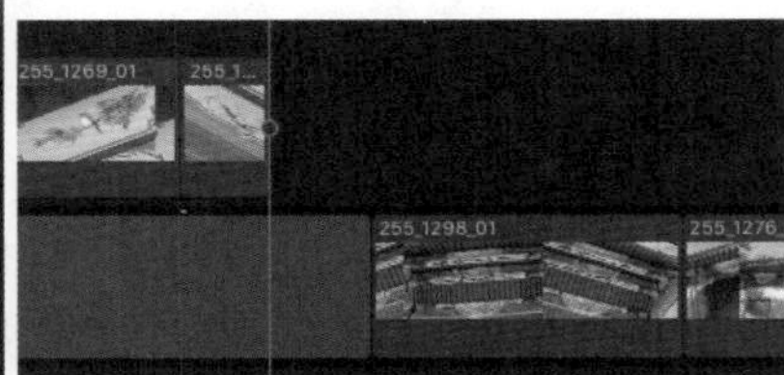
图4-101　修剪片段结尾

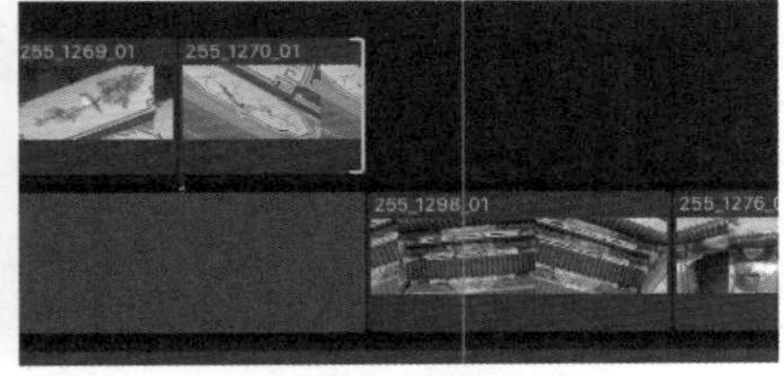
图4-102　选择编辑点

6 选择菜单【修剪】|【延长编辑】命令(快捷键为Shift+X)，如图4-103所示。

7 所选片段的编辑点会自动延长到播放指示器所在的位置，如图4-104所示。

> **注意**
>
> 当播放指示器的位置超过原片段的时长，仅会延长至片段的结尾，编辑点会变为红色，如图4-105所示。

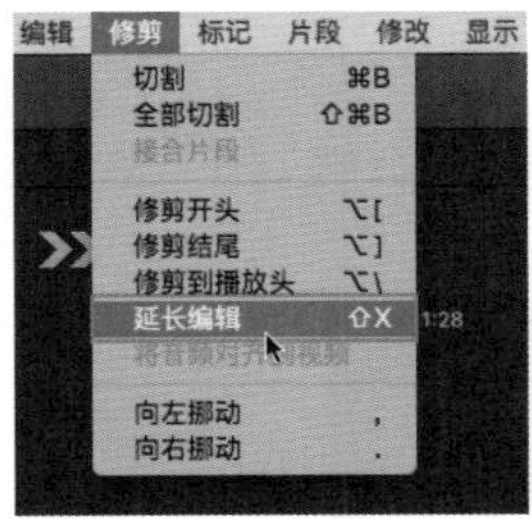

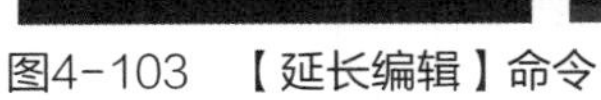
图4-103　【延长编辑】命令

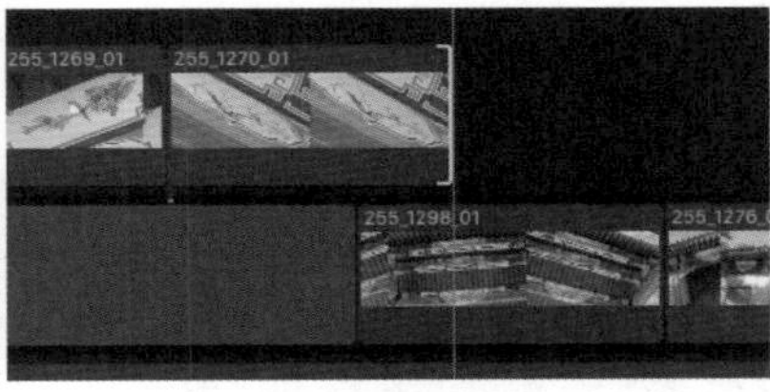
图4-104　延长片段

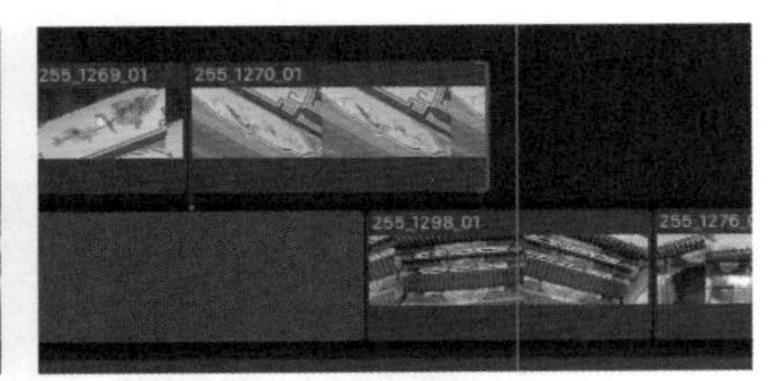
图4-105　延长片段

4.7.4　微移片段

对片段进行精剪的过程实际上是在进行以帧为单位的修剪工作。因此，需要在时间线中对片段进行微移，精确控制时间线中的片段。

动手操作：移动连接片段

▶素材：素材/建筑 ▶源文件：资源库/第4章/4.7

1 在时间线中选择与主要故事情节相连接的连接片段，如图4-106所示。

2 选择菜单【修剪】|【向左挪动】命令(快捷键为【，】)，如图4-107所示。

3 所选的连接片段会在时间线中向左挪动1帧，如图4-108所示。

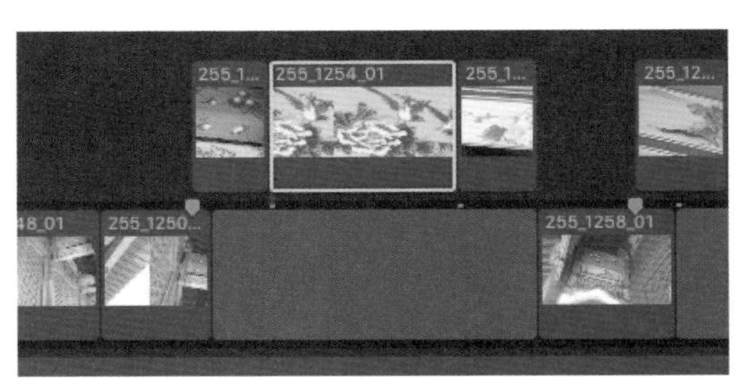

图4-106　选择连接片段

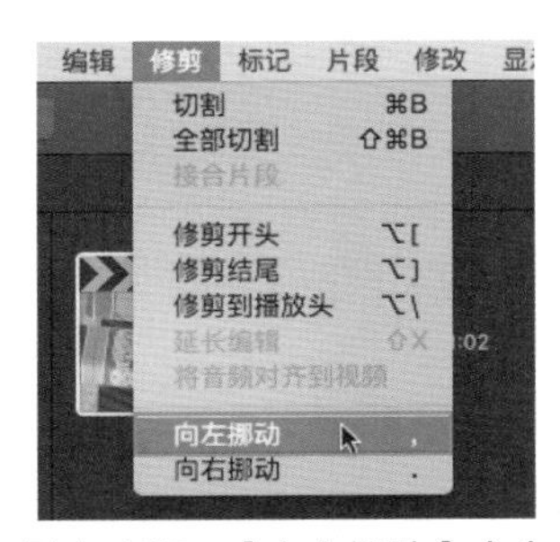

图4-107　【向左挪动】命令

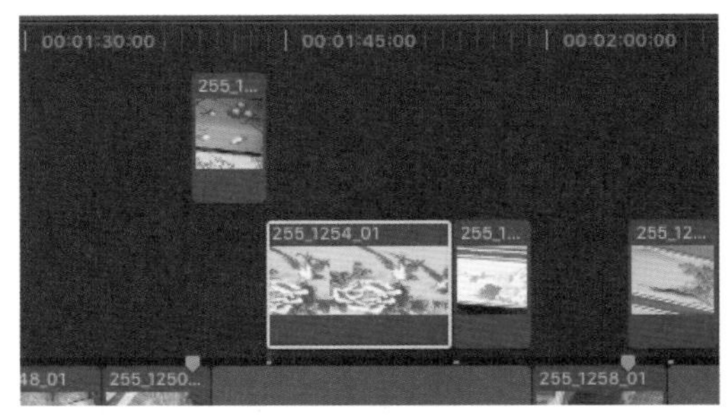

图4-108　片段向左移动

4 选择菜单【修剪】|【向右挪动】命令(快捷键为【。】)，所选片段会还原至原来的位置，如图4-109所示。

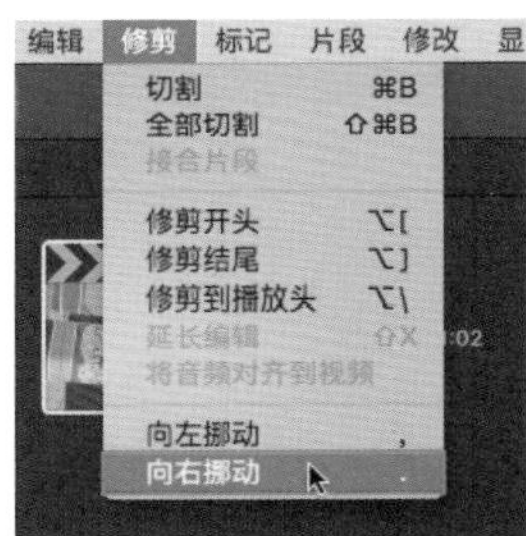

图4-109　【向右挪动】命令

动手操作：使用选择工具微移片段

▶素材：素材/建筑 ▶源文件：资源库/第4章/4.7

1 在工具栏中将编辑方式切换为“选择工具”(快捷键为A)后，选择时间线中的片段，如图4-110所示。

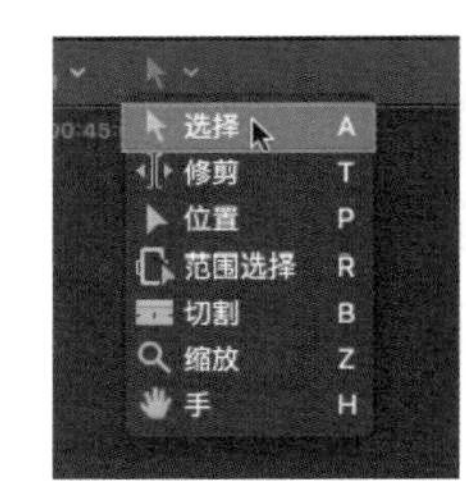

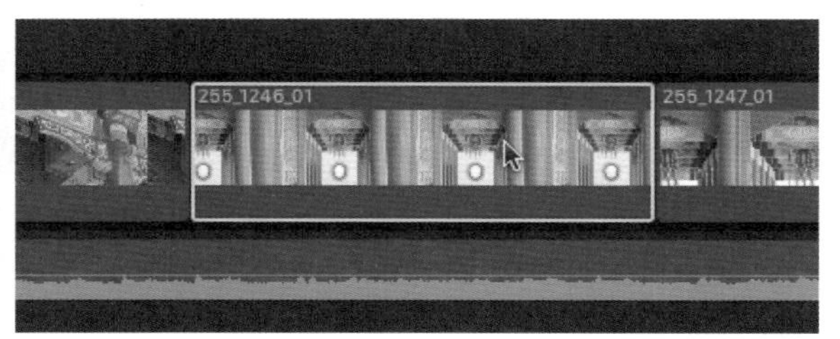

图4-110　选择片段

2 选择菜单【修剪】|【向左挪动】命令(快捷键为【，】)，如图4-111所示。

3 此时被选中的片段整体向左移动了一帧，覆盖前一片段的尾帧，被选中片段后一片段的开头自动延伸一帧，项目整体的时间长度不发生变化，如图4-112所示。

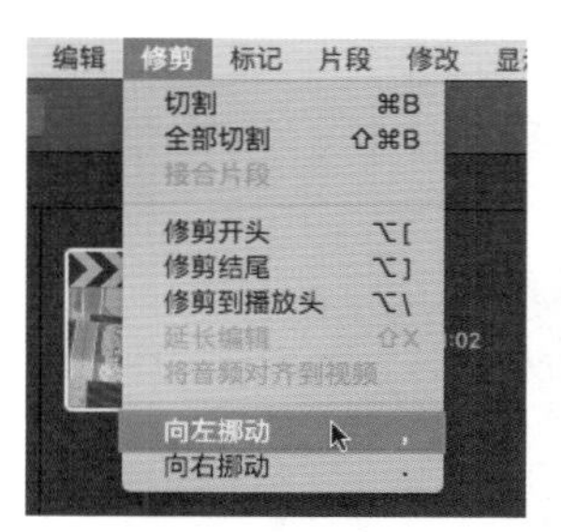

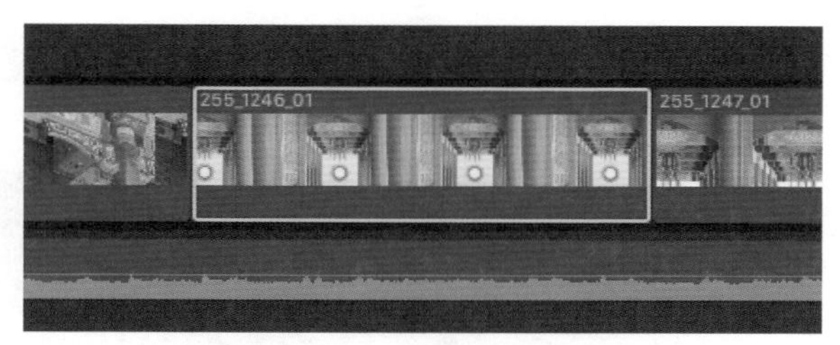

图4-111 【向左挪动】命令

图4-112 片段向左移动

4 选择菜单【修剪】|【向右挪动】命令(快捷键为【。】)，所选片段还原至原来的位置，如图4-113所示。

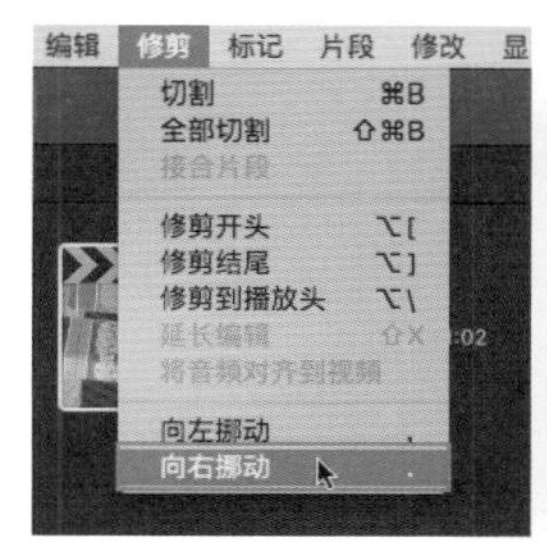

图4-113 【向右挪动】命令

动手操作：使用位移工具微移片段

▶素材：素材/建筑 ▶源文件：资源库/第4章/4.7

1 在工具栏中将编辑方式切换为“位置工具”(快捷键为P)后，选择时间线中的片段，如图4-114所示。

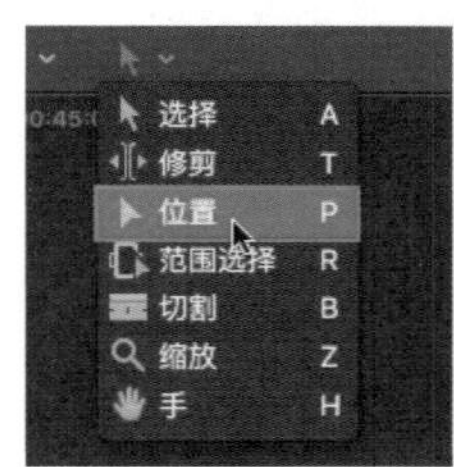

图4-114 选择片段

2 选择菜单【修剪】|【向左挪动】命令(快捷键为【，】)，如图4-115所示。

3 此时被选中的片段整体向左移动一帧，覆盖前一片段延伸出来的尾帧，但后一片段的开头不会自动延伸一帧，而是插入一帧的空隙片段进行弥补，项目的整体时间不会发生改变，如图4-116所示。

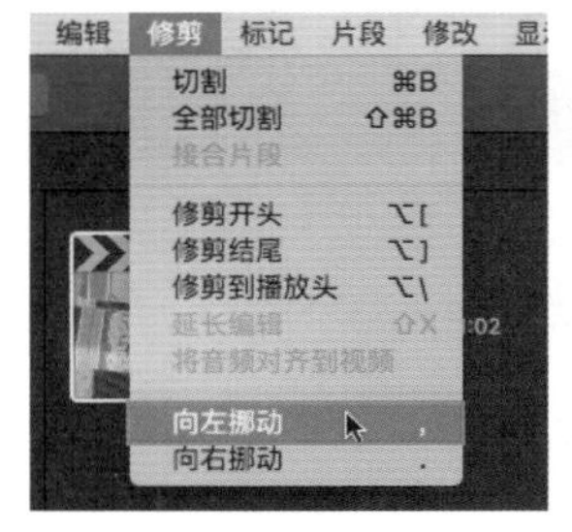

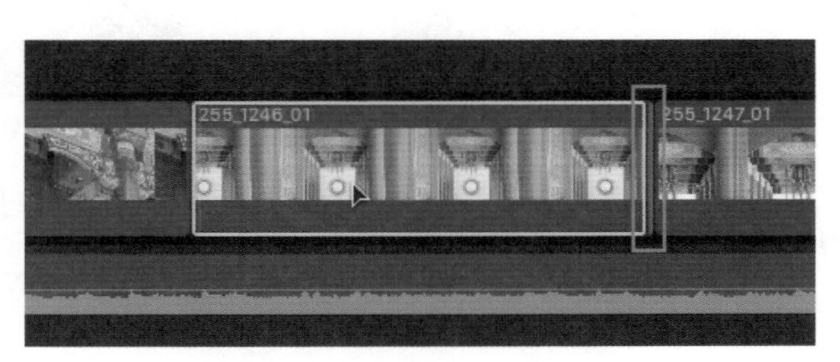

图4-115 【向左挪动】命令

图4-116 片段向左移动

4 选择菜单【修剪】|【向右挪动】命令(快捷键为【。】)，如图4-117所示。

5 所选片段还原至原位，但与前一片段之间同样会插入一帧的空隙片段，如图4-118所示。

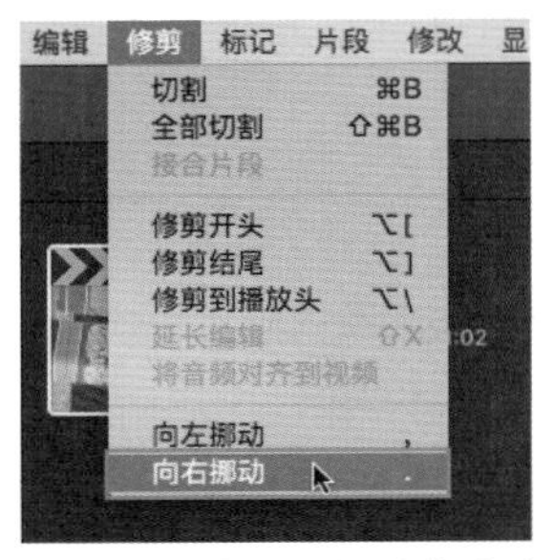

图4-117 【向右挪动】命令

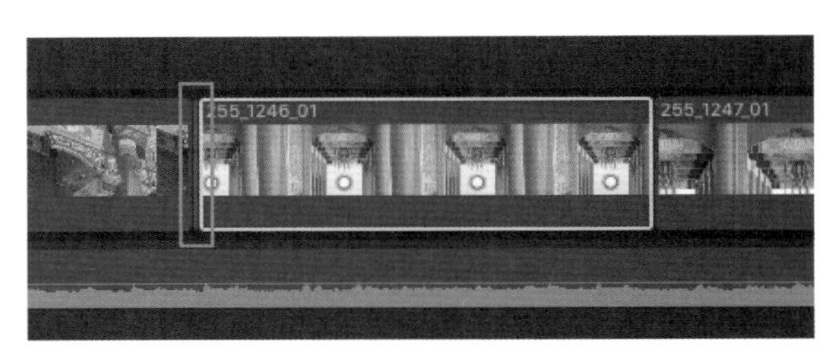

图4-118 片段向右移动

4.7.5 卷动、滑动与滑移编辑

将片段设置好出入点并放置到时间线后，可能仍旧需要在不改变项目或片段时间长度的情况下，对片段的出入点进行调整，下面介绍几种在进行剪辑过程中比较实用的修剪方式。

动手操作：调整编辑点

▶素材：素材/建筑 ▶源文件：资源库/第4章/4.7

1 在工具栏中将编辑方式切换为“选择工具”(快捷键为A)后，选择时间线中片段的编辑点，如图4-119所示。

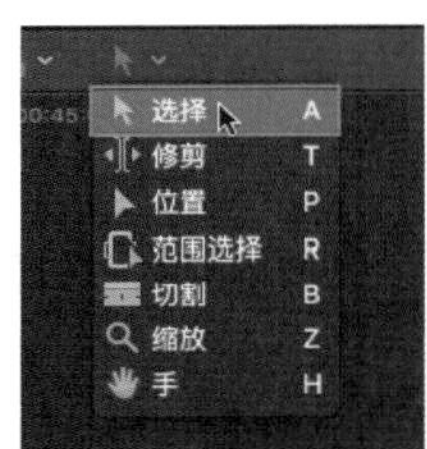

图4-119 选择编辑点

2 选择菜单【修剪】|【向左挪动】命令(快捷键为【，】)，如图4-120所示。

3 此时时间线上所选片段的开头加长一帧，如图4-121所示。

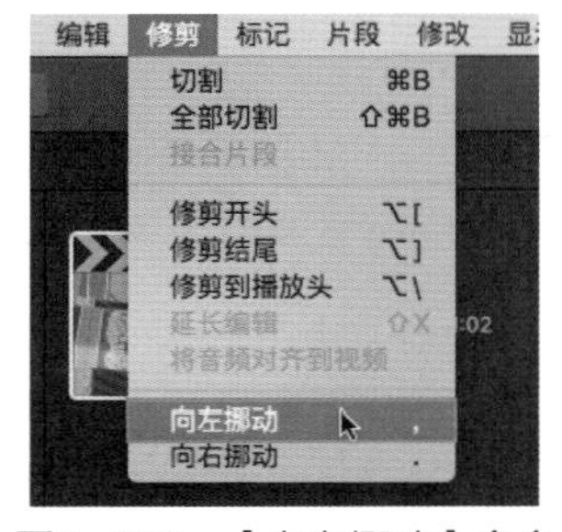

图4-120 【向左挪动】命令

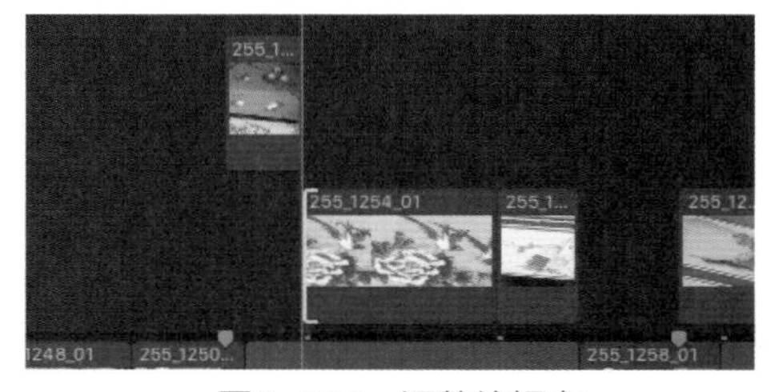

图4-121 调整编辑点

4 在工具栏中将编辑方式切换为“修剪工具”(快捷键为T)后，选择时间线中片段的编辑点，如图4-122所示。

5 选择菜单【修剪】|【向左挪动】命令(快捷键为【，】)，如图4-123所示。

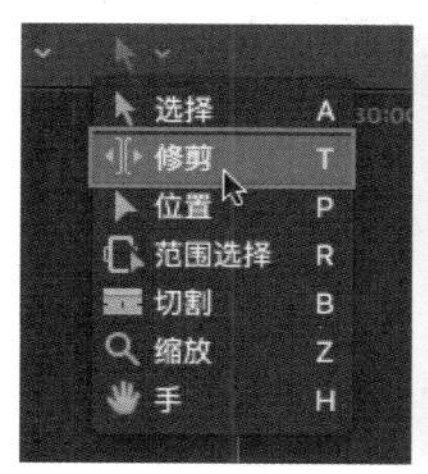

图4-122　选择编辑点

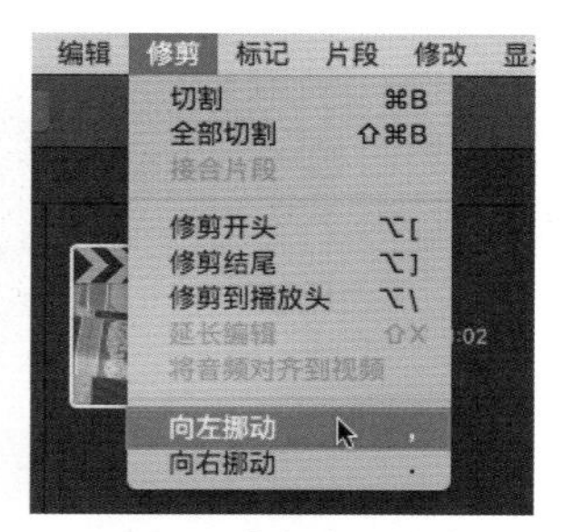

图4-123　【向左挪动】命令

6 此时视觉上所选片段的结尾加长了一帧。但事实上仍是在片段开始帧增加了一帧，只不过是在保持起始帧位置不变的情况下，画面整体向后移动了一帧，如图4-124所示。

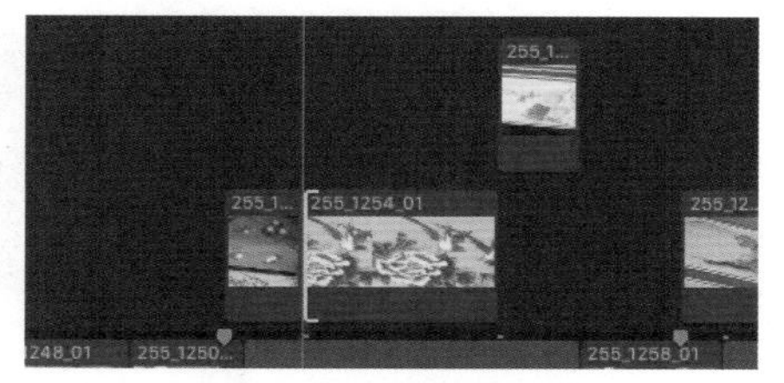

图4-124　调整编辑点

动手操作：卷动编辑片段

▶素材：素材/建筑　▶源文件：资源库/第4章/4.7

当选择片段的编辑点进行拖曳时会改变时间线中项目的持续时间。这是因为在Final Cut Pro特有的磁性时间线中，当一个片段的持续时间发生改变时，时间线中与之相邻的片段会自动向前补位或向后移位。在进行卷动编辑时则不会改变项目的总时长，它通过拖曳相邻两个片段之间的编辑点使一个片段的时间长度缩短，另一个片段增加相应的时间长度。

1 以下面的三个片段为例，在工具栏中将编辑方式切换为“修剪工具”(快捷键为T)，如图4-125所示。

2 单击时间线中的第二个片段与第三个片段相邻的编辑点，此时第二个片段的尾帧和第三个片段的首帧呈选中状态，如图4-126所示。

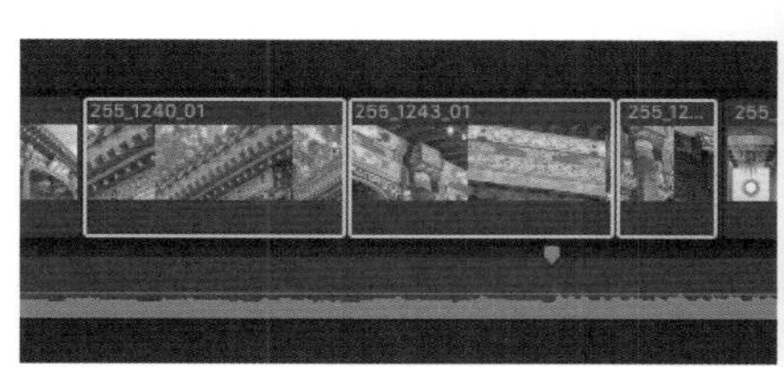

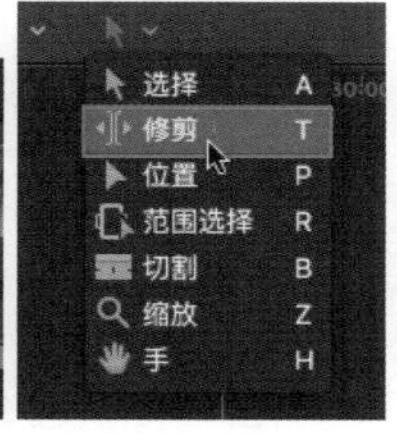

图4-125　修剪工具

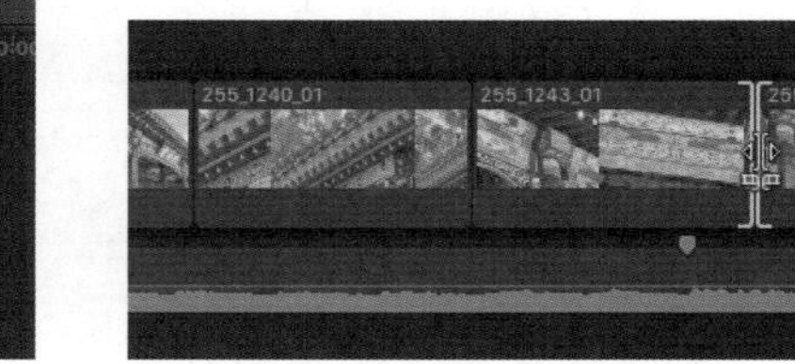

图4-126　选择编辑点

3 在选中编辑点的同时，检视器中的画面被一分为二。左边显示第二个片段出点的画面，右边显示第三个片段入点的画面，在进行编辑时画面会相应地发生改变，通过观察检视器可以更加直观地进行修剪，如图4-127所示。

4 在选中编辑点后，按住鼠标左键进行拖曳，片段上方会出现一个时间码提示。时间码中的数字代表移动的帧数，数字前的“+”表示编辑点向右移动，而“-”表示编辑点向左移动，如图4-128所示。

5 当在进行拖曳时发现编辑点变为红色，且无法再进行移动时，说明该片段已经达到首帧或是尾帧，再无剩余媒体可用，如图4-129所示。

图4-127　检视器

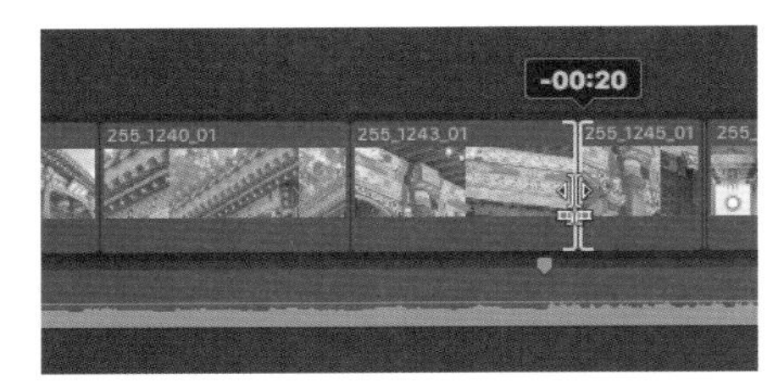

图4-128　卷动编辑片段

图4-129　片段尾帧

提示

选择编辑点后，选择菜单【修剪】|【向左挪动/向右挪动】命令(快捷键为【，】/【。】)，会以帧为单位向左或向右移动编辑点。

动手操作：滑移编辑片段

▶素材：素材/建筑　▶源文件：资源库/第4章/4.7

在进行滑移编辑时，会以同样的帧数向前或者向后调整所选片段的入点和出点，但不会改变所选片段出入点之间持续的时间长度、时间线中项目总体的持续时间，以及与其相邻片段的出点和入点位置。

1 在工具栏中将编辑方式切换为“修剪工具”(快捷键为T)，如图4-130所示。

2 将鼠标悬停在时间线中的第二个片段上，光标变为滑移编辑状态。选择该片段后，片段两端的编辑点呈被选中的状态，如图4-131所示。

图4-130　修剪工具

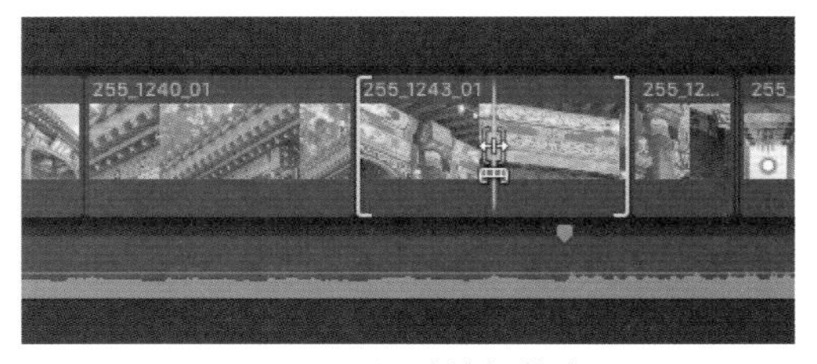

图4-131　滑移编辑状态

3 在选中该片段的同时，检视器中的画面被一分为二，左边显示所选片段入点的画面，右边显示所选片段出点的画面，如图4-132所示。

图4-132　检视器

4 选择时间线上的片段后，按住鼠标左键拖曳该片段，在执行滑移编辑时所选片段的出入点会随着鼠标的滑动而改变位置，重新定位出入点。而与之相邻片段，也就是第一个片段和第三个片段的出入点位置不发生改变，如图4-133所示。

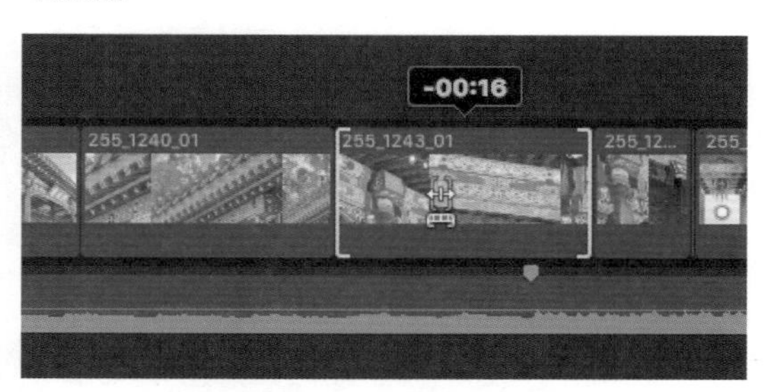

图4-133　滑移编辑片段

动手操作：滑动编辑片段

▶素材：素材/建筑　▶源文件：资源库/第4章/4.7

在使用滑动编辑时，不会改变时间线中项目总体的持续时间，会以同样的帧数调整所选片段左侧片段的出点和右侧片段的入点位置，但不会改变所选片段的出入点位置和持续的时间长度。在执行滑动编辑时，所选片段会在时间线中向前或向后移动。

1 在工具栏中将编辑方式切换为“修剪工具”(快捷键为T)，如图4-134所示。

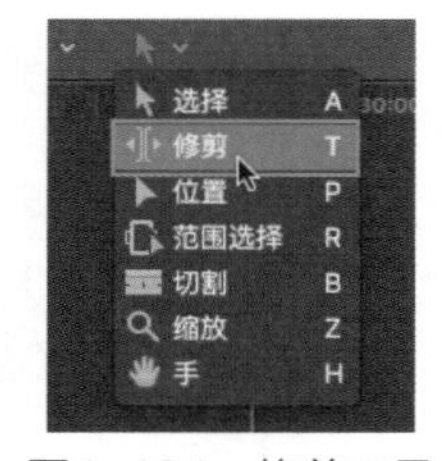

图4-134　修剪工具

2 按住Option键的同时将鼠标悬停到时间线中的第二个片段上，此时光标由滑移编辑状态切换为滑动编辑状态。选择第二个片段的同时，第一个片段的尾帧与第三个片段的首帧呈被选中的状态，如图4-135所示。

3 在选中片段的同时，检视器中的画面被一分为二，左边显示第一个片段出点的画面，右边显示第三个片段入点的画面，如图4-136所示。

图4-135　滑动编辑状态

图4-136　检视器

4 选择时间线中的片段后，按住鼠标左键拖曳所选片段，在执行滑动编辑时所选片段的出入点不会发生改变。而第一个片段的出点和第三个片段的入点则会随着鼠标的滑动而改变位置。与此同时，第二个片段在时间线中的位置也发生了改变，如图4-137所示。

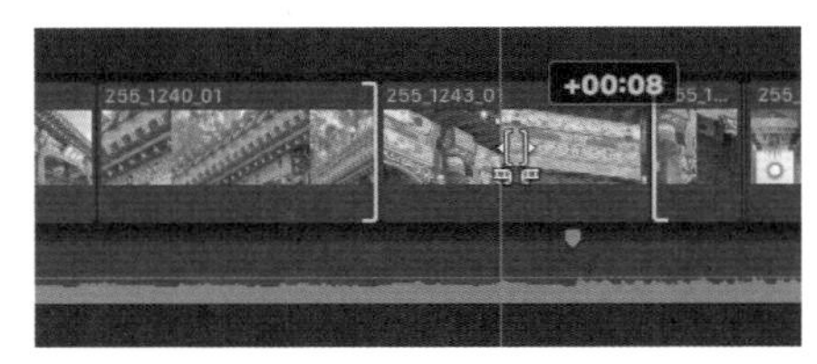

图4-137　滑动编辑片段

4.8 三点编辑

所谓的“三点编辑”与“四点编辑”中的“点”是指两对出入点的位置——事件浏览器中片段的出入点和时间线中片段的出入点。如果采取三点编辑，那么只需确定两对出入点之中的三个点，Final Cut Pro会自动根据一个片段所持续的时间推算出另外一个片段所持续的时间长度，从而得出第四个点的位置。而四点编辑则需要确定全部四个点的位置。

在Final Cut Pro中执行三点编辑有以下四种情况。

- 已确定事件浏览器中所选片段的入点、出点和时间线上所选片段的入点。
- 已确定事件浏览器中所选片段的入点、出点和时间线上所选片段的出点。
- 已确定时间线上所选片段的入点、出点和事件浏览器中所选片段的入点。
- 已确定时间线上所选片段的入点、出点和事件浏览器中所选片段的出点。

动手操作：利用三点编辑连接片段(一)

▶素材：素材/建筑　▶源文件：资源库/第4章/4.8

1 浏览事件浏览器中的片段，按I键和O键为该片段设置好出入点，如图4-138所示。

2 将时间线上的播放指示器拖曳至主要故事情节中所选择的入点位置，如图4-139所示。

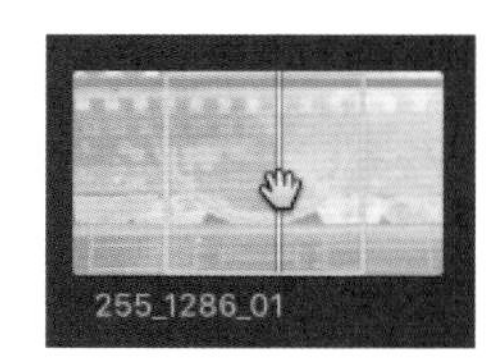

图4-138　设置出入点

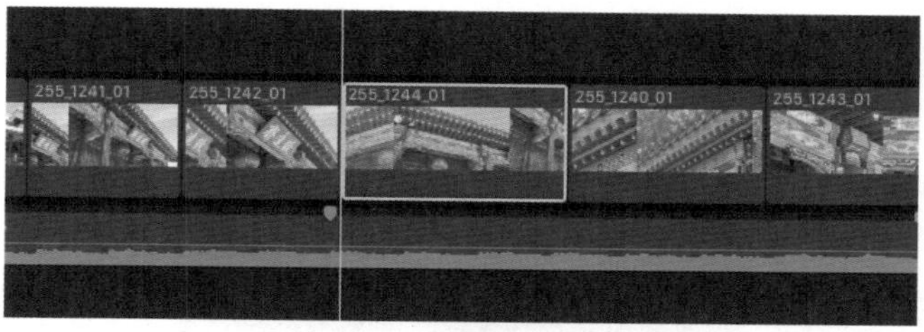

图4-139 确定入点位置

3 选择事件浏览器中的片段后，按Q键将该片段连接到时间线中的主要故事情节上。此时Final Cut Pro自动将事件浏览器中所选片段的入点与时间线上播放指示器位置对齐后进行连接，连接片段的长度与在浏览器中所设置的出入点之间的长度相同，如图4-140所示。

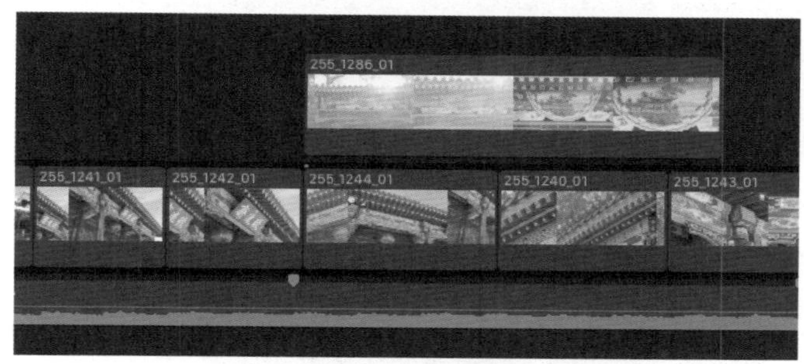

图4-140 连接片段

4 将时间线上的播放指示器拖曳至主要故事情节中所选片段的出点位置，如图4-141所示。

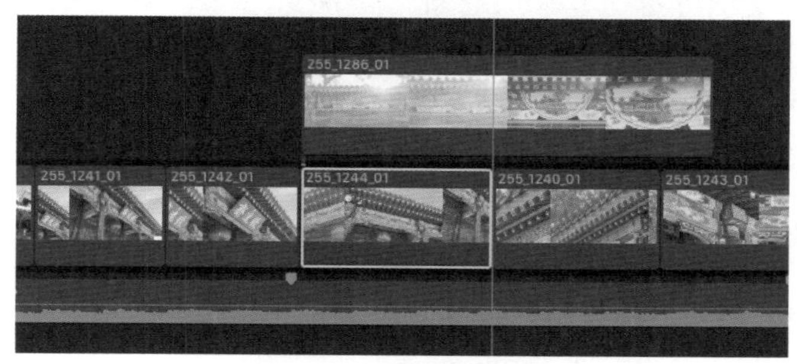

图4-141 确定出点位置

5 再次选择事件浏览器中的片段后，按快捷键Shift+Q将该片段连接到时间线中的主要故事情节上。此时Final Cut Pro自动将事件浏览器中片段的出点与时间线上播放指示器所在的位置进行连接，连接片段的长度与在事件浏览器中所设置的出入点之间的长度相同，如图4-142所示。

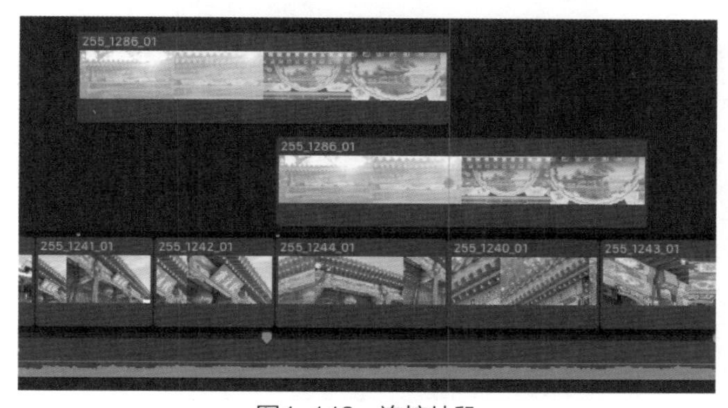

图4-142 连接片段

动手操作：利用三点编辑连接片段(二)

▶素材：素材/建筑　▶源文件：资源库/第4章/4.8

1 在工具栏中将编辑方式切换为“范围选择工具”(快捷键为R)，在时间线中对片段进行框选，如图4-143所示。

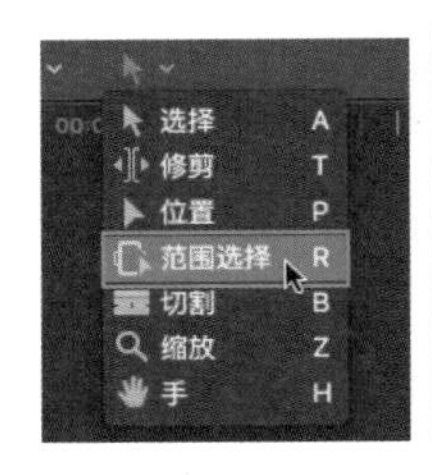

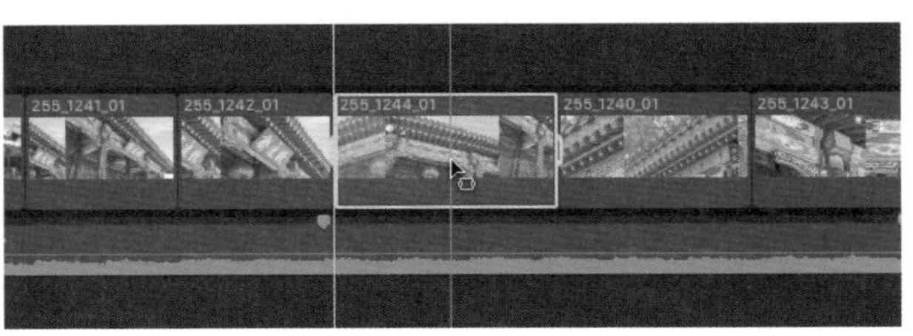

图4-143　设置选区范围

2 选择事件浏览器中的片段后，按Q键将该片段连接到时间线中的主要故事情节上。此时Final Cut Pro自动将事件浏览器中片段的入点与时间线上播放指示器所在的位置为入点对齐后进行连接，连接片段的长度与在时间线中所设置选区的长度相同，如图4-144所示。

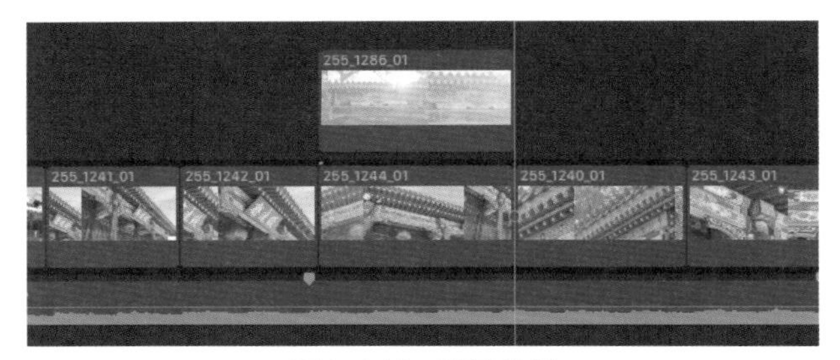

图4-144　连接片段

提示

在“事件浏览器”中所选择片段的剩余长度小于时间线中的选取长度时，弹出提示对话框。单击“继续”按钮后，仅会添加事件浏览器中入点到末尾的片段长度，如图4-145所示。

3 利用“范围选择工具”再次选择该片段，如图4-146所示。

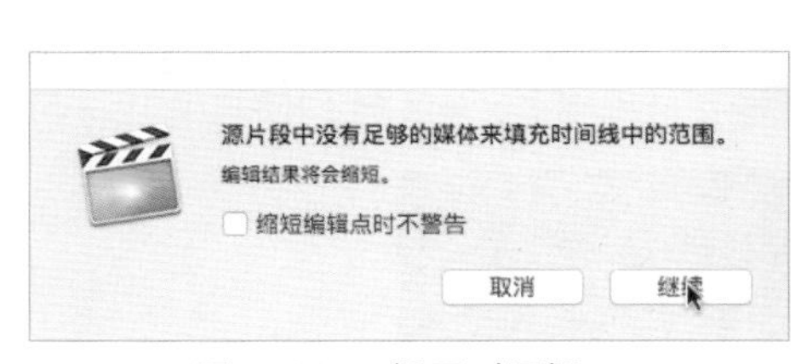

图4-145　提示对话框

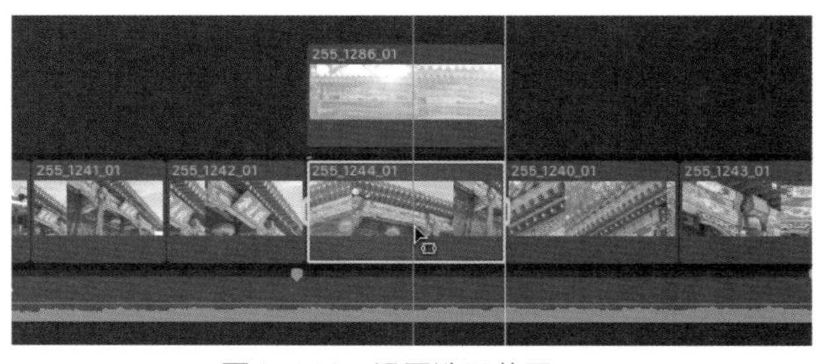

图4-146　设置选区范围

4 选择事件浏览器中的片段后，按快捷键Shift+Q将该片段连接到时间线中的主要故事情节上。此时Final Cut Pro自动将事件浏览器中片段的出点与时间线上播放指示器所在位置作为出点对齐后进行连接，连接片段的长度与在时间线中所设置选区的长度相同，如图4-147所示。

图4-147　连接片段

提示

在进行编辑时，时间线中所设定片段的长度范围总是优先于事件浏览器中片段所设定的长度范围。也就是说，当确定了时间线中片段的范围后，不论事件浏览器中片段的长度多于或是少于时间线中的范围长度，编辑时都以时间线中的范围长度为准。

在利用三点编辑进行“插入”与“覆盖”编辑时与上述“连接”编辑的方法一致。

4.9 多机位剪辑

当我们拍摄教学、访谈或是谈话类影片时，会在同一个场景中架设多台摄像机。这些摄像机从不同的角度和景别来拍摄相同的内容。在剪辑时，需要切换机位，并在切换的过程中对齐音画。如果每次切换都要进行如此复杂的工作，会浪费大量的时间和精力，此时就需要在Final Cut Pro中模拟一个导播台功能，对机位进行实时调度与切换。下面尝试进行多个机位的剪辑工作。

4.9.1 创建多机位片段

动手操作：自动设置创建多机位片段

▶素材：素材/多机位　▶源文件：资源库/第4章/4.9

1 在事件浏览器中框选所有片段后，单击鼠标右键，在弹出的快捷菜单中选择【新建多机位片段】命令，如图4-148所示。也可以选择菜单【文件】|【新建】|【多机位片段】命令，如图4-149所示。

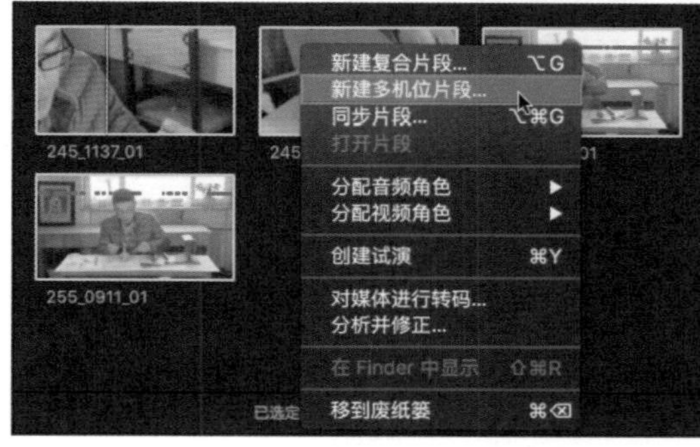

图4-148　【新建多机位片段】命令

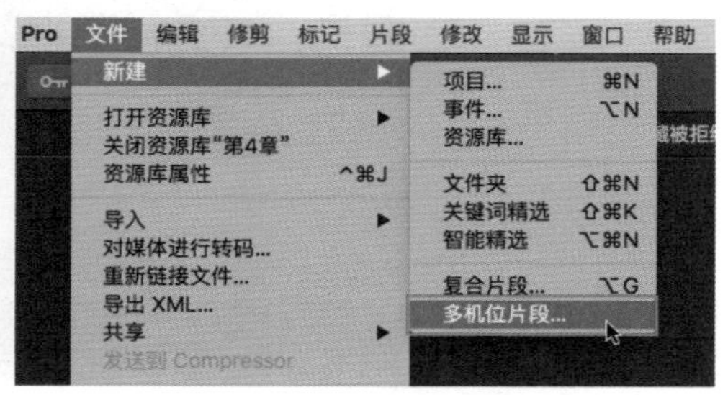

图4-149　【多机位片段】命令

2 在弹出的对话框中自定义多机位片段的名称，并选择将该片段存储于哪个事件的位置。将名称设置为“自动设置多机位片段”后，单击“好”按钮，创建多机位片段，如图4-150所示。

图4-150　创建多机位片段

3 创建多机位片段的过程中会弹出同步多机位片段的进度条，同步过程的持续时间由同步的片段大小、数量及计算机的配置来决定，如图4-151所示。

4 同步完成后，在事件浏览器中会创建一个名称为“自动设置多机位片段”的多机位片段，该片段左上角会有一个“多机位片段”的标志，如图4-152所示。

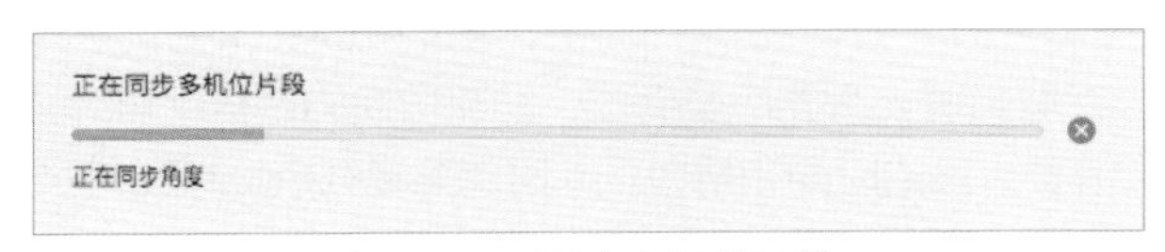

图4-151　同步多机位片段

图4-152　多机位片段缩略图

5 双击该多机位片段在时间线中将其打开，设置的多机位片段由一开始所选择的四个片段组成，依次排列在时间线中，时间线上方的名称也更新为多机位片段的名称与持续时间，如图4-153所示。

图4-153　多机位片段时间线

动手操作：自定设置创建多机位片段

▶素材：素材/多机位　▶源文件：资源库/第4章/4.9

利用自动设置虽然创建了多机位片段，但事实上，所选择的四个片段分别由两个机位进行拍摄，每个机位包含两个镜头，并不应该将其创建为包含四个角度的多机位片段。在创建多机位时应分为两组，并将每组的两个片段按照时间顺序进行排列，这就需要利用“自定设置”来创建多机位片段。

1 框选事件浏览器中同一角度的片段，如图4-154所示。

图4-154　选择片段

2 按快捷键Command+4，打开检查器，并将其切换至“信息检查器”，在“摄像机名称”文本框中输入机位名称，如“a机位”，如图4-155所示。

3 在“事件浏览器”中框选另一角度的片段后，在“信息检查器”的“摄像机名称”文本框中输入另一机位名称，如“b机位”，如图4-156所示。

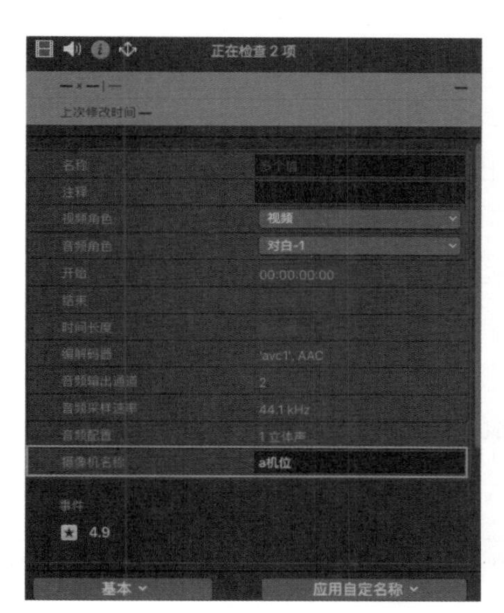

图4-155　设置摄像机名称1

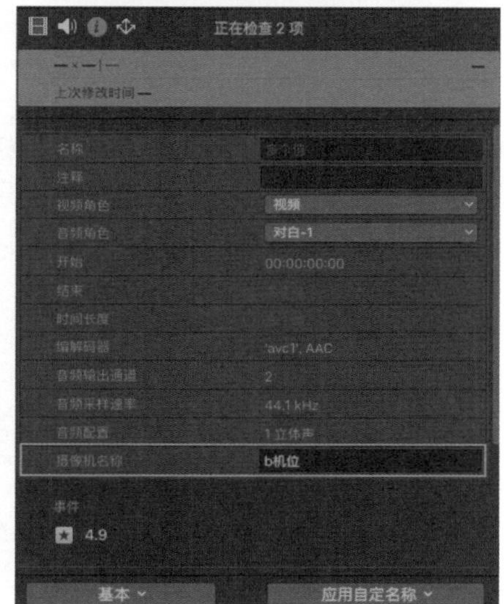

图4-156　设置摄像机名称2

4 设定好摄像机名称后，再次在事件浏览器中框选四个片段，单击鼠标右键，在弹出的快捷菜单中选择【新建多机位片段】命令，如图4-157所示。

5 在弹出的设置对话框中将名称重命名为“自定设置多机位片段”，并单击左下角的“使用自动设置”按钮切换至“自定设置”，如图4-158所示。

图4-157　【新建多机位片段】命令

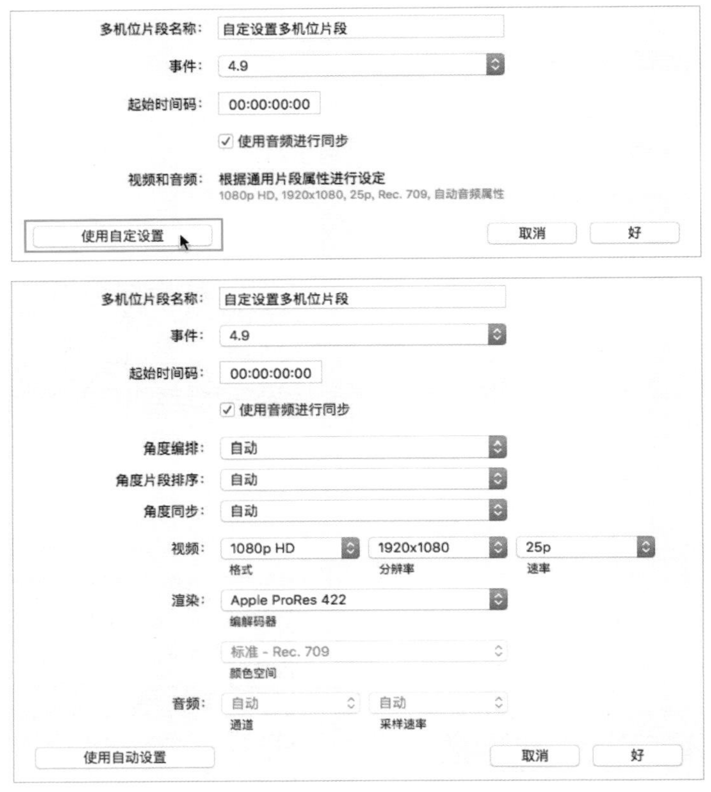

图4-158　自定设置多机位片段

6 单击“角度编排”列表框后的下三角按钮，在弹出的下拉列表中选择“摄像机名称”选项。设置完成后，单击“好”按钮，创建多机位片段，如图4-159所示。

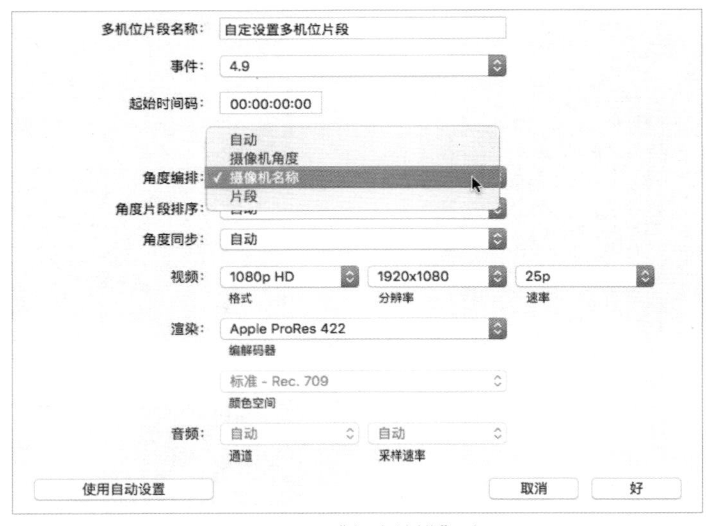

图4-159　“角度编排”选项

7 此时事件浏览器中增加了所创建的多机位片段，如图4-160所示。

8 双击新建的“自定设置多机位片段”，在时间线中将其展开。四个片段以之前所设定的机位名称为单位，相同机位的两个片段合并为一组，依次排列在时间线中。这是因为在进行同步时Final Cut Pro自动对片段进行分析，并根据各片段中的音频波形自动对齐，如图4-161所示。

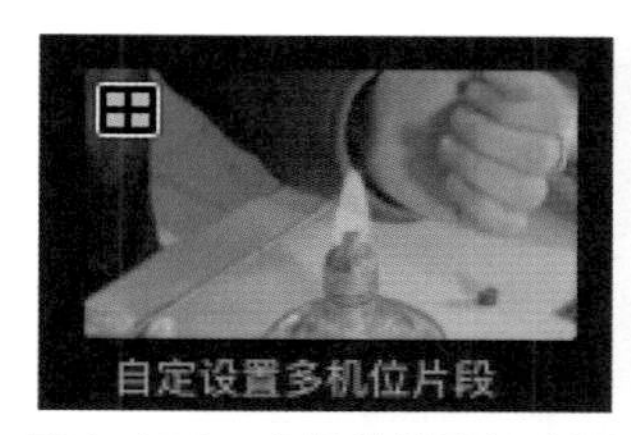

图4-160 多机位片段缩略图

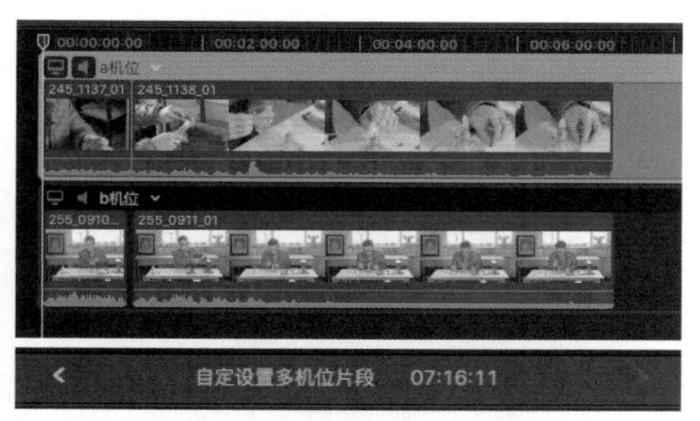

图4-161 多机位片段时间线

提示

在对机位中各片段进行排序时，还可以在“角度片段排序”选项中选择按“时间码”或“内容创建日期”进行排序，如图4-162所示。

在默认情况下，进行多机位片段同步时是使用音频进行同步的。但当片段的音频与视频在拍摄的过程中并没有进行同步，或者两机位进行收录的片段音频波形差异较大时，也可以利用其他的方式进行同步。在“角度同步”选项中还提供了按照“时间码”“内容创建日期”“第一个片段的开头”或“角度上的第一个标记”等方式进行同步。如果在同步之后仍旧稍有出入，可以选择该片段手动使用快捷键【，】或【。】以帧为单位进行微调，如图4-163所示。

图4-162 “角度片段排序”选项

图4-163 “角度同步”选项

4.9.2 编辑多机位片段

在对多机位片段进行同步之后，需要我们进一步对其进行接下来的编辑工作。

动手操作：预览多机位片段

▶素材：素材/多机位 ▶源文件：资源库/第4章/4.9

1 单击检视器右上角“显示”右侧的下三角按钮，在弹出的下拉列表中选择“显示角度”选项(快捷键为Shift+Command+7)，如图4-164所示。也可以选择菜单【显示】|【在检视器中显示】|【角度】命令，如图4-165所示。

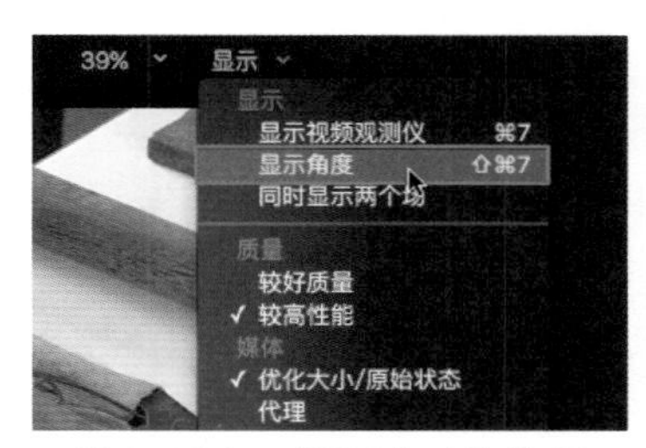

图4-164 “显示角度”选项

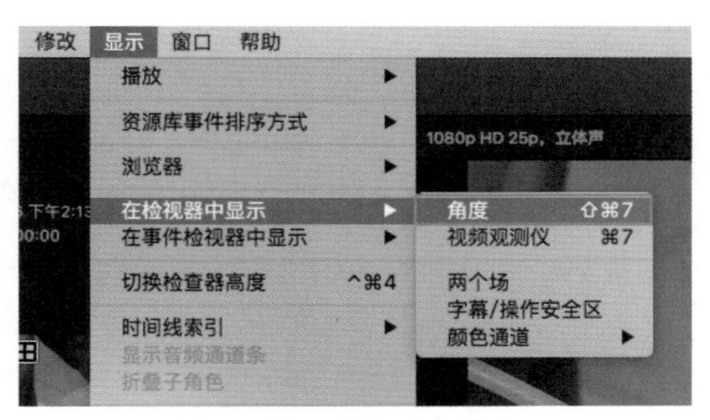

图4-165 【角度】命令

2 检视器会一分为二，可以同时对多机位片段中各个角度的画面进行实时预览。左侧的“角度检视器”显示多机位片段的画面，每个角度画面的左下角显示了该角度机位的名称。右侧“检视器”显示当前正在进行播放的画面，如图4-166所示。

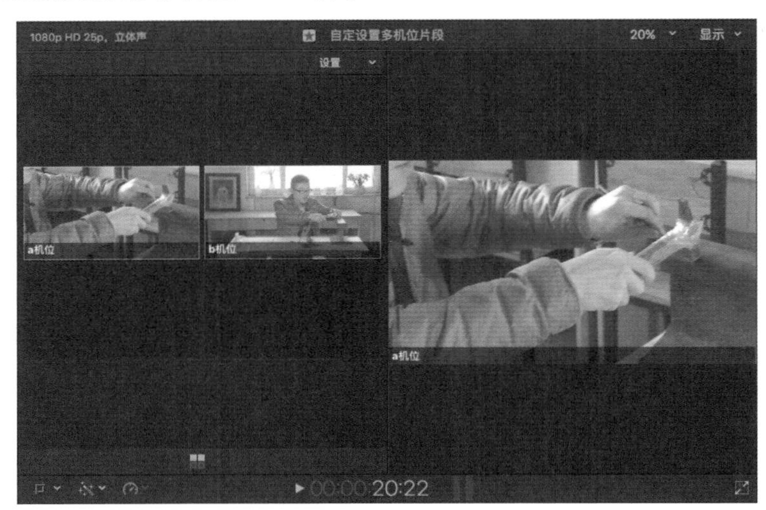

图4-166　检视器

3 “角度检视器”默认显示四个角度，单击右上角“设置”右侧的下三角按钮，在弹出的下拉列表中切换显示角度的数量。在此选择显示“2个角度”选项，如图4-167所示。

图4-167　显示角度数量

4 单击创建的多机位片段，在“角度检视器”的左上角显示三个按钮，分别表示在进行机位切换时“启用视频和音频切换”(快捷键为Shift+Option+1)、“启用仅视频切换”(快捷键为Shift+Option+2)和“启用仅音频切换”(快捷键为Shift+Option+3)，默认情况下，视频与音频会同时进行切换，如图4-168所示。

图4-168　“切换音视频”按钮

5 激活“启用视频和音频切换”按钮后，在进行切换时，视频和音频会同时进行切换。但由于各角度的摄像机在拍摄现场时与拍摄目标距离、方向等因素的差异，因此音频质量也不一样，从而出现在切换音频时声音忽大忽小或某一拍摄角度的音频因噪声问题不清晰等。所以，首先需要对多机位片段进行预览，挑选在进行多机位剪辑的一开始所使用的机位视频角度与需要保留哪个机位的音频。在此，需要在一开始的画面中使用b机位，之后进行两机位之间的切换，但一直保留a机位的音频。

6 在默认情况下，被选中的为a机位。所以，此时单击“角度检视器”左上角的“启用仅视频切换按钮”(快捷键为Shift+Option+2)后，单击b机位的画面。此时，a机位缩略图的外部选框由黄色的视频与音频框变为绿色的音频框。而b机位则由蓝色的视频框选中。这样，在之后进行切换时会从b机位的画面开始，并且只会切换两个机位中片段的画面内容，而保留效果比较好的音频，如图4-169所示。

图4-169 调整音视频切换内容

提示

当多机位片段已经被放置到时间线中并被激活时，需要注意播放指示器的位置，此时会从播放指示器所在位置对所选多机位片段进行编辑。

7 按空格键播放时间线中的多机位片段。在进行播放时，“检视器”与“角度检视器”中会同步播放。同时观察两个检视器中的画面，当需要进行切换时，在角度检视器的机位角度中来回单击即可，也可以利用1键和2键代表两个机位进行切换。在进行切换的同时，时间线上会有被分割的虚线标记，如图4-170所示。

8 如果对切换的画面位置不满意，可以将鼠标置于虚线位置，待光标变为“滚动编辑”状态后，拖曳鼠标调整切割点位置。此时，在检视器中也会显示编辑点两侧片段中结束帧和开始帧位置的画面，如图4-171所示。

图4-170 编辑多机位片段

图4-171 调整编辑点

9 当需要删除时间线中的切割线时，在选择该切割线后，按Delete键进行删除，如图4-172所示。

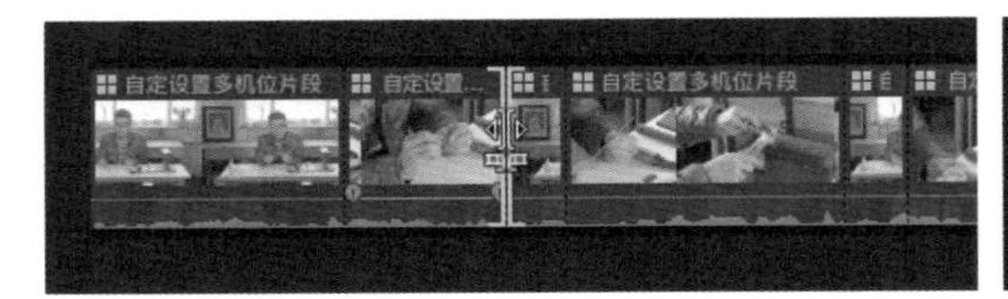

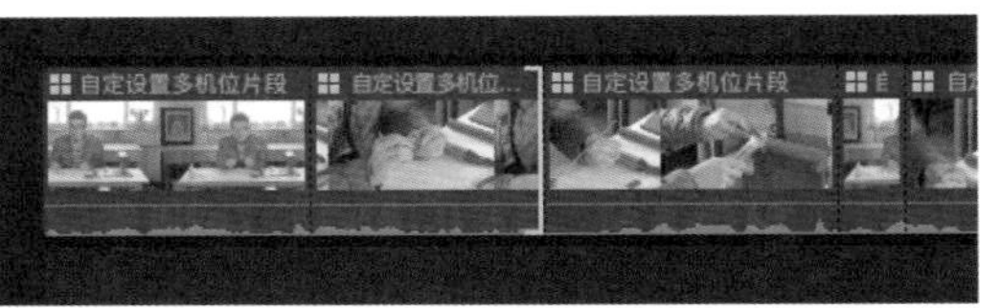

图4-172　删除切割线

10 如果对切换的机位角度不满意想要调换片段，可以选择该片段后单击鼠标右键，在弹出的快捷菜单中选择【活跃视频角度】或【活跃音频角度】命令，切换视频及音频角度，如图4-173所示。

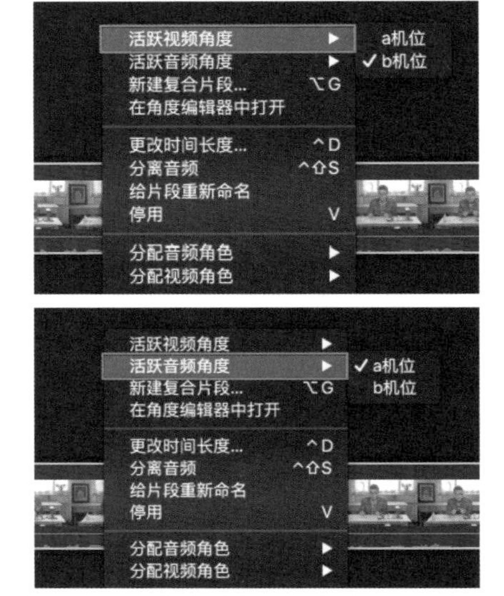

图4-173　【活跃视频角度】和【活跃音频角度】命令

4.10　课后习题

(1) 替换片段的方式有几种，应如何进行选择？

(2) 如何在时间线中创建试演片段并进行预览与切换？

(3) 创建与编辑故事情节的方式有几种？

(4) 创建与编辑复合片段的方式有几种？

(5) 如何插入与注释占位符？

(6) 如何在不改变项目时间长度的情况下创建静帧画面？

(7) 利用三点编辑替换时间线中的片段的方式有几种？

(8) 如何利用“修剪工具”进行卷动、滑动与滑移编辑？

(9) 如何利用自定设置创建多机位片段？

快捷键		
1	Shift+R	替换
2	Option+R	从开头替换
3	Y	打开试演
4	Control+Command+Y	预览
5	Option+Y	复制为试演
6	Control+Option+←	下一次挑选
7	Control+ Option+→	上一次挑选
8	Option+Shift+ Y	完成试演
9	Command+Y	创建试演
10	←	上一个试演片段
11	→	下一个试演片段
12	Command+G	创建故事情节
13	Delete	删除

14	Shift+Delete	保留位置进行删除
15	Shift+Command+G	将片段项分开
16	Option+Command+↑	从故事情节中提取
17	Option+Command+↓	覆盖至主要故事情节
18	Option+G	新建复合片段
19	Command+】	切换至上一时间线
20	Command+【	切换至下一时间线
21	Option+W	插入空隙
22	Option+Command+W	插入占位符
23	Command+4	显示或隐藏检查器
24	Option+F	添加/连接静帧
25	Control+D	更改时间长度
26	Command+,	偏好设置
27	←	向左微移一帧
28	→	向右微移一帧
29	Shift+←	向左移动十帧
30	Shift+→	向右移动十帧
31	A	选择工具
32	T	修剪工具
33	P	位置工具
34	R	范围选择工具
35	B	切割工具
36	Command+B	切割
37	Shift+Command+B	全部切割
38	Option+【	修剪开头
39	Option+】	修建结尾
40	Shift+X	延长编辑
41	,	向左挪动
42	。	向右挪动
43	Q	连接片段
44	Shift+Q	反向连接片段
45	Shift+Command+7	显示角度
46	Shift+Option+1	启用视频和音频切换
47	Shift+Option+2	启用仅视频切换
48	Shift+Option+3	启用仅音频切换

4.11 课后扩展：移动及复制项目

在同一资源库中的多个事件之间使用同样的项目或片段进行不同编辑时，可以对其进行移动或复制。

1 以项目文件为例，选择事件中的项目后按住鼠标左键，将所选项目拖曳到其他事件的名称上，此时光标下出现一个胶片状的标志，如图4-174所示。

图4-174 移动项目

2 释放鼠标左键后，项目会从原事件移动到目标事件中，原事件中不再保留该事件，如图4-175所示。

图4-175 移动项目

3 在选择事件中的项目后，在将其拖曳到其他事件的名称上时按住Option键，光标下方会同时出现一个绿色的圆形“+”标志，如图4-176所示。

图4-176 复制项目

4 释放鼠标左键后，即可将所选项目复制到新事件中，对原事件中的项目没有影响，如图4-177所示。

图4-177 复制项目

此外，也可以在不同资源库之间移动与复制事件或项目文件。

5 以项目文件为例，选择原资源库中的项目后按住鼠标左键，将所选项目拖曳到目标资源库列表下的事件名称上，此时光标下方出现一个带有绿色圆形的“＋”标志，如图4-178所示。

图4-178　复制项目

6 释放鼠标左键后，会弹出提示对话框。在对不同资源库中的项目进行移动或复制时，选择是否创建“优化的媒体”与“代理媒体”，如图4-179所示。

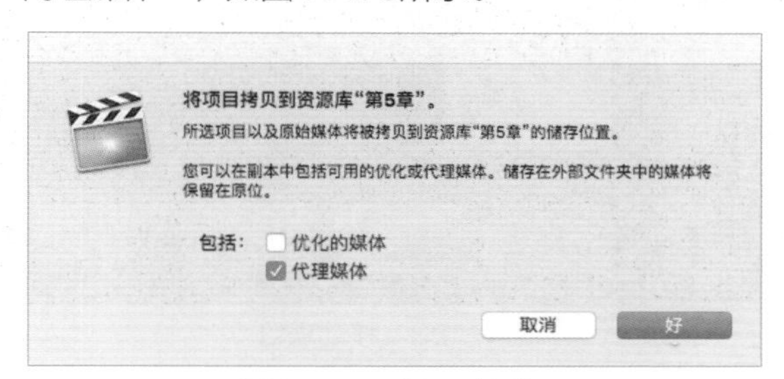

图4-179　提示对话框

7 单击“好”按钮确认复制后，所选项目及其所包含的媒体文件会被复制到目的资源库的事件中，如图4-180所示。

图4-180　复制项目

8 在选择项目后，将其拖曳到其他资源库列表中事件名称上的同时按住Command键，光标下会出现一个胶片状的标志，如图4-181所示。

图4-181　移动项目

9 释放鼠标左键后，弹出提示对话框，如图4-182所示。

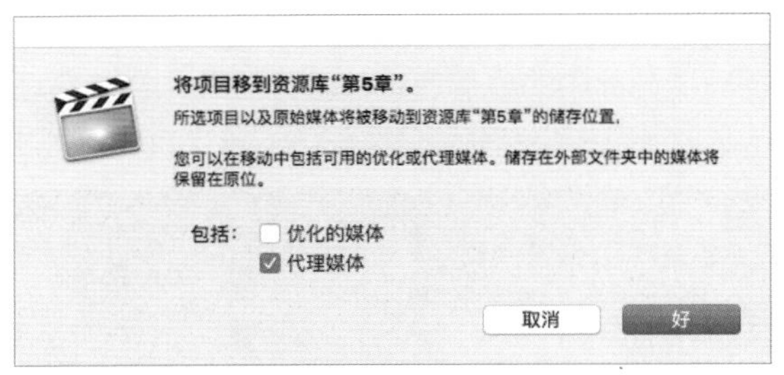

图4-182　提示对话框

10 单击“好”按钮确认移动后，所选项目及原始媒体文件会被移动到目的资源库的存储位置，但在原项目中仍然保留一开始所导入的媒体文件，如图4-183所示。

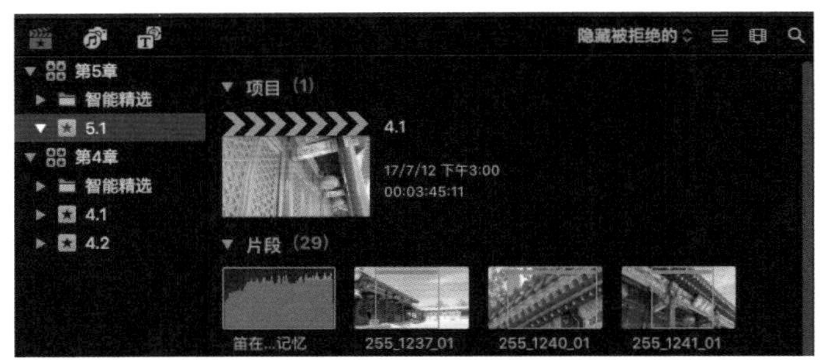

图4-183　移动项目

提示

当需要复制时有两种情况：所复制的内容在同一位置时，选择该内容后按住Option键拖曳可以进行复制，直接进行拖曳会将原位置的内容剪切并粘贴到新的位置上。内容不在同一位置时，直接进行拖曳会进行复制，按住Command键再进行拖曳会将原位置的内容剪切并粘贴到新的位置上。

第5章 重新定时与变换片段

本章概述：

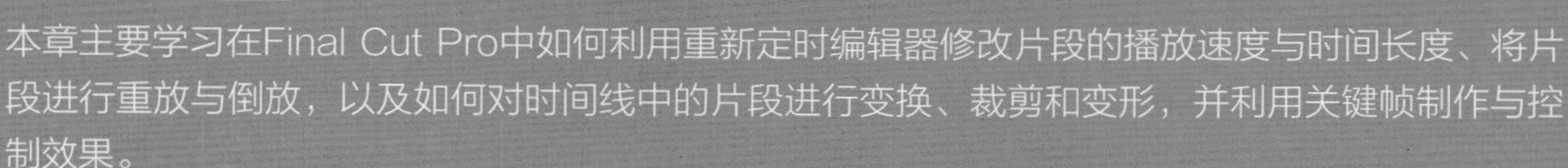

本章主要学习在Final Cut Pro中如何利用重新定时编辑器修改片段的播放速度与时间长度、将片段进行重放与倒放，以及如何对时间线中的片段进行变换、裁剪和变形，并利用关键帧制作与控制效果。

教学目标：

(1) 熟练使用重新定时编辑器对片段进行匀速与变速修改。
(2) 利用重新定时编辑器制作静止画面。
(3) 应用倒回和即时重放功能。
(4) 根据画面进行变换、裁剪与变形。
(5) 对片段制作关键帧动画。
(6) 设置自动与手动渲染功能。

本章要点：

(1) 重新定时编辑器
(2) 匀速与变速修改片段
(3) 制作静止画面
(4) 倒回、反转与即时重放
(5) 变换、裁剪和变形片段
(6) Ken Burns特效
(7) 添加与删除关键帧

在进行编辑的过程中，如果改变某些片段的速度或是改变片段画面的大小、位置及旋转角度后将多个镜头组合在一起，可以制作更多的画面效果。整个项目的节奏会发生更多的变化，使情节变得更加紧凑，并增加画面的趣味性与吸引力。在本章中我们会了解到Final Cut Pro中有关片段播放速度与重新定时的相关知识，并尝试利用关键帧对片段的运动属性进行控制，制作关键帧动画。

5.1 重新设置片段时间

在影片中，为了表示时间的飞速流逝，往往会将镜头设置快速播放的效果，而慢动作也是编辑过程中经常使用到的一种方式。将画面与背景音乐进行同步时，配音的时间长度往往与画面时间长度不完全一致。此时就需要在不影响情节的情况下，根据音乐的节奏来调整画面的时间与速度，改变画面的速度以适应音频的时间长度。当改变片段的播放速度或持续时间后，影片的情节会变得更加紧凑，节奏感也会增强。

5.1.1 匀速更改速度

在Final Cut Pro中，对片段的速度修改可分为匀速调整与变速调整两部分，并且在进行速度调整时对片段的时间长度也会有相应的影响。

动手操作：片段的慢速与快速播放

▶素材：素材/建筑 ▶源文件：资源库/第5章/5.1

1 选择时间线中的片段，单击检视器左下角“片段重新定时选项”右侧的下三角按钮，打开下拉列表，如图5-1所示。

图5-1 “片段重新定时选项”按钮

2 选择“显示重新定时编辑器”选项(快捷键为Command+R)，或者选择菜单【修改】|【重新定时】|【显示重新定时编辑器】命令，如图5-2所示。

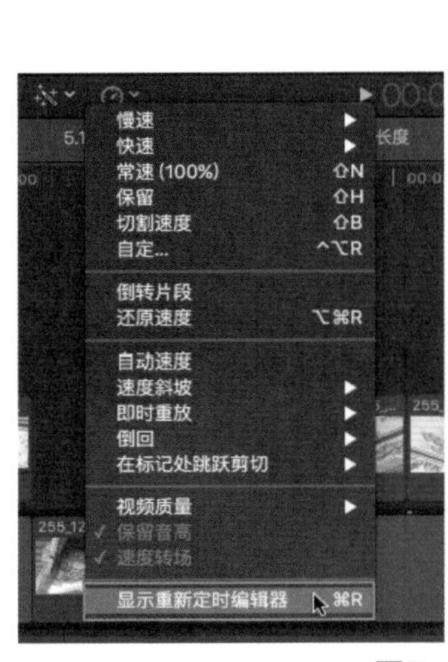

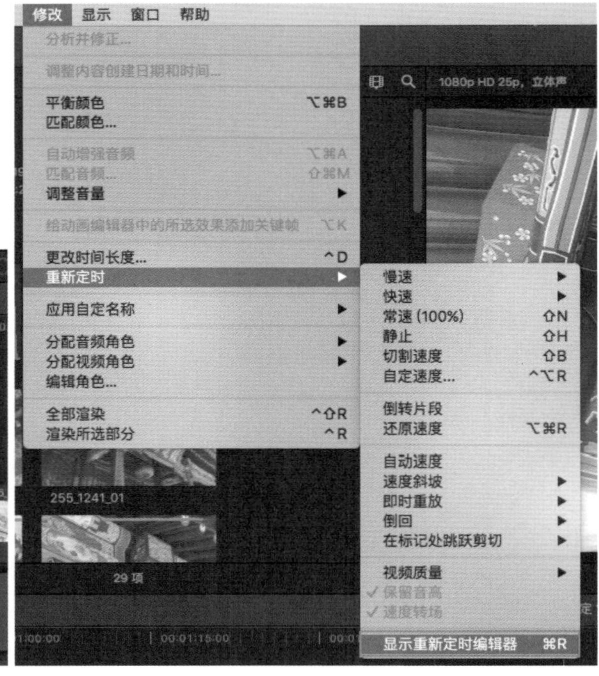

图5-2 【显示重新定时编辑器】命令

3 此时时间线中所选片段的上方出现一个用于重新定时的绿色指示条，并显示文字“常速100%”，如图5-3所示。

4 将鼠标移动到指示条右侧的竖线处，光标旁出现重新定时标志。左右拖曳鼠标可以改变所选片段的持续时间。与此同时，指示条的颜色与上方的文字也相应发生了变化，如图5-4所示。

图5-3 重新定时编辑器

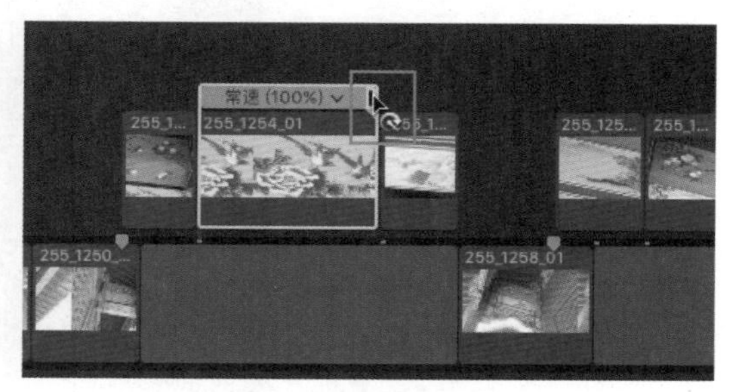

图5-4 重新定时编辑器

5 当向左拖曳鼠标时，所选片段的持续时间缩短，指示条变为蓝色，文字变为“快速+百分比”的形式。按空格键进行预览，所选片段的播放速度会加快，如图5-5所示。

6 当向右拖曳鼠标时，所选片段的持续时间增长，指示条变为橙色，文字变为“慢速+百分比”的形式。按空格键进行预览，所选片段的播放速度会减慢，如图5-6所示。

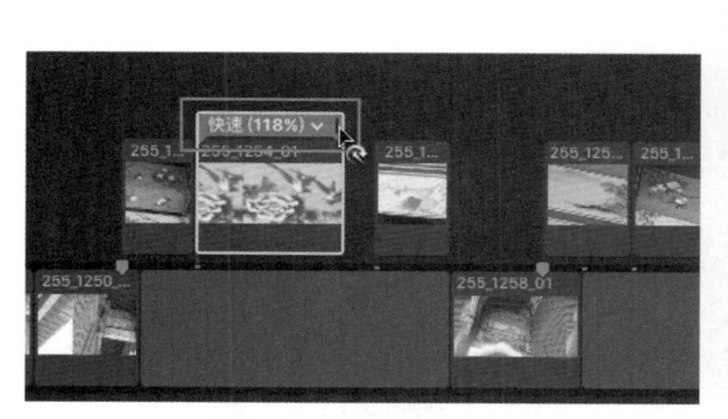

图5-5 快速播放片段

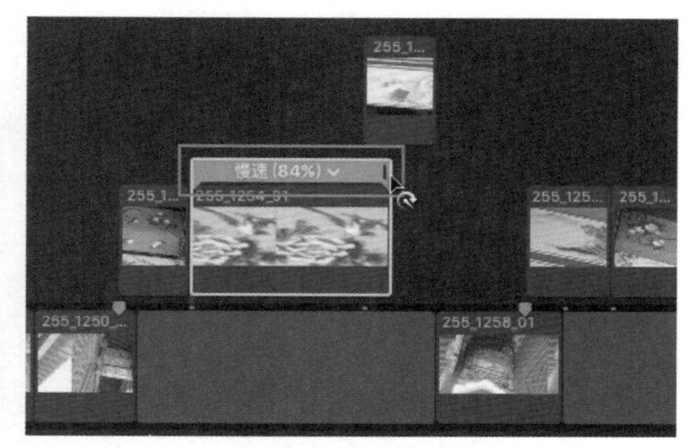

图5-6 慢速播放片段

7 单击指示条上文字右侧的下三角按钮，在弹出的下拉列表中选择“常速100%”选项(快捷键为Shift+N)，可以将所选片段恢复到常速状态，如图5-7所示。

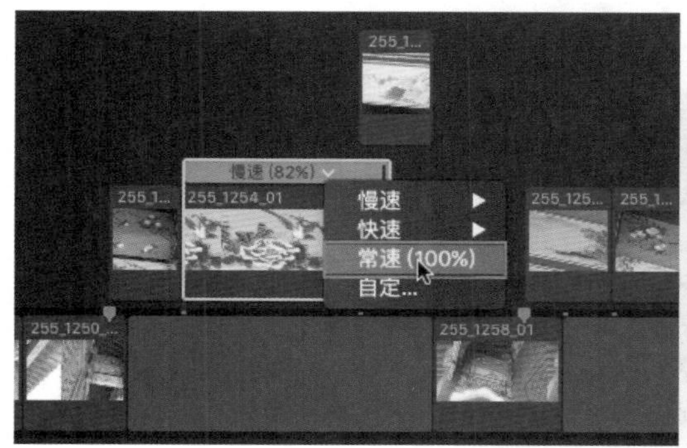

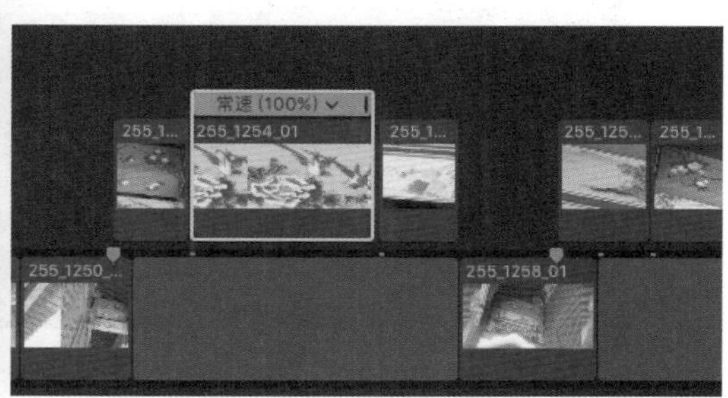

图5-7 “常速(100%)”选项

8 在需要对片段播放的速度进行倍数调节时，可以单击指示条上文字右侧的下三角按钮，在弹出的下拉列表中选择“慢速/快速”选项时会显示相应的倍数关系，如图5-8所示。

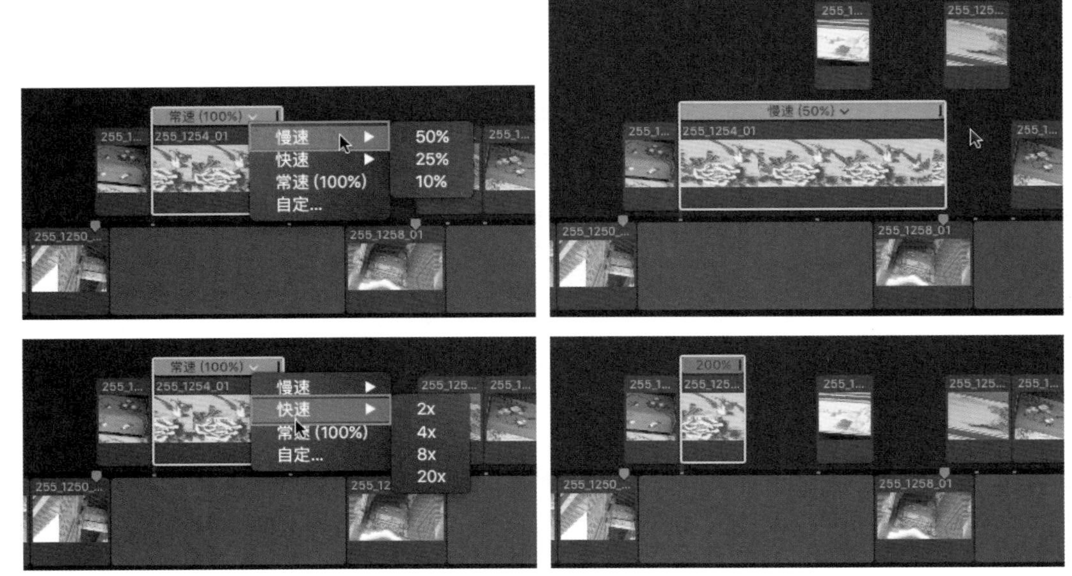

图5-8　“慢速”和“快速”选项

9 也可以单击“片段重新定时选项”右侧的下三角按钮，在弹出的下拉列表中选择“慢速”“快速”和“常速(100%)”选项，或者选择【修改】|【重新定时】菜单中的相应命令，如图5-9所示。

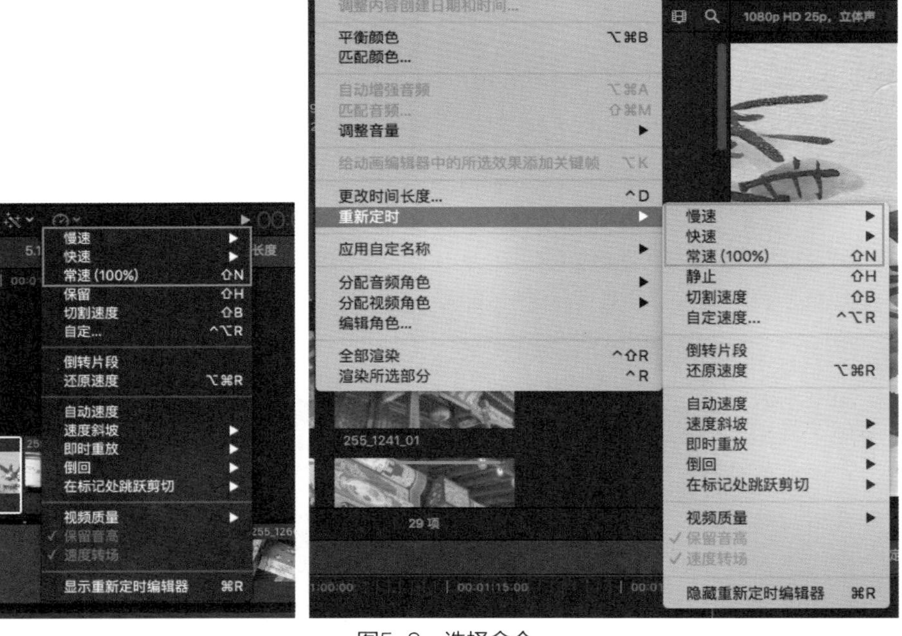

图5-9　选择命令

提示

当对片段的播放速度进行更改时，时间长度会相应地进行调整。

动手操作：自定义速度

▶素材：素材/建筑 ▶源文件：资源库/第5章/5.1

1 选择时间线中的片段后，单击“片段重新定时选项”右侧的下三角按钮，在弹出的下拉列表中选择“自定”选项(快捷键为Control+Option+R)，如图5-10所示。或者按快捷键Command+R，打开“重新定时编辑器”，单击指示条上文字右侧的下三角按钮，在弹出的下拉菜单中选择“自定”选项，如图5-11所示。

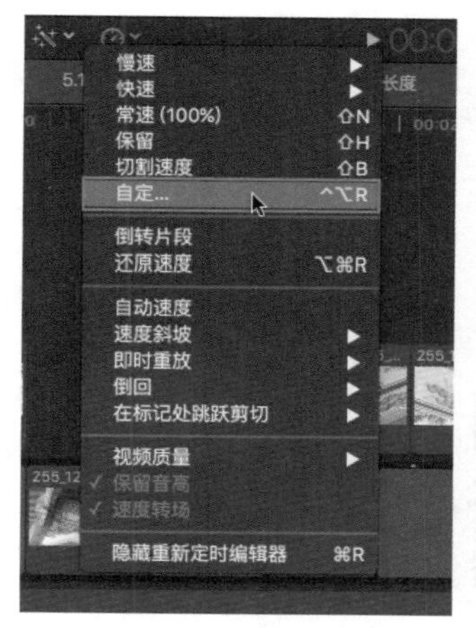

图5-10 “自定”选项1

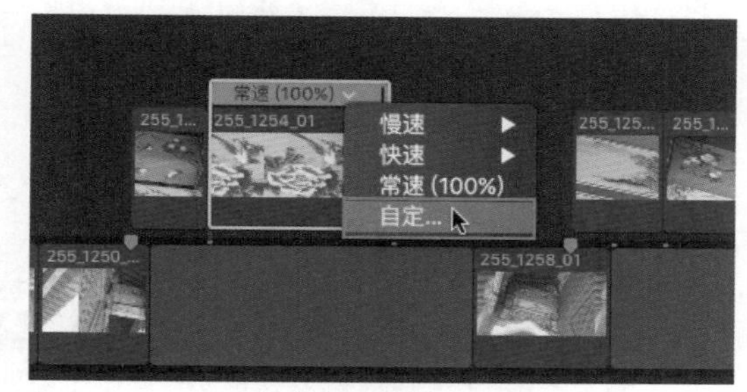

图5-11 “自定”选项2

2 在打开的“自定速度”对话框中对所选片段的播放“方向”“速率”与“时间长度”进行设置，如图5-12所示。

3 通过“方向”选项可以设定片段的播放方向，选中“倒转”单选按钮时，所选择的片段会进行倒放。此时相应片段上“重新定时编辑器”中的指示条显示为绿色，表示所选片段的速度没有发生改变，但文字变为“-100%”，符号表示播放的速度是反转的，指示条上也出现了表示播放方向的向左的深绿色箭头，如图5-13所示。

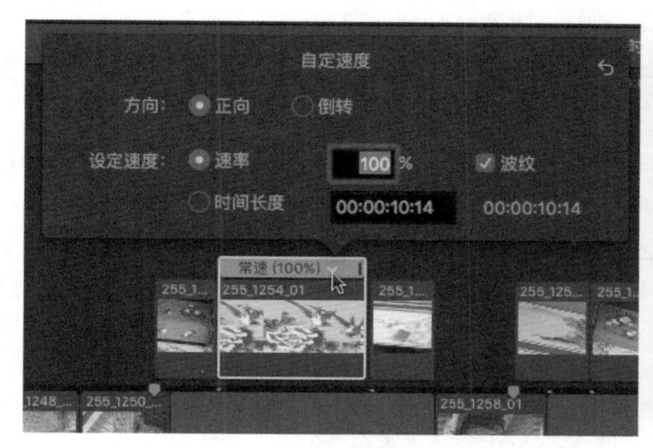

图5-12 “自定速度”对话框

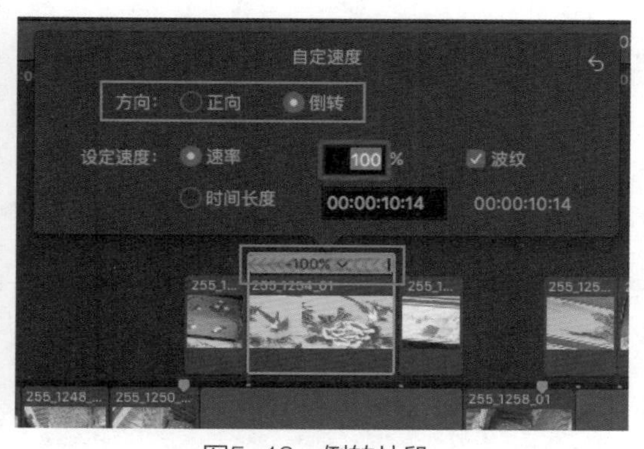

图5-13 倒转片段

提示

“倒转播放”的效果也可以通过选择菜单【修改】|【重新定时】|【倒转片段】命令，或单击“片段重新定时选项”右侧的下三角按钮，在弹出的下拉列表中选择“倒转片段”选项实现，如图5-14所示。

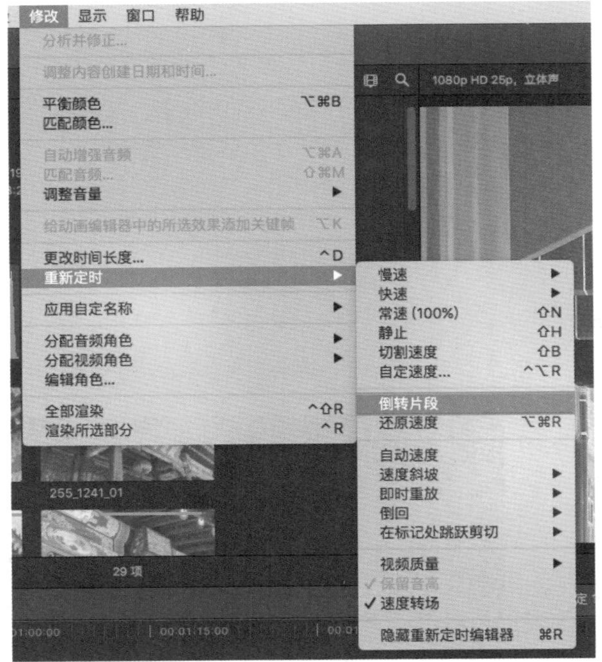

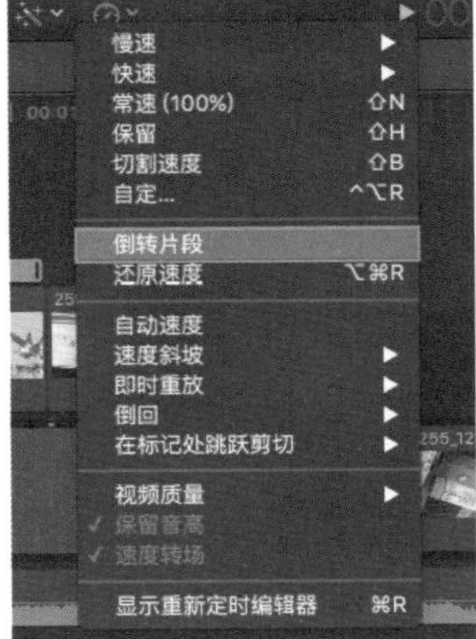

图5-14 【倒转片段】命令

4 在为片段设置“倒转播放”效果后，同样可以通过拖曳的方式调整片段的持续时间。再次单击“重新定时编辑器”中指示条上文字右侧的下三角按钮，在弹出的下拉列表中对倒转播放的速度进行调整，如图5-15所示。

5 而设定速度的方式有两种：既可以通过修改播放速率，也可以通过修改时间长度。通常播放速率与时间长度是链接在一起的，修改其中的一个数值，另外一个数值也会相应发生变化，如图5-16所示。

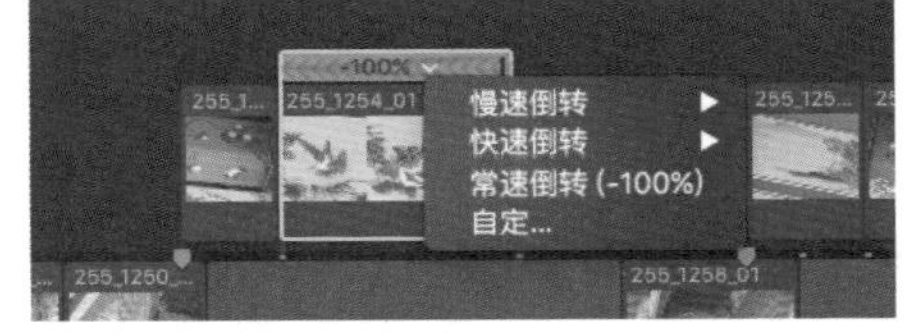

图5-15 倒转片段速度列表

提示

“速率”与“时间长度”的数值成反比，速率百分比数值越大说明播放速度越快，同时片段的时间长度就越短。

6 在“速率”右侧的“波纹”选项默认为勾选状态，所以在修改片段速度时，其持续的时间会相应发生变化，如图5-17所示。

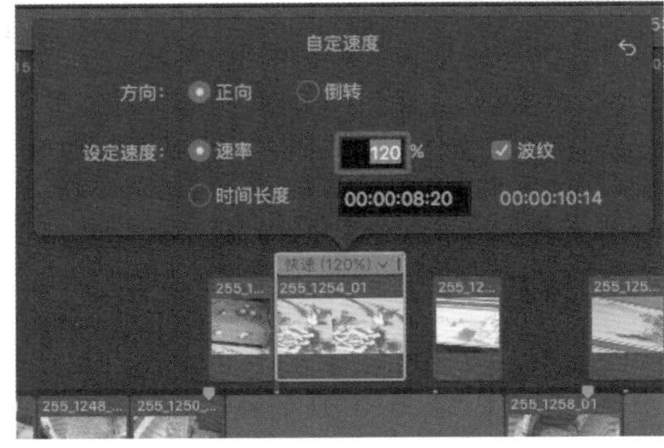

图5-16 加快片段速率

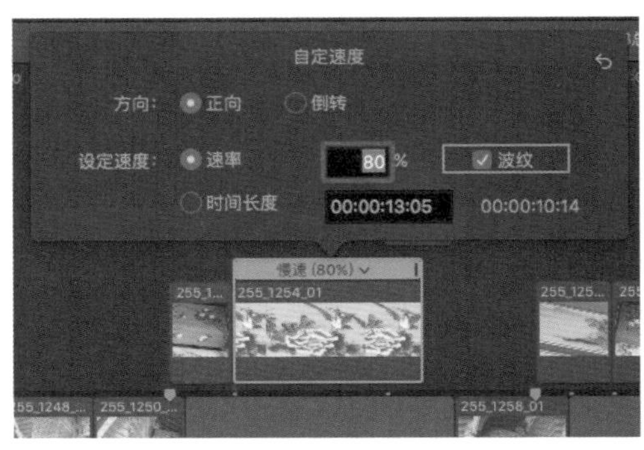

图5-17 “波纹”选项

7 而取消勾选“波纹”选项时，再次修改片段速度，该片段的持续时间不会发生改变，如图5-18所示。

8 在“时间长度”选项中有两个时间码，当所选片段速率为100%时，两个时间码的数值相同。当所选片段的时间长度刚好能够填充时间线上空隙时，可以单击前一个时间码，修改当前片段的时间长度，如图5-19所示。

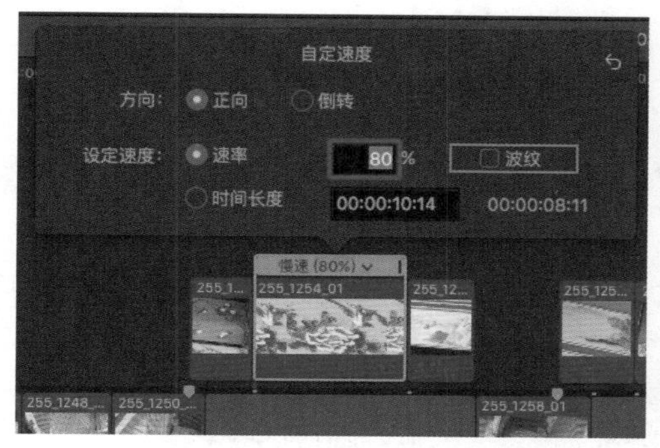

图5-18　取消勾选“波纹”选项

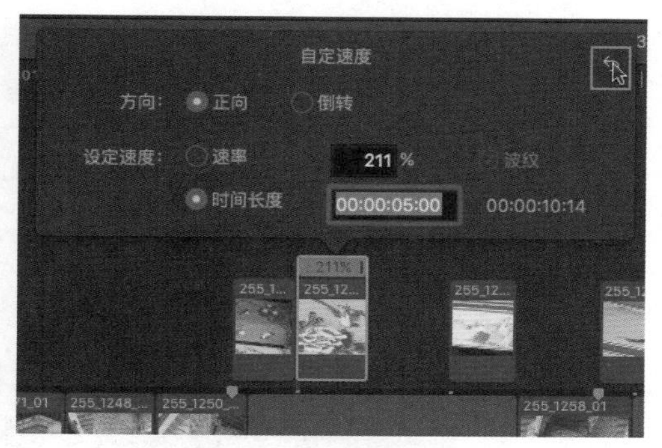

图5-19　“还原”按钮

提示

当拉长片段的时间长度时，速度会相应变慢。而缩短时间则会加快片段播放速度。单击“自定速度”对话框右上角的“还原”按钮，可以将设定恢复为正常状态。

9 在对片段的速度进行更改后，播放片段的同时会发现片段的声音也发生了变化，严重失真。所以，在做速度控制时一般不会对声音的速度进行更改。单击“片段重新定时选项”右侧的下三角按钮，在弹出的下拉列表中默认勾选“保留音高”选项，在改变片段速度或持续时间时会尝试保持片段的音频音高，如图5-20所示。

10 另外，可以在选择该片段后单击鼠标右键，在弹出的快捷菜单中选择【分离音频】命令(快捷键为Control+Shift+S)，将音频分离出来再修改片段的速度，如图5-21所示。

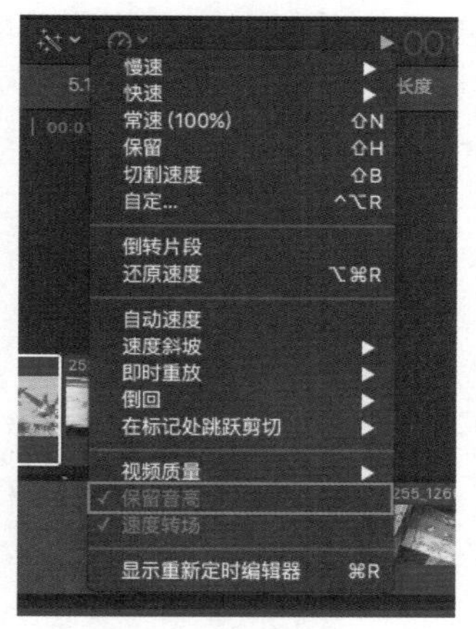

图5-20　“保留音高”选项

提示

当需要对整个项目中的某个部分，而不仅仅是特定的某个片段进行速度设置时，可以先使用R键切换为“范围选择工具”，然后在时间线上框选一个范围后再进行速度的设置。此时所选片段前后内容的速度并不受影响。这种方法适用对项目或片段中的某一个部分或是某几个部分速度的修改。

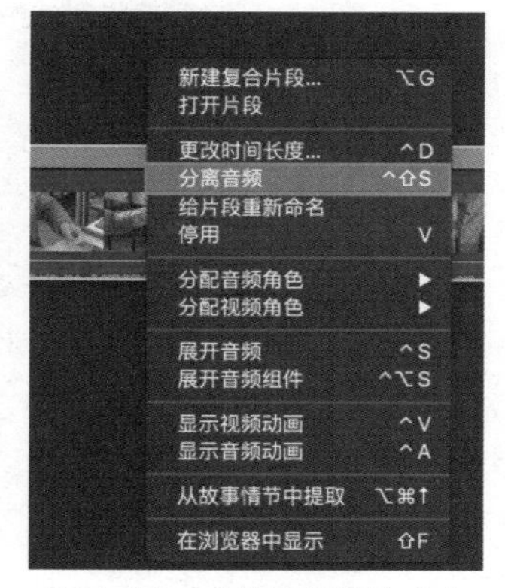

图5-21　【分离音频】命令

5.1.2 静止帧

在播放项目的过程中，为了调整影片的节奏，有时需要使某一帧的画面静止一段时间，在这种情况下，可以利用“片段重新定时选项”中的“保留”选项得以实现。

1 选择时间线上的片段，将播放指示器拖曳到想要设置静止画面的位置，单击“片段重新定时选项”右侧的下三角按钮，在弹出的下拉列表中选择“保留”选项(快捷键为Shift+H)，如图5-22所示。

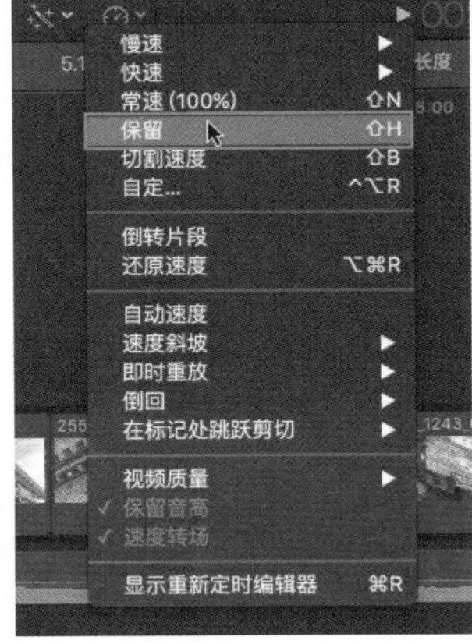

图5-22 “保留”选项

或者选择菜单【修改】|【重新定时】|【静止】命令，如图5-23所示。

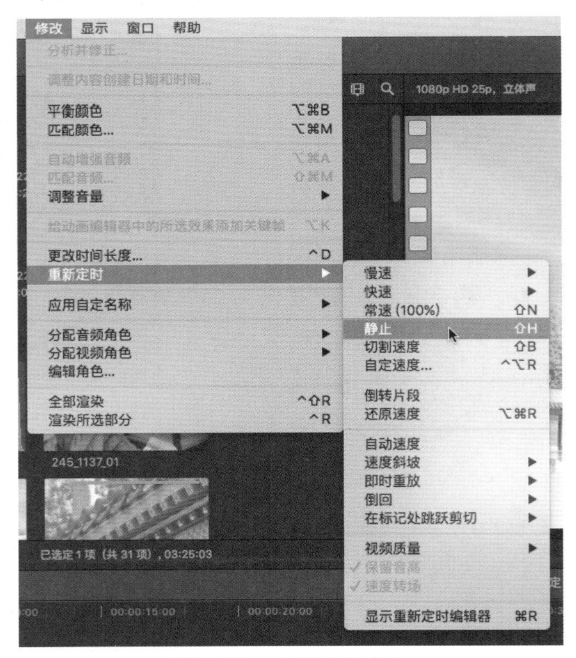

图5-23 【静止】命令

2 此时会在时间线中播放指示器所在的位置插入一段静止的画面，静止画面的“重新定时编辑器”上的速度指示条显示为“保留0%”，如图5-24所示。

3 添加的静止画面默认时间长度为2s，拖动指示条右侧的竖线调节静止画面的持续时间，如图5-25所示。

图5-24 重新定时编辑器

图5-25 调整静止画面持续时间

4 单击速度指示条中文字右侧的下三角按钮，在弹出的下拉列表中可以对静止画面进行详细设置，如图5-26所示。

5 在下拉列表中选择“自定”选项，打开“自定速度”对话框，在“时间长度”选项中对静止画面的时间长度进行调整，如图5-27所示。

图5-26 静止画面设置列表

图5-27 “时间长度”选项

6 选择“使结尾转场平滑”选项，会在静止画面与之后的运动画面之间添加透明的速度转场，如图5-28所示。

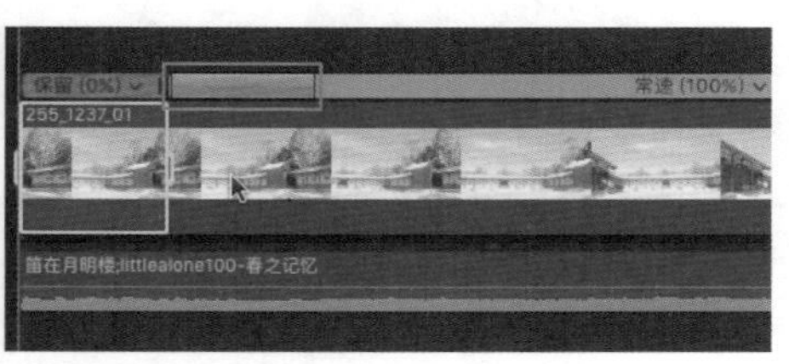

图5-28 “使结尾转场平滑”选项

5.2 变速修改片段速度

在前面的介绍中，都是对片段的速度进行匀速的修改。但在实际编辑时，可能会对片段进行变速的更改。例如，在某一点对片段内容进行加速或者减速播放。

5.2.1 切割速度与速度转场

当我们使用某个片段时，可能会需要在片段中设定某个点，将片段的一部分进行快速播放，而另一部分进行慢速播放，使画面的播放速度发生有节奏的变化。

动手操作：设置变速片段

▶素材：素材/建筑 ▶源文件：资源库/第5章/5.2

1 选择时间线上的片段，在希望切割速度的位置按快捷键M添加一个用来提示的标记，将播放指示器拖曳到标记的位置，如图5-29所示。

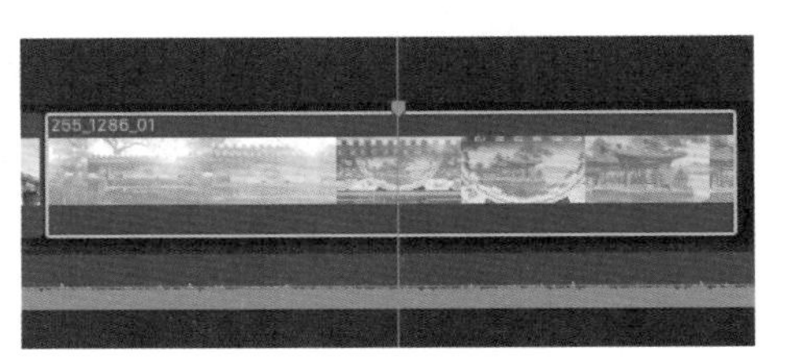

图5-29 添加标记

2 单击检视器左下方的“片段重新定时选项”右侧的下三角按钮，在弹出的下拉列表中选择“切割速度”选项(快捷键为Shift+B)，如图5-30所示。

或者选择菜单【修改】|【重新定时】|【切割速度】命令，如图5-31所示。

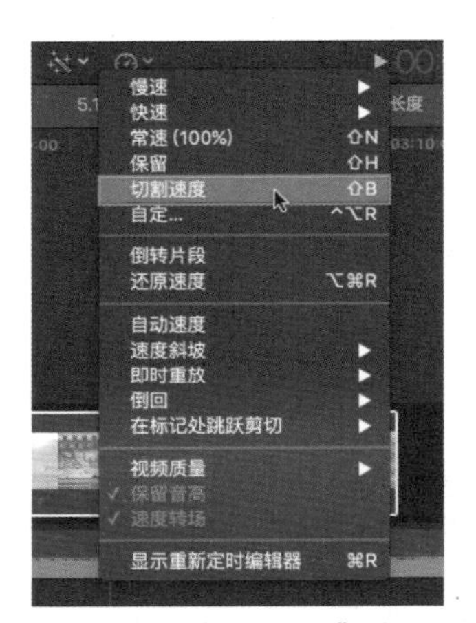

图5-30 “切割速度”选项

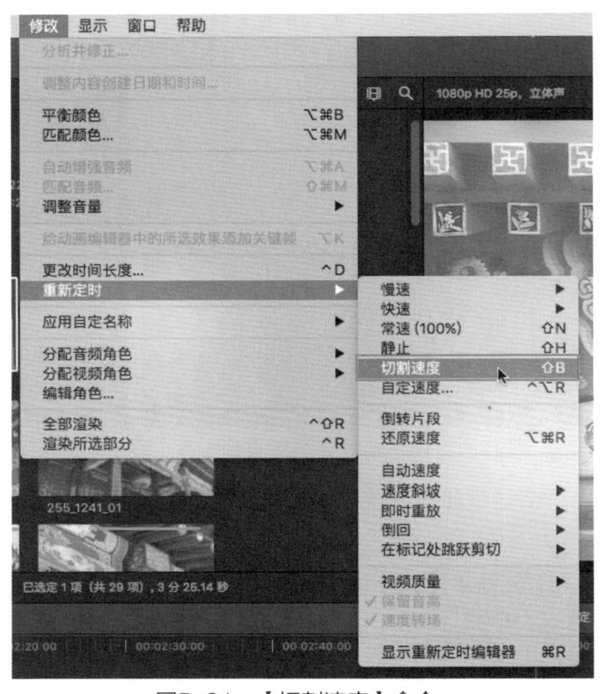

图5-31 【切割速度】命令

3 此时会自动打开所选片段的重新定时编辑器，编辑器上的指示条以播放指示器为中心分成两部分，但相应的片段没有被切割，如图5-32所示。

> **提示**
>
> 速度切割点在指示条上的位置为播放指示器所在的位置。

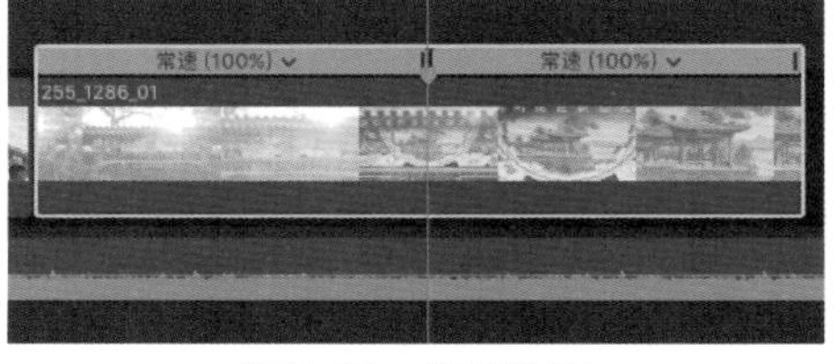

图5-32 切割速度

4 单击“重新定时编辑器”上方的指示条，打开“自定速度”对话框，分别对所选片段中的两个部分进行设置，如图5-33所示。

5 选择指示条右侧的竖线进行拖曳，分别修改两部分的速度。所选片段的速度指示条被分为三部分，分别为蓝色的快速播放部分、透明的速度转场部分及橙色的慢速播放部分，如图5-34所示。

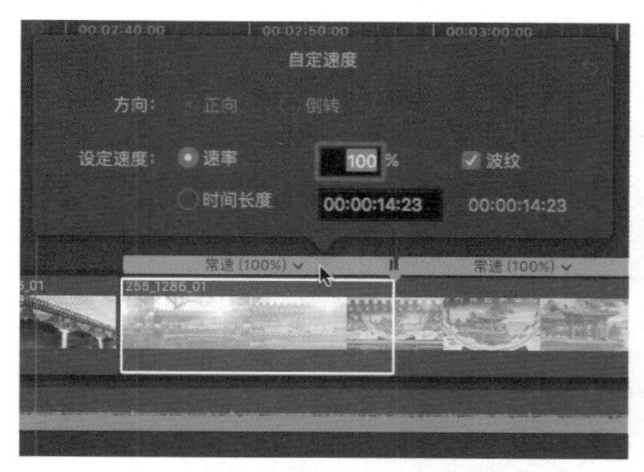

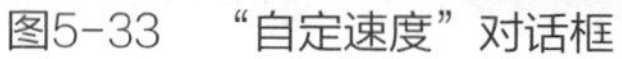
图5-33 “自定速度”对话框

图5-34 调整片段速度

6 双击透明的“速度转场”部分，打开“速度转场”对话框，如图5-35所示。

7 取消勾选“速度转场”复选框，时间线中所选片段的速度指示条上的速度转场部分会被取消。在对片段进行预览时，播放的速度会在分割点的位置由快速播放，一下子变为慢速播放，不会有中间的速度过渡，如图5-36所示。

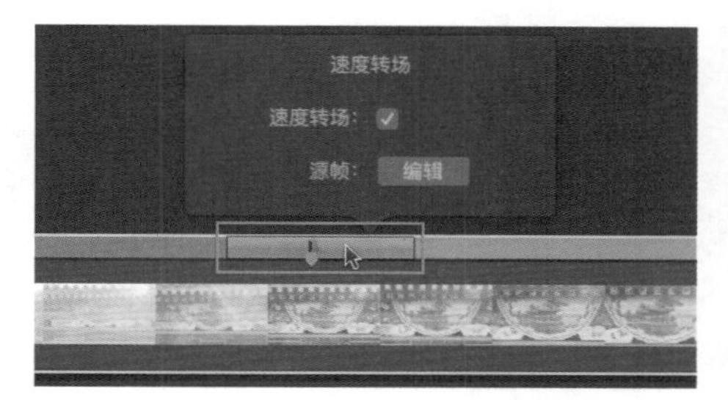

图5-35 “速度转场”对话框

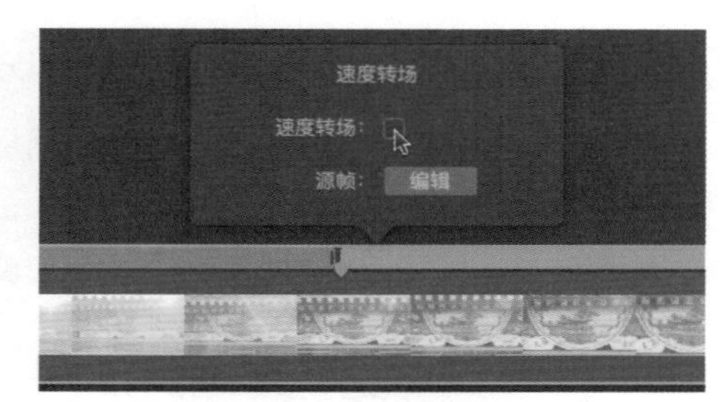

图5-36 取消速度转场

提示

同样，只有在“片段重新定时选项”下拉列表中勾选“速度转场”选项时，设置“切割速度”选项，并调整速度后才会出现透明的速度转场部分，会由切割点之前的播放速度逐渐过渡到之后的速度，如图5-37所示。当取消勾选“速度转场”复选框时，指示条中不会出现透明的速度转场部分。

8 单击“速度转场”对话框中的“编辑”按钮，速度指示条的速度转场部分的切割点上会出现一个胶片状的标志，如图5-38所示。

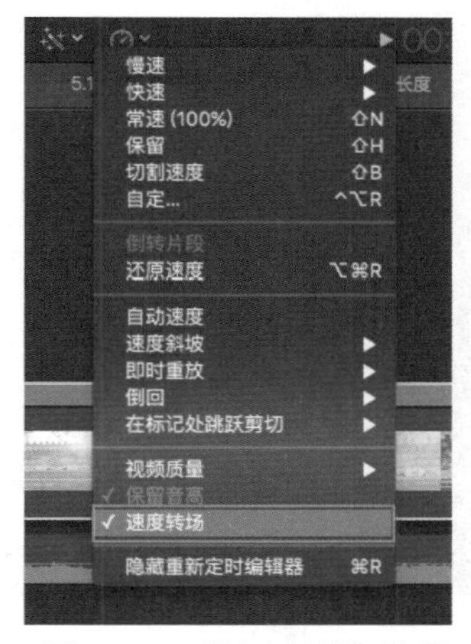

图5-37 “速度转场”选项

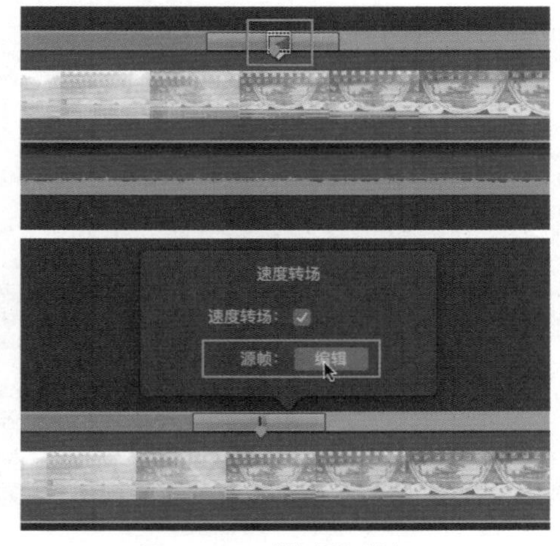

图5-38 “编辑”按钮

9 选择胶片标志，拖曳分割点的位置，可以对片段中快速播放和慢速播放的两部分所占比例进行调整，如图5-39所示。

10 选择“速度转场”部分两侧的编辑点进行拖曳，可以修改转场的持续时间，如图5-40所示。

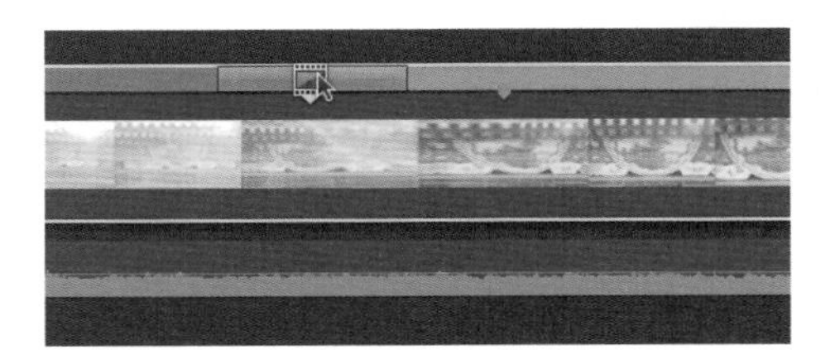

图5-39　调整编辑点位置

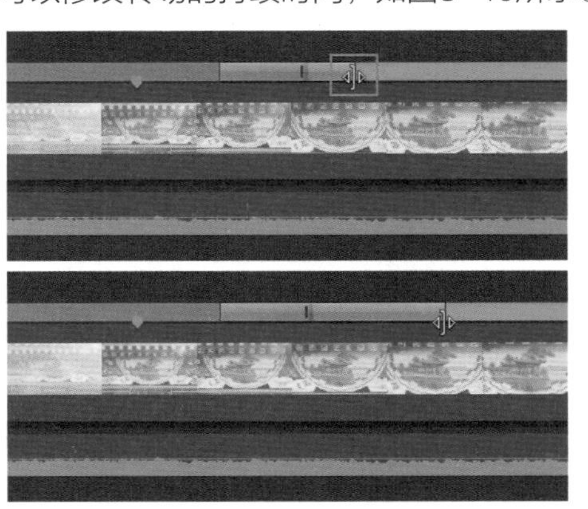

图5-40　调整速度转场持续时间

5.2.2 快速跳接

1 选择时间线上的片段，在需要进行跳接的位置按M键，添加一个标记，如图5-41所示。

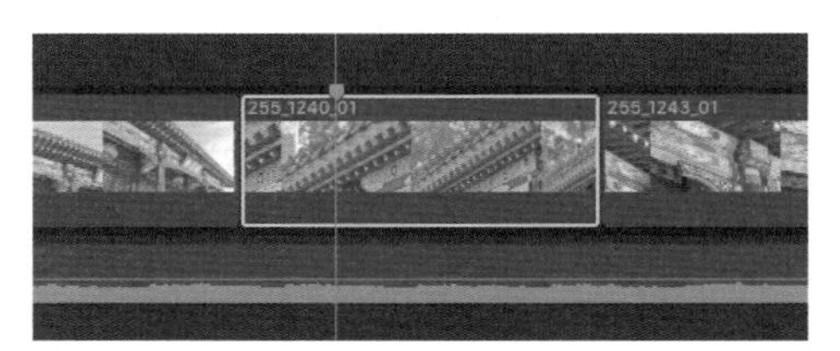

图5-41　添加标记

2 单击检视器左下角“片段重新定时选项”右侧的下三角按钮，在弹出的下拉列表中选择“在标记处跳跃剪切”|“30帧”选项，如图5-42所示。

或者选择菜单【修改】|【重新定时】|【在标记处跳跃剪切】|【30帧】命令，如图5-43所示。

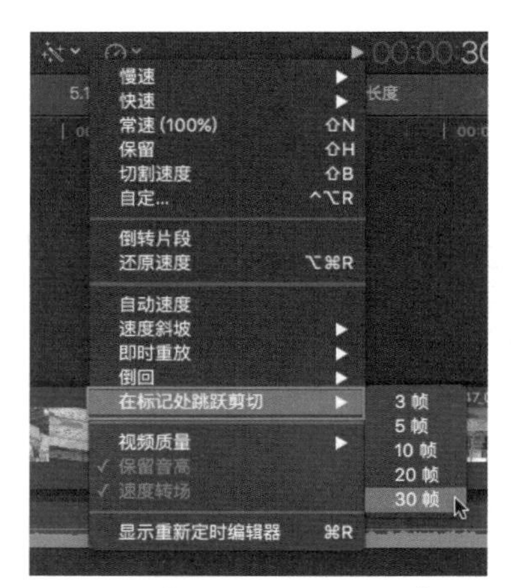

图5-42　“在标记处跳跃剪切”选项

图5-43　【在标记处跳跃剪切】命令

3 此时所选片段的速度指示条中以标记点为开始出现持续时间为30帧的蓝色区域。在播放到标记位置会快速跳接到蓝色区域之后的画面，如图5-44所示。

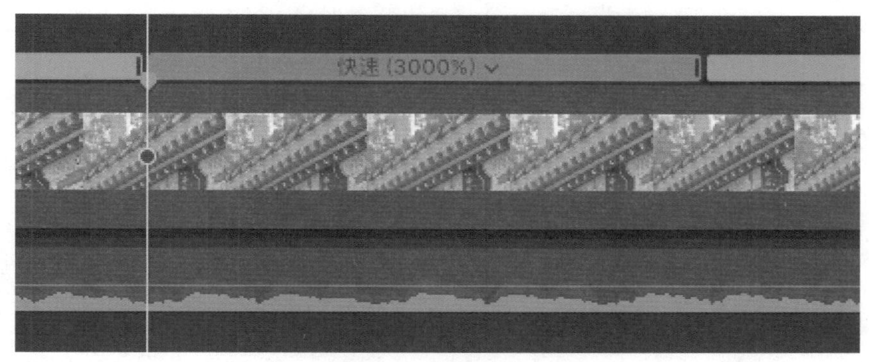

图5-44 跳接片段

5.3 应用预设的速度效果

5.3.1 即时重放与倒回

动手操作：即时重放片段

▶素材：素材/建筑 ▶源文件：资源库/第5章/5.3

1 选择时间线上的片段，单击“片段重新定时选项”右侧的下三角按钮，在弹出的下拉列表中选择“即时重放”|“100%”选项，如图5-45所示。

2 使所选片段在100%的速度下进行一次重复播放，在进行重放时，画面的右上角会显示“即时重放”的文字，如图5-46所示。

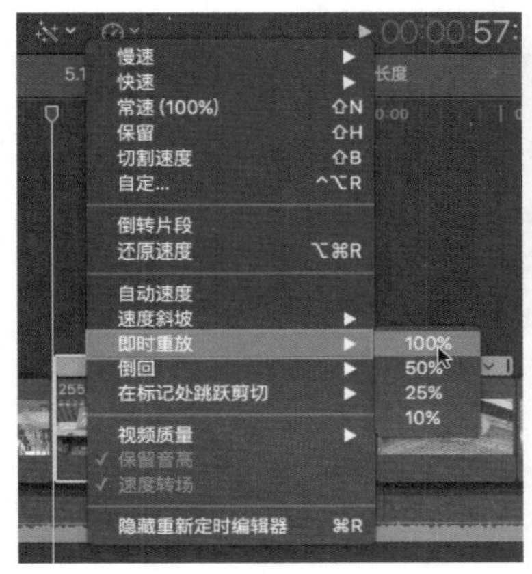

图5-45 “即时重放”选项

图5-46 即时重放片段

3 双击时间线中即时重放片段上方的紫色文字条后，可以在检视器中对文字进行更改，如图5-47所示。

4 按快捷键Command+4，打开检查器，在“文本检查器”中可以对文字的外观属性及格式属性进行设置，如图5-48所示。

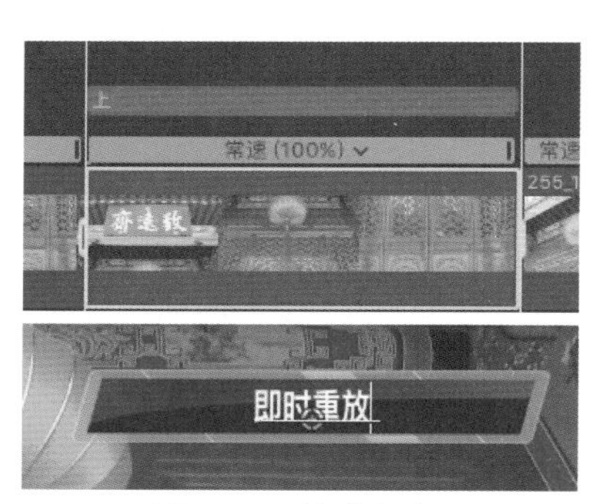

图5-47　修改文字

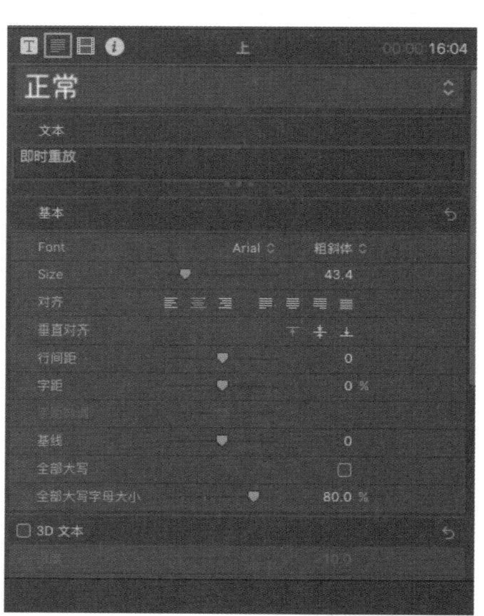

图5-48　文本检查器

动手操作：倒回片段

▶素材：素材/建筑　▶源文件：资源库/第5章/5.3

1 单击检视器左下角的“片段重新定时选项”右侧的下三角按钮，在弹出的下拉列表中选择“倒回”|“2倍”选项，如图5-49所示。

2 所选片段会被播放三遍。先以正常的速度播放一遍后将该片段倒放一遍，其速度为所设定的2倍，速度指示条上的文字显示为“-200%”。之后再正放一遍该片段，如图5-50所示。

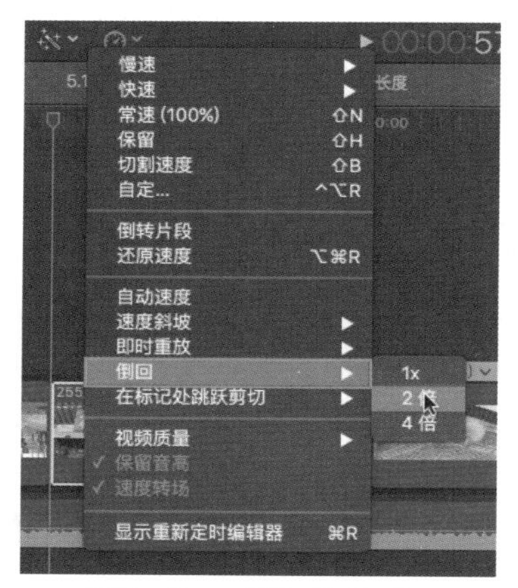

图5-49　“倒回”选项

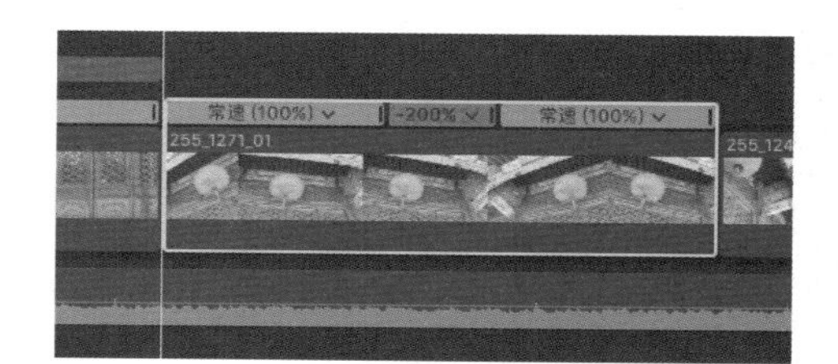

图5-50　倒回播放片段

5.3.2　速度斜坡

1 单击检视器左下角的“片段重新定时选项”右侧的下三角按钮，在弹出的下拉列表中选择“速度斜坡”|“到0%”选项，如图5-51所示。

2 时间线中相应片段上的速度指示条被分为几个部分，在每个部分中表示速度的数值会逐渐减小。播放该片段时会发现播放速度将逐渐减慢，如图5-52所示。

3 拖曳速度指示条右侧的竖线，或者单击速度指示条右侧的下三角按钮，在弹出的下拉列表中可以对该部分的速度进行调整，如图5-53所示。

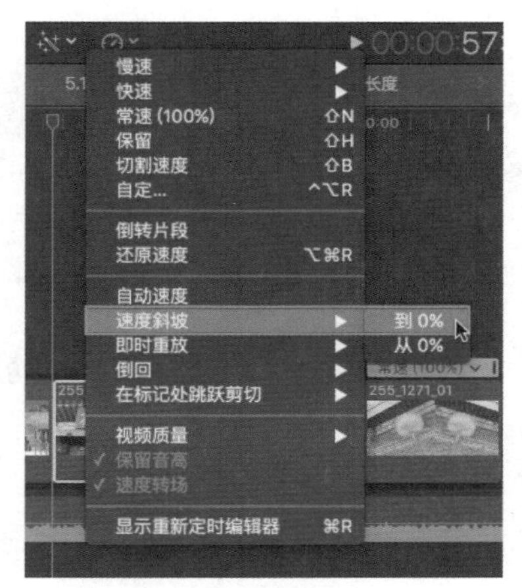

图5-51　“速度斜坡”选项

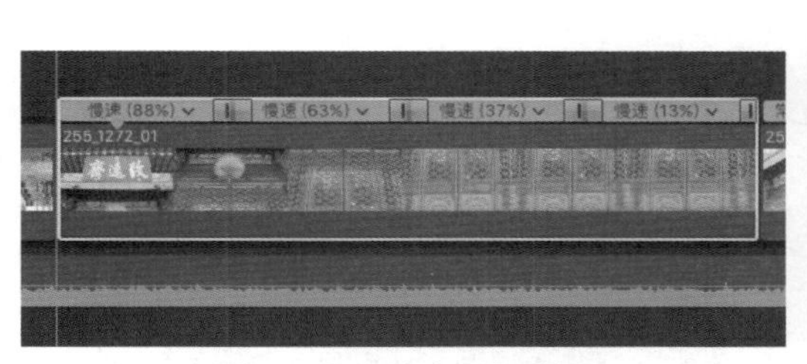

图5-52　速度逐渐减慢

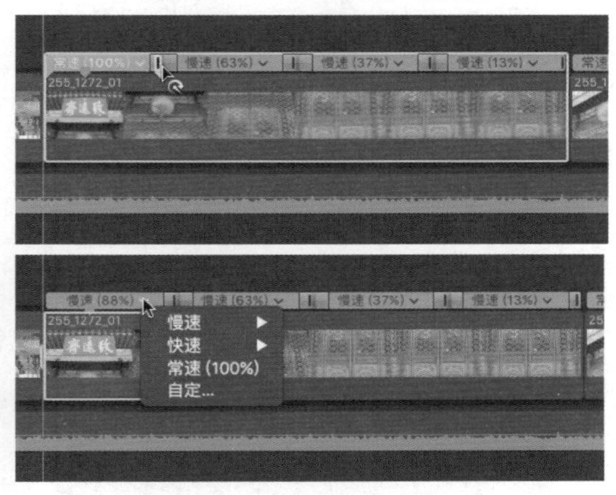

图5-53　调整播放速度

4 在“片段重新定时选项”下拉列表中选择“速度斜坡”|“从0%”选项后，每个部分中表示速度的数值会逐渐增大，播放速度也会逐渐加快，如图5-54所示。

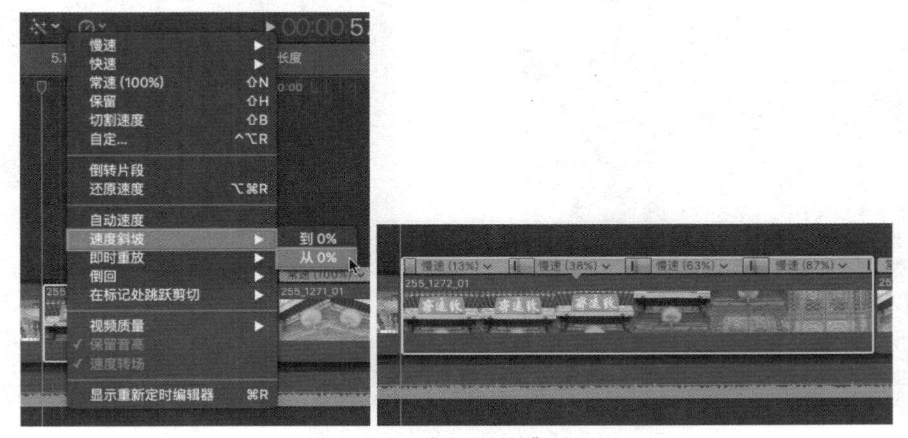

图5-54　“速度斜坡”选项

提示 

选择时间线上的片段，在“片段重新定时选项”下拉列表中选择“视频质量”|“帧融合/光流”选项，可以使各部分之间的速度过渡得更加平滑，从而达到更加流畅的效果，如图5-55所示。

5.4 调整片段运动参数

在Final Cut Pro中，每个片段都拥有内置的运动属性。在进行编辑过程中，有时需要我们在了解片段信息的情况下调节该片段的运动参数，进一步对画面进行处理。利用片段的运动属性可以调整片段的位置、大小、角度、透明度等参数信息。

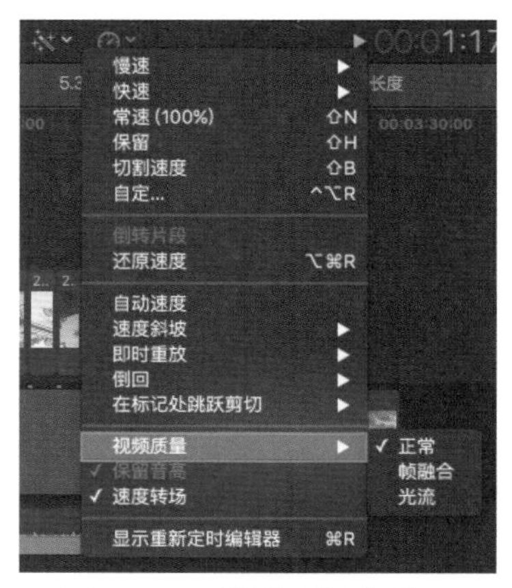

图5-55　“视频质量”选项

5.4.1 查看与调整复合模式

选择时间线中的片段，按快捷键Command+4，打开检查器。单击检查器左上角的“显示视频检查器”按钮，切换至“视频检查器”。在“视频检查器”中，包括所选片段的“复合”“变换”“裁剪”“变形”等属性，并且通过调节对应的数值可以调整该属性的强度。此外，在添加了转场等效果后，也可以在检查器中进行查找与调节，如图5-56所示。

动手操作：调整混合模式与不透明度

▶素材：素材/建筑　▶源文件：资源库/第5章/5.4

1 在默认情况下，片段的混合模式为“正常”模式。单击“复合”选项中“混合模式”右侧的下三角按钮，在弹出的下拉列表中对片段的混合模式进行切换，如图5-57所示。

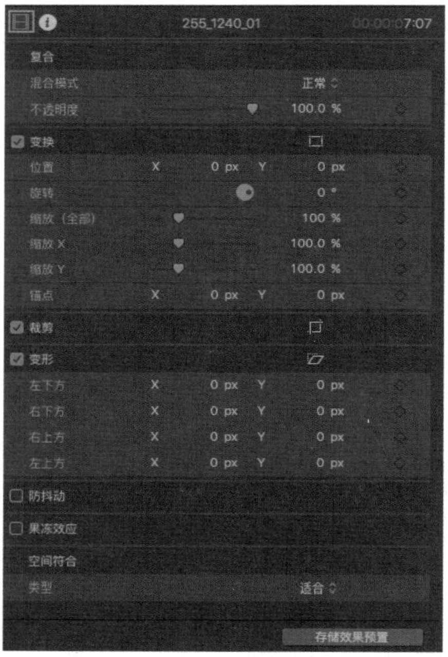

图5-56　视频检查器

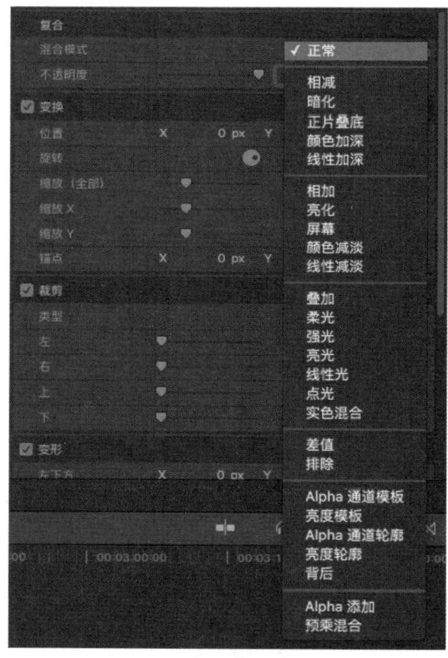

图5-57　“混合模式”选项

2 “复合”选项中的“混合模式”与Photoshop中的图层模式相类似。当时间线中同一位置上重叠摆放多个片段时，通常只能在检视器中预览位于最上方的片段画面。使用 “混合模式”可以设置上层片段的画面与下层片段的画面进行混合的效果。此时选择时间线中位于上方的片段，并切换“视频检查器中”的混合模式，两个片段的画面会进行叠加，检视器中的画面会发生相应的变化，如图5-58所示。

图5-58　“相加”模式效果

3 选择时间线中的片段后，利用鼠标拖曳“不透明度”选项右侧的滑块，调整所选片段的不透明度，如图5-59所示。

4 对“不透明度”的数值进行精确设定时，可以单击滑块右侧的数字，将其激活为蓝色后，直接进行输入或在数值上左右拖曳鼠标，也可以按↑键和↓键增减数值，如图5-60所示。

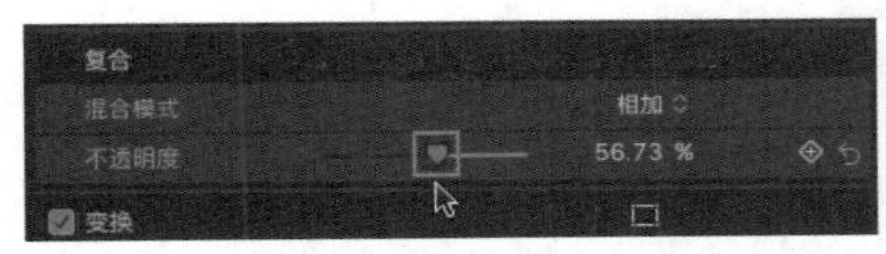

图5-59　“不透明度”滑块

图5-60　调整片段不透明度

5 单击“复合”选项右侧的“显示/隐藏”按钮，对该选项所包含的内容进行显示或隐藏。当对属性设置不满意时，单击最右侧的“还原”按钮，将设置恢复到初始状态，如图5-61所示。

图5-61　“显示/隐藏”按钮

5.4.2　查看与调整变换参数

利用“视频检查器”中所包含的“变换”“裁剪”及“变形”等运动参数可以对片段的画面制作一些基本的运动效果。“变换”选项用于调整所选片段的尺寸、位置和图像角度等。利用“变换”选项可以放大一个画面中的某个局部或是隐藏不希望出现在画面中的内容，也可以缩小画面的尺寸，将多个画面同时放置在检视器中，制作分屏效果。

动手操作：变换画面

▶素材：素材/建筑　▶源文件：资源库/第5章/5.4

1 单击时间线中的片段，在“视频检查器”的“变换”选项中，可以对该片段的位置等信息进行调整，如图5-62所示。

- 位置：沿X轴和Y轴设置所选片段画面的位移。
- 旋转：用鼠标拖曳右侧的圆形图标可以旋转画面。

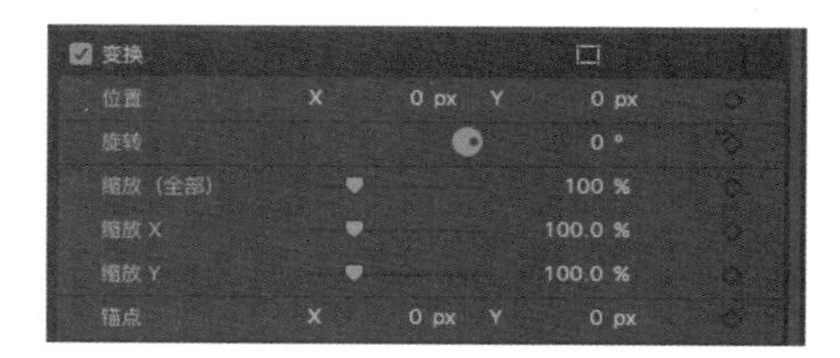

图5-62 “变换”选项

◆ 缩放：拖曳“缩放(全部)”轴线上的滑块，可以等比缩放画面。拖曳“缩放X”或“缩放Y”选项右侧的滑块，可以设置为仅在X轴方向或Y轴的方向进行缩放。

◆ 锚点：用于设置检视器中画面的中心位置，也是在进行旋转时所围绕的中心点位置。

2 在对“变换”选项中的参数进行调整时，检视器中所选片段的画面也会相应发生改变，如图5-63所示。

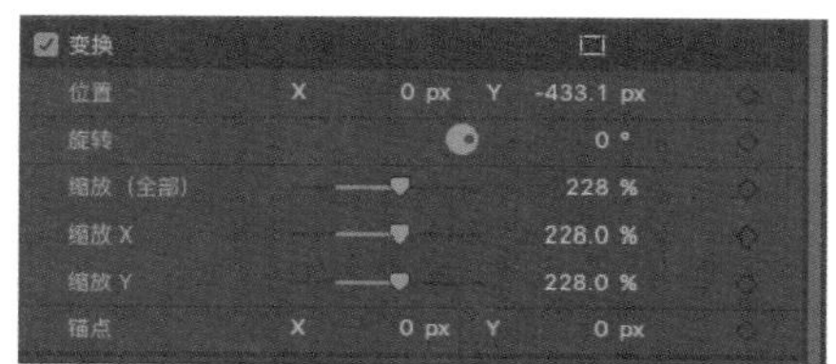

图5-63 调整“变换”选项参数

3 除了在检查器中调整参数外，还有一种更为直观的变换片段画面的方法。单击“变换”选项右侧的“变换”图标，或者单击检视器左下角的“变换”选项(快捷键为Shift+T)，如图5-64所示。

4 此时所选片段在检视器中的画面四周会出现蓝色的控制点，可以直接使用鼠标对画面中的控制点进行拖曳，如图5-65所示。

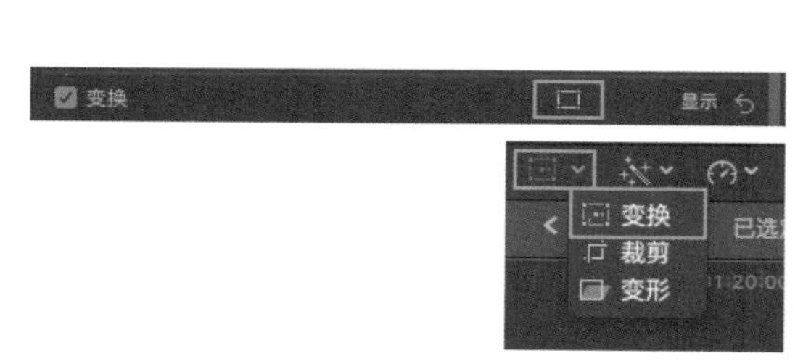

图5-64 “变换”选项

图5-65 激活变换控制点

提示

当在画面的四周找不到蓝色的控制点时，单击检视器右上角画面显示范围百分比右边的下三角按钮，在弹出的下拉列表中选择适合的比例即可，如图5-66所示。

5 使用鼠标拖曳检视器中对角线上的蓝色控制点，可以等比例缩放图像，检视器上方会显示当前缩放比例的百分比，如图5-67所示。

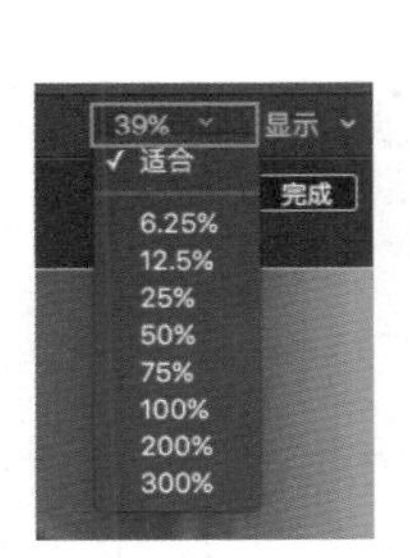

图5-66　调整检视器显示范围

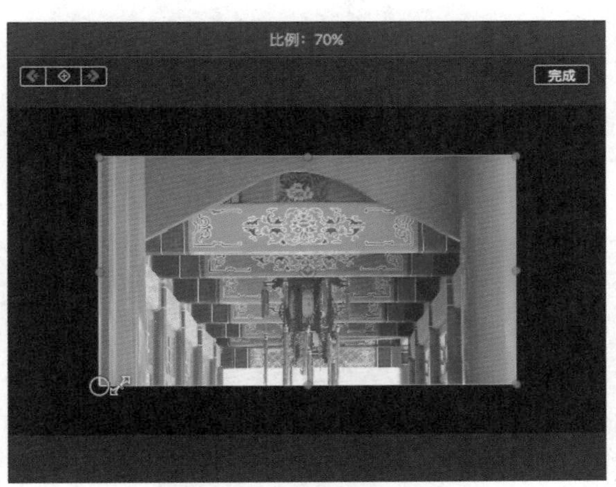

图5-67　等比缩放画面

提示

在进行拖曳时，按住Option键可以向对角方向等比放大和缩小图像，而按住Shift键进行拖曳时，则可以镜像地改变图像尺寸，如图5-68所示。

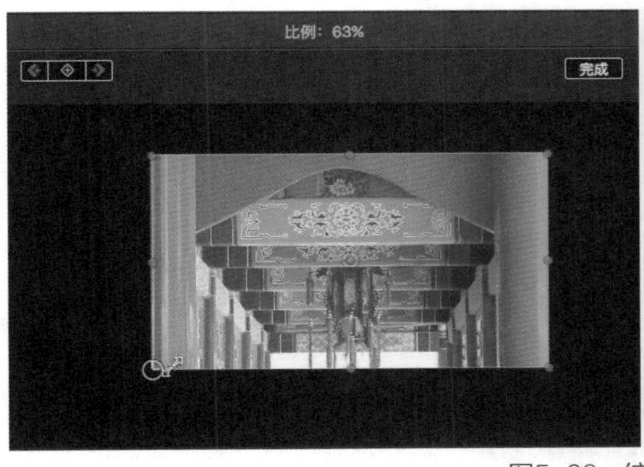

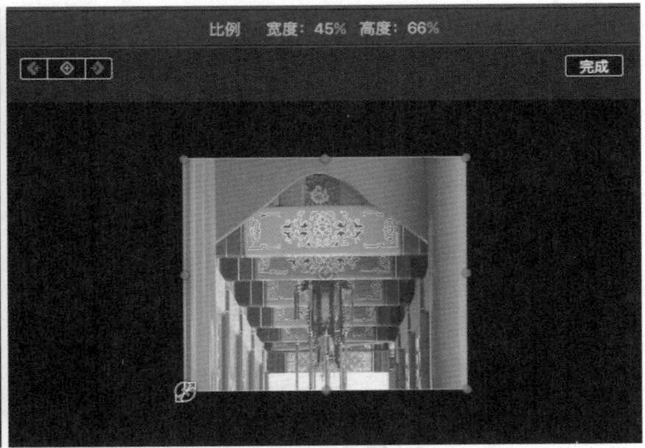

图5-68　缩放片段画面

6 拖曳画面左右两侧的控制点可以沿X轴镜像缩放画面，拖曳画面上下两侧的控制点可以沿Y轴镜像缩放画面，如图5-69所示。

提示

按住Shift键拖曳两侧的控制点时，可以等比缩放画面。按住Option键拖曳控制点时，则仅调整滑块所在一侧的比例，而不会镜像地进行调整，如图5-70所示。

7 选择画面中心点进行拖曳，可以对画面进行移动，检视器上方显示当前画面的位置坐标，如图5-71所示。

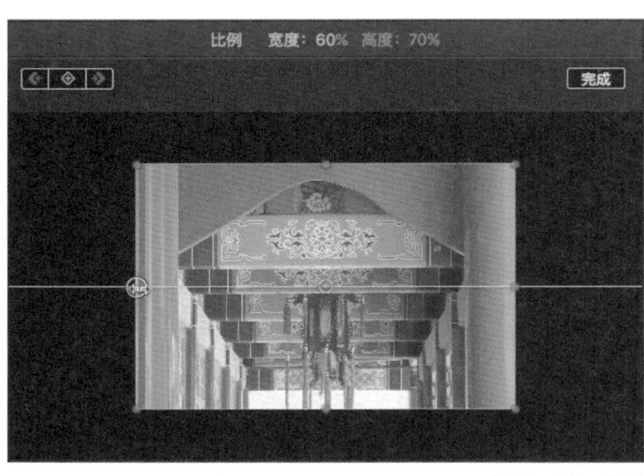

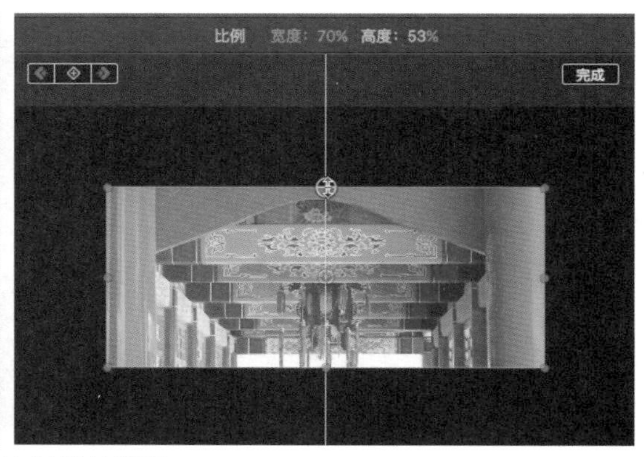

图5-69 沿X/Y轴缩放片段

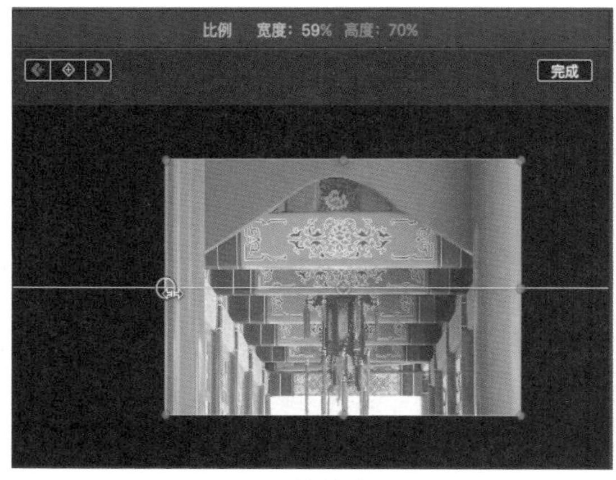

图5-70 缩放片段画面

图5-71 移动片段

提示

按住Shift键的同时进行拖曳，将仅沿Y轴移动画面。

8 拖曳中心点右侧的手柄可以旋转画面。检视器上方显示当前画面的旋转角度，如图5-72所示。

提示

按住Shift键的同时拖曳手柄会对画面以45° 为单位进行旋转，如图5-73所示。

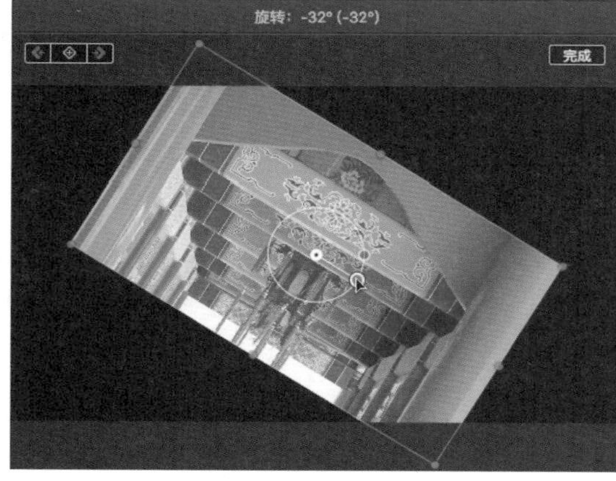

图5-72 旋转片段画面1

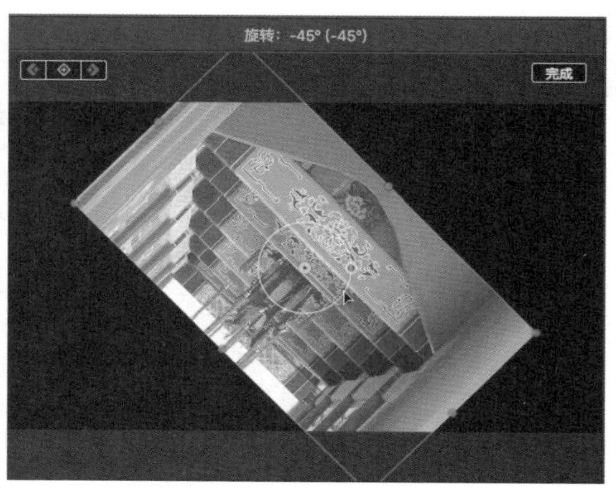

图5-73 旋转片段画面2

9 对画面调整完毕后，单击检视器右上角的“完成”按钮，关闭控制点并保存参数设置，如图5-74所示。

图5-74　“关闭”按钮

10 在对检视器中的画面进行调整后，检查器中的相应参数也会发生变化。单击“变换”选项左侧的复选框，可以屏蔽已经设置的参数值，从而查看片段的原画面，方便对效果进行对比，如图5-75所示。

11 再次单击“变换”选项前的复选框，将其激活为蓝色，重新启用设定的参数。单击右侧的“还原”按钮，可以将所有的参数设置恢复到初始状态，如图5-76所示。

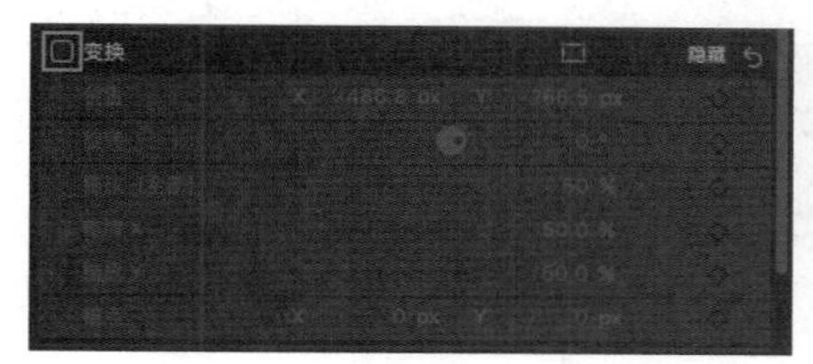

图5-75　屏蔽“变换”选项

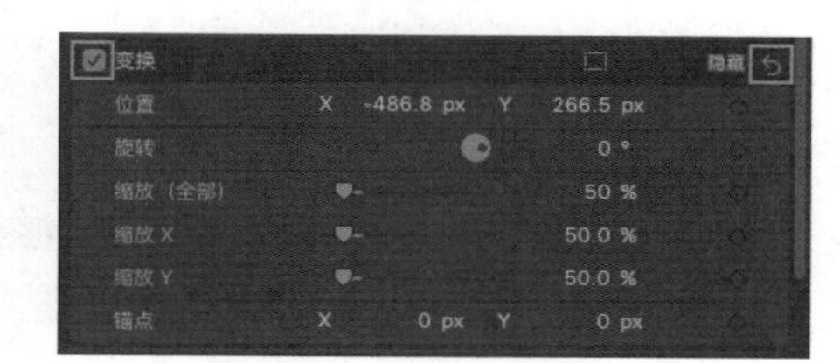

图5-76　启用“变换”选项

5.4.3　查看与调整裁剪参数

在对片段进行拍摄的过程中，并不能保证每一帧的画面都处于完美状态，这就需要在进行后期编辑的过程中将不希望出现的画面裁剪掉。在视频检查器的“裁剪”选项中共提供了三种裁剪类型，分别为“修剪”“裁剪”及Ken Burns。“裁剪”选项的类型默认为“修剪”状态，单击“类型”右侧的下三角按钮，在弹出的下拉列表中对裁剪类型进行切换，如图5-77所示。

图5-77　“裁剪类型”列表

动手操作：修剪画面

▶素材：素材/建筑　▶源文件：资源库/第5章/5.4

1 单击时间线上的片段，在“裁剪”选项中将裁剪类型切换为“修剪”状态，如图5-78所示。

图5-78　“修剪”状态

2 在“裁剪”选项中的“左”“右”“上”和“下”四个参数分别表示从左侧、右侧、上方和下方对检视器中的画面进行修剪，可以通过拖曳右侧的滑块或输入数值来设定修剪参数，如图5-79所示。

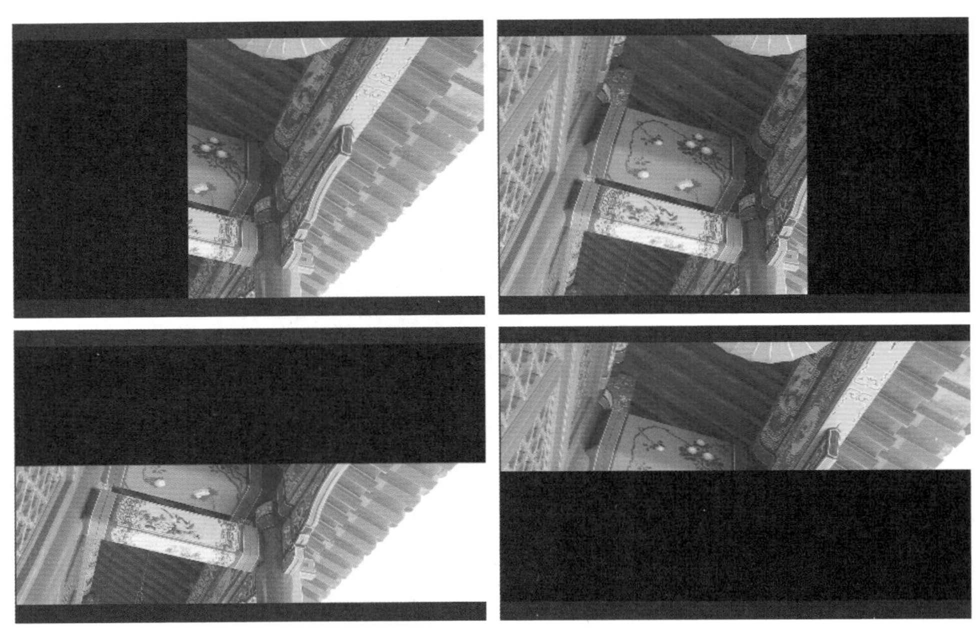

图5-79　修剪片段画面

3 这里同样也可以在检视器中使用鼠标通过拖曳来调整参数。单击“裁剪”选项右侧的“裁剪”图标，或者是单击检视器左下角“变换”右侧的下三角按钮，在弹出的下拉列表中切换为“裁剪”模式(快捷键为Shift+C)，如图5-80所示。

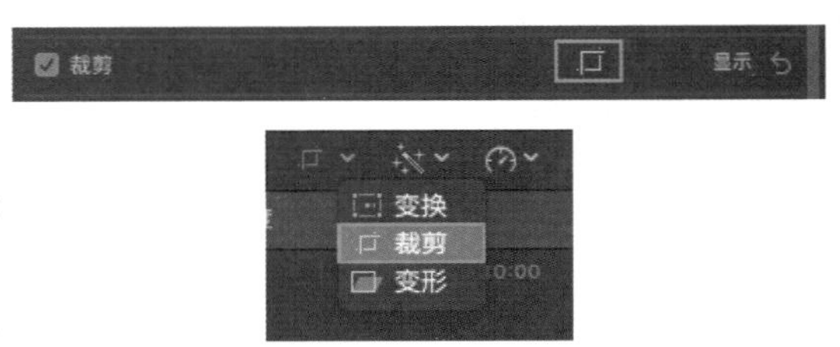

图5-80　“裁剪”模式

4 此时所选片段在检视器的画面四周会显示蓝色的长方形修剪滑块，如图5-81所示。

5 拖动画面四个角的滑块可以不按比例对画面进行修剪。此时修剪框类似于一个遮罩，如图5-82所示。

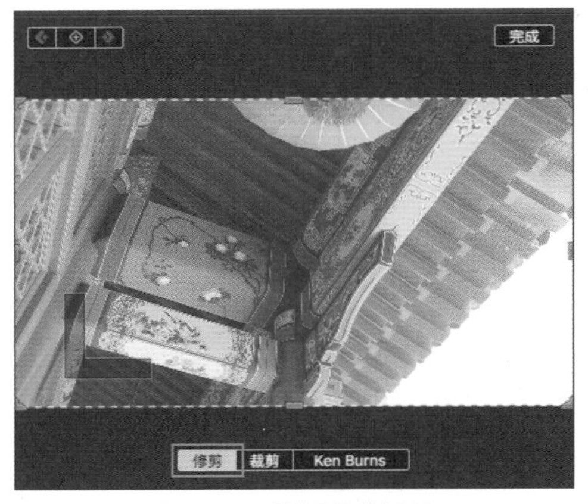

图5-81　激活修剪滑块

图5-82　修剪片段画面

提示

当对四个角的滑块进行拖曳的同时按住Shift键，会按原始画面的比例进行修剪。按住Option键，则会从画面四周向中心点按比例地进行修剪，如图5-83所示。

图5-83　按比例修剪片段画面

6 拖曳修剪框水平及垂直方向的滑块时会对本侧的画面进行修剪，如图5-84所示。

图5-84　修剪片段画面

提示

按住Shift键的同时拖曳滑块，会以对边为基准对画面进行修剪；按住Option键的同时拖曳滑块，会镜像地对画面进行修剪，如图5-85所示。

图5-85　修剪片段画面

动手操作：裁剪画面

▶素材：素材/建筑　▶源文件：资源库/第5章/5.4

1 单击检视器下方的“裁剪”按钮，将裁剪类型切换为“裁剪”。此时画面四周会出现裁剪滑块，如图5-86所示。

提示

也可以在视频检查器中的“裁剪”选项中对裁剪类型进行切换，如图5-87所示。

图5-86 切换裁剪类型

图5-87 “裁剪”类型

2 在“裁剪”模式下，拖曳四个角上的滑块可以对画面进行裁剪。裁剪后，画面被保留下来的区域呈高亮状态显示，被裁剪掉的区域则会变暗，如图5-88所示。

> **提示**
>
> 在对画面进行裁剪时，按住Option键，从画面四周向中心点设定裁剪范围；使用鼠标对选定的裁剪区域进行拖曳可以调整裁剪框的位置，如图5-89所示。

图5-88 裁剪片段画面

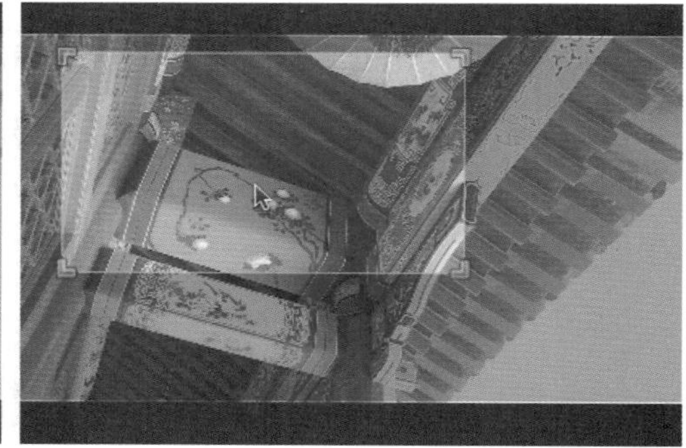

图5-89 调整裁剪位置

3 确定裁剪区域以后，单击检视器右上角的“完成”按钮，被框选的呈高亮区域的画面被放大并充满整个检视器窗口，如图5-90所示。

> **提示**
>
> “修剪”是隐藏画面中不想要的部分，而“裁剪”则是在隐藏不想要的部分后，把需要保留的部分放大至原画面大小。

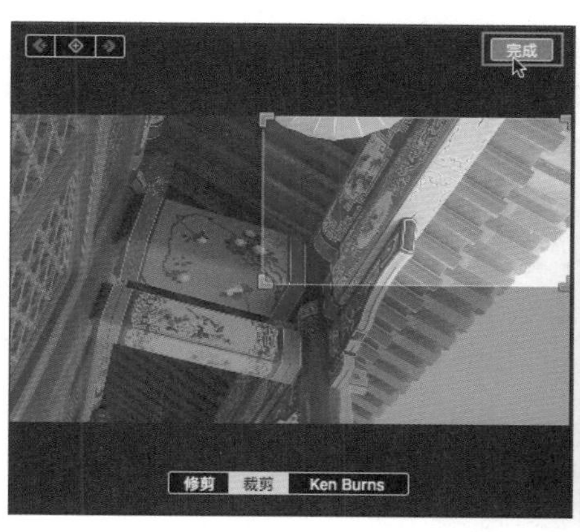

图5-90　完成裁剪

动手操作：Ken Burns运动效果

▶素材：素材/建筑　▶源文件：资源库/第5章/5.4

1 单击检视器下方的Ken Burns按钮，将裁剪类型切换为Ken Burns，如图5-91所示。

2 切换到Ken Burns模式后，检视器的画面中会出现一个左下角有“开始”标记的绿色的外框与一个有“结束”标记的红色内框。绿色的外框表示片段开始的画面内容，红色内框中的画面表示裁剪之后结束时的画面内容，如图5-92所示。

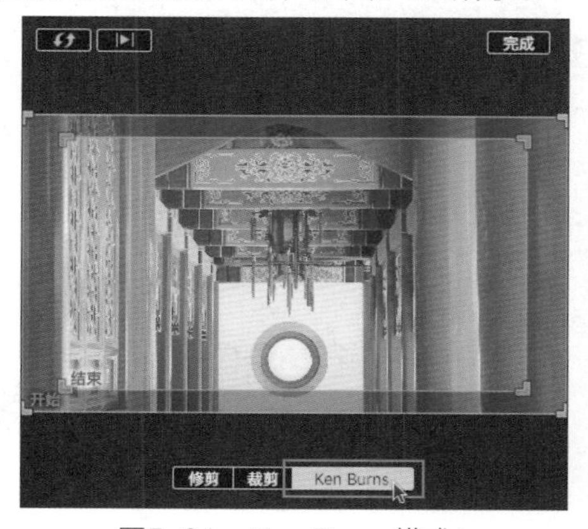

图5-91　Ken Burns模式1

图5-92　Ken Burns模式2

3 拖曳这两个选框可以确定片段在进行播放时开始与结束的画面内容，拖曳红色结束框四个角上的滑块来确定画面结束时的画面范围。当进行拖曳时，画面中会出现一个用于表示画面缩放方向的白色箭头，如图5-93所示。

提示

在检视器的画面中，单击选框中左下角的“开始”或“结束”标记，可以选择相应的选框。与此同时，时间线上的播放指示器也会根据选择跳转到相应的位置。

按住Option键的同时，拖曳选框上的滑块从画面的四周向中心点设定选框范围，使用鼠标对选定区域进行拖曳，可以调整选框中开始和结束的位置，如图5-94所示。

图5-93　调整结束点画面

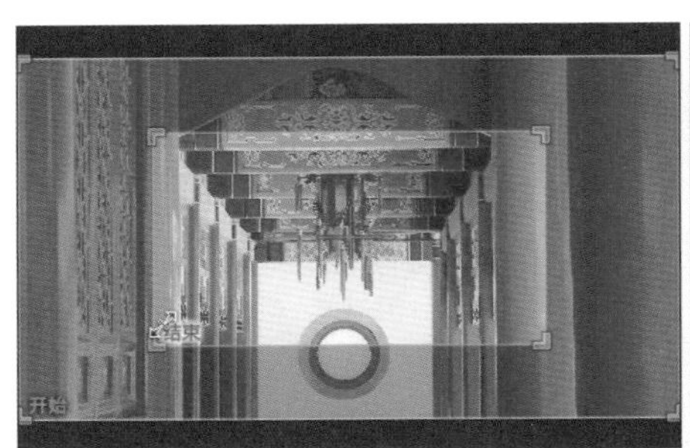

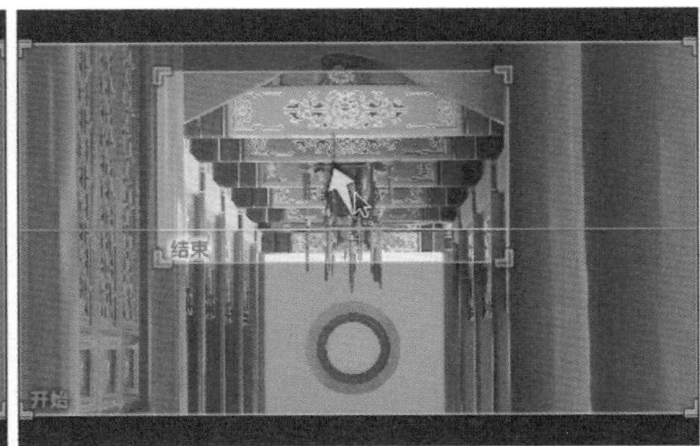

图5-94　调整与移动结束框

4 确定好两个选框内画面的范围后，单击检视器左上角的“播放”按钮，片段中的画面从“开始”区域的画面移向“结束”区域的画面，并将“结束”区域的画面放大充满整个检视器，就像在拍摄时使用了推镜头的手法，如图5-95所示。

5 单击检视器左上角的“反转”按钮，画面中的“开始”与“结束”选框会进行交换。在进行播放时，画面会由绿色内框开始逐渐缩小选框内的范围，直至在检视器中显示“结束”框内的所有画面，类似模拟拉镜头的拍摄手法，如图5-96所示。

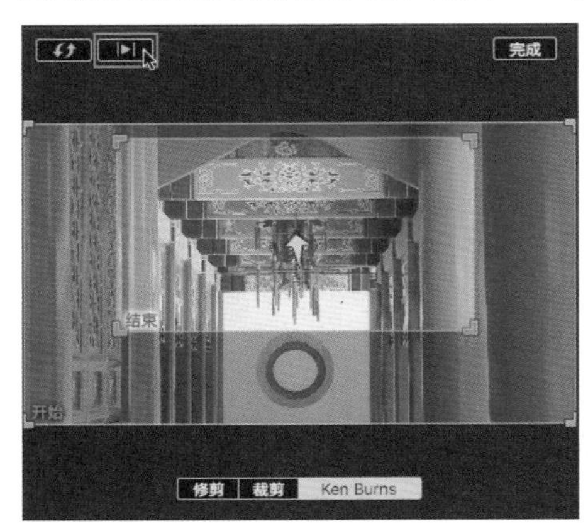

图5-95　“播放”按钮

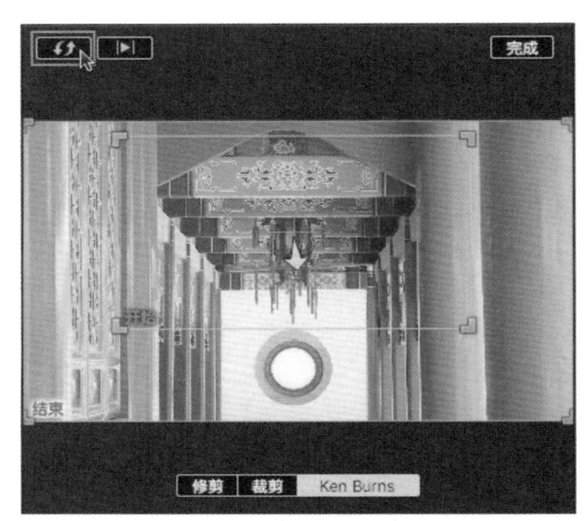

图5-96　“反转”按钮

6 在调整完毕后，单击右上角的“完成”按钮，保留设置，关闭Ken Burns模式，如图5-97所示。

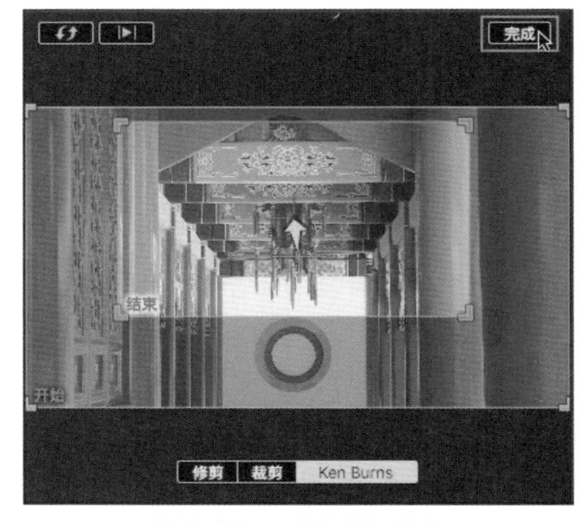

图5-97　“完成”按钮

5.4.4　查看与调整变形参数

动手操作：变形画面

▶素材：素材/建筑　▶源文件：资源库/第5章/5.4

1 选择时间线中的片段，通过调整“视频检查器”中的“变形”选项可以对所选片段的画面进行变形。利用鼠标拖曳轴向上的数字调整变形数值，检视器中所选片段的画面也会相应发生改变，如图5-98所示。

◆ 左下方：控制画面的左下角沿X轴和Y轴变形。

◆　右下方：控制画面的右下角沿X轴和Y轴变形。

◆　右上方：控制画面的右上角沿X轴和Y轴变形。

◆　左上方：控制画面的左上角沿X轴和Y轴变形。

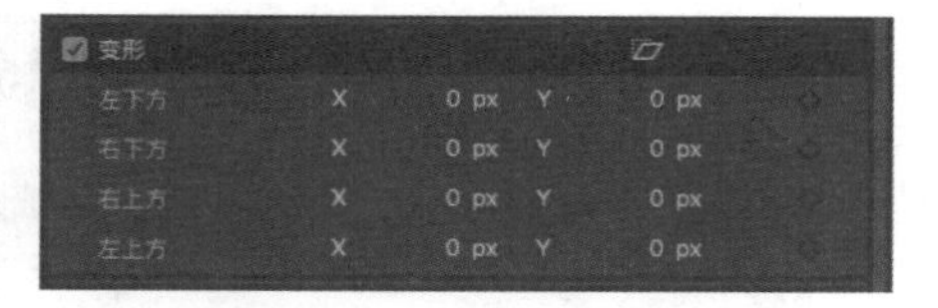

图5-98　“变形”选项

2 同样，也可以在检视器中使用鼠标通过拖曳来调整参数。单击“变形”选项右侧的“变形”图标，或者单击检视器左下角“变换”右侧的下三角按钮，在弹出的下拉列表中切换为“变形”模式(快捷键为Option+D)，如图5-99所示。

3 此时所选片段在检视器中的画面四周会显示用于调整变形位置的控制点，如图5-100所示。

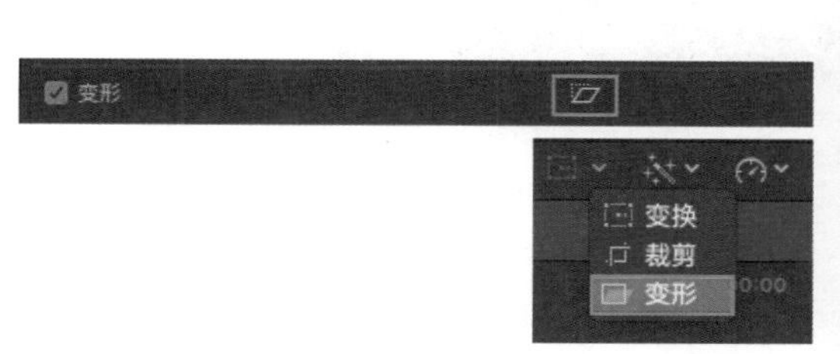

图5-99　“变形”模式

图5-100　激活变形控制点

4 选择画面四个角上的控制点进行拖曳，会控制该点对画面进行变形，其余三个点的位置不会发生改变，画面也不会发生变形，如图5-101所示。

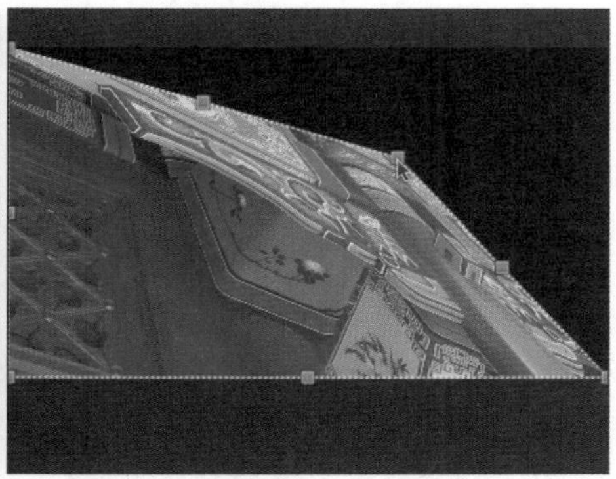

图5-101　变形片段画面

5 选择画面水平或垂直线上的控制点进行拖曳，会对画面进行斜切，如图5-102所示。

提示

在视频检查器的“空间符合”选项中，单击“类型”右侧的下三角箭头，在弹出的下拉列表中包含三种将片段添加到时间线后，该片段在检视器中所占比例的类型，如图5-103所示。

◆　适合：在将片段添加到时间线时，将原片段的尺寸与检视器大小进行匹配。

◆　填充：将片段的画面充满整个检视器画面。

◆　无：以片段的原始尺寸在检视器中显示片段画面。

图5-102　变形片段画面

图5-103　空间符合类型

5.5 利用关键帧控制运动参数

5.4节介绍了如何在检查器和检视器中修改片段属性及运动参数，本节将结合关键帧的使用对上一节的内容进行深化，在片段中制作一些基本的动画效果，使画面动起来。

5.5.1 在检查器中制作关键帧动画

首先，介绍在检查器中对画面设置关键帧的方法，它的优点是通过精确地输入数字来制作画面的关键帧动画。

动手操作：制作缩放关键帧动画

▶素材：素材/建筑　▶源文件：资源库/第5章/5.5

1 按快捷键Command+4，打开检查器，并将其切换至“视频检查器”。选择时间线上的片段，并将播放指示器拖曳到片段的开始位置，如图5-104所示。

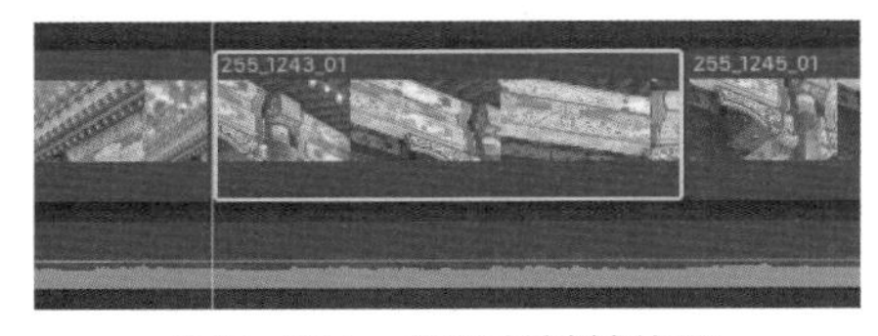

图5-104　设置关键帧位置

2 在“变换”选项内，单击“缩放(全部)”最右侧的“关键帧”按钮，添加关键帧。然后将缩放滑块拖曳至0%，将所选片段的画面缩小，如图5-105所示。

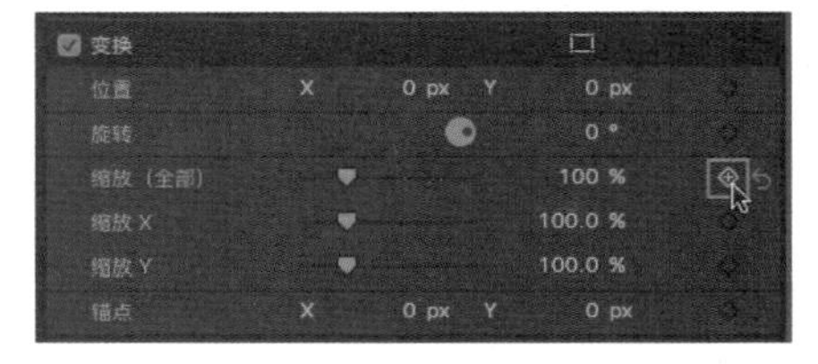

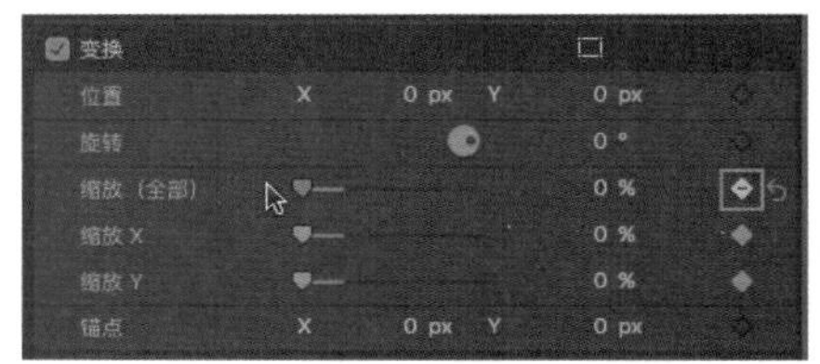

图5-105　添加关键帧

3 将播放指示器拖曳到将片段画面放大至全部显示的位置，如图5-106所示。

> **提示**
>
> 添加关键帧的位置为播放指示器所在的位置。在没有添加关键帧时，“关键帧”按钮上显示为“+”，而当该位置已经添加了关键帧时，“关键帧”按钮上显示为“-”。

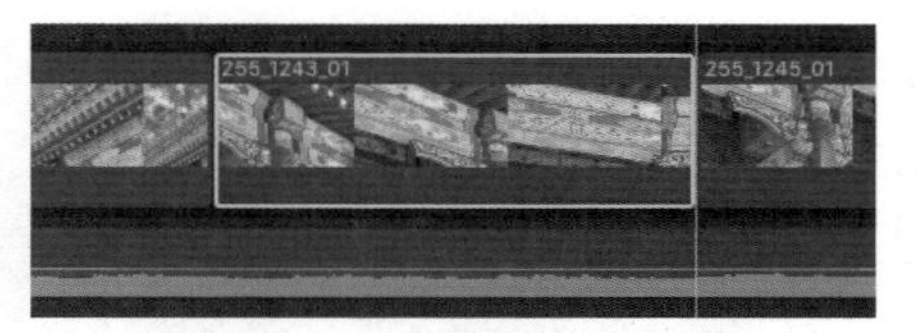

图5-106　设置关键帧位置

4 再次单击右侧的“关键帧”按钮，在该位置添加一个关键帧后输入数值，将缩放显示设置为100%后，按Enter键，放大片段画面至整个检视器窗口，如图5-107所示。

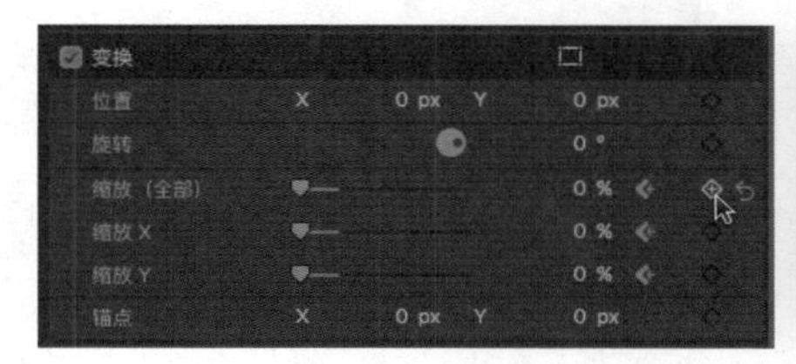

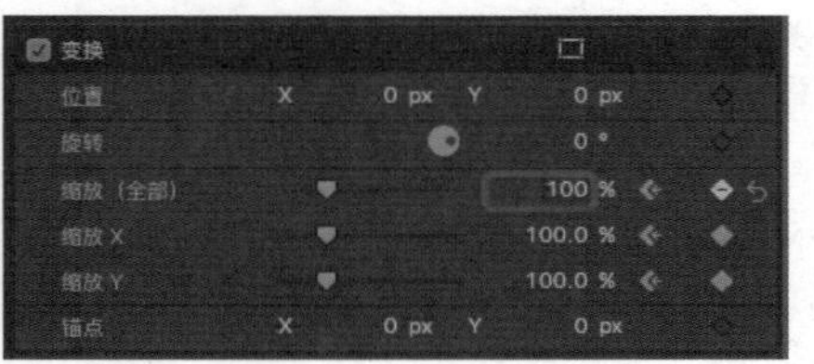

图5-107　添加关键帧

5 之后，按空格键对所选片段的缩放效果进行预览。当已经在该位置添加了关键帧，相应选项后的“关键帧”按钮会呈灰色状态。单击两侧的跳转按钮，可以快速“跳到上一个/下一个关键帧”的位置，时间线上的播放指示器也会相应地进行跳转，如图5-108所示。

6 当跳转到已经添加过关键帧的位置时，再次单击“关键帧”按钮，删除已经添加好的关键帧，如图5-109所示。

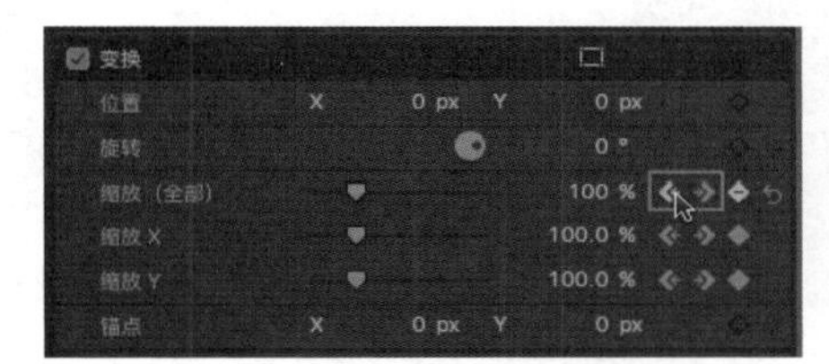

图5-108　跳转关键帧按钮

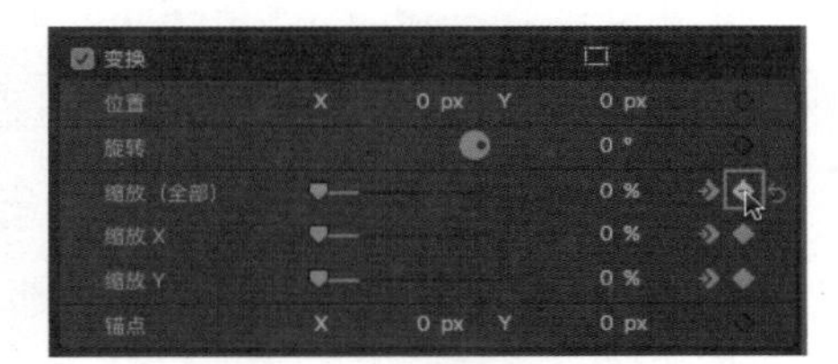

图5-109　删除关键帧

> **提示**
>
> 在设置关键帧时，既可以先添加关键帧，再调节参数，也可以先调节参数，再添加关键帧。

5.5.2　在检视器中制作关键帧动画

除了在检查器中为片段制作关键帧动画外，也可以更为直观的方式在检视器中为片段的画面制作关键帧动画。

动手操作：制作旋转缩放关键帧动画

▶素材：素材/建筑　▶源文件：资源库/第5章/5.5

1 选择时间线上的片段，将播放指示器拖曳至片段开始位置，如图5-110所示。

2 单击检视器左下角的“变换”按钮(快捷键为Shift+T)，激活检视器中画面四周的控制点，如图5-111所示。

图5-110　设置关键帧位置

3 确定播放指示器在该片段第一帧的位置后，单击画面左上方的“关键帧”按钮，添加关键帧，如图5-112所示。

4 之后，在按住Option键的同时拖曳画面右上角的控制点，将画面缩小并放置在检视器左下角的位置。再利用画面中心的旋转手柄将整个画面旋转180度，如图5-113所示。

图5-111　激活控制点

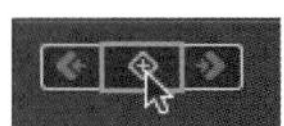

图5-112　添加关键帧

图5-113　修改片段变换参数

5 再次选择该片段后，按快捷键Control+P激活时间码，输入“+200”或“+2；”后按Enter键进行确认。播放指示器会在时间线上向后跳转2秒，如图5-114所示。

提示

“+”表示向右移动播放指示器，“-”表示向左移动播放指示器。如果未输入符号直接输入数字，播放指示器会跳转到项目总时间长度的2秒处。

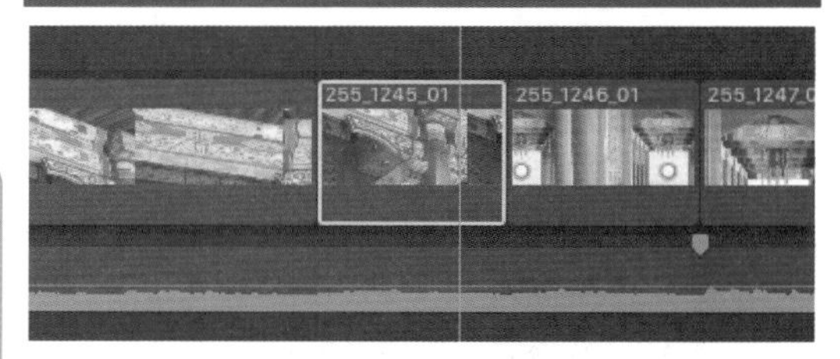

图5-114　调整播放指示器位置

6 再次单击画面左上角的“关键帧”按钮，在播放指示器当前所在位置添加关键帧，并将所选片段的画面设置至最初的状态。设置完成后，检视器中会出现红色的线条与白色的箭头，以标注画面运动的轨迹与方向，如图5-115所示。

提示

当移动播放指示器后，在画面发生变化的情况下，会自动在播放指示器所在的位置添加一个关键帧，不需要手动进行添加。

图5-115　添加关键帧

7 对片段的运动效果设置完成后，单击左上角“关键帧”按钮，左右两侧的跳转按钮将播放指示器快速跳转至上一个/下一个关键帧，如图5-116所示。

图5-116　跳转关键帧

8 在已经添加了关键帧的位置再次单击“关键帧”按钮，删除该关键帧，此时关键帧按钮的右下角会有一个“×”标志，如图5-117所示。

9 按空格键预览设置的运动参数效果，画面会边放大边旋转直至铺满整个检视器，当满意预览效果后，单击右上方的“完成”按钮，关闭控制点并保存设置。

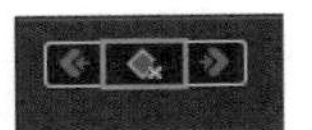

图5-117　删除关键帧

5.5.3 在时间线中制作关键帧动画

下面来了解一下在时间线上设置关键帧动画的方法。

动手操作：制作透明度关键帧动画

素材：素材/建筑　源文件：资源库/第5章/5.5

1 选择时间线上的片段后，选择菜单【片段】|【显示视频动画】命令(快捷键为Control+V)，如图5-118所示。

也可以在所选片段上单击鼠标右键，在弹出的快捷菜单中选择【显示视频动画】命令，如图5-119所示。

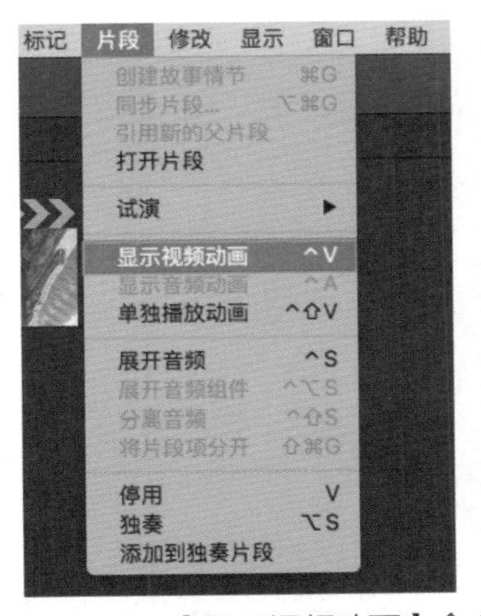

图5-118　【显示视频动画】命令

图5-119　【显示视频动画】命令

2 之后，时间线上的所选片段会打开“视频动画”对话框，对话框中的选项与检查器中的选项完全相同，包括“变换”“修剪”“变形”及“复合：不透明度”四个选项，如图5-120所示。

3 单击“复合：不透明度”选项最右侧的图标，或是在该区域双击展开相应的操作区域，如图5-121所示。

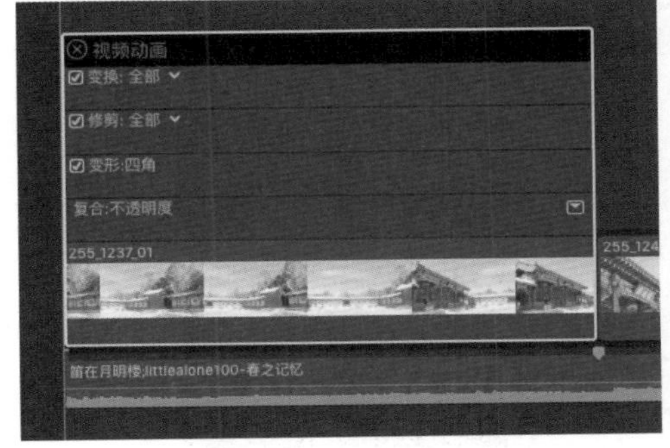

图5-120　“视频动画”对话框

图5-121　展开不透明度操作区域

4 在“复合：不透明度”操作区域中有一条白色的调整线贯穿片段始终，将鼠标悬停在调整线上，光标会变为上下双箭头状态。按住鼠标左键上下拖曳调整线，可以调节片段的不透明度。默认状态下，不透明度为100%，越往下透明度越高，在进行调整的过程中有百分比数字进行提示，如图5-122所示。

5 在操作区域中，片段的左右两侧各有一个滑块，将鼠标悬停滑块上，光标会变为左右双箭头形状。按住鼠标左键左右拖曳滑块，片段画面从最底部0%的完全透明状态开始，沿着呈上升趋势的坡度线进行播放。随着坡度线的上升，画面越来越不透明，如图5-123所示。

图5-122　调整片段不透明度

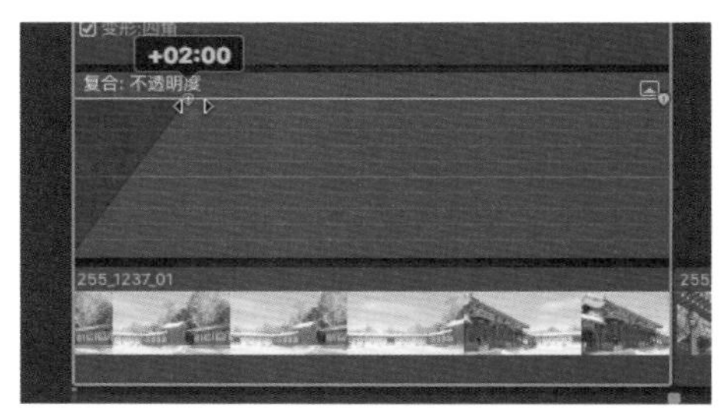

图5-123　调整不透明度关键帧

提示

在进行拖曳时，显示的时间码表示当前不透明度关键帧的时间位置。

动手操作：添加与删除关键帧

▶素材：素材/建筑　▶源文件：资源库/第5章/5.5

1 当已经为片段添加过关键帧后，按快捷键Control+V，显示该片段的视频动画，在相应选项的工作区域中会显示添加过的关键帧，如图5-124所示。

2 单击选项前的复选框，可以屏蔽在该选项添加的视频关键帧动画，如图5-125所示。

3 单击“变换：全部”选项右侧的下三角按钮，在弹出的下拉列表中进行子选项之间的切换，如图5-126所示。

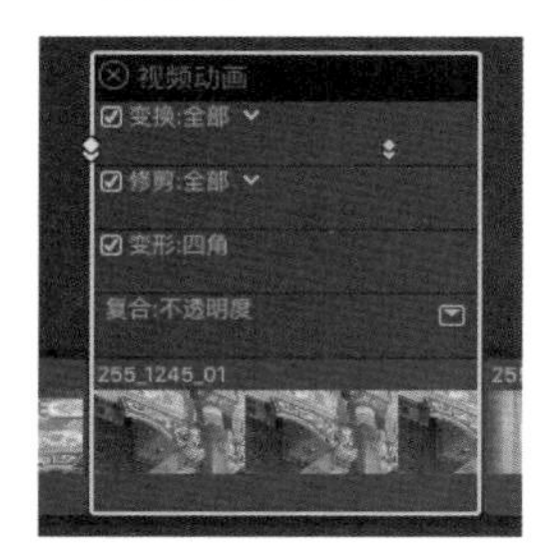

图5-124　查看关键帧

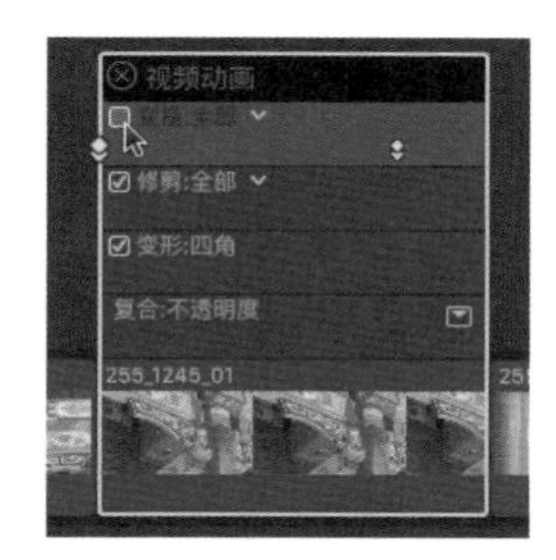

图5-125　屏蔽关键帧动画

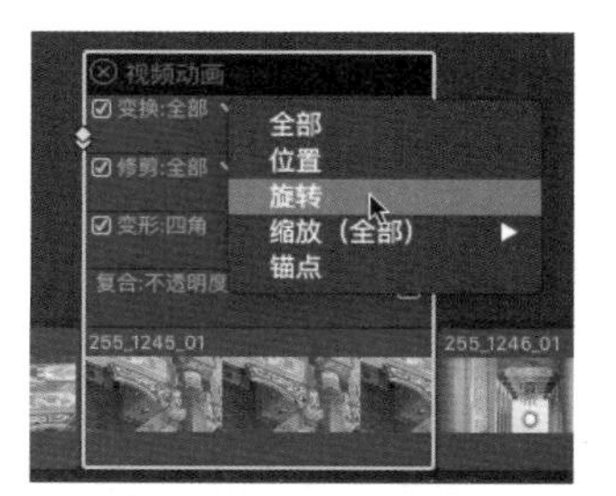

图5-126　切换变换选项

4 选择“旋转”选项后，单击对应的工作区域会出现调整线，并且调整线中只显示与旋转动画相关的关键帧，如图5-127所示。

5 选择调整线上的关键帧，该关键帧呈黄色的激活状态。单击鼠标右键，在弹出的快捷菜单中选择“删除关键帧”命令，删除所选择的关键帧，如图5-128所示。

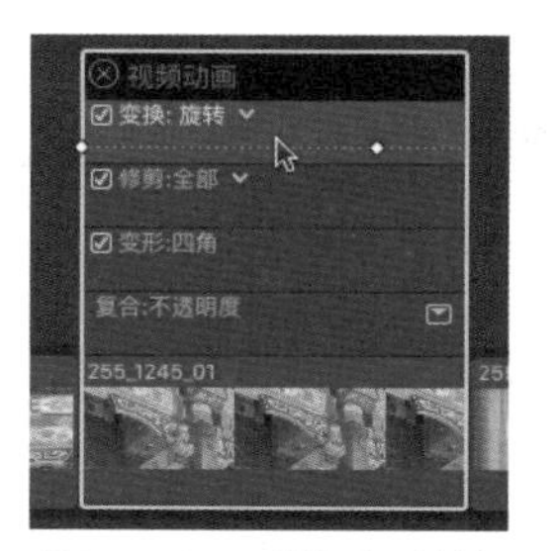

图5-127　激活调整线

提示

也可以在选择关键帧后，按Delete键直接删除该关键帧。

6 将鼠标悬停在调整线上的同时按住Option键，光标的右下角会显示一个带有“+”的菱形标志，单击即可在该位置添加一个关键帧，如图5-129所示。

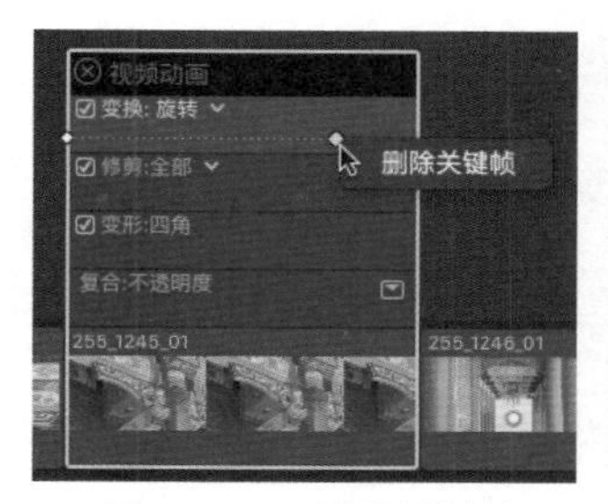

图5-128 删除关键帧

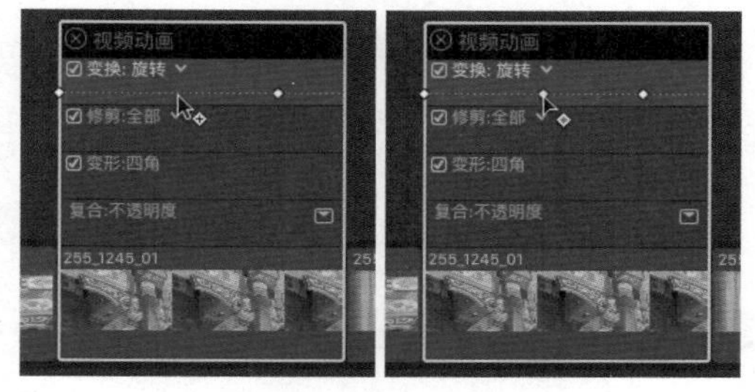

图5-129 添加关键帧

7 选中关键帧后，按住鼠标左键拖曳会改变所选关键帧的位置，此时光标会变为左右双箭头的状态，如图5-130所示。

提示

关键帧上的时间码表示当前关键帧在所选片段中的位置。

8 单击“视频动画”对话框左上角的“×”按钮，或者再次按快捷键Control+V，关闭该对话框，如图5-131所示。

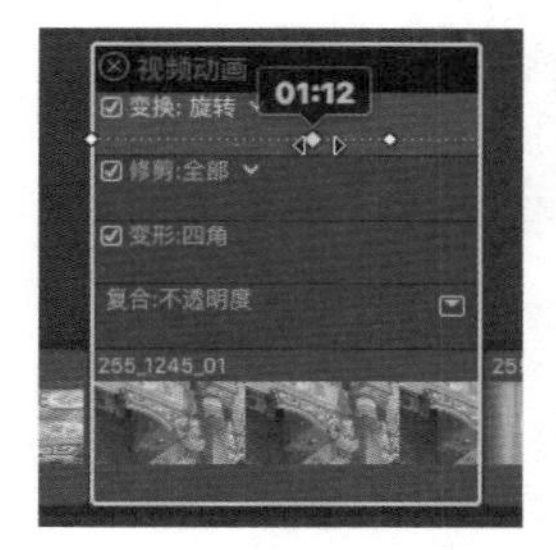

图5-130 调整关键帧位置

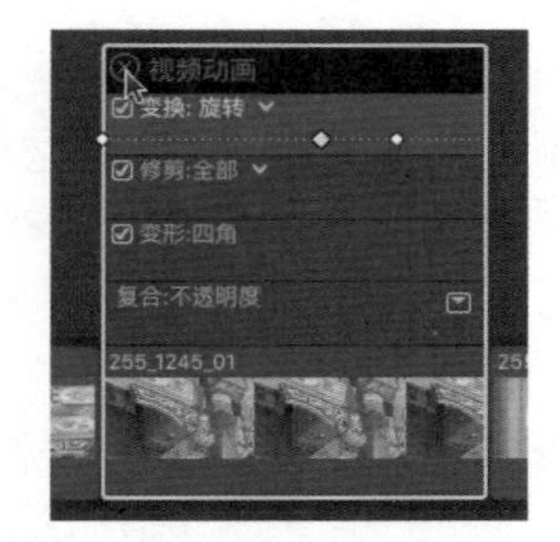

图5-131 关闭视频动画对话框

5.6 课后习题

(1) 如何精确地设置所选片段的速度?
(2) 如何重置一个片段的速度?
(3) 如何在时间线中创建静止画面?
(4) 在分割速度时，如何改变分割点的源帧画面?
(5) 如何制作画中画效果?
(6) 在裁剪选项中包括哪三种方式?
(7) 如何使用Ken Burns效果?
(8) 如何设置手动渲染与自动渲染?

快捷键		
1	Command+R	显示重新定时编辑器
2	Shift+N	常速
3	Shift+H	保留/静止
4	Shift+B	切割速度
5	Control+Option+R	自定
6	Option+Command+R	还原速度
7	Control+Shift+S	分离音频
8	M	添加标记
9	Command+4	显示/隐藏检查器
10	Shift+T	变换
11	Shift+C	裁剪
12	Option+D	变形
13	Control+P	激活时间码
14	Control+V	显示视频动画
15	Command+9	显示后台任务窗口
16	Command+,	偏好设置
17	Control+R	渲染所选部分
18	Control+Shift+R	全部渲染
19	Option+K	添加关键帧
20	Command+Control+R	倒转片段

5.7 课后拓展：设置渲染模式

1 在对时间线中的片段进行设置之后，时间线上会显示一条水平的虚线，表示有参数需要进行处理和渲染。当处理完毕后，提示线也会逐渐消失，如图5-132所示。

2 也可以按快捷键Command+9，打开“后台任务”窗口，查看具体的进度信息，如图5-133所示。

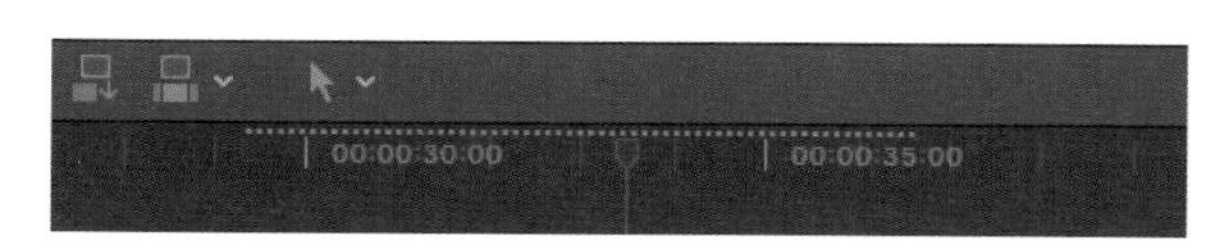

图5-132 待渲染状态

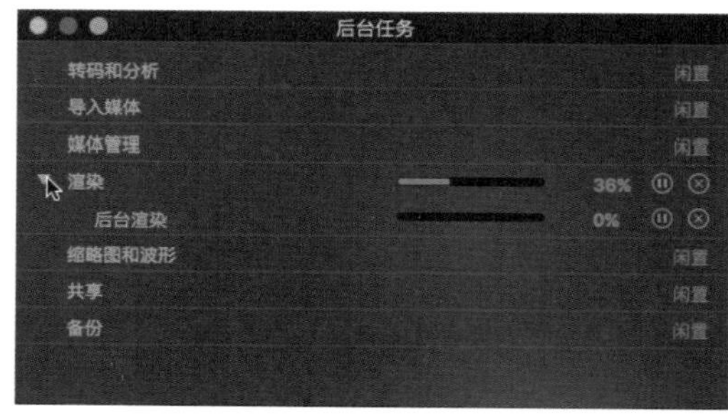

图5-133 “后台任务”窗口

3 选择菜单【Final Cut Pro】|【偏好设置】命令(快捷键为Command+【，】)，如图5-134所示。

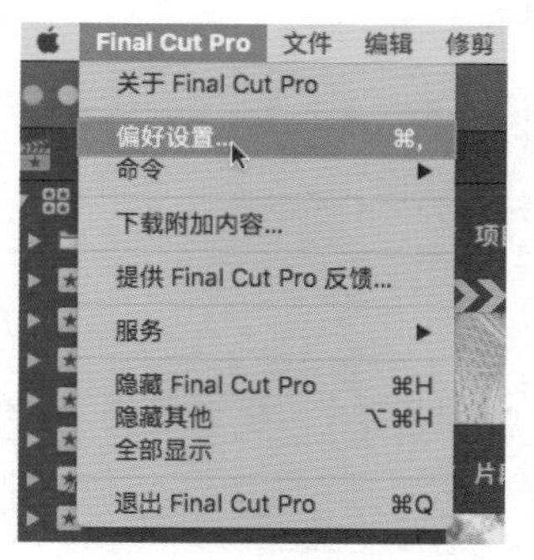

图5-134　【偏好设置】命令

4 在打开的“偏好设置”对话框中，单击“播放”按钮，切换至“播放”对话框。当“后台渲染”选项呈激活状态时，当一定时间不进行任何操作，系统就会自动进行渲染，如图5-135所示。

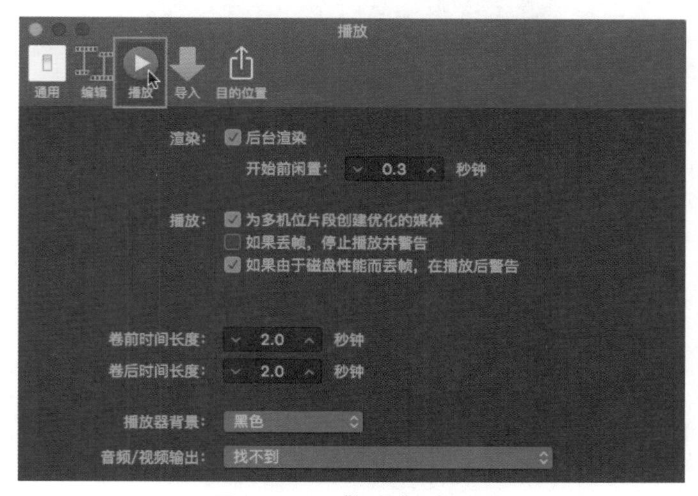

图5-135　“播放”对话框

5 如果不想启用自动渲染功能，取消勾选“后台渲染”复选框，关闭该功能，如图5-136所示。

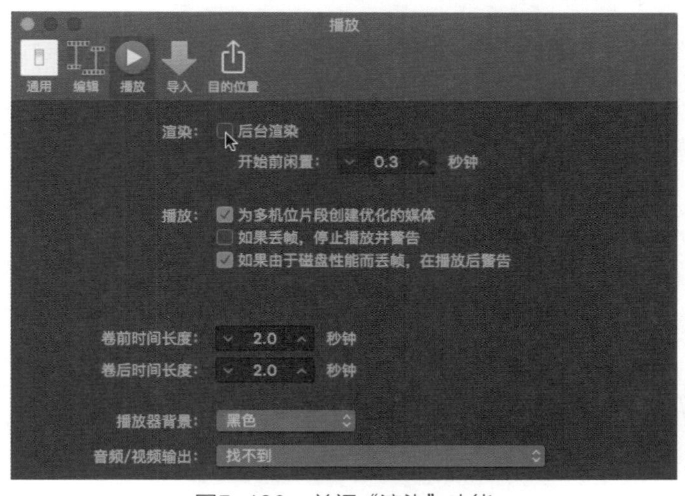

图5-136　关闭“渲染”功能

6 此后，如果希望手动对所选片段的内容进行渲染时，可选择菜单【修改】|【渲染所选部分】命令(快捷键为Control+R)，如图5-137所示。

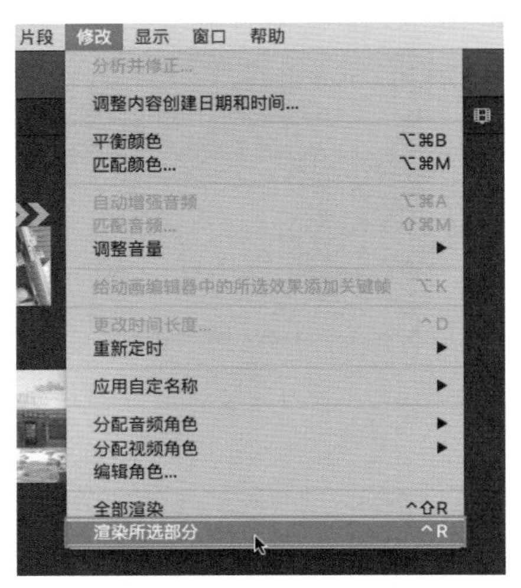

图5-137 【渲染所选部分】命令

第6章 添加转场

本章概述：

本章主要学习如何利用转场来进行镜头编辑点之间的平滑过渡，根据实际情况与要求在转场编辑器中对特定转场的数值进行修改。

教学目标：

(1) 根据具体情况决定是否需要添加转场。
(2) 根据要求挑选合适的转场并进行快速查找。
(3) 熟练应用视频和音频转场。
(4) 根据要求快速修改、删除和复制转场。
(5) 对添加的转场进行详细设置。

本章要点：

(1) 编辑点与片段余量
(2) 查找与添加转场
(3) 删除与复制转场
(4) 转场浏览器
(5) 创建故事情节
(6) 转场精确度编辑器

通过之前的学习，我们已经了解了在Final Cut Pro中对片段进行剪辑的方法与技巧，当我们利用所学将片段进行剪辑后，并不意味着完成了整个编辑工作，此时的影片项目并不能达到输出成片的标准。这是因为在前期拍摄时可能会因为各种原因导致所拍摄的镜头出现或多或少的不足，需要在粗剪时进行取舍。而完成剪辑之后，也会发生例如镜头之间的衔接不够流畅，时间与地点的转换交代得不便于理解等问题。诸如此类的问题都需要在接下来的编辑过程中进行调整与弥补。所以在本章中，我们来学习如何利用Final Cut Pro在片段之间使用和添加转场，如何修改与复制已经设置好的转场，并初步了解如何在适当的时间与位置有选择性地进行转场的添加，以达到优化剪辑的目的。

6.1 什么是转场

转场可以理解为在剪辑过程中，帮助我们在两个视频片段或者两个音频片段之间建立平滑过渡的一种工具。添加转场效果是在进行剪辑时，用来使整个项目在播放过程中能够更加紧凑与流畅的常见做法。比如，在电影开始时通常会使用的“淡入”转场效果，画面由黑色逐渐变亮，柔和过渡到影片第一个镜头的画面，在变亮的过程中吸引观众的注意力，将观众逐渐带入剧情之中。而音频转场则通常是在两段音频片段的连接点上对两段声音进行中和，避免声音生硬地转换影响故事情节的讲述。

6.2 影片中的常用转场

转场的方式多种多样，但通常分为两类： 一类是在剪辑软件中进行添加的拥有特定效果的转场；另一类是用特殊的拍摄手段，利用前后片段之间的逻辑关系进行自然地过渡，从而达到转场的效果，如相似形转场、空镜头转场、遮挡物转场等。前者为技巧转场，后者为无技巧转场。接下来我们要学习的均为在剪辑软件中可以实现的技巧转场。

技巧转场的添加一般用于表示影片段落之间的连贯性、差异性与阶段性，不同的转场方式对故事情节有不一样的影响，也会对观众产生不同的心理暗示。转场的时间长度没有特定的标准，在实际运用时会受到影片的类型、情节、节奏与情绪的影响。下面介绍几个在剪辑过程中会经常使用到的转场效果。

1. 淡出淡入(渐变到颜色)

淡出淡入是在剪辑中经常使用的转场效果，除了使用在视频片段之间，也常会分别使用在整个影片的开头和结尾部分。使用在片头的淡入效果，是指由黑场画面逐渐显现直至正常的亮度呈现影片的第一个镜头。而使用在片尾的淡出效果，是指影片最后一个镜头的画面逐渐隐去直至黑场。当淡入淡出效果使用在两个视频片段之间时，则表现为前一个片段的画面渐隐至黑场后下一个片段的画面渐显的过程，以用来表现时间流逝或者地点的更改，如图6-1所示。

图6-1　淡入淡出效果

2. 交叉叠化

交叉叠化是Final Cut Pro中默认的转场效果。一般指前一个镜头的画面与后一个镜头的画面相叠加，前一个镜头的画面逐渐隐去，后一个镜头的画面逐渐显现的过程，两镜头之间在该过程中有画面的重叠。一般用于表示时间或空间、梦境与现实的转换等，或者用来表现人物的想象、回忆等插叙、倒叙的表现手法，如图6-2所示。

图6-2 交叉叠化效果

3. 擦除

擦除表现为前一镜头画面以线形滑行后下方出现下一镜头的画面。根据画面进出荧屏的方向不同有许多分类。与叠化相比，擦除效果较为生硬，在剪辑过程中，一般用于两个内容差别比较明显的片段之间，如图6-3所示。

图6-3 擦除效果

4. 带状

带状主要利用几何形体在前一个画面中进行移动，或缩放后显现出下一个画面的方式来实现转场的效果，如图6-4所示。

图6-4 带状效果

5. 卷页

卷页像翻书一样，前一个画面翻过后逐渐显现出后一个画面的内容。根据详细数值的设置不同卷页的方向角度也会发生相应的变化，如图6-5所示。

图6-5 卷页效果

6.3 编辑点和片段余量

在添加转场之前，首先要了解两个基本的概念：编辑点和片段余量。“编辑点”是在将片段放置到时间线上后，用来表示片段开始或结束的那个点，而在多个片段中还表现为一个片段结束，另一个片段开始的位置。选择后呈现为大括号状态，如图6-6所示。

“片段余量”也称为“额外媒体”，是指在对某一个片段进行出入点设置后，片段开始到入点及出点到片段结尾这部分未被使用的片段。当未设置出入点时，在事件浏览器中单击该片段后，缩略图外部显示一个黄色的外框，表示该片段没有片段余量，如图6-7所示。

图6-6　编辑点

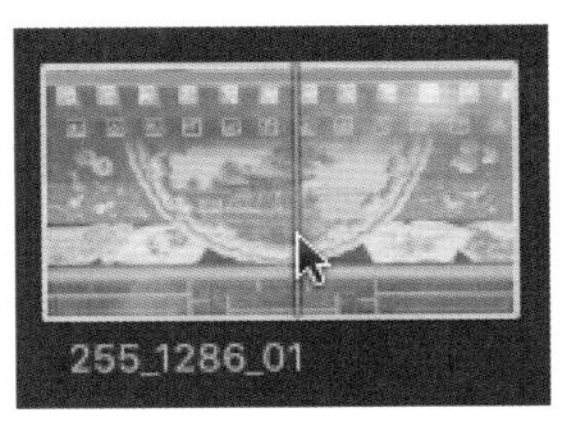

图6-7　片段缩略图

当选择设置过出入点的片段时，事件浏览器中该片段缩略图内部会有一段被黄色外框框选的部分，这部分内容是在将其拖曳到时间线上后会显示出来的部分。而黄框外的部分则是出入点之外的片段余量部分，它们不会显示在时间线上，如图6-8所示。

同样，在时间线上也可以很直观地观察片段是否有片段余量。

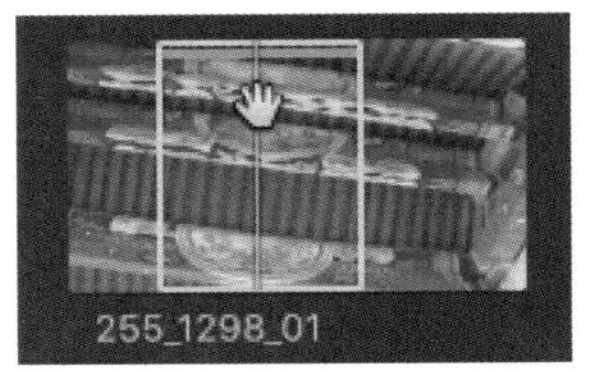

图6-8　片段余量

动手操作：利用修剪工具查看片段余量

▶素材：素材/建筑　▶源文件：资源库/第6章/6.3

1 单击工具栏右侧的下三角按钮，在弹出的下拉列表中将编辑工具切换为“修剪工具”(快捷键为T)，如图6-9所示。

2 切换为“修剪工具”后，单击两个片段之间的编辑点。或是单击时间线上需要查看的片段，片段两端的编辑点会被选中，如图6-10所示。

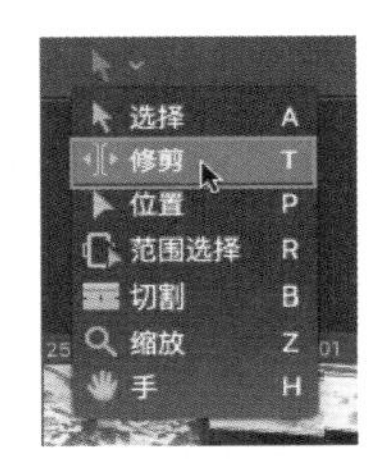

图6-9　修剪工具

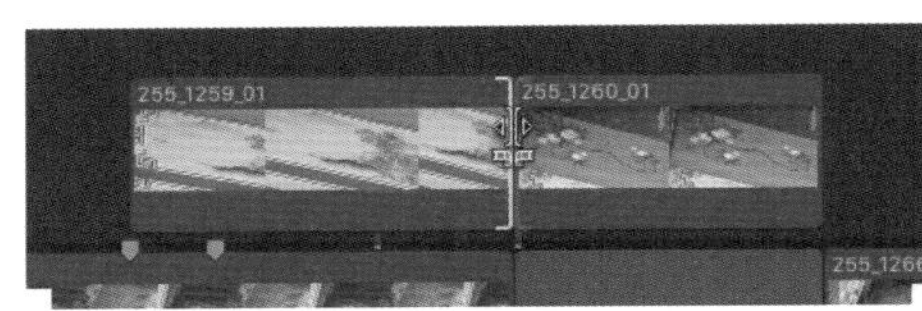

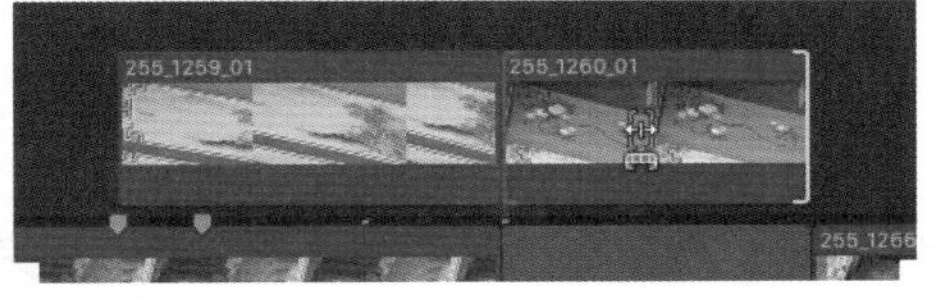

图6-10　编辑点

提示

选择需要添加转场的编辑点，当编辑点显示为黄色时，表示该片段拥有片段余量。而当编辑点为红色时，则表示该编辑点为片段的第一帧或最后一帧，没有多余的片段可用于转场的添加。

动手操作：快速定位片段位置

▶素材：素材/建筑　▶源文件：资源库/第6章/6.3

1 选择时间线上的片段后，单击鼠标右键，在弹出的快捷菜单中选择【在浏览器中显示】命令(快捷键为Shift+F)，如图6-11所示。

2 此时会直接在事件浏览器中定位所选片段的位置，如图6-12所示。

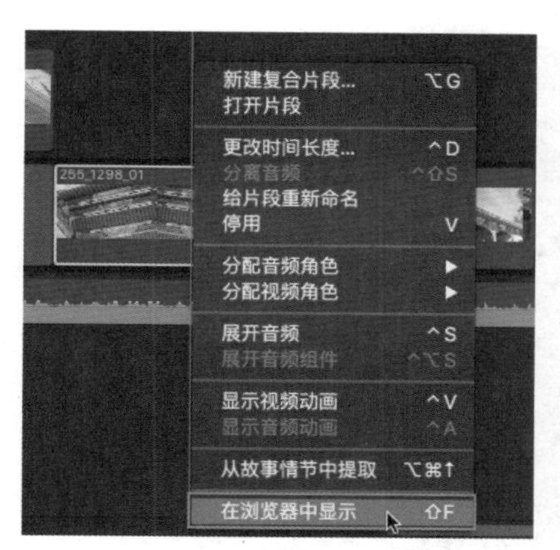

图6-11 【在浏览器中显示】命令

图6-12 定位片段

6.4 使用转场

在Final Cut Pro的“转场浏览器”中已经为我们提供了多种转场效果，但在默认打开的工作区中该浏览器并没有显示。下面介绍如何打开转场浏览器，并进行转场效果的预览。

1 单击时间线右上角的“显示或隐藏转场浏览器”按钮(快捷键为Shift+Command+5)，如图6-13所示。

图6-13 “显示或隐藏转场浏览器”按钮

或是选择菜单【窗口】|【在工作区中显示】|【转场】命令，如图6-14所示。

2 打开后的“转场浏览器”分为左右两部分，浏览器的左边栏显示转场的类别，右边栏则显示所选转场类别下所包含的转场缩略图。自带的视频转场共分为8种类型，每一种类型又根据不同的设置分为不同的效果，如图6-15所示。

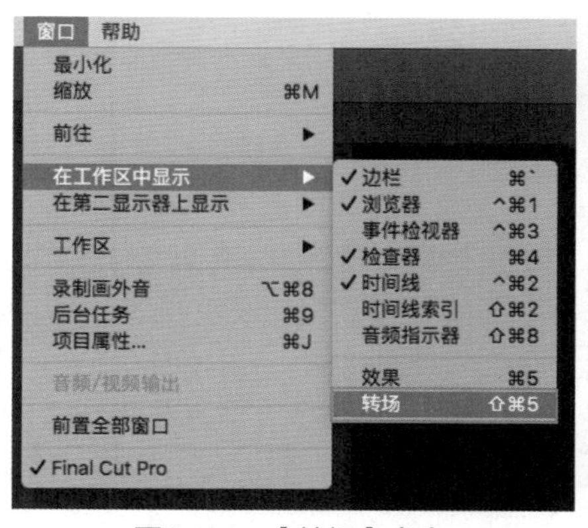

图6-14 【转场】命令

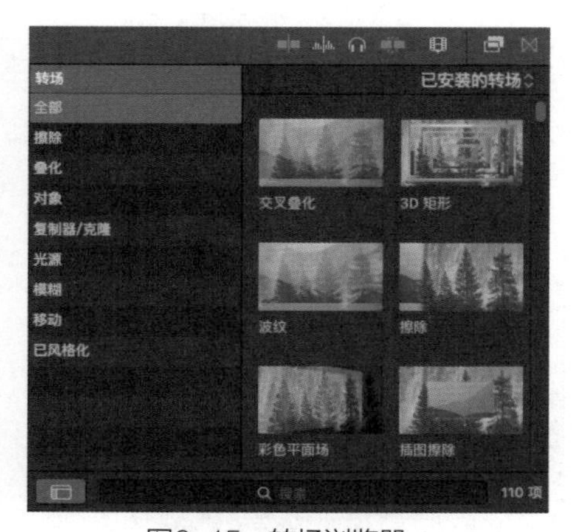

图6-15 转场浏览器

提示

当在类别中选择“全部”选项时，右边栏会显示在Final Cut Pro中包含的所有转场效果，既包括自带的转场效果，也包括通过安装插件所获得的转场效果。而选择“全部”下方的各选项时，右边栏会显示该类别所包含的转场效果。

3 在进行转场的挑选时，可以在“转场浏览器”中对所选效果进行预览。将鼠标悬停在该转场的缩略图上，左右滑动鼠标，在检视器中会使用自带的两个画面进行转场效果的预览，模拟添加转场后的过渡效果，如图6-16所示。

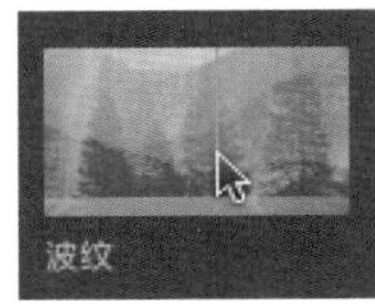

图6-16 转场效果预览

6.4.1 查找特定转场

在进行剪辑工作时，为了节省时间，可以使用“转场浏览器”中的搜索功能快速查找所需要的转场效果。

1 将“转场浏览器”中的转场类别切换为“全部”后，在下方的搜索栏中可以对转场进行查找，如图6-17所示。

图6-17 搜索栏

2 这里以“波纹”效果为例，在搜索栏中输入“波纹”后，直接筛选出所需的“波纹”转场，如图6-18所示。

3 此外，即使所需的转场名称记得不完整，也可以使用关键字进行搜索。单击搜索栏右方的“×”，清除上一次的搜索条件后，输入关键字“灯”，会搜索出相应的所有含有“灯”字的转场效果，如图6-19所示。

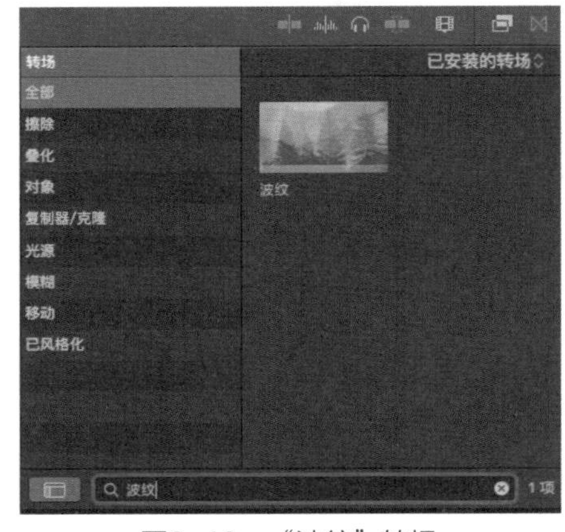

图6-18 “波纹”转场

图6-19 关键字搜索

提示

在进行搜索之前，确认是在“全部”类别中进行搜索。如果选择“全部”下方的任意类别，则只会在该类别所包含的转场中进行搜索。

在进行下一次转场的搜索之前，需要单击搜索栏右方的“×”按钮，清除上一次的搜索条件与结果。

提示

单击搜索栏左侧的“显示或隐藏浏览器边栏”按钮，可以显示或隐藏“转场浏览器”中左侧的类别边栏。搜索栏右侧的项目数表示在当前“转场浏览器”中所显示的转场数量，如图6-20所示。

图6-20　“显示或隐藏浏览器边栏”按钮

6.4.2　添加转场

在Final Cut Pro中有两种方式对时间线上的片段进行转场效果的添加，在此进行简单的介绍。

动手操作：添加转场的方式一

▶素材：素材/建筑　▶源文件：资源库/第6章/6.4

1 单击时间线上需要添加转场的编辑点，选择之后该编辑点会出现黄色的大括号，如图6-21所示。

2 在“转场浏览器”中选择需要的转场效果，双击该转场后会自动添加到所选择的编辑点上，如图6-22所示。

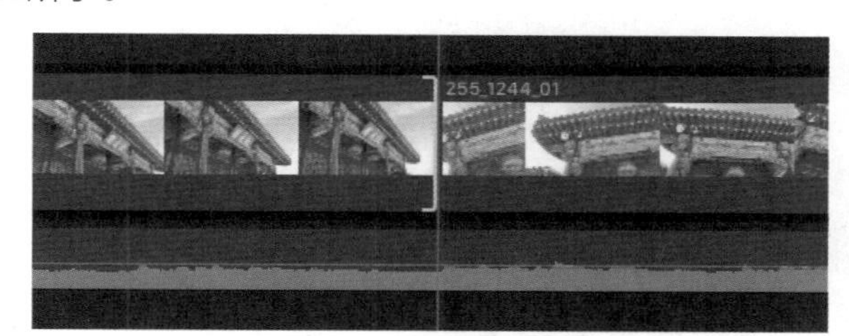

图6-21　选择编辑点

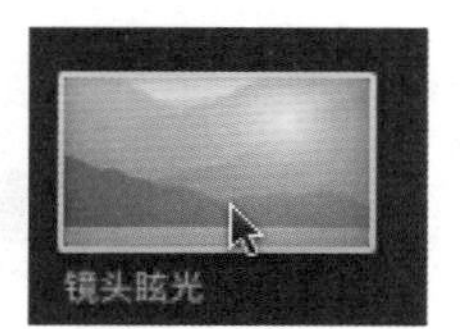

图6-22　选择转场

3 转场成功添加之后，片段之间会出现灰色的转场区域，如图6-23所示。

4 按空格键对添加的转场效果进行预览，如图6-24所示。

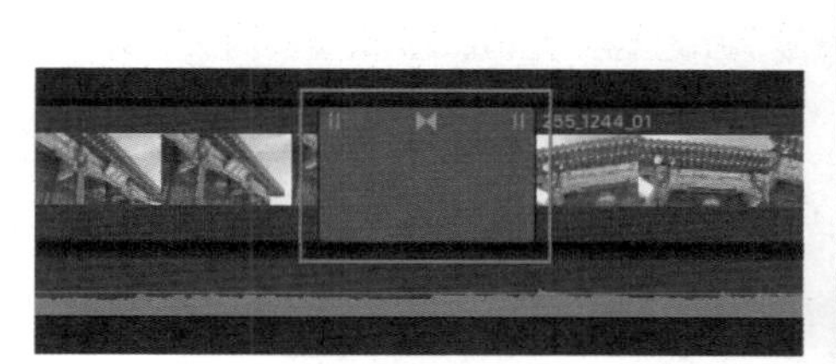

图6-23　添加转场

图6-24　“镜头眩光”转场

动手操作：添加转场的方式二

素材：素材/建筑　源文件：资源库/第6章/6.4

1 在“转场浏览器”中选择需要的转场效果，在此以“光噪”转场为例。按住鼠标左键将其拖曳到时间线中片段的编辑点上，如图6-25所示。

图6-25　选择转场

2 此时鼠标的光标下方出现了一个绿色的圆形“+”标志。当该编辑点上出现灰色的转场图标后释放鼠标，如图6-26所示。

3 转场效果添加成功，如图6-27所示。

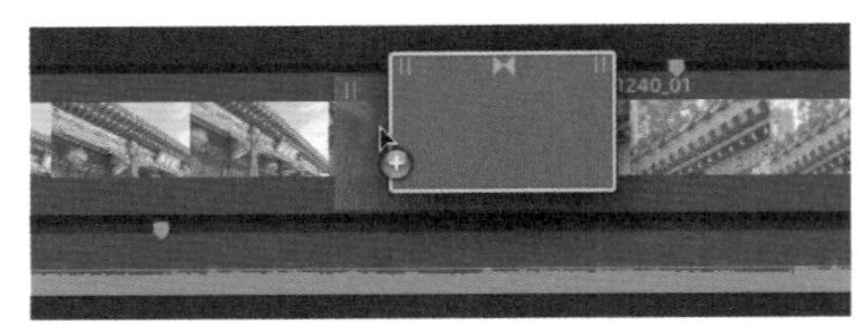
图6-26　拖曳转场

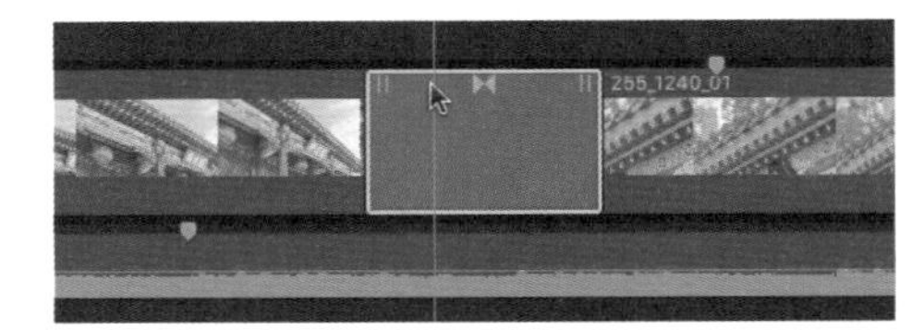

图6-27　添加转场

4 按空格键对添加的转场进行预览，如图6-28所示。

图6-28　“光噪”转场

提示

在选择编辑点时，为了便于观察可以按快捷键Command++放大时间线。

动手操作：同一片段首尾转场的添加

素材：素材/建筑　源文件：资源库/第6章/6.4

以上两个例子都是将转场添加到所选片段的某个编辑点上，如果将其添加到整个片段上，则会有不同的结果。

1 选择时间线上的片段，被选中的片段外侧出现一个黄色的外框，如图6-29所示。

图6-29　选择片段

2 在“转场浏览器”中双击“对角线”转场，如图6-30所示。

3 此时在所选片段的开头与结尾同时添加转场，如图6-31所示。

图6-30 “对角线”转场

图6-31 添加转场

4 按空格键对添加的转场进行预览，如图6-32所示。

图6-32 “对角线”转场

提示

按快捷键Command+A，全选时间线上的片段，之后双击所选择的转场，即可在全部片段上添加该转场。如需进行多选，则可以在选择片段或编辑点的同时按住Command键。

在Final Cut Pro的时间线上没有轨道的概念，一部分的切换镜头或声音效果是通过连接片段或故事情节的方式连接到主要故事情节上的。

动手操作：连接片段的转场添加

素材：素材/建筑 源文件：资源库/第6章/6.4

1 选择“转场浏览器”中的“交叉叠化”转场，按住鼠标左键将其拖曳到时间线中的连接片段上，如图6-33所示。

2 释放鼠标左键，所选片段的两侧会同时与前后片段创建两个转场。与此同时，以该片段为中心与前后两个转场会自动创建一个故事情节，如图6-34所示。

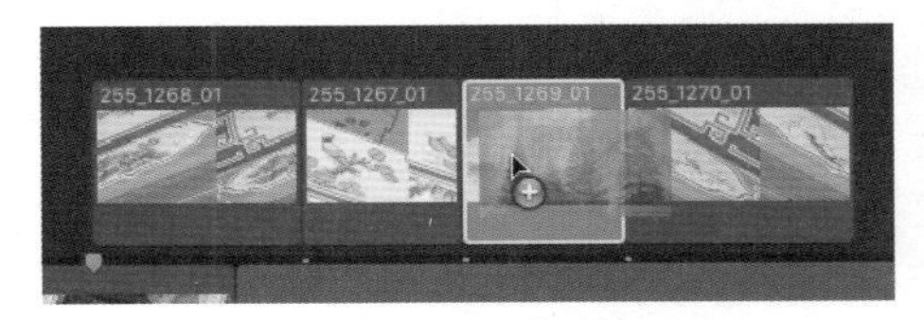

图6-33 添加转场

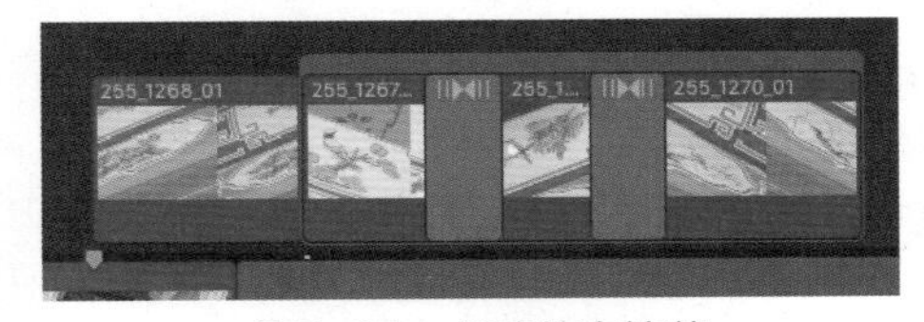

图6-34 创建故事情节

3 在连接片段中添加转场时，无论通过哪种方式都会在所选片段的两侧均进行添加。如果仅需要在其中一侧添加时，可以在该片段上单击鼠标右键，在弹出的快捷菜单中选择【创建故事情节】命令(快捷键为Command+G)，如图6-35所示。

4 在将连接片段创建为故事情节后，即可利用与在主要故事情节中相同的方式添加转场，如图6-36所示。

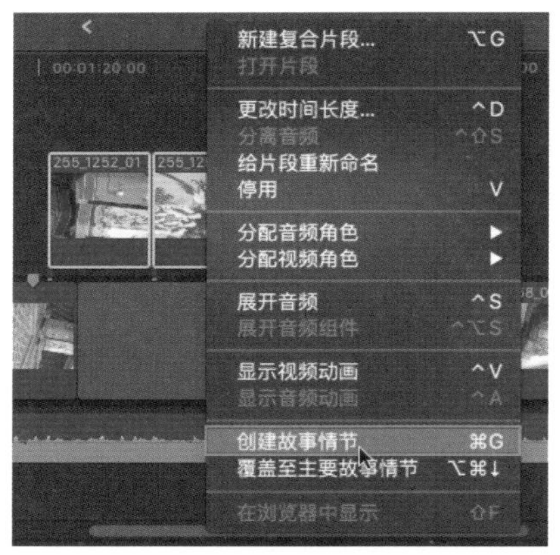

图6-35 【创建故事情节】命令

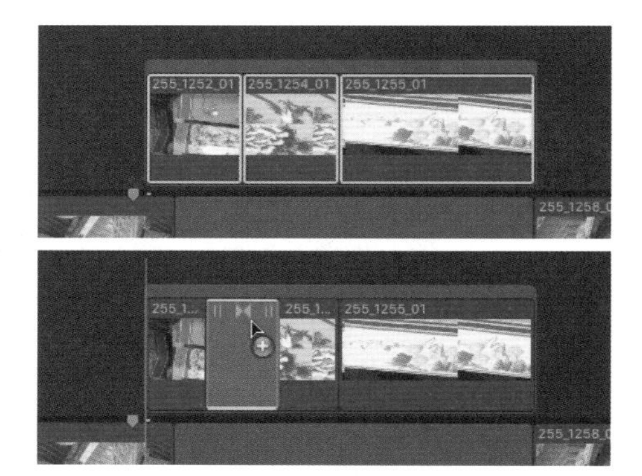

图6-36 添加转场

提示

在Final Cut Pro中，主要故事情节与连接片段或次要故事情节之间可以进行转换。在主要故事情节中添加转场后，选择需要转换的部分，按快捷键Command+Option+↑，可以提取故事情节。相反的，选择连接片段或次级故事情节后，按快捷键Command+Option+↓，则可以将其覆盖到主要故事情节上。

6.4.3 查看转场名称

通过观察可以发现，在Final Cut Pro中，添加的转场名称在时间线上并没有显示，所以很难直观地知道时间线上所添加的效果名称。通过检查器和“时间线索引”可以查看转场名称及相关参数。

>> 动手操作：通过检查器查看转场名称

▶素材：素材/建筑 ▶源文件：资源库/第6章/6.4

1 选择时间线中的转场区域后，单击检视器右上角的“显示或隐藏检查器”按钮(快捷键为Command+4)，如图6-37所示。

图6-37 “显示或隐藏检查器”按钮

提示

检查器中所显示的信息与在时间线中所选择的内容有关，在查看转场信息时需要先选择添加的转场区域。

2 该转场的相关参数信息会显示在检查器中，如图6-38所示。

在Final Cut Pro中所提供的转场效果，根据不同的类型包含不同的参数设置，但基本包括“转场的名称及时长”“视频转场设置”及“音频转场设置”三部分。在前面的各小节中所使用的转场都是预设的默认参数，而仅仅使用预设的参数则不可能满足在进行实际剪辑过程中的需求，这就需要我们根据不同的项目需求对转场效果进行不同的参数设置。

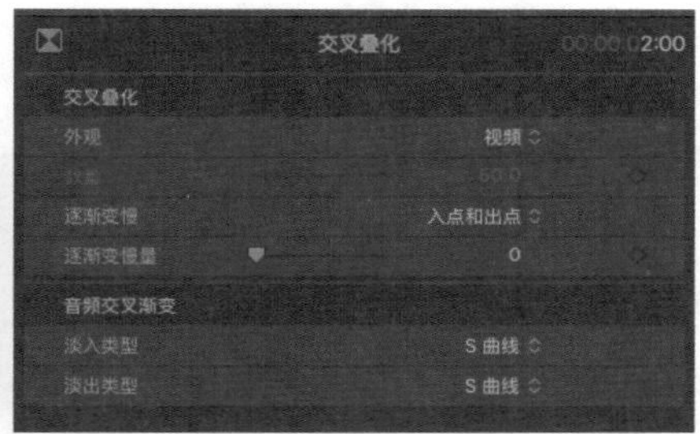

图6-38 检查器

动手操作：通过索引查看转场名称

▶素材：素材/建筑 ▶源文件：资源库/第6章/6.4

1 单击时间线左上角的"显示或隐藏时间线索引"按钮(快捷键为Shift+Command＋2)，打开时间线索引，如图6-39所示。或是选择菜单【窗口】|【在工作区中显示】|【时间线索引】命令，如图6-40所示。

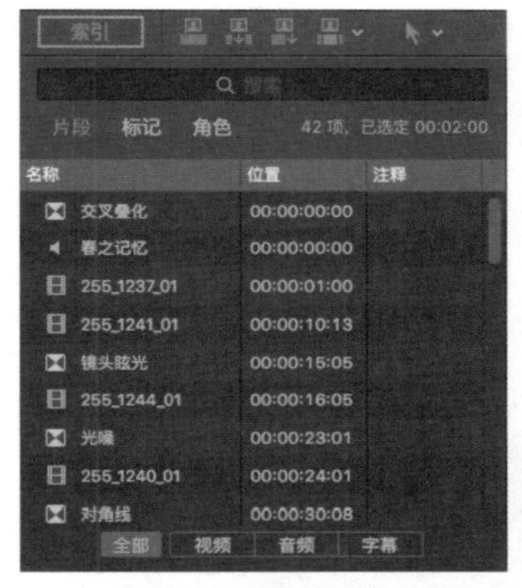

图6-39 "显示或隐藏时间线索引"按钮

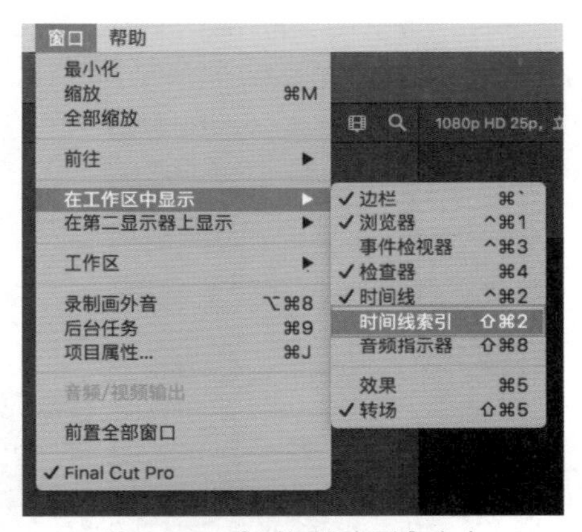

图6-40 【时间线索引】命令

2 单击下方的"全部"按钮，在"时间线索引"中会以列表的方式对时间线上的所有视频、音频、字幕或添加的效果进行线性的排列，如图6-41所示。

3 通过"时间线索引"可以直观地显示添加的转场效果名称，以及该转场的位置。例如，"镜头炫光"转场添加在片段255124101与255124401之间，位于时间线中第15秒05帧的位置，如图6-42所示。

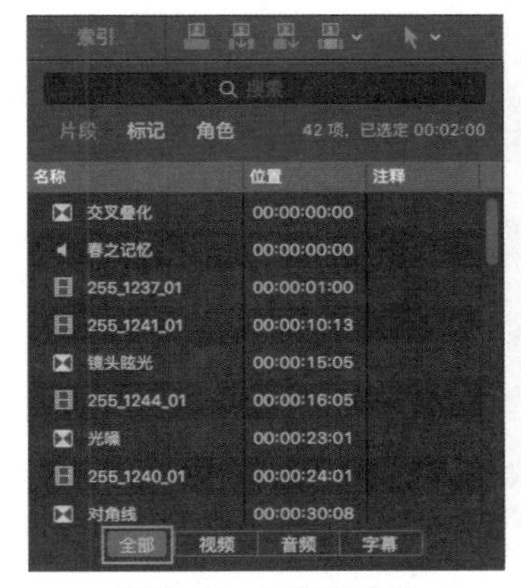

图6-41 时间线索引

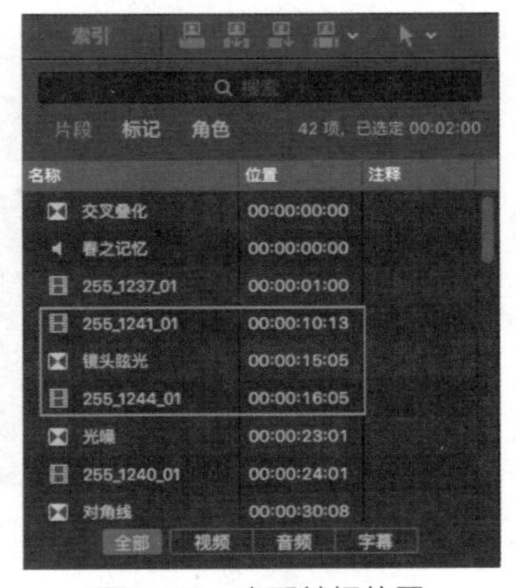

图6-42 查看转场位置

4 两个片段之间的灰色水平线为播放指示器，与时间线上的播放指示器位置一致，位于“光噪”转场与片段255124001之间，如图6-43所示。

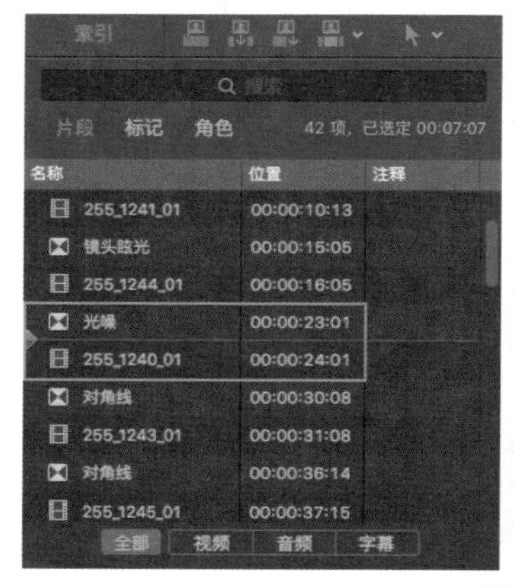

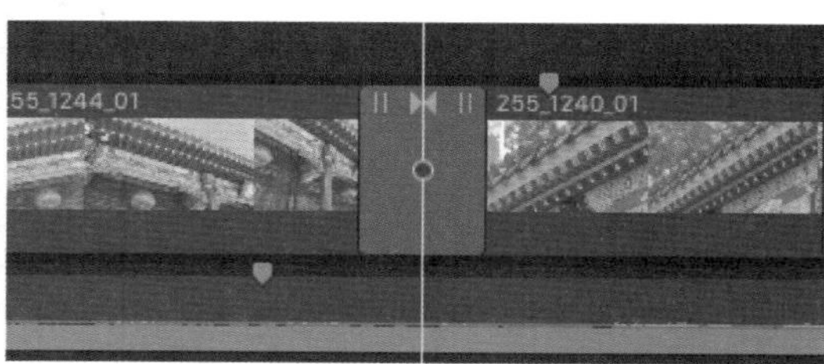

图6-43 播放指示器

5 单击“时间线索引”中的片段或转场，时间线中的播放指示器会跳转到与之相对应的位置，且该片段或转场会被选中，如图6-44所示。

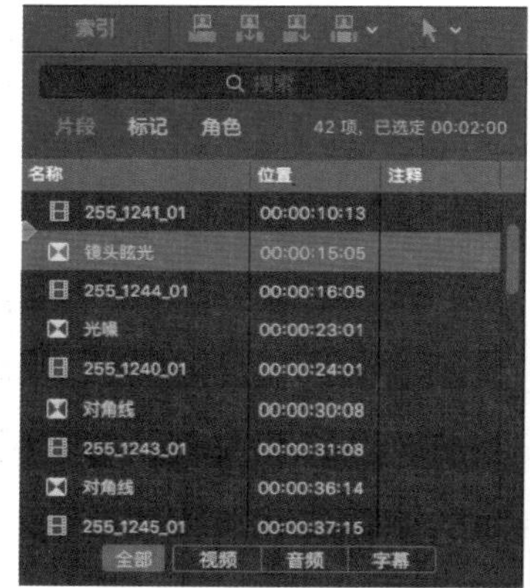

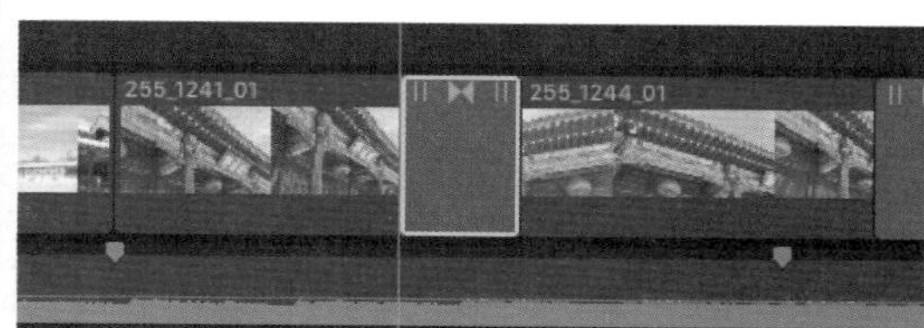

图6-44 定位转场位置

6.4.4 修改转场时间

在之前的操作中，所添加的转场效果的时间长度默认为2s。单击添加的转场，在时间线上方的项目名称位置及检查器的右上角可以进行查看，如图6-45所示。

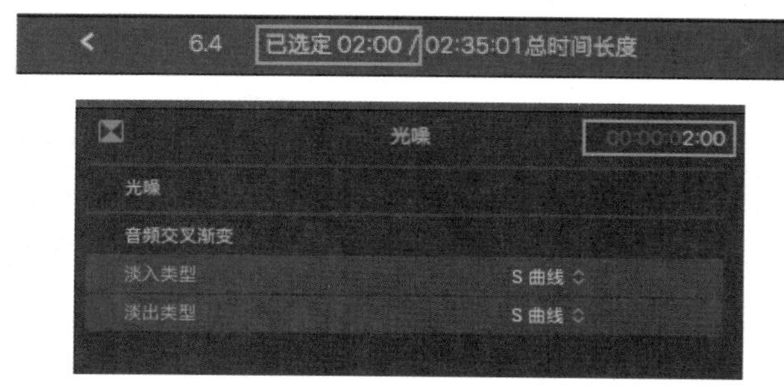

图6-45 查看转场时间长度

那么，如何在Final Cut Pro中根据实际需要对转场效果的时间长度进行修改呢?

动手操作：修改单个转场时间

▶素材：素材/建筑 ▶源文件：资源库/第6章/6.4

1 选择时间线上的转场区域后，单击鼠标右键，在弹出的快捷菜单中选择【更改时间长度】命令(快捷键为Control+D)，如图6-46所示。

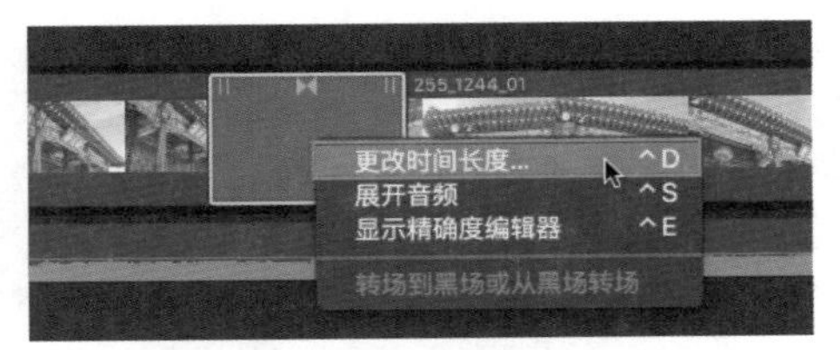

图6-46 【更改时间长度】命令

> **提示**
> 也可以在按住Control键的同时单击添加的转场。

2 与此同时，检视器下方的时间码会被激活为蓝色，显示的时间为所选择转场的时间长度，如图6-47所示。

3 在激活状态下输入数值，按Enter键确认后，转场的时间长度修改为1s，如图6-48所示。

图6-47 时间码

图6-48 修改时间长度

> **提示**
> 时间码的显示由左至右为“时：分：秒：帧”。

4 转场的时间长度更改为1s，按空格键进行播放，对添加的效果进行预览，如图6-49所示。

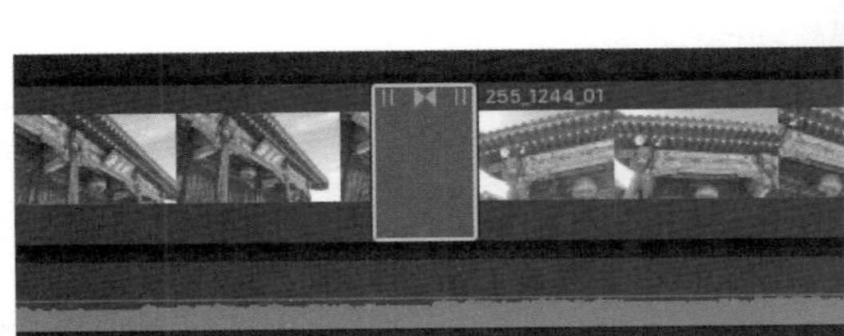

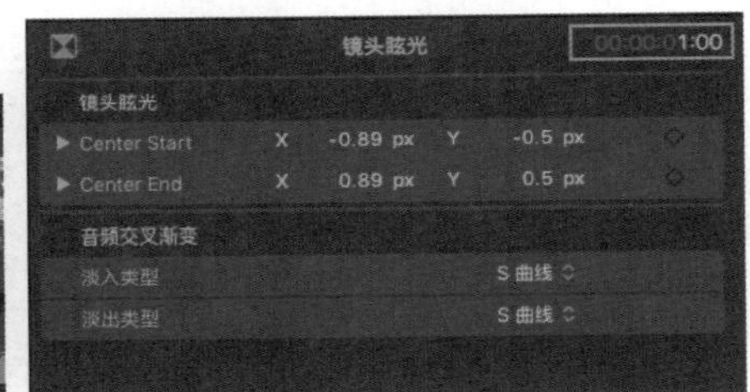

图6-49 查看转场时间长度

5 除此之外，还可以通过拖曳的方式修改转场的时间长度，将鼠标悬停在转场区域的边缘，光标变为修剪状态，如图6-50所示。

6 按住鼠标左键拖曳转场边缘。同时光标的上方会出现时间码提示。左侧的时间码表示修改后的时间长度，右侧的时间码表示调整的时间长度，调整完成后释放鼠标左键，如图6-51所示。

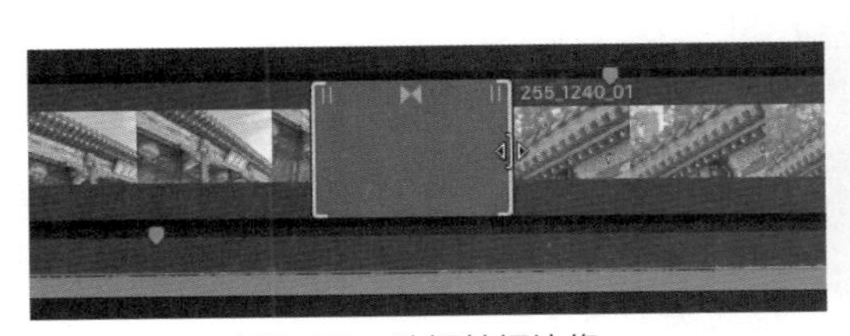

图6-50 选择转场边缘

图6-51 修改转场时间长度

前面介绍的修改转场时间长度的方式都是在转场添加完成之后再进行修改。在实际的编辑过程中，如果一个一个地进行修改会很浪费时间。在Final Cut Pro 中，可以通过修改设置参数修改转场的默认时间长度。

动手操作：修改转场默认时间长度

▶素材：素材/建筑 ▶源文件：资源库/第6章/6.4

1 选择菜单【Final Cut Pro】|【偏好设置】命令(快捷键为Command+【，】)，如图6-52所示。

2 单击“编辑”按钮，切换至“编辑”对话框。在“转场”选项中显示默认的转场时间长度为2s，如图6-53所示。

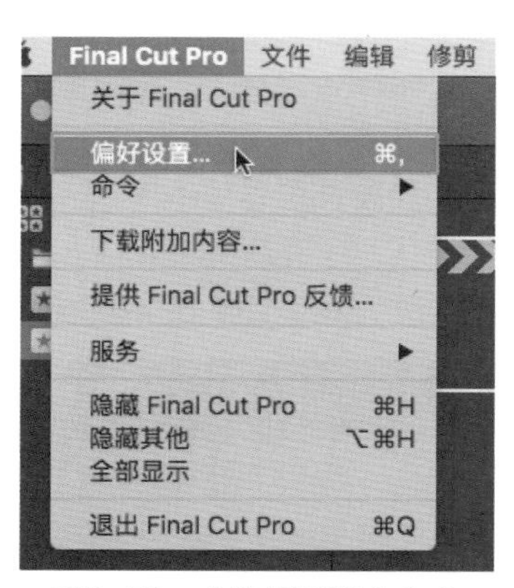

图6-52 【偏好设置】命令

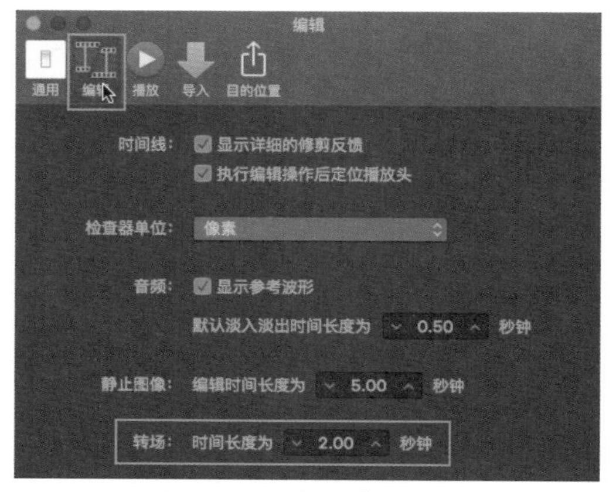

图6-53 “转场”选项

3 直接输入数值，或者单击时间长度两侧的微调按钮，可以修改转场的默认时间长度。在此将转场的默认时间长度调整为1s，如图6-54所示。

4 修改完成后再次添加转场。此时转场的时间长度变为1s，如图6-55所示。

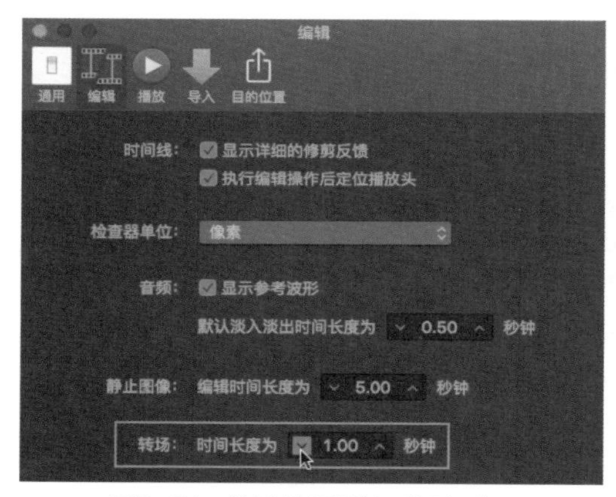

图6-54 修改转场默认时间长度

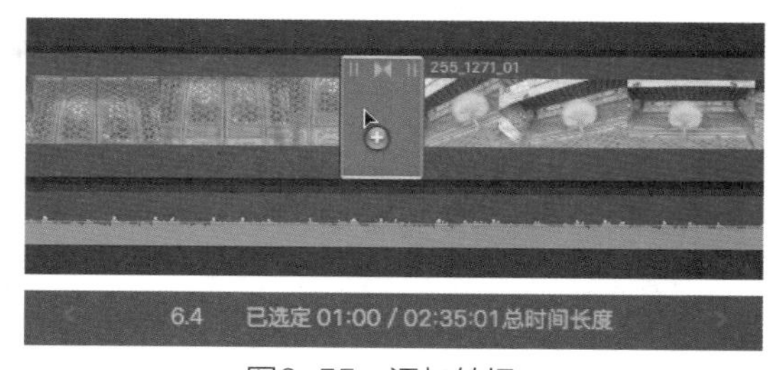

图6-55 添加转场

6.5 转场的设置

6.5.1 默认转场

在Final Cut Pro中，可以使用快捷键在片段之间添加默认的“交叉叠化”转场，并且该默认转场可以进行修改或替换。

动手操作：添加与修改默认转场

▶素材：素材/建筑 ▶源文件：资源库/第6章/6.5

1 在时间线上选择需要添加转场的片段后，选择菜单【编辑】|【添加交叉叠化】命令(快捷键为Command＋T)，如图6-56所示。

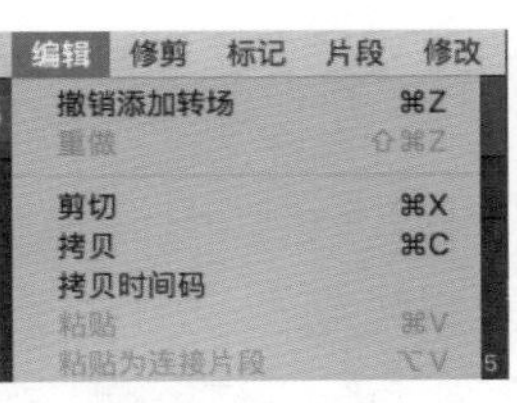

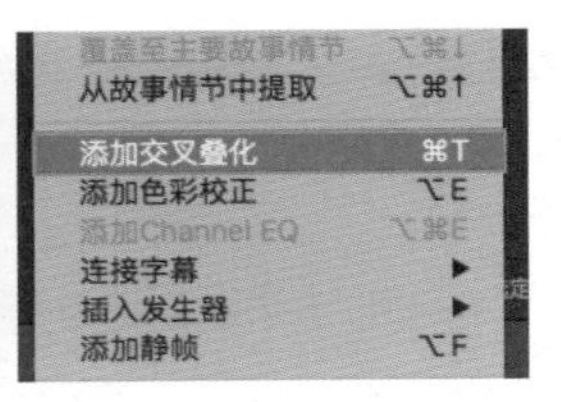

图6-56 【添加交叉叠化】命令

2 所选片段的两端添加了默认的“交叉叠化”转场，如图6-57所示。

3 如果需要在剪辑过程中大量使用一种转场效果，可以将其设置为默认转场。在“转场浏览器”中选择需要的转场，单击鼠标右键，在弹出的快捷菜单中选择【设为默认】命令，如图6-58所示。

图6-57 添加转场

4 再次选择【编辑】菜单，其下一级下拉菜单中的【添加交叉叠化】命令已经修改为【添加波纹】命令，如图6-59所示。

图6-58 【设为默认】命令

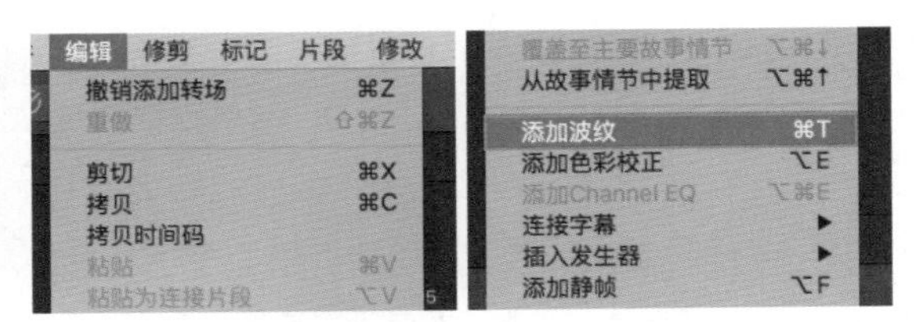

图6-59 【添加波纹】命令

6.5.2 转场的快速应用

当我们对添加的转场效果调整到所需的最佳效果后，如何将它快速地应用到其他片段中呢？

动手操作：移动、复制与替换转场

▶素材：素材/建筑 ▶源文件：资源库/第6章/6.5

1 选择已经调整好的转场效果，按住鼠标左键将其拖曳到另外一个编辑点上，转场会从原编辑点移动到新的编辑点上，如图6-60所示。

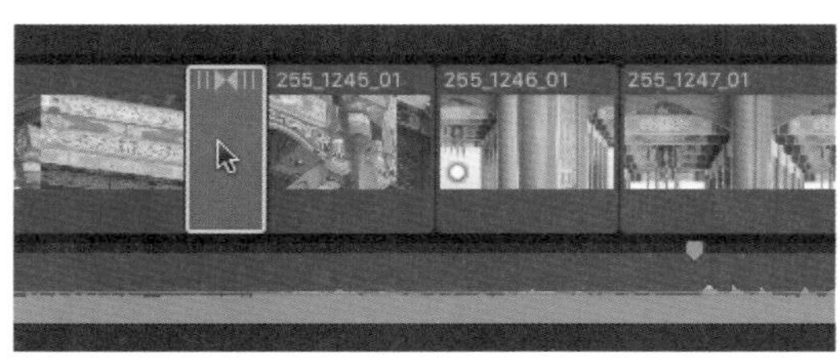

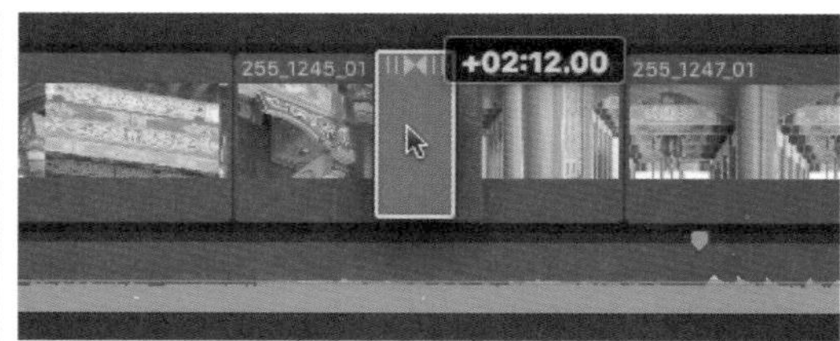

图6-60　转场的移动

2 在按住Option键的同时，将已经调整好的转场效果拖曳到另一个编辑点上，可以在新的编辑点上复制该转场，如图6-61所示。

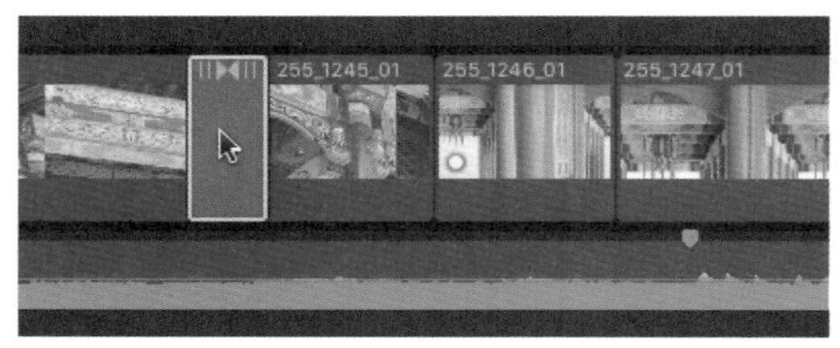

图6-61　转场的复制

3 在“转场浏览器”中选择“交叉叠化”转场，按住鼠标左键将其拖曳至时间线上已添加过的转场区域上，会将原有的转场效果替换为“交叉叠化”转场，如图6-62所示。

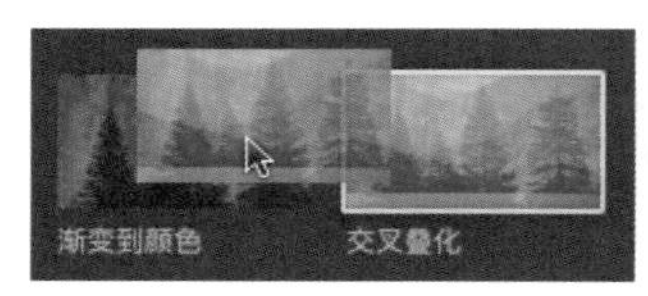

图6-62　转场的替换

提示

选中已经添加的转场效果，按Delete键可以删除该转场。

动手操作：通过时间线索引快速删除同名称转场

▶素材：素材/建筑　▶源文件：资源库/第6章/6.5

1 以添加的“交叉叠化”转场为例。在“时间线索引”上方的搜索栏中输入“交叉叠化”，会自动筛选时间线中所有的同名称转场，并将其按时间顺序进行排列，如图6-63所示。

2 对所有“交叉叠化”转场进行框选，时间线上与之相应的转场也会被选中，如图6-64所示。

3 按Delete键，即可删除时间线上所有的“交叉叠化”转场，如图6-65所示。

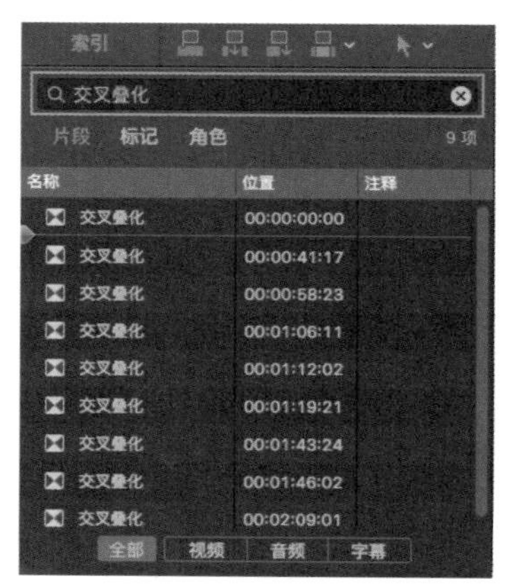

图6-63　查找转场

图6-64 选择转场

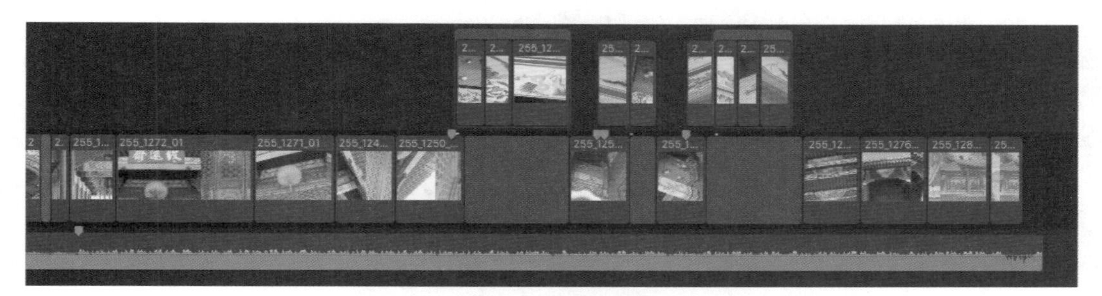

图6-65 删除相同转场

6.5.3 精确度编辑器

前面所讲到的修改转场的方式都是已知规定的时间设定，将转场设定为该时间长度即可。为了达到更好的效果，如果在修改过程中对转场前后两个片段的画面进行直观地观察，则可以更加准确地进行转场的设置。

动手操作：显示精确度编辑器

▶素材：素材/建筑 ▶源文件：资源库/第6章/6.5

1 双击已经添加的转场效果，或者在转场区域上单击鼠标右键，在弹出的快捷菜单中选择【显示精度编辑器】命令(快捷键为Control+E)，如图6-66所示。或者在选择转场后，选择菜单【显示】|【显示精确度编辑器】命令，如图6-67所示。

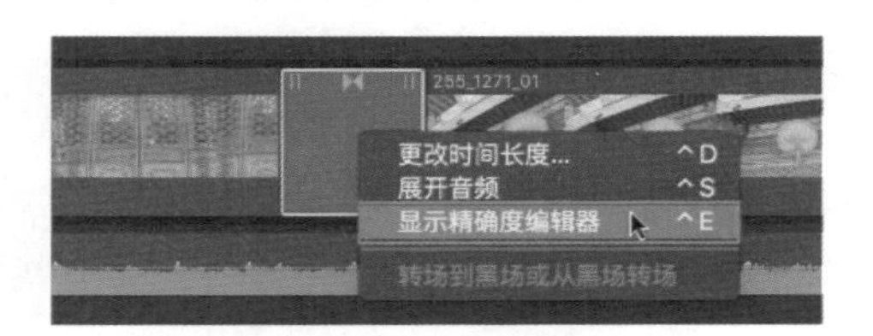

图6-66 【显示精确度编辑器】命令

2 在打开的“精确度编辑器”中，转场前后的两个片段进行了拆分，上下两部分分别表示在时间线上相邻的两个片段。可以看到转场前后两个片段的时间长度及转场区域在前后两个片段中的具体位置，如图6-68所示。

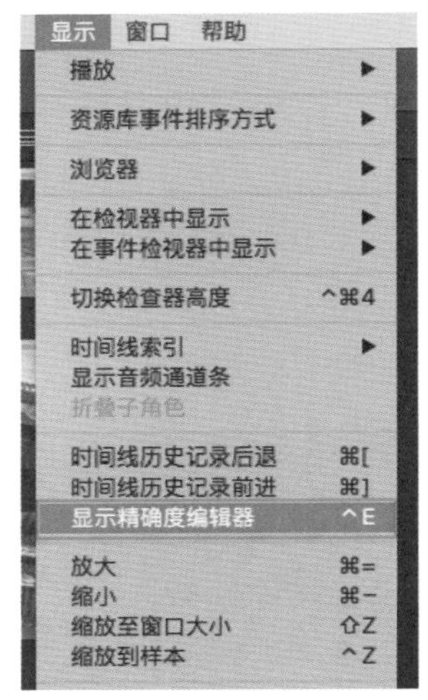

图6-67 【显示精确度编辑器】命令

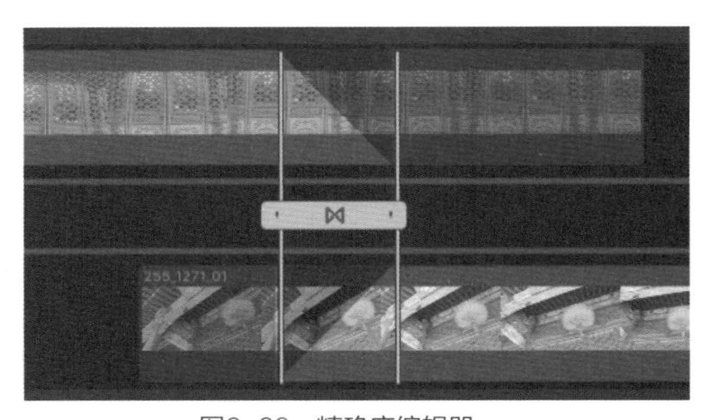

图6-68 精确度编辑器

“精确度编辑器”中的深蓝色部分为片段余量，两个片段之间的灰色矩形滑块表示添加的转场效果。前一个片段的转场效果呈下降趋势，为前一片段开始逐渐消失的过程。后一个片段的转场效果呈上升趋势，表示后一片段逐渐显现的过程。如果片段余量不足，则会弹出提示对话框，提示即将使用重叠(波纹式修剪)的方式创建转场，如图6-69所示。

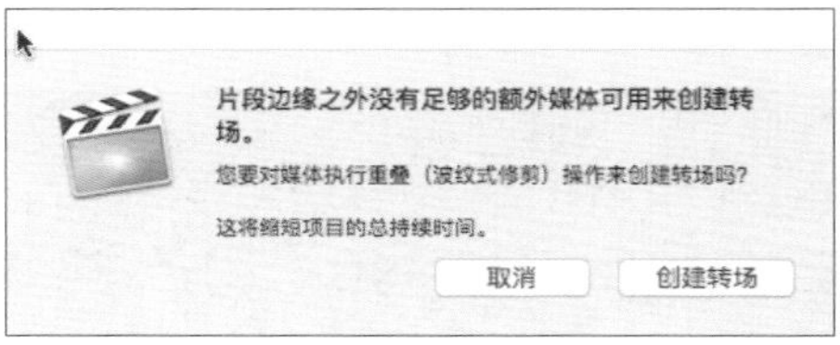

图6-69 提示对话框

动手操作：利用精确度编辑器调整转场

▶素材：素材/建筑 ▶源文件：资源库/第6章/6.5

1 将鼠标悬停在转场区域上部的中心位置，光标变为卷动编辑状态，如图6-70所示。

2 按住鼠标左键向右拖曳鼠标，在不修改整体项目时间长度与转场持续时间的情况下，所选择的转场会在时间线中向右滑动，如图6-71所示。

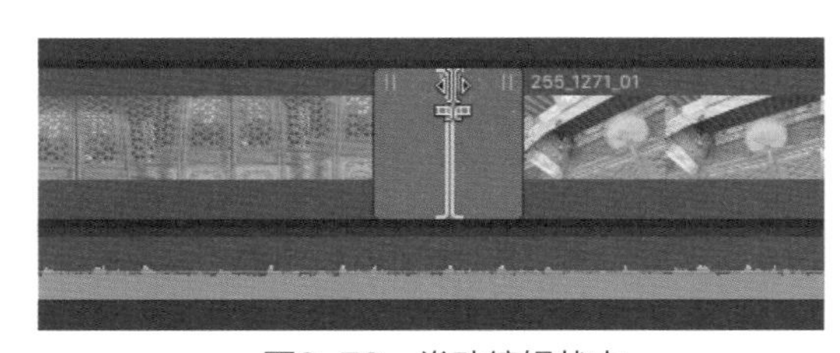

图6-70 卷动编辑状态

图6-71 移动转场

3 双击添加的转场，打开“精确度编辑器”。将鼠标悬停在转场的中间，光标变成卷动编辑状态后，按住鼠标左键进行左右拖曳，可以更加直观地理解转场区域在两个片段之间位置的改变。但需要注意的是，在进行拖曳时不能超出片段余量的范围，如图6-72所示。

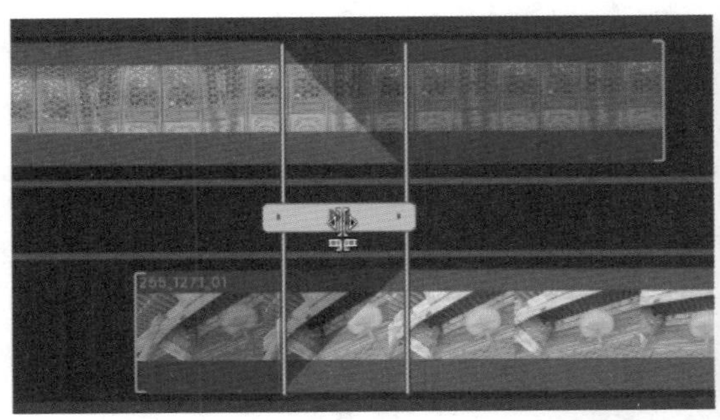

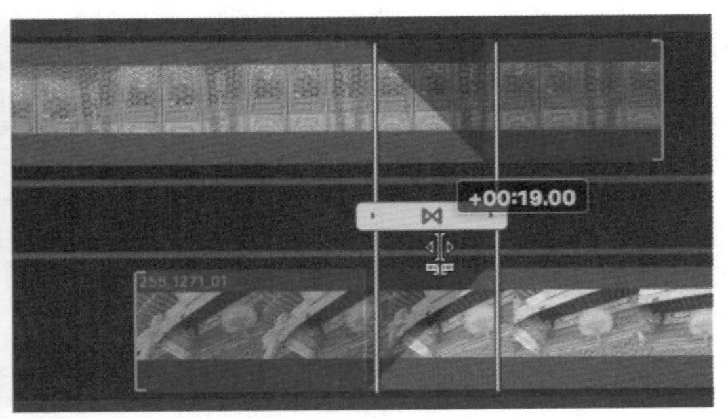

图6-72 移动转场

4 将鼠标悬停在转场区域的边缘，光标变为修剪编辑状态，如图6-73所示。

5 按住鼠标左键左右拖曳，在不修改项目时间长度与转场位置的情况下，调整转场的时间长度，如图6-74所示。

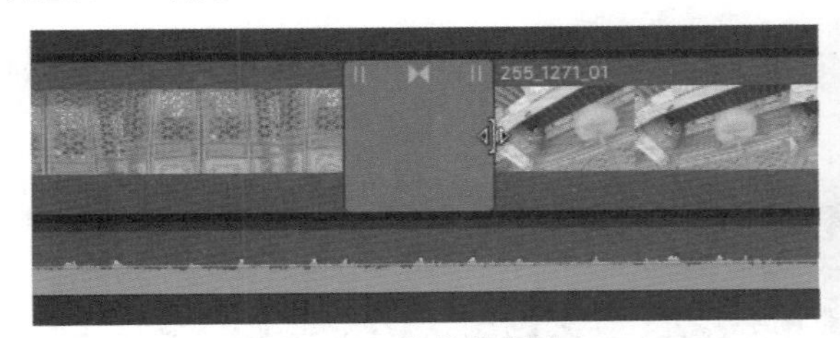

图6-73 修剪编辑状态

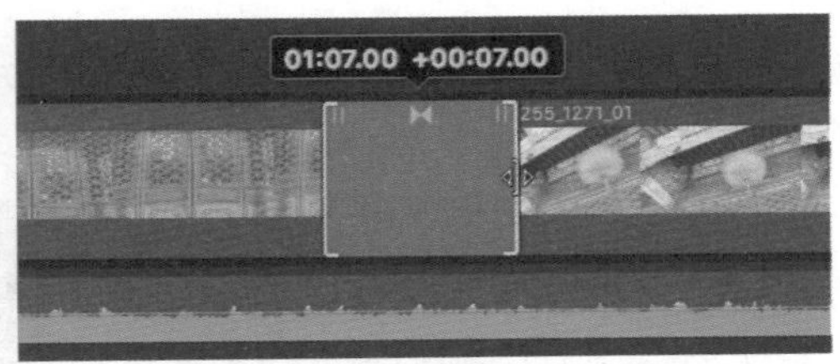

图6-74 调整转场时间长度

6 双击所选转场，打开“精确度编辑器”。将光标悬停在灰色矩形滑块的边缘后，按住鼠标左键进行拖曳。转场的时间长度会相应进行增减，能够更加精确地对转场画面的范围进行调整，如图6-75所示。

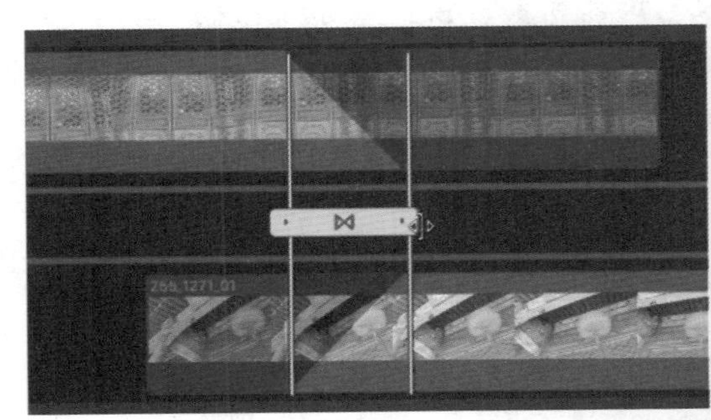

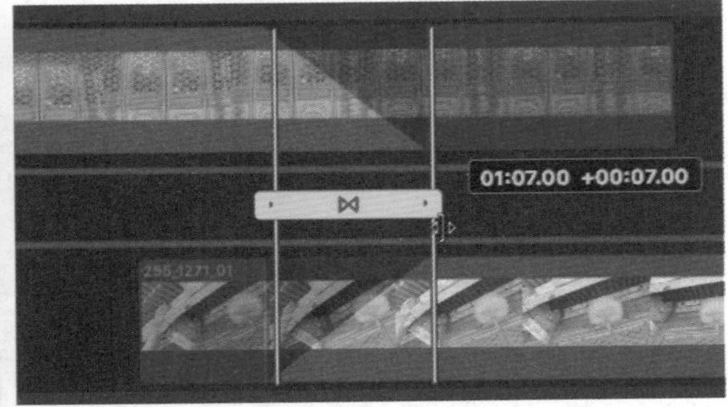

图6-75 调整转时间长度

7 将鼠标悬停在所选转场的右上角，光标变为卷动编辑状态后，按住鼠标左键向左拖曳，转场区域会向左边的片段进行卷动，左边的片段与整个项目的时间长度均会缩短，如图6-76所示。

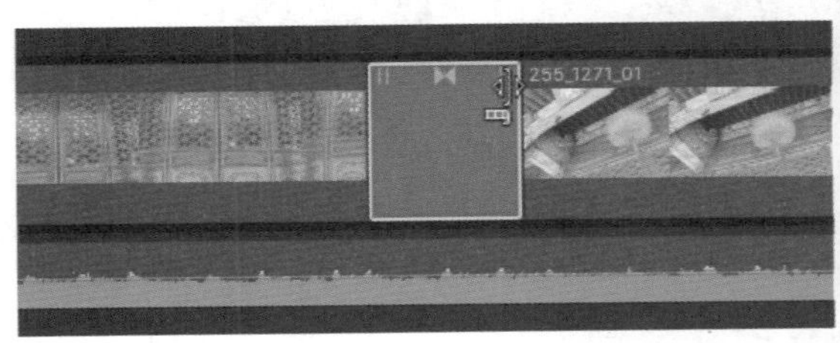

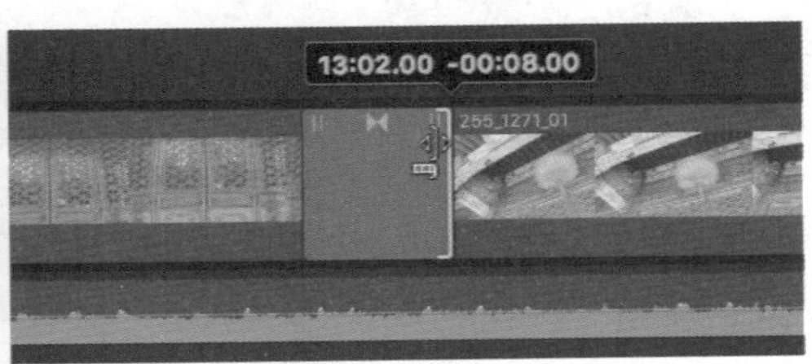

图6-76 卷动编辑状态

提示

当向右边拖曳鼠标时，所选转场会向时间线的右边进行卷动，转场区域左边的片段与整个项目的时间长度会加长，但对所选右边片段的时间长度没有影响。

8 将鼠标悬停在所选转场的左上角后，按住鼠标左键向右进行拖曳，转场区域向右边的片段进行卷动，右边的片段与整个项目的时间长度均会缩短，如图6-77所示。

提示

当向左边拖曳鼠标时，转场向时间线的左边进行卷动，转场区域右边的片段与整个项目的时间长度会增长，但对转场区域左边片段的时间长度没有影响。

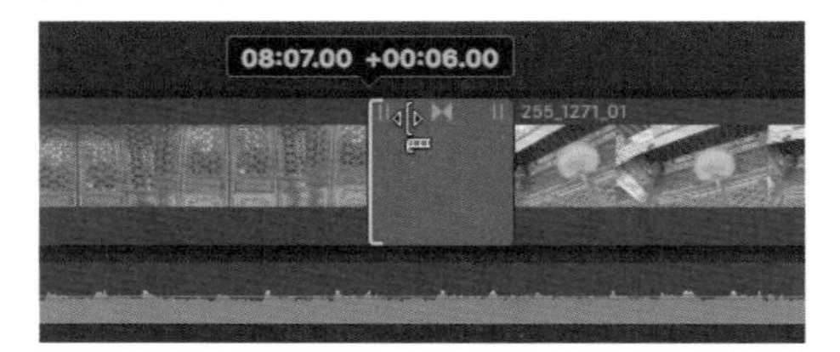

图6-77　移动转场

9 为了更加直观地进行理解，双击转场区域打开“精确度编辑器”。将鼠标悬停在上层片段转场区域的边缘，当光标变为卷动编辑状态后，按住鼠标左键进行拖曳。上层片段的出点位置会发生改变，时间长度会也相应增加或者减少，下层片段则不受任何影响，如图6-78所示。

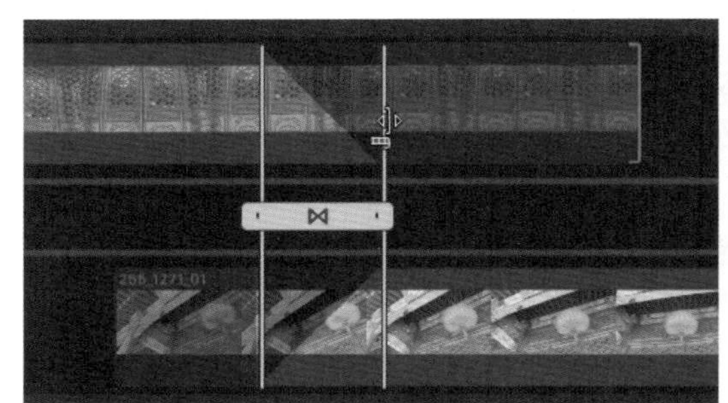

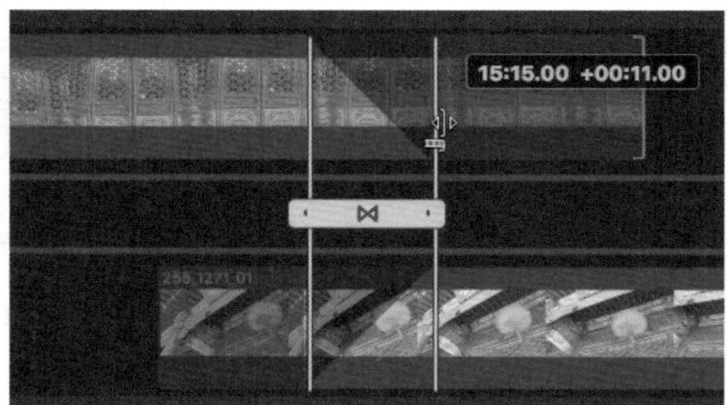

图6-78　移动转场

10 将鼠标悬停在下层片段转场区域的边缘，当光标变为卷动编辑状态后，按住鼠标左键进行拖曳。下层片段的入点位置会发生改变，时间长度会相应增加或者减少，上层片段则不受任何影响，如图6-79所示。

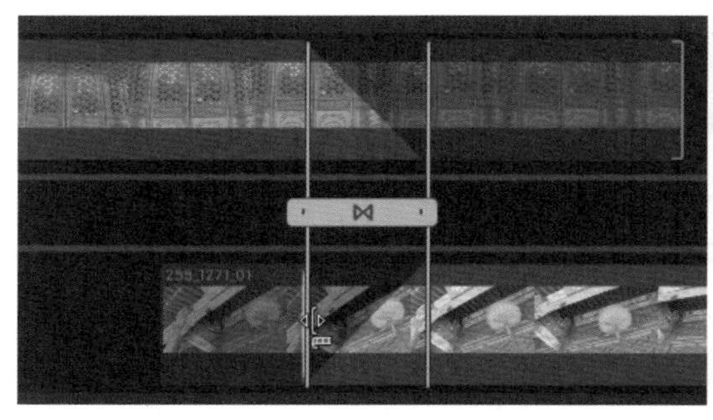

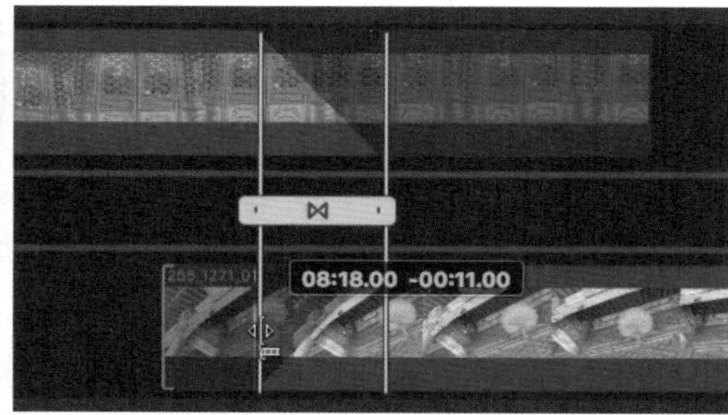

图6-79　移动转场

提示

在本章中主要对Final Cut Pro中的转场效果进行了相应的介绍。但需要注意的是，在实际的编辑过程中不能太过依赖转场的添加，过多过杂地使用转场会使画面不协调，不自然。在添加转场时需要精细地挑选与克制地运用，在添加之前先确定其目的是什么，还有没有更好的办法可以解决。

6.6　课后习题

(1) 如何利用查找功能进行转场的选择?
(2) 默认转场的修改方式有哪几种?
(3) 如何为多个视频片段添加转场效果?
(4) 如何修改转场效果的持续时间?
(5) 片段余量不足的原因及解决方法是什么?

快捷键		
1	Command+C	复制
2	Command+V	粘贴
3	A	选择工具
4	T	修剪工具
5	Command + +	放大时间线
6	Command+T	添加默认转场
7	Shift + F	在浏览器中显示
8	Command + A	选择时间线上的所有片段
9	Shift + Option + Z	在时间线中显示全部内容
10	Command+Option+ ↑	从故事情节中提取
11	Command+Option+ ↓	覆盖到主故事情节
12	Command + 4	显示或隐藏检查器
13	Shift+Command + 2	打开时间索引面板
14	Control + D	更改时间长度
15	Command+,	偏好设置
16	Control+E	显示精确度编辑器

6.7　课后拓展：利用检查器修改转场参数

在正文中提到，不同转场的可调节参数不尽相同，需要根据实际情况进行调整。以常见的“对角线”与“交叉叠化”转场为例，介绍如何在“转场检查器”中调节相关参数。

1. “对角线”转场

相对来讲，“对角线”转场所包含的可调节参数较为简单。选择已经添加的“对角线”转场，“转场检查器”中分为视频转场与音频转场两部分。而视频部分中可以调整的参数，仅包含White Flash与Direction两个选项，如图6-80所示。

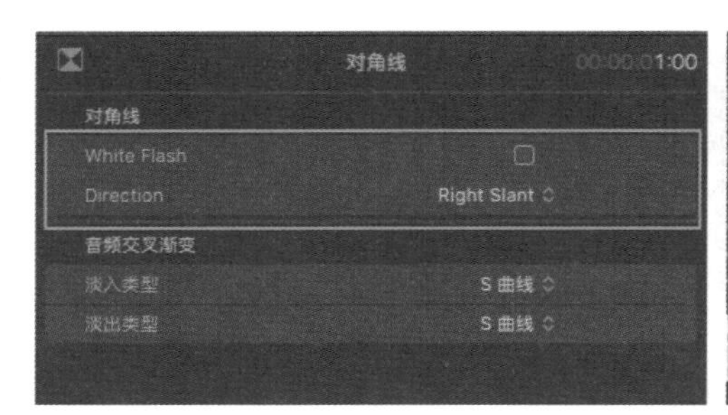

图6-80　“对角线”转场

单击White Flash选项后的复选框，将其激活为蓝色。按空格键进行预览，在转场效果前会出现短时间的白场过渡，如图6-81所示。

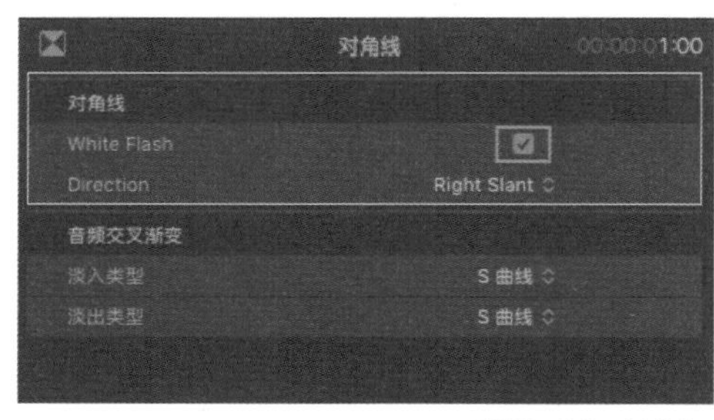

图6-81　White Flash选项

Direction选项可以调节对角线的倾斜方向，默认的倾斜设置为Right Slant，单击该选项右侧的下三角按钮，在弹出的下拉列表中可以将其切换为Left Slant，如图6-82所示。

图6-82　Direction选项

2. “交叉叠化”转场

与“对角线”转场相比，“交叉叠化”转场的可调节参数较多，除了勾选效果与在下拉列表中进行选择外，还可以进行详细的数值调节，如图6-83所示。

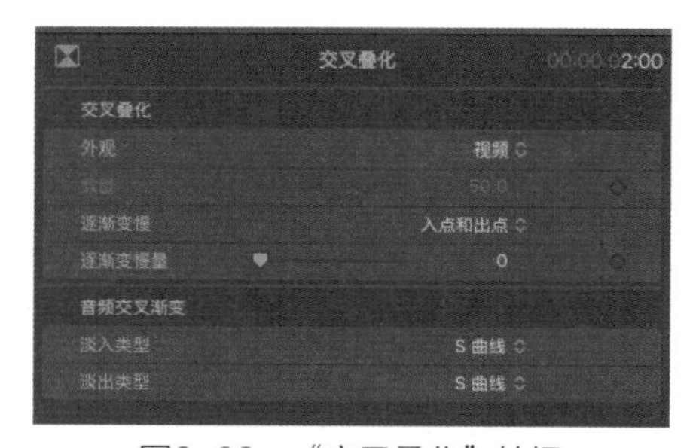

图6-83　“交叉叠化”转场

提示

此时，“数量”选项显示为浅灰色，表示在此状态下该选项参数不能进行调节。

通过“外观”选项可以调整转场前后两个片段在进行过渡时画面所呈现的效果。单击该选项右侧的下三角按钮，打开下拉列表，如图6-84所示。

在“外观”选项中，默认为以视频画面进行过渡，在下拉列表中则可以对画面的色彩叠化方式进行选择，这与Photoshop中的图层模式相似，如图6-85所示。

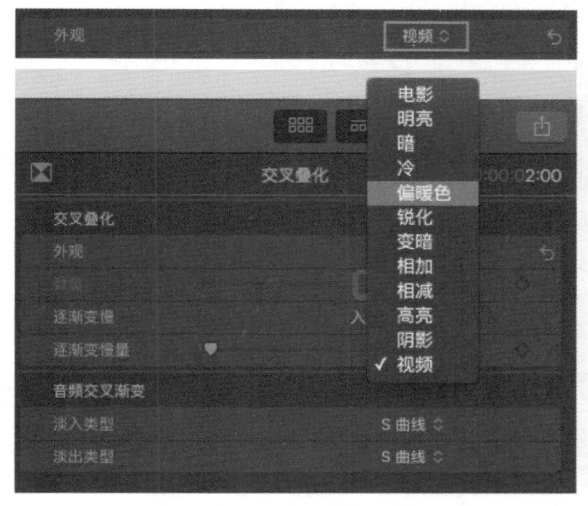

图6-84 “外观”选项

图6-85 “偏暖色”效果

在“数量”选项中，可以通过左右拖曳滑块来调节叠化效果的强度。以“相减”效果为例，选项的默认数值为0，如图6-86所示。

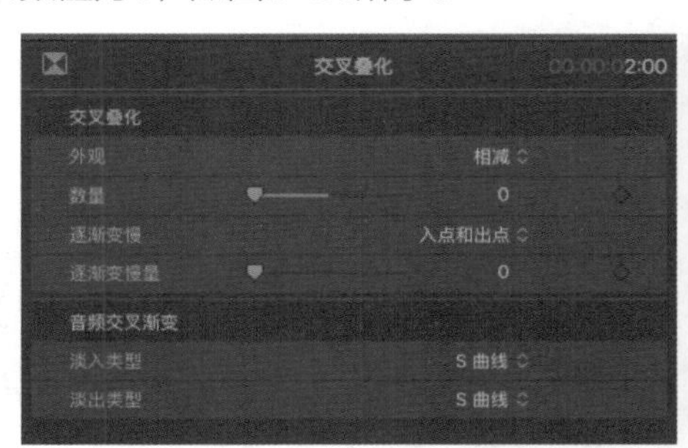

图6-86 “相减”效果

向右拖曳“数量”选项的滑块，将数值调整为100。“相减”效果会发生明显的变化，如图6-87所示。

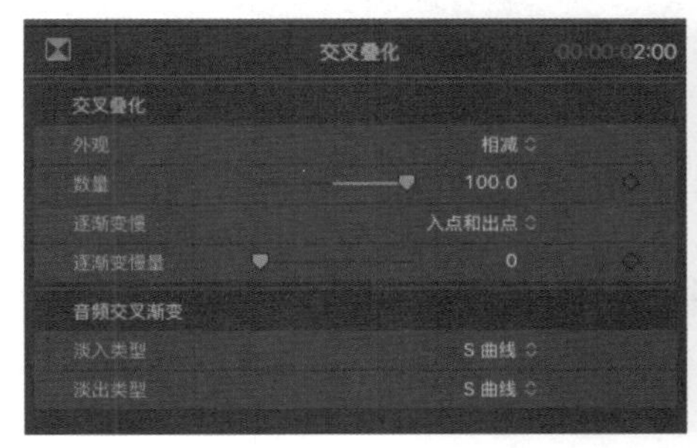

图6-87 调整“数量”选项

提示

单击“数量”选项右侧的“关键帧”按钮，可以为转场添加关键帧，制作关键帧动画，如图6-88所示。

图6-88　关键帧按钮

单击“逐渐变慢”选项右侧的下三角按钮，在弹出的下拉列表中可以调整变化点，与“逐渐变慢量”选项相结合，可以调节转场画面过渡的位置及节奏，如图6-89所示。

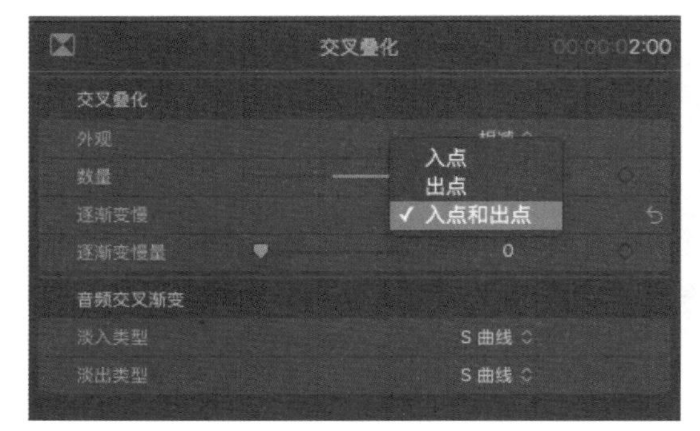

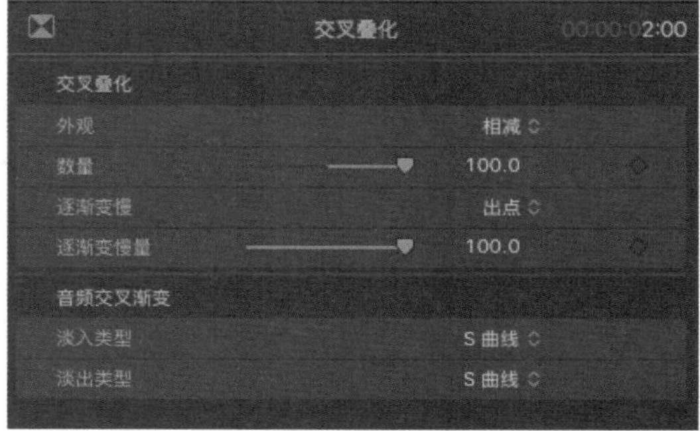

图6-89　“逐渐变慢”选项

当然，如果在预览时对转场的某一设置不满意，可以将鼠标悬停在该选项的末尾，单击显示的“还原”按钮，即可将该选项所对应的效果设置还原到默认状态，如图6-90所示。

提示

当需要对转场检查器中的所有效果还原到默认状态时，将鼠标悬停在转场名称的末尾，单击显示的“还原”按钮，即可对该转场效果的所有设置还原到默认状态，如图6-91所示。

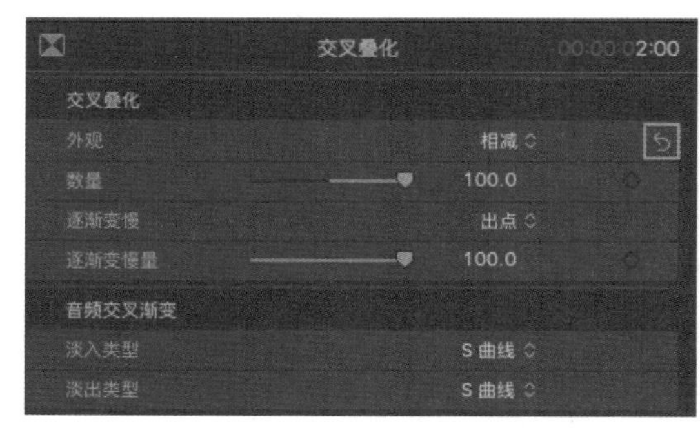

图6-90　“还原”按钮

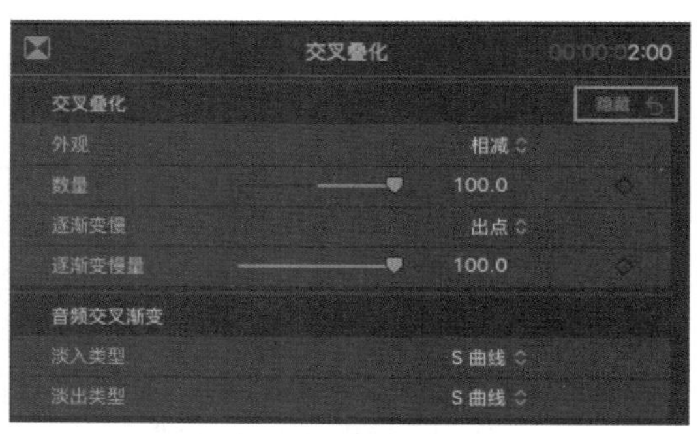

图6-91　还原到默认状态

第7章
效果与色彩校正

本章概述：

本章主要学习如何通过效果浏览器对效果进行预览，并将它添加到时间线中的片段上，调整画面效果。自动平衡画面色彩，匹配项目中画面的颜色，并利用颜色板对画面进行色彩校正。

教学目标：

(1) 利用多种方式为片段添加效果。
(2) 能够更改添加效果顺序并对效果的参数进行调整。
(3) 根据要求对片段属性进行复制与粘贴。
(4) 能够通过视频观测仪了解片段画面中的问题。
(5) 对片段进行色彩平衡，并统一片段色调。
(6) 熟练掌握遮罩的运用。

本章要点：

(1) 效果浏览器
(2) 应用视频效果
(3) 修改效果参数
(4) 视频观测仪
(5) 色彩平衡
(6) 匹配颜色
(7) 颜色板
(8) 遮罩

在本章中将介绍如何为编辑好的片段添加一些画面效果，并对其进行色彩校正。通过效果浏览器中的各种效果来调整与改善片段的画面，并将设置好的效果从一个片段上复制到另一个片段上。在编辑的过程中，发现因各种原因而导致的片段画面之间的颜色偏差，或者整个项目的颜色基调不统一时，如何调整画面中的色彩平衡，匹配不同片段之间的颜色信息，并手动调整片段的颜色、饱和度与曝光的方法。添加遮罩，对画面的局部进行调整，并利用关键帧为添加的遮罩制作动画，从而带来更加丰富的视觉体验。

7.1 添加画面效果

在第6章中学习了如何通过“转场浏览器”为项目中的片段添加转场效果。下面将通过另一个浏览器为片段添加画面效果。

提示

在进行画面效果的调整时，为了不损坏原来的项目，按快捷键Command+D，对之前已经完成的剪辑项目进行复制。

7.1.1 效果浏览器

与转场浏览器相同，在默认打开的Final Cut Pro工作区中并没有显示效果浏览器。所以在学习如何利用效果浏览器改善画面效果之前，需要先来了解效果浏览器的位置与基础设置。

1 单击时间线右上角的“显示或隐藏效果浏览器”按钮(快捷键为Command+5)，如图7-1所示。或者选择菜单【窗口】|【在工作区中显示】|【效果】命令，如图7-2所示。

图7-1 “显示或隐藏效果浏览器”按钮

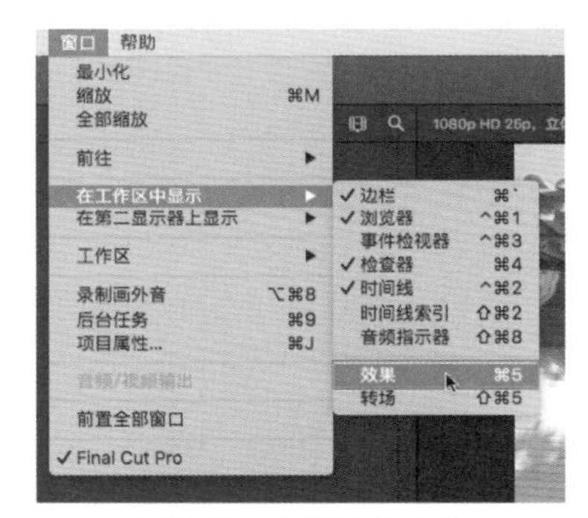

图7-2 【效果】命令

2 在打开的“效果浏览器”中包含视频和音频两部分，单击左侧边栏中的“所有视频和音频”选项，会在右侧边栏中显示已经安装的所有效果。浏览器右下角显示的数字，为所选类别所包含的效果数量，如图7-3所示。

3 当选择下方各类别时，所包含的效果数量会相应发生改变，如图7-4所示。

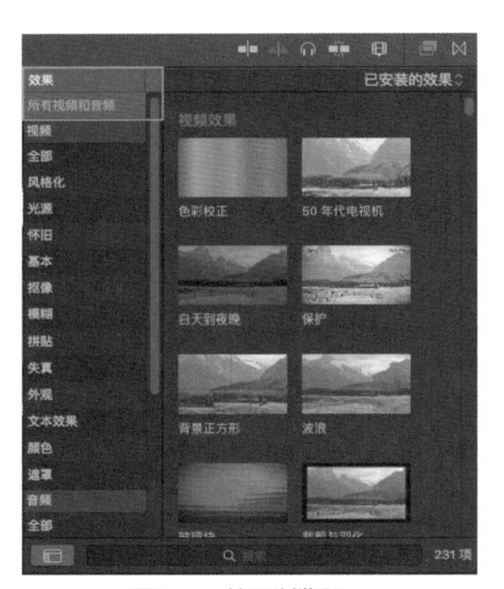

图7-3 效果浏览器

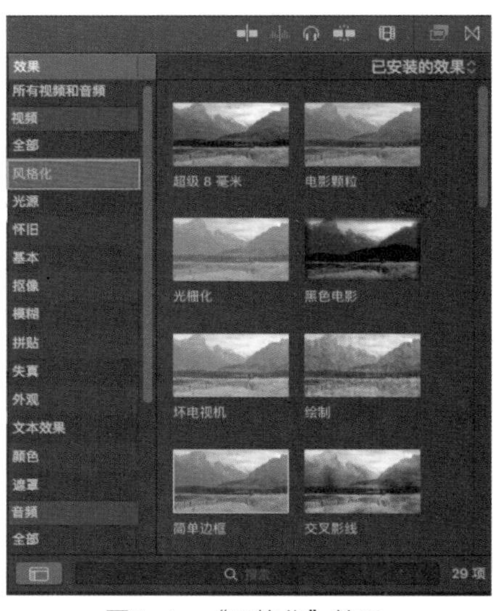

图7-4 “风格化”效果

4 单击左边栏中“视频”或“音频”选项下方的“全部”按钮，会自动在效果浏览器中对视频或音频效果进行筛选，如图7-5所示。

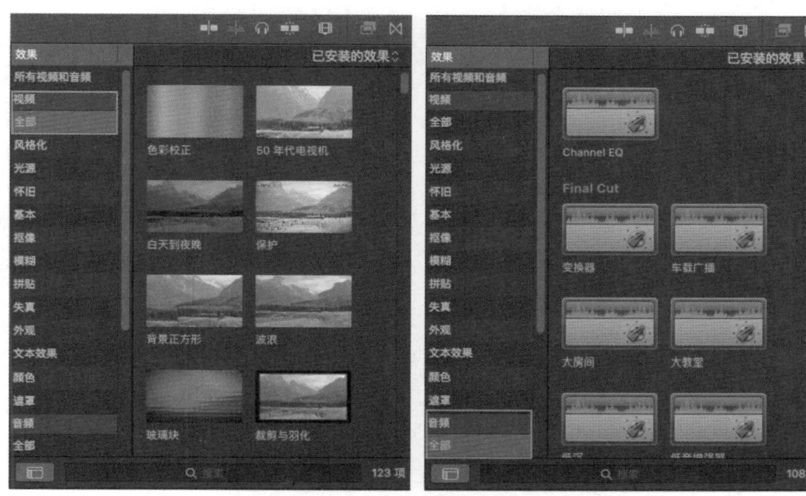

图7-5　显示全部视频/音频效果

5 在“效果浏览器”下方的搜索栏中，输入需要的效果名称进行自动筛选。单击“搜索栏”左侧的按钮，可以显示和隐藏效果浏览器的边栏，如图7-6所示。

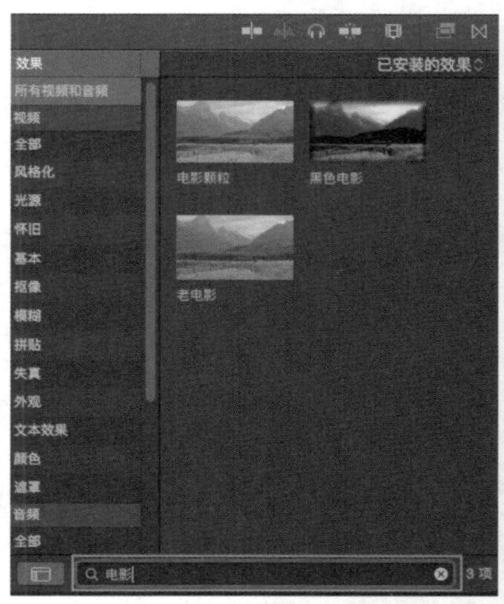

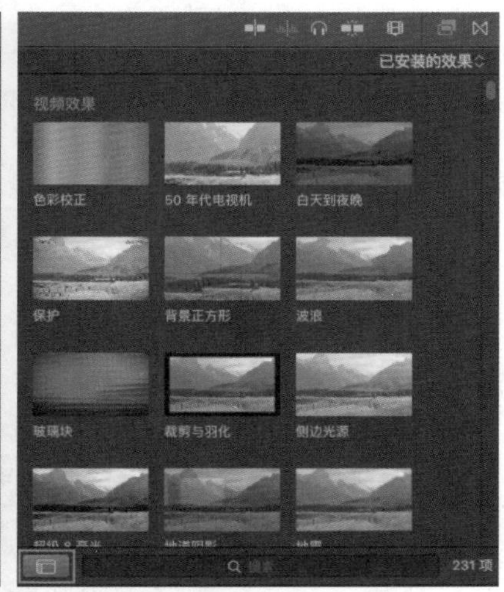

图7-6　搜索效果及隐藏浏览器边栏

6 在“效果浏览器”中同样可以利用鼠标对所选效果进行预览。首先，将播放指示器拖曳至需要添加效果的片段位置，如图7-7所示。

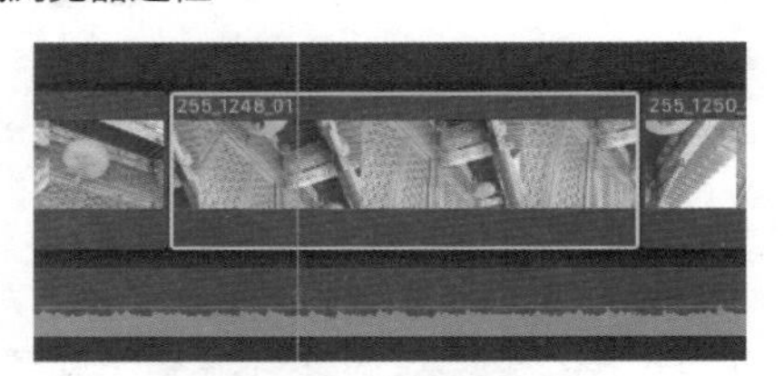

图7-7　选择片段

7 然后将鼠标悬停在“效果浏览器”中的效果上。此时所选效果的缩略图上会出现时间线中播放指示器所在位置的画面，且已经添加了所选效果。在缩略图上左右滑动鼠标，即可预览在片段中添加所选效果后的画面，如图7-8所示。

8 与此同时，检视器中也会显示相同的预览效果，如图7-9所示。

图7-8　预览视频效果

9 按住Option键的同时，再次用鼠标在效果缩略图上左右滑动，会在预览画面效果的同时，显示该效果各项参数值的变化，如图7-10所示。

图7-9 “裁剪与羽化”效果

图7-10 预览效果参数变化

提示

在对效果进行实时预览时，当时间线上的同一位置同时排布多个片段，会自动预览当前播放指示器所在位置最上方的片段，与在进行项目播放时所得到的效果相一致，如图7-11所示。

如果需要对连接片段下方的主要故事情节中的片段进行效果的预览，则需要先对其进行选择，如图7-12所示。

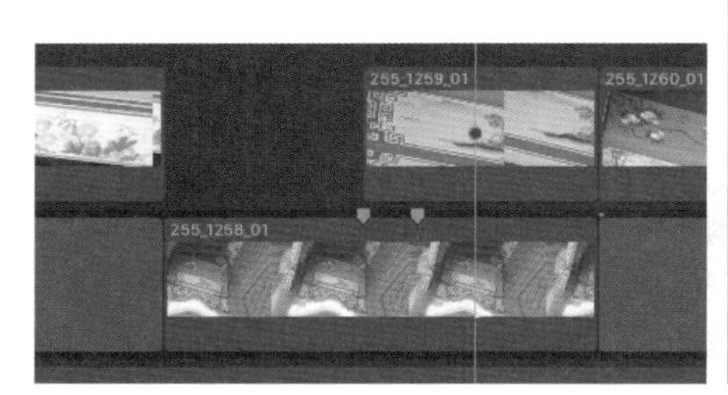

图7-11 预览连接片段

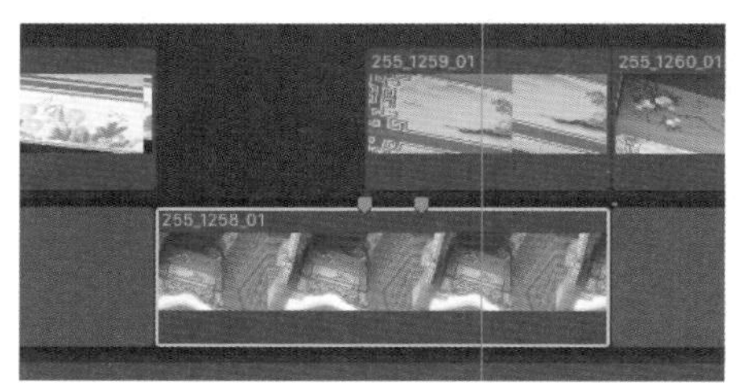

图7-12 预览主要故事情节片段

7.1.2　添加视频效果

动手操作：为单一片段添加效果

▶素材：素材/建筑　▶源文件：资源库/第7章/7.1

1 单击时间线右上角的“显示或隐藏效果浏览器”按钮(快捷键为Command+5)，打开“效果浏览器”，如图7-13所示。

图7-13　“显示或隐藏效果浏览器”按钮

2 在所选效果的缩略图上左右滑动鼠标，对该效果进行预览，如图7-14所示。

图7-14　预览效果

3 选择需要的效果后，按住鼠标左键将其拖曳到时间线的片段上。此时光标的下方会出现一个绿色的圆形“+”标志，所选择的片段也会显示为高亮的状态，如图7-15所示。

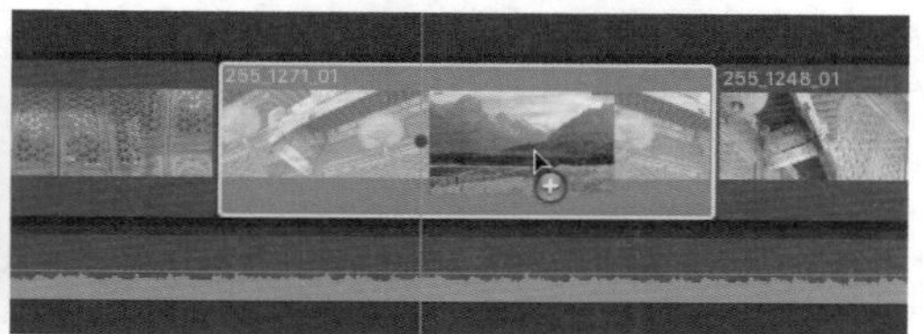

图7-15　为片段添加效果

4 释放鼠标左键，即为所选片段添加了视频效果。与此同时，检视器中显示的画面也发生了相应的变化，如图7-16所示。

5 选择已经添加了视频效果的片段后，按快捷键Command+4，打开检查器。单击检查器左上角的“显示视频检查器”按钮，将其切换至“视频检查器”，如图7-17所示。

6 在打开的“视频检查器”中，除了之前涉及的运动参数外，新显示了“效果”选项，并在该选项显示了刚刚所添加的“超级8毫米”效果。在这里，可以更加详细地对视频效果的参数进行调整，调整的方式与运动参数类似，如图7-18所示。

图7-16　检视器

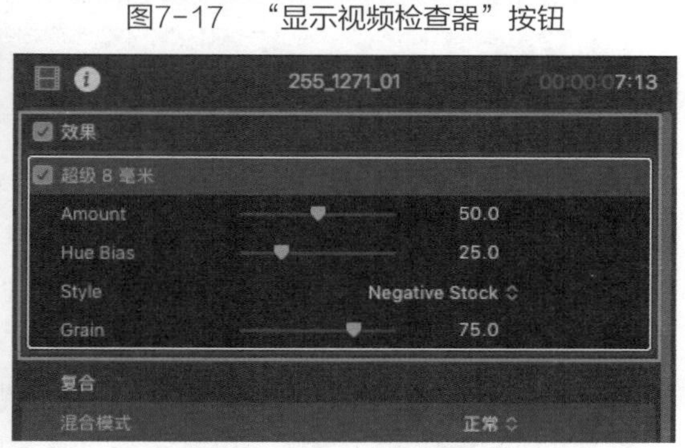

图7-17　“显示视频检查器”按钮

图7-18　“效果”选项

7 除了直接拖曳所选效果到片段的方式外，也可以在选择片段的情况下，双击“效果浏览器”中的效果进行添加，如图7-19所示。

8 之后，在检视器中对该片段进行查看，“褐棕色”效果已经添加到所选片段的画面上，如图7-20所示。

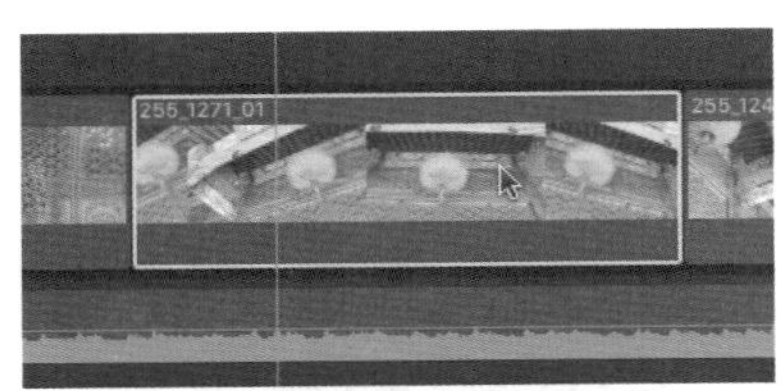

图7-19 “棕褐色”效果

图7-20 查看效果

动手操作：为多个片段添加效果

▶素材：素材/建筑 ▶源文件：资源库/第7章/7.1

1 在需要为多个片段添加同一个效果时，可以先在时间线中框选这些片段，如图7-21所示。

2 然后在“效果浏览器”中双击所需要的视频效果，如图7-22所示。

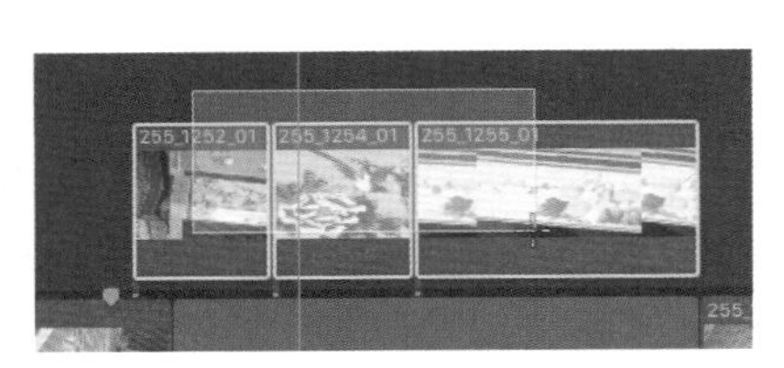

图7-21 框选片段

图7-22 “摄录机”效果

3 之后，会将选择的“摄录机”效果同时添加到所选择的三个片段上，如图7-23所示。

提示

当在时间线中框选多个片段后，将效果拖曳到所选片段上时，无法为选择的所有片段同时添加该效果，仅有显示为高亮的片段会被添加，如图7-24所示。

图7-23 查看效果

图7-24 添加效果

动手操作：在检查器中调整效果

▶素材：素材/建筑 ▶源文件：资源库/第7章/7.1

1 在时间线中选择已经添加过多个效果的片段后，按快捷键Command+4，打开“视频检查器”，在该片段的“效果”选项中会显示出添加过的“超级8毫米”与“棕褐色”效果，如图7-25所示。

2 当在同一片段中添加了多个效果时，该片段的“视频检查器”中会将效果按添加时的先后顺序由上至下进行排列。选择添加的效果后，按住鼠标左键进行拖曳，可以调整效果之间的位置关系，如图7-26所示。

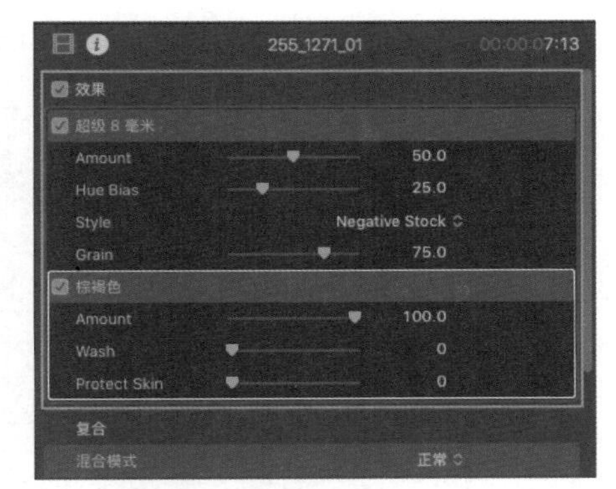

图7-25　“效果”选项

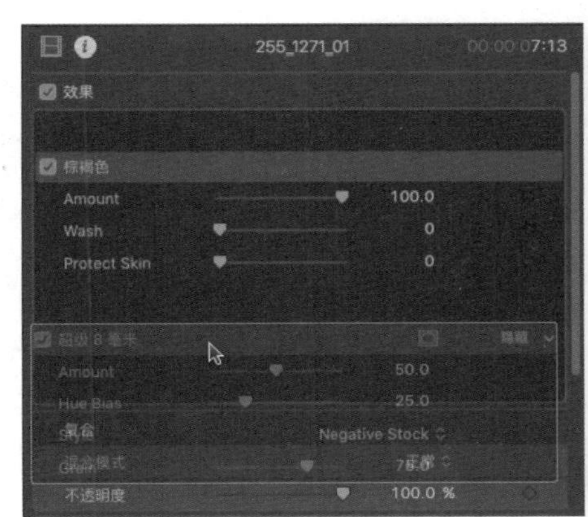

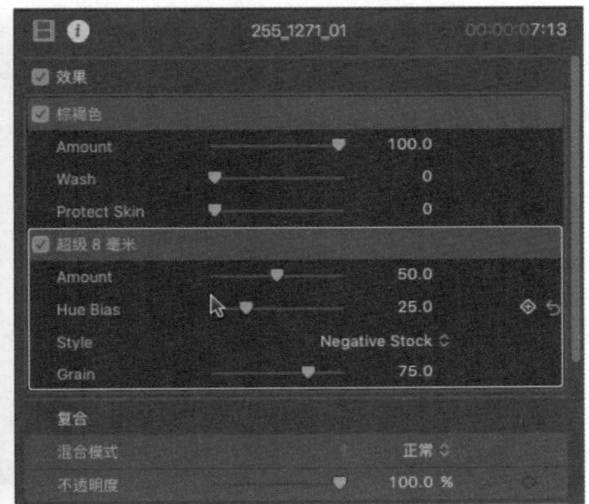

图7-26　调整效果顺序

3 效果的排列顺序对片段的最终画面效果具有一定的影响。添加同样的效果后，改变它们在“视频检查器”中的顺序，检视器中的画面效果也会相应发生改变，如图7-27所示。

图7-27　对比画面效果

> **提示**
> 添加的视频效果不同，效果的名称与可调节参数也不相同，大家可根据需要进行多次尝试。

动手操作：利用试演预览与切换多个视频效果

▶素材：素材/建筑　▶源文件：资源库/第7章/7.1

当需要对同一片段分别添加几种效果进行比较与筛选，或是需要多次调整效果叠加的顺序与相关参数值来比较这些改变对画面效果的影响时，可以利用之前所学习的技巧来制作试演片段。

1 选择时间线上需要添加效果的片段，如图7-28所示。

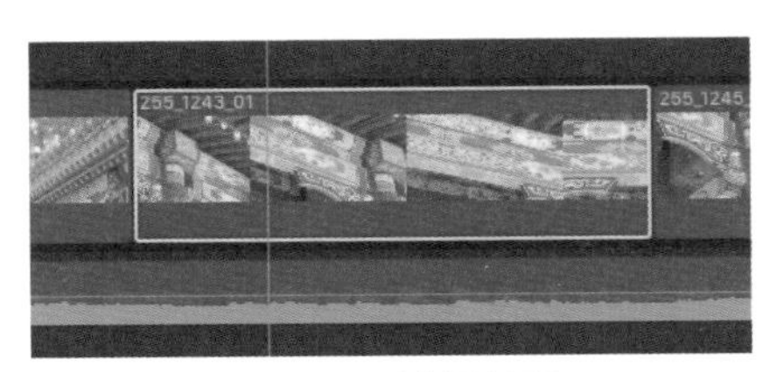

图7-28　选择片段

2 选择菜单【片段】|【试演】|【复制为试演】命令(快捷键为Control+Y)，将片段复制为试演，如图7-29所示。

3 此时时间线中的所选片段被复制为试演，该片段左上方显示试演标志，如图7-30所示。

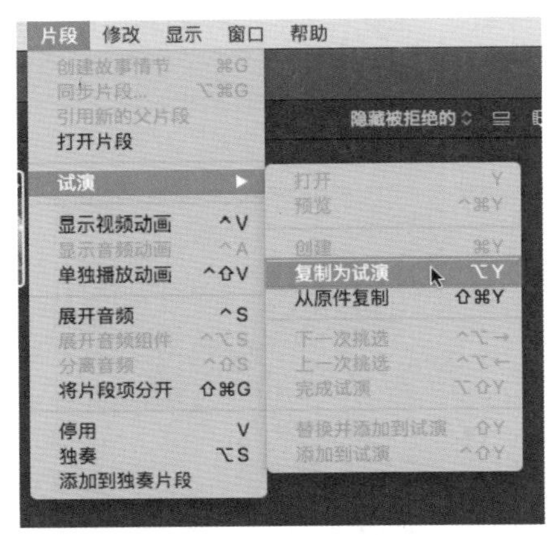

图7-29　【复制为试演】命令

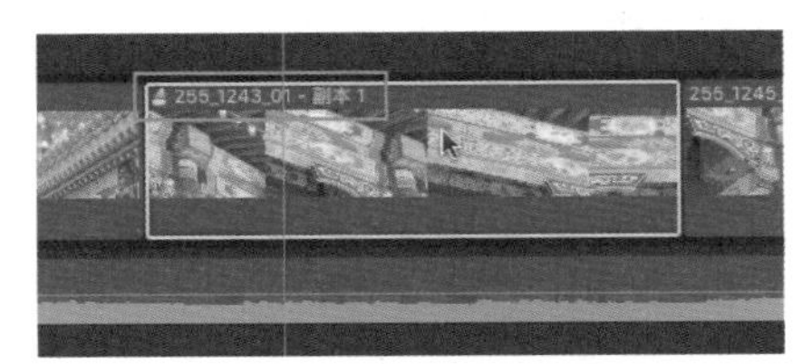

图7-30　创建试演片段

4 按Y键，打开“试演”对话框，在对话框中包含两个相同片段，最新复制的片段处于激活状态，如图7-31所示。

5 当需要制作多个不同效果的试演时，选择原始片段后，单击对话框左下角的“复制”按钮对片段进行复制，如图7-32所示。

图7-31　“试演”对话框

图7-32　复制片段

提示

在“试演”对话框中，按←键和→键可以快速地在各试演片段之间进行切换。

6 尝试在“试演”对话框中的片段上添加不同的视频效果，在缩略图上滑动鼠标在检视器中对该效果进行预览，如图7-33所示。

7 选择需要的画面效果，单击该试演片段将其切换到时间线。然后单击“试演”对话框右下角的“完成”按钮，关闭对话框，如图7-34所示。

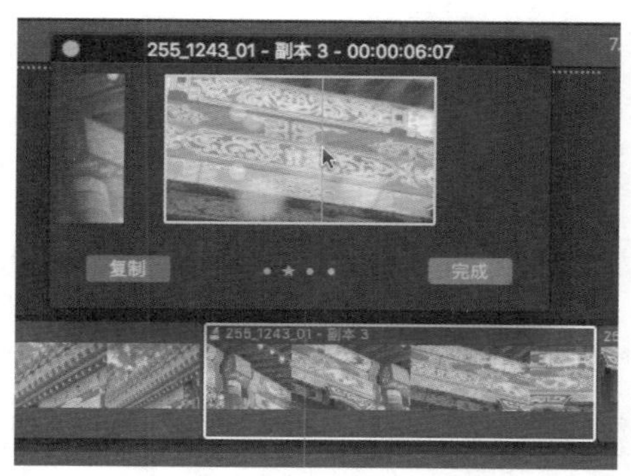

图7-33　预览视频效果

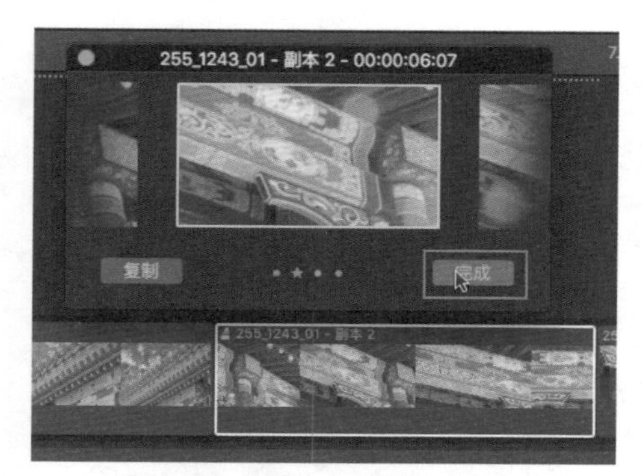

图7-34　关闭“试演”对话框

提示

在关闭“试演”对话框后，按快捷键Control+Option+←与Control+Option+→可以在试演片段之间进行切换。

8 确认效果后，在试演片段上单击鼠标右键，在弹出的快捷菜单中选择【试演】|【完成试演】命令(快捷键为Option+Shift+Y)完成试演，如图7-35所示。

9 此外，在将效果拖曳到片段上的同时按住Control键，释放鼠标后会自动在该片段创建试演片段，如图7-36所示。

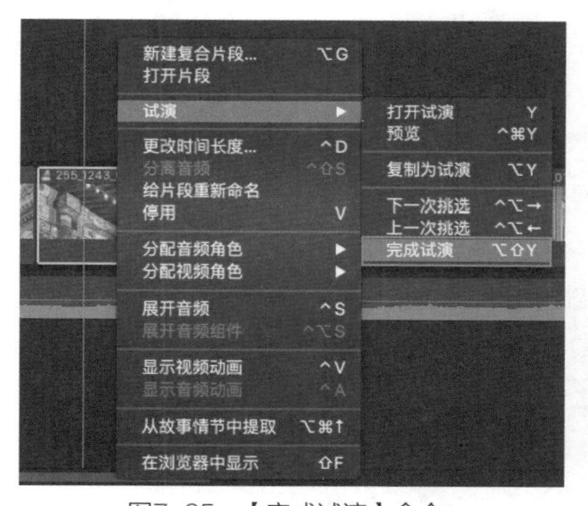

图7-35　【完成试演】命令

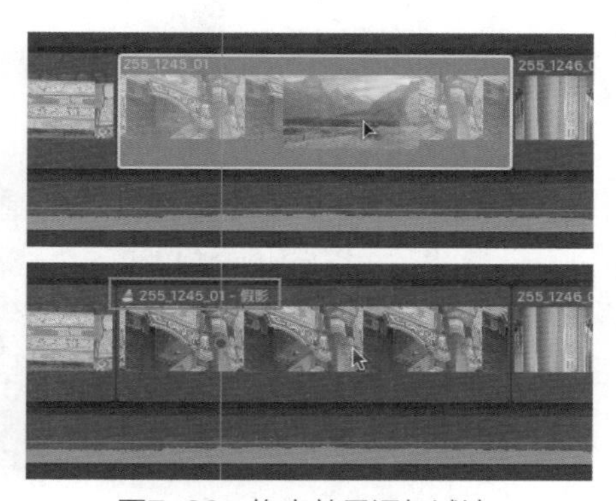

图7-36　拖曳效果添加试演

10 按Y键，打开“试演”对话框，此时对话框中包含两个片段，其中一个是时间线中原始的未添加任何效果的片段，另一个是添加了“假影”效果后的片段，如图7-37所示。

图7-37　打开“试演”对话框

7.1.3　视频效果的复制及删除

在对项目中的某一片段的画面效果进行调整后，为了能够将各片段之间的效果得到有机的统一，可以将已经设置好的片段属性进行复制，并粘贴到另外的片段上。

动手操作：复制粘贴效果

▶素材：素材/建筑 ▶源文件：资源库/第7章/7.1

1 选择已经添加效果的片段后，选择菜单【编辑】|【拷贝】命令(快捷键为Command+C)，如图7-38所示。

2 然后选择需要复制效果的片段，选择菜单【编辑】|【粘贴效果】命令(快捷键为Option+Command+V)，如图7-39所示。

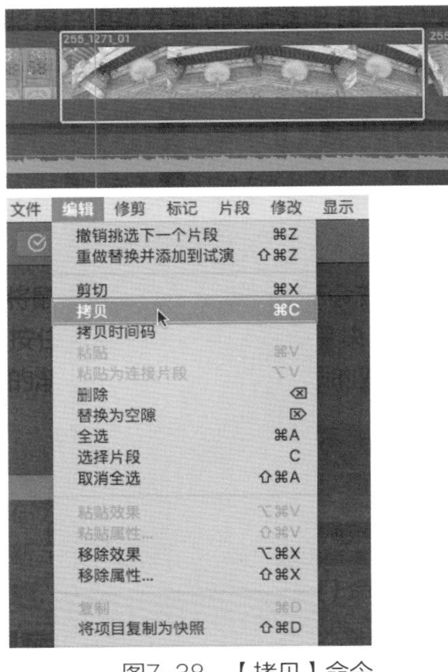

图7-38 【拷贝】命令

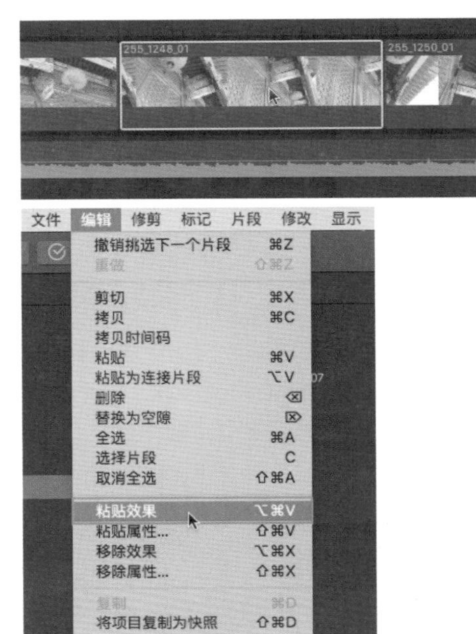

图7-39 【粘贴效果】命令

3 按【、】键预览该片段，之后的片段的画面效果与前一个片段相同。在检查器中进行查看，两个片段添加的效果与该效果的参数设置完全相同，如图7-40所示。

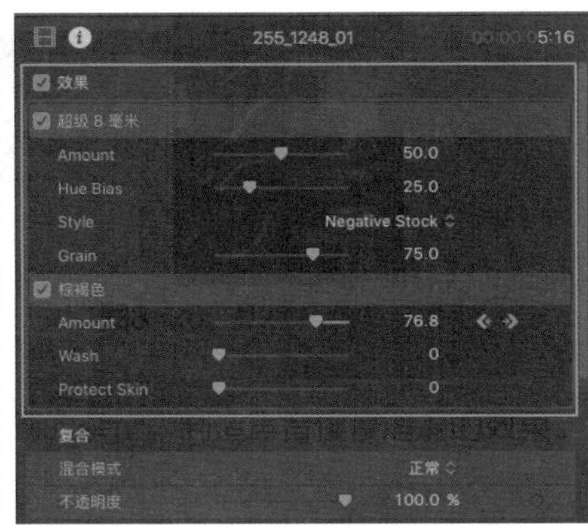

图7-40 预览并查看粘贴的效果

动手操作：复制粘贴属性

▶素材：素材/建筑 ▶源文件：资源库/第7章/7.1

1 选择已经添加效果的片段后，按快捷键Command+C进行复制，之后选择需要复制属性的片段，选择菜单【编辑】|【粘贴属性】命令(快捷键为Shift+Command+V)，如图7-41所示。

2 此时弹出“粘贴属性”对话框，在该对话框中可以对需要复制的属性进行选择，如图7-42所示。

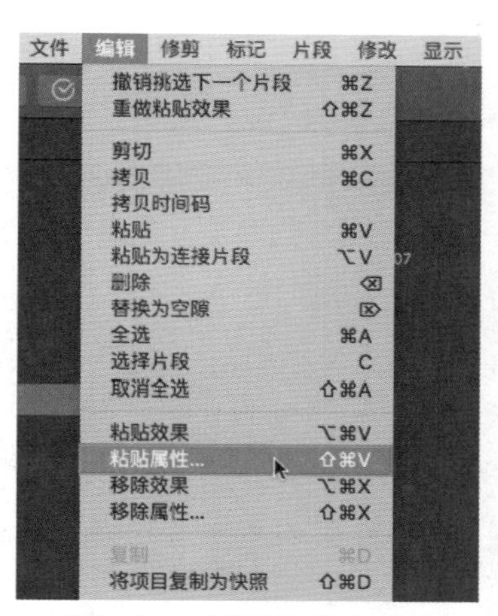

图7-41　【粘贴属性】命令

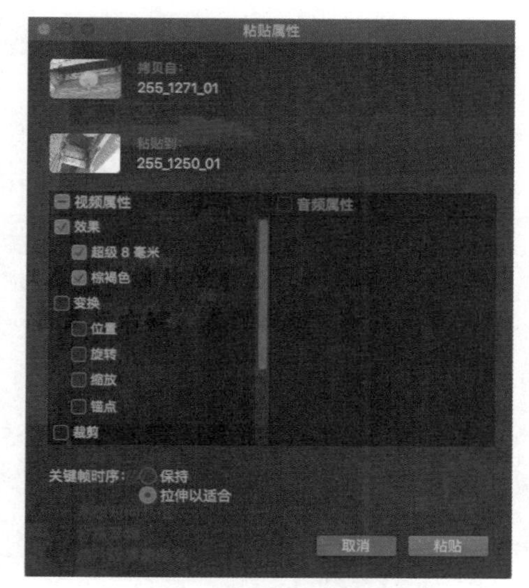

图7-42　“粘贴属性”对话框

3 单击“棕褐色”复选框，取消选择该效果后再进行属性的粘贴，仅会在片段中粘贴效果栏中被选择的“超级8毫米”效果，如图7-43所示。

4 当对片段进行运动效果设置时，可以单击效果前的复选框将其激活为蓝色，该运动效果的相关参数同样会粘贴到所选片段中，如图7-44所示。

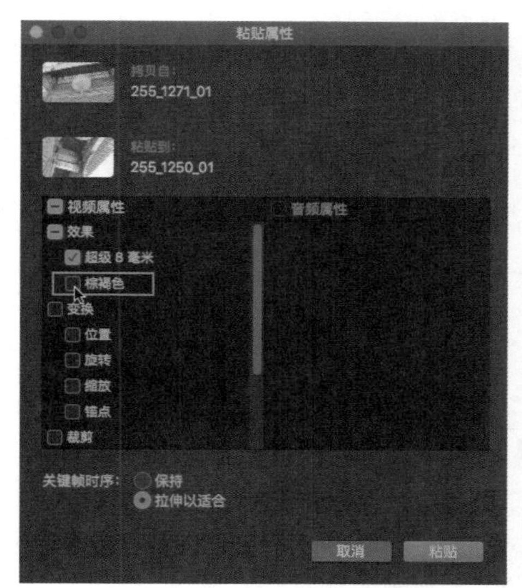

图7-43　减选属性

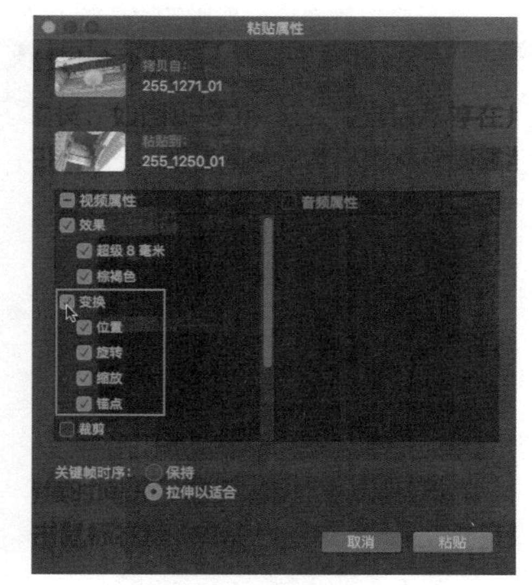

图7-44　加选属性

提示

当对当前属性的参数信息制作了关键帧动画时，由于进行属性复制与粘贴的两个片段之间的持续时间会有所差异，所以需要在“关键帧时序”选项中选择在进行属性粘贴时关键帧的粘贴方式。当勾选“保持”复选框时，关键帧以原片段中的时长与位置进行粘贴；而选中“拉伸以适合”单选按钮时，则以选择的粘贴属性的片段时长为准，整体性地对原片段中的关键帧进行拉长或缩短以适应新片段的持续时间。

5 对需要粘贴的属性进行选择后，单击“粘贴属性”对话框右下角的“粘贴”按钮，如图7-45所示。

图7-45　粘贴属性

6 之后按空格键进行播放，粘贴了相关属性片段的画面效果与前一个片段相同。单击片段后查看检查器，两片段添加的效果与该效果的参数设置完全相同，如图7-46所示。

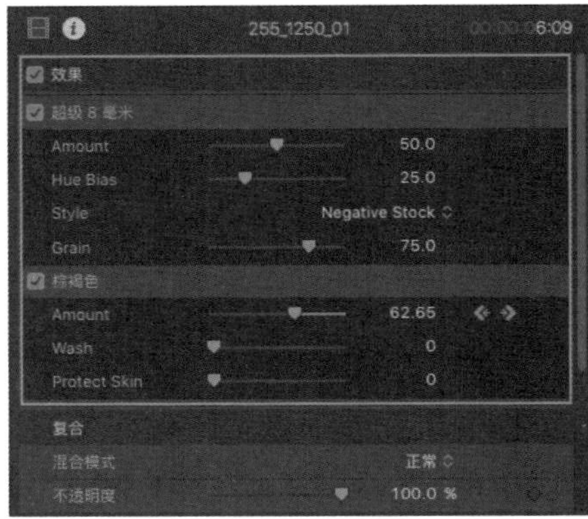

图7-46　预览并查看粘贴的属性

动手操作：删除与屏蔽效果

素材：素材/建筑　源文件：资源库/第7章/7.1

1 单击检查器中需要进行删除的效果后，该效果的四周会出现黄色的外框，显示为被选中的状态，如图7-47所示。

2 按Delete键，即可将选中的效果删除。与此同时，检视器中的画面会恢复到未添加该效果时的状态，如图7-48所示。

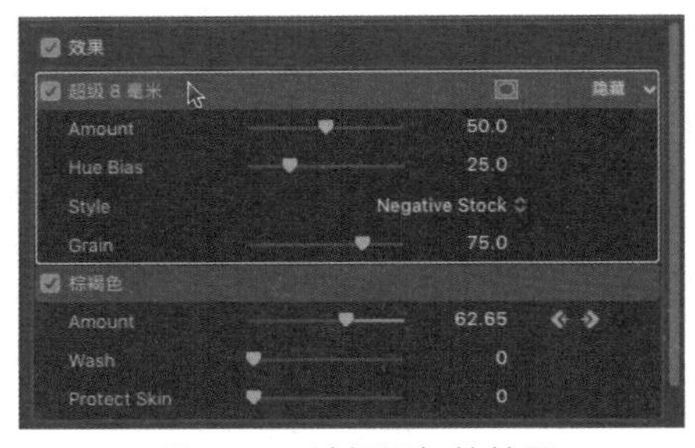

图7-47　选择添加的效果

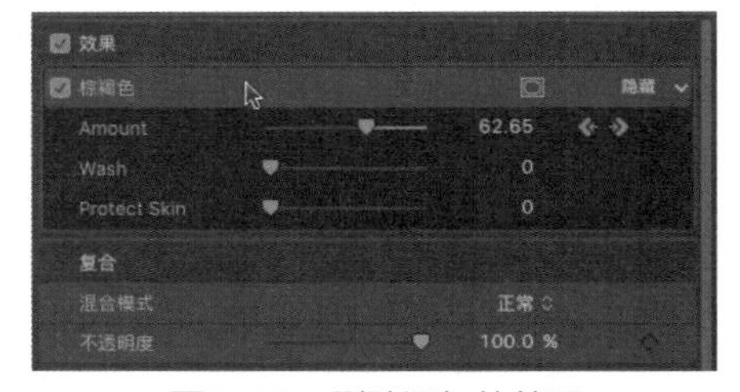

图7-48　删除添加的效果

3 当希望将添加效果后的画面与之前的画面进行比较，快速地实现两者之间的切换时，可以单击其中一个效果选项前的复选框，暂时屏蔽该选项的效果，如图7-49所示。

提示

当单击“效果”选项前的复选框时，会屏蔽所添加的所有效果，检视器中片段的画面会恢复到原始的未添加任何效果时的状态。此时，仅是将所选效果进行了屏蔽，并没有将该效果及相关参数删除。再次单击效果前的复选框将其激活为蓝色，会重新显示该效果的设置。

4 此外，在时间线中选择该片段后，按快捷键Control+V，打开“视频动画”对话框，在该对话框中同样会显示添加的画面效果，并且与检查器中的设置相一致，如图7-50所示。

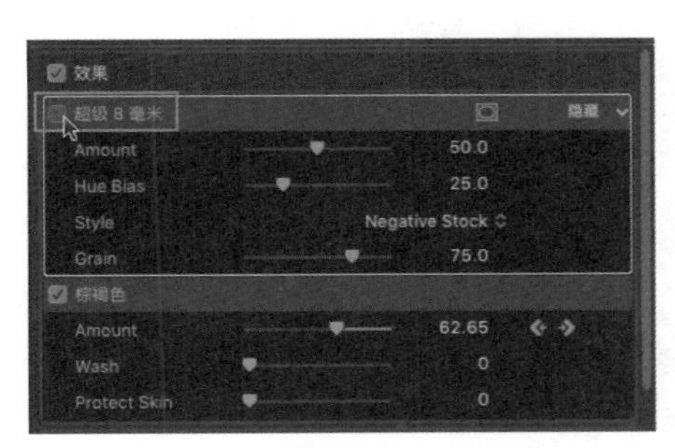

图7-49　屏蔽添加的效果

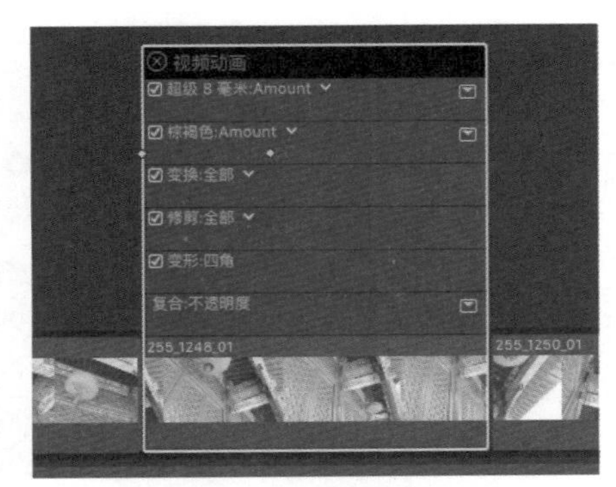

图7-50　“视频动画”对话框

5 单击“视频动画”对话框中的“效果”选项，按Delete键同样可以删除该效果，如图7-51所示。

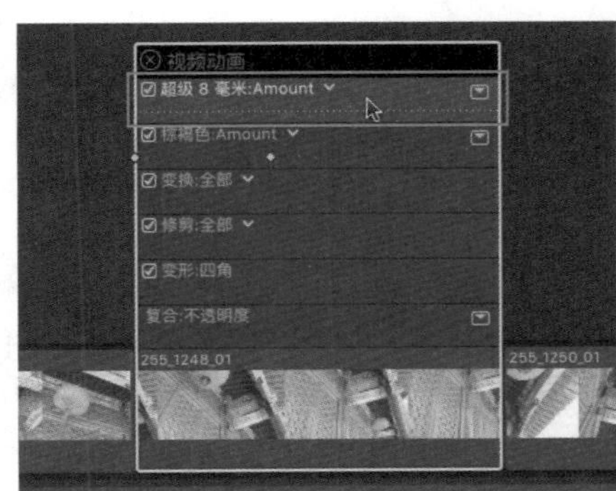

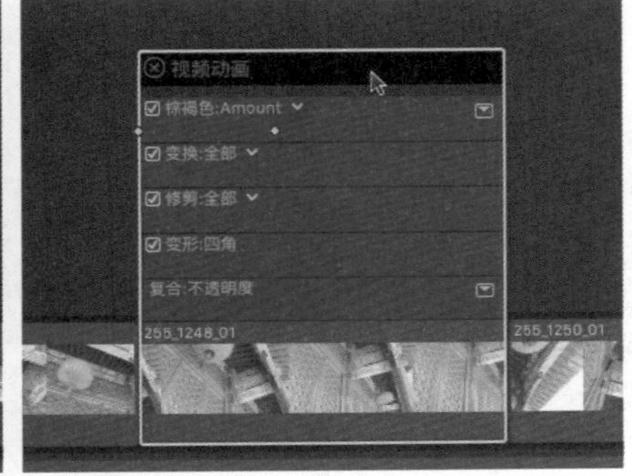

图7-51　删除选择的效果

6 单击某个效果选项前的复选框，可以在检视器中屏蔽该效果，如图7-52所示。

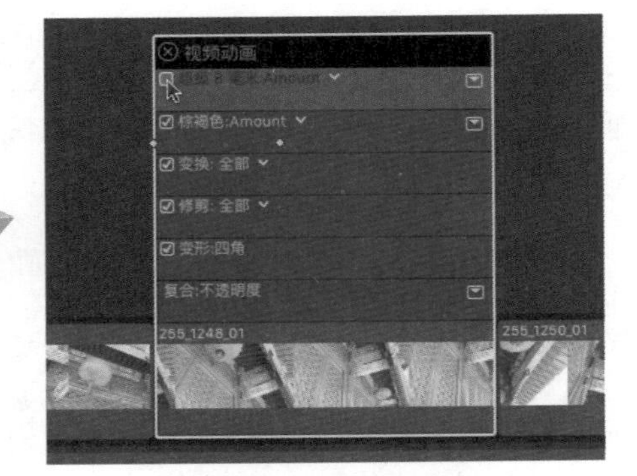

图7-52　屏蔽选择的效果

7.2 为效果制作关键帧动画

在本节中将通过具体实例对滤镜效果的基本参数设置，并介绍如何利用关键帧对添加的视频效果制作更加丰富的动画效果。

为视频效果制作关键帧的方式，与之前介绍的运动效果关键帧动画相类似，需要在检查器中打开与该效果相对应的选项进行设置。

动手操作：利用关键帧制作遮罩动画

▶素材：素材/建筑　▶源文件：资源库/第7章/7.2

1 首先，将播放指示器拖曳至需要添加效果的片段位置，如图7-53所示。

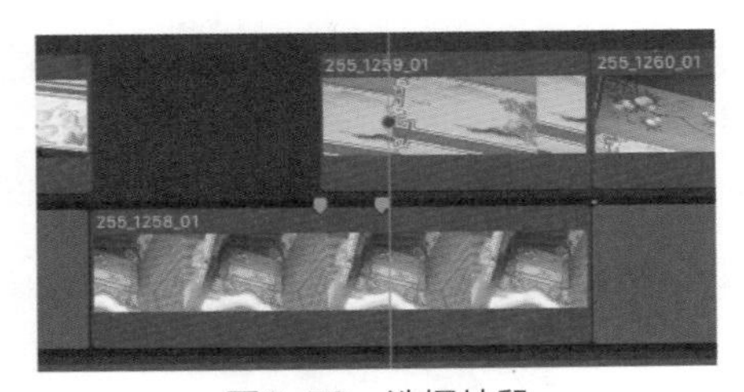

图7-53　选择片段

2 将鼠标悬停在“效果浏览器”中“晕影遮罩”效果的缩略图上后，左右滑动鼠标对该效果进行预览，如图7-54所示。

提示

在缩略图的遮罩效果中，显示为黑色的区域在编辑过程中呈透明状态，白色的区域为不透明状态。

图7-54　预览效果

3 选择该效果后，按住鼠标左键将其拖曳到时间线中的连接片段上，为该片段添加遮罩效果，如图7-55所示。

4 在检视器中查看该连接片段的画面，出现两个以画面中心为圆心的椭圆形遮罩，遮罩缩略图中四周的黑色部分呈透明状态，显示了相同位置上该连接片段下方的主要故事情节中片段的画面，如图7-56所示。

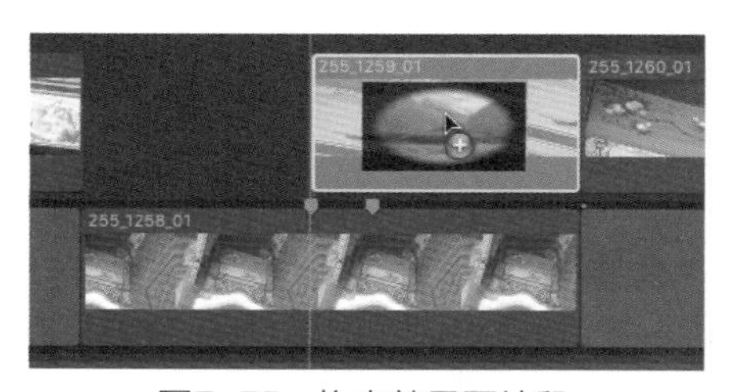

图7-55　拖曳效果至片段

图7-56　在检视器中查看效果

5 在检查器中的“效果”栏中找到添加的“晕影遮罩”效果，查看可调节参数，如图7-57所示。

- Size：调整所添加遮罩效果的大小，也可以通过在检视器中拖曳遮罩内侧的椭圆进行更改。
- Falloff：调整遮罩效果羽化的范围，也可以通过在检视器中拖曳遮罩外侧的椭圆进行更改。
- Center：更改添加的遮罩效果的位置，在检视器中通过拖曳椭圆中心的圆圈标志可以得到相同的效果。

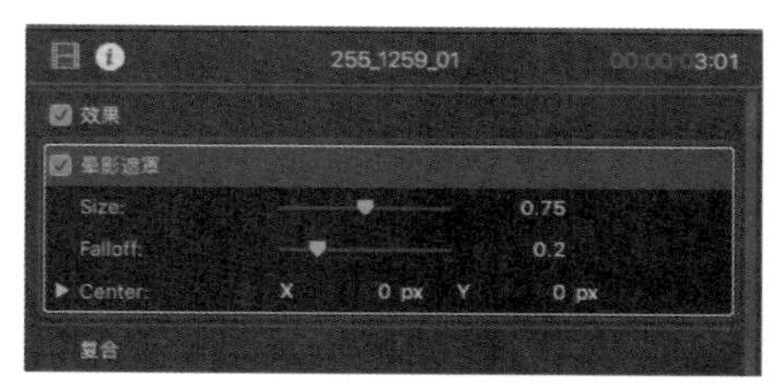

图7-57　查看效果参数

6 将播放指示器拖曳至连接片段的开始位置，如图7-58所示。

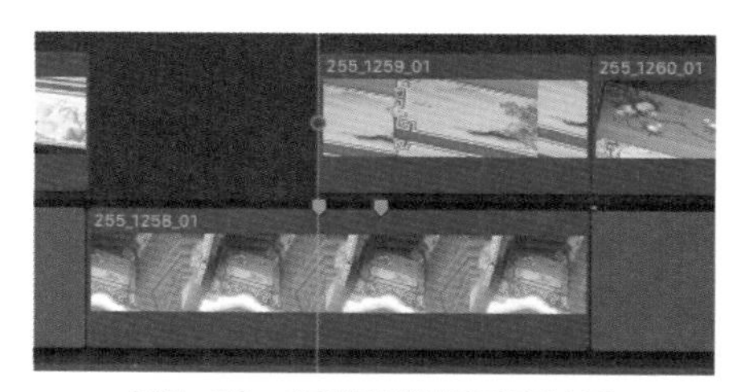

图7-58　调整播放指示器位置

提示 

为了保证关键帧会添加在连接片段的第一帧位置，按↑键或↓键将播放指示器快速跳转到该编辑点。

7 在检查器中单击“晕影遮罩”效果下各参数右侧的“关键帧”按钮，添加关键帧，在该位置添加关键帧后，“关键帧”按钮显示为浅灰色的激活状态，如图7-59所示。

8 一边调整相关数值一边在检视器中查看画面效果，使添加的“晕影遮罩”在画面中相应的画面位置，如图7-60所示。

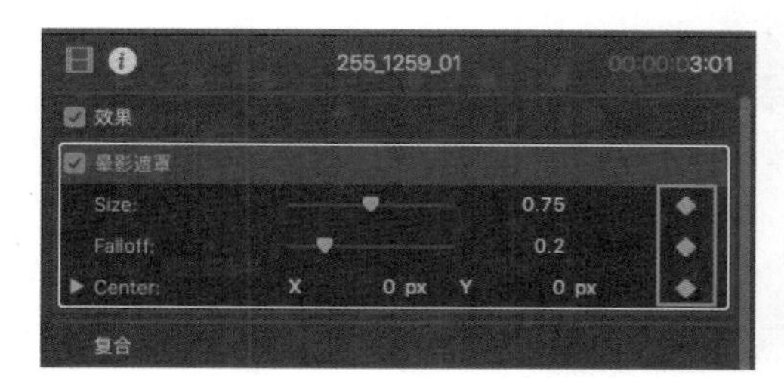

图7-59 添加关键帧

图7-60 调整遮罩效果

9 再次拖曳播放指示器至新的位置，此时检查器中“晕影遮罩”效果各参数后的“关键帧”按钮呈未激活状态，如图7-61所示。

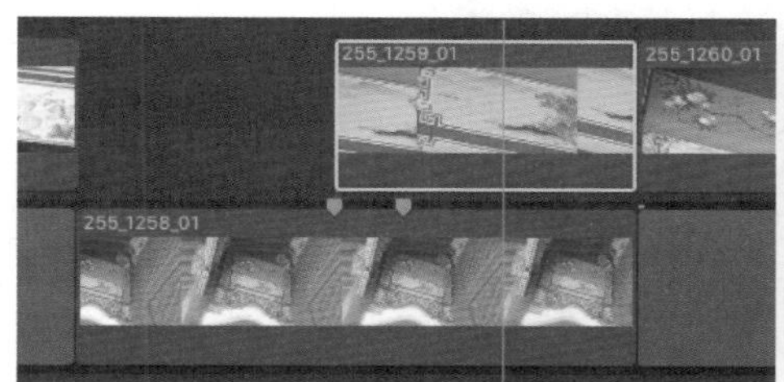

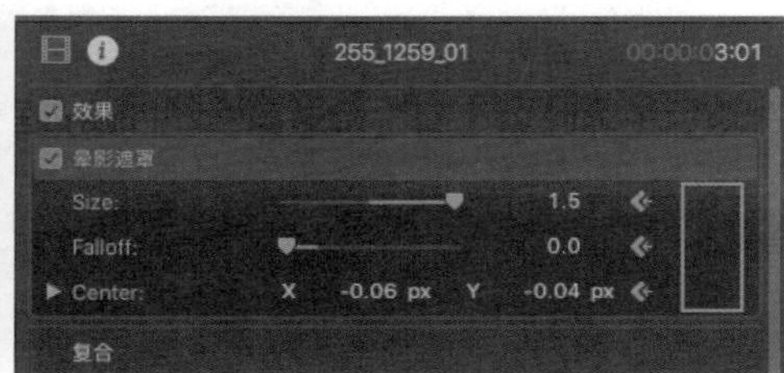

图7-61 拖曳播放指示器位置

10 再次调整相关参数，将检视器中的画面调整至完全显示连接片段画面的状态，在播放指示器所在位置会自动添加关键帧，如图7-62所示。

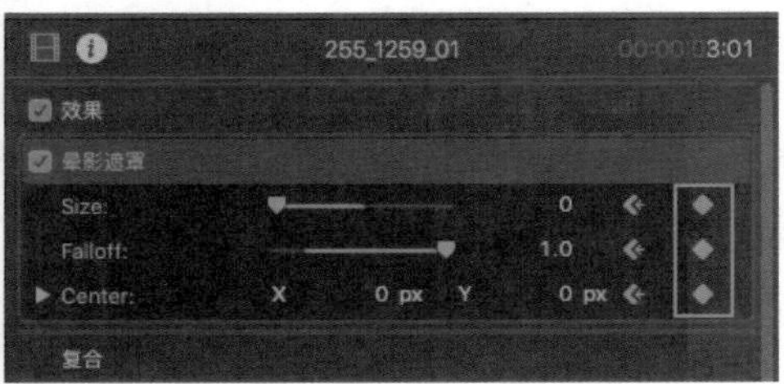

图7-62 在检视器中调整画面效果

11 按空格键对该片段进行播放，连接片段的画面会由主要故事情节中片段的画面通过遮罩效果逐渐过渡到连接片段中的画面，如图7-63所示。

图7-63　预览片段效果

7.3 添加画面效果

在进行视频拍摄的过程中，因为各种原因会导致画面整体的颜色有偏差，或者是整个片子的颜色基调不统一，这时就非常有必要对画面的颜色进行调整校正。利用Final Cut Pro中的色彩校正功能可以修复片段中的画面问题、统一整体项目中片段之间的画面风格，并根据故事情节调整画面的色彩效果。为了在调整过程中更好地对画面内容进行把控，如果在之前的剪辑过程中使用的是代理媒体，建议在进行色彩调整之前利用重新链接媒体文件的方式，将项目中的媒体文件调整为原始的媒体或是优化的媒体文件。

重新链接完成后，单击检视器右上角“显示”右侧的下三角按钮，在弹出的下拉列表中勾选“较好质量”选项，如图7-64所示。

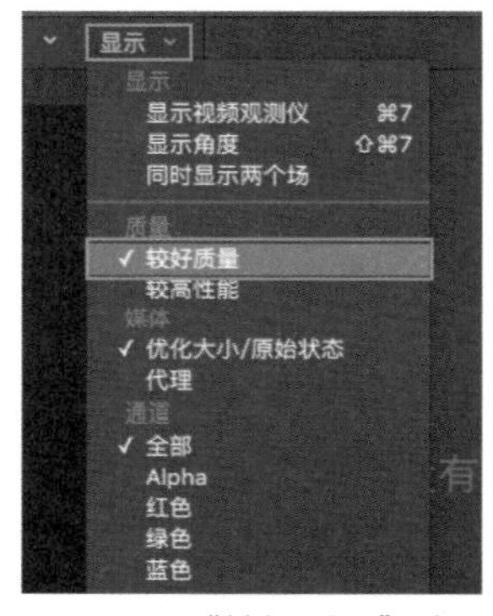

图7-64　“较好质量”选项

7.3.1 范围检查

在对画面进行色彩调整前，需要初步对画面中的色彩进行分析，在Final Cut Pro中通过“范围检查”及“视频观测仪”两种方式提供对画面中的颜色、饱和度及亮度三个方面的数据进行分析。

1 单击检视器右上角“显示”右侧的下三角按钮，在下拉列表中查看“范围检查”选项，在此可以选择在检视器中对当前画面的亮度、饱和度或是两者同时进行检查，如图7-65所示。

2 当对其中一个选项进行勾选时，检视器的画面中会出现黑色的斜线，它表示当前画面中这部分的亮度或者饱和度过高，可能不符合播放标准，需要进行调整，如图7-66所示。

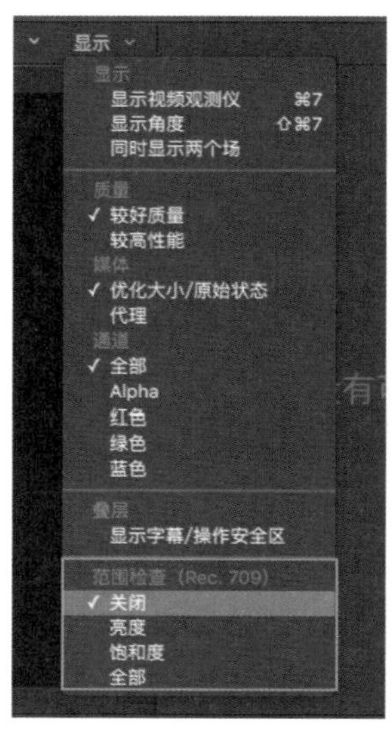

图7-65　“范围检查”选项

图7-66 对画面进行范围检查

7.3.2 视频观测仪

单击检视器右上角“显示”右侧的下三角按钮，在弹出的下拉列表中选择“显示视频观测仪”选项(快捷键为Command+7)，如图7-67所示。

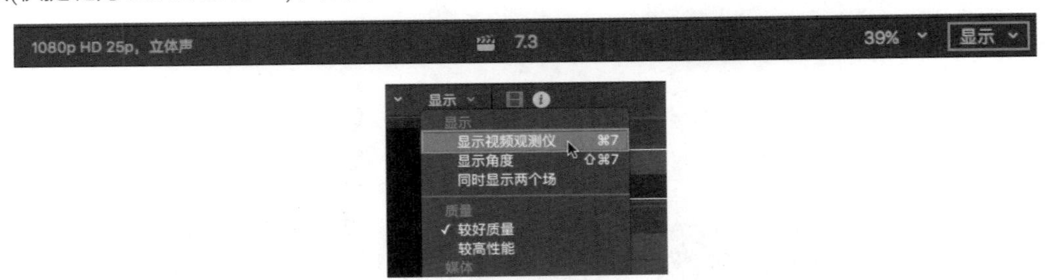

图7-67 “显示视频观测仪”选项

或是选择菜单【显示】|【在检视器中显示】|【视频观测仪】命令，如图7-68所示。

此时，检视器被一分为二，左半部分用来显示视频观测仪，并在观测仪中对右侧的画面进行分析，如图7-69所示。

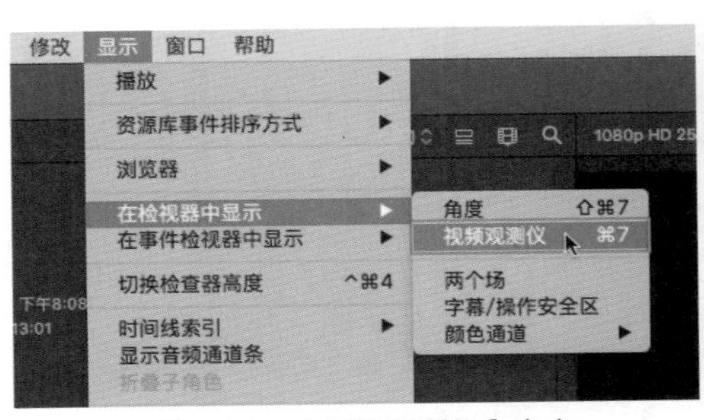

图7-68 【视频观测仪】命令

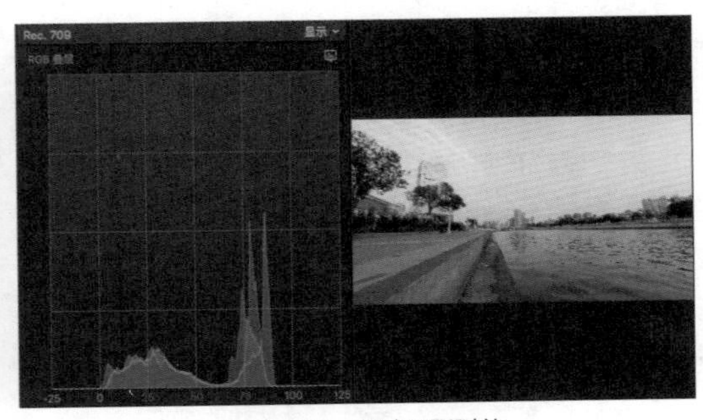

图7-69 视频观测仪

在视频观测仪中，对当前画面进行分析的结果可以通过三种方式进行显示，分别为：直方图、矢量显示器及波形，如图7-70所示。

注意

单击视频观测仪右上角“显示”右侧的下三角按钮，在弹出的下拉列表中可以选择显示几种波形图及以何种方式排布当前的波形图，如图7-71所示。

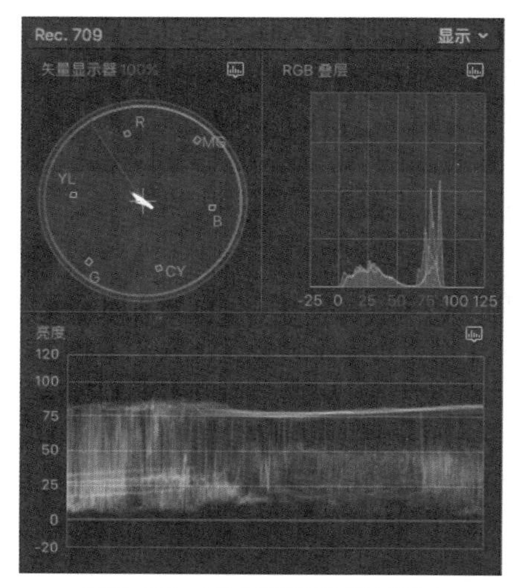

图7-70　三种视频观测仪图示

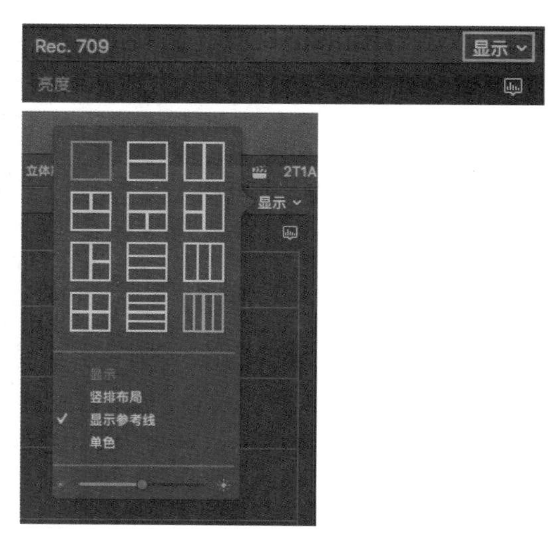

图7-71　切换视频观测仪显示方式

单击视频观测仪右上角的“选取观测仪及其设置”按钮，在下拉列表中可以在各显示方式中进行切换，如图7-72所示。

图7-72　“选取观测仪及其设置”按钮

◆　直方图

在默认情况下，打开视频观测仪后会直接显示直方图。当前直方图以“RGB叠层”的方式进行显示，如图7-73所示。

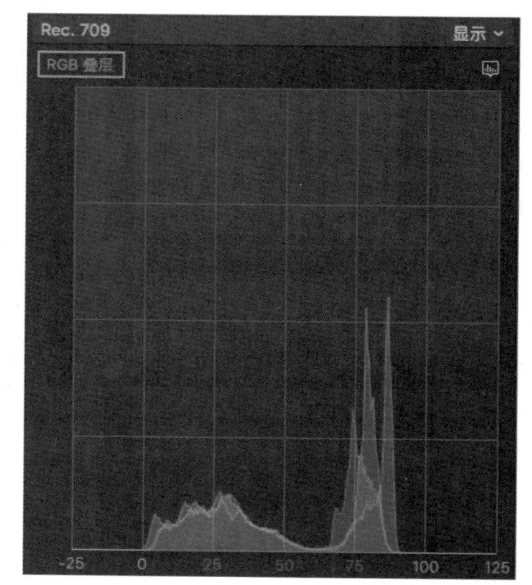

图7-73　RGB叠层

画面中的每一个像素的色彩都是由红色R、绿色G及蓝色B三种颜色构成的。最前方呈灰色的波纹显示为亮度。它们以重叠的方式显示在直方图中，红色和绿色重叠的部分显示为黄色YL、绿色和蓝色重叠的部分显示为青色CY、蓝色和红色重叠的部分显示为品红色MG。

在直方图中，可以查看当前画面中某一个通道在各亮度区域中包含像素直方图，底部的数值(-25~125)表示色调的百分比分布，越往左越暗，越往右越亮。在视频播放标准中，最低的亮度是0，低于0的画面显示为黑色，最高的亮度为100，超过100的画面显示为白色。而直方图的高度表示在色调中包含的像素数量。

提示

单击视频观测仪右上角的“选取观测仪及其设置”按钮，在下拉列表中可以选择在当前直方图中仅显示亮度、RGB列式图或是某一颜色通道，如图7-74所示。

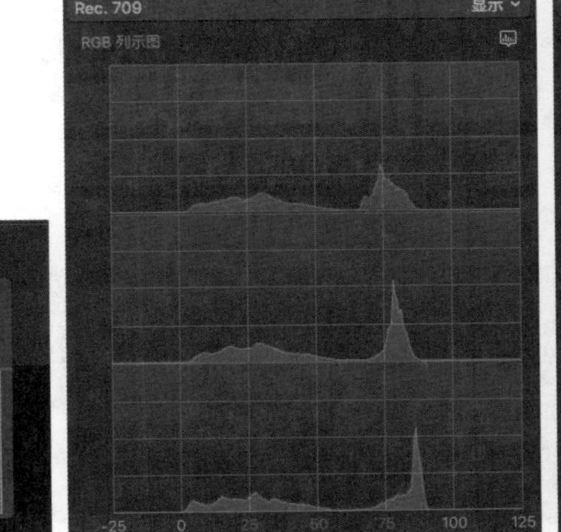

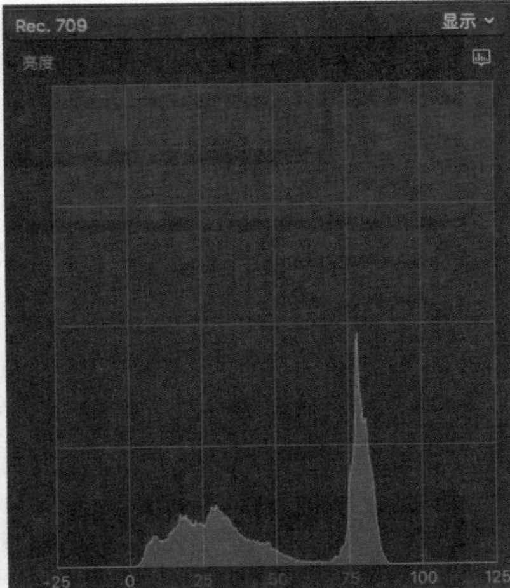

图7-74　切换直方图显示方式

◆　矢量显示器

单击视频观测仪右上角的“选取观测仪及其设置”按钮，在下拉列表中将观测仪切换至“矢量显示器”，如图7-75所示。

“矢量显示器”为圆形，圆形周边有一圈色环标志，色环内部的标记点标志着画面中所包含的色相，包括红色R 、绿色G 、蓝色B及青色CY、黄色YL和品红MG，利用矢量显示器可以查看画面中关于色相及饱和度的信息，如图7-76所示。

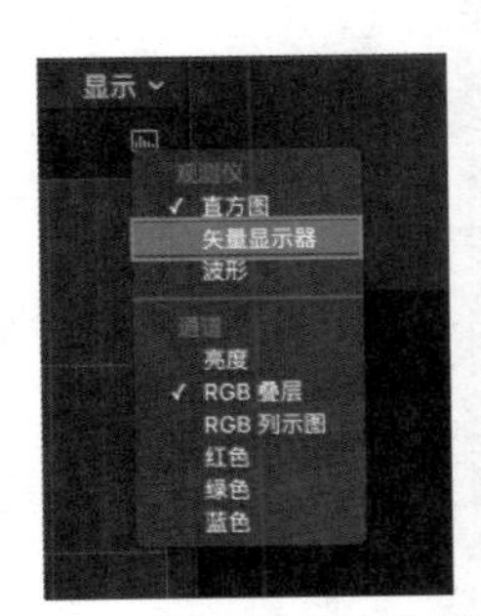

图7-75　“矢量显示器”选项

图7-76　矢量显示器

高亮显示的部分为图像颜色的整体分布情况，高亮部分向外延伸，指向圆形边缘的不同颜色标记。向外延伸的长度越长表示该颜色的像素数量在画面中所占的比例越多。通过该项可以体现出所选画面中的颜色偏向及各色像在画面中的相对比例。

圆形中间十字为中心点，各色相中离圆形的中心点越近，表示该颜色的饱和度越低；反之，越接近圆形的边缘，该颜色的饱和度就越高。

提示

在矢量显示器中，介于黄色YL和红色R之间由圆形中心连接至边缘的灰色线条为肤色指示器，代表人物脸部皮肤的色相。当画面中出现人物时，在没有特别的色彩偏向的情况下，代表肤色的延伸部分越接近这条线，表示当前人物皮肤的色相越接近实际。

◆ 波形观测仪

单击视频观测仪右上角的“选取观测仪及其设置”按钮，在下拉列表中将观测仪切换至“波形”，如图7-77所示。

当选择“波形”时，在视频观测仪中会显示所选片段画面中的亮度信息及颜色信息，如图7-78所示。

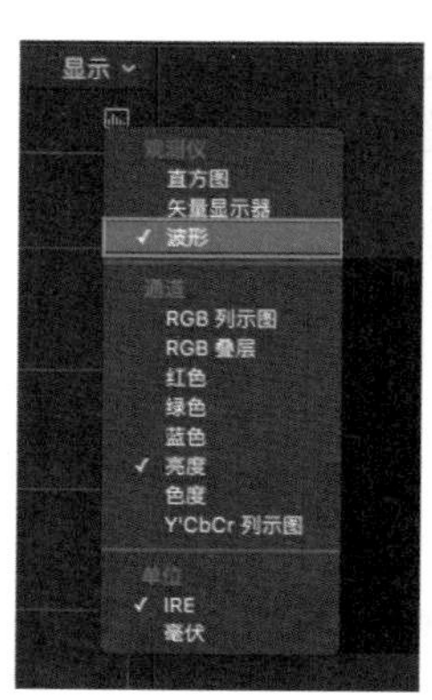

图7-77 “波形”选项

图7-78 波形观测仪

与“直方图”观测仪相同，“波形”观测仪在垂直方向上的数值为-20~120，最低的亮度是0，低于0的画面显示为黑色，最高的亮度为100，超过100的画面显示为白色，当数值低于0或高于100时，则表示在当前画面中有过暗或是过亮的部分存在。

在波形观测仪中的波形及颜色显示与检视器中的画面由左至右一一对应。低亮度的像素显示在波形观测仪的底部，而高亮度的像素显示在其顶部。根据波形观测仪中对于图像的分析，左侧土黄色的波形与图像中相应位置的河边堤坝对应。

单击“选取观测仪及其设置”按钮，在下拉列表中将通道切换为“RGB列视图”，此时会按照红色、绿色、蓝色三个单色通道来对画面进行颜色分析，如图7-79所示。

当前三个通道的中间部分的数值相对平衡，表示当前播放指示器所在画面的中间调部分无明显的色彩倾向，而通道的上部位置，蓝色的数值略高于其他两个通道中的数值时，表示这一画面的亮部位置更倾向于蓝色。

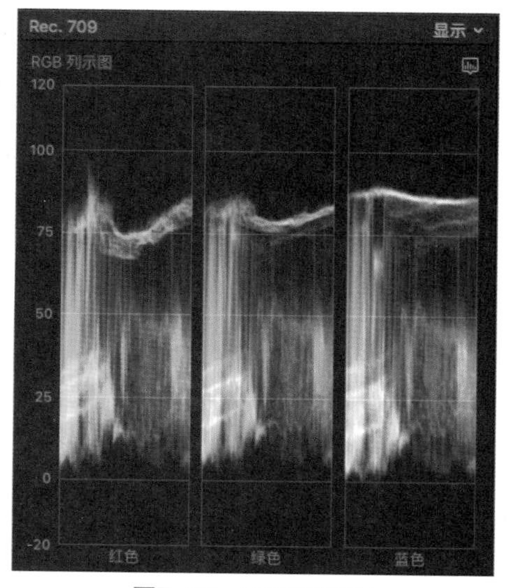

图7-79 RGB列视图

7.4 一级色彩校正

一级色彩校正，是指在整体上对片段的画面进行调整，平衡画面中的色彩，解决画面中的对比度、饱和度及曝光度等色彩信息中所存在的问题。

7.4.1 色彩平衡

运用“平衡色彩”命令，可以自动且快速地调整所选片段画面中较为明显的色偏及对比度的问题。

1 选择时间线中需要进行色彩平衡的片段，单击检视器左下角“选取颜色校正和音频增强选项”按钮右侧的下三角按钮，在弹出的下拉列表中选择“平衡颜色”选项(快捷键为Option+Command+B)，如图7-80所示。或是在选中片段后，选择菜单【修改】|【平衡颜色】命令，如图7-81所示。

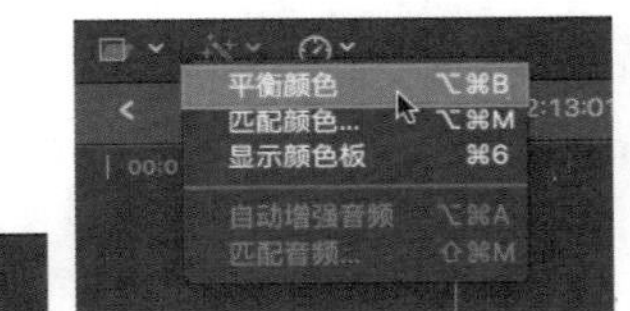

图7-80 “平衡颜色”选项

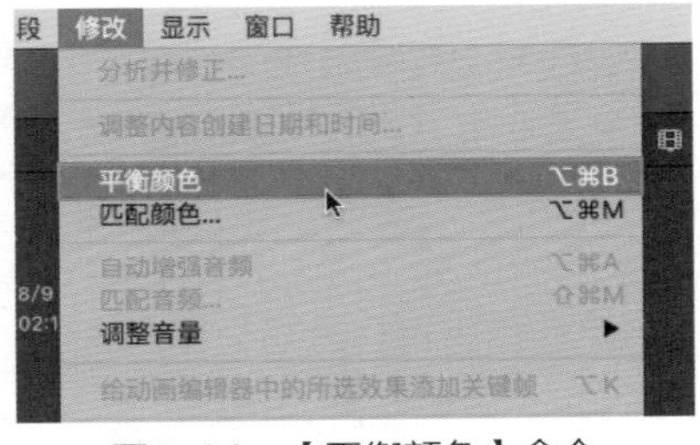

图7-81 【平衡颜色】命令

2 之后，Final Cut Pro会自动调整所选片段画面中的色彩平衡及偏色问题。在检视器中查看调整后的画面效果，画面中的偏色问题已经得到解决，画面的饱和度与对比度看起来也更加自然，如图7-82所示。

图7-82 平衡颜色后画面效果

3 与此同时，在该片段的“视频检查器”的“效果”栏中会自动添加一个“平衡颜色”选项，单击该选项前的蓝色复选框，可以对色彩平衡前后的画面进行对比，如图7-83所示。

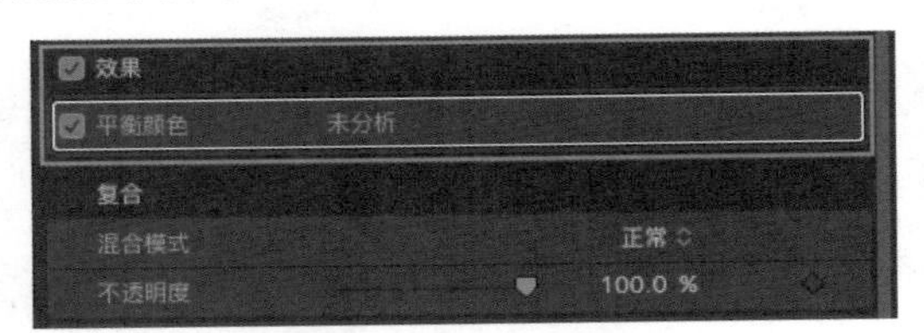

图7-83 查看添加效果

4 在导入媒体文件时，如果勾选“分析并修正”选项，会自动对色彩平衡进行分析，“平衡色彩”选项后的文字会变为“已分析”，如图7-84所示。

提示

当勾选“分析并修正”中的“针对色彩平衡进行分析”选项时，系统仅对当前片段画面中的问题进行分析，并不会自动对其进行修改与校正。

在时间线中框选多个片段后，再选择“色彩平衡”选项，可以同时对多个片段的色彩进行平衡校正。

图7-84　分析并修正片段

7.4.2 自动匹配颜色

在对影片进行编辑时，需要保持多个剪辑片段的色调相一致，也就是说颜色要相互匹配。在调整完一个片段后，应该以该片段为基准调节其他片段的颜色，使整部影片的颜色基调保持前后一致。

动手操作：复制颜色属性

▶素材：素材/建筑　▶源文件：资源库/第7章/7.4

1 选择时间线中已经进行过色彩校正的片段后，选择菜单【编辑】|【拷贝】命令(快捷键为Command+C)，对该片段的属性进行复制，如图7-85所示。

2 单击其他需要进行颜色校正的片段，选择菜单【编辑】|【粘贴效果】命令(快捷键为Option+Command+V)，如图7-86所示。

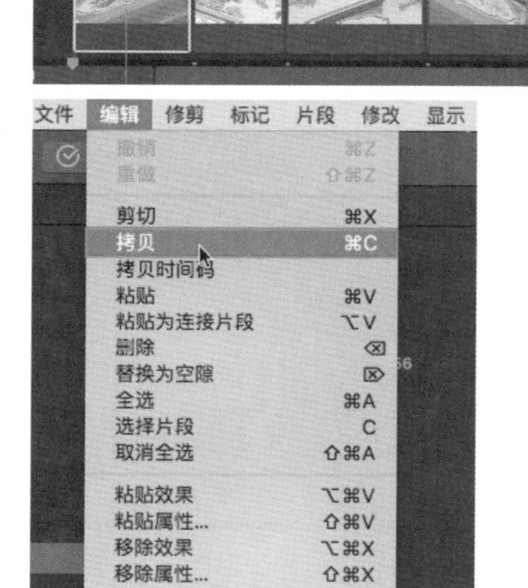

图7-85　【拷贝】命令

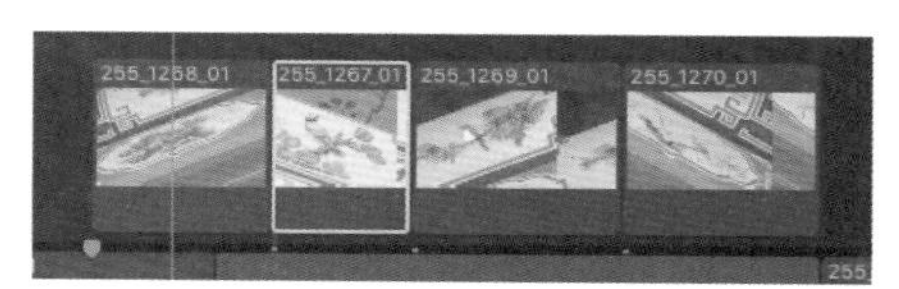

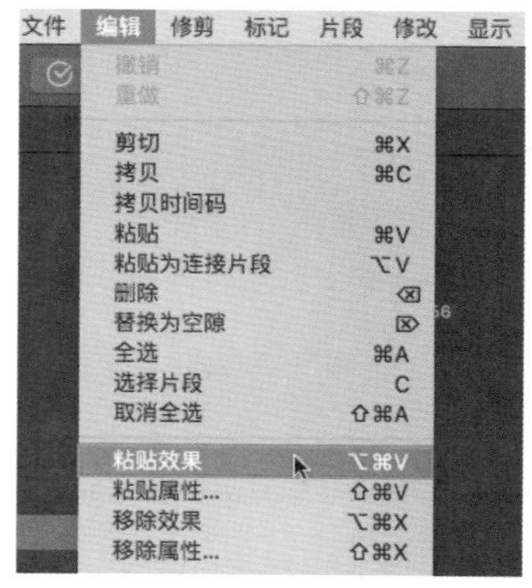

图7-86　【粘贴效果】命令

3 在该片段视频检查器的“效果”栏中，会粘贴原片段中对画面色彩校正的调整参数，如图7-87所示。

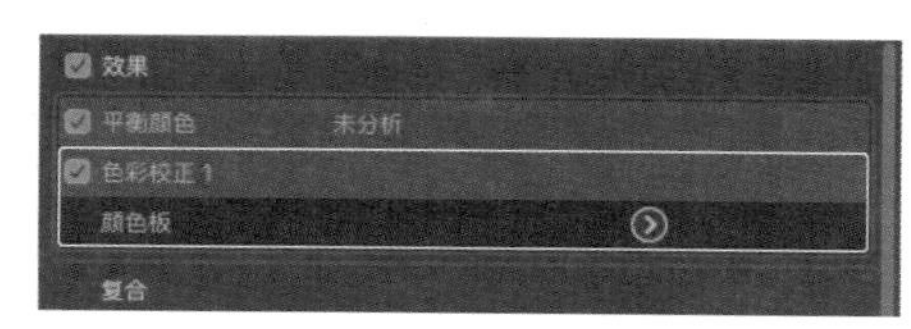

图7-87　在检查器中查看效果

提示

利用复制和粘贴效果或属性的方式，因为调节参数是一定的，所以并不能做到对不同片段画面中的问题进行具体分析，仅适用于对相同或相似拍摄条件下的片段进行色彩校正。

动手操作：匹配片段颜色

▶素材：素材/建筑　▶源文件：资源库/第7章/7.4

1 选择时间线中需要进行颜色匹配的片段后，单击检视器左下角的“选取颜色校正和音频增强选项”右侧的下三角按钮，在下拉列表中选择“匹配颜色”选项(快捷键为Option+Command+M)，如图7-88所示。或是在选中片段后，选择菜单【修改】|【匹配颜色】命令，如图7-89所示。

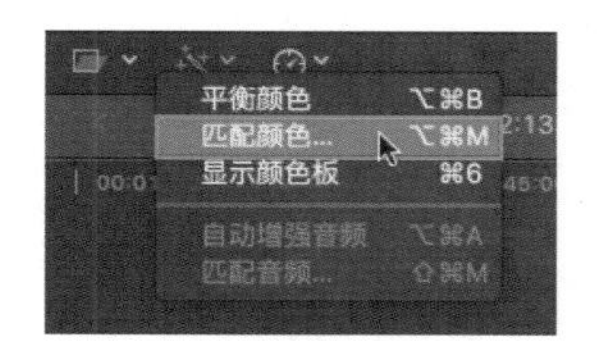

图7-88　“匹配颜色”选项

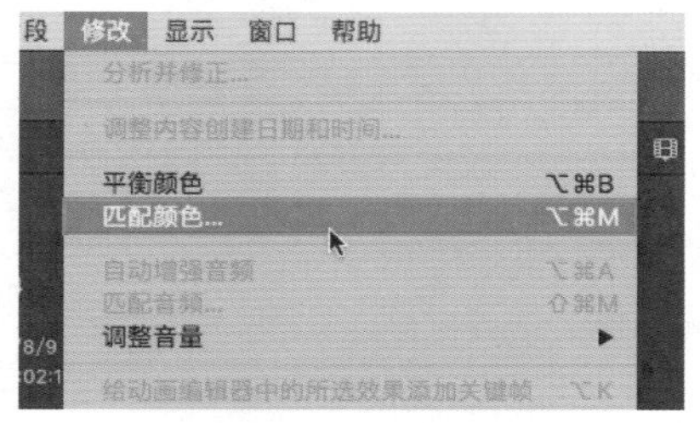

图7-89　【匹配颜色】命令

2 检视器被一分为二，画面左侧显示为用来进行颜色匹配的片段画面，右侧为之前选中待匹配片段的画面，如图7-90所示。

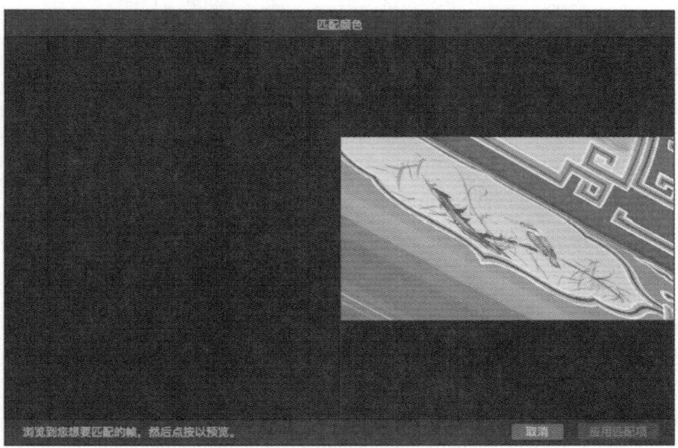

图7-90　匹配颜色

提示

当前未在时间线中选择希望用来进行匹配的帧画面，所以检视器的左侧画面显示为黑色。

3 与此同时，时间线中鼠标的光标下方增加了一个相机形状的标志，在时间线中滑动鼠标选择希望进行匹配的帧画面后单击，如图7-91所示。

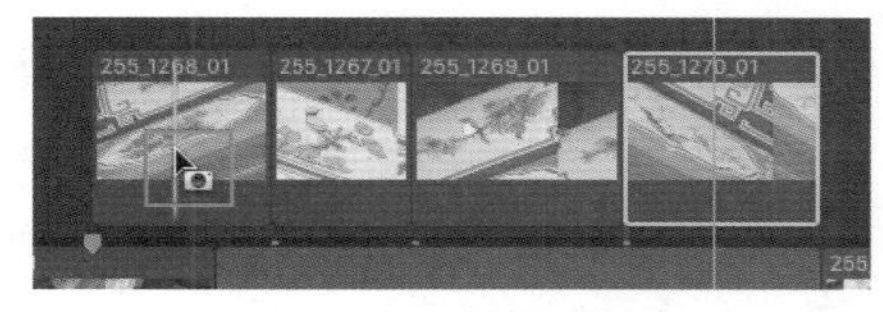

图7-91　选择匹配帧

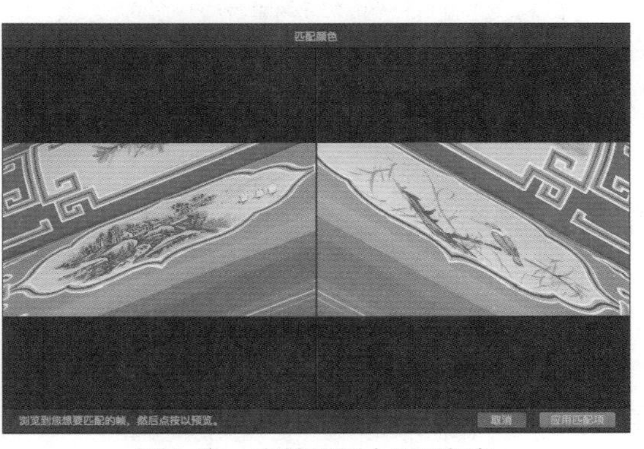

图7-92　在检视器中匹配颜色

4 被选择片段的帧画面会出现在检视器的左侧，在时间线中再次单击，两个片段中的画面会自动进行匹配，并在监视器右侧的画面中进行显示，如图7-92所示。

5 当确定效果后，单击检视器右下方的“应用匹配项”按钮，原片段的颜色参数值被应用到新的片段中，如图7-93所示。

6 该片段视频检查器的“效果”栏中也会出现“匹配颜色”选项，如图7-94所示。

图7-93 “应用匹配项”按钮

图7-94 在检查器中查看效果

提示

单击Source右侧的“选取”按钮，再次选择希望匹配的帧画面，重新进行颜色匹配。

7.4.3 手动进行色彩校正

除了对画面的色彩进行自动平衡与校正外，也可以手动对画面进行调节。当对画面进行色彩平衡后，如果对校正的效果不满意，可以再次为该片段添加颜色校正。

动手操作：手动色彩校正

▶素材：素材/建筑 ▶源文件：资源库/第7章/7.4

1 选择时间线中的片段后，选择菜单【编辑】|【添加色彩校正】命令(快捷键为Option+E)，如图7-95所示。

2 在所选片段的视频检查器的“效果”栏中会自动添加一个“色彩校正”，如图7-96所示。

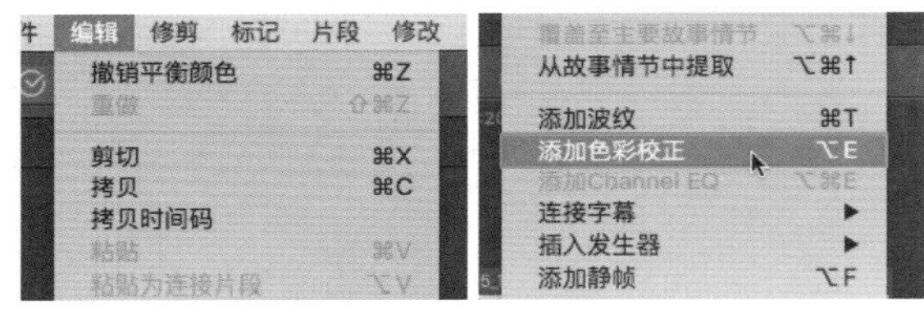

图7-95 【添加色彩校正】命令

图7-96 查看色彩校正

3 单击“色彩校正”选项中颜色板右侧的“显示校正”按钮，或是单击检视器左下角的“选取颜色校正和音频增强选项”右侧的下三角按钮，在弹出的下拉列表中选择“显示颜色板”选项(快捷键为Command+6)，如图7-97所示。

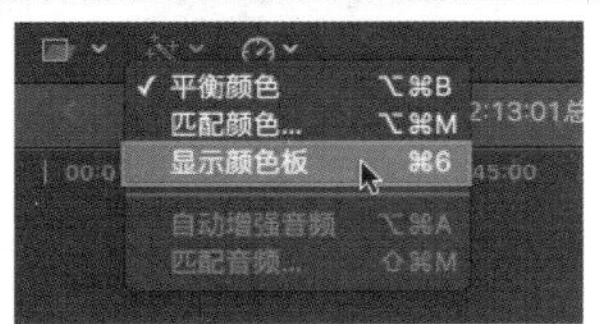

图7-97 “显示颜色板”选项

4 在颜色板中可以详细地对画面中的颜色、饱和度及曝光三项参数进行调节，单击最上方的“颜色”“饱和度”和“曝光”按钮，可以在各参数面板之间进行切换，如图7-98所示。

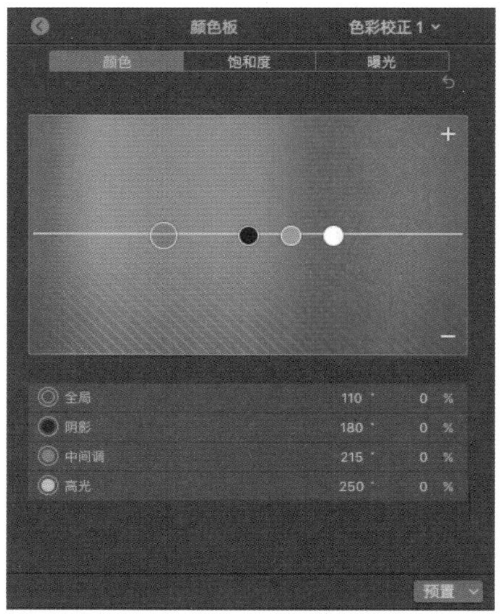

图7-98 颜色板

- 画面的颜色通常由三原色组成，分别为红色、绿色和蓝色。当三原色中的任意两种颜色进行混合后会出现黄色、品红和青色。
- 饱和度是指颜色数值的强度。饱和度越低，画面越接近黑白色效果。
- 曝光度是指画面的亮度，当画面的亮度为100%时，画面为最高亮度，显示为白色。而当亮度为0%时，画面显示为黑色。

提示

在手动调节画面平衡时，建议按照亮度、颜色、饱和度的顺序结合视频观测仪对画面进行调整。

在同一片段中，可以添加多个色彩校正，单击颜色板右上角“色彩校正”右侧的下三角按钮，在弹出的下拉列表中选择“添加校正”选项(快捷键为Option+E)，当添加了多个色彩校正时，可以在该列表中对颜色板进行切换，如图7-99所示。

单击颜色板右下角“预置”按钮右侧的下三角按钮，打开预置列表，在此提供了一些预设的颜色设置，并且可以将手动调节后的参数进行存储，以便下次直接进行调用，如图7-100所示。

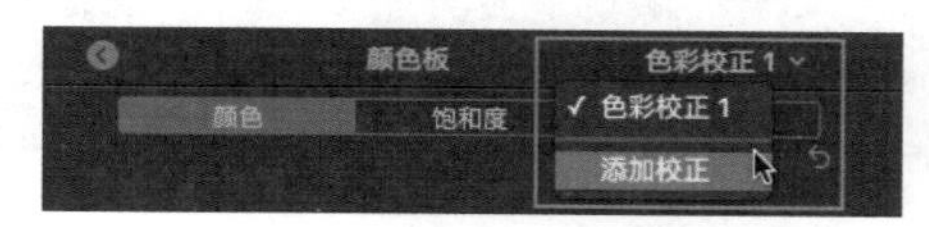

图7-99　“添加校正”选项

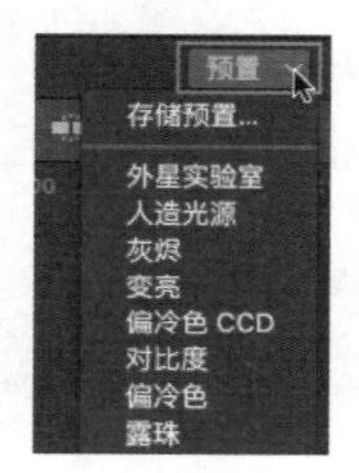

图7-100　预置列表

动手操作：调整画面亮度与对比度

▶素材：素材/建筑　▶源文件：资源库/第7章/7.4

1 选择时间线中已经添加了色彩校正的片段，按快捷键Command+6，打开颜色板，并切换到“曝光”面板，在该面板中可以调节片段的画面亮度及对比度，改善曝光不足或过度曝光等画面问题，如图7-101所示。

图7-101　切换至“曝光”面板

提示

为了能够更加直观地观察画面中颜色的变化，建议在进行调节的过程中按快捷键Command+7，打开视频观测仪。

2 在颜色板中分别有四个圆形滑块，由左至右分别用来调节画面全局、阴影、中间调和高光的亮度，与下方列表中的内容一一对应，如图7-102所示。

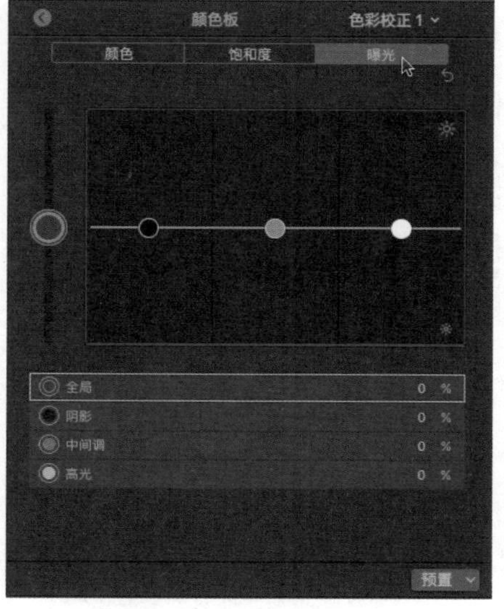

图7-102　“曝光”面板

提示

当将“全局”滑块向上进行拖曳时会增加画面的亮度，逐渐变为白色，向下拖曳时会降低画面的亮度，逐渐变黑。

3 在检视器中结合视频观测仪对当前画面进行分析，所选择的部分画面超过100%的播放标准，需要降低画面高光部分的亮度并增强画面的对比度，如图7-103所示。

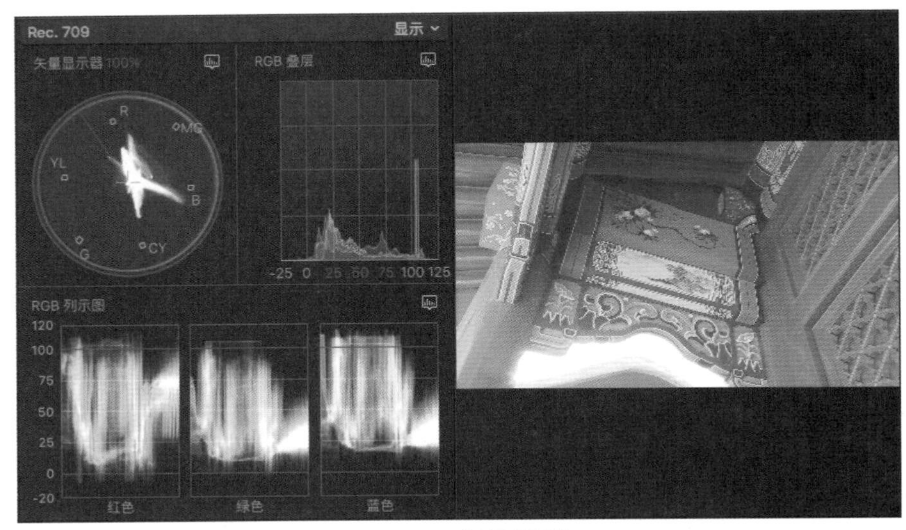

图7-103　视频观测仪

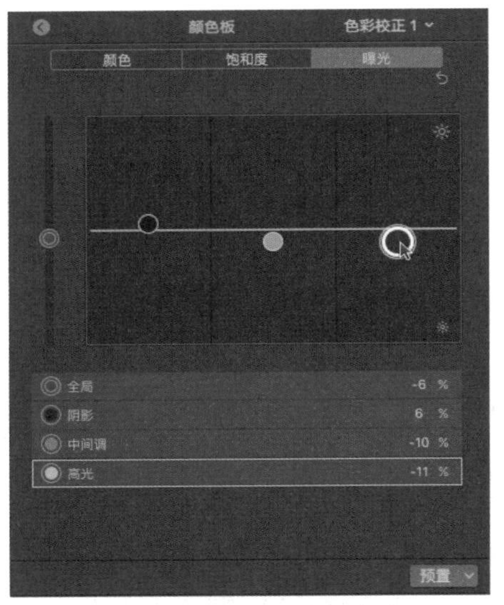

图7-104　调整画面曝光度

4 向下拖动全局滑块，所选片段的整个画面亮度都会降低，增强画面阴影亮度的同时降低高光部分的亮度，既在画面的暗部呈现更多的细节，又增强了画面的对比度，如图7-104所示。

提示

在进行调解时，可以按照全局、阴影、高光、中间调的顺序进行调整。

5 单击颜色板左上角的“返回”按钮，返回视频检查器，如图7-105所示。

图7-105　“返回”按钮

6 单击“色彩校正”选项前的复选框，可以对修改前后的画面进行对比，如图7-106所示。

» 动手操作：调整画面颜色

▸素材：素材/建筑　▸源文件：资源库/第7章/7.4

1 将颜色板切换至“颜色”面板，与“曝光”面板同样显示全局、阴影、中间调和高光四个滑块。这四个滑块对应四个部分的颜色倾向，如图7-107所示。

图7-106　对比曝光调整效果

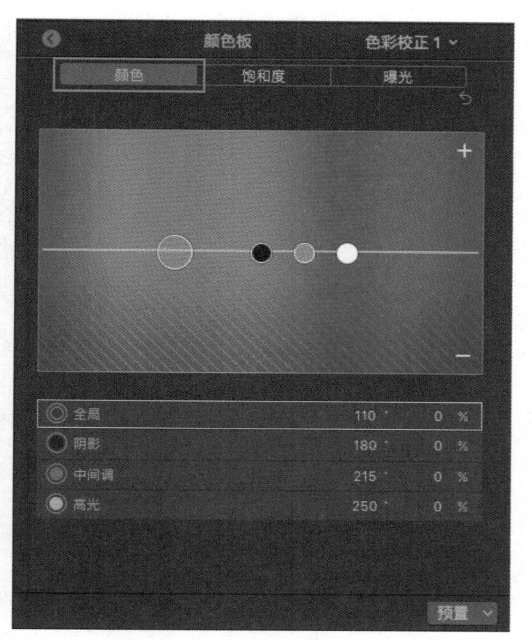

图7-107　切换至“颜色”面板

提示

在“颜色”面板中，左右拖曳滑块可以改变相应部分的色彩倾向，而上下拖曳滑块会改变当前颜色的强度。

2 在视频观测仪中查看当前画面，矢量显示器中的分支较为明显的指向红色、青色与蓝色，但并没有过于明显的色彩倾向，如图7-108所示。

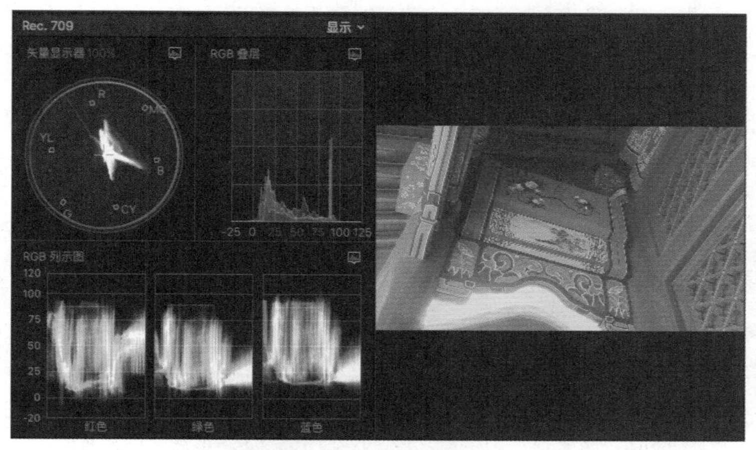

图7-108　视频观测仪

3 在颜色板中拖曳相应的滑块，或是在下方列表中直接输入数值调整当前画面的色相，使其更加偏向蓝青色调，如图7-109所示。

在颜色板上选中某个滑块时，该滑块会被放大，在内部显示当前选择的颜色，而外部进行默认滑块颜色的描边。与此同时，在下方列表中会跳到相应的参数栏，外部出现一个黄色的外框。

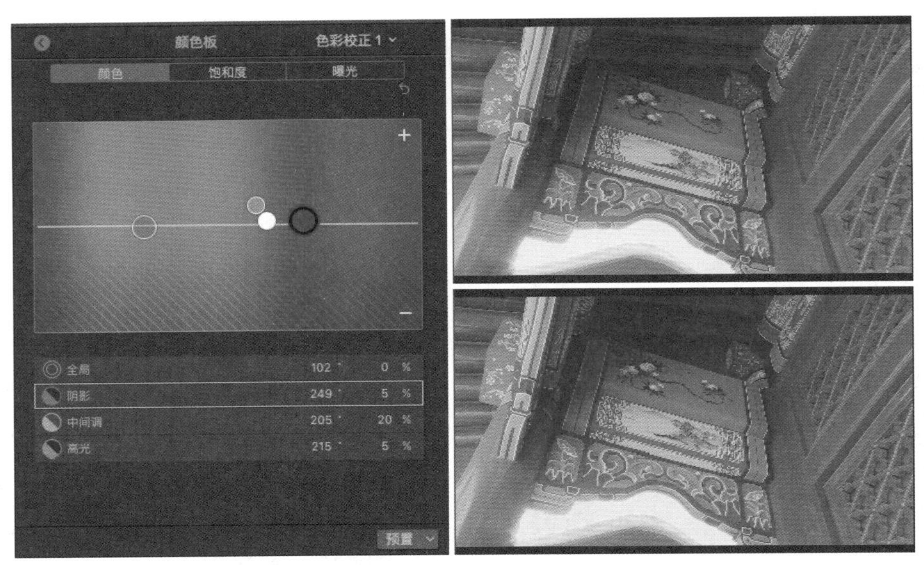

图7-109　调整画面颜色偏向

有针对性地调整画面中的色彩偏向，可以烘托气氛与希望表达的情感。画面主体的色调对情绪有一定的影响，偏暖的色调让人感觉温暖与温馨，而冷色调则让人感觉到不近人情般的刻板与距离感。

动手操作：调整画面饱和度

▶素材：素材/建筑　▶源文件：资源库/第7章/7.4

1 将颜色板切换至"饱和度"面板，与"曝光"面板中的参数调节方式相一致，四个滑块分别代表全局、阴影、中间调和高光四个部分的饱和度，如图7-110所示。

2 在检视器中对当前画面进行查看，在矢量显示器中越接近圆形中心的位置，该颜色的饱和度就越低，越接近边缘位置画面中该颜色的饱和度就越高，如图7-111所示。

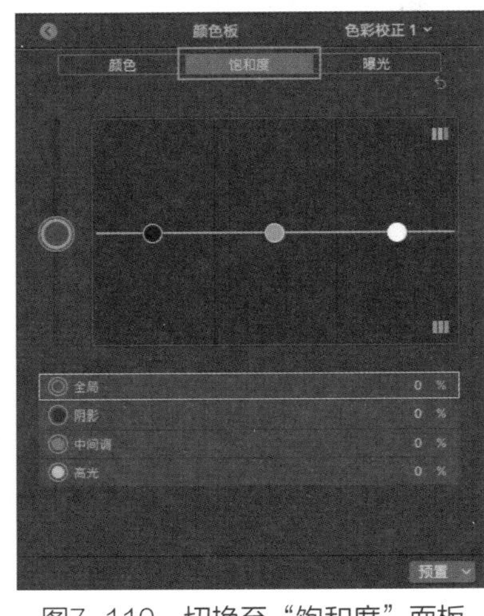

图7-110　切换至"饱和度"面板

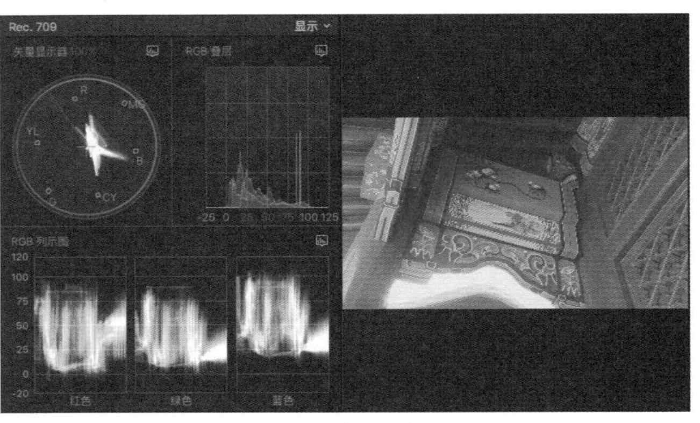

图7-111　视频观测仪

3 拖曳"饱和度"面板中的滑块，降低当前片段的饱和度，如图7-112所示。

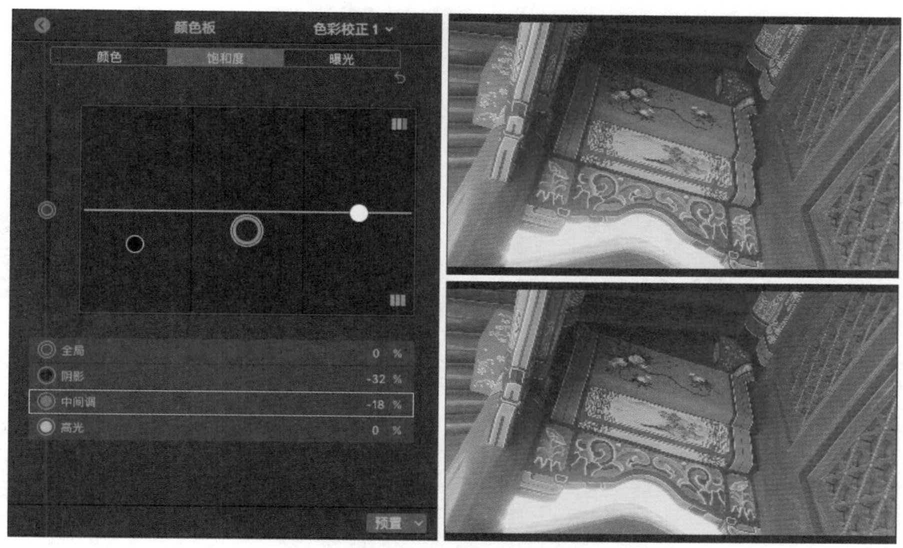

图7-112　调整画面饱和度

4 在将“全局”滑块拖曳至底部时，检视器中的画面变为黑白效果。在视频观测仪中进行查看时会发现当前没有任何有色彩倾向的像素，仅以像素的亮度进行显示，如图7-113所示。

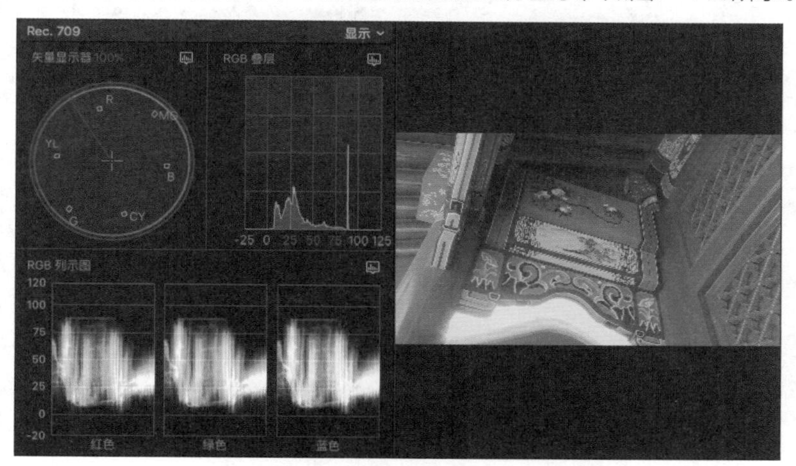

图7-113　黑白效果

7.5 二级色彩校正

二级色彩校正是通过创建遮罩的方式对画面的特定区域或特定颜色范围进行调整，不会影响遮罩外部画面的效果。

7.5.1 添加形状遮罩

动手操作：制作画面褪色效果

▶素材：素材/建筑　▶源文件：资源库/第7章/7.5

1 选择时间线中的片段，在当前片段的视频检查器中已经进行过全局颜色的调整，按快捷键

Option+E，为片段再次添加一个色彩校正，如图7-114所示。

2 单击“色彩校正2”右侧的“应用颜色和形状遮罩”按钮，在弹出的下拉列表中选择“添加形状遮罩”选项，如图7-115所示。

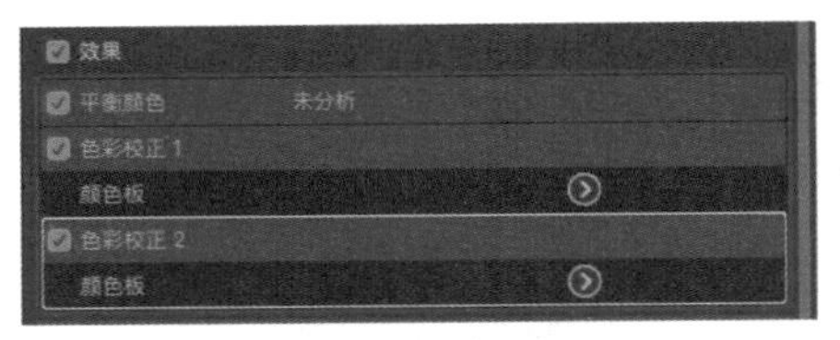

图7-114　新建色彩校正

图7-115　“添加形状遮罩”选项

3 “色彩校正2”颜色板的下方会添加一个形状遮罩参数调节的选项。与此同时，检视器中的画面上出现带调节滑块的圆形遮罩，如图7-116所示。

图7-116　形状遮罩

4 拖曳遮罩圆心上的点可以移动同心圆的位置，拖曳内侧圆形上的绿色滑块可以调整同心圆在水平或垂直方向的缩放，如图7-117所示。

图7-117　在检视器中调整遮罩1

5 拖曳与圆心相连的手柄可以将遮罩进行旋转，当按住Shift键的同时拖动内侧圆上的绿色圆点可等比缩放同心圆，如图7-118所示。

图7-118　在检视器中调整遮罩2

6 拖动白色的圆点可以将圆形遮罩调整成方形，如图7-119所示。

图7-119　在检视器中调整遮罩3

7 在检视器中调整遮罩的形状与位置，如图7-120所示。

图7-120　在检视器中调整遮罩4

提示

在检视器中进行调整时，当拖曳遮罩内框，内外层的遮罩会同时缩放。而拖曳外框时内框大小不变。内外框之间的部分为过渡区域，内外框间距离越远过渡区越大，过渡就越柔和。

8 在“视频检查器”中单击“色彩校正2”选项下颜色板右侧的箭头按钮，打开颜色板(快捷键为Command＋6)，如图7-121所示。

图7-121　打开颜色板

9 将颜色板切换至“饱和度”面板，拖曳全局滑块至底部。检视器中仅有遮罩内部画面的饱和度降低，如图7-122所示。

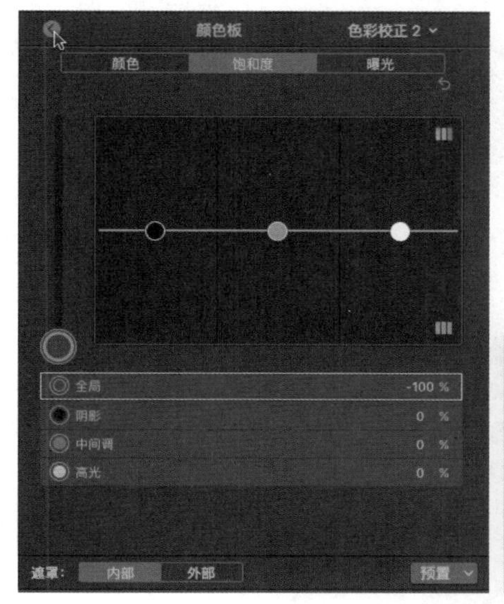

图7-122　降低遮罩区域内饱和度

提示

在颜色板底部的“遮罩”选项中可以选择调整的范围。当单击“内部”按钮时，会在设定的遮罩区域内进行调节，不影响所选区域外部的画面。而单击“外部”按钮时则正好相反，仅调整遮罩区域外部的画面，对所选区域内部的内容没有影响，如图7-123所示。

图7-123　设置遮罩调整范围

10 当希望将添加的遮罩进行反转时，可以单击“色彩校正”选项后的“应用形状或颜色遮罩”按钮，在弹出的下拉列表中选择“反转遮罩”选项，检视器中的遮罩效果会进行对调，如图7-124所示。

图7-124　“反转遮罩”选项

11 对于添加的遮罩效果，同样可以制作动画。单击“形状遮罩1”右侧的“关键帧”按钮，可以添加关键帧，如图7-125所示。

12 单击“关键帧”按钮右侧的下三角按钮，在弹出的下拉列表中对添加的关键帧进行控制。并且，如果对添加的修正效果不满意，可以选择“还原参数”选项，如图7-126所示。

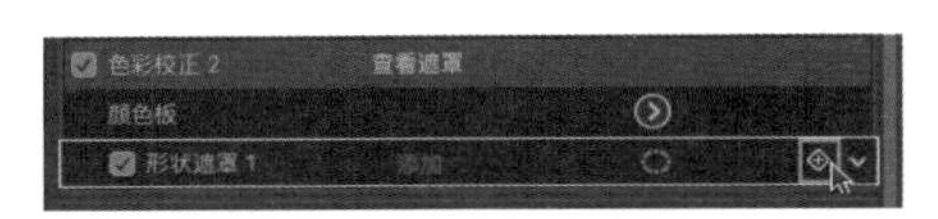

图7-125“关键帧”按钮

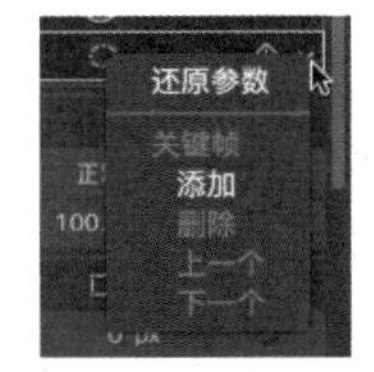

图7-126　还原参数与调整关键帧

13 在检视器中将画面调整至满意效果后，单击“形状遮罩1”后的“启用或停用屏幕控制”按钮，关闭控制滑块，如图7-127所示。

图7-127　“启用或停用屏幕控制”按钮

7.5.2　添加颜色遮罩

>> 动手操作：增加部分颜色饱和度

▶素材：素材/建筑　▶源文件：资源库/第7章/7.5

1 选择时间线中的片段，按快捷键Option+E，在当前片段中再次添加一个色彩校正，如图7-128所示。

2 单击“色彩校正3”右侧的“应用形状或颜色遮罩”按钮，在弹出的下拉列表中选择“添加颜色遮罩”选项，如图7-129所示。

图7-128　添加色彩校正

图7-129　“添加颜色遮罩”选项

3 在“色彩校正3”的颜色板中会添加一个颜色遮罩参数调节选项，如图7-130所示。

4 与此同时，将鼠标悬停在检视器中后光标会变成吸管的形状，在需要的颜色部分单击并进行拖曳，画面中显示圆形的选择范围，以范围中的颜色为标准进行吸色，如图7-131所示。

图7-130　颜色遮罩相关参数

图7-131　吸取颜色

提示

在进行颜色选择的过程中，按住Shift键时，吸管状光标的下方会出现“+”标志；按住Option键时，吸管的下方会出现“-”标志，此时会对画面中的颜色进行加选或减选。

5 吸取的颜色会显示在“颜色遮罩”选项的颜色栏中，单击添加的“色彩校正3”选项后的“查看遮罩”按钮，在检视器中会显示添加的颜色遮罩。白色部分为添加的遮罩，也就是之后被进行调整的部分，如图7-132所示。

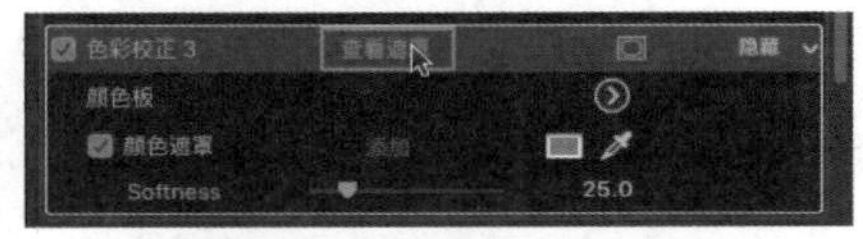

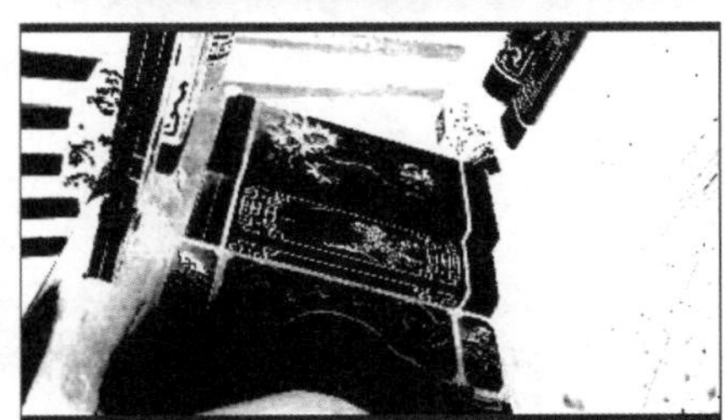
图7-132　查看遮罩

6 拖曳Softness后的滑块或直接输入数值可以调整当前遮罩的范围，如图7-133所示。

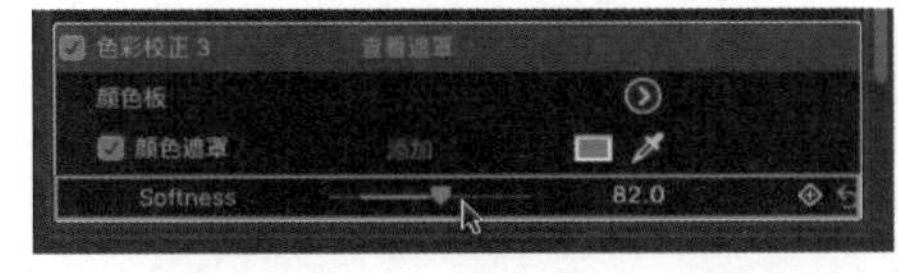

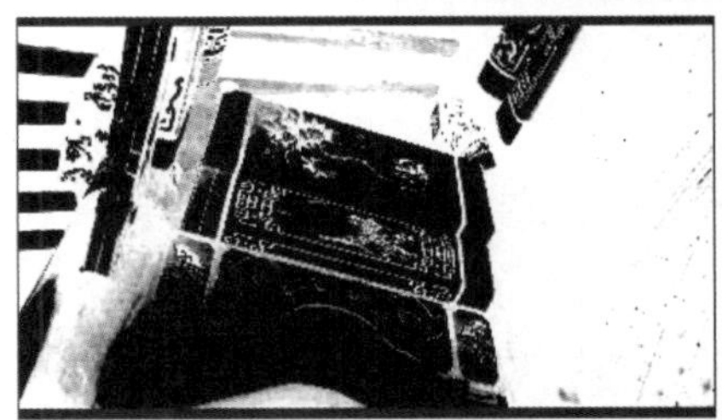

图7-133　调整遮罩范围

7 按快捷键Command+6，进入颜色板，切换至“饱和度”面板，调整全局滑块将饱和度提高，如图7-134所示。

8 此时检视器的画面中仅有遮罩部分，也就是红色的部分饱和度提高，颜色变得更加鲜艳，如图7-135所示。

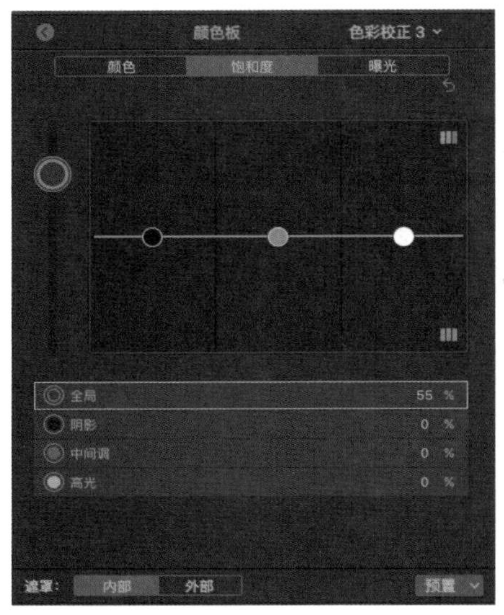

图7-134　提高饱和度

图7-135　对比画面饱和度

提示

在同一片段中可以新建多个色彩校正，而在每个色彩校正中可以创建多个遮罩分别对画面进行调整。

7.6 课后习题

(1) 如何为时间线中的片段添加效果？
(2) 如何对屏蔽与恢复添加的效果进行对比？
(3) 如何利用试演功能对比片段上的效果？
(4) 如何将一个片段中的效果复制到另外一个片段上？
(5) 视频观测仪有几种方式？应如何进行查看？
(6) 如何利用色彩平衡功能调整画面？
(7) 如何调整画面的色彩偏向？
(8) 遮罩分为几种类型？如何进行调整？

快捷键		
1	Command+D	复制项目
2	Command+5	显示或隐藏效果浏览器
3	Command+4	显示或隐藏检查器

4	Control+Y	复制为试演
5	Y	打开“试演”对话框
6	Control+Option+←	上一次挑选
7	Control+Option+→	下一次挑选
8	Option+Shift+Y	完成试演
9	Command+C	复制
10	Option+Command+V	粘贴效果
11	Shift+Command+V	粘贴属性
12	Delete	删除
13	Control+V	显示或隐藏视频动画
14	Command+7	显示视频观测仪
15	Option+Command+B	平衡颜色
16	Option+Command+M	匹配颜色
17	Option+E	添加色彩校正
18	Command+6	显示颜色板
19	Option+K	添加关键帧

7.7 课后拓展：选区的综合运用

1 选择时间线中的片段，按快捷键Option+E，添加新的色彩校正选项，单击“应用形状或颜色遮罩”按钮，在弹出的下拉列表中选择“添加形状遮罩”选项，如图7-136所示。

图7-136　“添加形状遮罩”选项

2 在检视器中调整形状遮罩的位置、形状与角度，如图7-137所示。

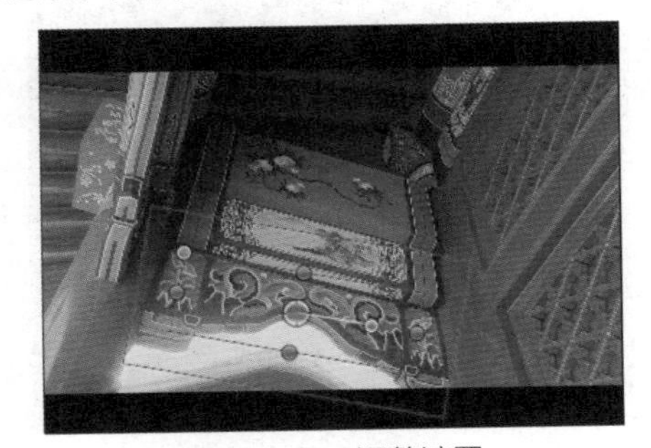
图7-137　调整遮罩

3 再次单击“应用形状或颜色遮罩”按钮，在弹出的下拉列表中选择“添加颜色遮罩”选项，如图7-138所示。

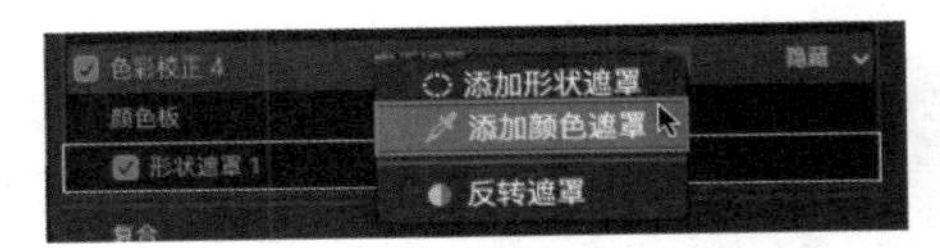

图7-138　“添加颜色遮罩”选项

4 在添加的形状遮罩区域按住鼠标左键进行拖曳，吸取颜色，如图7-139所示。

图7-139　吸取颜色

5 单击添加的色彩校正选项后的“查看遮罩”按

钮，在检视器中对添加的遮罩进行检查，此时只有颜色遮罩和形状遮罩同时选择的区域显示为白色，也就是被进行调整的区域，如图7-140所示。

6 此时的遮罩默认为添加的形状与颜色遮罩相互交叉的部分。单击“颜色遮罩”中“交叉”方式右侧的下三角按钮，在弹出的下拉列表中选择遮罩的叠加方式，如图7-141所示。

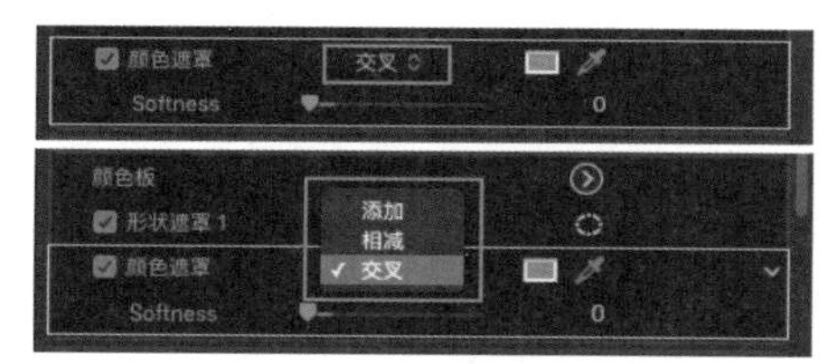

图7-141 调整遮罩叠加方式

提示

当在同一“色彩校正”选项中添加多个遮罩时，单击遮罩名称将其激活为蓝色，重新对其进行命名，以便进行区分，如图7-142所示。

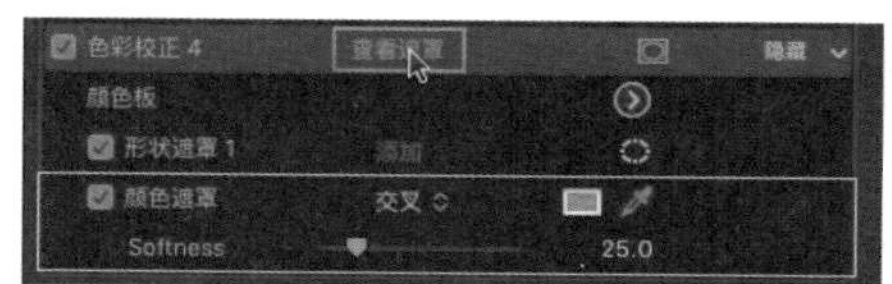

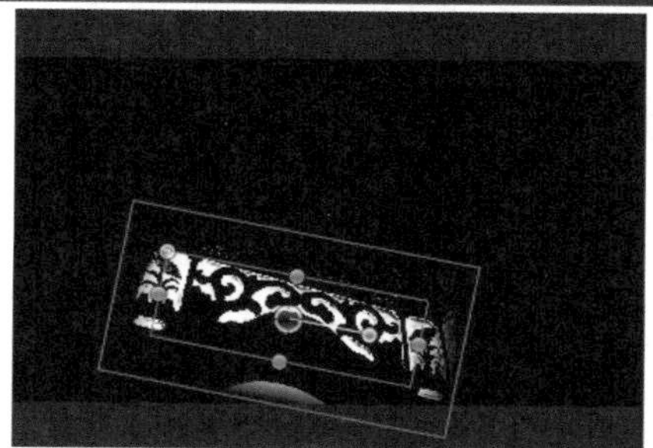

图7-140 查看遮罩

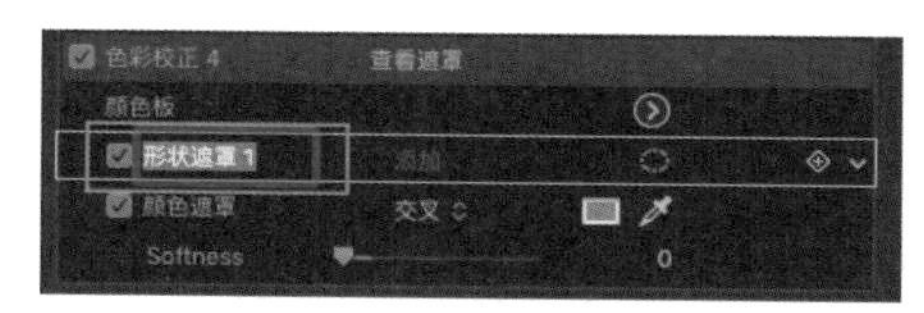

图7-142 修改遮罩名称

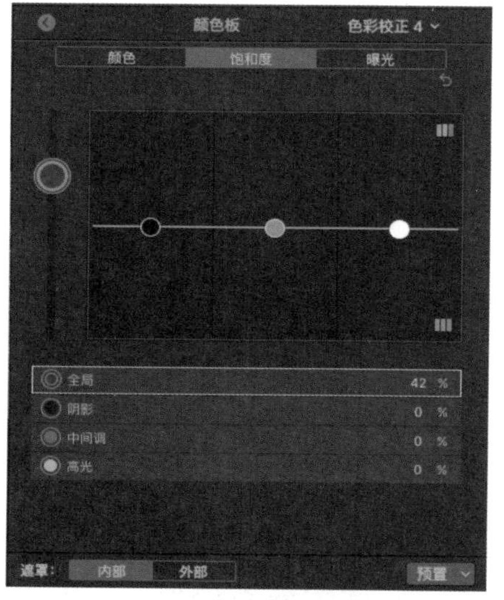

图7-143 调整遮罩范围饱和度

7 选择“颜色校正4”后，按快捷键Command+6，进入颜色板，在“饱和度”面板中拖曳滑块，调整画面的饱和度，如图7-143所示。

提示

单击颜色板右上角“颜色校正4”后的下三角按钮，在弹出的下拉列表中可以在添加的各色彩校正的颜色板之间进行切换，如图7-144所示。

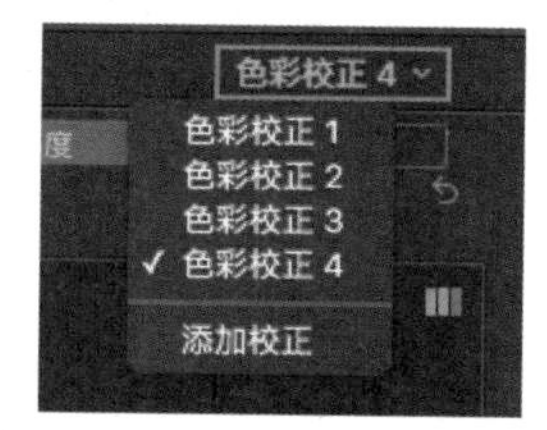

图7-144 切换色彩校正颜色板

8 此时只有颜色遮罩和形状遮罩同时选择区域会发生变化，区域内所选颜色的饱和度会被调节，如图7-145所示。

图7-145 在检视器中查看效果

第8章

声 音 调 整

本章概述：

本章主要学习如何对项目中的音频片段进行查看与调整，利用音频渐变与交叉叠化的方式实现音频片段之间的平滑过渡。强化与修正音频，并为所选音频片段添加效果。

教学目标：

(1) 能够利用音频指示器查看音频。
(2) 在时间线中对音频进行调整。
(3) 能够利用音频检查器对音频进行调整与修正。
(4) 熟练应用和设置音频渐变与交叉叠化效果。
(5) 能够设置项目的音频模式。
(6) 利用检查器激活与屏蔽音频通道。
(7) 根据需求为片段添加音频效果。

本章要点：

(1) 音频指示器
(2) 查看和调整音频音量
(3) 音频渐变
(4) 增强与修正音频
(5) 声相及通道
(6) 音频效果

人们通常会将一部好的影片形容为“视听盛宴”，这就是说与影片中的画面效果相比声音同样重要。当影片中的画面与人物的对白、背景音乐和音效完美地结合起来时会增加影片的质感与真实感，将观众带入故事情节中，达到身临其境的感受，获得更佳的视听体验。如果在编辑过程中添加的音频片段的音量过大、过小或是在夹杂着录制时收录进来的背景噪声，就会影响影片最终的效果。对音频内容适当的处理能够渲染背景与烘托气氛，掌握影片的节奏。

在本章介绍音频中独有的音频指示器；了解多种调整音频片段的方式；尝试在音频片段之间创建自然的渐变效果；利用音频检查器修正一些音频问题，并通过效果浏览器为音频片段添加声音效果。

8.1 音频指示器

对项目中的画面进行调整后，就开始对项目中的声音进行调整与控制，或是尝试对背景音乐、配音或是对话等音频进行混音。首先，需要对音频的音量进行调整与优化，这时就需要利用“音频指示器”对当前音频片段的状况进行评估。

选择菜单【窗口】|【在工作区中显示】|【音频指示器】命令(快捷键为Shift+Command+8)，如图8-1所示。或者单击时间码右侧的音频指示器标志，在工作区的右下角打开“音频指示器”，如图8-2所示。

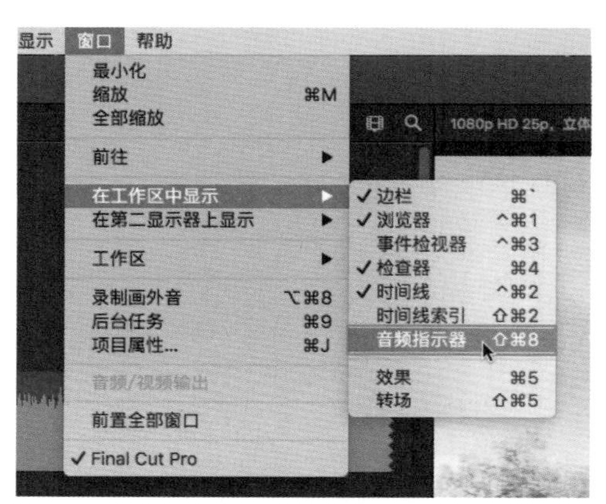

图8-1 【音频指示器】命令

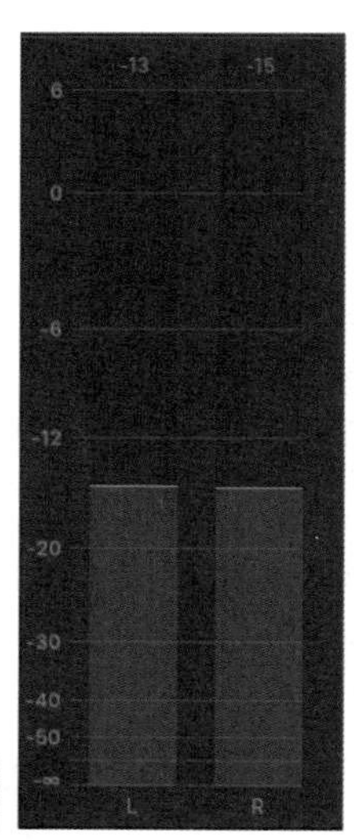

图8-2 音频指示器

在“音频指示器”中有L和R两个音频通道。左侧的数字显示音量的高低，单位为分贝，用dB表示，在播放标准中应控制片段音量在0dB以下。按空格键进行播放，音频指示器中会显示音量的变化。当音量接近0dB时，通道的颜色由绿色变为黄色。当音量超过0dB时，通道的颜色由黄色变换为红色。当通道变为红色时，表示当前区域音频的音量超过音频播出的标准，超出的部分会被消波或是出现失真的现象，如图8-3所示。

指示器中的水平线表示音量的峰值，在未超出0dB时显示为白色。它代表已经进行播放的片断中该音频通道最高音量的数值。在音频指示器的顶端显示为“峰值指示器”，当检测到在播放音频的过程中多次超过0dB时颜色就会变红，上面显示的数字表示当前音频通道在播放中超过0dB的次数，如图8-4所示。

音频指示器的主要功能是提供项目的总体混合输出音量。播放项目时，音频指示器中的通道会发生与音量大小相对应的动态的变化。当时间线中的同一位置包含人物对话、背景音乐及音效等多个音频片段时，这些片段的音量会进行累积。为保证累积的音频不超过0dB，需要进行合理的音频配比，比如，保持对话和画外音在-12dB~-6dB，背景音乐在-15dB~-18dB。

提示

开启“音频扫视”功能的状态下，扫视片段时音频指示器中的音量同样会发生变化。

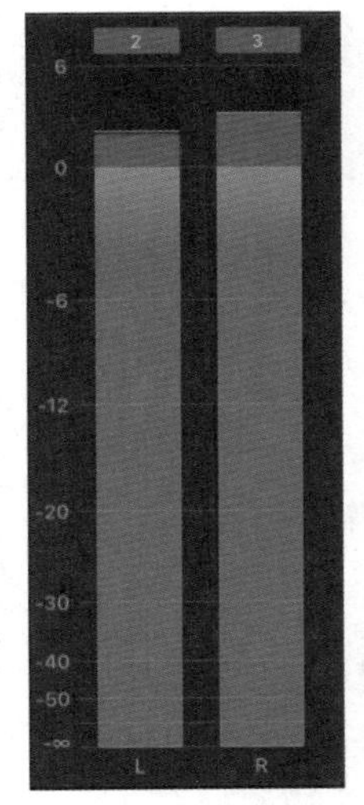

图8-3　查看音频指示器

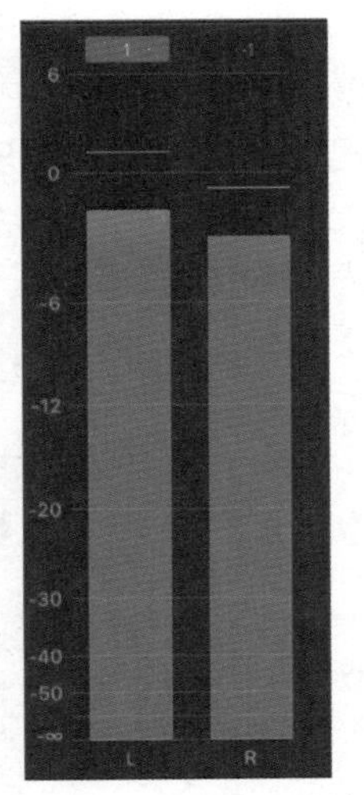

图8-4　查看音量峰值

8.2 在时间线中查看与控制音量

当利用音频指示器对时间线中的片段音量进行查看后，就需要对音频中有问题的部分进行控制与调整。

8.2.1 手动调整音频

在对时间线中的音频进行调整前，为了便于观察，需要先对片段外观进行调整。单击时间线右上角的“更改片段在时间线中的外观”按钮，在弹出的对话框中进行调整，使时间线中片段的音频显示范围大于视频范围，如图8-5所示。

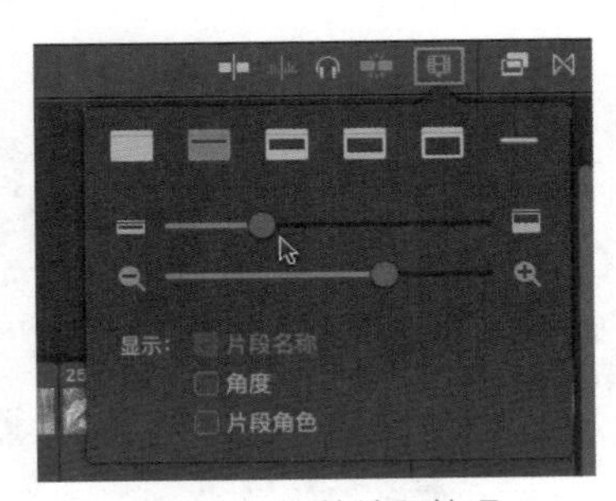

图8-5　调整片段外观

动手操作：整体调整音频音量

▶素材：素材/建筑　▶源文件：资源库/第8章/8.2

1 观察时间线中的片段，在音频片段中会显示一条白色的水平线，为音量控制线。将鼠标悬停在控制线上，光标会变为上下的双箭头形状。未经处理的默认状态音频音量显示为0.0dB，如图8-6所示。

图8-6　音量控制线

2 按住鼠标左键后，上下拖曳音量控制线，调高或降低当前片段的音量，如图8-7所示。

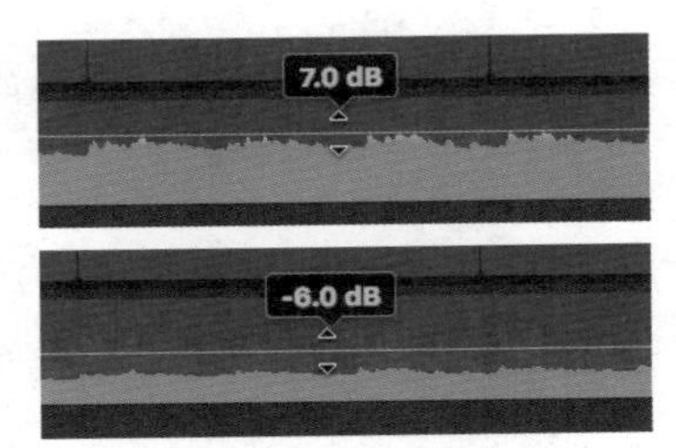

图8-7　调整音量

注意

在拖曳音量控制线时，最大值为12dB，意为在原音量的基础上增加12dB，而最小值为负无穷，此时音频被静音，如图8-8所示。

3 在对时间线中片段的音频进行调整后，选择菜单【修改】|【调整音量】|【还原(0dB)】命令，将音频的音量还原到默认状态，如图8-9所示。

图8-8 静音片段

4 当对音频的音量进行精确调整时，可以在选择该音频片段后，选择菜单【修改】|【调整音量】|【调高(+1dB)】命令(快捷键为Control+=)，如图8-10所示。

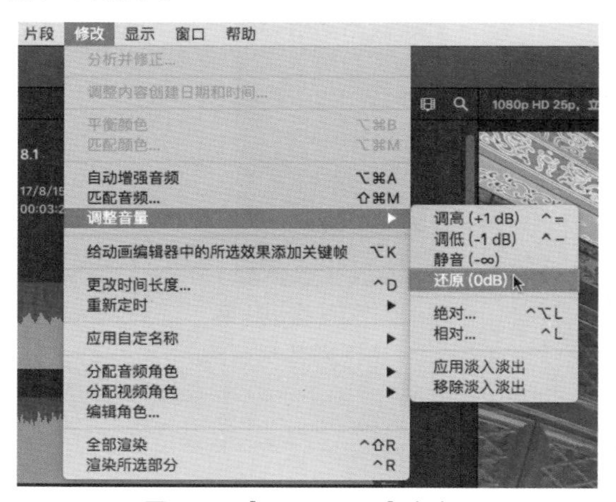

图8-9 【还原(0dB)】命令

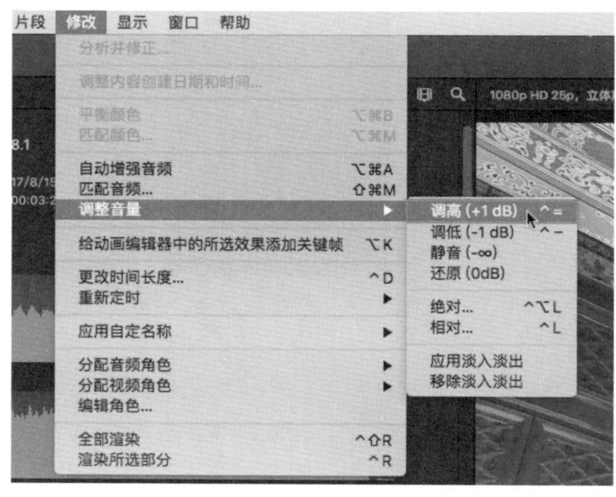

图8-10 【调高(+1dB)】命令

5 被选中的音频片段在原始音量的基础上提高1dB，如图8-11所示。

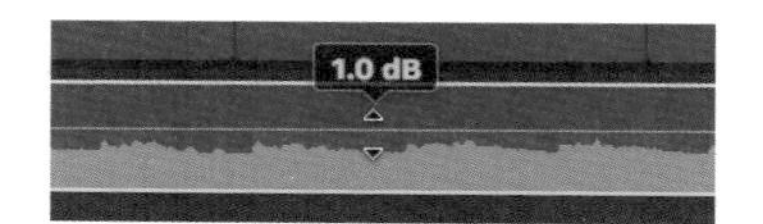

图8-11 音频调高1dB

6 再次选择菜单【修改】|【调整音量】|【调低(-1dB)】命令(快捷键为Control+-)，如图8-12所示。

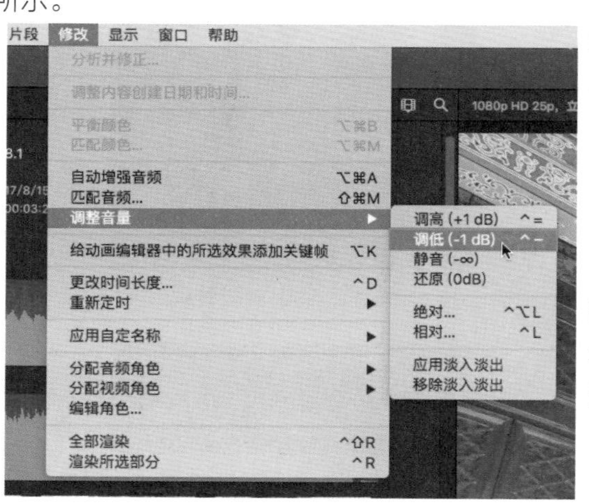

图8-12 【调低(-1dB)】命令

7 被选中的音频片段的音量降低1dB，如图8-13所示。

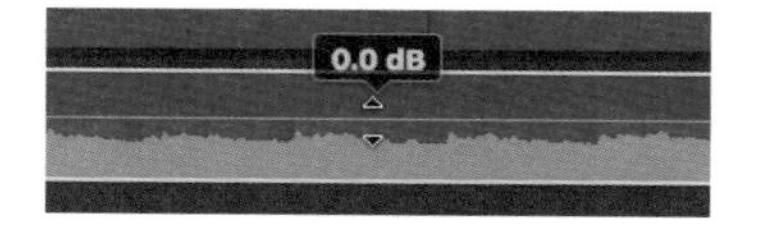

图8-13 音量调低1dB

8 在进行调整的过程中，当音频片段的音波中显示黄色或红色的波峰时，表示音频的音量已经接近或是超过了0dB，如图8-14所示。

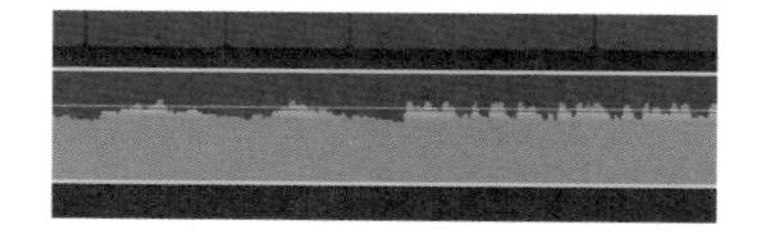

图8-14 查看音频音量

动手操作：调整特定区域内音量

▶素材：素材/建筑 ▶源文件：资源库/第8章/8.2

1 在工具栏中将工具切换为“范围选择工具”(快捷键为R)，如图8-15所示。

2 框选时间线上需要进行调整的部分，如图8-16所示。

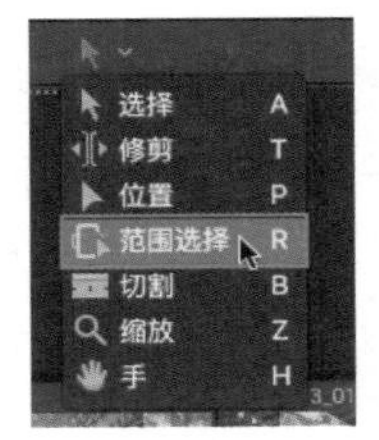

图8-15　范围选择工具

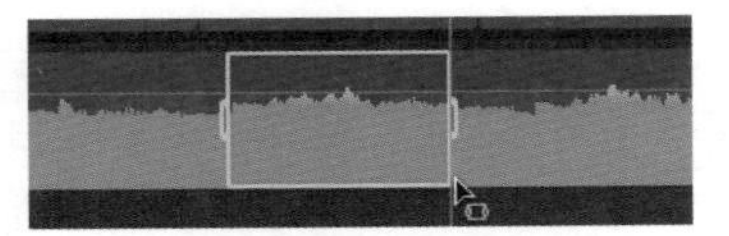
图8-16　建立选区

3 将鼠标悬停在音量控制线上，当光标变为上下双箭头的形状后，按住鼠标左键向下拖曳鼠标，直至没有红色与黄色的音频波形部分，如图8-17所示。

4 按快捷键Command++，放大时间线，在刚刚进行调整部分的音频控制线上自动创建了四个白色的关键帧，并且在关键帧之间创建了渐变曲线过渡，使声音的变化更加平滑，如图8-18所示。

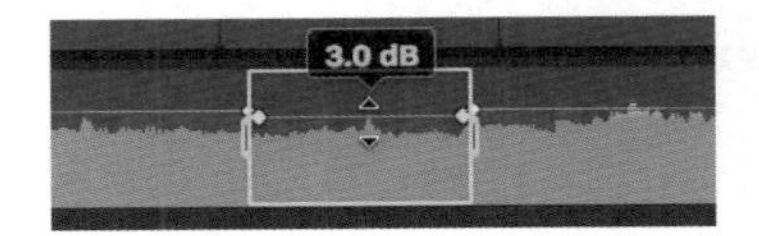

图8-17　调整音量控制线

图8-18　关键帧

动手操作：利用关键帧调整音频音量

▶素材：素材/建筑　▶源文件：资源库/第8章/8.2

1 此外，也可以通过手动创建关键帧的形式对某一区域的音频进行调整。按住Option键的同时将鼠标悬停在音频控制线上，光标下方出现带有“+”的菱形标志后单击，在该位置会添加一个关键帧，如图8-19所示。

2 在需要进行调整的区域左右两侧各添加两个关键帧后，按住鼠标左键上下拖曳关键帧之间的音频控制线可以调整音量，如图8-20所示。

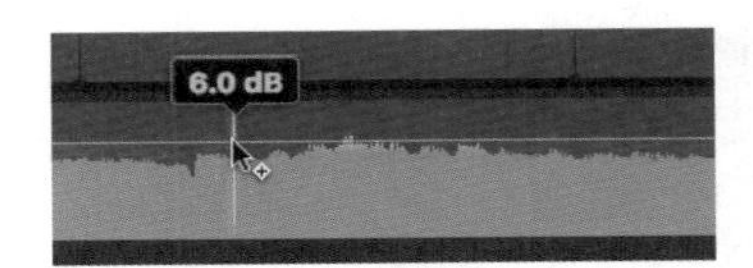

图8-19　手动添加关键帧

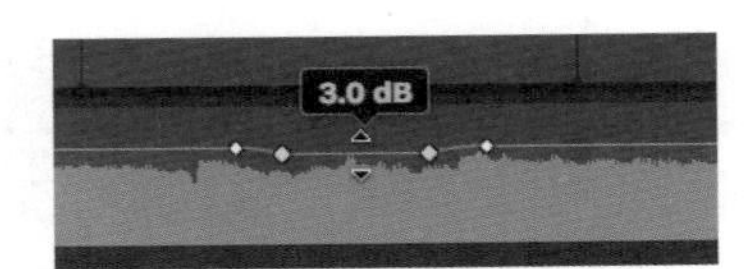

图8-20　调整音量控制线

提示

选择创建的关键帧，按住鼠标左键进行左右拖曳可以调整它的时间位置。

按快捷键Option+↑可以提高关键帧所在位置的音量；按快捷键Option+↓可以降低关键帧所在位置的音量。

3 选择时间线中的片段，单击鼠标右键，在弹出的快捷菜单中选择【删除关键帧】命令，删除选中的关键帧，如图8-21所示。

4 当需要同时删除多个关键帧时，按R键将编辑工具切换为“范围选择工具”，框选建立选区范围，单击鼠标右键后，在弹出的快捷菜单中选择【删除关键帧】命令，可以删除选区内的所有关键帧，如图8-22所示。

图8-21　【删除关键帧】命令1

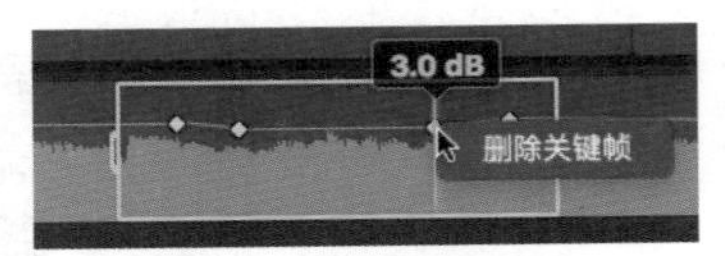

图8-22　【删除关键帧】命令2

8.2.2 音频渐变

声音一般分为在一开始时由无声到最大音量的上升阶段；声音开始降低的衰退阶段；声音延续的保持阶段及声音逐渐消失的释放阶段。在音波中显示为一个连贯的过程，但在编辑过程中，由于对片段进行了整理与分割，声音会在开始和结束位置被突兀地截断，音频渐变的添加可以美化两个音频片段之间生硬的连接，在音频片段的开头和结尾创建交叉渐变转场可以达到一种声音淡入淡出的效果。

1 将鼠标悬停在时间线中的片段上，当该片段包含音频时，片段开始与结尾处分别显示两个白色的滑块，如图8-23所示。

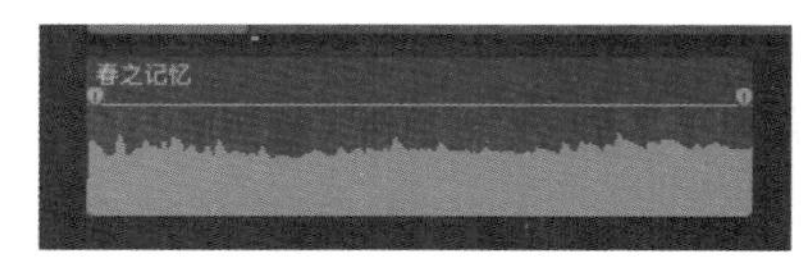

图8-23 查看音频

2 将鼠标悬停在滑块上，光标会变成左右箭头的形状，如图8-24所示。

3 按住鼠标左键后向右拖曳滑块，上方的时间码会显示当前调整的帧数。与编辑点的距离越长，创建的渐变长度也就越长，音频的变化就越柔和，如图8-25所示。

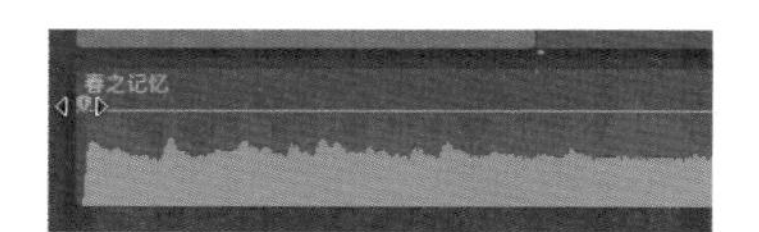

图8-24 选择滑块

图8-25 创建音频渐变

提示

音频片段与视频片段的时间码略有区别，音频片段的时间码会在调整的帧数后显示子帧。

4 在滑块上单击鼠标右键，或是按住Control键的同时单击滑块，在打开的菜单中可以对渐变效果的类型进行切换，如图8-26所示。

- 线性：设置后渐变为具有上升或下降趋势的直线，渐变的过程是均匀的。
- S曲线：调整后的音频渐变是渐入渐出的，适用于音频在开始渐显与结尾渐隐的效果。
- +3dB：渐变默认添加的方式，也称为快速渐变，适用于片段之间的渐变效果，使编辑点上的音频过渡显得更加自然。
- -3dB：慢速渐变，通常用于掩盖片段中明显可以听到的杂音，制造声音慢慢消退的效果。

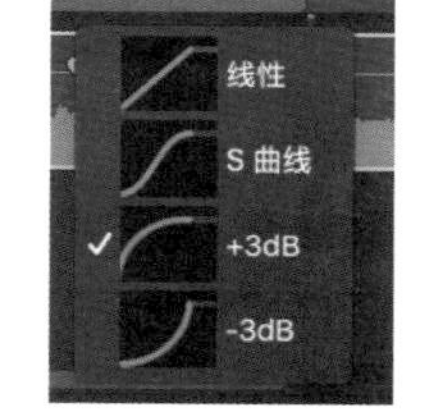

图8-26 切换音频渐变类型

提示

当时间线中的同一位置中叠放了背景音乐、画外音、对白等多个音频片段时，为了精确地进行某一部分的调节，选择该片段后，单击时间线右上方的“独奏所选项”按钮(快捷键为Option+S)，如图8-27所示。

图8-27 “独奏所选项”按钮

动手操作：创建片段间的音频渐变效果

▶素材：素材/建筑 ▶源文件：资源库/第8章/8.2

1 当对时间线中的音频片段进行播放时，如果发现相邻两个片段之间的过渡过于生硬、不够流畅，同样可以通过拖曳片段两侧的滑块制作渐变效果，如图8-28所示。

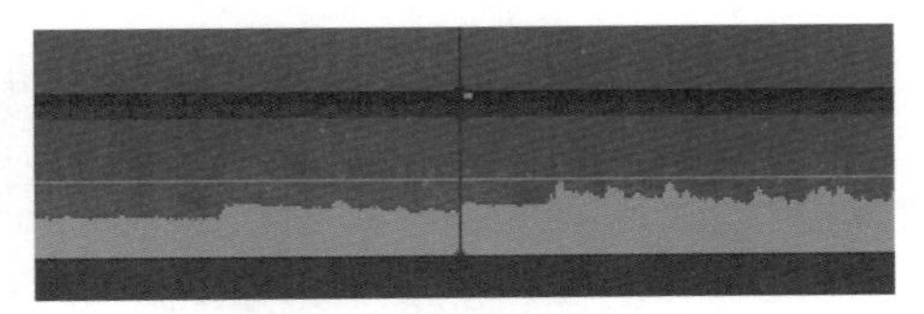

图8-28 查看音频片段

提示

当同一片段中既包含音频又包含视频时，可以在选择该片段后，选择菜单【片段】|【展开音频】命令(快捷键为Control+S)。或是在该片段上单击鼠标右键，在弹出的快捷菜单中选择【展开音频】命令，如图8-29所示。

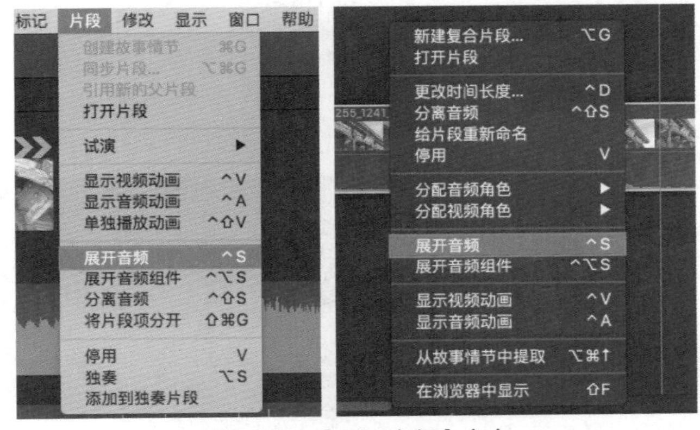

图8-29 【展开音频】命令

2 分别选择音频片段相邻的编辑点进行拖曳将其拉长，如图8-30所示。将鼠标悬停在片段中音频调整线的开始或结束位置，会显示白色的音量控制滑块，按住鼠标左键拖曳滑块创建渐变，如图8-31所示。

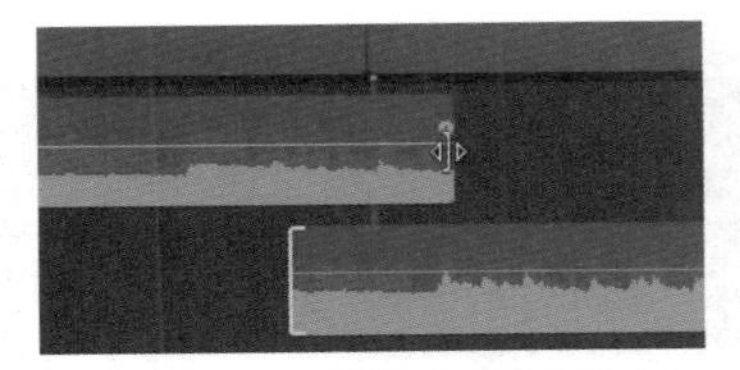

图8-30 调整音频长度

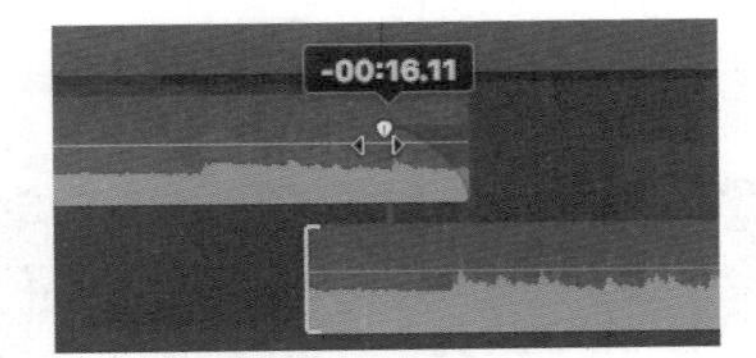

图8-31 调整音频滑块

3 按空格键进行播放，左右拖曳滑块对音频渐变的持续时间进行调整，如图8-32所示。

4 如果感觉声音的渐变仍有问题，可以在滑块上单击鼠标右键，在弹出的快捷菜单中对音频渐变的类型进行修改，如图8-33所示。

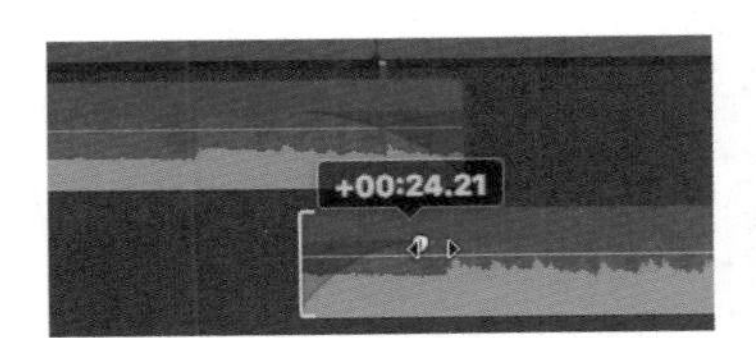

图8-32 调整音频渐变时间

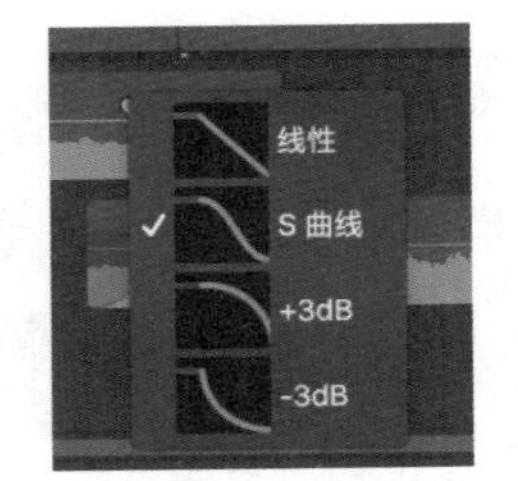

图8-33 切换音频渐变类型

动手操作：为片段添加转场

▶素材：素材/建筑 ▶源文件：资源库/第8章/8.2

与视频片段中所提到的“交叉叠化”转场方式相同，也可以通过在音频片段之间创建交叉叠化的方式弱化音频连接点间的差别。

1 单击音频片段间的编辑点，如图8-34所示。

2 选择菜单【编辑】|【添加交叉叠化】命令(快捷键为Command+T)，如图8-35所示。

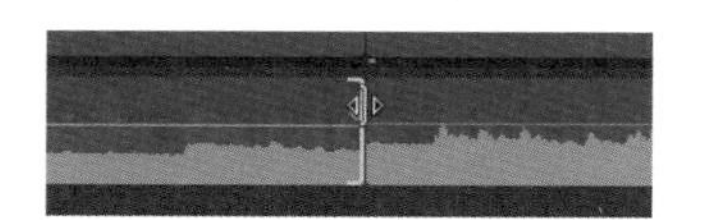

图8-34　选择编辑点

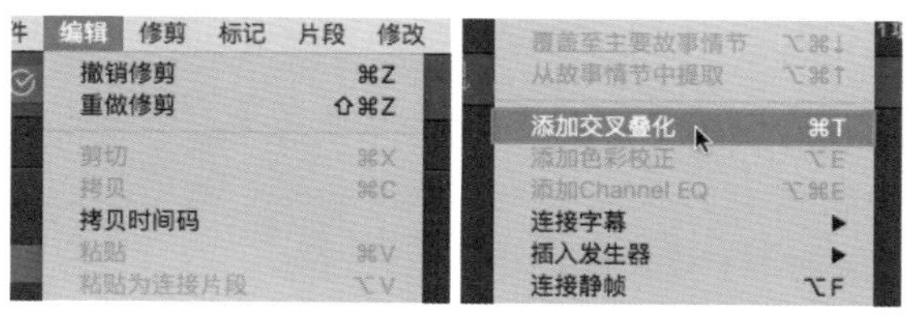

图8-35　【添加交叉叠化】命令

3 此时在两个音频片段之间会添加一个“交叉叠化”转场效果，并且自动将片段创建一个次级故事情节，如图8-36所示。

4 单击添加的“交叉叠化”转场，在“转场检查器”中对其进行查看，如图8-37所示。

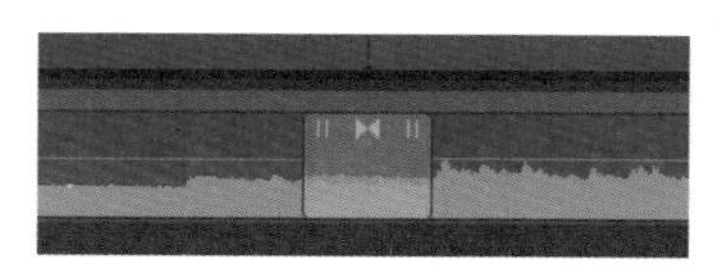

图8-36　“交叉叠化”转场

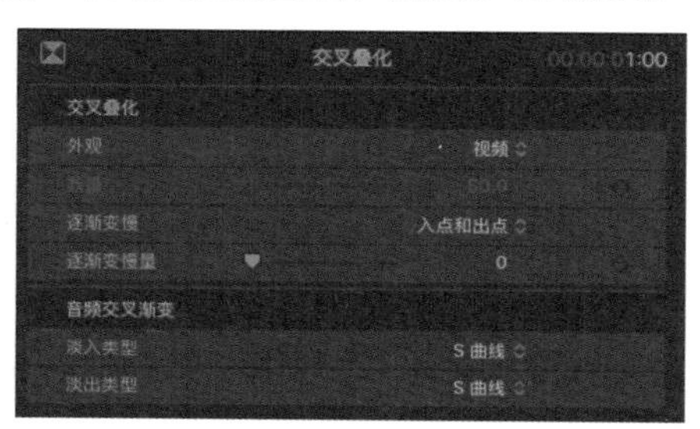

图8-37　转场检查器

5 在“音频交叉渐变”选项中，默认添加的音频叠化类型为“S曲线”，如图8-38所示。

6 单击“S曲线”后的下三角按钮，打开下拉列表，可以分别修改音频片段淡入及淡出的类型，如图8-39所示。

图8-38　音频交叉渐变

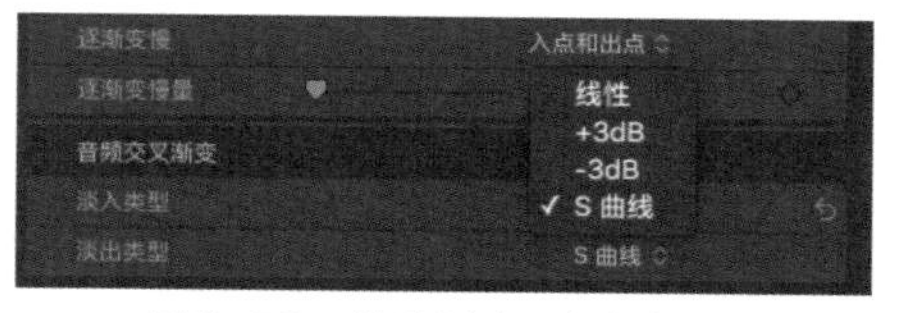

图8-39　修改淡入/淡出类型

8.3 在检查器中查看与控制音量

除了在时间线中对音频进行查看与调整外，还可以在“音频检查器”中对所选音频进行更加详细的设置。

8.3.1 在检查器中调整音量

1 选择时间线上的音频片段，按快捷键Command+4，打开检查器，在“信息检查器”中可以查看音频片段的相关信息，如图8-40所示。

2 单击检查器左上角的“显示音频检查器”按钮，切换至“音频检查器”，如图8-41所示。

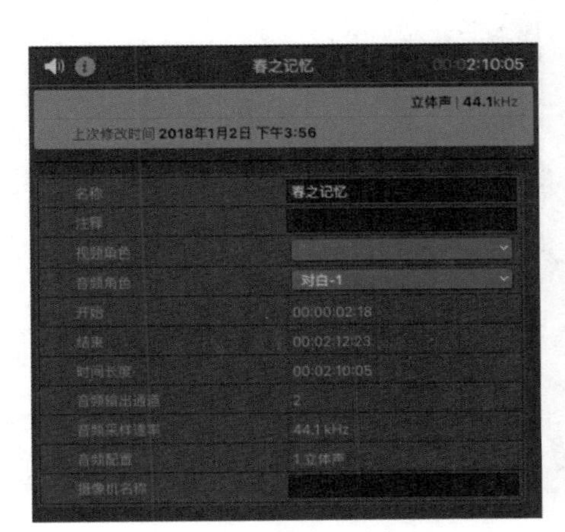

图8-40 信息检查器

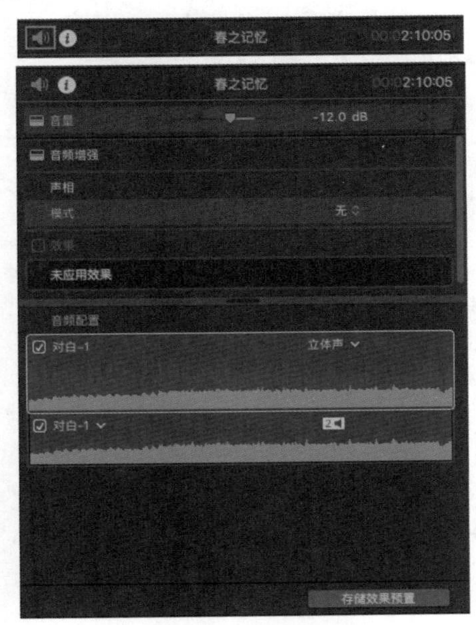

图8-41 音频检查器

3 拖曳“音频检查器”中“音量”选项右侧的滑块，或是在滑块右侧的音量值上按住鼠标左键上下拖曳，修改当前音频片段的音量，如图8-42所示。

图8-42 调整片段音量

4 单击“音量”选项右侧的音量值，当数字被激活为蓝色后，输入准确数值后按Enter键进行确认，如图8-43所示。

> **提示**
>
> 单击“音量”选项右侧的“关键帧”按钮，可以在所选音频片段上添加关键帧控制音量的变化，如图8-44所示。

图8-43 调整片段音量

图8-44 “关键帧”按钮

8.3.2 音频的增强与修正

在将媒体文件导入资源库时，勾选“分析并修正音频问题”选项可以消除音频中的噪声。但如果在对所有片段已经编辑完成之后才发现音频问题，则可以利用音频检查器中的“音频增强”选项对音频片段进行分析修正。

动手操作：设置音频均衡效果

▶素材：素材/建筑 ▶源文件：资源库/第8章/8.3

1 单击“音频增强”右侧的“显示”按钮，打开相关参数信息。在“音频增强”中包含“均衡”

与“音频分析”两个选项，如图8-45所示。

2 单击“均衡”选项前的复选框激活该选项，如图8-46所示。

3 在“均衡”选项中可以设置一些声音效果。默认效果为平缓，单击右侧的下三角按钮，在弹出的下拉列表中提供了诸如人声增强、音乐增强、响度、嗡嗡声减弱等效果，如图8-47所示。

图8-45　音频增强

图8-46　“均衡”选项

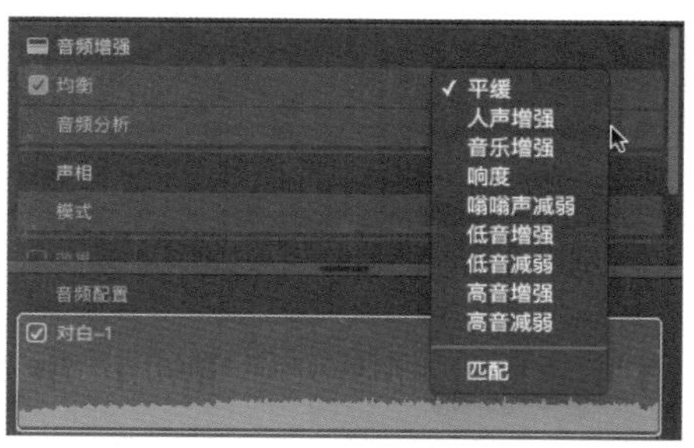

图8-47　切换均衡效果

提示

选择下拉列表中的“匹配”选项，或是单击检视器下方的“选取颜色校正和音频增强”按钮右侧的下三角按钮，在弹出的下拉列表中选择“匹配音频”选项(快捷键为Shift+Command+M)，可以在音频片段之间进行匹配，如图8-48所示。

4 当选择了均衡效果后，单击右侧的“显示高级均衡器UI”按钮，进入相应的音频调节均衡器，如图8-49所示。

图8-48　“匹配音频”选项

图8-49　“显示高级均衡器UI”按钮

5 在均衡器中，单击效果列表框右侧的下三角按钮，打开下拉列表，或是单击列表框右侧的左/右三角按钮，对效果进行切换，如图8-50所示。

6 当对效果进行切换时，均衡器中的各滑块的位置也会发生变化，如图8-51所示。

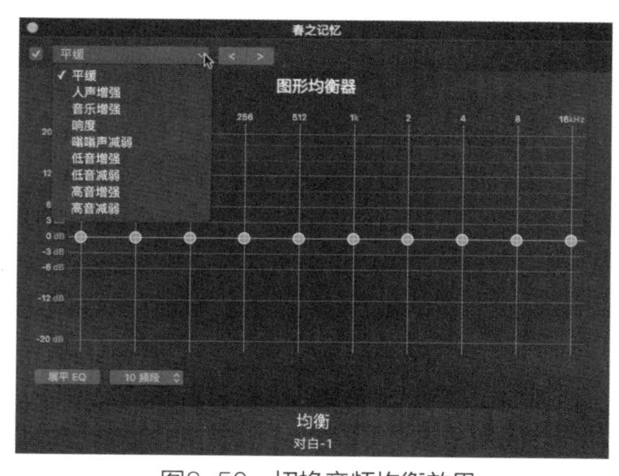

图8-50　切换音频均衡效果

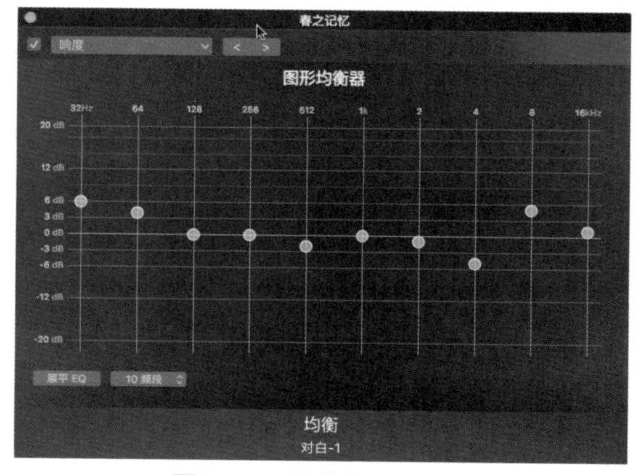

图8-51　滑块位置变化

7 选择均衡器中各频段上的滑块，按住鼠标左键上下拖曳，可以对声音效果进行自定义调整，如图8-52所示。

8 单击频段后，该频段被蓝色外框选中。在频段栏上进行框选可以同时选择多个频段，任意拖曳其中一个频段上的滑块会同时对所有选中的频段进行调整，如图8-53所示。

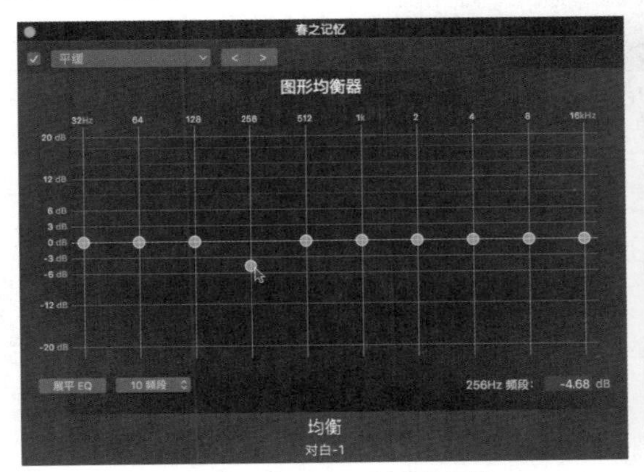

图8-52　拖曳频段栏中的滑块

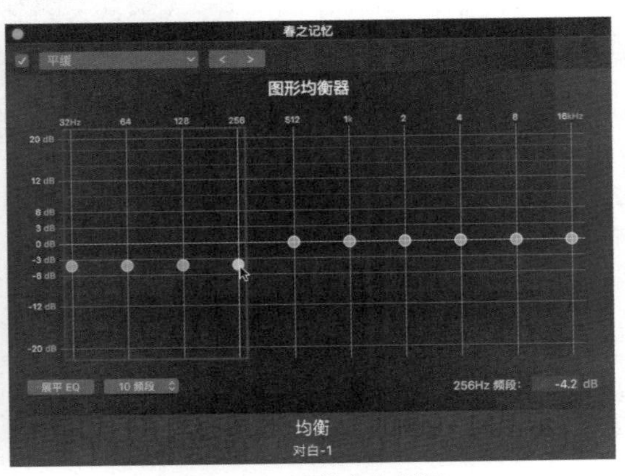

图8-53　调整多个频段

提示

按住Command键的同时，单击各频段可以进行多选，如图8-54所示。

9 单击“图形均衡器”左下角“10频段”列表框右侧的下三角按钮，在下拉列表中可以将频段数切换为31个，如图8-55所示。

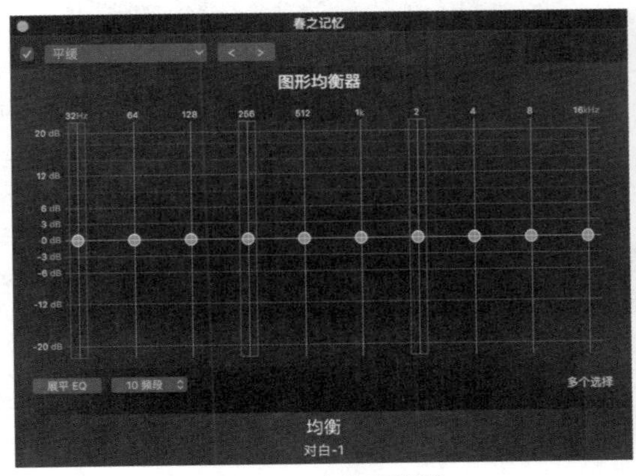

图8-54　多选频段栏

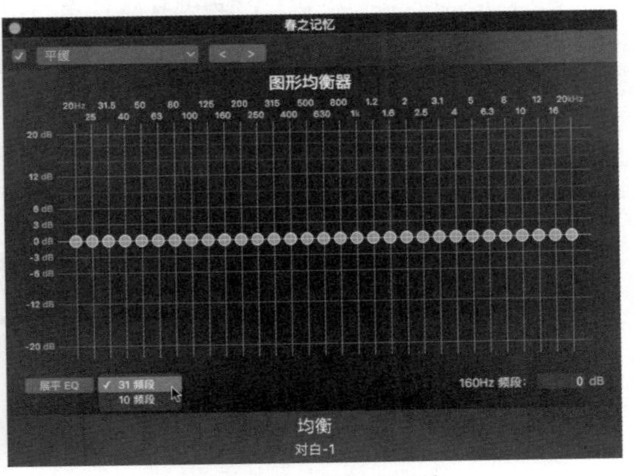

图8-55　切换频段数

动手操作：利用检查器手动修正音频

▶素材：素材/建筑　▶源文件：资源库/第8章/8.3

1 在“音频分析”选项中可以自动对选择的音频片段进行分析。当前音频为“未分析”状态，如图8-56所示。

2 单击“音频分析”选项右侧的“音频增强”按钮，会自动对所选音频进行分析，如图8-57所示。

图8-56　“音频分析”选项

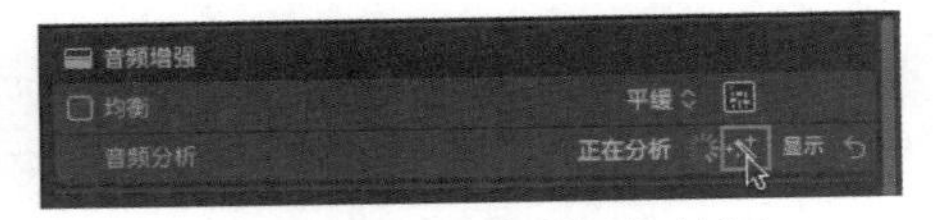

图8-57　“音频增强”按钮

3 分析完成后，在“音频增强”按钮前会出现一个带有“√”的绿色圆形标志，表示该音频片段的分析已经完成。单击右侧的“显示”按钮，打开音频分析选项，如图8-58所示。

图8-58　完成音频分析

提示

将鼠标悬停在“音频配置”上方的水平分隔栏上，光标变为双箭头状态后向下拖曳，直至完整地显示“音频分析”选项中的内容，如图8-59所示。

4 在“音频分析”选项中，会对音频片段的响度、噪声及嗡嗡声进行分析，没有问题的选项后方会显示带有“√”的绿色圆圈标志。经分析有问题的选项系统会自动进行修正，选项前的复选框呈激活状态，如图8-60所示。

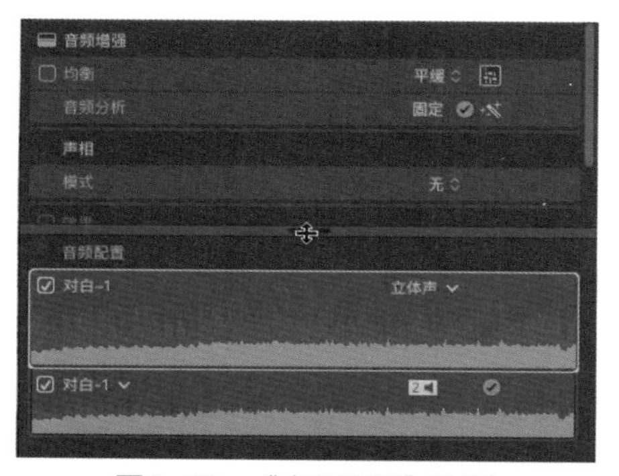

图8-59　“音频配置”选项

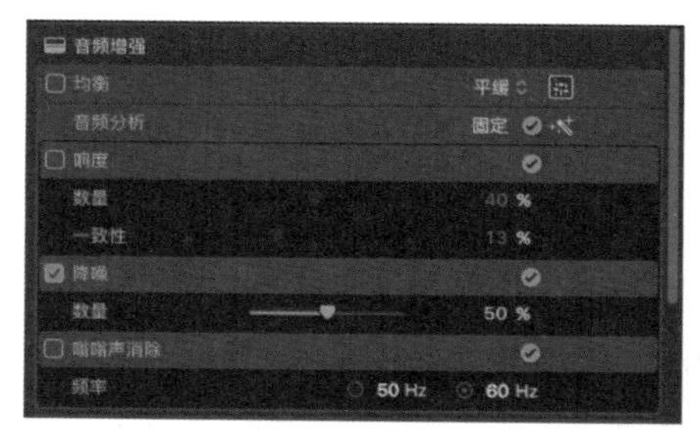

图8-60　查看音频分析内容

5 如果仍需要对音频进行降噪，可以选择“降噪”选项下方的滑块，按住鼠标左键后进行拖曳，或是单击百分比数值后直接进行输入，如图8-61所示。

图8-61　调整降噪数量

提示

在选择“降噪”或“嗡嗡声消除”选项时，如果数值过大，会对音频片段中的声音有一定的破坏，所以在进行数值设定时，需要对数值进行多次调整。

6 在“音频分析”选项中，带有“！”的黄色三角形标志表示当前音频片段中存在问题，需要进行处理，如图8-62所示。

图8-62　检测到音频问题

7 此外，选择菜单【修改】|【自动音频增强】命令(快捷键为Option+Command+A)，或是单击检视器下方的“选区颜色校正和音频增强”右侧的下三角按钮，在弹出的下拉列表中选择“自动增强音频”选项，可以对音频片段进行修正，如图8-63所示。

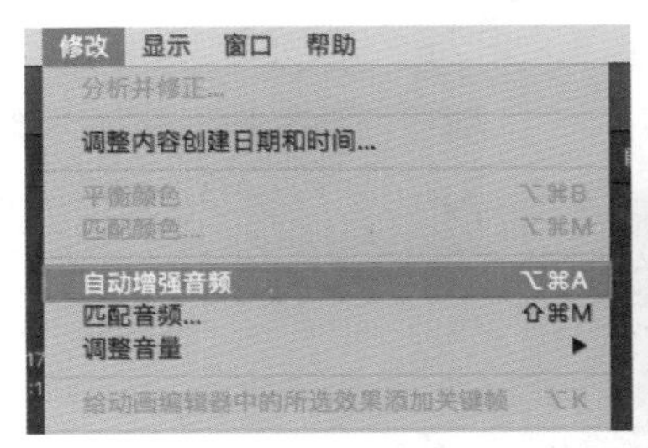

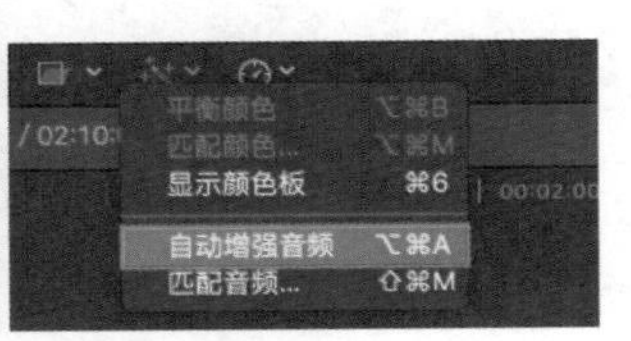

图8-63 【自动增强音频】命令

8.3.3 声相及通道

声相模式类似于一种能够控制声音信号在音频通道中输出位置的设备，包含针对立体声与环绕声的多种预设，可以非常快速地改变声音的定位，制作出一种立体的空间感，与画面进行更好地融合。

1 单击“音频检查器”中“声相”选项右侧的“显示”按钮，打开声相模式的相关参数，如图8-64所示。

图8-64 “声相模式”选项

2 单击“模式”右侧的下三角按钮，在弹出的下拉列表中提供了多种关于立体声与环绕声的效果预设，如图8-65所示。

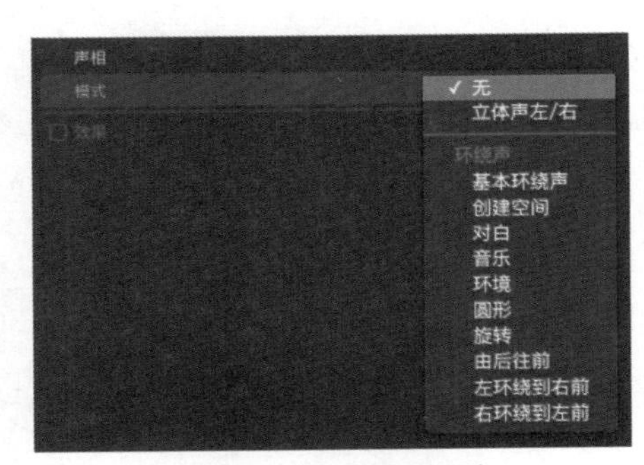

图8-65 声相模式列表

动手操作：设置立体声模式

▶素材：素材/建筑 ▶源文件：资源库/第8章/8.3

1 检视器左上角的信息显示当前项目的音频设置为立体声。时间码上的 “音频指示器”标志上仅显示两个音频通道，如图8-66所示。

图8-66 “立体声”模式

2 选择音频片段后，在“声相模式”下拉列表中将设置切换为 “立体声左/右”模式，如图8-67所示。

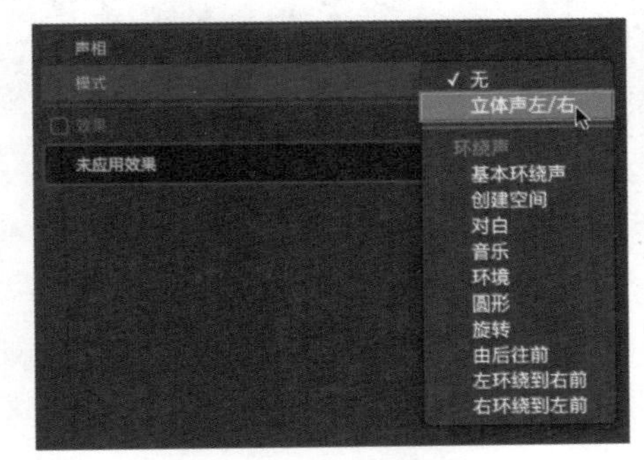

图8-67 切换声相模式

注意 

为了对比两个声相模式之间的差别，可以单击音频片段，按快捷键Option+Y制作试演片段。

3 “声相”选项中的声相量默认为0，表示当前左右声道中的声音为平衡状态，按住鼠标左键后向左拖曳滑块至-100。按空格键播放音频片段时会发现声音只能在左边的音箱中听到，如图8-68所示。

4 将滑块向右拖曳至100时，则只能在右边的音箱中听到声音，如图8-69所示。

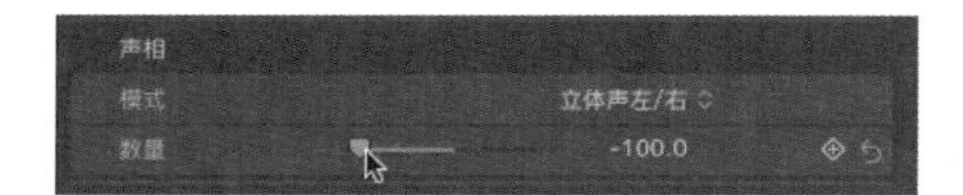

图8-68　调节声相量1

图8-69　调节声相量2

> **提示**
>
> 如果需要将声相量恢复为初始状态，单击最右侧的“还原”按钮，还原参数。

5 单击时间线中的音频片段，将播放指示器拖曳至片段开始。单击“数量”右侧的“关键帧”按钮，添加关键帧，并将滑块向左拖曳至-100，如图8-70所示。

6 再次拖曳播放指示器进行重新定位后，在数值栏中输入数字0。当声相量变化之后，在该位置上会自动添加一个关键帧，如图8-71所示。

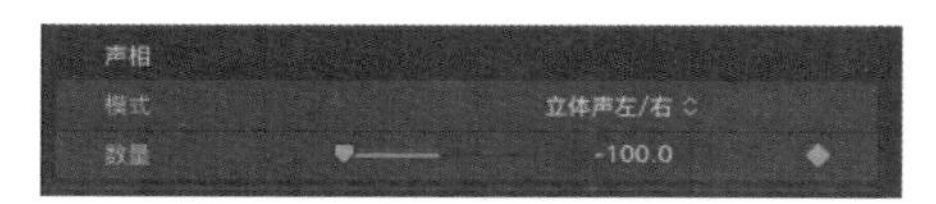

图8-70　添加关键帧

图8-71　调整声相量

7 再次拖曳播放指示器位置，并将滑块向右拖曳至100，如图8-72所示。

8 按空格键进行播放，在播放过程中声音先从左侧音箱中传出后，两侧音箱的声音逐渐平衡，最后仅从右侧的音箱中传出。

图8-72　再次调整声相量

9 为了能够更加明确地进行查看，可以在音频片段上单击鼠标右键，在弹出的快捷菜单中选择【显示音频动画】命令(快捷键为Control+A)。或是选择该片段后，选择菜单【片段】|【显示音频动画】命令，打开“音频动画”对话框，如图8-73所示。

10 在打开的“音频动画”对话框中可以看到之前添加的关键帧，在操作区域上双击或是单击右侧的图标，可以展开“声相：数量”操作区域，如图8-74所示。

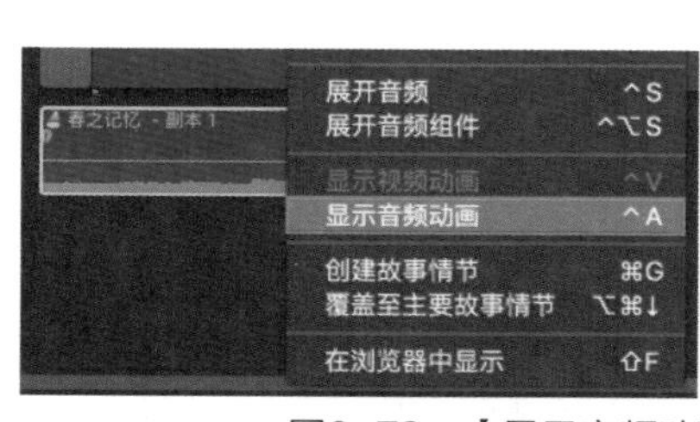

图8-73　【显示音频动画】命令

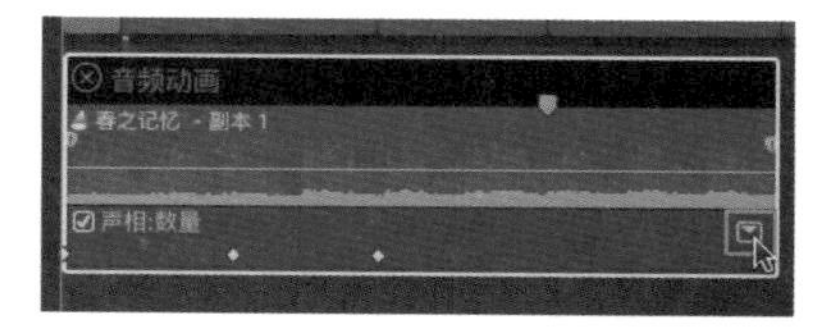

图8-74　“音频动画”对话框

11 此时“音频动画”对话框中的声相量控制线在开始位置显示为上升状态，当达到100时呈水平状态，如图8-75所示。

12 将鼠标悬停在添加的关键帧上，光标变为左右双箭头状态。按住鼠标左键后左右拖曳鼠标，可以调整关键帧的位置。上下拖曳鼠标可以调整当前关键帧的声相

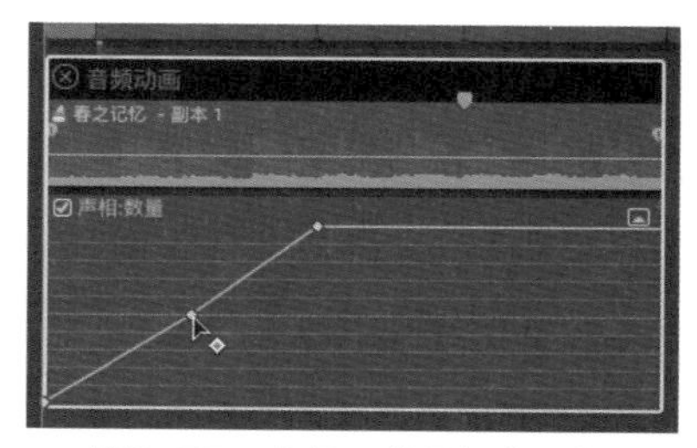

图8-75　声相：数量操作区域

量，如图8-76所示。

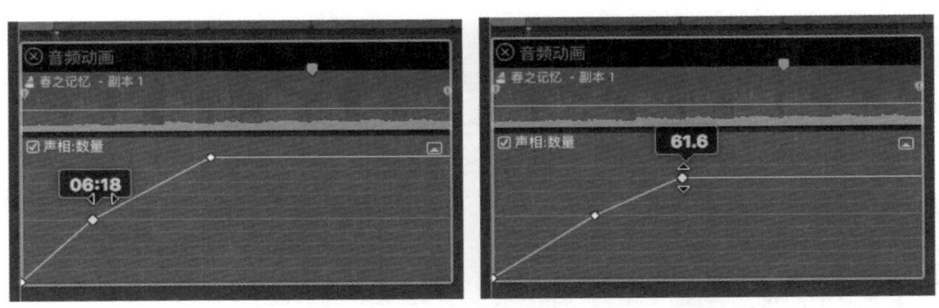

图8-76　调整关键帧位置

动手操作：设置环绕声模式

▶素材：素材/建筑　▶源文件：资源库/第8章/8.3

除了对音频进行立体声设置外，还可以对其进行环绕声的设置，或者在立体声与环绕声之间进行转换。当前项目的音频设置为立体声，在对其进行环绕声设置之前，先将项目的设置进行调整。

1 选择菜单【窗口】|【项目属性】命令(快捷键为Command+J)，在检查器中打开当前项目的属性，如图8-77所示。

2 单击项目信息右下角的“修改”按钮，重新打开“项目设置”对话框，如图8-78所示。

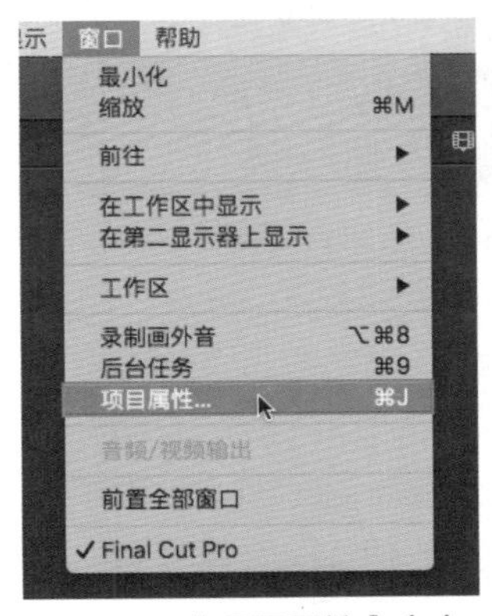

图8-77　【项目属性】命令

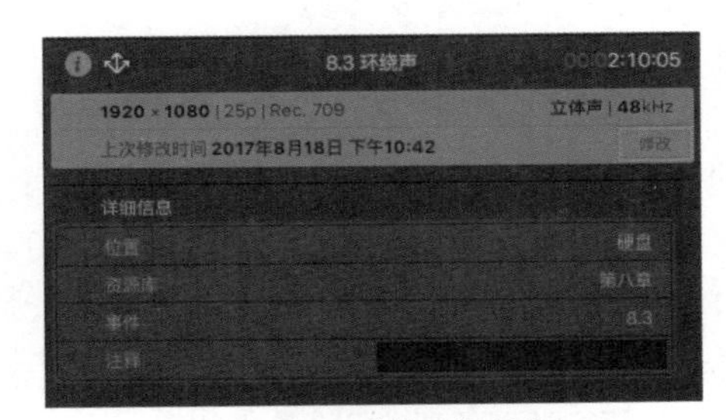

图8-78　“修改”按钮

3 单击“音频”列表框右侧的下三角按钮，在弹出的下拉列表中将模式切换为环绕声后，单击“好”按钮，关闭对话框，如图8-79所示。

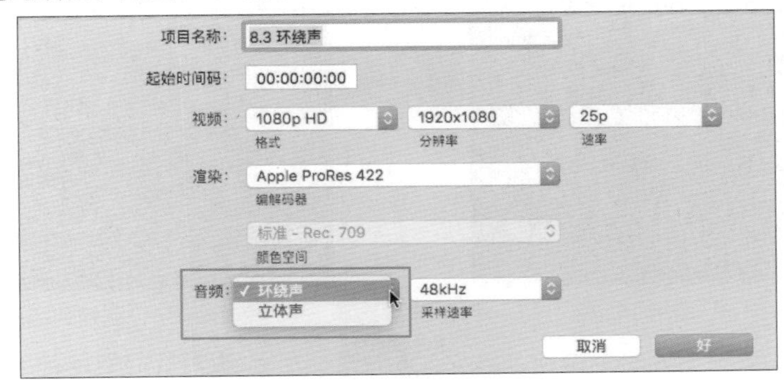

图8-79　“音频”选项

4 再次进行查看时，项目的音频设置已经切换为环绕声，如图8-80所示。

图8-80　查看项目音频设置

5 与此同时，音频指示器中原有的两个音频通道扩展为六个，分别为：左环绕(Ls)、左(L)、中(C)、右(R)、右环绕(Rs)及低音(LFE)通道。按空格键进行播放，在“音频指示器”中仅有左右两个音频通道有音量的变化，如图8-81所示。

6 选择时间线上的音频片段，并在“音频检查器”中将声相模式切换为“基本环绕声”，如图8-82所示。

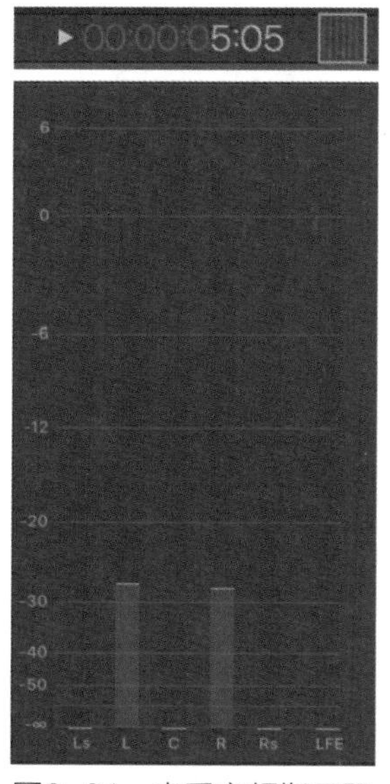

图8-81 查看音频指示器

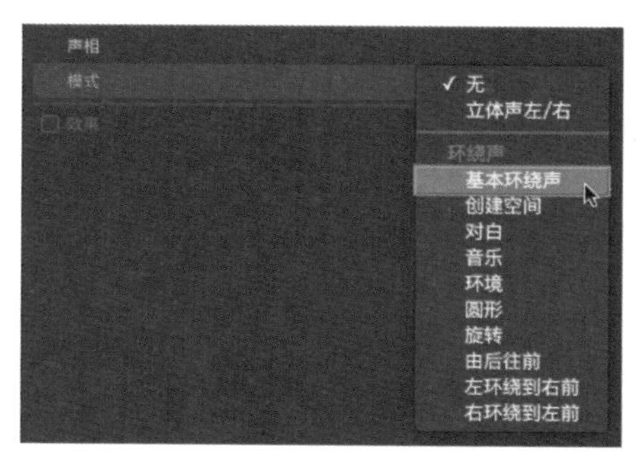

图8-82 切换声相模式

7 切换至“基本环绕声”模式后，在“声相”选项中会显示“环绕声声相器”，声相器中的五个喇叭分别代表左环绕、左、中、右、右环绕五个音频通道，如图8-83所示。

8 拖曳声相器中心的圆形滑块，代表音频通道的彩色弧形会沿着圆周滑动，改变位置。与此同时，喇叭图标中灰色圆点的数量也发生了变化，圆点数量越多表示该音频通道的声音越大，如图8-84所示。

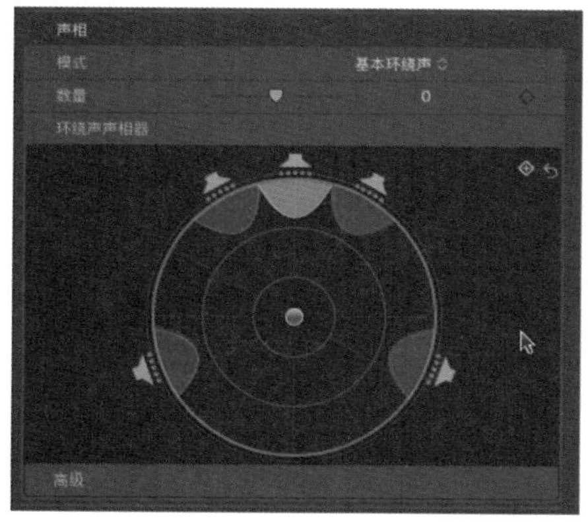

图8-83 环绕声声相器

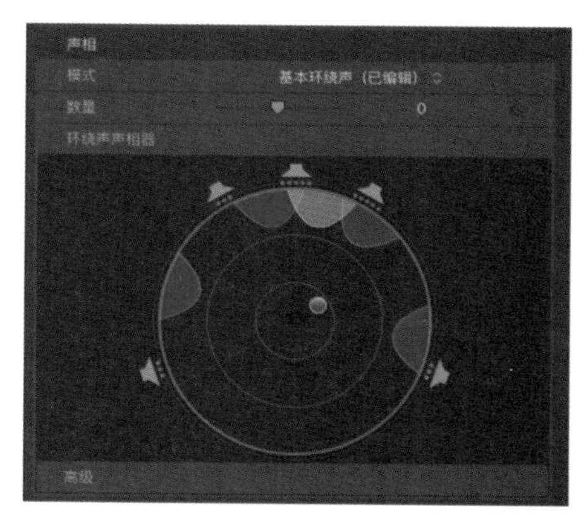

图8-84 调整环绕声设置

9 再次播放音频片段，在音频指示器中进行查看后发现，音频信号已经从默认的音频通道中分配至其他的音频通道，如图8-85所示。

10 再次打开声相模式的下拉列表，切换为“创建空间”模式，如图8-86所示。

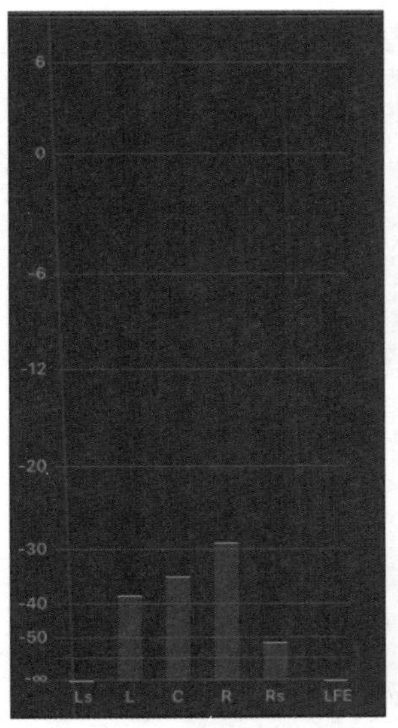

图8-85 查看音频指示器

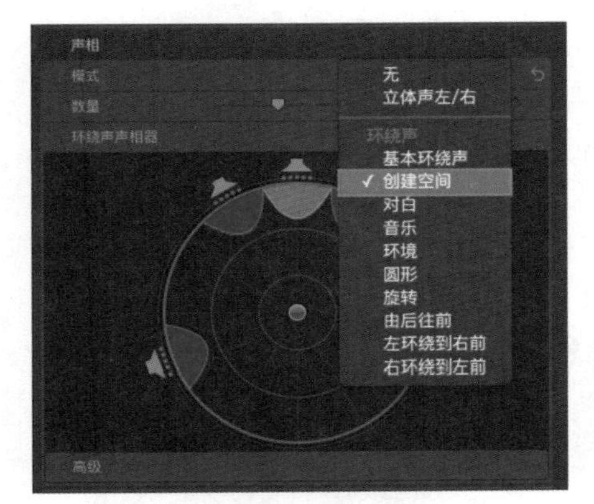

图8-86 切换声相模式

提示

在切换声相模式时，之前模式中进行的设定及添加的关键帧都会被自动删除。

11 再次拖曳"环绕声声相器"中心的圆形滑块，滑块靠近位置的彩色弧形会变大，喇叭图标中的灰色圆点的数量也会增多，这表示在该音频通道中会多播放一些声音，如图8-87所示。

12 再次播放音频片段，并在"音频指示器"中进行查看。此时，仅有最左侧的音频通道中分配到音频信号，如图8-88所示。

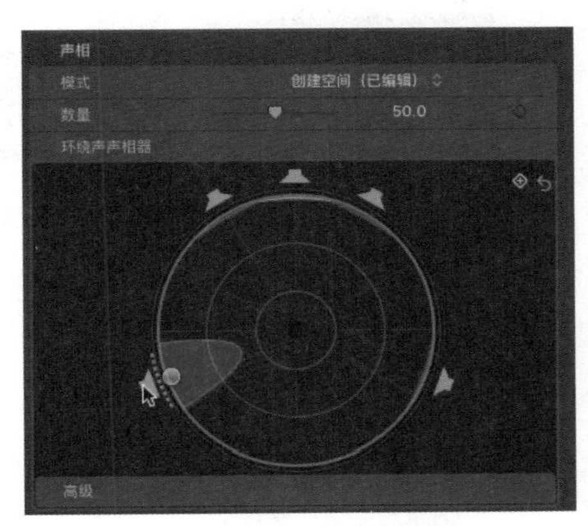

图8-87 调整声相设置

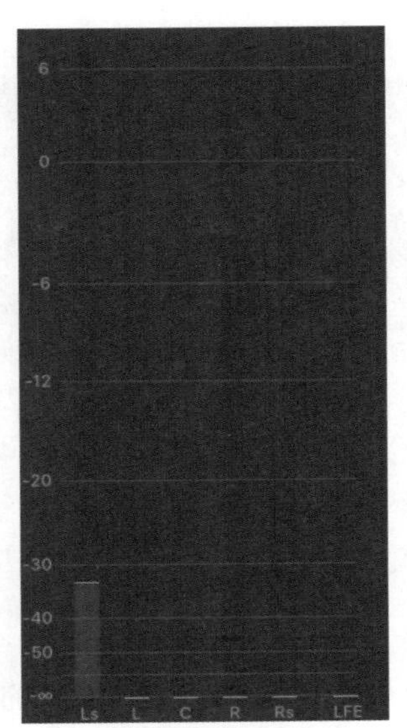

图8-88 查看音频指示器

提示

单击"高级"选项右侧的"显示"按钮，打开参数设置，对环绕声模式进行更加细致的调整，如图8-89所示。

动手操作：管理音频通道

▶素材：素材/建筑 ▶源文件：资源库/第8章/8.3

当音频片段拥有两个以上音频通道时，利用“音频检查器”中的“音频配置”选项可以对多个声道进行控制，选择性地进行激活与屏蔽。

1 选择时间线上的片段，在“音频检查器”中查看“音频配置”选项，如图8-90所示。

2 单击“立体声”右侧的下三角按钮，在弹出的下拉列表中可以将其切换为“双单声道”，如图8-91所示。

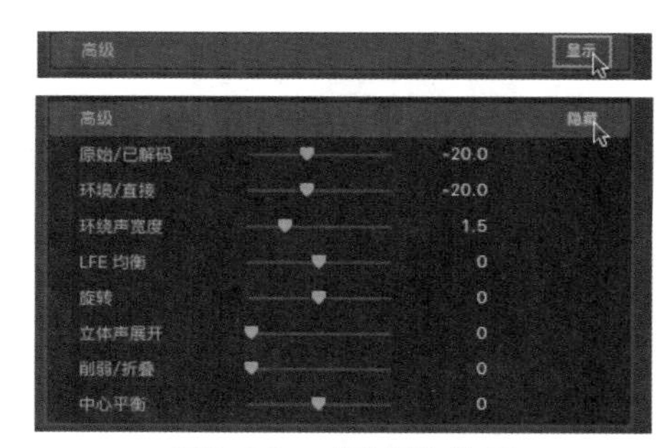

图8-89 “高级”选项

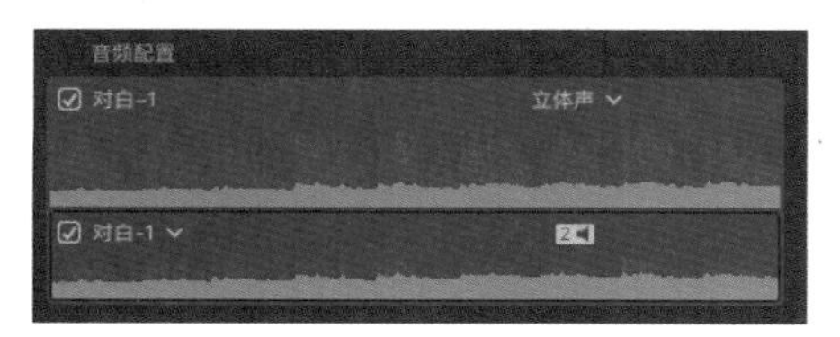

图8-90 “音频配置”选项

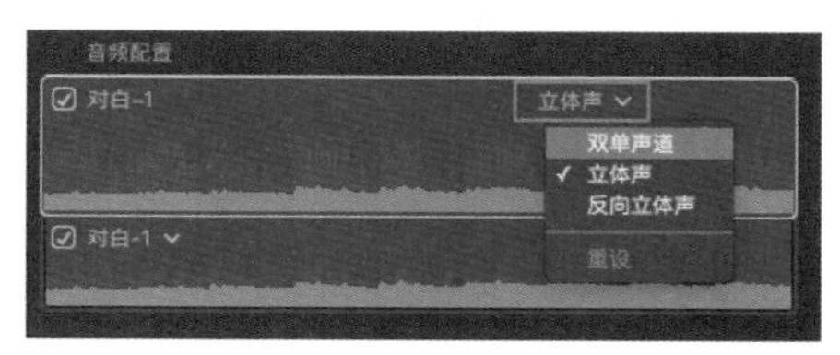

图8-91 切换音频配置

3 下方的音频会显示为两个单独的音频通道，如图8-92所示。

> **提示**
>
> 音频通道中的选项会随着所选片段具有的音频类型进行相应的变化，具备6个通道的音频会被识别为5.1环绕声通道。

4 单击音频通道前的复选框将其屏蔽。再次对片段进行播放时，就会屏蔽这个通道的声音，仅播放另一个通道的声音，如图8-93所示。

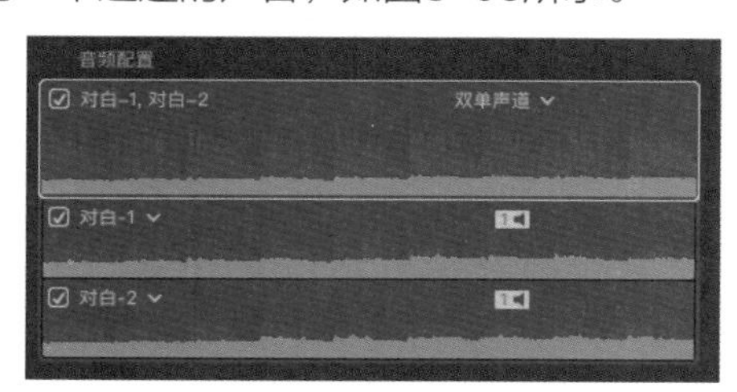

图8-92 双单声道

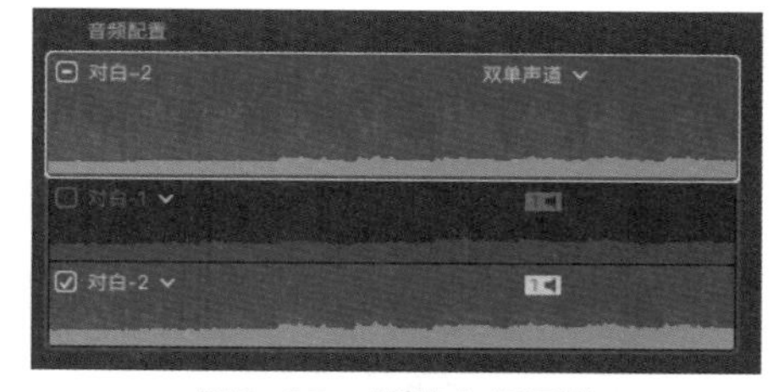

图8-93 屏蔽音频通道

8.4 添加音频效果

在Final Cut Pro中，音频效果的使用和调节方式与之前所讲解的视频效果相似。

1 单击时间线右上角的“显示和隐藏效果浏览器”按钮(快捷键为Command+5)，打开“效果浏览器”，如图8-94所示。

图8-94 “显示和隐藏效果浏览器”按钮

2 在打开的“效果浏览器”中，单击音频下的“全部”选项，显示所有的音频效果，如图8-95所示。

3 单击时间线中的音频片段，在“音频检查器”中查看“效果”选项。单击右侧的“显示”按钮，此时并未添加任何音频效果，如图8-96所示。

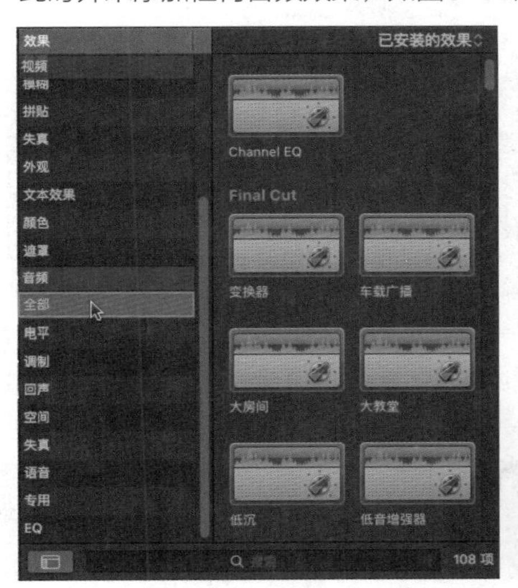

图8-95　音频效果

图8-96　音频检查器

4 选择音频片段后，将鼠标悬停在“效果浏览器”中的音频缩略图上，当出现红色的扫视播放头后按空格键，可以对当前的音频效果进行预览，如图8-97所示。

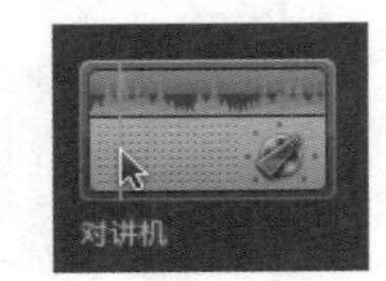

图8-97　预览音频效果

> **提示**
>
> 当需要在音频缩略图上通过滑动鼠标预览音频效果时，按快捷键Shift+S，打开“音频扫视”功能。

5 选择添加的音频效果，按住鼠标左键将其拖曳至时间线中的音频片段上，光标下方出现一个带“+”的绿色圆形标志，所选择的音频片段也会呈高亮状态，如图8-98所示。

6 此时，再次选中该音频片段后查看音频检查器，在“效果”选项中显示了该音频效果的相关参数，如图8-99所示。

图8-98　添加音频效果

图8-99　查看音频效果

> **提示**
>
> 选择时间线中的音频片段，双击“效果浏览器”中的音频效果，将其添加到音频片段上，如图8-100所示。
>
> 在同一片段中可以添加多个音频效果。

7 单击“预设”右侧的下三角按钮，在弹出的下拉列表中对预设模式进行切换，如图8-101所示。

8 单击Clip Distortion或Fat EQ选项右侧的“显示高级效果编辑器UI”按钮，如图8-102所示。

图8-100　添加音频效果

图8-101　切换预设模式

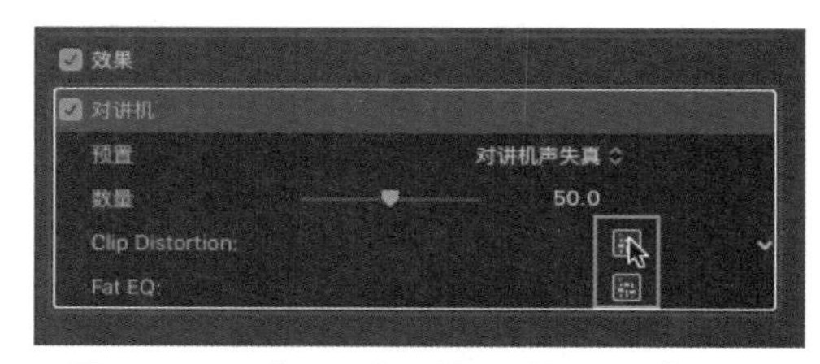

图8-102　“显示高级效果编辑器UI”按钮

9 在不同的效果中会打开不同的音频效果编辑器，在此可以对预设的音频效果进行更进一步的调整，如图8-103所示。

图8-103　音频效果编辑器

提示

当调整所选效果中其他选项的参数时，“音频效果编辑器”会发生相应的变化。

10 将鼠标悬停在参数的右侧会显示“还原”按钮，在下拉列表中可以添加与控制关键帧，或是将设置还原至初始状态，如图8-104所示。

提示

勾选“效果”左侧的复选框，可以屏蔽所有添加的音频效果，单击其中一个效果前的复选框仅会屏蔽该效果。再次单击复选框会启用该效果。

选择添加的效果，按Delete键可以将效果从片段中删除。

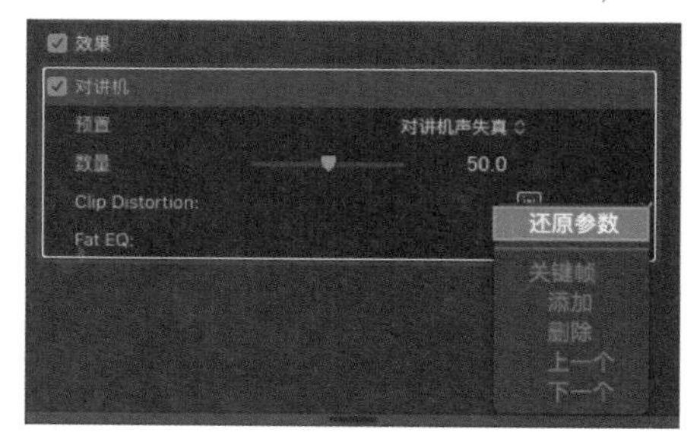

图8-104　还原参数

8.5 课后习题

(1) 如何打开与查看音频指示器?
(2) 有几种方式可以调整音频片段的音量?
(3) 如何对音频片段进行停用与独奏?
(4) 如何创建音频片段之间的渐变与交叉叠化?
(5) 如何对音频片段进行分析与修正?
(6) 如何预览音频效果，并将其添加到音频片段上?
(7) 怎样重新设置项目的音频模式?
(8) 如何激活与屏蔽音频通道?

快捷键		
1	Shift+Command+8	显示或隐藏音频指示器
2	Control+ =	调高(+1dB)
3	Control+-	调低(+1dB)
4	R	范围选择工具
5	Command++	放大时间线
6	Option+S	独奏所选项
7	Control+S	展开音频
8	Command+T	添加交叉叠化
9	Command+4	显示或隐藏检查器
10	Shift+Command+M	匹配音频
11	Option+Command+A	自动增强音频命令
12	Option+Y	制作试演片段
13	Control+A	显示音频动画
14	Command+J	项目属性
15	Command+5	显示和隐藏效果浏览器
16	Shift+S	音频扫视功能
17	Delete	删除
18	Command+，	偏好设置

8.6 课后拓展：在时间线中显示参考波形

在进行音频编辑的过程中，为了能够更加清晰地对比波形的变化，需要将参考的音频波形与调整后的音频波形进行对比。

1 未显示参考波形时，浏览器与添加到时间线中的音频片段中仅显示浅蓝色的调整后的音频波形，如图8-105所示。

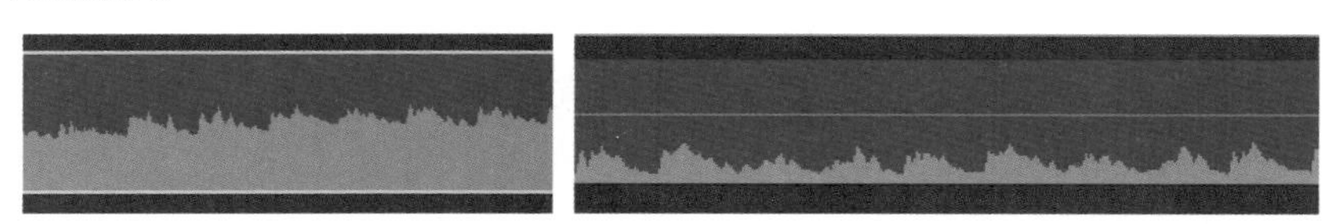

图8-105　音频波形

2 选择菜单【Final Cut Pro】|【偏好设置】命令(快捷键为Command+【，】)，如图8-106所示，打开“偏好设置”对话框。

3 单击“编辑”按钮切换到“编辑”对话框后，在“音频”选项中勾选“显示参考波形”复选框，如图8-107所示。

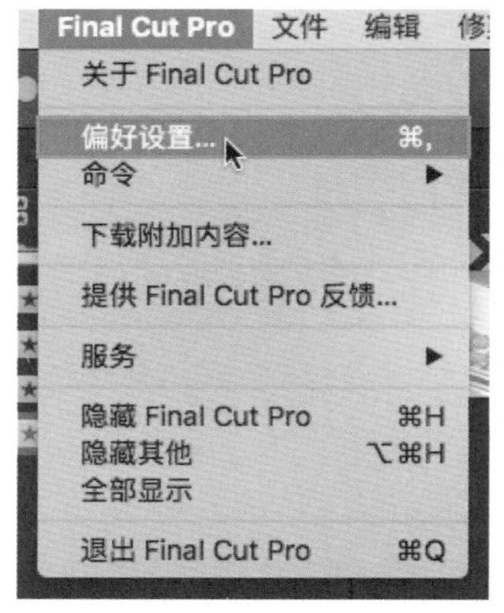

图8-106　【偏好设置】命令

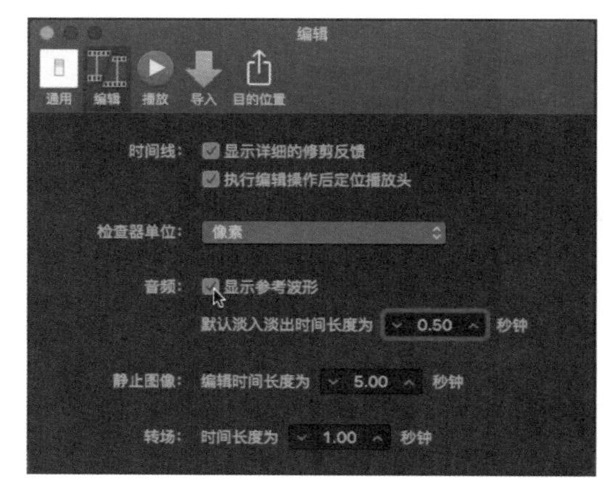

图8-107　“音频”选项

4 之后，浏览器与时间线中的音频片段中以深蓝色的形式显示参考波形，与调整后的音频进行对比，如图8-108所示。

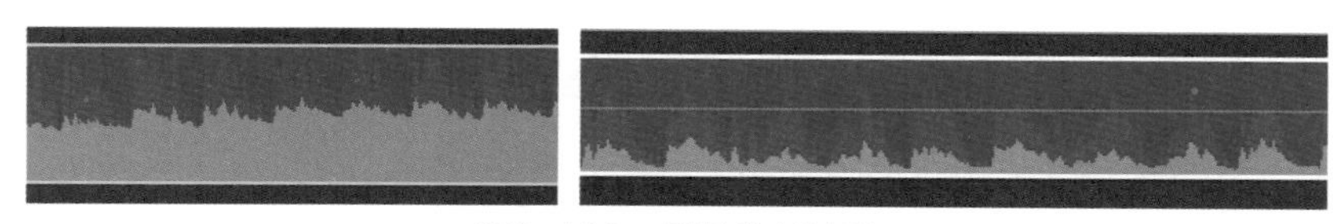

图8-108　显示参考波形

第9章 字幕与发生器

本章概述：

本章主要学习字幕与发生器的添加与使用方式，并通过检查器对添加的字幕和发生器的相关参数进行修改。

教学目标：

(1) 根据要求在时间线中添加字幕。
(2) 在文本检查器中对添加的字幕进行格式与外观设置。
(3) 添加预设字幕并进行相应的调整。
(4) 在时间线中快速复制与调整字幕。
(5) 根据需要为片段添加发生器，并在检查器中进行调整。

本章要点：

(1) 连接字幕
(2) 预设字幕
(3) 字幕安全框
(4) 文本检查器
(5) 发生器

在影片的制作过程中，文字也是一种传达信息的方式与手段。例如，在影片开始时介绍影片发生的时间及背景信息等内容；在播放过程中介绍出现的场景或人物名称及详细信息；在影片结束时，利用滚动字幕显示各项与影片有关的信息等。在本章会介绍几种不同的字幕类型，将字幕以连接片段或片头片尾字幕的方式添加到时间线上，并介绍通过“文本检查器”修改与调整字幕格式与外观属性的方法。此外还会介绍发生器的添加与使用方式。

9.1 制作字幕

9.1.1 添加连接字幕

“基本字幕”与“基本下三分之一”字幕是为影片添加文字效果的方式中基础且常用的方式。

动手操作：添加基本字幕

素材：素材/建筑　源文件：资源库/第9章/9.1

1 将播放指示器拖曳至需要添加字幕的位置，如图9-1所示。

图9-1　拖曳播放指示器

2 选择菜单【编辑】|【连接字幕】|【基本字幕】命令(快捷键为Control+T)，如图9-2所示。

图9-2　【基本字幕】命令

3 之后在时间线中以播放指示器所在位置为开始，添加一个紫色的“基本字幕”片段，如图9-3所示。

4 添加的“基本字幕”默认持续时间为10s，在时间线上选择字幕片段的结尾，当光标变为修剪状态时左右拖曳鼠标，可以延长或缩短字幕片段的时间长度，如图9-4所示。

图9-3　基本字幕

图9-4　修改字幕片段时间

提示

如果需要精确调整字幕片段的时间长度时，可以选择添加的字幕片段后，按快捷键Control+D，激活时间码，输入需要的数值。

5 将播放指示器拖曳至字幕片段上，在检视器中会显示白色的“标题”文字，双击时间线中的紫色字幕片段，检视器中的文字会呈被选中的状态，之后对文字内容进行修改，如图9-5所示。

图9-5　修改文字内容

6 选中文字中心的圆形，按住鼠标左键进行拖曳，可以改变文字在画面中的位置，但在调整文字位置时需要确保所添加的字幕位于字幕安全区内。单击检视器右上角“显示”右侧的下三角按钮，在弹出的下拉列表中选择“显示字幕/操作安全区”选项，或是选择菜单【显示】|【在检视器中显示】|【字幕/操作安全区】命令，如图9-6所示。

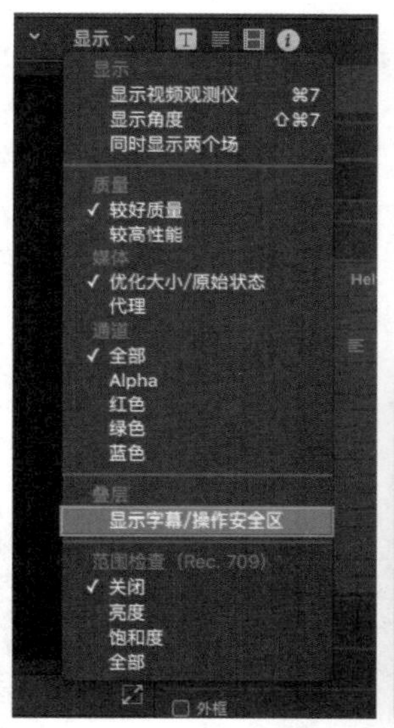

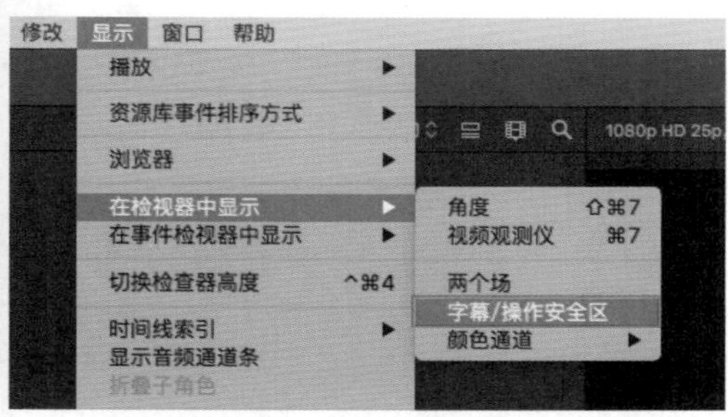

图9-6　【字幕/操作安全区】命令

7 之后，检视器中会显示两个套在一起的黄色矩形边框，外部的矩形边框为动作安全框，内部的矩形边框为字幕安全框。在进行编辑的过程中，将重要的画面动作与文字内容放置在相应的安全区域内，以保证在进行播放时完整地呈现这些画面与动作，如图9-7所示。

> **提示**
>
> 在移动文字的位置时，检视器中会在垂直方向显示一条黄色的参考线。按住Shift键进行拖曳，可以沿垂直方向进行移动。
>
> 在输入文字的过程中，按Enter键另起一行输入文字。按Esc键可以退出输入状态。

图9-7　字幕/操作安全区

8 “基本下三分之一”字幕的添加与修改方式与“基本字幕”相同，选择菜单【编辑】|【连接字幕】|【基本下三分之一】命令(快捷键为Control+Shift+T)，该字幕被添加在画面的左下角，显示两

行文本内容，用于对画面中的人物或内容进行注解与提示，如图9-8所示。

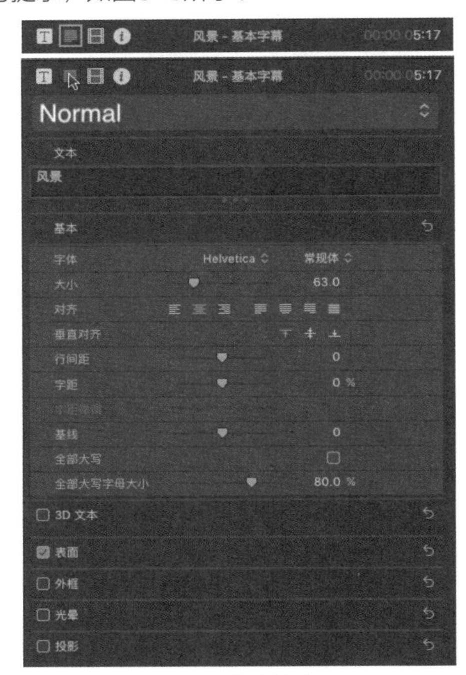

图9-9　文本检查器

图9-8　“基本下三分之一”字幕

动手操作：修改文字设置

▶素材：素材/建筑　▶源文件：资源库/第9章/9.1

在输入文字后，可以在检查器中进一步对文字格式与外观属性进行调整。

1 单击时间线中的字幕片段，按快捷键Command+4，打开检查器，单击左上角的“显示文本检查器”按钮，切换至“文本检查器”，如图9-9所示。

2 在“文本检查器”中，单击Normal列表框右侧的下三角按钮，在弹出的下拉列表中选择“存储所有格式和外观属性”选项，可以存储已经设置好的文字格式与外观属性，以便以后的工作中进行直接调用。此外，在下拉列表中也提供了许多可以直接使用的2D与3D风格的文字预设，如图9-10所示。

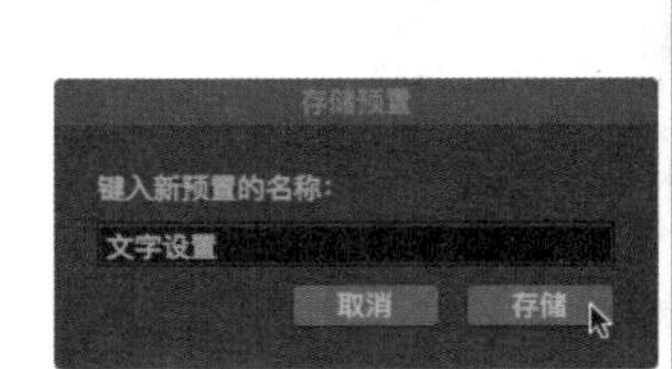

图9-10　存储与调用文字预置

3 单击文本框，将其激活为蓝色后可以重新输入文字，如图9-11所示。

图9-11　修改文字

4 文本框下方为文字的基本属性参数，在此可以对字幕中文字的格式进行相应设置，如图9-12所示。

◆ 字体：单击选项后的箭头，在下拉菜单中设置文字的字体。

◆ 大小：左右拖动滑块可以改变字体的大小，也可以单击滑块后的数字直接输入数值调整字体的大小。

◆ 对齐：设置文字与行末文字的对齐方式，包括向左对齐、居中对齐及向右对齐。

◆ 垂直对齐：设置垂直方向文字对齐的方式。

◆ 行间距：当输入多行文字时，用来设置行与行之间的距离。

◆ 字距：用来设置字幕中文字之间的距离。

◆ 基线：每行文字的基础高度。

◆ 全部大写：单击后方的灰色方框将其激活为微蓝色，将输入的英文字母切换为大写形式。

◆ 全部大写字母大小：用来设置大写英文字母的大小。

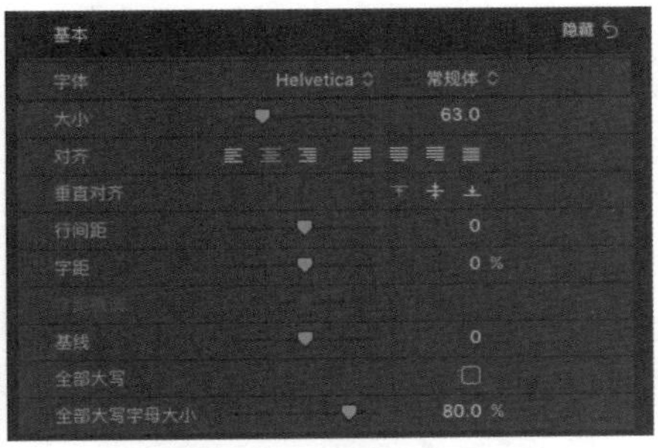

图9-12　文字基本属性

5 在文字基本属性的下方为设置文字外观属性选项，勾选选项前的复选框，可以屏蔽或者激活该选项。单击选项右侧的“还原”按钮，可以将其恢复为默认状态，如图9-13所示。

6 选择画面中的文字，单击选项后的“显示”按钮，可以打开详细参数设置，如图9-14所示。

图9-13　“表面”选项

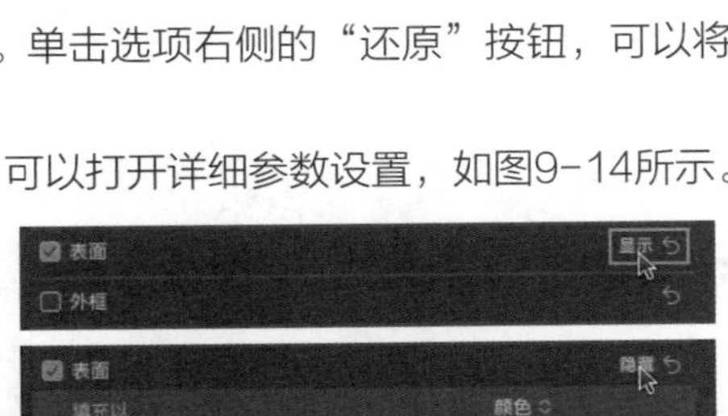

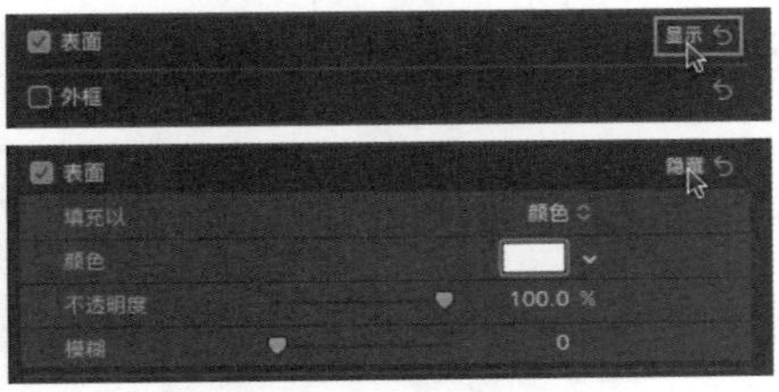

图9-14　显示项目参数

7 在“表面”选项中单击“填充以”右侧的下三角按钮，在弹出的下拉列表中切换文字的填充形式，如图9-15所示。

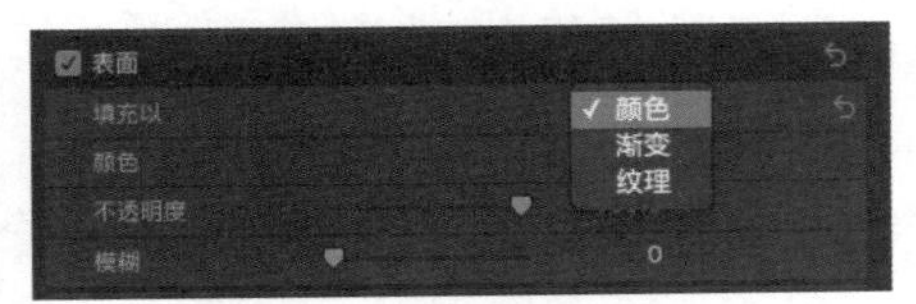

图9-15　“填充以”按钮

8 文字的默认颜色为白色，单击颜色框右侧的下三角按钮，打开颜色板，当光标变为吸管状态单击，对文字的颜色进行设置，如图9-16所示。

9 在“外框”选项中可以设置文字的描边，单击“外框”选项前的复选框将其激活，如图9-17所示。

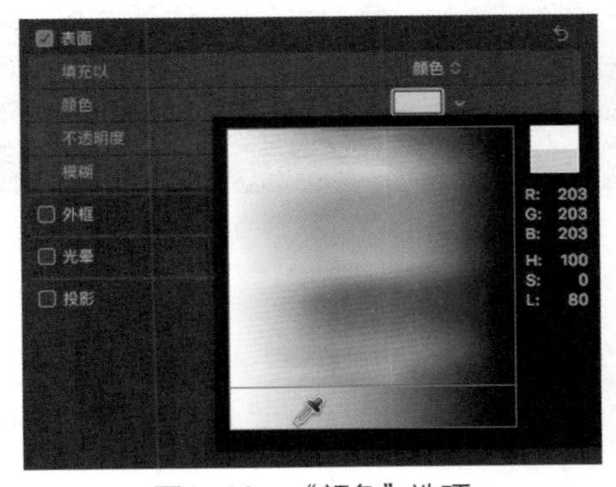

图9-16　“颜色”选项

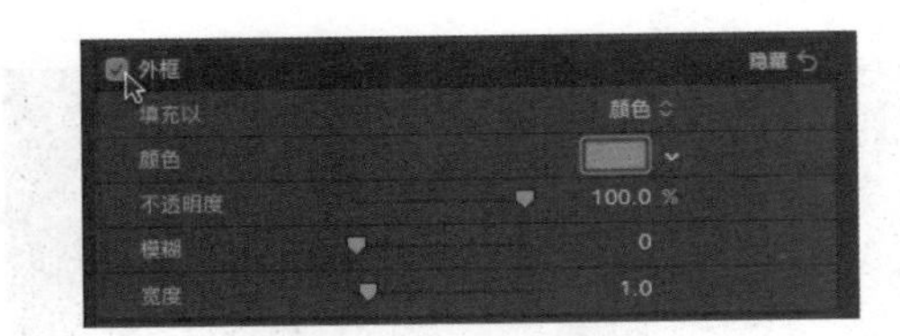

图9-17　“外框”选项

10 单击颜色框右侧的下三角按钮，打开颜色板，在颜色板中将外框设置为黑色，拖曳“宽度”滑块调整文字外框的宽度。与此同时，检视器中的文字也会发生相应的变化，如图9-18所示。

11 此外，激活“光晕”选项可以为文字添加外发光并设置相关参数，如图9-19所示。

图9-18　设置外框颜色与宽度

图9-19　为文字添加光晕

12 而“投影”选项则可以设置文字阴影的颜色、不透明度、模糊、距离和角度等参数，如图9-20所示。

图9-20　“投影”选项

9.1.2　添加字幕预设效果

除了手动对添加的字幕进行调整与修改外，在Final Cut Pro中还提供了大量的预设文字模板供我们使用。

动手操作：添加开场字幕

▶素材：素材/建筑　▶源文件：资源库/第9章/9.1

1 单击浏览器左上角的“显示或隐藏字幕和发生器边栏”按钮，打开“字幕与发生器”，如图9-21所示。

图9-21　“显示或隐藏字幕和发生器边栏”按钮

2 单击“字幕”选项前的下三角按钮，在弹出的下拉列表中可以选择添加的字幕类型。单击类型名称，在浏览器中会显示该类型中所包括的字幕效果，如图9-22所示。

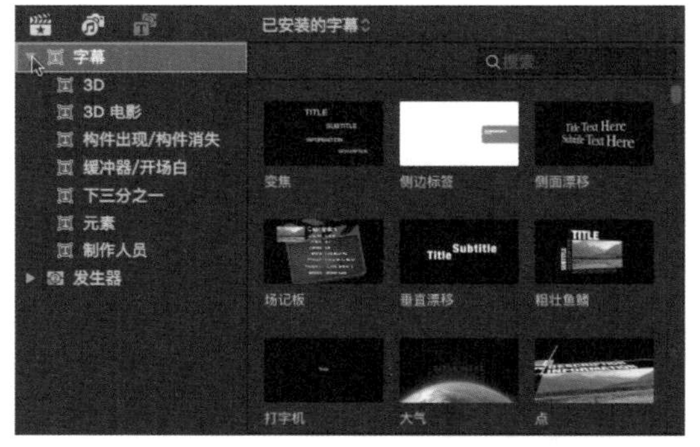

图9-22　字幕与发生器

3 将鼠标悬停在字幕缩略图上方，会出现红色的扫视线。左右滑动鼠标可以在缩略图及检视器中同时对该字幕效果进行预览，如图9-23所示。

图9-23　预览字幕效果

提示

在字幕缩略图上单击鼠标右键，在弹出的快捷菜单中可以将其设置为默认标题或三分之一字幕。然后按快捷键Control+T或Control+Shift+T，进行快速添加，如图9-24所示。

4 单击“字幕”选项，显示所有已经安装的字幕。在搜索栏中输入文字“显示”，在浏览器中会筛选出所有名称中含有该文字的字幕，如图9-25所示。

图9-24 修改默认字幕

5 按Home键，将播放指示器跳转到项目开始位置，按W键，将选中的字幕效果插入时间线所在位置的主要故事情节中，为项目开始位置添加一个开场字幕，如图9-26所示。

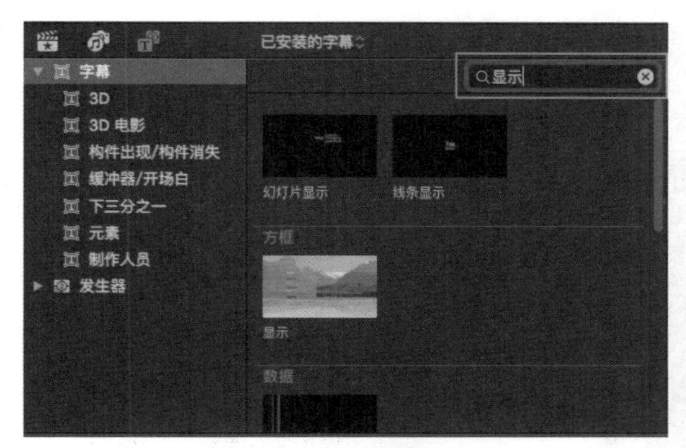

图9-25 筛选字幕效果

图9-26 插入开场字幕

提示

双击字幕效果会以连接片段的形式添加字幕。自动添加的位置从播放指示器的位置开始。

6 此时在检视器中显示的文字有两个部分，双击画面中的文字后重新输入需要的文字。单击左上角的箭头，跳到上一个/下一个文本层，如图9-27所示。

7 切换文本层的同时，检查器中会显示相应文本的文字检查器，在此可以按照之前介绍的方式进行详细设置，如图9-28所示。

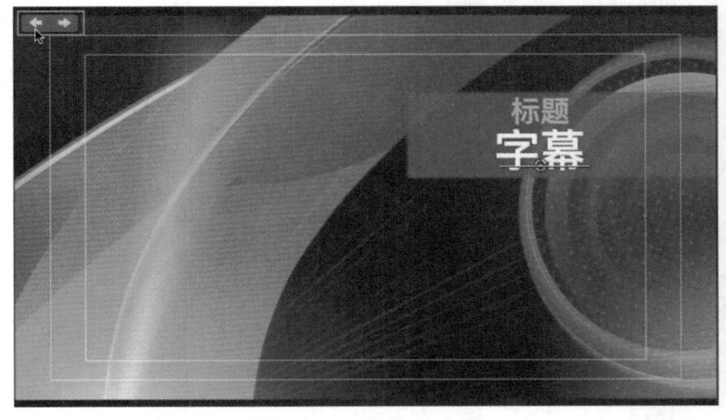

图9-27 切换文本层

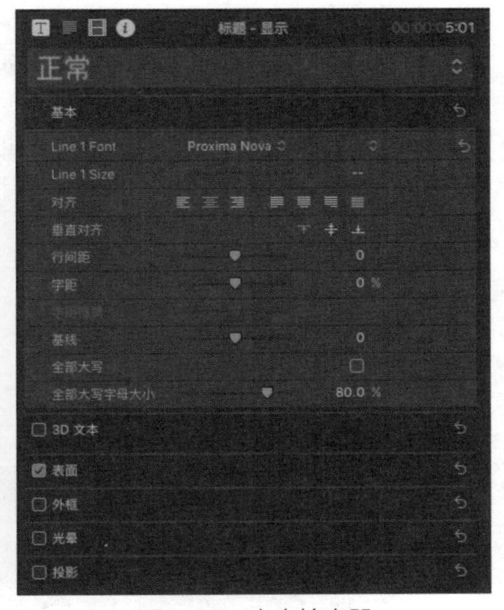

图9-28 文本检查器

8 单击检查器左上角的“显示字幕检查器”按钮，切换至“字幕检查器”，如图9-29所示。

图9-29　“显示字幕检查器”按钮

9 在“字幕检查器”中，可以对字幕效果的背景及运动方式的相关参数进行调整，如图9-30所示。

提示

除了Final Cut Pro中自带的字幕效果外，还可以安装各种文字效果插件，或者在字幕缩略图上单击鼠标右键，在弹出的快捷菜单中选择【在Motion中打开副本】命令，可以将其调入Motion软件中制作更多的动画效果，如图9-31所示。

图9-30　字幕检查器

图9-31　【在Motion中打开副本】命令

9.1.3　复制与整理字幕

在时间线中添加字幕片段并对其进行调整后即建立了最原始的字幕样本，为了保持之后的字幕与其在格式及外观相一致，可以直接对字幕样本进行复制后更改文字内容。

动手操作：复制字幕

▶素材：素材/建筑　▶源文件：资源库/第9章/9.1

1 选择时间线中的字幕样本后，选择菜单【编辑】|【拷贝】命令(快捷键为Command+C)，如图9-32所示。

2 将时间线中的播放指示器拖曳至需要连接字幕的位置，如图9-33所示。

3 选择菜单【编辑】|【粘贴】命令(快捷键为Command+V)，如图9-34所示。

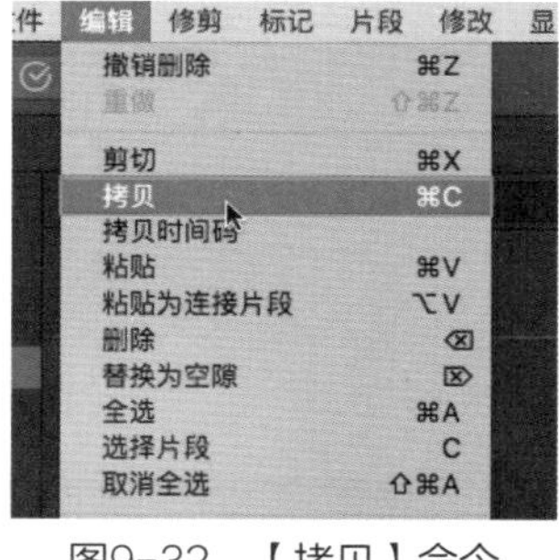

图9-32　【拷贝】命令

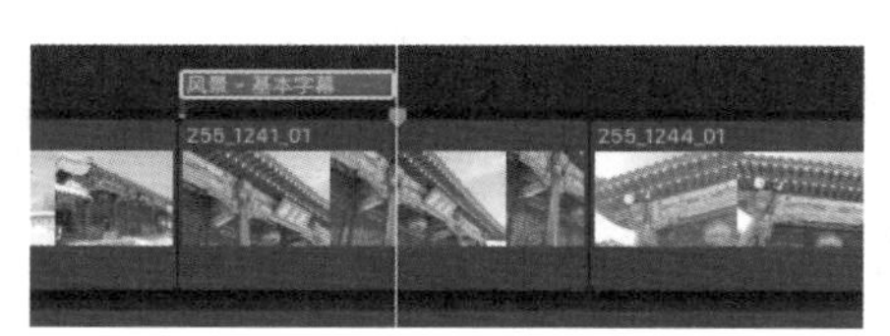

图9-33　拖曳播放指示器

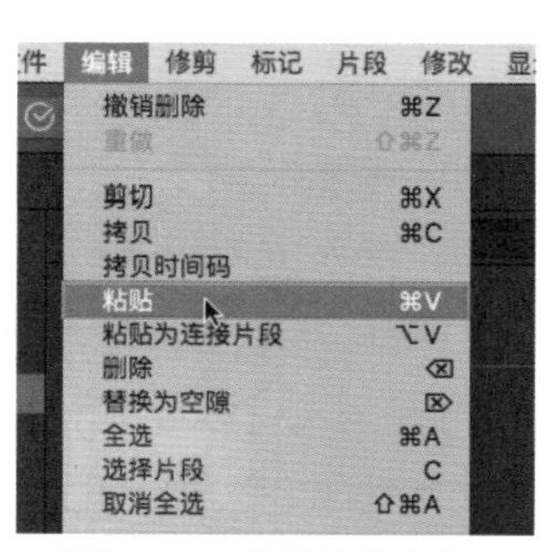

图9-34　【粘贴】命令

4 此时复制的片段样本会以时间线中播放指示器所在位置为起始点，以连接片段的方式进行粘贴，如图9-35所示。

5 选择时间线中的字幕样本，在按住Option键的同时进行拖曳，光标右下角会出现一个带“+”的绿色圆形标志。释放鼠标后，对样本字幕进行复制，如图9-36所示。

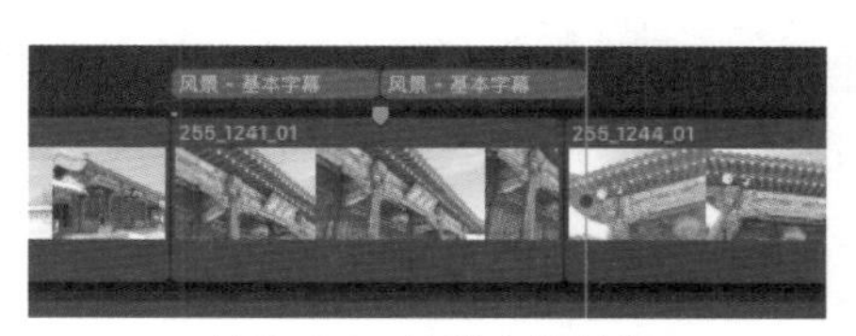

图9-35 粘贴字幕片段

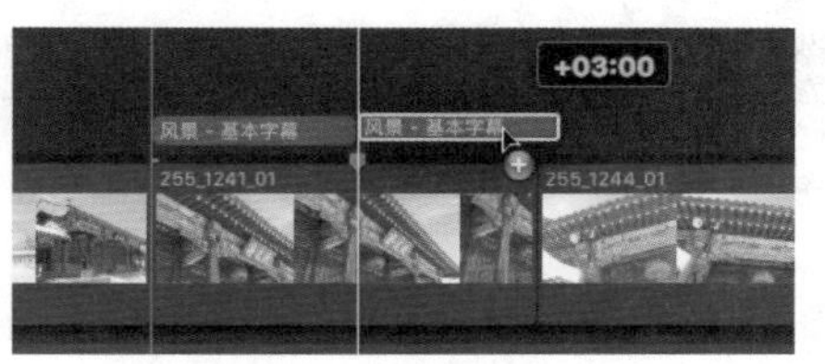

图9-36 复制字幕片段

6 选择时间线中的字幕片段，按住鼠标左键进行拖曳，可以调整该片段的位置，如图9-37所示。

7 双击时间线中复制的字幕片段，在“文本检查器”的文本框中对文字内容进行更改，如图9-38所示。

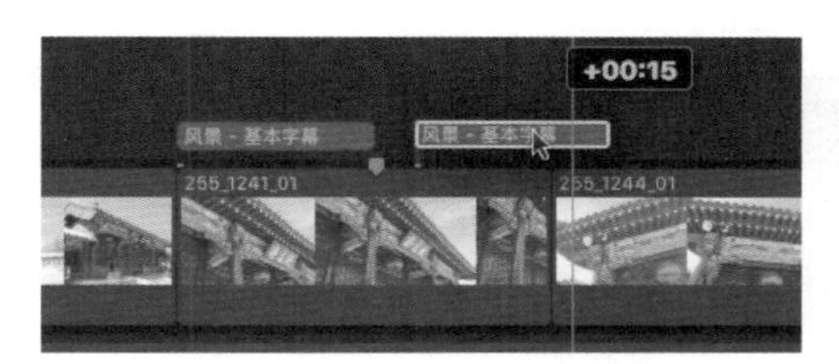

图9-37 移动字幕片段

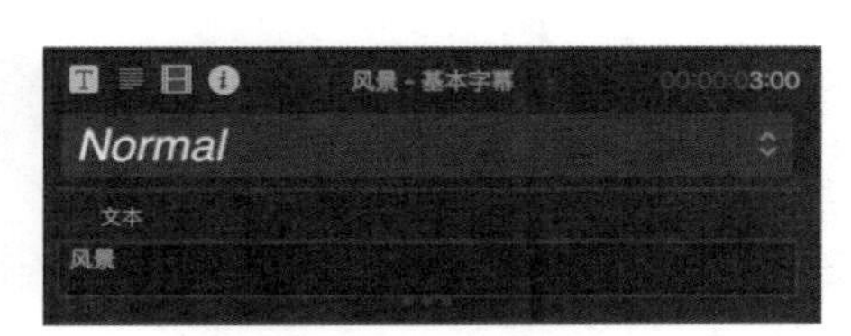

图9-38 修改文本内容

动手操作：整理字幕

▶素材：素材/建筑 ▶源文件：资源库/第9章/9.1

1 当将字幕以连接片段的形式陈列在时间线中后，拖曳主要故事情节中片段的同时，与之相连的字幕片段也会同时进行移动，如图9-39所示。

2 为了使字幕片段不影响之后修改或调整项目的过程，可以框选所有字幕片段后，单击鼠标右键，在弹出的快捷菜单中选择【创建故事情节】命令(快捷键为Command+G)，如图9-40所示。

图9-39 拖曳主要故事情节片段

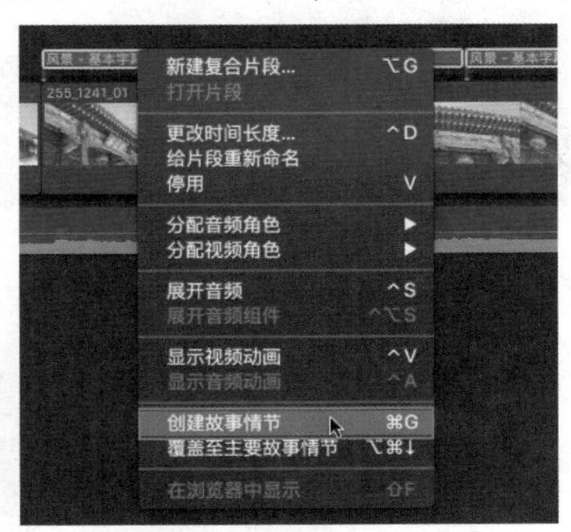

图9-40 【创建故事情节】命令

3 此时将所有的字幕片段创建为一个次级故事情节，如图9-41所示。

4 拖曳故事情节的外框，整体移动字幕片段的位置，并且在不影响字幕片段的情况下修改主要故事情节中的片段，如图9-42所示。

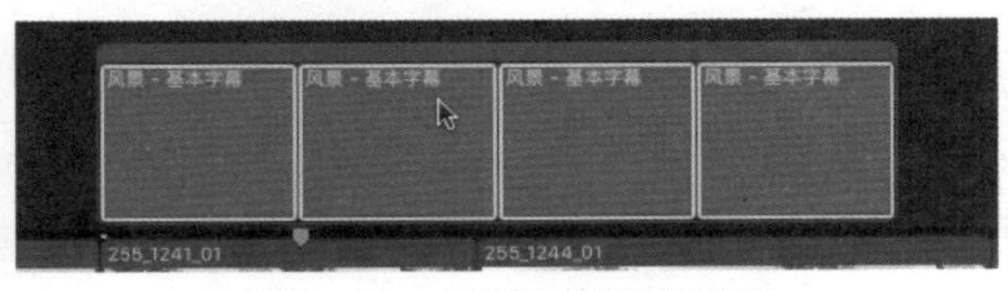

图9-41 创建次级故事情节

5 此外，在次级故事情节中拖曳字幕片段也可以调整片段之间的顺序，如图9-43所示。

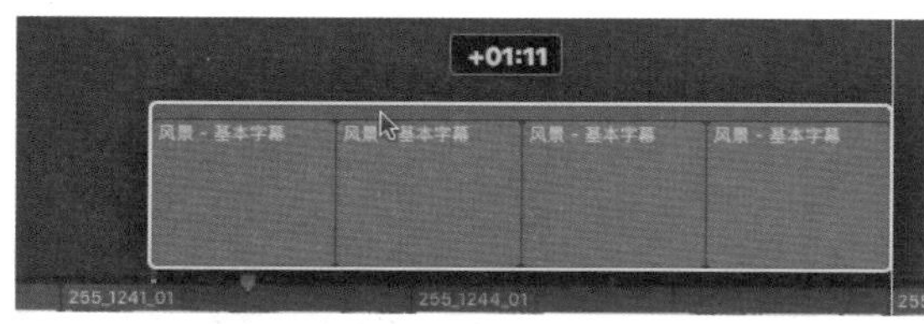

图9-42 移动次级故事情节

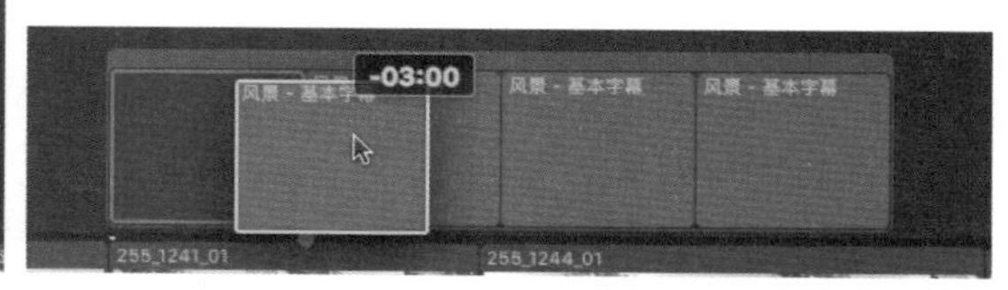

图9-43 调整字幕顺序

9.2 视频发生器

发生器是由Final Cut Pro模拟生成的素材及模板片段，单击时间线右上角的“显示或隐藏字幕和发生器边栏”按钮，打开“字幕与发生器”，如图9-44所示。

图9-44 “显示或隐藏字幕和发生器边栏”按钮

单击左侧边栏中的“发生器”选项进行切换，在浏览器中显示所有发生器效果，如图9-45所示。

单击“发生器”选项左侧的下三角按钮，在弹出的下拉列表中包括背景、单色、元素及质感四个类型，如图9-46所示。

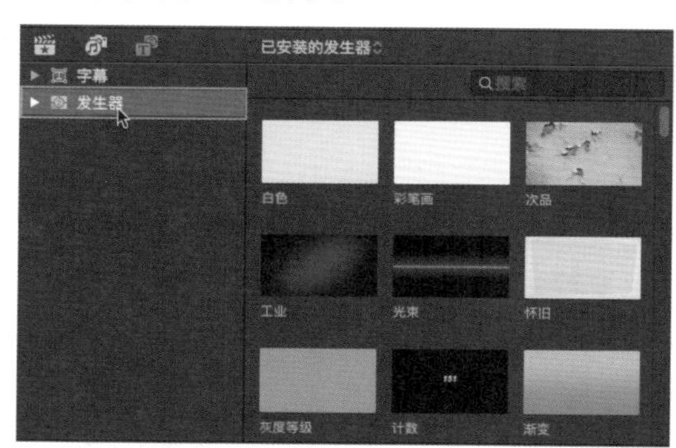

图9-45 字幕与发生器

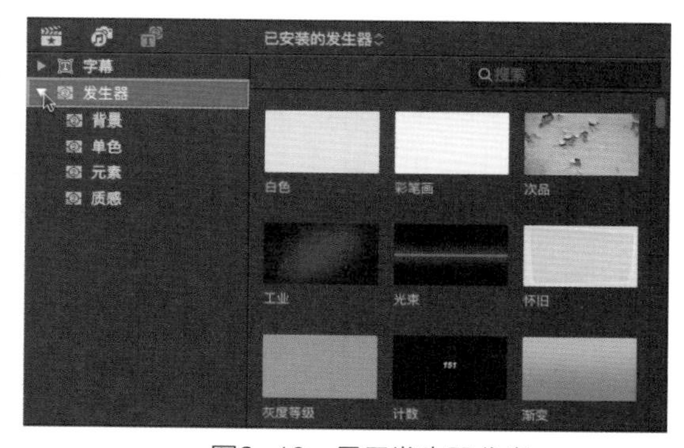

图9-46 显示发生器分类

单击任一分类的名称，在浏览器中会显示该类型的发生器效果，如图9-47所示。

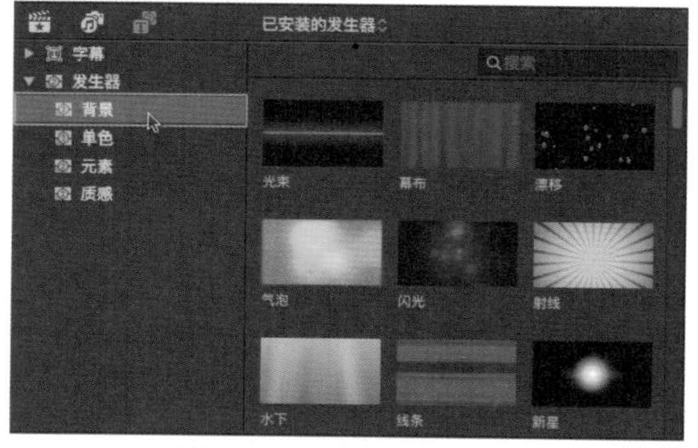

图9-47 切换发生器类型

将鼠标悬停在发生器缩略图上，左右滑动鼠标可以在缩略图及检视器中对该效果进行预览，如图9-48所示。

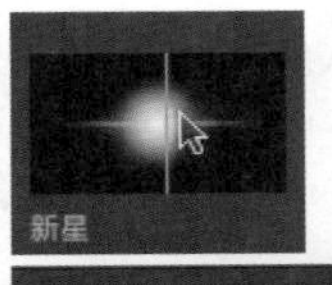

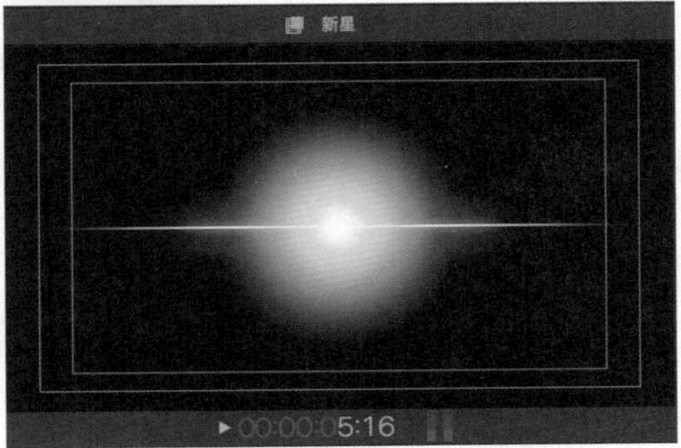

图9-48　预览发生器效果

动手操作：时间码发生器

▶素材：素材/建筑　▶源文件：资源库/第9章/9.2

利用“时间码发生器”可以在项目画面中显示时间信息，并利用时间信息来定位片段中画面位置。

1 在浏览器左边栏中单击“元素”选项，选择“时间码”发生器，按住鼠标左键将其拖曳到时间线上，如图9-49所示。

提示

当双击发生器效果时，会将它插入时间线上的主要故事情节中，通过拖曳的方式则可以使其以连接片段的方式进行添加。

2 拖曳时间码片段的编辑点可以调节它的时间长度，如图9-50所示。

图9-49　时间码发生器

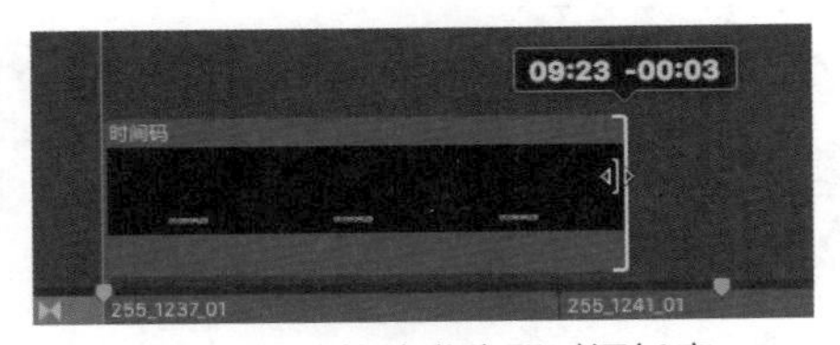

图9-50　修改发生器时间长度

3 选择编辑点后，将播放指示器拖曳至项目结尾处，选择菜单【修剪】|【延长编辑】命令(快捷键为Shift+X)，可以将时间码片段自动与项目的结尾处对齐，同时也会在检视器中显示时间码标志，如图9-51所示。

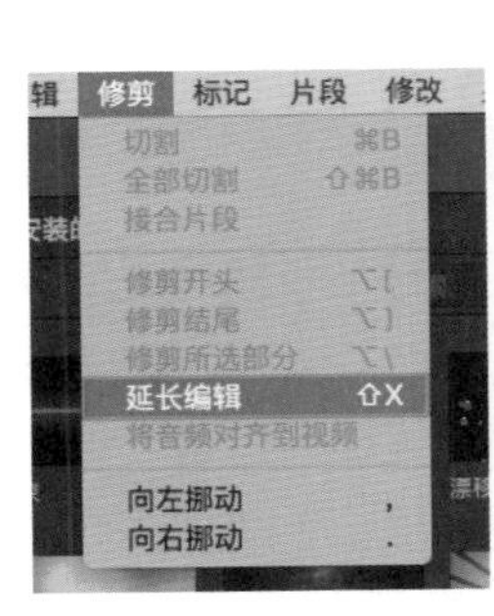

图9-51　【延长编辑】命令

4 选择时间线中的时间码后，单击检查器左上角的“显示发生器检查器”按钮，切换至发生器检查器，如图9-52所示。

图9-52　“显示发生器检查器”按钮

5 在“发生器检查器”中可以对添加的发生器相关参数进行调整与设置，不同的发生器效果中所包含的参数也不尽相同，下面以时间码为例进行简单介绍，如图9-53所示。

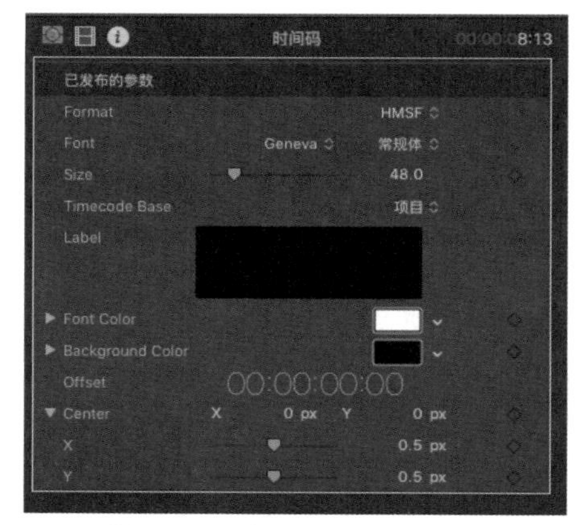

图9-53　时间码发生器检查器

- Format：单击右侧的下三角按钮，在弹出的下拉列表中切换检视器中时间码的显示形式。
- Font：用来设置时间码的字体。
- Size：拖曳滑块调整时间码中文字的显示尺寸。
- Timecode Base：单击项目右侧的下三角按钮，在弹出的下拉列表中切换时间码的计时类型。
- Label：单击右侧的黑色文本框，输入文字说明标签，在检视器中会显示在时间码的前面。
- Font Color：单击颜色框右侧的下三角按钮，在打开的颜色板中设置检视器中时间码中字体的颜色。
- Background Color：单击颜色框右侧的下三角按钮，在打开的颜色板中设置检视器中时间码中背景的颜色。
- Offset：用来设置时间码的基数。
- Center：调整时间码在检视器中的位置。

9.3 课后习题

(1) 如何显示字幕/发生器?
(2) 如何在时间线中添加基础字幕?
(3) 如何对添加好的字幕片段进行设置，并使用预设字体?
(4) 如何显示字幕/操作安全区域?
(5) 在检视器中怎样调整字幕位置?
(6) 如何对字幕片段进行复制，并替换字幕中的文字内容?
(7) 如何将发生器片段插入时间线中?
(8) 如何在检查器中修改添加的发生器的参数?

快捷键		
1	Control+T	连接基本字幕
2	Control+Shift+T	连接基本下三分之一字幕
3	Control+D	激活时间码
4	Esc	退出文字编辑
5	Command+4	打开检查器
6	Home	将播放指示器跳转到项目开始
7	W	插入片段
8	Command+C	复制
9	Command+v	粘贴

10	Command+G	创建故事情节
11	Shift+X	延长编辑
12	Control+Shift+R	全部渲染
13	Command+，	偏好设置

9.4 课后拓展：丢帧

所谓丢帧是指在进行播放的过程中丢失的、没有播放出来的帧画面，当对片段进行播放时，有时会发生卡顿并弹出提示窗口，勾选“不要再警告我”复选框，在之后的编辑过程中不会再进行提示，如图9-54所示。

这可能是由于内存不足，硬盘的计算速度小于片段播放数据的速率，无法提供足够的视频数据，或是计算机的显卡及CPU的性能无法及时完成相关的运算。在进行编辑的过程中出现丢帧的状况通常可以忽略，在输出影片之前，选择菜单【修改】|【全部渲染】命令(快捷键为Control+Shift+R)，对项目进行渲染避免丢帧。需要注意的是，在输出时出现丢帧的状况时则需要重新进行调整，如图9-55所示。

图9-54　丢帧提示窗口

在剪辑过程中，为了不被弹出的提示对话框影响编辑效率，还可以对丢帧进行忽略。选择菜单【Final Cut Pro】|【偏好设置】命令(快捷键为Command+【，】)，如图9-56所示。

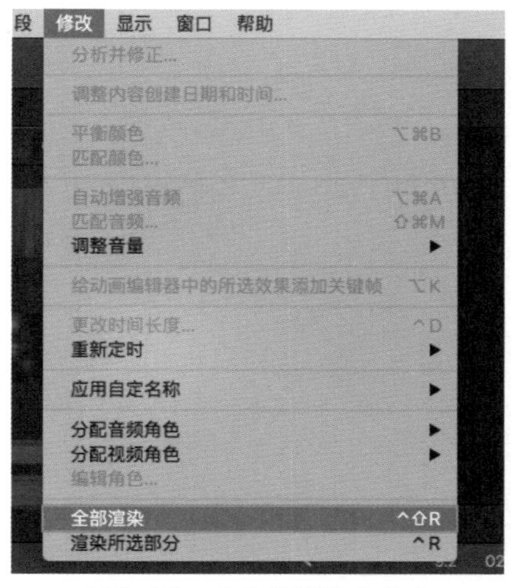

图9-55　【全部渲染】命令

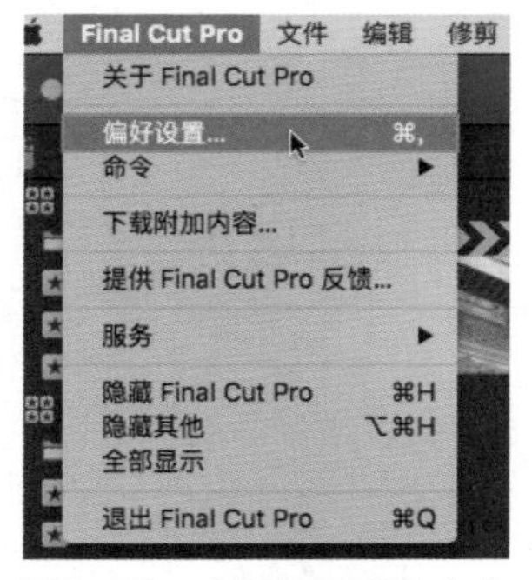

图9-56　【偏好设置】命令

单击“播放”按钮，切换至“播放”对话框，在“播放”选项中勾选“如果丢帧，停止播放并警告”复选框，关闭该提示，如图9-57所示。

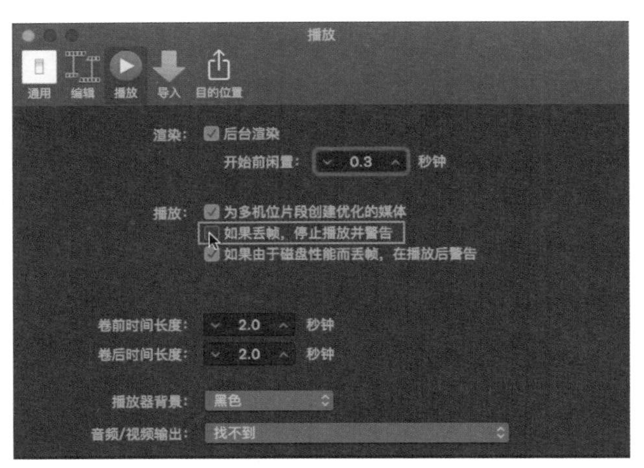
播放
通用
编辑
播放
导入
目的位置
渲染：
后台渲染
开始前闲置：
0.3
秒钟
播放：
为多机位片段创建优化的媒体
如果丢帧，停止播放并警告
如果由于磁盘性能而丢帧，在播放后警告
卷前时间长度：
2.0
秒钟
卷后时间长度：
2.0
秒钟
播放器背景：
黑色
音频/视频输出：
找不到
图9-57　设置播放选项

第10章 导出与共享项目

本章概述：

本章主要学习如何将已经剪辑好的项目根据具体要求，利用多种方式进行输出，以便在不同场合、不同播放条件下进行展示。

教学目标：

(1) 根据具体情况决定输出方式。
(2) 能够对不同输出方式进行相应的设置。
(3) 利用XML文件在不同软件之间交换项目。
(4) 将项目输出到Compressor软件中进行处理。

本章要点：

(1) 共享母版文件
(2) 输出至移动设备
(3) 发布到视频网站
(4) 静帧与序列帧
(5) DVD镜像文件
(6) XML文件
(7) Compressor

通过前面的学习，大家应该已经掌握了一些剪辑的基础知识，并初步了解如何在Final Cut Pro中进行剪辑工作。最后一步就需要我们将剪辑完成的项目进行导出。Final Cut Pro中有多种进行导出的方式，可以根据不同的项目要求与播放环境进行选择。可以将其发送到Compressor中进行设置后批量输出，或者导出XML格式文件发送到第三方软件中进行二次编辑。

10.1 共享母版文件

从本节开始学习Final Cut Pro的输出功能，在进行项目输出前需要对其进行再一次确认，确保项目结尾后没有空白的占位符或空隙，防止输出的视频文件结尾出现长时间的黑屏，并在进行输出之前对项目进行渲染。

1 双击需要进行输出的项目，将其在时间线中打开，保持时间线为激活状态后，选择菜单【文件】|【共享】|【母版文件(默认)】命令(快捷键为Command+E)，如图10-1所示。

提示

在对项目进行输出前需要激活时间线，或者在事件浏览器中选择需要输出的项目。

或是单击工作区右上角的“共享项目、事件片段或时间线范围”按钮，在下拉列表中也可以对项目的共享方式进行选择，如图10-2所示。

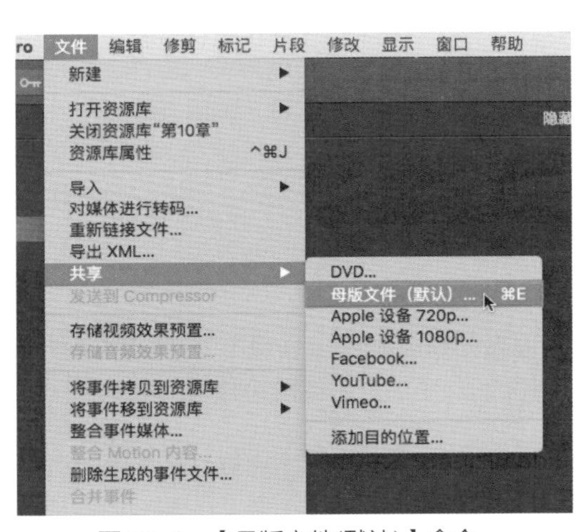

图10-1 【母版文件(默认)】命令

图10-2 “共享项目、事件片段或时间线范围”按钮

2 此时打开“母版文件”对话框，在对话框的左侧显示项目缩略图。下方则显示共享文件的规格、时间长度、影片格式类型及预估的文件所占空间大小等信息。在“信息”选项卡中包含需要共享的项目名称、项目描述、创建者名称及标记等信息。单击任一信息对其进行重新命名与注释，如图10-3所示。

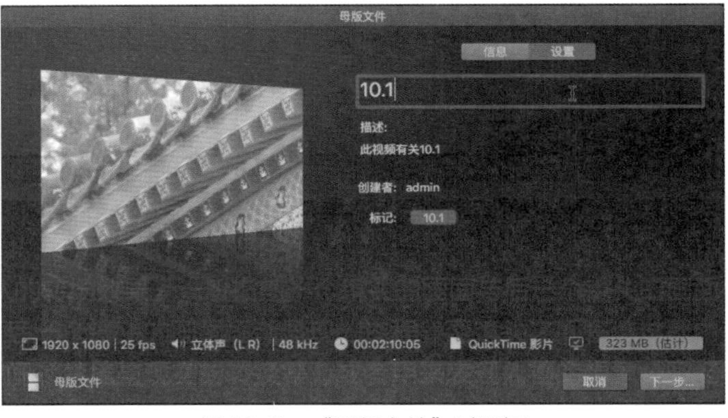

图10-3 “母版文件”对话框

3 将鼠标悬停在左侧的缩略图上，左右滑动鼠标，可以对项目中的画面进行预览，如图10-4所示。

4 单击“母版文件”对话框中的“设置”按钮，切换到“设置”选项卡，在该选项卡中可以对共享文件的相关参数进行详细设置，如图10-5所示。

5 单击“格式”选项右侧列表框的下三角按钮，在弹出的下拉列表中选择“母带录制”的方式，包括“视频和音频”“仅视频”和“仅音频”，如图10-6所示。

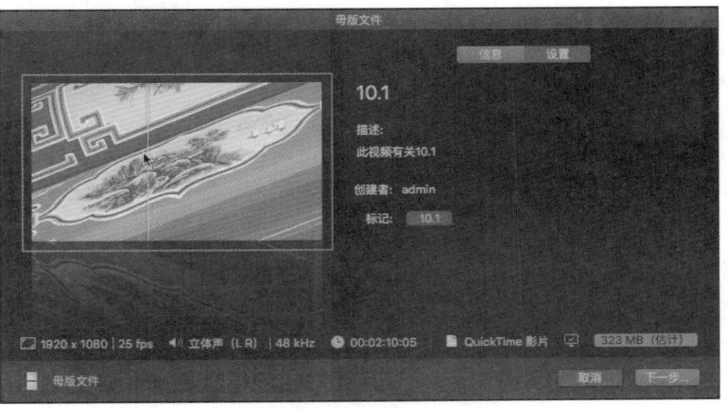

图10-4 预览项目

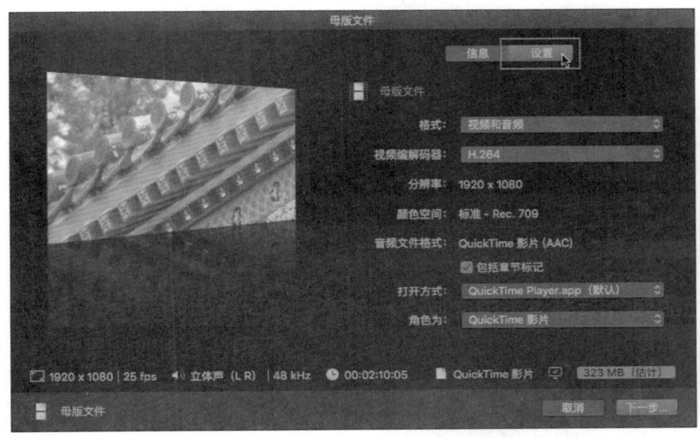

图10-5 “信息”选项卡

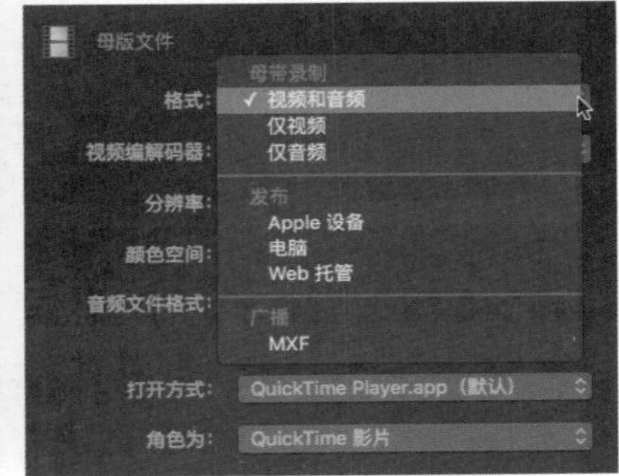

图10-6 “格式”选项

6 单击“视频编解码器”选项右侧列表框的下三角按钮，在弹出的下拉列表中对导出的视频格式进行设置。选择“来源”选项，导出的视频文件格式与项目设置的格式相同，在对格式进行切换时，可以导出不同大小与质量的视频文件，如图10-7所示。

7 在“打开方式”选项中设定用来打开导出视频的播放工具。当在列表中选择打开方式，文件共享完成后会自动启动播放软件。当选择“无”选项时会直接输出，如图10-8所示。

图10-7 “视频编解码器”选项

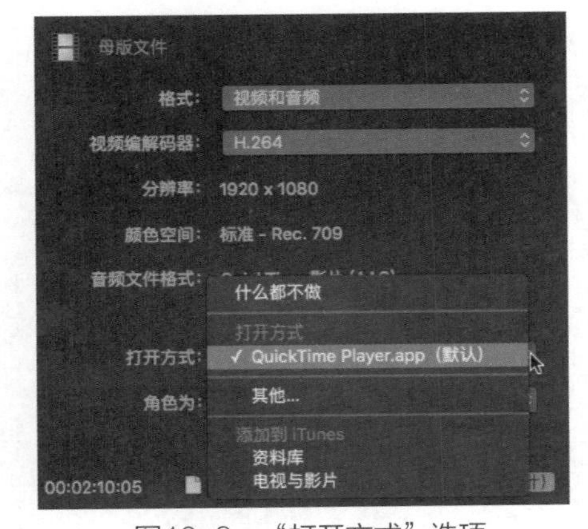

图10-8 “打开方式”选项

8 设置完成后，单击右下角的“下一步”按钮。在打开的“存储”对话框中可以对导出的视频文件进行重命名，并切换存储位置，然后单击“存储”按钮，如图10-9所示。

图10-9 “存储”对话框

9 单击工作区左上角的“显示后台任务”按钮(快捷键为Command+9)，在“后台任务”窗口中会以进度条及百分比的形式显示导出进程，如图10-10所示。

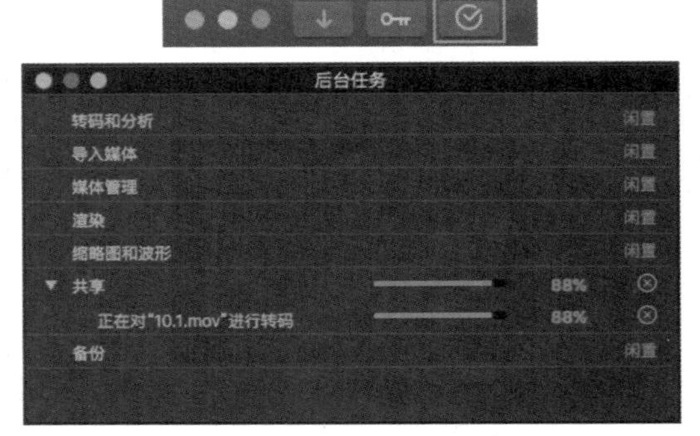

图10-10 “显示后台任务”按钮

提示

项目导出速度的快慢取决于计算机的计算与处理速度及输出格式的设置。

10 当项目共享完成后，在工作区右上角弹出提示对话框，单击对话框下方的“显示”按钮，自动查找共享文件所在位置，如图10-11所示。

图10-11 共享成功提示窗口

11 与此同时，会弹出在“打开方式”选项中所设定的播放软件，单击“播放”按钮，对视频文件进行播放，如图10-12所示。

提示

当需要共享项目中的某一部分时，可以先在时间线中为该项目设置出点和入点(快捷键为I/O)。或是将编辑工具切换为“范围选择工具”(快捷键为R)后，在时间线中进行框选，如图10-13所示。

框选后，在时间线上方会显示选中部分的时间长度，如图10-14所示。

再次进行共享后，“母版文件”对话框下方所显示时间码前会显示一个选区标志，并且时间长度与时间线中的显示一致。单击“下一步”按钮进行共享，仅导出选区内的内容，如图10-15所示。

图10-12 QuickTime

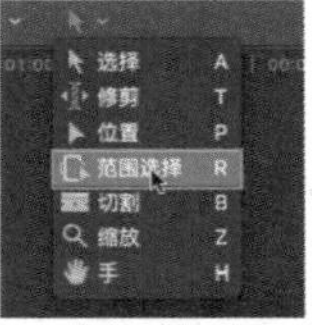

图10-13 设置输出范围

10.1　已选定 54:10 / 02:10:05总时间长度

图10-14　查看输出范围时间长度

图10-15　导出选择范围

10.2 共享至移动设备

利用这种方式输出的视频文件可以被发布至iPhone、iPad、Apple TV、Mac和PC等移动播放设备上，以便随时随地进行观看。

1 激活时间线后，选择菜单【文件】|【共享】|【Apple设备720p】命令，如图10-16所示。

2 打开“Apple设备720p”对话框，如图10-17所示。

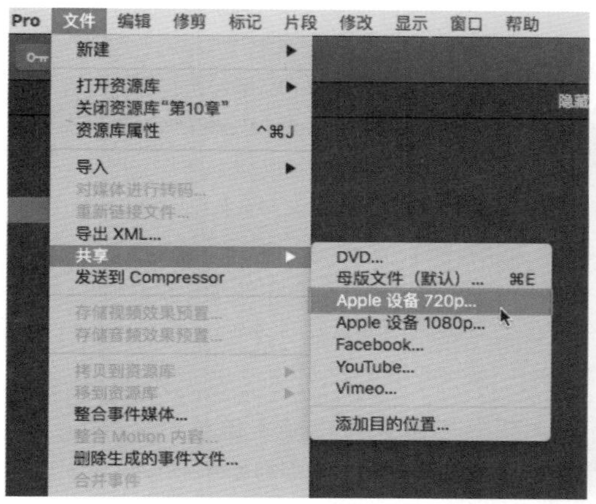

图10-16　【Apple设备720p】命令

图10-17　“Apple设备720p”对话框

3 单击“设置”按钮，切换至“设置”选项卡。在该选项卡中，可以对共享文件的相关参数进行详细设置，如图10-18所示。

4 单击“格式”选项右侧列表框的下三角按钮，在弹出的下拉列表中根据需要设置项目发布设备，如图10-19所示。

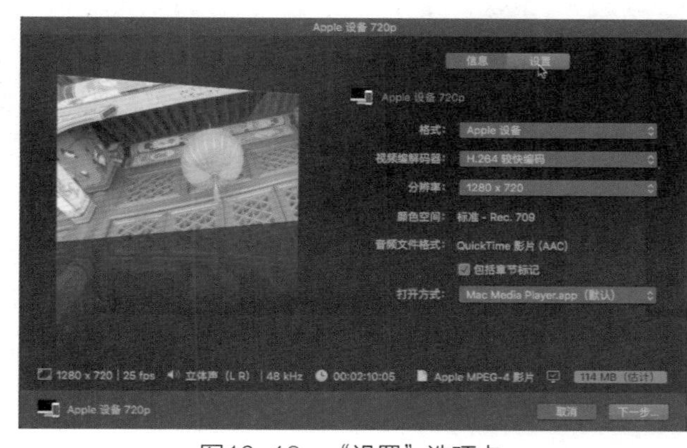

图10-18　“设置”选项卡

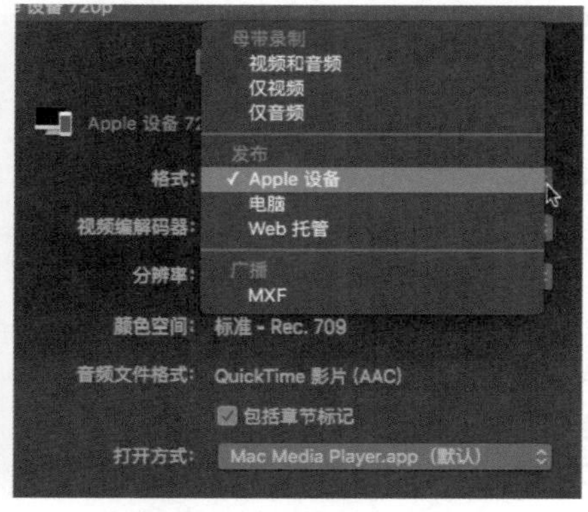

图10-19　“格式”选项

5 当对视频片段的格式进行设置后，将鼠标悬停在窗口右下方计算机图标的上方，会显示出支持播放该格式的移动设备名称，如图10-20所示。

6 单击“视频编解码器”选项右侧列表框的下三角按钮，在弹出的下拉列表中对编码质量进行选择，如图10-21所示。

7 单击“打开方式”右侧列表框的下三角按钮，在弹出的下拉列表中选择文件的打开方式，如图10-22所示。

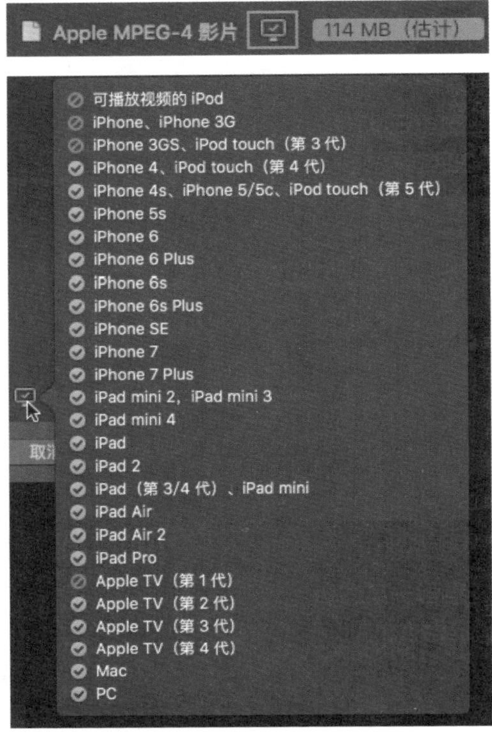

图10-20　显示移动设备名称

图10-21　“视频编解码器”选项

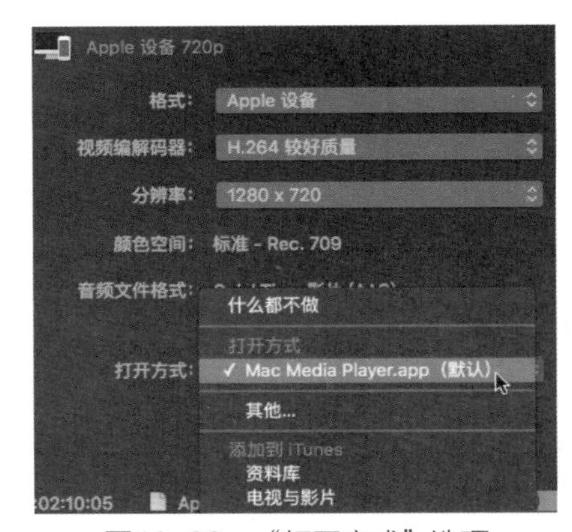

图10-22　“打开方式”选项

8 设置完成后，单击右下角的“下一步”按钮即可完成共享，如图10-23所示。

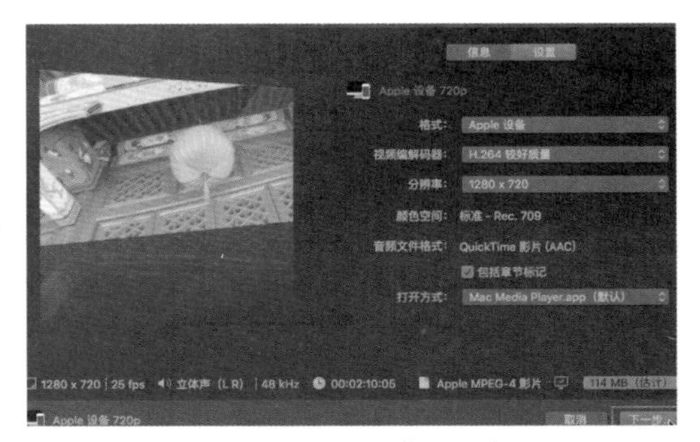
图10-23　进行导出

10.3 共享至网络

本节介绍将影片共享至视频网站的方式。在Final Cut Pro中支持直接将视频文件通过电子邮件进行传送，或是通过网络平台进行输出。可以共享的网站包括Facebook、YouTube、Vimeo、优酷及土豆网。下面以优酷网为例介绍将项目共享到网络的方法。

10.3.1 添加共享方式

1 选择【文件】菜单，在下拉菜单的【共享】命令中包含Facebook、YouTube、Vimeo等网络平台，但不包含优酷网，如图10-24所示。

2 此时选择菜单【文件】|【共享】|【添加目的位置】命令，打开“目的位置”对话框，如图10-25所示。

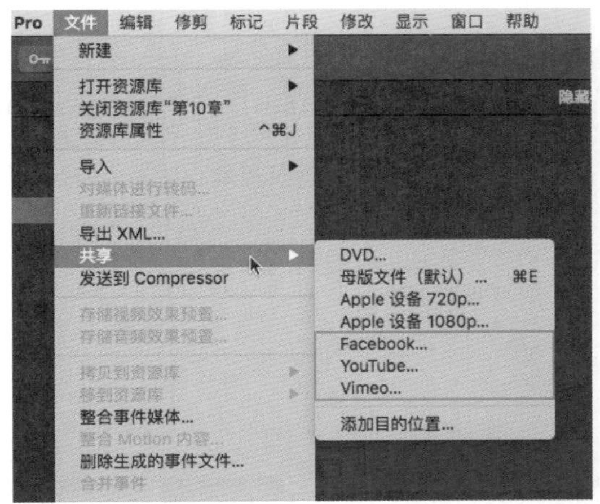

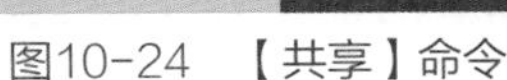
图10-24 【共享】命令

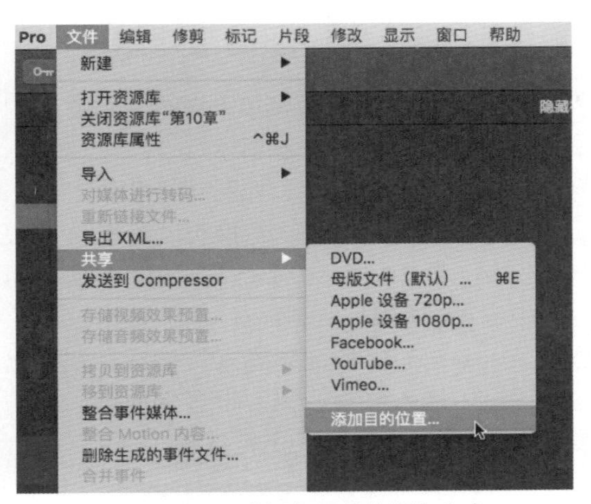

图10-25 【添加目的位置】命令

3 单击“目的位置”按钮，切换至“目的位置”对话框。单击左边栏中的“添加目的位置”选项，在右侧会显示所有可以进行共享的方式。选择需要添加的共享方式，按住鼠标左键后，将其拖曳至“添加目的位置”选项上，光标下方会出现带“+”的绿色圆形标志，释放鼠标左键，即可将其添加至左侧边栏，如图10-26所示。

4 单击左侧边栏中已经添加的共享方式，在右侧会显示相应的参数设置，如图10-27所示。

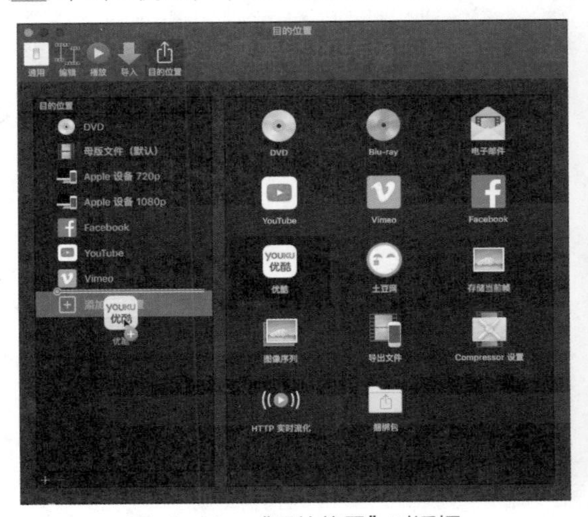

图10-26 “目的位置”对话框

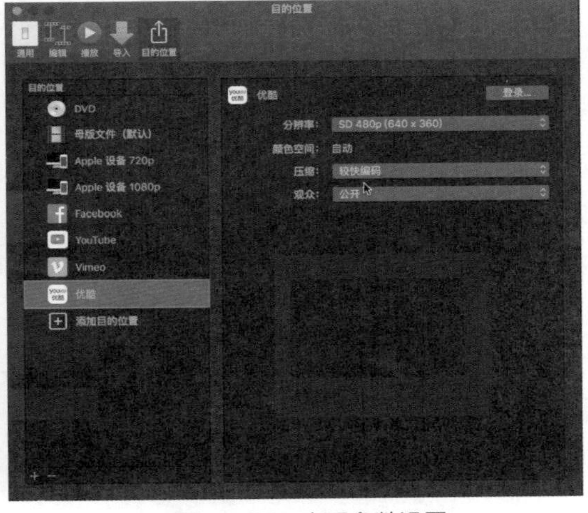

图10-27 查看参数设置

> **提示**
>
> 单击左侧边栏下方的“+”按钮，可以直接跳转至“添加目的位置”，单击“-”按钮会删除左侧边栏中所选择的共享方式。

5 再次选择菜单【文件】|【共享】|【优酷】命令，在菜单中会显示刚刚添加过的共享方式，如图10-28所示。

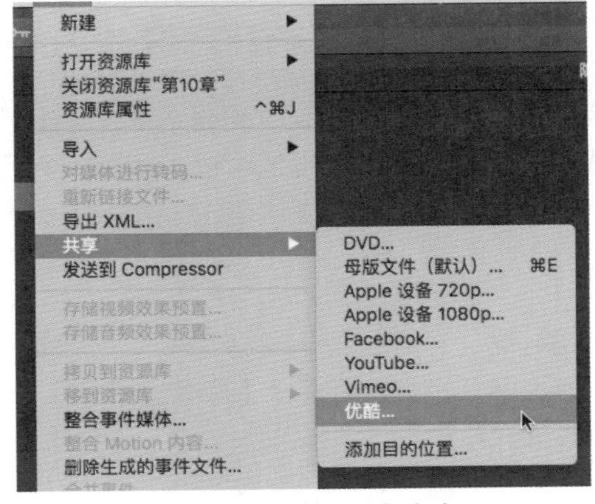

图10-28 【优酷】命令

10.3.2 共享项目至网络

1 激活时间线后，选择菜单【文件】|【共享】|【优酷】命令，如图10-29所示。

2 打开“共享”对话框，如图10-30所示。

3 单击“设置”按钮，切换至“设置”选项卡。在该选项卡中显示的参数与“目的位置”对话框中的参数相同。如果已经有了该网站的账号，可以单击右上角的“登录”按钮，在弹出的对话框中输入账号密码。设置完成后，单击右下角的“下一步”按钮进行共享，如图10-31所示。

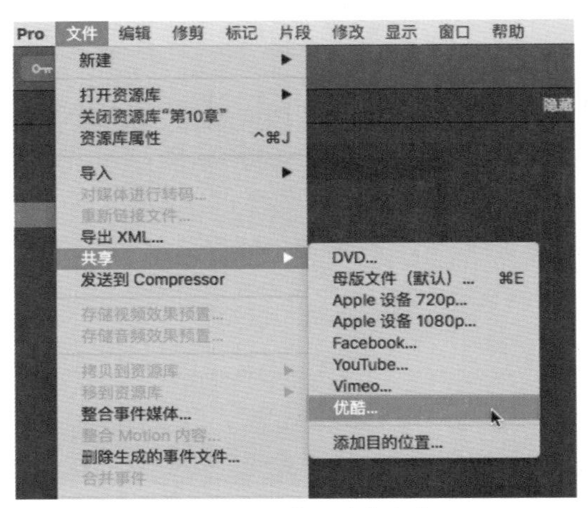

图10-29 【优酷】命令

图10-30 “共享”对话框

图10-31 “设置”选项卡

10.4 共享静态图像

在编辑项目的过程中，有时会需要将项目中的某一帧画面以静态图像的方式导出并存储下来。在之前的章节中介绍过保存静帧的方式，下面主要介绍在共享文件过程中导出单帧与序列帧的方法。

10.4.1 导出单帧图像

1 将播放指示器拖曳到时间线中希望导出单帧画面的位置上，并在检视器中进行预览。然后选择菜单【文件】|【共享】|【存储当前帧】命令，如图10-32所示。

图10-32 【存储当前帧】命令

提示

当共享菜单中没有显示【存储当前帧】命令时，需要先利用【添加目的位置】命令手动进行添加后再进行导出。

2 在打开的“存储当前帧”对话框中单击“设置”按钮，切换至“设置”选项卡，如图10-33所示。

图10-33　“设置”选项卡

3 此时左侧的缩略图为输出静帧的预览图，右下角则显示当前静帧进行存储的格式。单击“导出”选项右侧列表框的下三角按钮，在弹出的下拉列表中可以切换导出静帧的存储格式。设置完成后，单击“下一步”按钮，如图10-34所示。

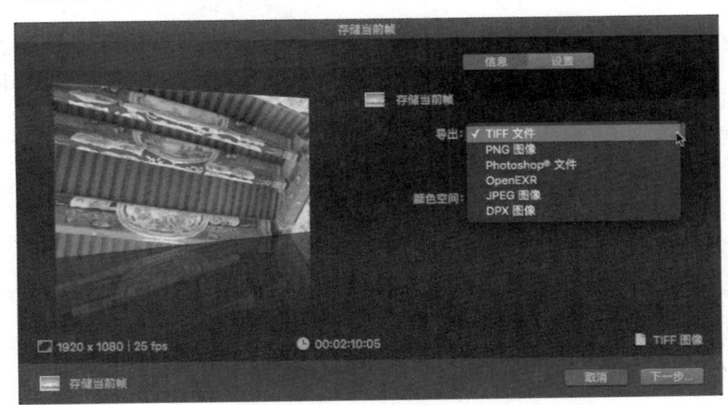

图10-34　“导出”选项

4 在打开的“存储”对话框中，可以修改静帧图像的名称及存储位置。单击右下角的“存储”按钮，即可导出所选静帧图像，如图10-35所示。

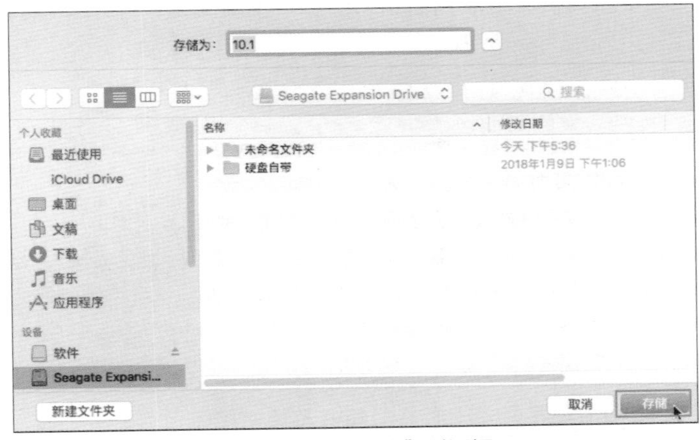

图10-35　“存储”对话框

10.4.2 导出序列帧

“序列帧”是一组静止的图像序列串，如果一个影片的帧速率为25fps，那么在导出时每秒钟就会导出25张静帧图像。这种导出方式的优势在于生成的文件不受格式的限制，但导出的速度会相应变慢。

1 选择菜单【文件】|【共享】|【导出图像序列】命令，如图10-36所示。

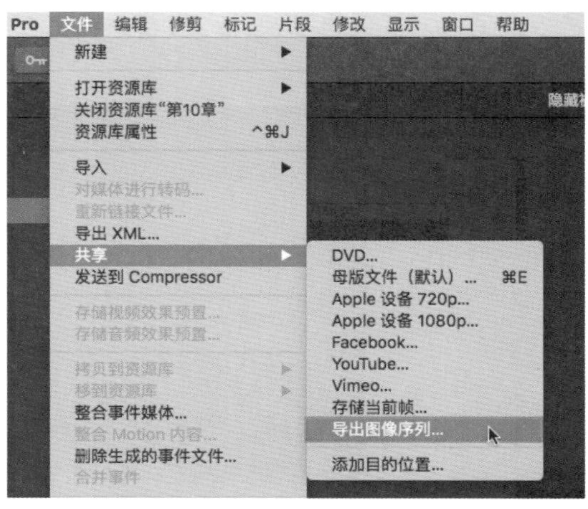

图10-36 【导出图像序列】命令

2 序列帧的导出方式与单帧图像导出的方式差不多，在“导出图像序列”对话框中对图像序列的格式设置完成后，单击“下一步”按钮，如图10-37所示。

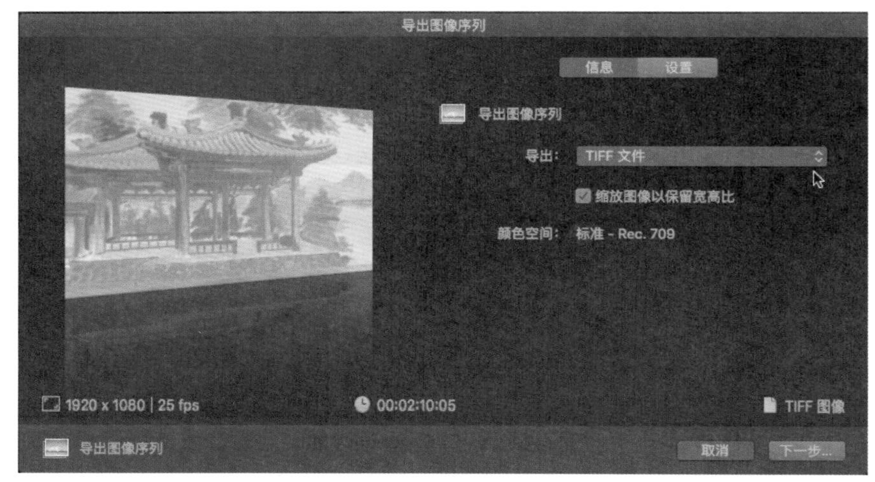

图10-37 “导出图像序列”对话框

3 在弹出的对话框中设置保存路径及文件名。存储完成后，在存储位置中新建一个文件夹，如图10-38所示。

4 双击打开序列文件夹，在该文件夹中会按照时间顺序生成一组图像序列，如图10-39所示。

10.1序列

图10-38 序列文件夹

图10-39 图像序列

10.5 导出DVD格式

在Final Cut Pro中利用共享功能可以创建一个磁盘镜像文件，之后将其刻录到光盘上进行保存与展示。

1 激活时间线后，选择菜单【文件】|【共享】|【DVD】命令，如图10-40所示。

2 在打开的DVD对话框中单击“设置”按钮，切换至“设置”选项卡，如图10-41所示。

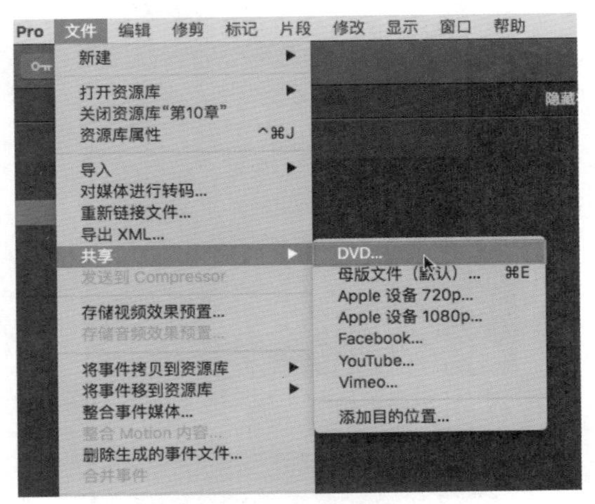

图10-40　【DVD】命令

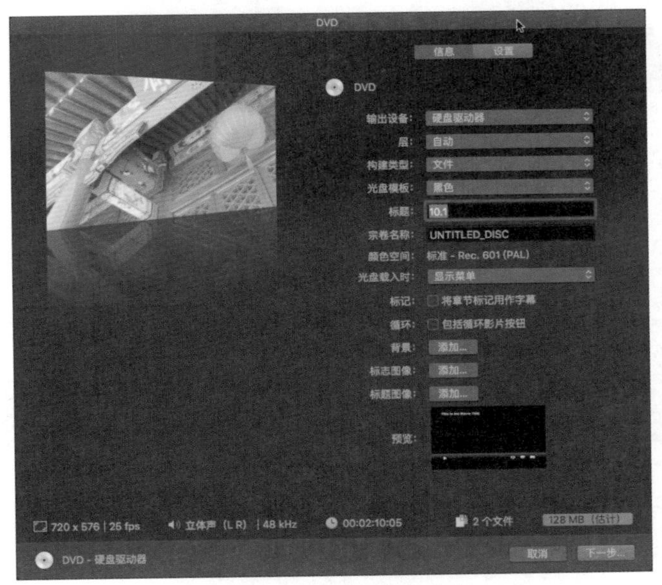

图10-41　“设置”选项卡

3 单击“输出设备”选项右侧列表框的下三角按钮，在弹出的下拉列表中选择设备类型。当已连接刻录设备时，系统会自动进行搜索并连接，如图10-42所示。

> **提示**
>
> 如果当前没有连接刻录设备，可以在“输出设备”选项中选择“硬盘驱动器”。

4 “层”选项是用于设置刻录的层数，当选择自动选项时，对插入的光盘自动检测后进行创建，如图10-43所示。

5 在“构建类型”选项中，可以选择文件构建的方式，如图10-44所示。

6 在“光盘模板”选项中，可以对光盘的菜单颜色与形式进行设置，如图10-45所示。

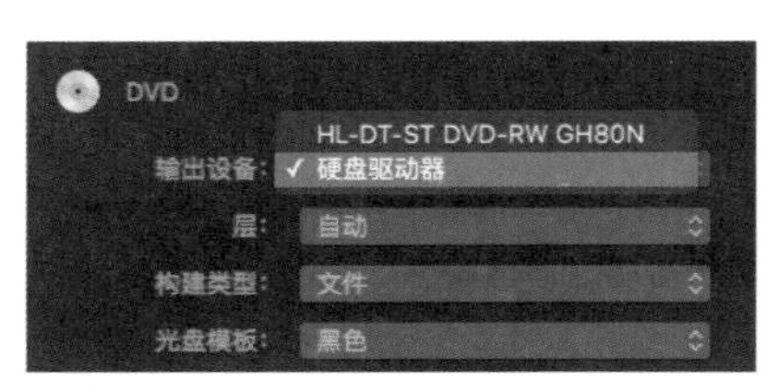

图10-42 “输出设备”选项

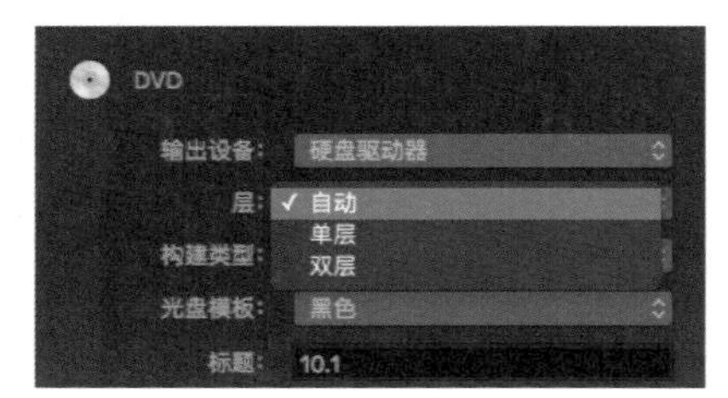

图10-43 “层”选项

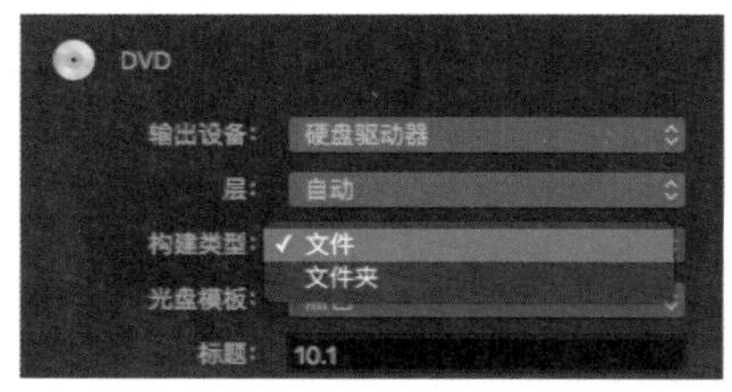

图10-44 “构建类型”选项

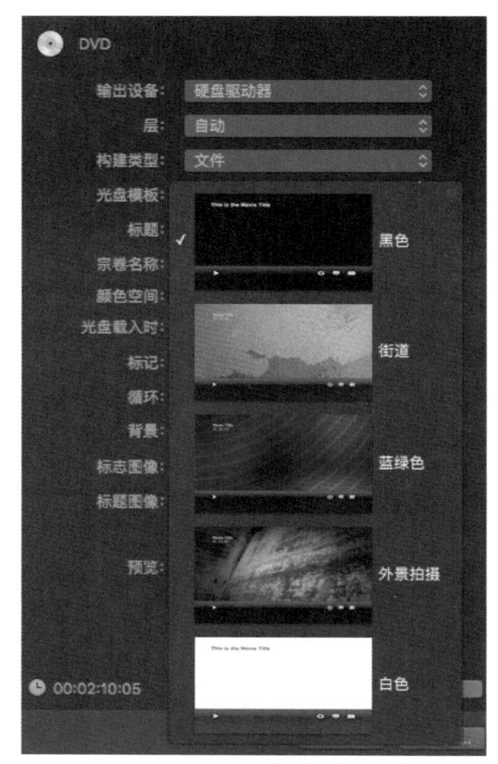

图10-45 “光盘模板”选项

7 在“光盘载入时”选项中，设置插入光盘后是需要显示菜单进行选择，还是直接播放视频文件，如图10-46所示。

8 单击“标记”与“循环”选项中的复选框，将其激活后，Final Cut Pro会自动添加标记，并将标记用在字幕中并添加循环影片按钮，如图10-47所示。

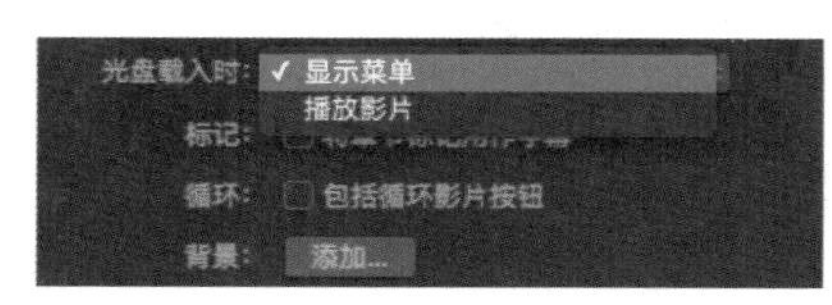

图10-46 “光盘载入时”选项

图10-47 “标记”与“循环”选项

9 单击“背景”“标志图像”与“标题图像”右侧的“添加”按钮，打开Finder窗口，在此可以对图像进行自定义选择，如图10-48所示。

10 设置完成后，单击“下一步”按钮，打开“存储”对话框。在“存储”对话框中设置文件名称与存储位置。待存储完成后打开存储位置，会显示一个扩展名为“.img”的镜像文件。然后将文件复制到带有刻录光驱的计算机上制作为DVD文件，如图10-49所示。

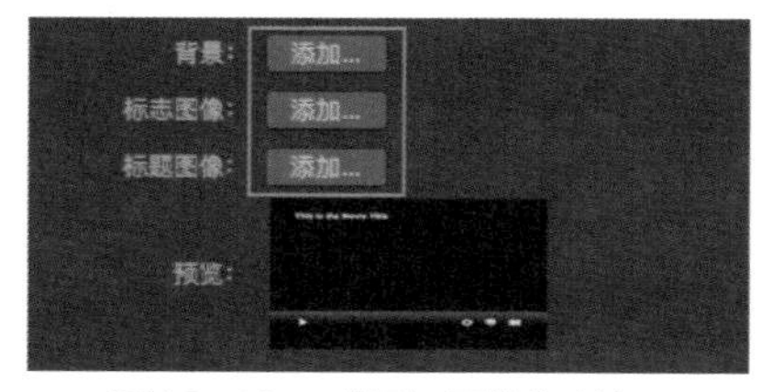

图10-48 “添加图像”按钮

AAA09CE3-
D444-44...C2AA257

图10-49 镜像文件

10.6 导出XML文件

剪辑是一个需要团队之间进行合作的工作，每个人习惯使用的软件也不尽相同，而每种软件进行保存的工程文件都有它相应的局限性。这时就需要一种兼容于各软件，在不同软件之间互相交换工作项目的文件格式。

1 激活时间线后，选择菜单【文件】|【导出XML】命令，如图10-50所示。

图10-50　【导出XML】命令

2 在弹出的"存储"窗口中可以设置文件名称及保存位置，在"元数据视图"选项中可以切换为其他视图方式，设置完成后单击"存储"按钮，如图10-51所示。

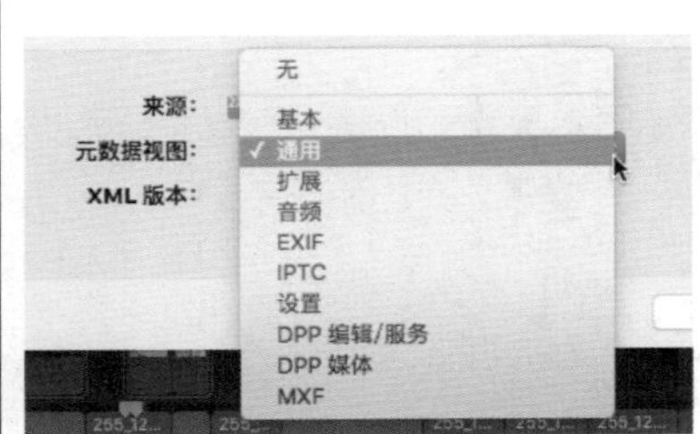

图10-51　"元数据视图"选项

3 弹出一个导出XML文件的进度条，如图10-52所示。

图10-52　导出进度条

4 导出工作完成后，在相应的存储位置会创建扩展名为".fcpxml"的文件，如图10-53所示。

10.1.fcpxml

图10-53　".fcpxml"文件

提示

导出的".fcpxml"文件只保存剪辑信息，不保存在剪辑过程中所使用的文件。

5 同样的，在Final Cut Pro中也可以导入XML文件。选择菜单【文件】|【导入】|【XML】命令，在弹出的窗口中选择XML文件进行导入即可，如图10-54所示。

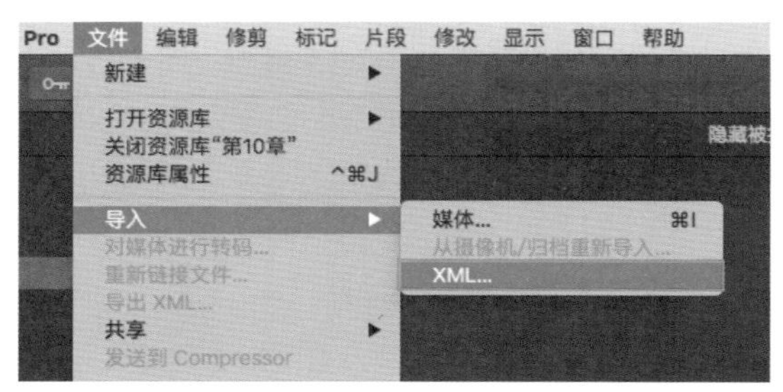

图10-54 【XML】命令

10.7 Compressor输出

本节介绍利用Compressor软件输出文件的方法。

1 激活时间线后，选择菜单【文件】|【发送到Compressor】命令，如图10-55所示。

2 之后会自动启动Compressor软件，并创建一个与导出项目名称相同的任务，单击"播放"按钮，在上方的检视器中对项目进行预览，如图10-56所示。

图10-55 【发送到Compressor】命令

图10-56 Compressor工作区

3 拖曳时间轴两侧的滑块，可以对输出范围进行选择，设置完成后单击下方的"添加输出"按钮，如图10-57所示。

图10-57 设置项目输出范围

4 在“设置”对话框中对导出文件的类型与格式进行选择，单击下方“位置”选项列表栏右侧的下三角按钮，在弹出的下拉列表中选择存储位置，设置完成后，单击右下角的“好”按钮，如图10-58所示。

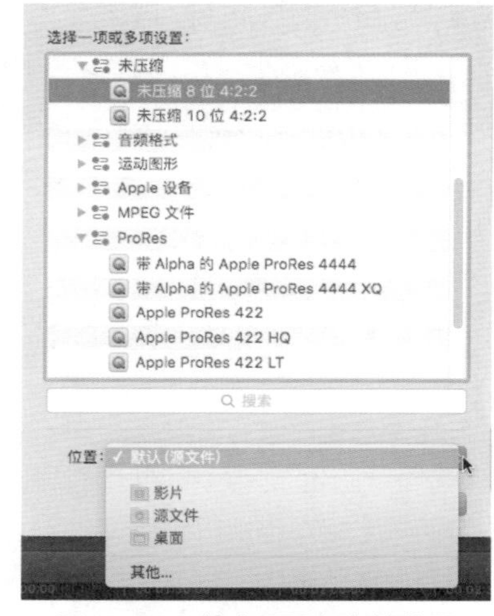

图10-58 输出设置与存储位置

提示

按Command键可以对设置进行多选。

5 然后会在工作区下方新建输出任务，单击右下角的“开始批处理”按钮，如图10-59所示。

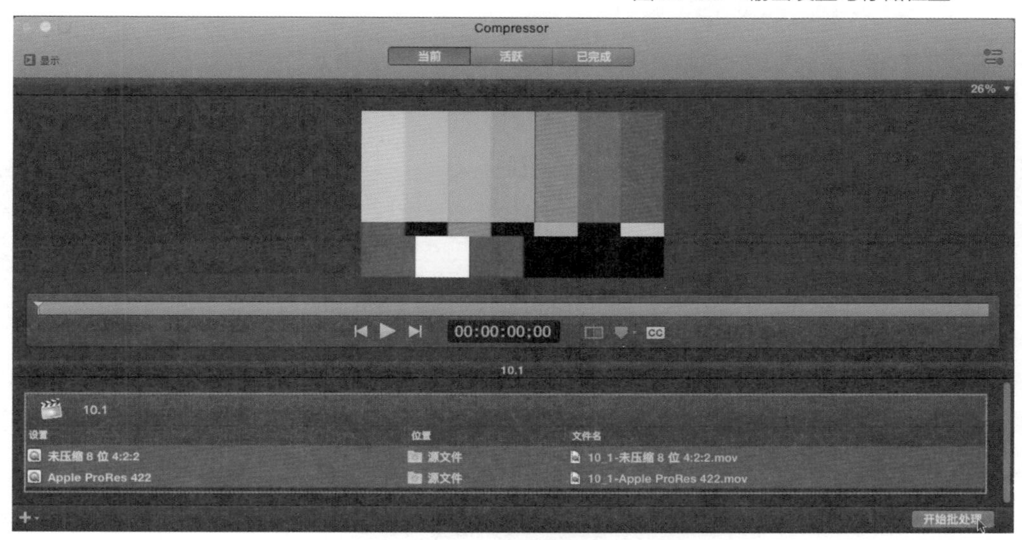

图10-59 新建输出任务

6 此时会自动切换至“活跃”窗口，并自动进行处理，输出速度以进度条的方式进行体现，如图10-60所示。

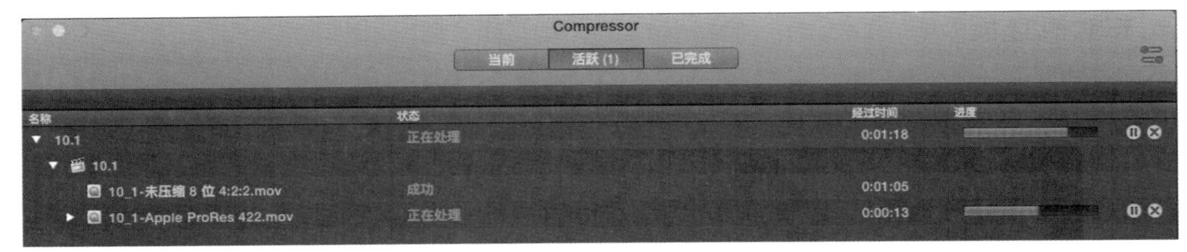

图10-60　进行输出

7 输出完成后，单击输出文件右侧的“在Finder中显示”按钮，自动打开文件存储位置，如图10-61所示。

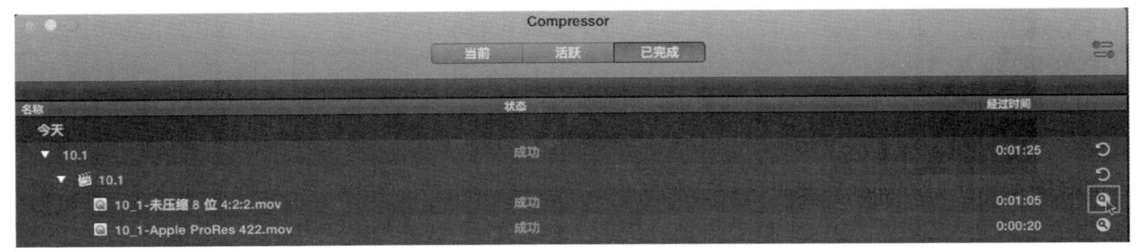

图10-61　查看文件位置

10.8 课后习题

(1) 有几种方式可以打开共享菜单?
(2) 在进行导出的过程中如何查看导出进度?
(3) 如何导出特定格式的视频文件?
(4) 如何设置在导出时仅导出视频或仅导出音频?
(5) 当共享菜单中没有相应输出方式时如何进行添加?
(6) 如何导出一幅静帧图像?
(7) 如何利用XML文件实现软件间的交换?
(8) 在Compressor软件中如何进行导出?

快捷键		
1	Command+E	共享母版文件
2	Command+9	显示后台任务
3	R	范围选择工具

10.9 课后拓展：重新链接文件

在Final Cut Pro中，进行编辑的项目文件和媒体文件都是相互关联的，当与项目相关联的源文件在硬盘中损坏或是被误删时，项目中对应的片段就不能进行播放。此时丢失的片段在Final Cut Pro中会变成红色的离线媒体文件，如图10-62所示。

而包含缺失文件的事件上也会出现一个黄色的三角形感叹号标志。此时就需要我们手动将媒体文件重新链接到事件中，如图10-63所示。

图10-62　离线提示

图10-63　缺失文件标志

1 首先需要选中缺少文件的项目或片段，选择菜单【文件】|【重新链接文件】命令，如图10-64所示。

2 弹出“重新链接文件”窗口，在“重新链接”选项中选中“缺少的”单选按钮后，原始文件列表中会显示该项目中所有丢失的媒体文件，并显示其所在的文件夹位置。单击“查找全部”按钮，如图10-65所示。

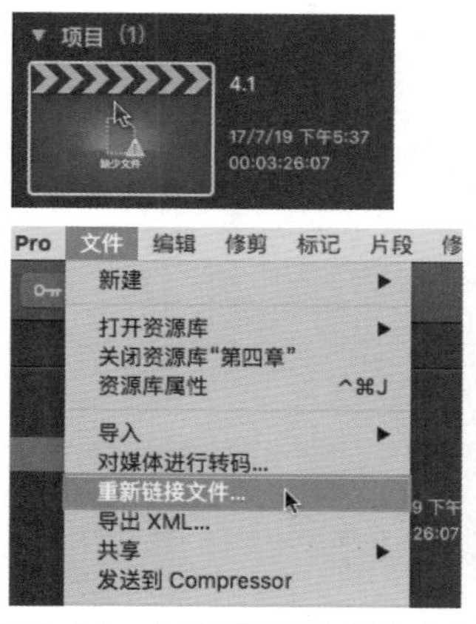

图10-64　【重新链接文件】命令

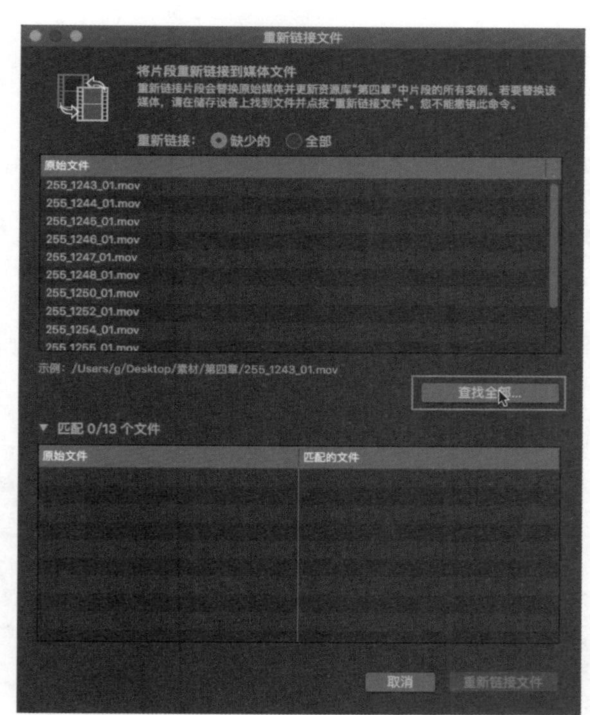

图10-65　查找文件

提示

在“重新链接”选项中选中“缺少的”单选按钮时，会查找所选项目中缺少的媒体片段，而当选中“全部”单选按钮时，则会重新查找项目中所包含的全部片段。

3 Final Cut Pro会自动搜索丢失的文件，在弹出的对话框中找到丢失的媒体文件或文件夹的位置。单击“选取”按钮，如图10-66所示。

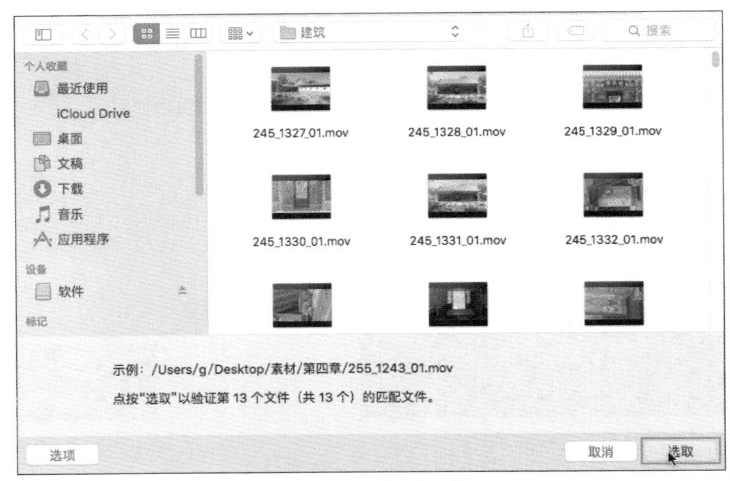

图10-66　搜索文件

4 弹出验证文件兼容性的进度条，如图10-67所示。

图10-67　进度条

5 验证完毕后，匹配完成的片段显示在下方列表中，单击“重新链接文件” 按钮，即可重新链接丢失的文件，如图10-68所示。

6 此外，当所选文件与原文件不兼容时会弹出提示对话框，如图10-69所示。

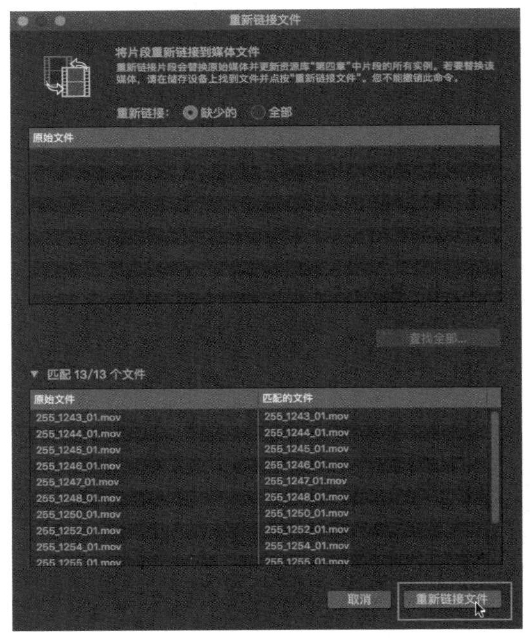

图10-68　重新链接文件

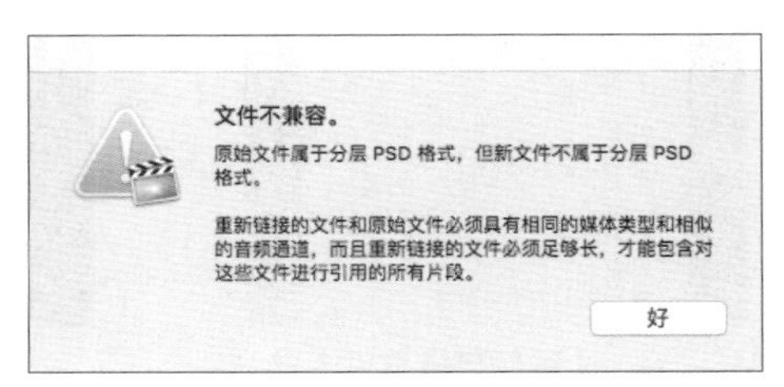

图10-69　提示对话框

提示

重新链接的文件的分辨率和编解码器可与原始文件不同，而且可以是原始文件的修剪版本，但重新链接的文件必须包括引用文件中的所有媒体，必须与原始文件包含相同的媒体类型、相同的帧速率、相似的音频通道才可以重新链接。

第11章

商业案例——定格动画

本章概述：

通过之前的学习，大家已经初步了解了在Final Cut Pro中进行视频编辑的基本流程与方式技巧。之后的章节主要通过三个案例引导大家将前面所学的内容运用到真正的项目中，并将各模块之间的内容打通。在编辑过程中培养独立思考的能力，大量地进行剪辑练习，熟悉Final Cut Pro中的命令与快捷键，积累经验与教训。

11.1 定格动画

11.1.1 技术概述

定格动画，是在逐帧对对象进行拍摄后，将拍摄的序列帧导入后期制作软件中进行编辑，利用视觉暂留的现象，使单帧画面连续放映，从而产生动态效果。

11.1.2 效果展示

定格动画编辑完成效果，如图11-1所示。

图11-1　定格动画编辑效果

11.2 后期制作过程

本节主要介绍定格动画后期制作的过程，如导入序列帧、创建关键词精选、调整片段节奏、创建复合片段、利用关键帧制作动画、添加音频及视频转场等内容。

11.2.1　新建资源库、事件及项目

1 选择菜单【文件】|【新建】|【资源库】命令，创建一个资源库，如图11-2所示。

2 在打开的“存储”窗口中选择资源库的存储位置，并将其重命名为“课后案例”，完成后单击右下角的“存储”按钮，如图11-3所示。

3 此时在浏览器中创建了一个资源库，并在该资源库下自动创建了一个事件，如图11-4所示。

4 选择菜单【文件】|【新建】|【事件】命令(快捷键为Option+N)新建一个事件，如图11-5所示。

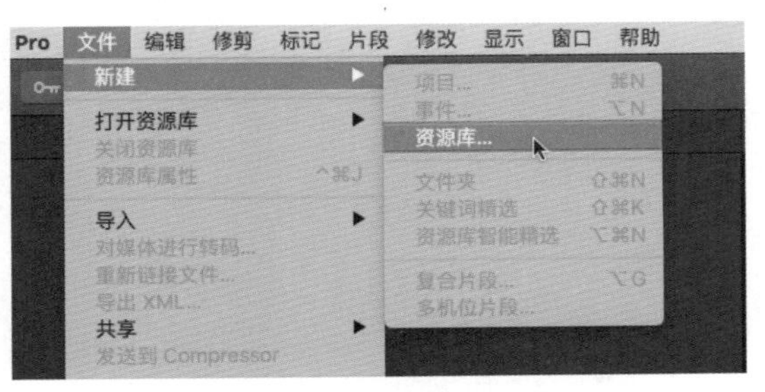

图11-2　【资源库】命令

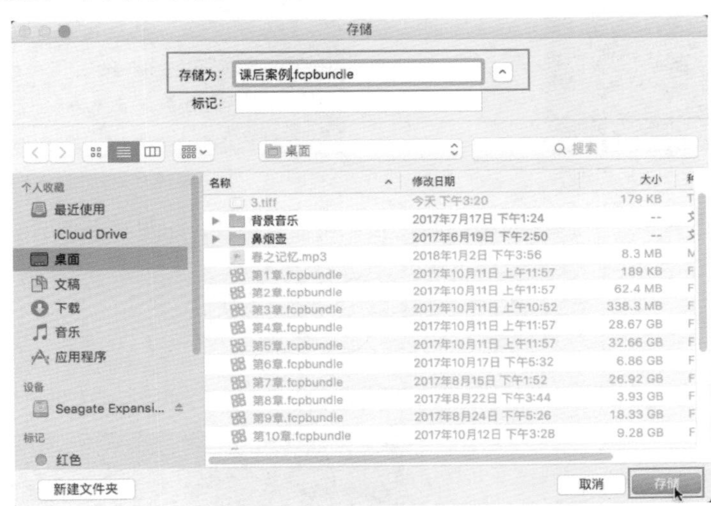

图11-3　“存储”窗口

图11-4　新建事件

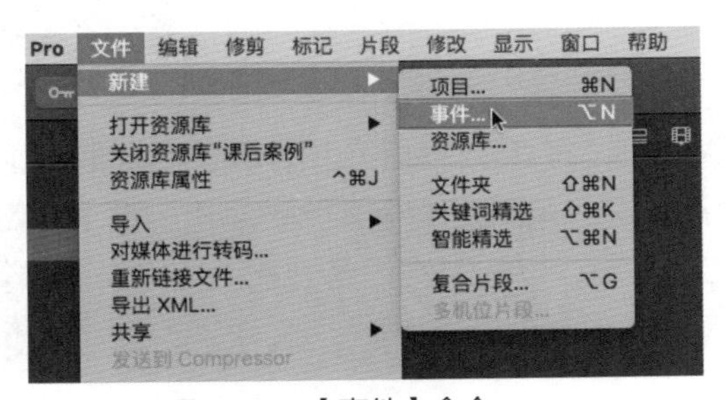

图11-5　【事件】命令

5 在弹出的对话框中对该事件重命名，勾选“创建新项目”复选框，设置完成后，单击右下角的“好”按钮，如图11-6所示。

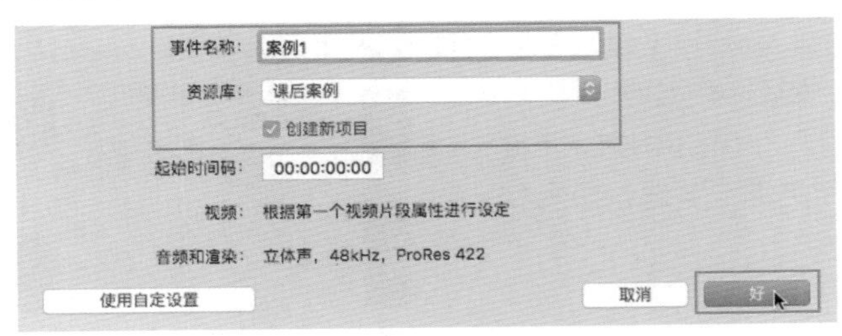

图11-6　“事件设置”对话框

6 此时资源库中创建了一个新的事件，如图11-7所示。

7 单击自动创建的事件后，单击鼠标右键，在弹出的快捷菜单中选择【将事件移到废纸篓】命令(快捷键为Command+Delete)，如图11-8所示。

图11-7　新建事件

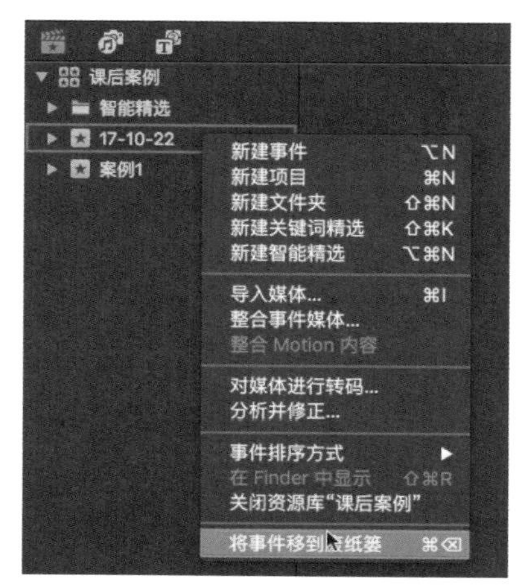

图11-8　【将事件移到废纸篓】命令

8 在弹出的对话框中单击“继续”按钮，删除自动创建的事件，如图11-9所示。

提示

也可以单击自动创建的事件名称，将其激活为蓝色后重命名。

9 单击新建的事件后，在该事件中已经自动创建了一个“未命名项目”，如图11-10所示。

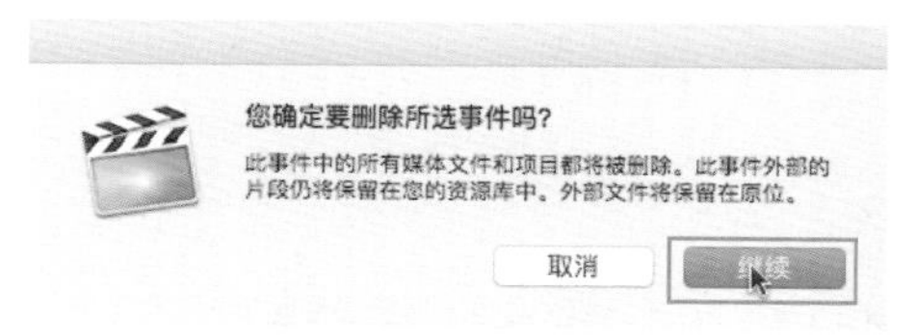

图11-9　提示对话框

图11-10　未命名项目

10 单击项目名称，将其激活为蓝色后重命名，如图11-11所示。

图11-11　重命名项目

11.2.2　导入媒体文件

1 选择菜单【文件】|【导入】|【媒体】命令(快捷键为Command+I)，如图11-12所示。

2 在打开的“媒体导入”窗口中按Shift键，对需要导入的序列帧文件夹进行多选，如图11-13所示。

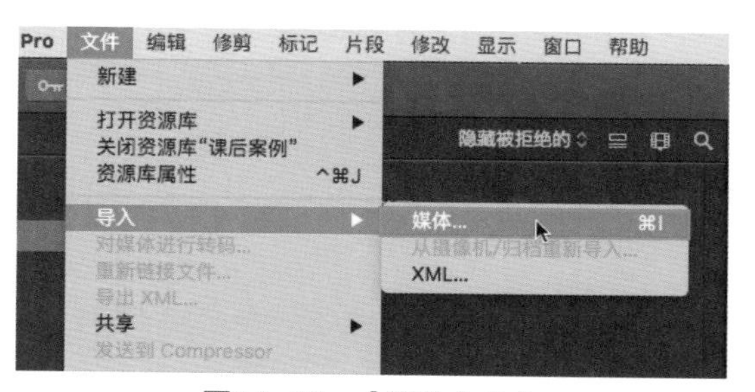

图11-12　【媒体】命令

3 勾选右侧“关键词”选项中的“从文件夹”复选框，为大量的媒体文件添加关键词，以便找到需要的静帧画面，如图11-14所示。

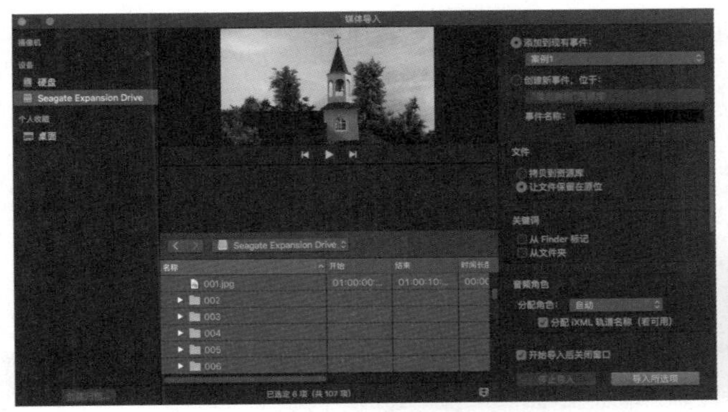

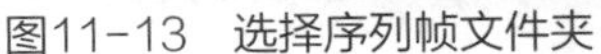

图11-13 选择序列帧文件夹

图11-14 从文件夹创建关键词

4 设置完成后，单击右下角的“导入所选项”按钮，弹出进度对话框，如图11-15所示。

5 导入完成后，会自动在项目中以静帧图像所在文件夹的名称创建关键词精选，单击该关键词精选名称，会显示该关键词所包含的序列帧图像，如图11-16所示。

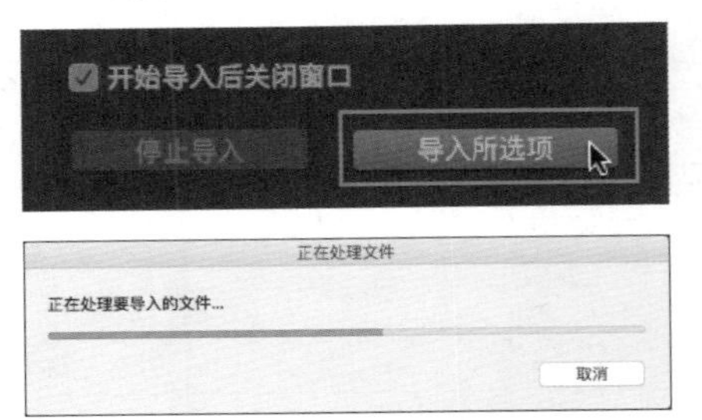

图11-15 导入所选项

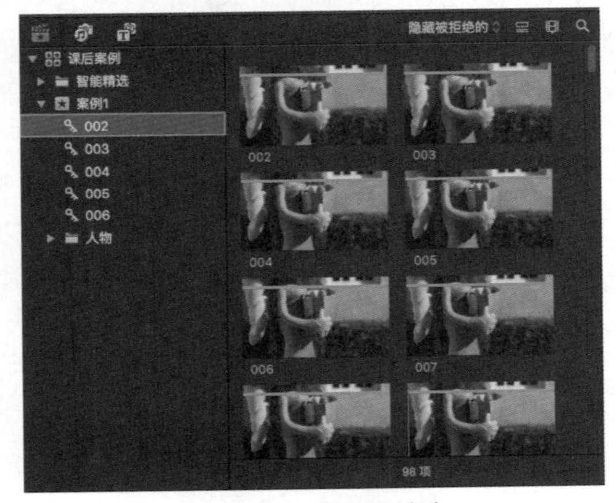

图11-16 关键词精选

11.2.3 调整片段节奏

1 选择关键词“002”后，按快捷键Command+A，全选浏览器中的静帧图像，按住鼠标左键将其拖曳至时间线上，如图11-17所示。

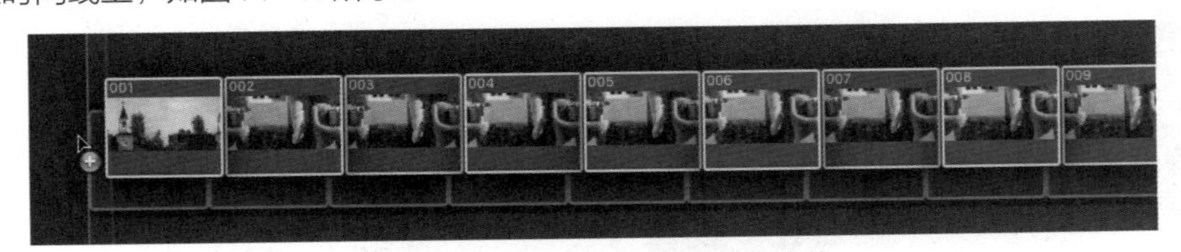

图11-17 拖曳片段至主要故事情节

2 释放鼠标后，弹出提示对话框，单击“速率”右侧的下三角按钮，在弹出的下拉列表中将速率更改为24p后，单击右下角的“好”按钮，如图11-18所示。

3 此时每张静帧的持续时间为10s，按空格键进行播放，会发现画面中人物的动作非常缓慢。此时需要对时间线中静帧画面的持续时间进行调整，按快捷键Shift+Z，将静帧全部显示在时间线上后，框选镜头2中的画面，如图11-19所示。

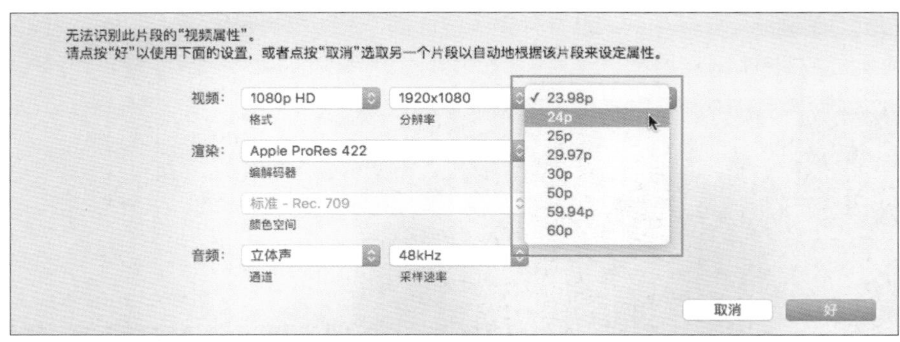

图11-18　设置视频速率

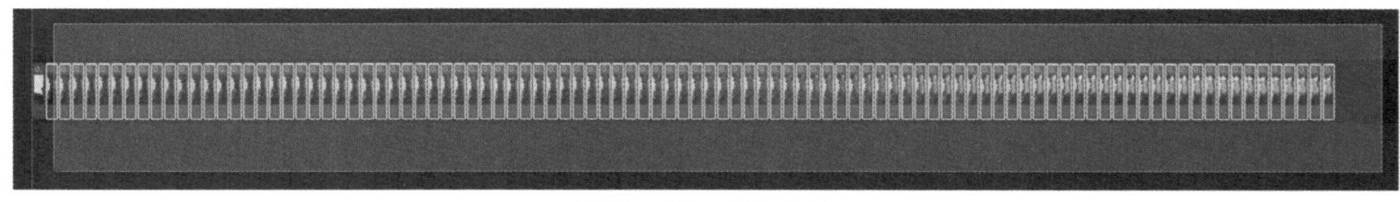

图11-19　框选静帧

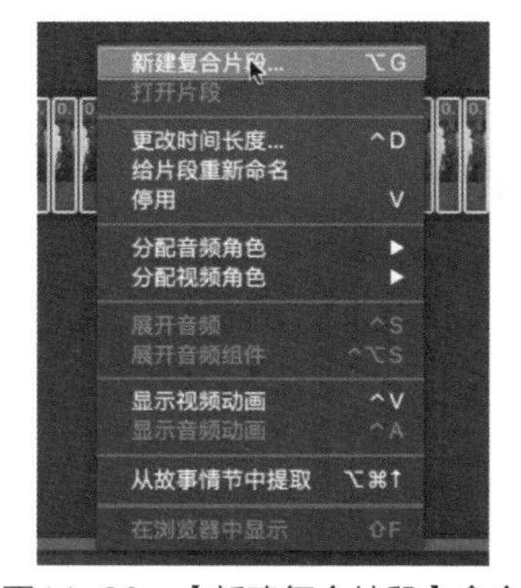

4 为了能够整体对同一镜头内的静帧画面进行调整，框选静帧画面后单击鼠标右键，在弹出的快捷菜单中选择【新建复合片段】命令(快捷键为Option+G)，如图11-20所示。

5 在弹出的对话框中对复合片段重命名，如图11-21所示。

图11-20　【新建复合片段】命令

图11-21　重命名复合片段

6 将所选内容创建成复合片段，与此同时，浏览器中也会出现该复合片段，如图11-22所示。

7 接下来对时间线上镜头1的单帧画面的持续时间进行调整，选择该静帧画面后单击鼠标右键，在弹出的快捷菜单中选择【更改时间长度】命令(快捷键为Control+D)，如图11-23所示。

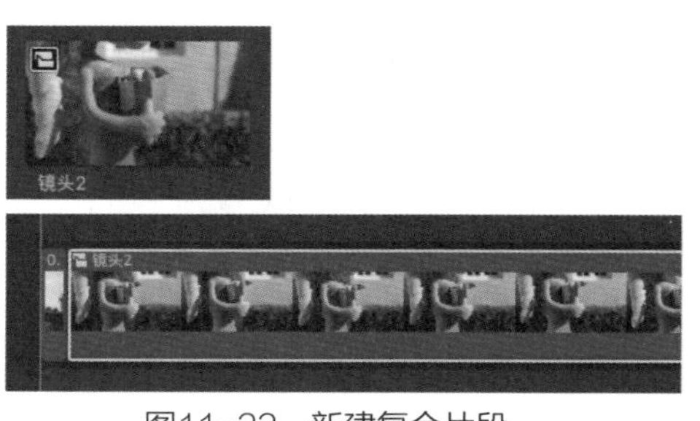

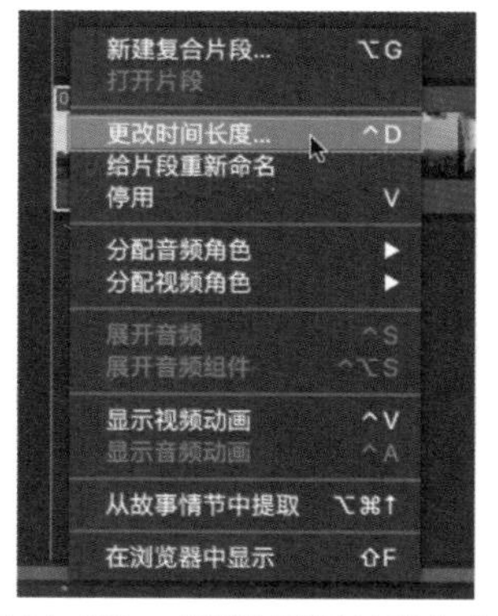

图11-22　新建复合片段

图11-23　【更改时间长度】命令

8 检视器下的时间码被激活为蓝色后，输入数值600，将静帧画面的持续时间更改为6s，如图11-24所示。

图11-24　更改时间长度

9 设置完成后，利用关键帧为该镜头做一个拉镜头效果。选择静帧画面后，按快捷键Command+4，打开检查器，单击左上角的“显示视频检查器”按钮，切换至“视频检查器”，如图11-25所示。

10 按Home键，将播放指示器跳转到项目开始位置后，单击“视频检查器”中“变换”栏中“缩放(全部)”选项右侧的“添加关键帧”按钮，在播放指示器所在位置添加一个关键帧，如图11-26所示。

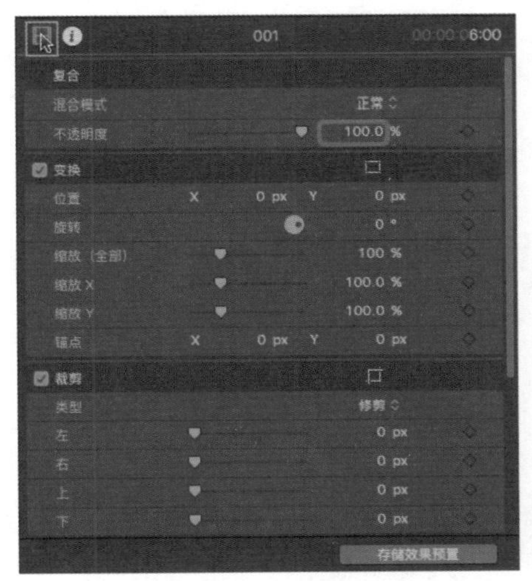

图11-25　视频检查器

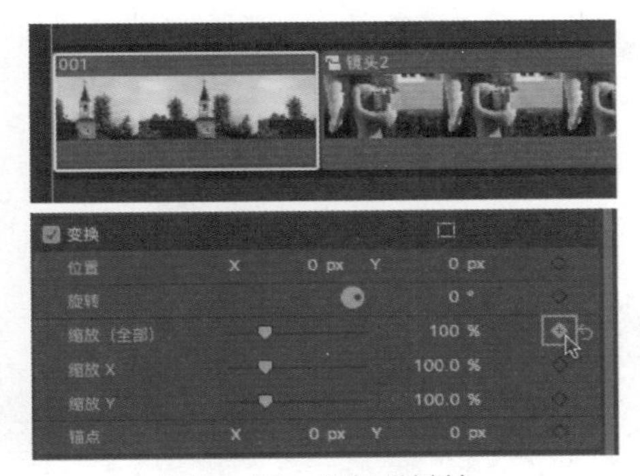

图11-26　添加关键帧

11 拖曳“缩放(全部)”选项后的滑块，将缩放值调整至190%。与此同时，检视器中的画面会放大，如图11-27所示。

> **提示**
>
> 检视器中画面左侧的胶片状标志，表示该画面为首帧。

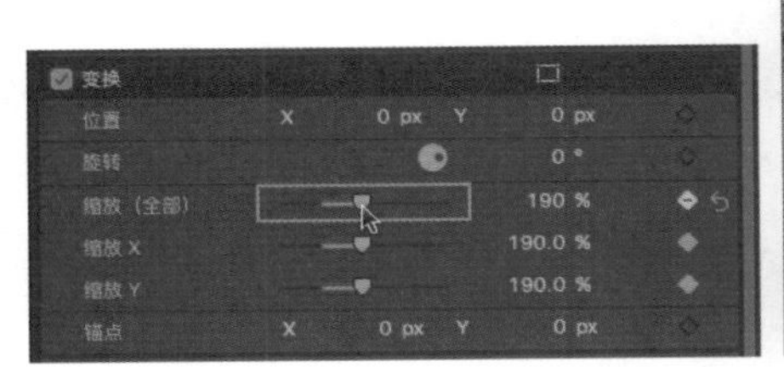

图11-27　调整画面缩放值

12 将时间线上的播放指示器向后拖曳一段时间，再次单击“添加关键帧”按钮。此时不修改缩放数值，在片头制作一个定格的效果，如图11-28所示。

13 按↓键将播放指示器跳转到下一个编辑点后，按←键将播放指示器移动到镜头1的最后一帧。选择该镜头后，单击“缩放(全部)”选项后的“添加关键帧”按钮，在播放指示器所在的位置添加关键帧，如图11-29所示。

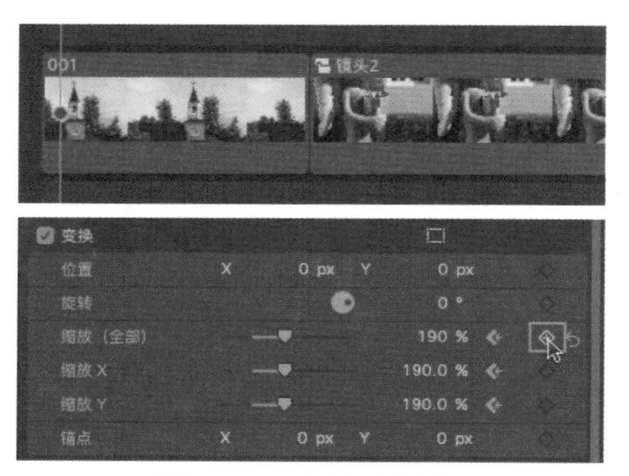

图11-28 添加关键帧

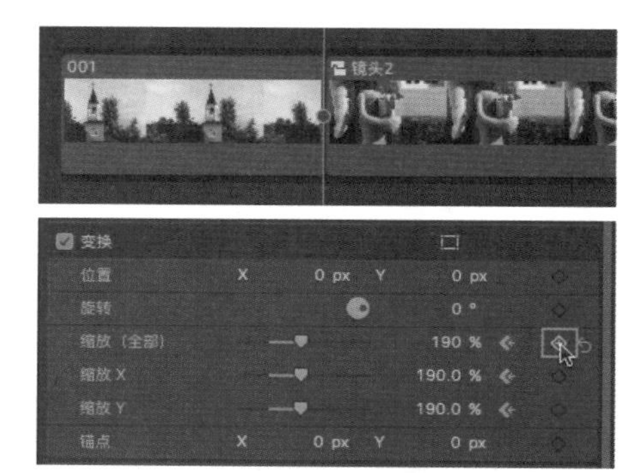

图11-29 添加关键帧

14 单击百分比前的数字，将其激活为蓝色后直接输入数值100，按Enter键将画面大小恢复到初始状态，如图11-30所示。

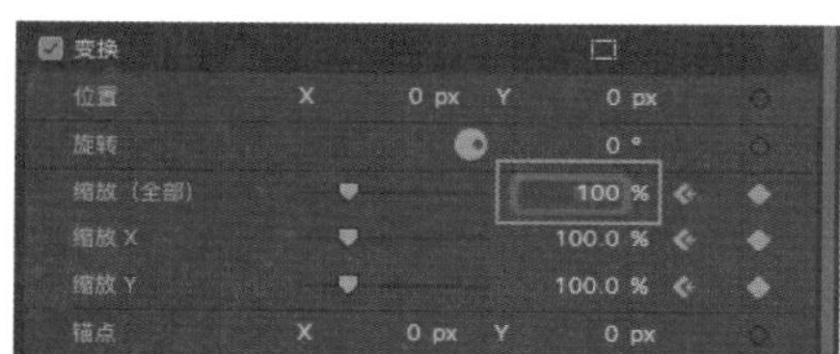

图11-30 调整画面缩放值

15 将播放指示器向前拖曳一段时间后，再次单击“添加关键帧”按钮，并将数值修改为100，使镜头1的画面在结尾时定格一段时间，如图11-31所示。

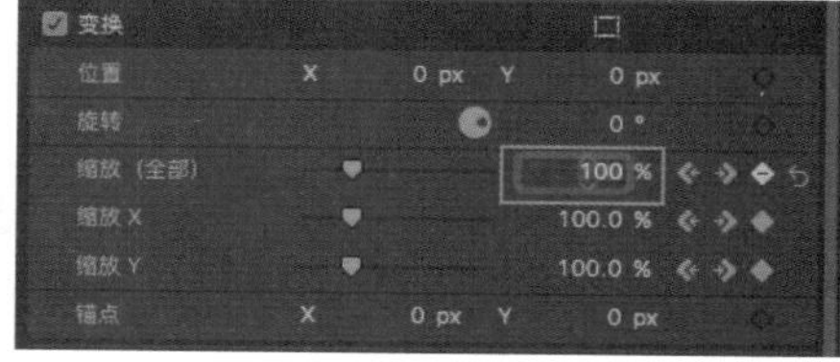

图11-31 调整画面缩放值

16 接下来修改镜头2的时间长度。在时间线上双击为镜头2创建的复合片段，进入该复合片段的时间线，如图11-32所示。

图11-32 复合片段时间线

17 单击画面中的静帧图像，每帧画面的持续时间在10s，为了能够让序列帧中的人物动作变得连贯，按快捷键Shift+Z，将镜头中所有静帧画面全部排列在时间线上后，按Command+A键进行全选，如图11-33所示。

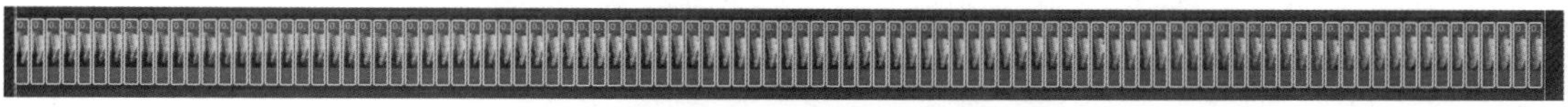

图11-33　全选静帧

18 单击鼠标右键，在弹出的快捷菜单中选择【更改时间长度】命令(快捷键为Control+D)，激活时间码，如图11-34所示。

19 在时间码中输入数字“1”后按Enter键，将时间线中单张静帧的持续时间更改为1帧，如图11-35所示。

20 此时镜头2的总时间长度为04：02，单击时间线中项目名称左侧的箭头，在时间线历史记录中返回项目时间线，如图11-36所示。

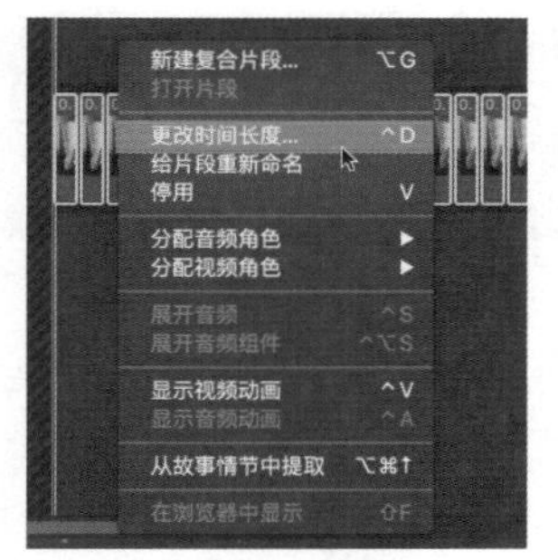

图11-34　【更改时间长度】命令

图11-35　时间码

图11-36　返回项目时间线

21 项目时间线中镜头2的复合片段中大部分画面为黑色，单击复合片段尾部的编辑点，按住鼠标左键后向左拖曳至画面结束点，如图11-37所示。

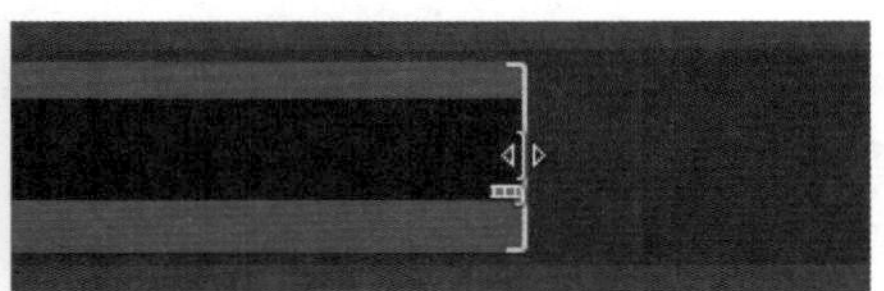

图11-37　调整片段时间长度

22 再次按空格键对镜头2中的画面进行预览，动作已经流畅了很多，但仍旧稍微快了一些，需要对该镜头的播放速度进行调整。单击检视器下方“选取片段重新定时选项”右侧的下三角按钮，在弹出的下拉列表中选择“显示重新定时编辑器”选项(快捷键为Command+R)，如图11-38所示。

23 选择重新定时编辑器指示条右侧的竖线后，按住鼠标左键向右拖曳，所选片段的时间会被拉长，播放速度会减慢。将数值调整为“慢速(75%)”后释放鼠标，再次按快捷键Command+R，关闭重新定时编辑器，如图11-39所示。

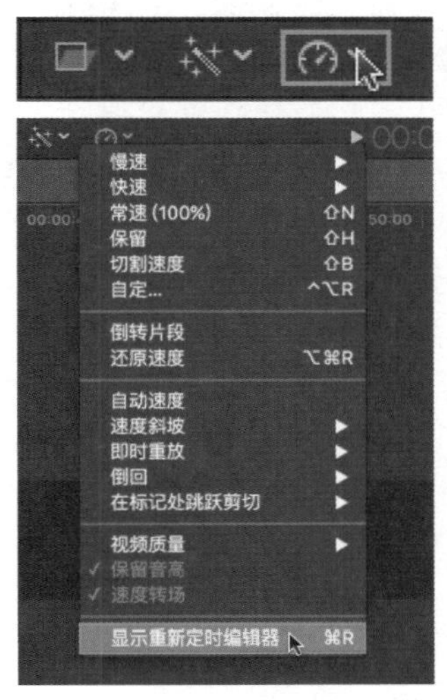

图11-38　“显示重新定时编辑器”选项

图11-39　调整片段播放速度

注意

为了在进行编辑的过程中能够更加详细地观察时间线中的片段，可以随时使用快捷键Command++与Command+-放大与缩小时间线。

24 用同样的方法将镜头3中的序列帧设置为复合片段后，进行调整，如图11-40所示。

25 按End键将播放指示器跳转到镜头3的结尾，按←键将播放指示器向左微调一帧，如图11-41所示。

图11-40 调整镜头3时间长度

图11-41 调整播放指示器位置

26 保持镜头3为选中状态后，选择菜单【编辑】|【添加静帧】命令(快捷键为Option+F)，为人物抬头的画面制作定格效果，如图11-42所示。

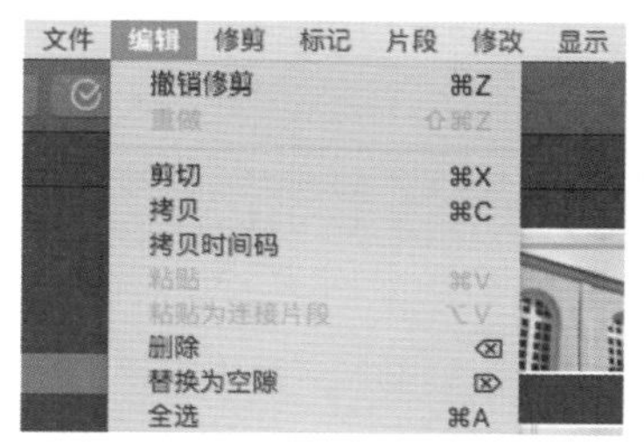

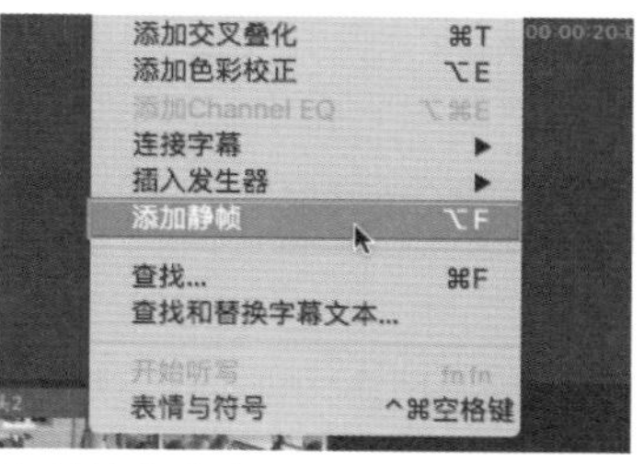

图11-42 【添加静帧】命令

27 将镜头4中的序列帧画面设置为复合片段后，双击复合片段进入时间线，按快捷键Command+A全选后，将时间设置为2帧，如图11-43所示。

28 单击时间线中项目名称左侧的箭头，在时间线历史记录中返回项目时间线，调整镜头4的编辑点，如图11-44所示。

图11-43 时间码

图11-44 调整镜头4时间长度

29 按空格键进行播放，发现人物抬手擦汗的动作节奏过快，需要进行调整。将播放指示器调整到镜头中人物胳膊抬起时画面的位置，按M键添加标记，如图11-45所示。

30 双击标记，打开“标记”对话框。在文本框中输入需要进行提示的内容后，单击右下角的“完成”按钮，关闭对话框，如图11-46所示。

31 以同样的方式对镜头5进行设置，如图11-47所示。

图11-45 添加标记

图11-46　“标记”对话框

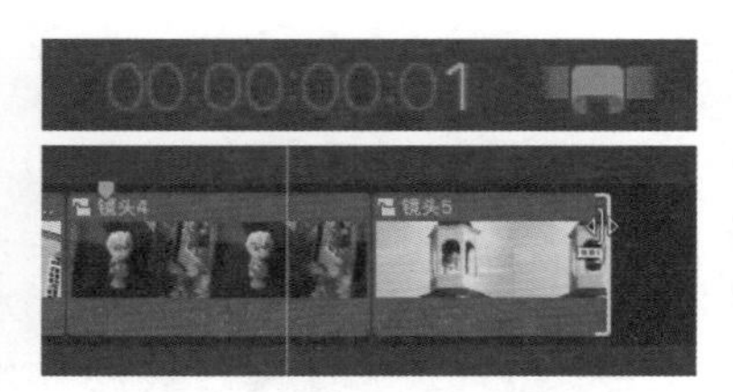

图11-47　调整镜头5时间长度

32 在对镜头6的时间长度进行设置后，单击镜头结尾处的编辑点，按住鼠标左键后向右拖曳，制作定格效果，调整出之后添加转场效果的多余媒体，如图11-48所示。

33 单击时间线中项目名称左侧的箭头，在时间线历史记录中返回项目时间线，调整镜头6的编辑点，如图11-49所示。

图11-48　调整尾帧持续时间

图11-49　调整镜头6时间长度

34 接下来调整镜头4中标记位置画面的节奏问题。为了能够准确地进行定位，单击时间线右上角的“吸附”按钮(快捷键为N)，打开“吸附”功能，再次拖曳播放指示器到标记位置时会自动进行吸附，如图11-50所示。

35 双击该片段在时间线中进行展开，播放指示器会在相同的位置，如图11-51所示。

36 拖曳播放指示器查找需要进行调整的画面帧数，在位置前后按M键进行标注，如图11-52所示。

图11-50　“吸附”按钮

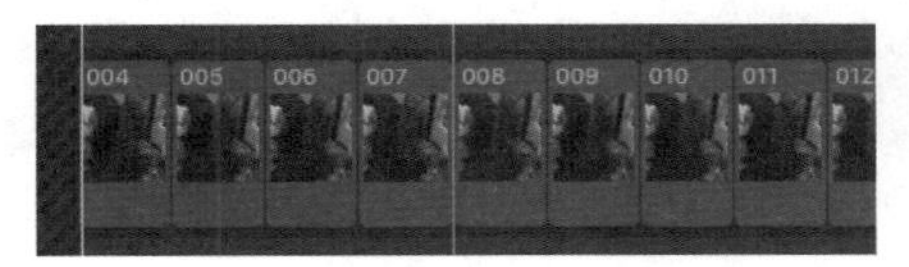

图11-51　镜头4时间线

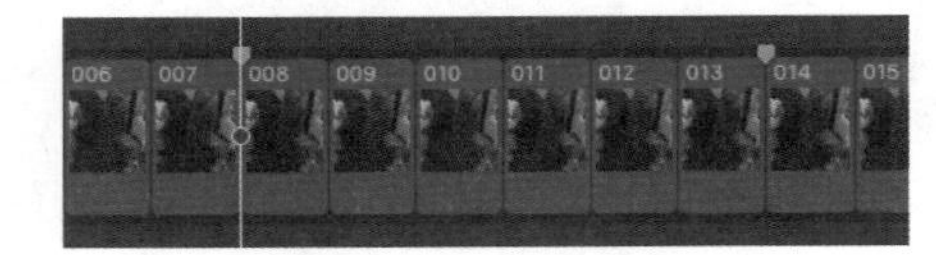

图11-52　添加标记

37 框选标记之间的静帧画面，按快捷键Control+D激活时间码，将单帧画面的持续时间设置为4帧，如图11-53所示。

38 设置完成后单击时间线中项目名称左侧的箭头，在时间线历史记录中返回项目时间线，调整镜头4的编辑点，如图11-54所示。

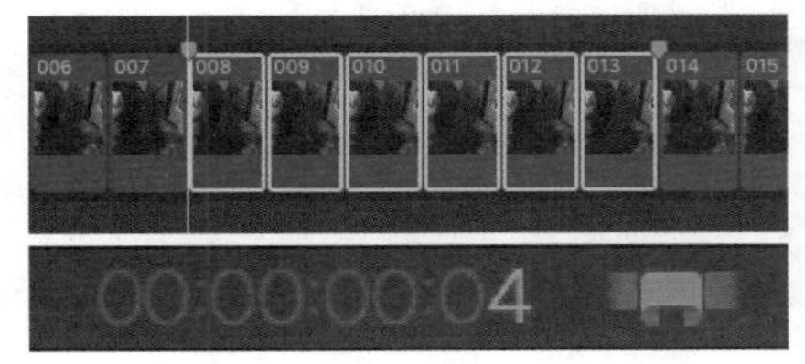

图11-53　修改静帧持续时间

图11-54　调整镜头4时间长度

11.2.4 添加视频转场

1 对各个镜头调整完成后，继续为项目开始与结尾位置添加转场效果，单击时间线右上角的“显示或隐藏转场浏览器”按钮(快捷键为Shift+Command+5)，如图11-55所示。

图11-55 “显示或隐藏转场浏览器”按钮

2 在打开的转场浏览器中，选择左侧边栏的“叠化”选项，选择相应的“交叉叠化”转场效果，如图11-56所示。

3 单击“交叉叠化”转场，按住鼠标左键后将其拖曳至项目首尾的编辑点位置，在项目开始与结尾时设置渐显与渐隐的效果，并根据实际情况调整转场持续时间，如图11-57所示。

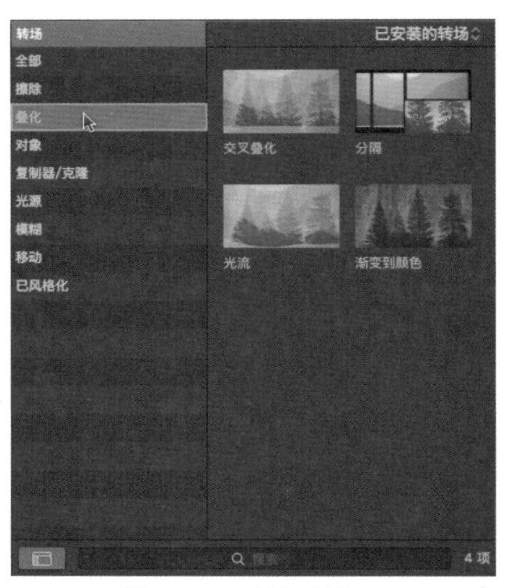

图11-56 转场浏览器

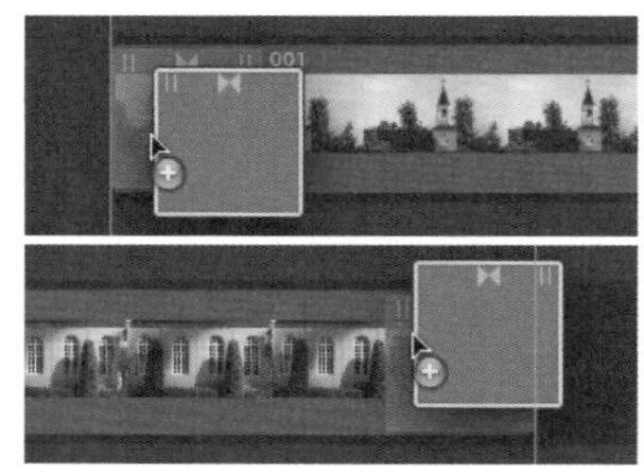

图11-57 添加转场

11.2.5 添加音频音效

1 选择浏览器中走路的声音效果片段，将其拖曳至镜头2开始的位置上，如图11-58所示。

2 将播放指示器拖曳至镜头中人物停止走路的位置，按M键添加一个标记进行提示，如图11-59所示。

图11-58 连接声音效果

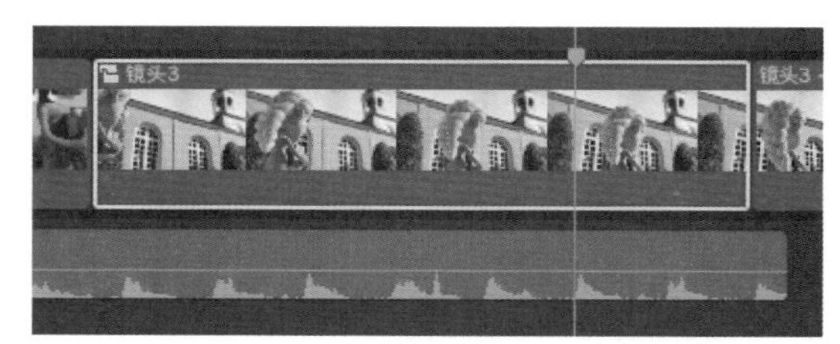

图11-59 添加标记

3 按空格键播放添加的声音效果，走路的声音与画面并不同步。选择该声音效果片段后，按快捷键Command+R，打开“重新定时编辑器”，拖曳指示条右侧的竖线，调整走路声音效果的节奏，如图11-60所示。

4 节奏调整完毕后，选择片段结尾处的编辑点，按住鼠标左键后向左拖曳至停止走路的标记位置，如图11-61所示。

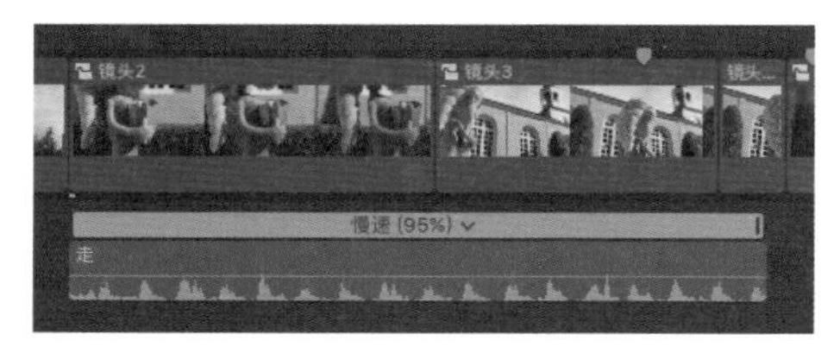

图11-60 调整片段播放速度

图11-61 调整片段时间长度

5 再次按空格键对时间线上的项目进行预览，在钟声响起的位置按M键添加标记，如图11-62所示。

6 选择浏览器中的钟声效果，按住鼠标左键后将其拖曳至标记位置，如图11-63所示。

图11-62　添加标记

图11-63　连接声音效果

7 查看添加的钟声效果，片段中部分音频波形显示为红色，超出播放标准，需要进行调整。将鼠标悬停在音频片段中的音量控制线上，当光标变为上下双箭头的状态后，按住鼠标左键向下拖曳，调低片段整体音量，如图11-64所示。

8 选择浏览器中的背景音乐片段，按住鼠标左键后将其拖曳至项目开始位置，以连接片段的形式连接在主要故事情节上，如图11-65所示。

图11-64　整体调整片段音量

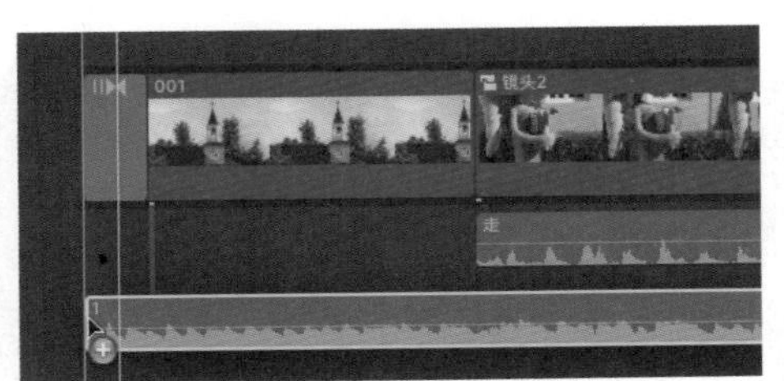

图11-65　连接背景音乐

11.2.6　调整音频

1 将鼠标悬停在音频片段开始和结尾位置的白色标记点上，当鼠标变成左右双箭头的状态时，按住鼠标左键进行拖曳，在片段的开始与结尾处创建音频转场，如图11-66所示。

2 单击时间码右侧的“显示或隐藏音频指示器”按钮，打开音频指示器，时刻监测项目中的声音效果，如图11-67所示。

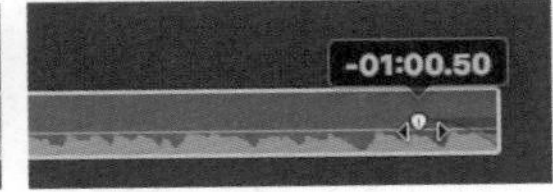

图11-66　调整音频渐变

图11-67　“显示或隐藏音频指示器”按钮

3 单击工具栏右侧的下三角按钮，在弹出的下拉列表中选择“范围选择工具”(快捷键为R)，如图11-68所示。

4 框选时间线中多个音频片段进行叠加的部分，将鼠标悬停在音量控制线上，当光标变为上下双箭头状态后向下拖曳鼠标，实现背景音乐与声音效果相互融合，如图11-69所示。

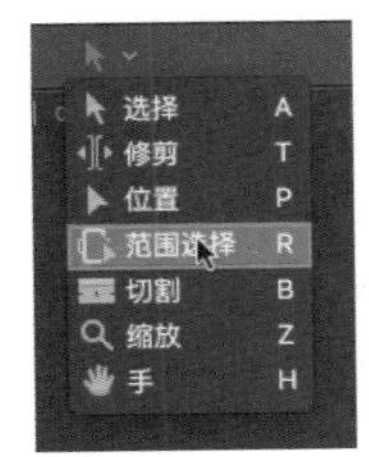

图11-68　范围选择工具

图11-69　调整选区内音量

5 按空格键播放时间线上的项目，继续根据实际需要对项目进行调整。

11.3 共享母版文件

1 对项目调整完成后，激活时间线，选择菜单【文件】|【共享】|【母版文件(默认)】命令(快捷键为Command+E)，如图11-70所示。

2 单击“母版文件”对话框中的“设置”按钮，切换到“设置”选项卡，在该选项卡中对共享文件的相关参数进行设置，设置完成后，单击右下角的“下一步”按钮，如图11-71所示。

3 在打开的“存储”对话框中设置导出视频文件的存储位置，然后单击“存储”按钮，如图11-72所示。

图11-70 【母版文件(默认)】命令

图11-71 设置共享文件参数

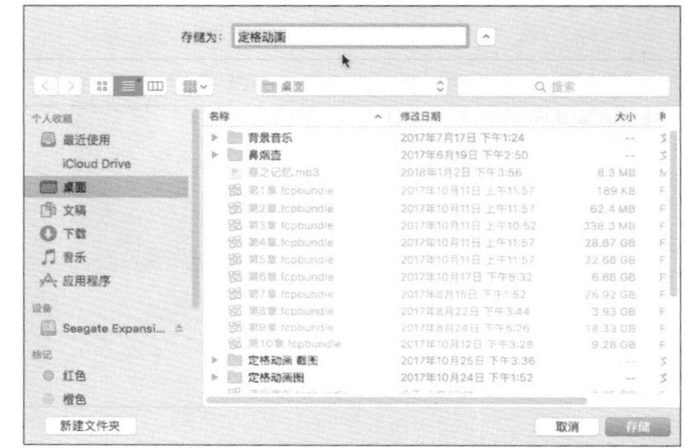

图11-72 设置共享文件存储位置

4 按快捷键Command+9，打开“后台任务”窗口，查看导出进程，如图11-73所示。

5 在弹出的QuickTime Player窗口中播放导出的视频文件，如图11-74所示。

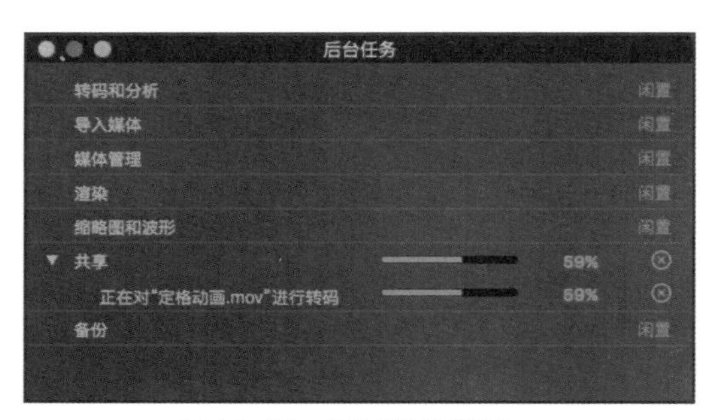

图11-73 查看共享进程

图11-74 播放导出视频文件

第12章

商业案例——抠像

本章概述：

本章通过对效果浏览器中“抠像器”效果的使用，来介绍Final Cut Pro中的抠像功能。在实践中，需要对视频进行分析后，通过调整相应的数值将视频的背景画面中同一颜色或亮度的部分进行完全抠除，使之与需要的背景画面或合成画面进行完美结合。在调整过程中，需要耐心地进行反复调试并进行总结，以达到较为逼真的效果。

12.1 抠像与合成

12.1.1 技术概述

利用“抠像”功能，可以根据所选择的颜色或者亮度将视频片段画面中的某个部分进行移除。在时间线中创建了由多层片段组合而成的画面时，可以利用抠像工具将背景色块去除，将其与其他片段的画面内容进行合成，呈现出更佳的视觉效果。

12.1.2 效果展示

图12-1　画面效果

12.2 后期制作过程

12.2.1 新建事件及项目

1 在资源库边栏中单击鼠标右键，在弹出的快捷菜单中选择【新建事件】命令(快捷键为

Option+N)新建一个事件，如图12-2所示。

2 在弹出的对话框中对该事件重命名，勾选“创建新项目”复选框，设置完成后，单击右下角的“好”按钮，如图12-3所示。

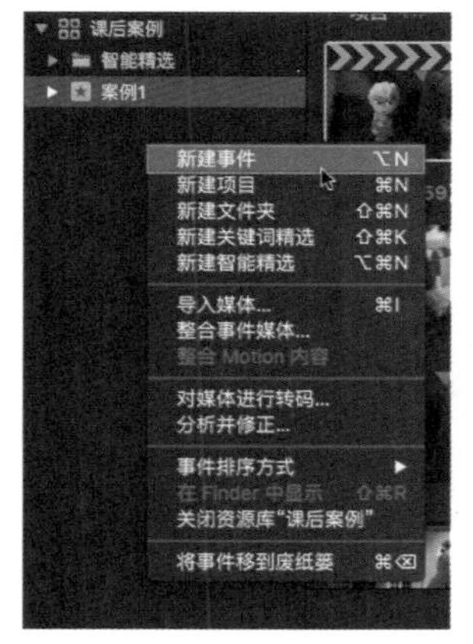

图12-2　【新建事件】命令

图12-3　“事件设置”对话框

3 此时资源库中创建了一个新的事件，并在该事件下自动创建了一个项目。单击项目名称，将其激活为蓝色后并重命名，如图12-4所示。

图12-4　修改项目名称

12.2.2　导入媒体文件

1 在浏览器中单击鼠标右键，在弹出的快捷菜单中选择【导入媒体】命令(快捷键为Command+I)，如图12-5所示。

2 在打开的“媒体导入”窗口中选择需要的文件，单击右下角的“导入所选项”按钮进行导入，如图12-6所示。

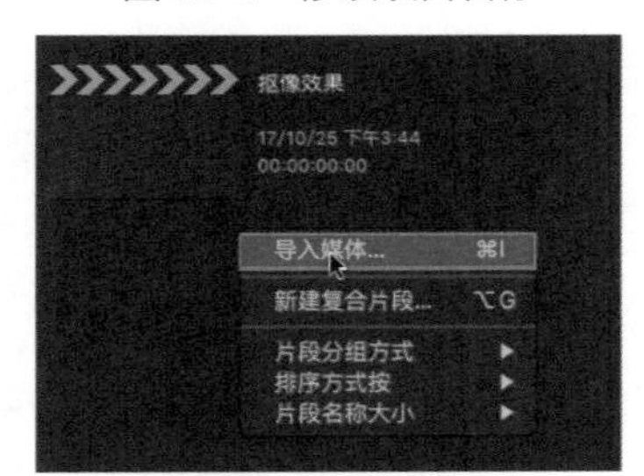

图12-5　【导入媒体】命令

图12-6　“媒体导入”窗口

3 选择浏览器中的抠像文件，按住鼠标左键后将其拖曳至时间线中，在弹出的对话框中设置项目属性后，单击右下角的“好”按钮，如图12-7所示。

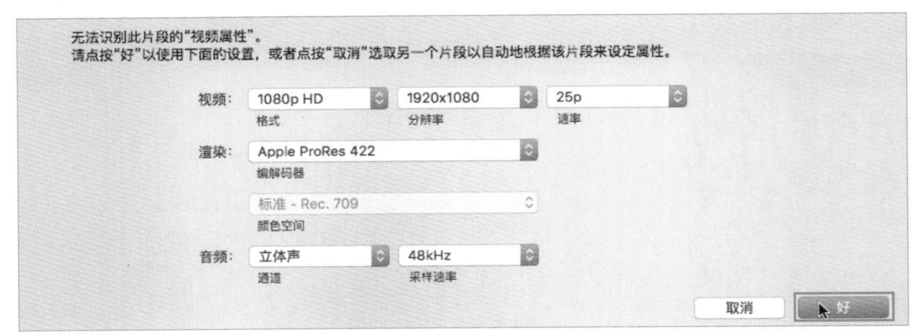

图12-7　设置项目属性

12.2.3 连接背景发生器

利用抠像工具可以去除片段中大片的纯色，更换背景。在抠像过程中，为了能够更加明显地观察抠像效果，可以以连接片段的方式在该片段下方添加背景。

1 单击浏览器左上角的“显示或隐藏字幕和发生器边栏”按钮，如图12-8所示。

2 单击左侧边栏中发生器左侧的三角形按钮，将光标悬停在“背景”分类中的发生器缩略图上方，左右滑动鼠标进行预览，挑选适合的背景，如图12-9所示。

图12-8　“显示或隐藏字幕和发生器边栏”按钮

图12-9　预览发生器

3 选择“花朵”发生器，将其拖曳至主要故事情节中抠像片段的下方进行连接，并在开始位置与主要故事情节中的片段对齐，如图12-10所示。

图12-10　连接背景发生器

12.2.4 调整片段节奏

1 按空格键播放时间线中的抠像片段，将播放指示器拖曳到需要进行节奏调整的位置，按M键添加标记，如图12-11所示。

2 单击工具栏右侧的下三角按钮，在弹出的下拉列表中将工具切换为“切割工具”(快捷键为B)，如图12-12所示。

3 拖曳播放指示器至标记位置，在该位置上单击分割片段，如图12-13所示。

图12-11　添加标记

提示

在拖曳播放指示器进行对位的过程中，按N键，打开吸附功能。

4 在项目进行播放的过程中，稍稍减慢片段的播放速度。选择中间的片段，按快捷键Command+R，打开“重新定时编辑器”，单击指示条右侧的下三角按钮，在弹出的下拉列表中选择“自定”选项，如图12-14所示。

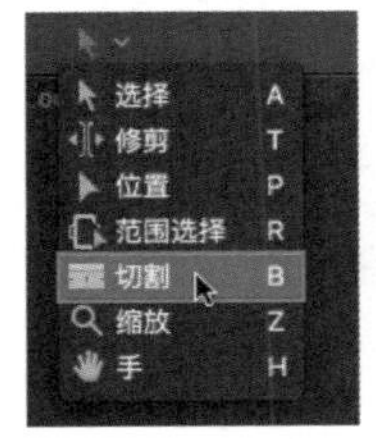

图12-12　切割工具

图12-13　分割片段

图12-14　“自定”选项

5 在打开的“自定速度”对话框中修改片段速率，实现慢放效果，如图12-15所示。

6 选择其余两个片段，按快捷键Command+R，打开“重新定时编辑器”，拖曳指示条右侧的竖线，调整片段节奏，如图12-16所示。

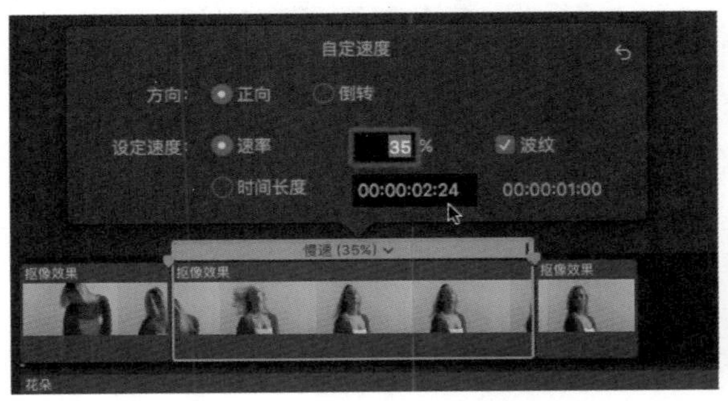

图12-15　“自定速度”对话框

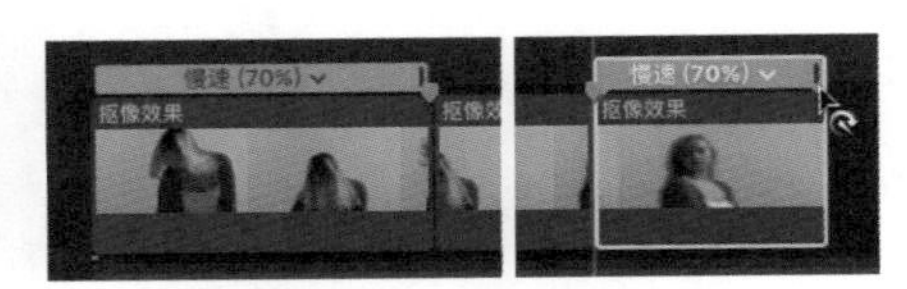

图12-16　调整片段节奏

7 按Home键将播放指示器跳转到项目开始位置后按→键向右微调一帧，选择检视器左下角“选取片段重新定时选项”按钮右侧的下三角按钮，在弹出的下拉列表中选择“保留”选项(快捷键为Shift+H)，如图12-17所示。

8 此时在播放指示器所在的位置创建2s静帧画面，如图12-18所示。

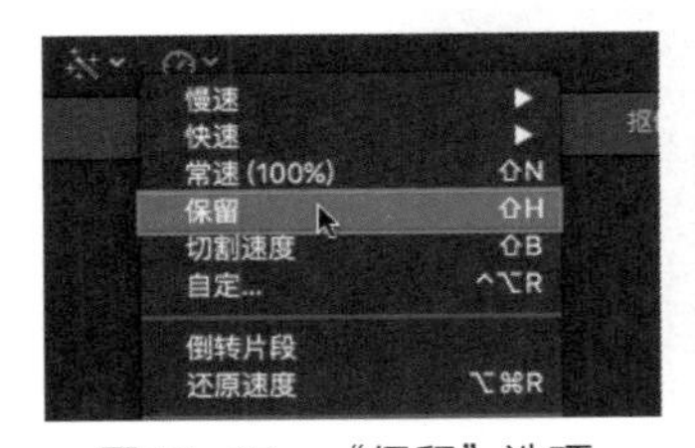

图12-17　“保留”选项

图12-18　保留静帧画面

9 按End键将播放指示器移动到项目的结束位置后，按←键向左移动一帧。利用同样的方式在结尾处创建2s静帧画面，如图12-19所示。

10 因为时间线中当前几个片段是由同一片段分割而成，为了之后的抠像过程中可以同时对所有片段进行编辑，可以将其创建为复合片段。框选主要故事情节中的所有片段后单击鼠标右键，在弹出的快捷菜单中选择【新建复合片段】命令(快捷键为Option+G)，如图12-20所示。

图12-19　保留静帧画面

图12-20　【新建复合片段】命令

11 在弹出的对话框中将其命名为“抠像效果片段”后，单击右下角的“好”按钮，将其创建为复合片段，如图12-21所示。

图12-21　创建复合片段

12 接下来单击发生器片段末尾编辑点，按N键打开吸附功能，按住鼠标左键向左拖曳，令其与主要故事情节中的片段结尾对齐，如图12-22所示。

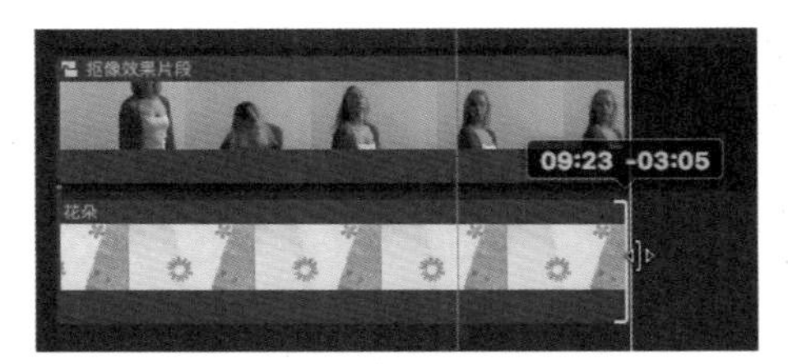

图12-22　调整发生器时间长度

12.2.5　色彩抠像

1 单击时间线右上角的“显示或隐藏效果浏览器”按钮(快捷键为Command+5)，如图12-23所示。

图12-23　“显示或隐藏效果浏览器”按钮

2 在效果浏览器的左侧边栏中选择“抠像”分类，选择“抠像器”效果，如图12-24所示。

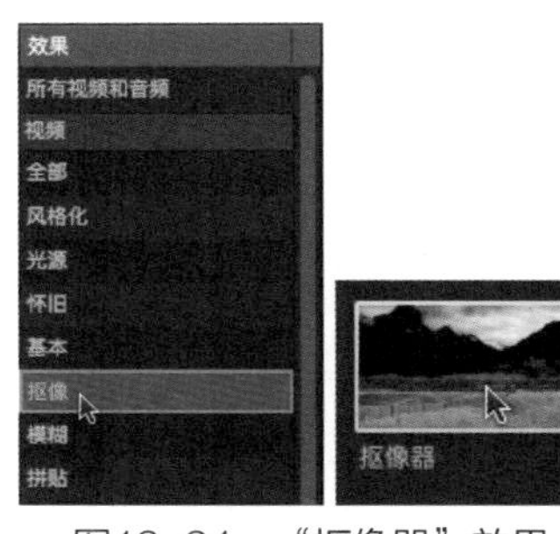

图12-24　“抠像器”效果

3 选择时间线中的抠像片段，将光标悬停在抠像器效果缩略图上左右滑动鼠标预览抠像效果。与此同时，检视器中的画面也出现了黑色的背景，如图12-25所示。

图12-25　预览抠像器效果

4 选择片段后，双击“抠像器”效果，将这个效果应用到被选择的片段上。“抠像器”效果会自动检测所选片段中的大面积色块，并将其抠除。在检视器中，黑色的背景实际上是透明的，会显示出主要故事情节下方的背景发生器中的画面，如图12-26所示。

5 在没有对“抠像器”效果进行调整的情况下，检视器中的画面已经获得了很好的效果。但画面中的人物与背景融合的并不是很好，人物过暗。接下来需要对人物的亮度进行调整。选择片段后，单击检视器左下角“选取颜色校正和音频增强选项”按钮右侧的下三角按钮，在弹出的下拉列表中选择“显示颜色板”选项(快捷键为Command+6)，打开颜色板，如图12-27所示。

图12-26　合成画面

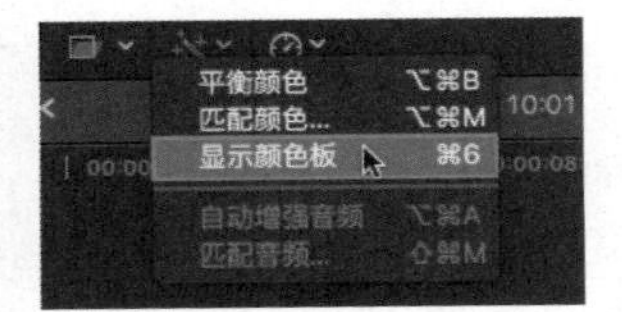

图12-27　“显示颜色板”选项

6 将颜色板切换至“曝光”面板，拖曳相应的滑块调整所选片段的亮度，如图12-28所示。

7 选择背景发生器，单击鼠标右键，在弹出的快捷菜单中选择【停用】命令(快捷键为V)，如图12-29所示。

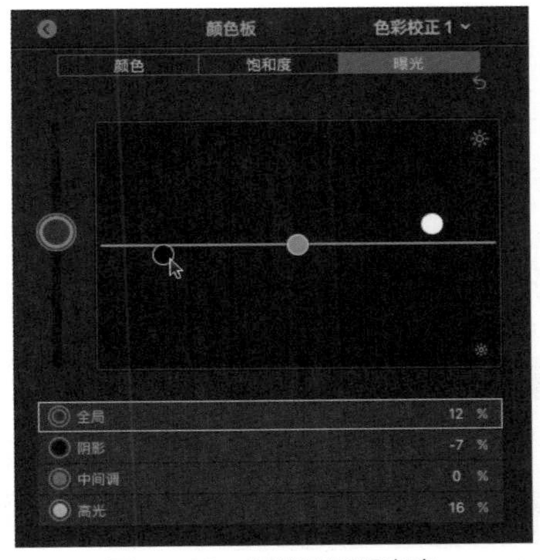

图12-28　调整画面曝光度

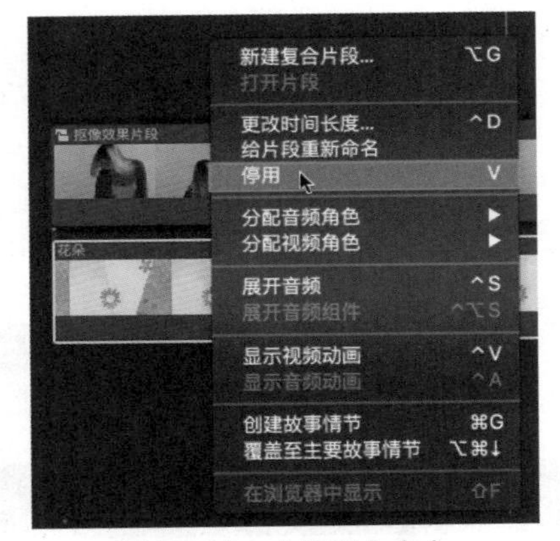

图12-29　【停用】命令

8 在停用背景发生器后，检视器中的画面背景变为黑色，此时可以明显地看到画面的右上角有未彻底抠除干净的颜色。这是因为在进行拍摄时灯光打的并不十分均匀，绿色背景边缘的颜色会发生一些变化，如图12-30所示。

图12-30　查看片段画面

9 接下来需要手动设置被抠除的颜色。按快捷键Command+4，打开检查器，单击“显示视频检查器”按钮，切换至“视频检查器”，在视频检查器的“效果”栏中会显示刚刚进行添加的“抠像器”效果的相关参数，如图12-31所示。

10 单击“精炼抠像”选项中的“样本颜色”按钮，然后在检视器画面的右上角未抠除干净的背景区域上拖曳一个矩形框，手动进行采样，如图12-32所示。

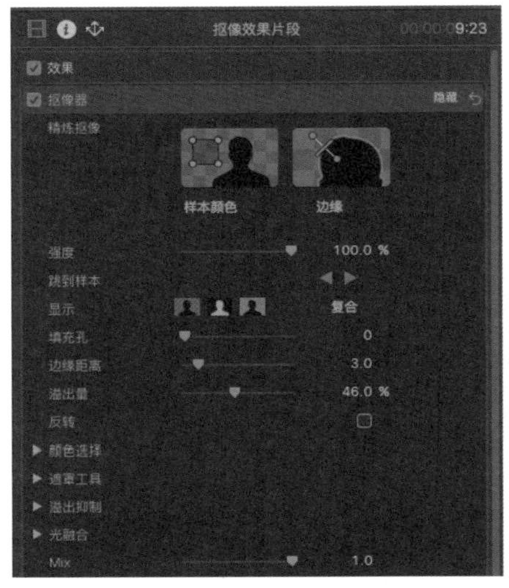

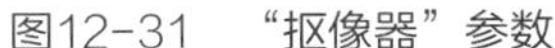

图12-31 “抠像器”参数

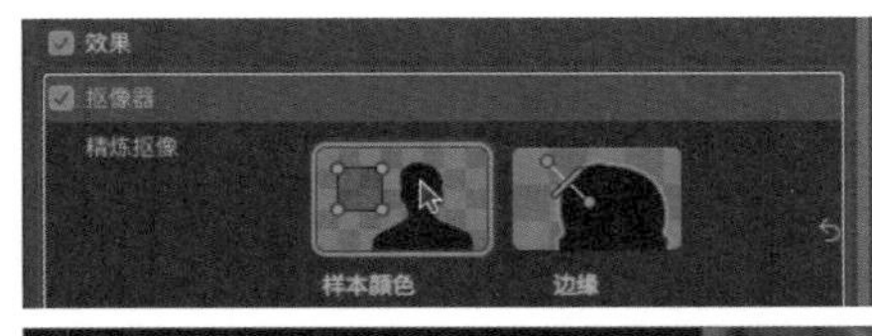

图12-32 样本颜色采样

提示

在进行抠像过程中，可以在不同的帧画面上拖曳多个样本颜色框，添加多个采样，以便抠像器进行计算与调整。

当为检视器中的画面添加了多个调整边缘效果时，单击“跳到样本”选项后的“左/右三角”按钮，可以在各效果之间进行切换，如图12-33所示。

“强度”参数决定了在抠像器中使用自动颜色采样的程度，拖曳右侧的滑块可以对强度参数进行调整，强度越大，图像边缘越细致，如图12-34所示。

图12-33 跳到样本

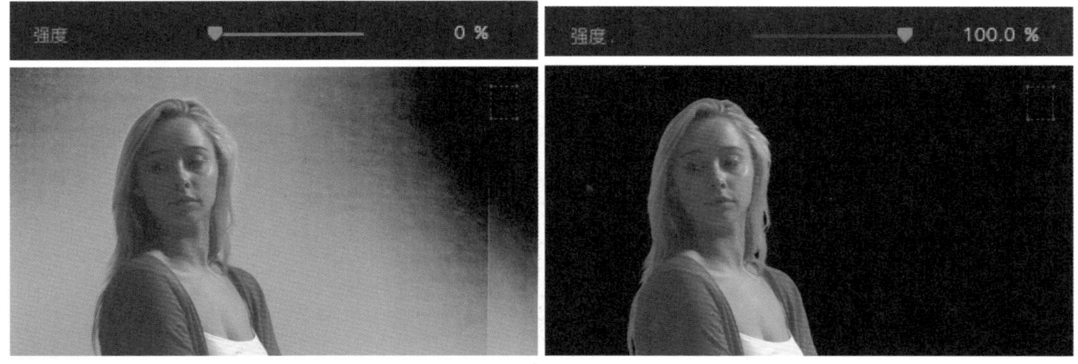

图12-34 调整“强度”参数

11 单击检视器后，按快捷键Command+=将画面放大。当画面超出检视器范围时，在检视器中会显示一个小窗口，灰色的区域是整个画面的大小，红色的区域表示当前在检视器中所显示的画面位置，如图12-35所示。

12 将鼠标悬停在红色区域上，当光标变为“抓手工具”后，按住鼠标左键进行拖曳，可以在检视器中查看片段画面的不同位置，如图12-36所示。

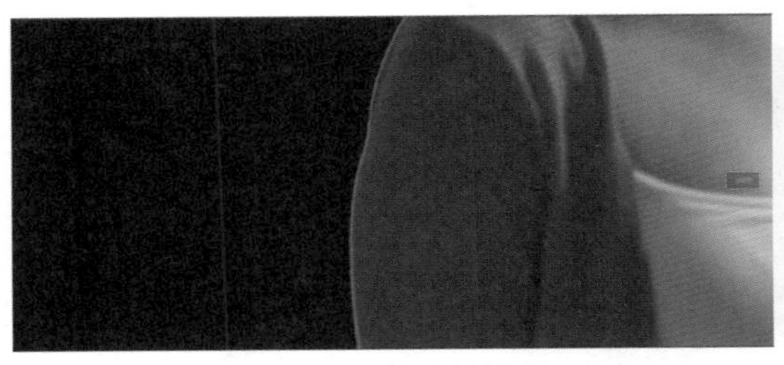

图12-35 放大检视器

图12-36 调整画面显示范围

13 当将画面放大时会发现，画面中人物的边缘有一圈灰色的轮廓线。单击“精选抠像”选项中的“边缘”按钮，对遮罩的边缘进行精细的调整，如图12-37所示。

14 将鼠标移动至检视器中画面有灰色边缘的位置，光标会变成白色“+”与线段结合的状态，在画面边缘单击，创建一条边缘采样线，如图12-38所示。

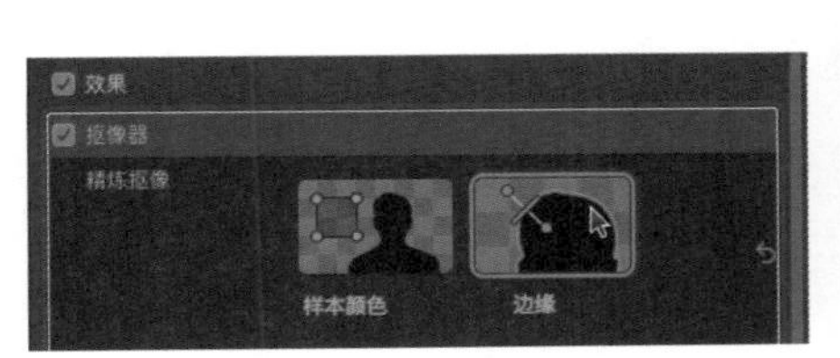

图12-37 “边缘”按钮

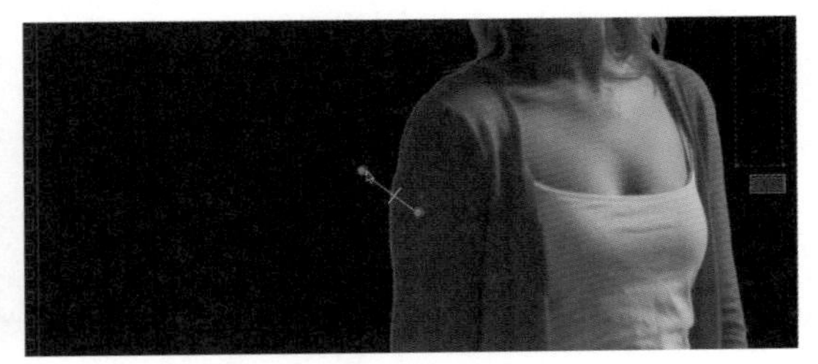

图12-38 边缘采样

15 拖曳边缘采样线蓝色端点之间的横线，可以调整人物边缘的透明度。在调整过程中需要对人物及背景画面同时进行观察。如果将横线拖曳至右侧端点位置，画面中人物边缘位置会变为半透明状态，如图12-39所示。

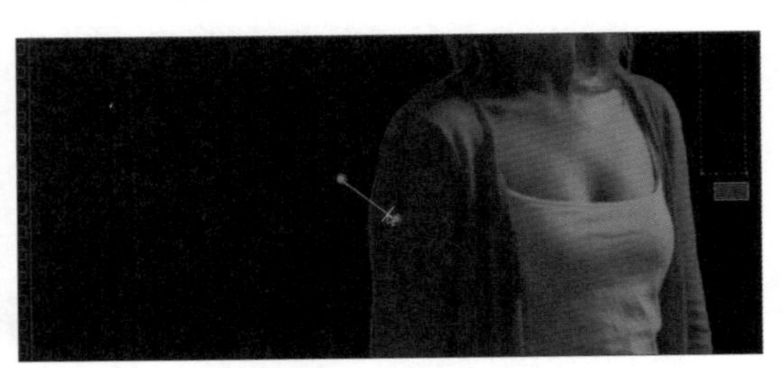

图12-39 调整边缘采样

16 单击“显示”选项右侧的“遮罩”按钮，将检视器中的画面切换到遮罩视图后进行查看，如图12-40所示。

图12-40 “遮罩”视图

17 利用遮罩视图来查看抠图效果。遮罩视图使用灰度图像来表示保留下来的图像与透明的部分。将画面以纯黑和纯白的方式进行显示。此时检视器中的画面显示为黑色的背景与白色的前景，黑色区域为透明状态，白色部分为不透明状态。而头发的边缘呈现为灰色的虚化状态，表示是半透明的部分，如图12-41所示。

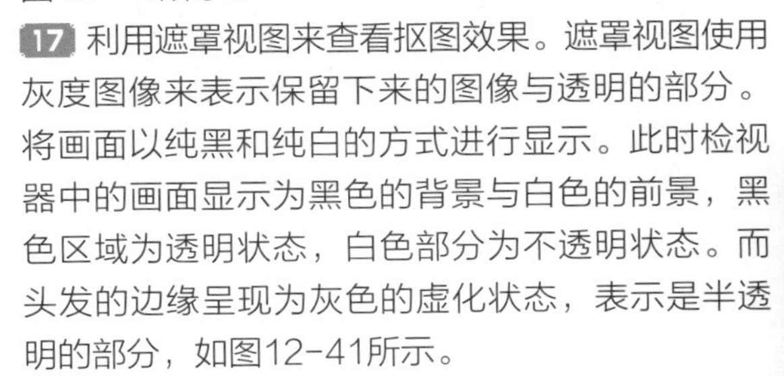

图12-41 查看遮罩效果

18 抠像完成后，选择时间线中已经被停用的背景发生器片段，单击鼠标右键，在弹出的快捷菜单中选择【启用】命令(快捷键为V)，如图12-42所示。

19 单击“显示”选项中的“复合”按钮，令检视器中的画面恢复为复合视图，如图12-43所示。

图12-42 【启用】命令

图12-43 复合模式

12.2.6 调整背景发生器

1 单击时间线中添加的背景发生器，将检查器切换至“发生器检查器”，查看相关参数设定，勾选单击Still Image后的复选框，“花朵”发生器的背景画面在进行播放时不会发生变化，如图12-44所示。

2 选择发生器后，单击“效果浏览器”中的“卡通”及“照片回忆”效果，将其添加到背景发生器上，如图12-45所示。

图12-44 Still Image复选框

图12-45 添加效果

3 在检查器中的“效果”栏中显示了所添加的两个效果的相关参数，如图12-46所示。

4 拖曳“照片回忆”效果栏中Amount参数右侧的滑块，调整背景中矩形画面的大小，根据画面的实际情况调整矩形画面的类型、羽化值、位置等参数，如图12-47所示。

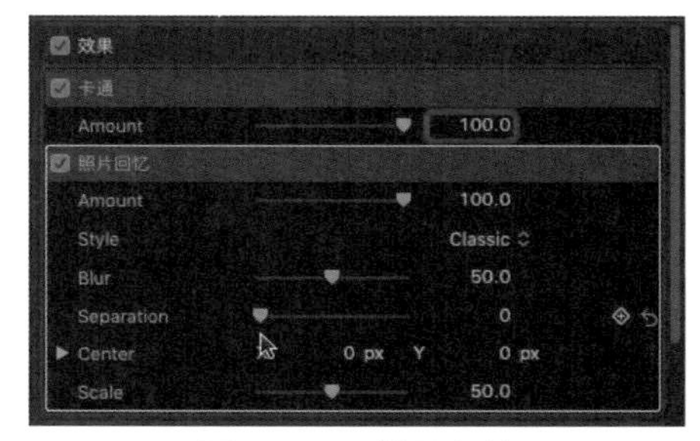

图12-46 效果参数

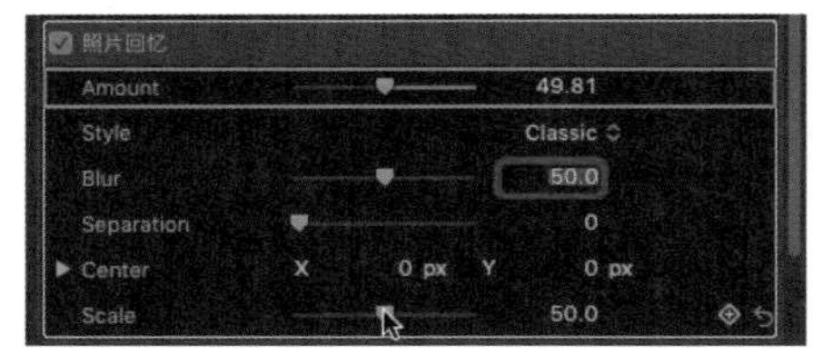

图12-47 调整相关参数

5 为“花朵”发生器背景中的矩形添加关键帧，制作一个移动入镜及出镜的动画。将播放指示器拖曳至适当的位置，如图12-48所示。

图12-48　调整播放指示器位置

6 单击“照片回忆”效果Center参数右侧的“关键帧”按钮添加关键帧，将鼠标悬停在X轴的数字上后，按住鼠标左键上下拖曳，将矩形框调整至画面左侧出画位置，如图12-49所示。

7 再次拖曳播放指示器位置，调整矩形框至画面右侧出画位置，如图12-50所示。

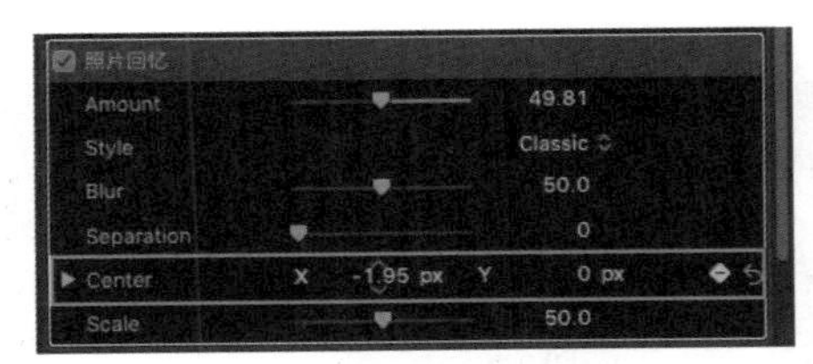

图12-49　调整参数

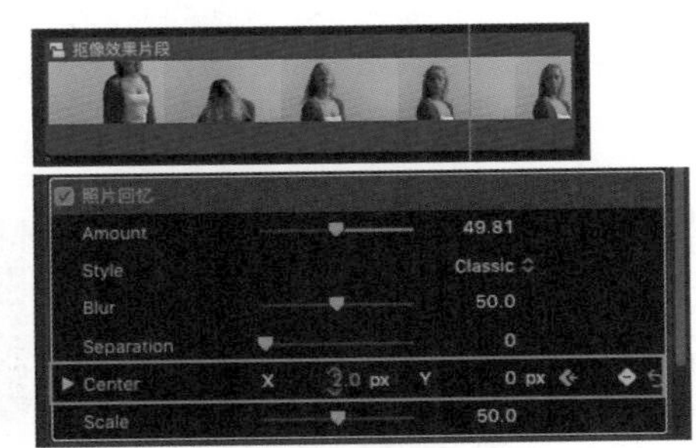

图12-50　调整相关参数

8 按空格键进行播放，背景发生器中的矩形框会在画面中随着播放由左向右进行移动，如图12-51所示。

图12-51　查看画面效果

9 接下来对背景发生器的颜色进行调整。在发生器检查器中没有关于修改颜色参数的选项，但可以使用效果浏览器中的相关效果，利用与调整视频片段同样的方式进行更改。选择时间线中的背景发生器后，双击效果浏览器中的“色调”效果，将其添加到发生器上，如图12-52所示。

图12-52　“色调”效果

10 此时在检查器的效果栏中会添加“色调”参数，如图12-53所示。

图12-53　“色调”效果参数

11 单击Color右侧的下三角按钮，在弹出的颜色板中调整发生器画面颜色，如图12-54所示。

12 此时发生器画面的整体颜色发生了改变，如图12-55所示。

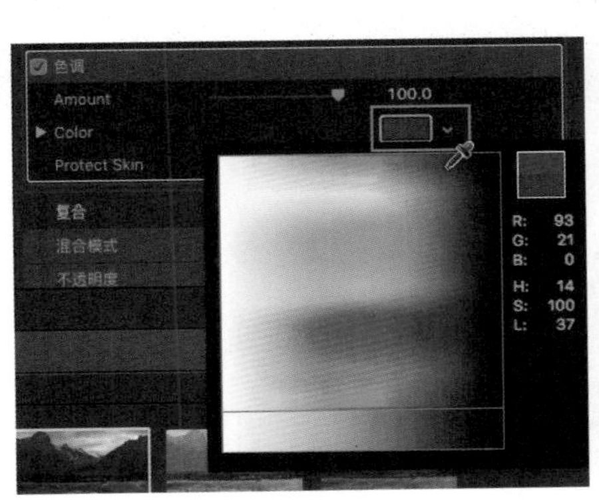

图12-54　颜色板

图12-55　更改画面色调

12.3 共享MP4文件

1 对项目调整完成后，激活时间线，选择菜单【文件】|【共享】|【Apple设备720p】命令，如图12-56所示。

2 弹出“Apple设备720p”对话框，单击“设置”按钮，切换到“设置”选项卡，单击“格式”下拉列表框右侧的下三角按钮，在弹出的下拉列表中将格式切换为“电脑”。设置完成后单击右下角的“下一步”按钮，如图12-57所示。

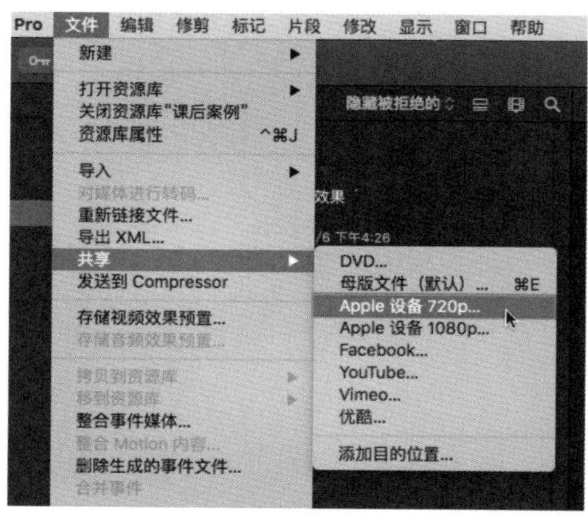

图12-56 【Apple设备720p】命令

图12-57 设置共享文件参数

3 在打开的“存储”对话框中设置导出视频文件的存储位置，然后单击“存储”按钮，如图12-58所示。

4 按快捷键Command+9，打开“后台任务”窗口，查看导出进程，如图12-59所示。

图12-58 设置共享文件存储位置

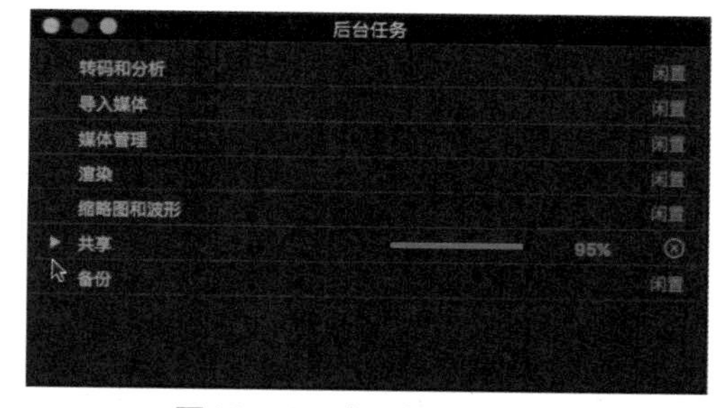

图12-59 查看共享进程

5 在存储位置上找到进行共享的MP4格式文件，如图12-60所示。

图12-60 导出视频文件

第13章
商业案例——微课制作

本章概述：

本章尝试利用之前所学到的知识并根据一般的剪辑流程来进行简单的微课制作。在剪辑之前，需要先查看所有的媒体文件，并按照逻辑顺序对文件进行整理与归类，厘清知识脉络。在剪辑过程中按照微课制作的标准，将老师所讲授的课程内容进行精简，突出课程中的重点与难点。最后，为课程进行配音并制作字幕，使课程的内容更加清晰易懂，利于读者学习。

13.1 微课制作

13.1.1 技术概述

与传统课程相比，微课的内容更加精简，时长一般为5~8分钟。所以在编辑视频的过程中侧重于对原始媒体文件进行组织与整理，突出主题与教学中的重点、难点等内容。

13.1.2 效果展示

图13-1 画面效果

13.2 微课制作过程

13.2.1 新建事件及项目

1 在资源库边栏中单击鼠标右键，在弹出的快捷菜单中选择【新建事件】命令(快捷键为Option+N)新建一个事件，如图13-2所示。

2 在弹出的对话框中对该事件重命名，勾选“创建新项目”复选框，设置完成后，单击右下角的

“好”按钮，如图13-3所示。

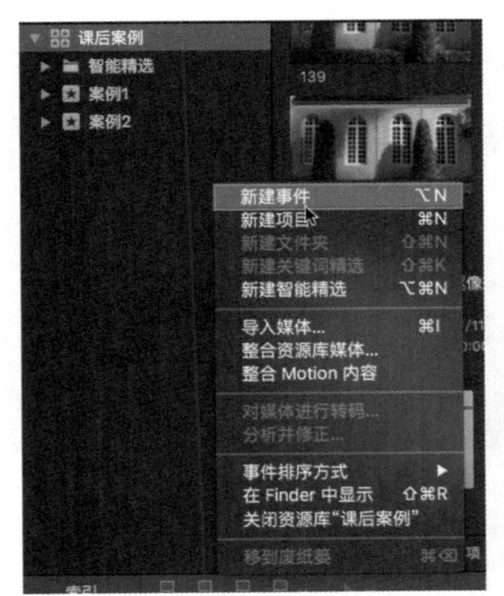

图13-2　“新建事件”命令

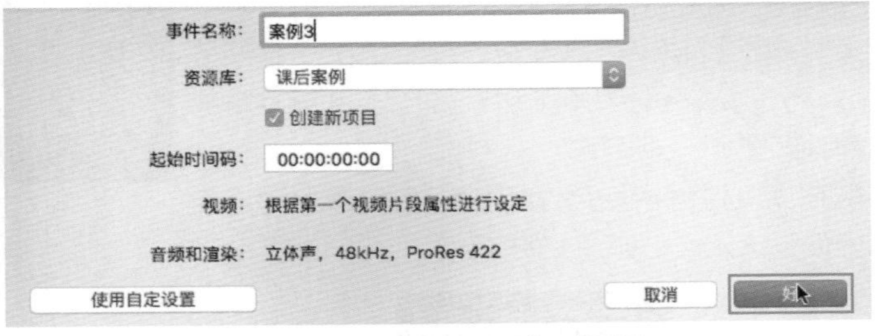

图13-3　“事件设置”对话框

3 此时资源库中创建了一个新的事件，并在该事件下自动创建了一个项目。单击项目名称，将其激活为蓝色后重命名，单击如图13-4所示。

图13-4　修改项目名称

13.2.2　导入媒体文件

1 在浏览器中单击鼠标右键，在弹出的快捷菜单中选择【导入媒体】命令(快捷键为Command+I)，如图13-5所示。

2 在打开的“媒体导入”窗口中选择需要的文件夹，单击右下角的“导入所选项”按钮，如图13-6所示。

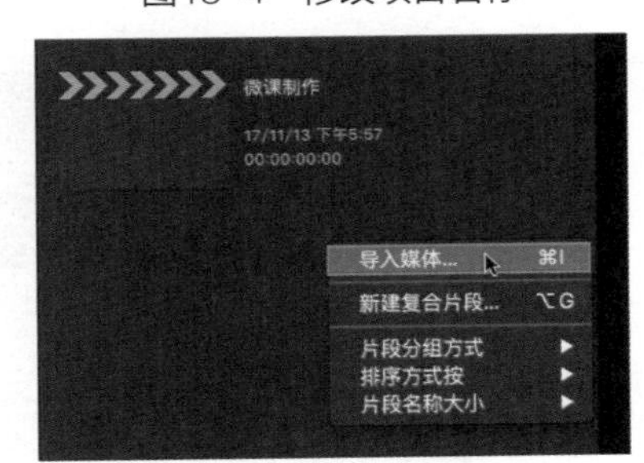

图13-5　【导入媒体】命令

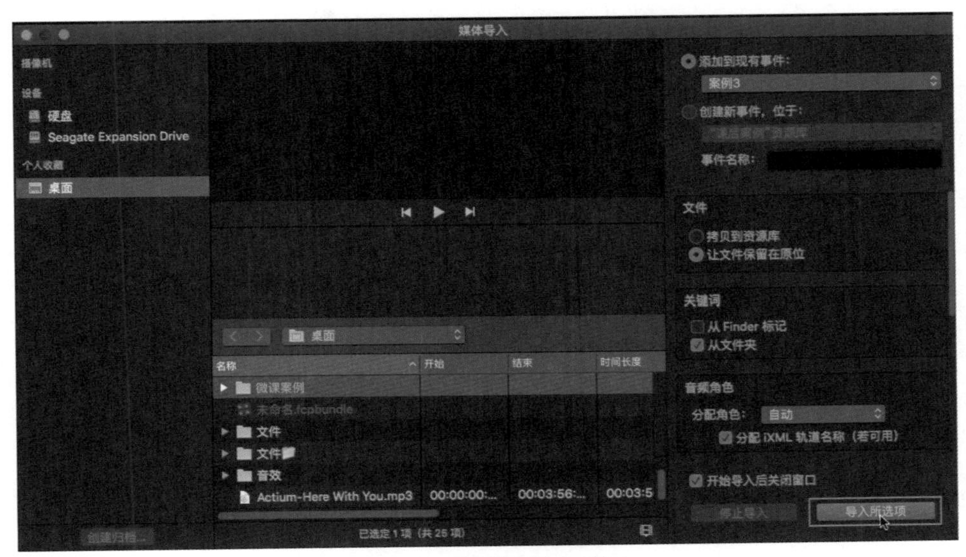

图13-6　“媒体导入”窗口

3 此时文件夹中的所有媒体文件全部进行导入，并以缩略图的形式显示在相关事件的浏览器中，如图13-7所示。

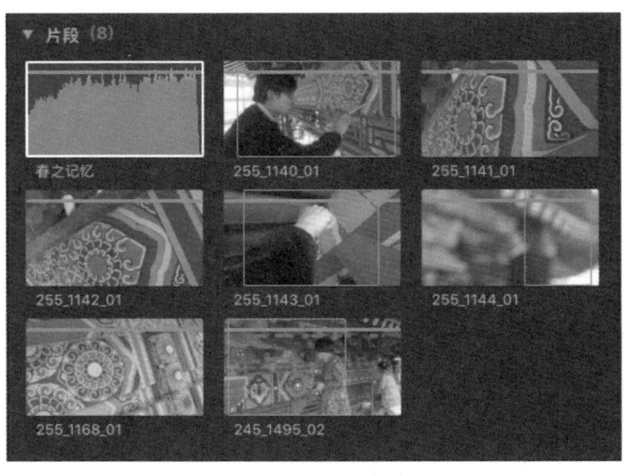

图13-7　片段缩略图

13.2.3　建立主要故事情节

1 按S键打开“浏览”功能后，在浏览器中的片段缩略图上左右滑动鼠标，对片段进行浏览。在查看片段的过程中可以发现，此步骤由三个部分构成，分别从不同的角度对制作步骤进行讲解与欣赏，如图13-8所示。

2 在浏览过程中使用I键和O键为片段中的可用部分设置出入点，如图13-9所示。

图13-8　浏览片段

图13-9　设置出入点

3 选择该片段后，按住鼠标左键将其拖曳到时间线中的主要故事情节区域，如图13-10所示。

4 以同样的方式设置其他片段的出入点，如图13-11所示。

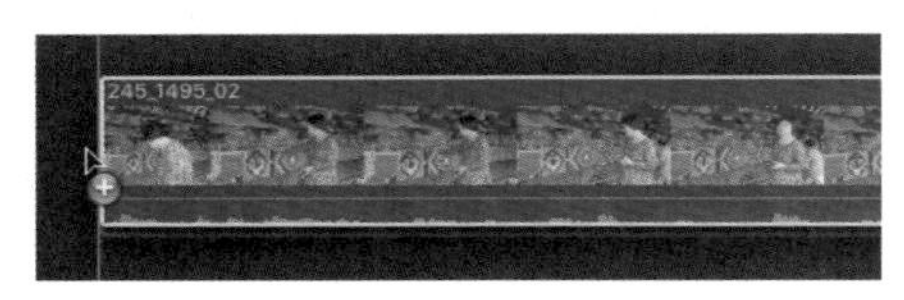

图13-10　添加片段

图13-11　设置出入点

5 当需要将步骤与欣赏相关的片段添加到时间线中时，可以单击编辑方式右侧的下三角按钮，在弹出的下拉列表中选择“仅视频”选项(快捷键为Shift+2)，如图13-12所示。

6 再次添加片段时，仅在时间线中添加所选片段的视频部分，如图13-13所示。

图13-12　“仅视频”选项

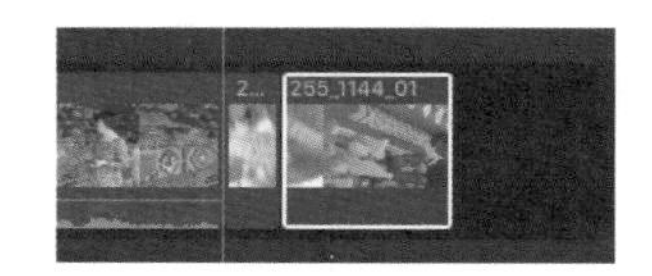

图13-13　添加片段

7 当需要重新添加所选片段的音频与视频部分时，再次单击编辑方式右侧的下三角按钮，在弹出的下拉列表中选择“全部”选项(快捷键为Shift+1)，再进行片段的添加，如图13-14所示。

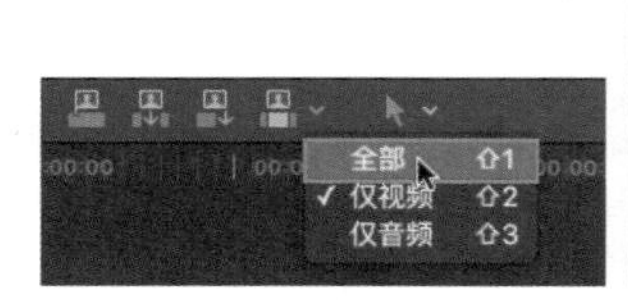

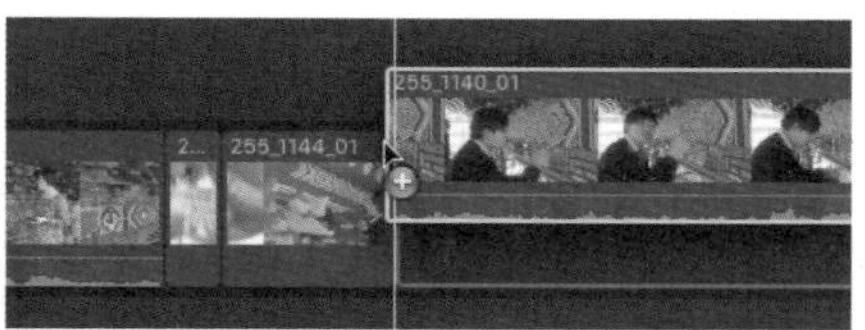

图13-14　“全部”选项

8 按照逻辑顺序，将微课中的媒体文件排列在时间线上，如图13-15所示。

13.2.4 调整片段音量

图13-15 排列片段顺序

图13-16 预览音频片段

1 按空格键对时间线上的片段进行预览，在预览过程中发现有人物进行讲解的片段中音量较小，导致所讲述的内容并不是非常清晰，如图13-16所示。

2 单击时间码右侧的“音频检查器”按钮，打开音频检查器，在播放过程中查看具体的音频大小，如图13-17所示。

3 将鼠标悬停在时间线中片段的音量控制线上，光标变为上下的双箭头形状后，按住鼠标左键向上拖曳，调高当前片段的音量，如图13-18所示。

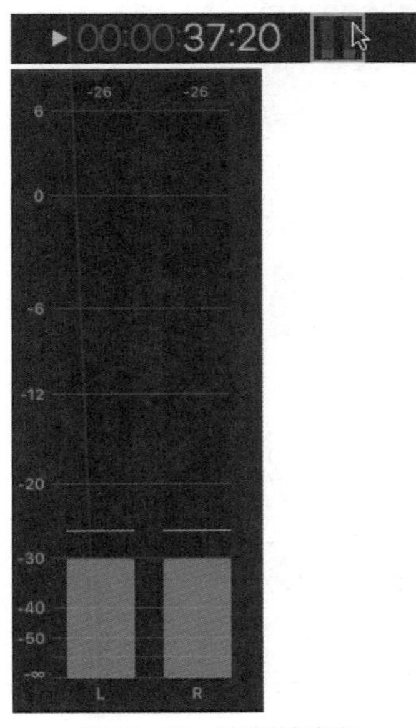

图13-17 音频检查器

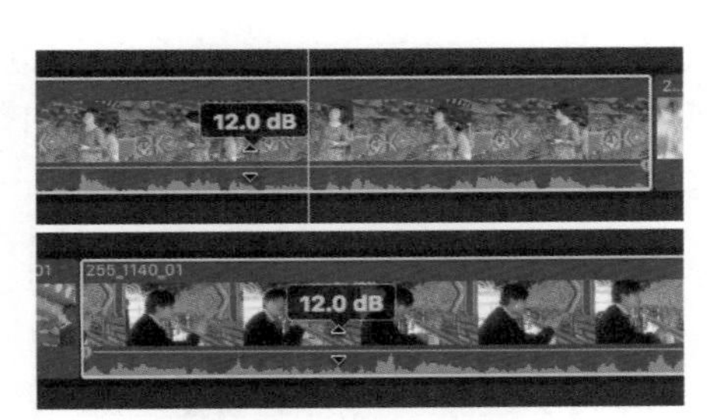

图13-18 调整片段音量

13.2.5 调整相关片段

1 按空格键对时间线上的片段进行预览，并在预览过程中使用M键对主讲人口误或语义重复的部分进行注释，如图13-19所示。

2 单击工具栏右侧的下三角按钮，在弹出的下拉列表中选择“切割工具”(快捷键为B)，如图13-20所示。

图13-19 添加标记

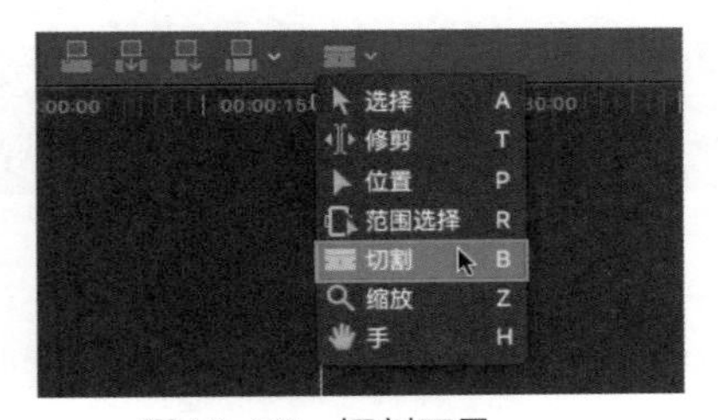

图13-20 切割工具

3 将播放指示器拖曳至标记位置，并在该位置单击鼠标对片段进行剪辑，如图13-21所示。

4 再次单击工具栏右侧的下三角按钮，在弹出的下拉列表中选择“选择工具”(快捷键为A)，如图13-22所示。

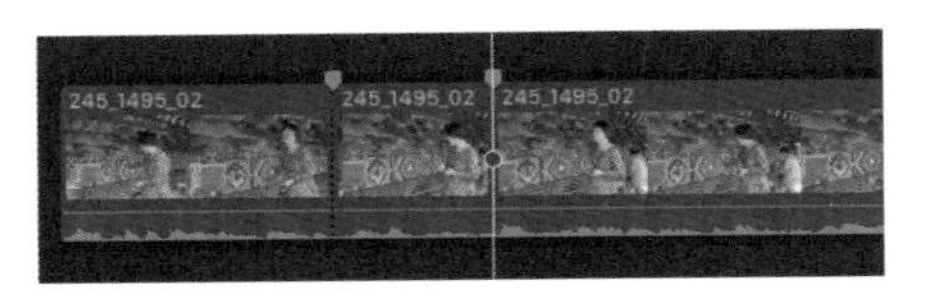

图13-21　分割片段

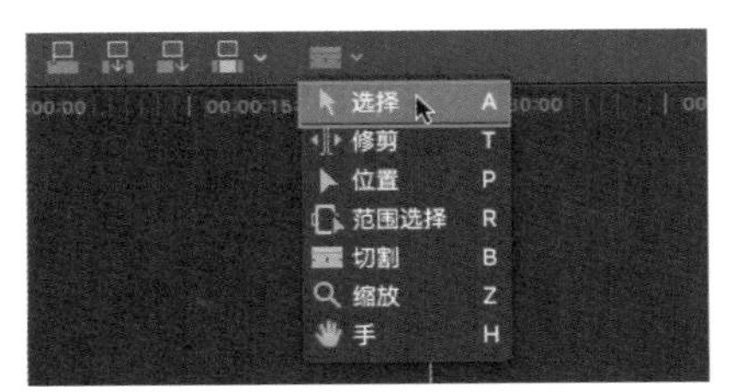

图13-22　选择工具

5 单击两个切割点之间的片段后，按Delete键进行删除，如图13-23所示。

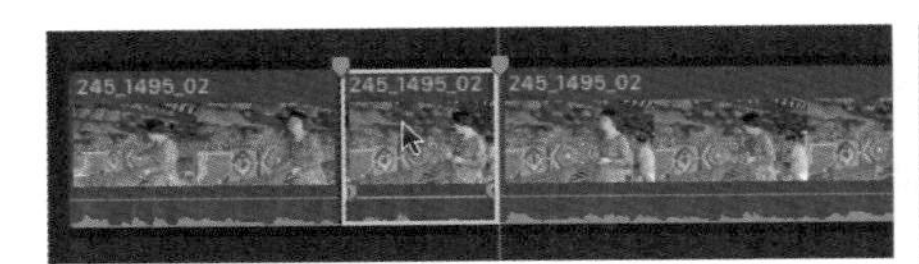

图13-23　删除所选部分

6 单击时间下右上方的“吸附”按钮(快捷键为N)，打开“吸附”功能，如图13-24所示。

图13-24　“吸附”按钮

7 将播放指示器拖曳至片段的特定位置，如图13-25所示。
8 选择片段开始的编辑点，按住鼠标左键向右进行拖曳，如图13-26所示。

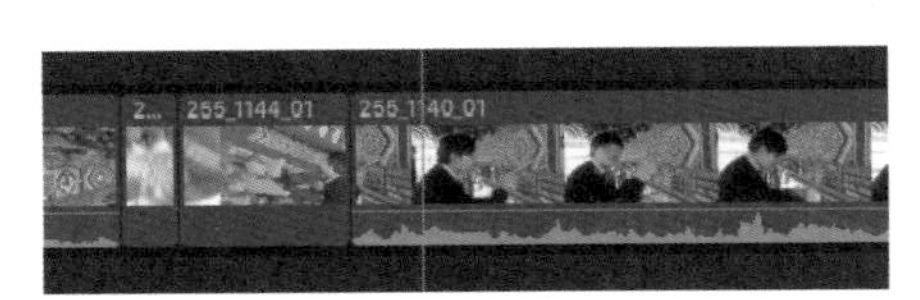

图13-25　拖曳播放指示器

图13-26　拖曳片段编辑点

9 当打开“吸附”功能时，在拖曳的过程中会将编辑点自动吸附到播放指示器所在的位置，如图13-27所示。
10 再次拖曳播放指示器调整位置后，选择片段结尾处编辑点，按住鼠标左键向左进行拖曳至播放指示器所在的位置，如图13-28所示。

图13-27　吸附编辑点

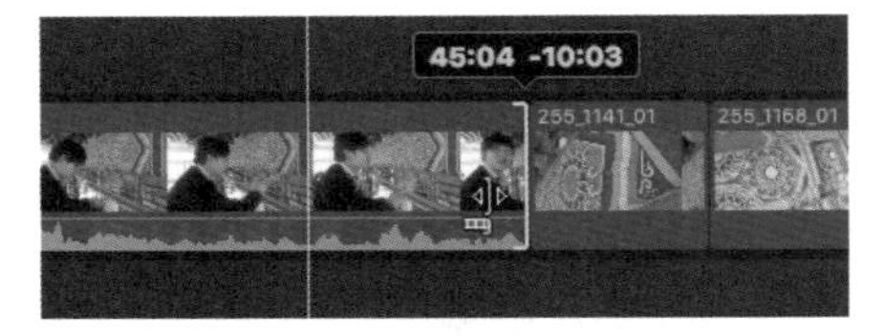

图13-28　拖曳片段编辑点

13.2.6　调整片段显示范围

1 在微课的制作过程中，当对有关演示或赏析内容的片段进行剪辑时，需要对画面中的细节进行放大。选择时间线中对该步骤进行演示的片段，如图13-29所示。

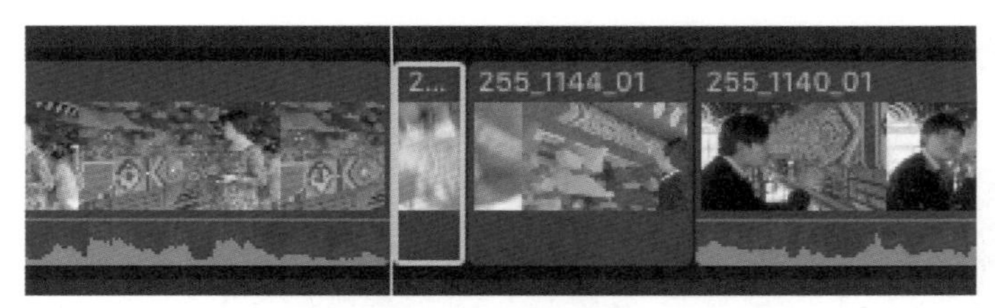

图13-29　选择片段

2 按快捷键Command+4，打开检查器，单击左上角的“视频检查器”按钮，切换至视频检查器，如图13-30所示。

3 选择“变换”栏中“缩放(全部)”选项后的滑块，按住鼠标左键后向右进行拖曳，在调整的同时注意观察所选片段的画面在检视器中的变化，如图13-31所示。

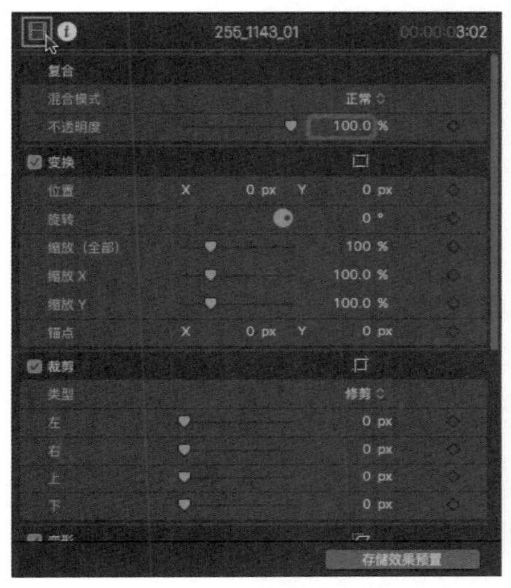

图13-30　视频检查器

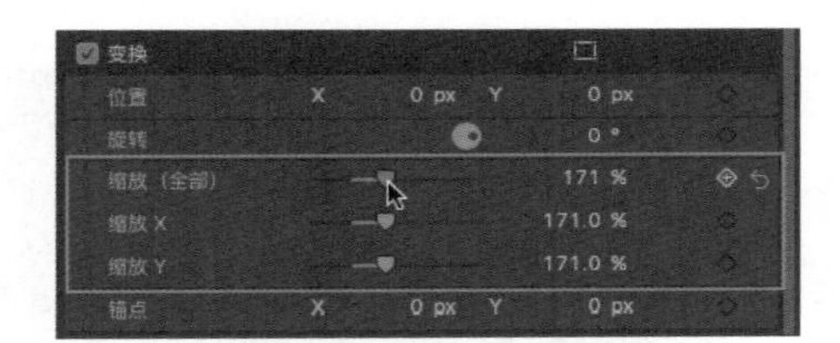

图13-31　调整“缩放”参数

4 完成对所选片段画面范围的调整。通过对“缩放(全部)”选项的调整，更改了片段画面的显示范围，但此时画面的重点位于检视器的上方，需要调整画面的位置，如图13-32所示。

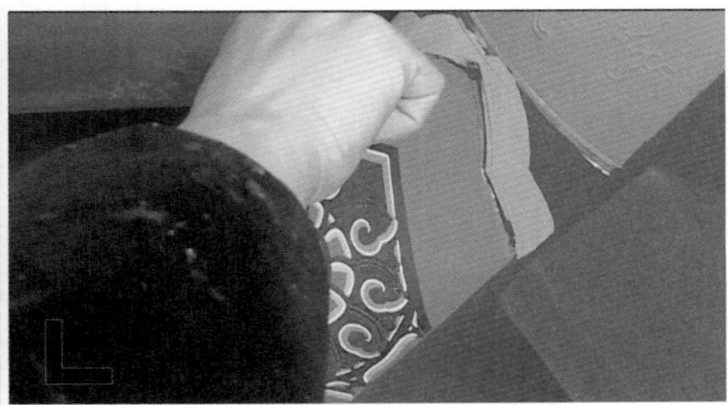

图13-32　查看画面效果

5 在时间线中选择该片段后，将鼠标悬停在“变换”栏中“位置”选项Y轴的参数上，按住鼠标左键后向下拖曳鼠标，即可调整片段画面在检视器中的位置，如图13-33所示。

6 完成对所选片段画面位置的调整，如图13-34所示。

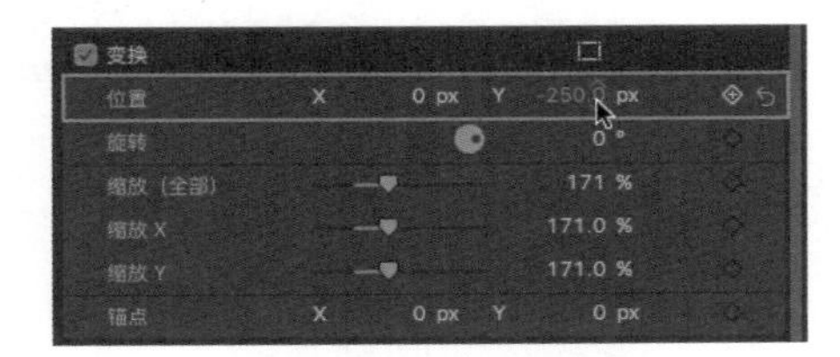

图13-33　调整位置参数

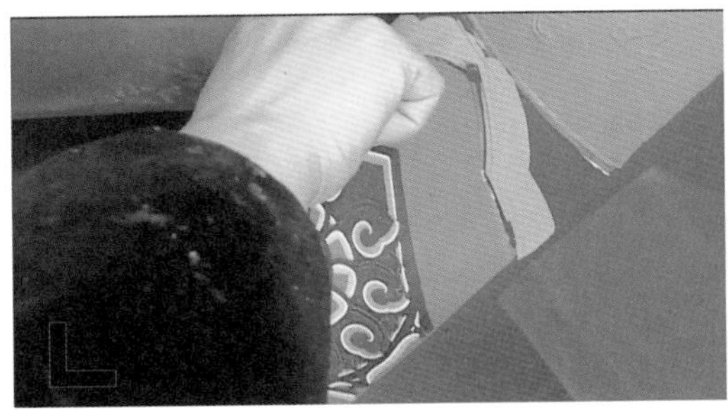
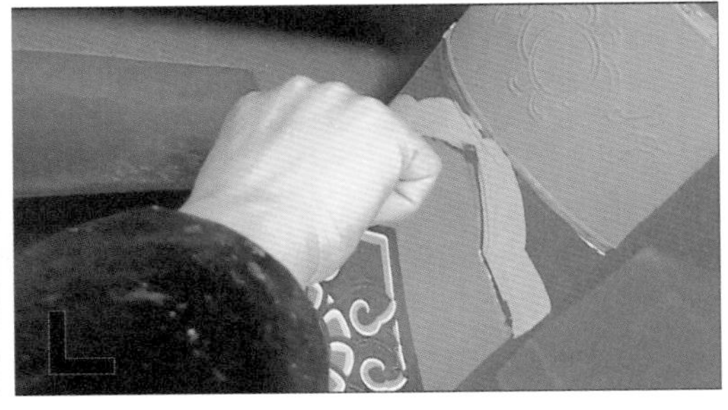

图13-34　查看画面效果

7 利用相同的方式对其他片段进行调整，如图13-35所示。

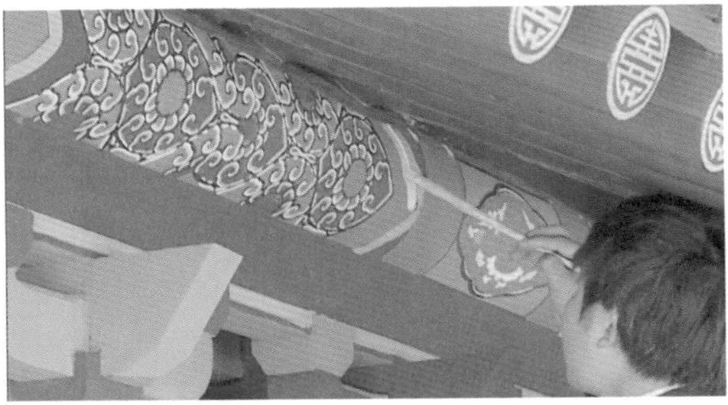

图13-35　调整其他片段的画面范围

8 利用这种方式，也可以屏蔽画面中不需要的或是穿帮的部分，如图13-36所示。

图13-36　屏蔽不需要的部分

13.2.7 防抖动设置

1 再次按空格键对时间线中的项目进行预览，发现有的片段中会出现不自觉的抖动，这种抖动会影响观看者的注意力。在这种情况下，需要对该片段进行简单的防抖动设置。在时间线中选择该片段，如图13-37所示。

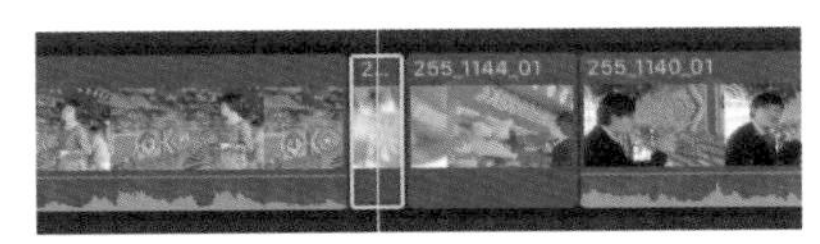

图13-37　选择片段

2 按快捷键Command+4，打开检查器，单击左上角的“视频检查器”按钮，切换至视频检查器，勾选“防抖动”复选框，如图13-38所示。

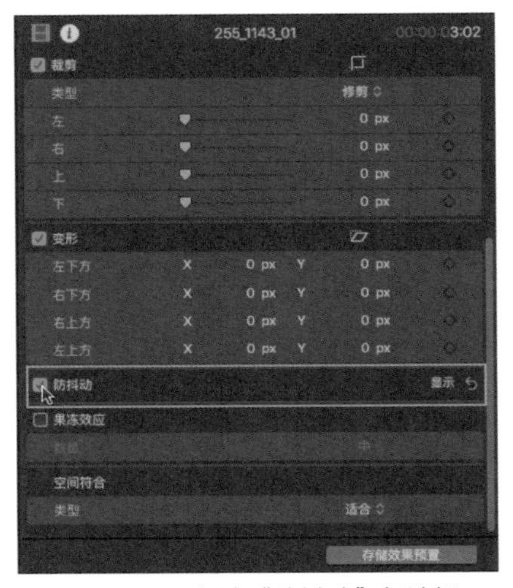

图13-38　勾选“防抖动”复选框

3 自动对所选片段进行分析与计算，如图13-39所示。

4 按空格键再次播放该片段，片段画面的抖动得到了很好的调整，如图13-40所示。

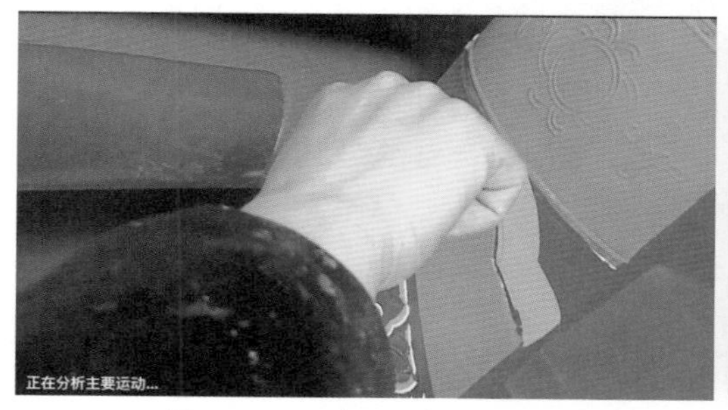

图13-39　对画面进行分析

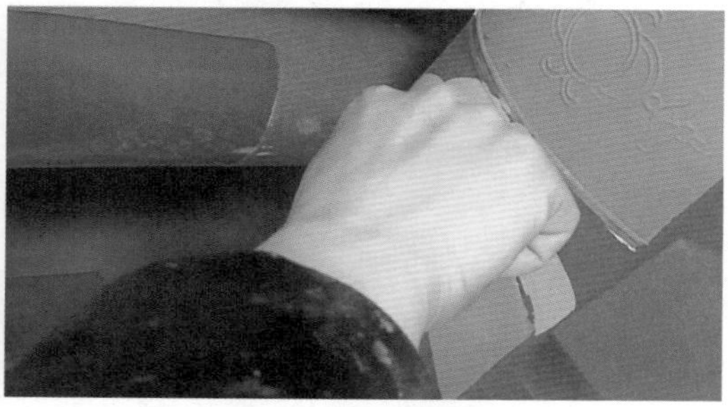

图13-40　修复画面抖动

5 利用同样的方式对其他片段进行调整，如图13-41所示。

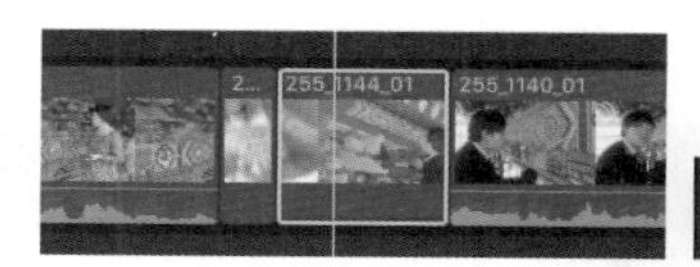

图13-41　对其他画面进行设置

13.2.8　添加背景音乐

1 将播放指示器拖曳至需要连接音频片段的位置，如图13-42所示。

2 在浏览器中选择音频片段，如图13-43所示。

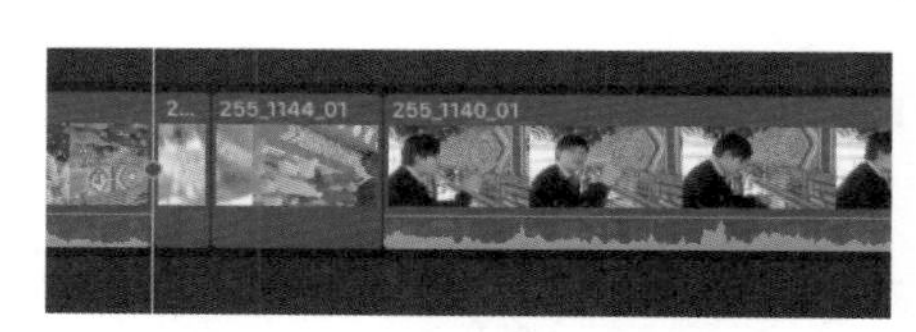

图13-42　拖曳播放指示器

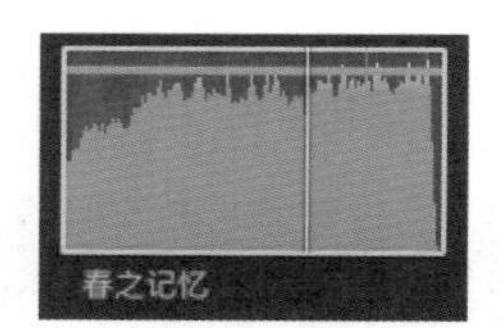

图13-43　选择音频片段

3 单击时间线左上角的“将所选片段连接到主要故事情节”按钮(快捷键为Q)，如图13-44所示。

4 所选音频以播放指示器所在位置开始，连接到主要故事情节上，如图13-45所示。

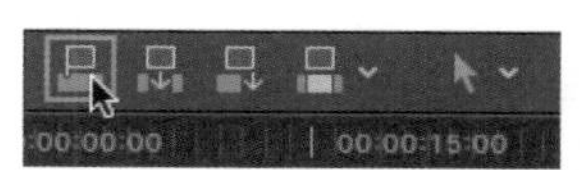

图13-44　“将所选片段连接到主要故事情节”按钮

图13-45　连接音频片段

5 按空格键对音频片段进行预览，并在预览过程中，按M键添加标记，对音频的节奏进行注释，如图13-46所示。

6 按N键打开“吸附”功能。选择编辑点后按住鼠标左键，将其拖曳至标记所在的位置，如图13-47所示。

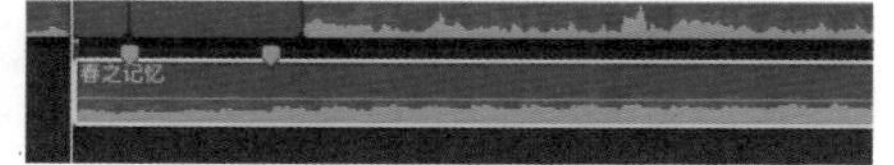

图13-46　添加标记

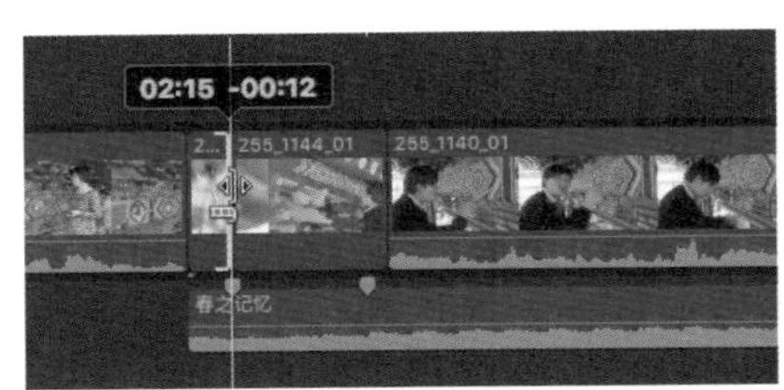

图13-47　调整编辑点

提示

当需要保留所选片段中的所有画面时，在选择该片段后，按快捷键Command+R，打开重新定时编辑器，单击指示条右侧的竖线后，按住鼠标左键将其拖曳调整至标记位置，如图13-48所示。

7 选择音频片段结尾处的编辑点后，按住鼠标左键将其向左进行拖曳，直至与视频片段的结束位置对齐，如图13-49所示。

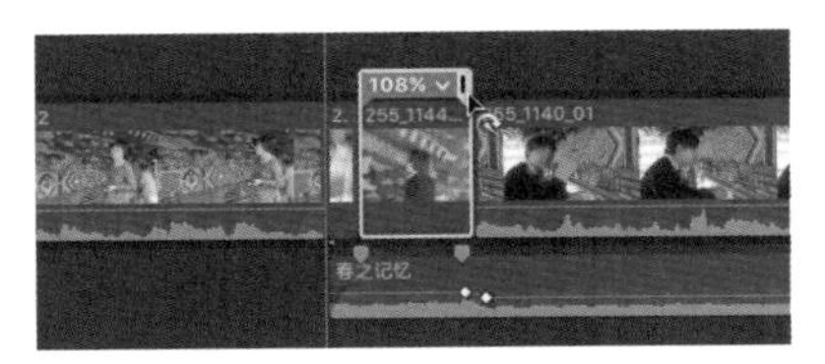

图13-48　调整片段持续时间

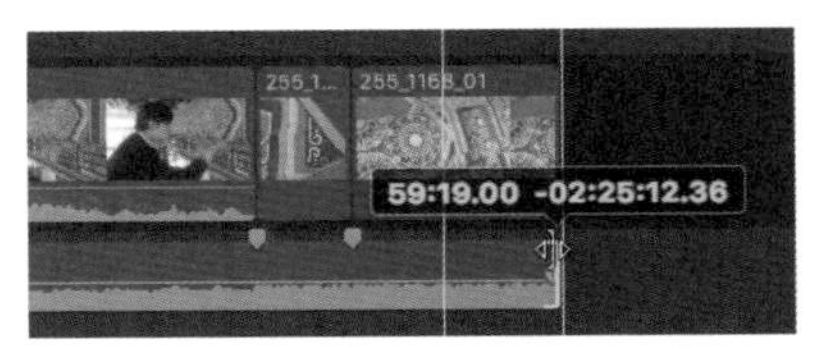

图13-49　调整音频片段持续时间

8 单击工具栏右侧的下三角按钮，在弹出的下拉列表中选择“范围选择工具”(快捷键为R)，如图13-50所示。

9 当片段中的音频与背景音乐相重叠时，为了能够清晰地凸显讲解的内容，利用“范围选择工具”框选背景音乐中的重叠部分，如图13-51所示。

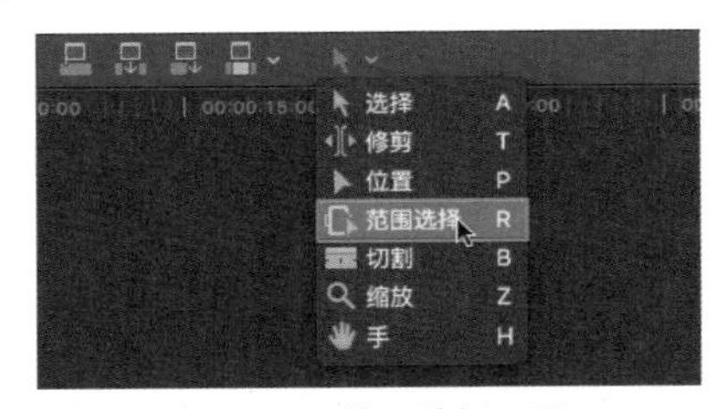

图13-50　范围选择工具

图13-51　建立选区

10 将鼠标悬停在选区内的音量控制线上，当光标变为上下双箭头的状态后，按住鼠标左键向下拖曳，降低选区内背景音乐的音量，如图13-52所示。

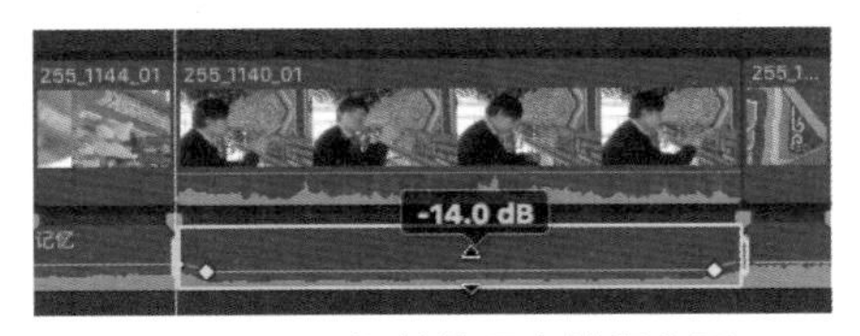

图13-52　调整选区内片段音量

13.2.9　添加视频转场与音频渐变

1 当对片段进行剪辑，删除掉口误的部分后，由于机位与景别并未发生变化，在播放时会出现跳帧的现象，如图13-53所示。

图13-53　切割点画面

2 首先框选时间线上主要故事情节中的所有片段，单击鼠标右键，在弹出的快捷菜单中选择【新建复合片段】命令(快捷键为Option+G)，如图13-54所示。

3 在弹出的对话框中对复合片段重命名后，单击右下角的“好”按钮，如图13-55所示。

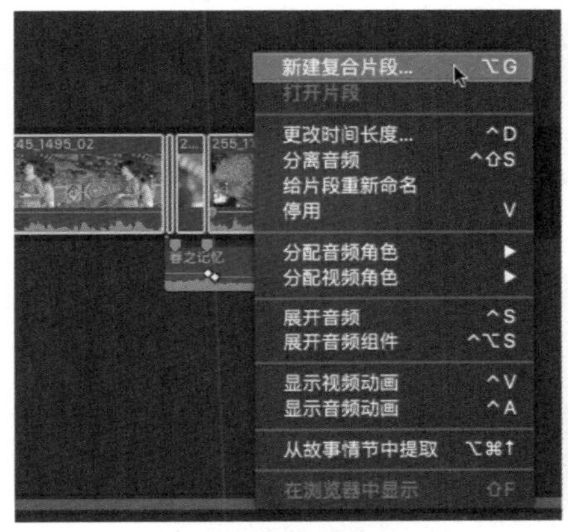

图13-54　【新建复合片段】命令

图13-55　“复合片段”对话框

4 在时间线与浏览器中同时创建复合片段，如图13-56所示。

5 选择时间线中的复合片段，按快捷键Shift+Command+5，打开“转场浏览器”后，双击“交叉叠化”转场效果，如图13-57所示。

图13-56　复合片段

图13-57　“交叉叠化”转场效果

6 此时在复合片段的开始和结尾位置添加“交叉叠化”转场，如图13-58所示。

7 双击时间线中的复合片段，跳转到复合片段时间线，如图13-59所示。

图13-58　添加转场效果

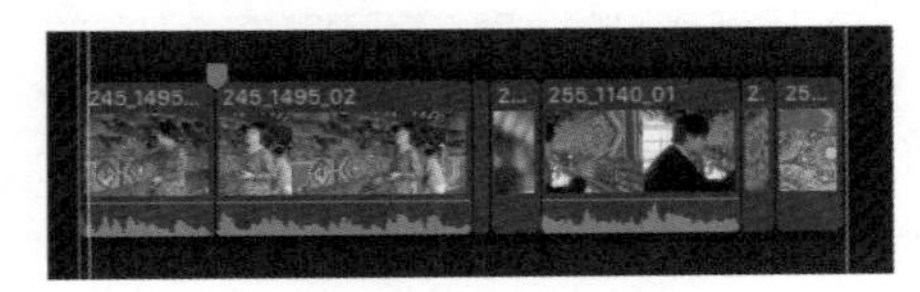

图13-59　复合片段时间线

8 单击两个片段之间的编辑点后，按快捷键Command+T，添加默认的“交叉叠化”转场效果，如图13-60所示。

9 按快捷键Command+=，放大时间线，查看添加的转场区域，如图13-61所示。

图13-60　添加默认转场

图13-61　查看转场区域

10 按空格键进行播放，发现在播放过程中两个片段之间的转场效果持续时间需要进行调整。选择转场区域后，单击鼠标右键，在弹出的快捷菜单中选择【更改时间长度】命令(快捷键为Control+D)，激活时间码，如图13-62所示。

11 重新输入数值，调整转场持续时间，从而弱化编辑点之间的跳帧的现象，如图13-63所示。

图13-62　“更改时间长度”命令

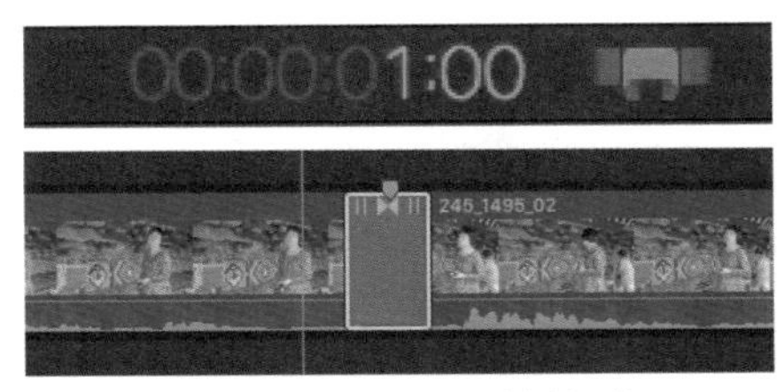

图13-63　修改转场持续时间

12 单击工具栏右侧的下三角按钮，在弹出的下拉列表中选择“修剪工具”(快捷键为T)，如图13-64所示。

13 将鼠标悬停在转场区域中间，按住鼠标左键进行拖曳，同时观察检视器中的画面内容，调整编辑点位置，如图13-65所示。

14 将鼠标悬停在音频片段开始的白色滑块位置，光标变为左右双箭头状态，如图13-66所示。

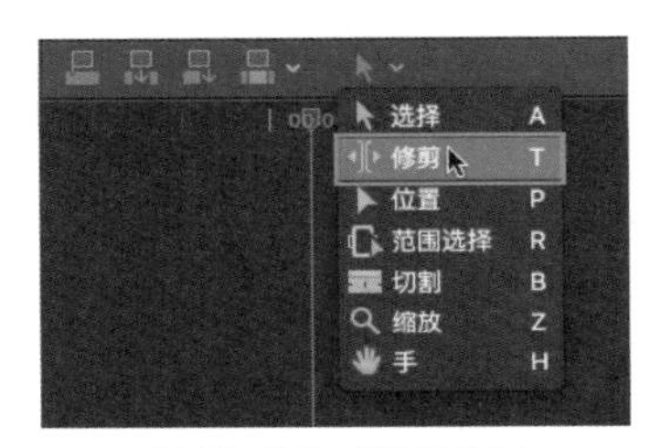

图13-64　修剪工具

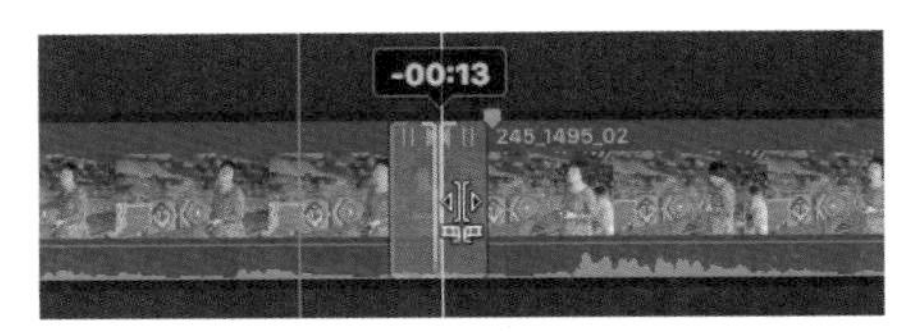

图13-65　调整编辑点位置

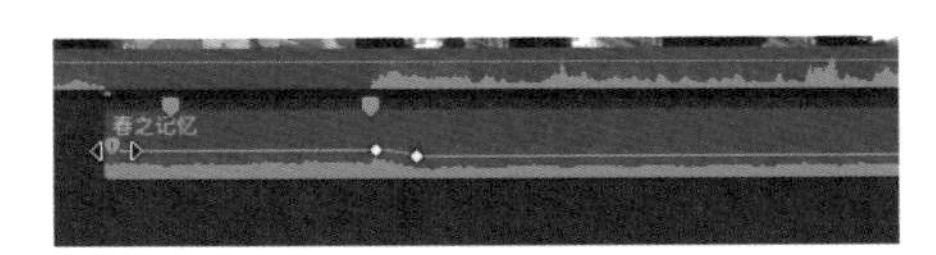

图13-66　选择音频滑块

15 按住鼠标左键向右拖曳，调整音频渐变持续时间，如图13-67所示。

16 运用同样的方式调整音频片段结尾处的渐变持续时间，如图13-68所示。

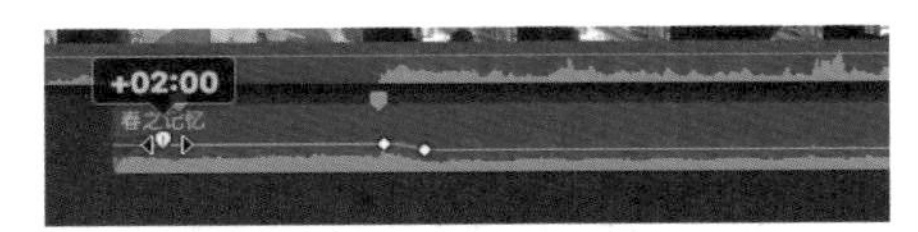

图13-67　创建音频渐变

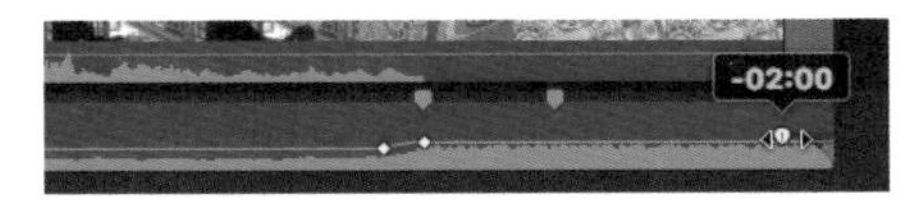

图13-68　创建音频渐变

13.2.10　添加字幕

接下来需要对剪辑完成的课程内容添加字幕。下面简单介绍利用Photoshop为影片批量添加字幕的方式，这种方式可以相对便捷与快速地处理简短影片中的字幕问题，但当需要大批量地为影片添加字幕时，使用字幕软件是一种更好的选择。

1 新建一个TXT文本，按空格键播放剪辑完成后的课程内容，将讲解的内容以文字的形式排列在文本中。文本第一行为字幕变量区，这里写的是此步骤的名称。之后的内容为影片中所有讲解的内容，如图13-69所示。

提示

在制作文档内容时，每一行的文字内容不要过多，否则导出的字幕文件会超出视频的有效区域。每一行的文本内容前不需要空格，也不要留有空行。

2 接下来重新返回Final Cut Pro界面。双击“微课制作”项目将其展开在时间线中，选择菜单【编辑】|【连接字幕】|【基本字幕】命令(快捷键为Control+T)，如图13-70所示。

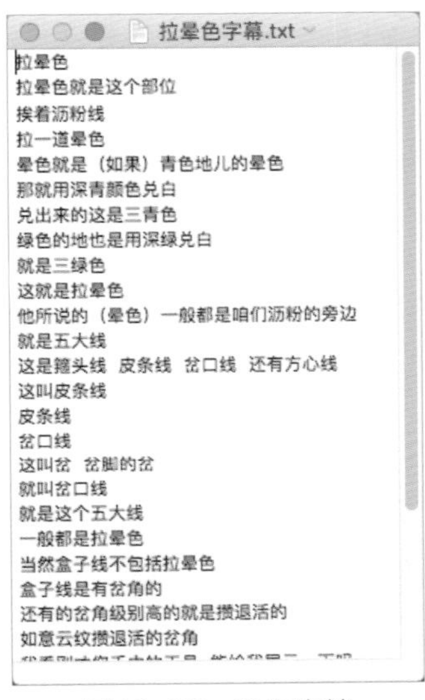

图13-69　TXT文档

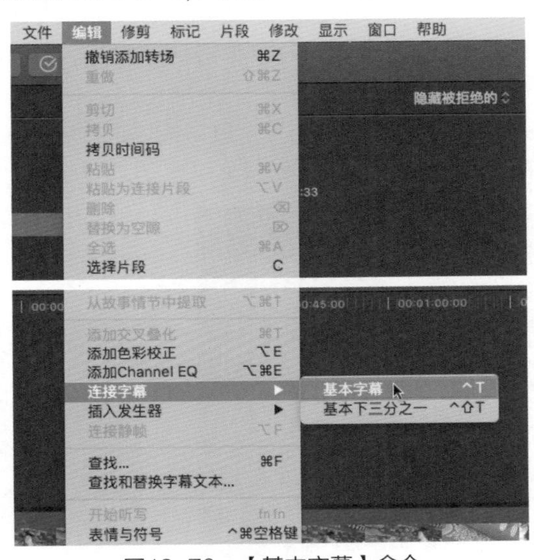

图13-70　【基本字幕】命令

3 此时在时间线中以连接片段的方式添加字幕，如图13-71所示。

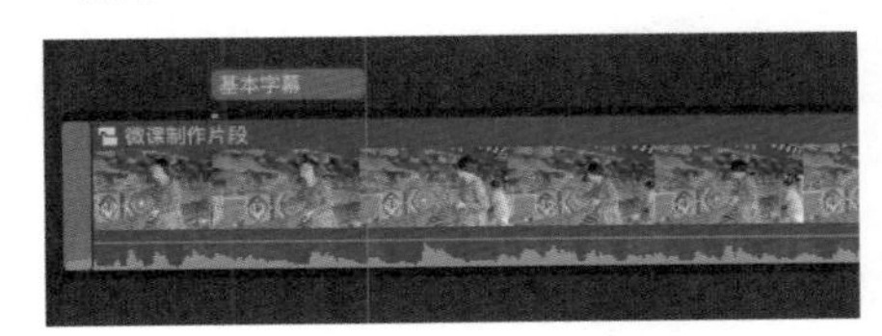

图13-71　连接字幕

4 单击添加的字幕片段，按快捷键Command+4，打开检查器。单击“文字检查器”按钮，将其切换至“文本检查器”，如图13-72所示。

5 框选文本框中的内容，将其修改为TXT文本字幕变量区中的文字内容，与此同时，检视器中的文字内容也会发生变化，如图13-73所示。

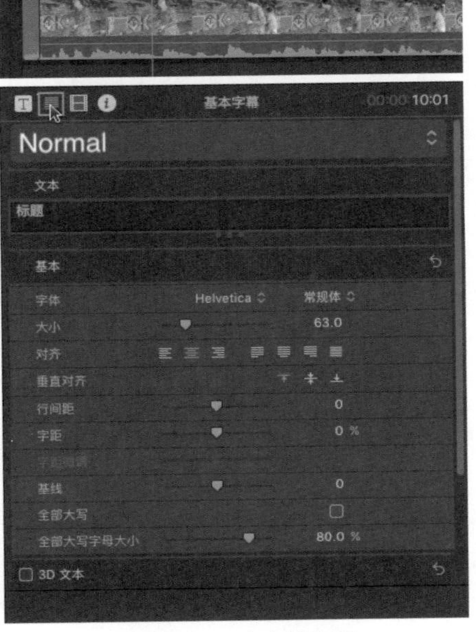

图13-72　文本检查器

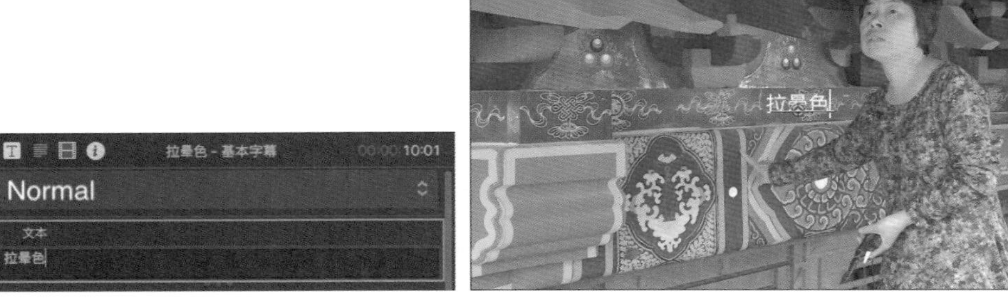

图13-73　修改文本内容

6 单击检视器右上角显示右侧的下三角按钮，在弹出的下拉列表中选择“显示字幕/操作安全区”选项，如图13-74所示。

7 在检视器中会显示字幕安全区，按住鼠标左键拖曳文字内容上的圆形标志，将其拖曳至希望添加字幕的位置，如图13-75所示。

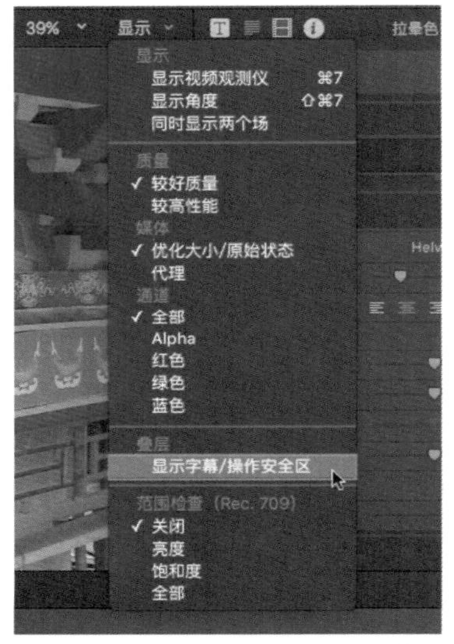

图13-74　“显示字幕/操作安全区”选项

图13-75　调整文字位置

提示 

在进行拖曳时按住Shift键，仅会改变文字在Y轴上的位置。

8 在文字检查器中设置好文字的字体与大小，在本案例中将字幕设置为“黑体 65号”，如图13-76所示。

图13-76　调整文字设置

9 接下来将时间线中的播放指示器拖曳至字幕片段位置，选择菜单【文件】|【共享】|【存储当前帧】命令，如图13-77所示。

10 在打开的“存储当前帧”对话框中单击“导出”右侧的下三角按钮，在弹出的下拉列表中选择“Photoshop文件”选项，设置完成后，单击对话框右下角的“下一步”按钮导出PSD文件，如

图13-78所示。

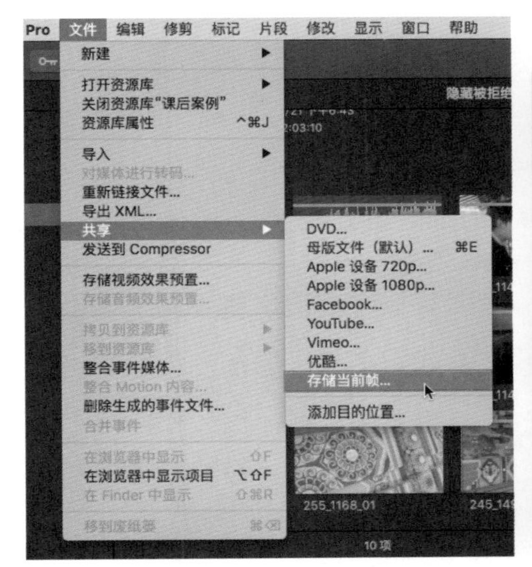

图13-77　【存储当前帧】命令

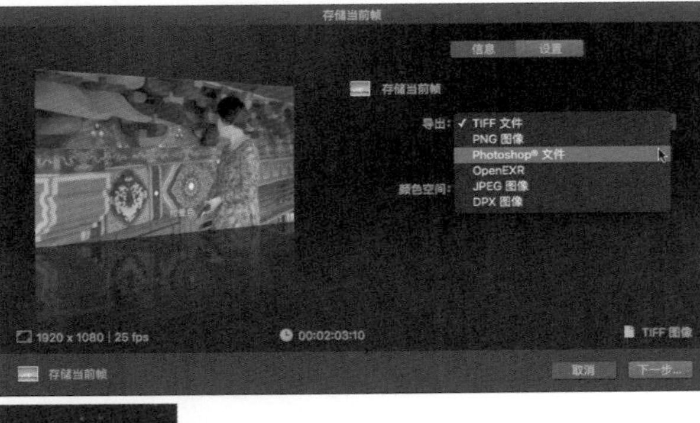

图13-78　导出PSD文件

11 双击导出的PSD文件，打开Photoshop软件，如图13-79所示。

图13-79　打开PSD文件

12 单击左侧工具栏中的“文字工具”(快捷键为T)，添加文字图层并输入字幕变量区中的内容，如图13-80所示。

图13-80　文字工具

提示

在输入文字时，将文字对齐方式设置为“居中”，如图13-81所示。

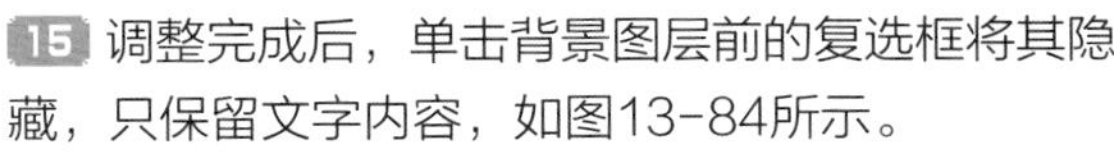

图13-81　文字“居中”设置

13 调整文字的颜色、字体与字号等选项，并将其与背景中的文字位置对齐，如图13-82所示。

图13-82　调整文字设置

14 选择文字图层，单击“切换字符和段落面板”按钮，在打开的面板中修改“水平缩放”参数，调整文字字距，如图13-83所示。

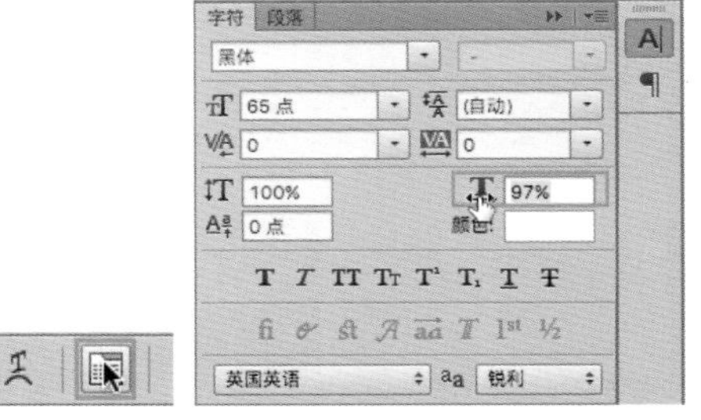

图13-83　调整文字水平字距

15 调整完成后，单击背景图层前的复选框将其隐藏，只保留文字内容，如图13-84所示。

16 选择菜单【图像】|【变量】|【定义】命令，如图13-85所示。

图13-84　隐藏背景图层

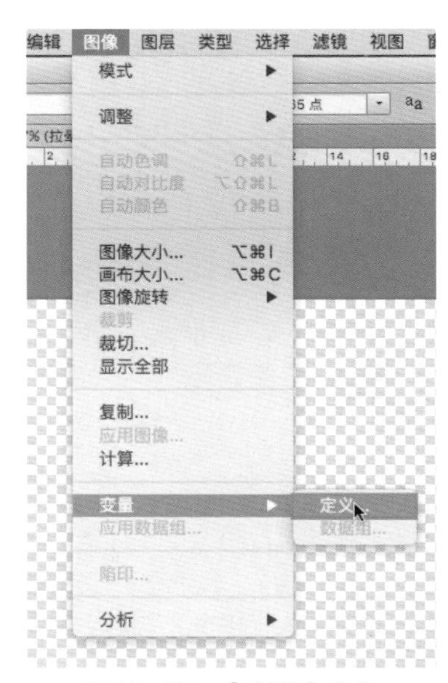

图13-85　【定义】命令

17 弹出“变量”对话框，勾选“文本替换”复选框，并将名称内容设置为字幕变量区中的内容后，单击右侧的“下一个”按钮，如图13-86所示。

18 然后单击“导入”按钮，切换至“导入数据组”对话框，如图13-87所示。

19 单击“选择文件”按钮，导入之前设置好的TXT文本，并勾选“将第一列作为数据组名称”复选框，设置完成后，单击右侧的“确定”按钮，如图13-88所示。

20 然后在“变量”对话框中再次单击“确定”按钮，如图13-89所示。

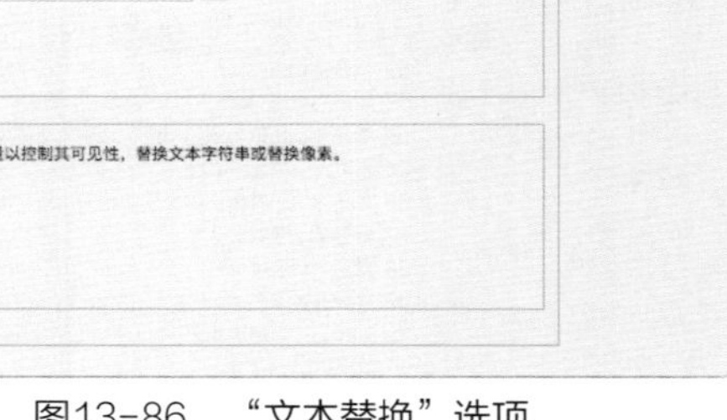

图13-86　“文本替换”选项

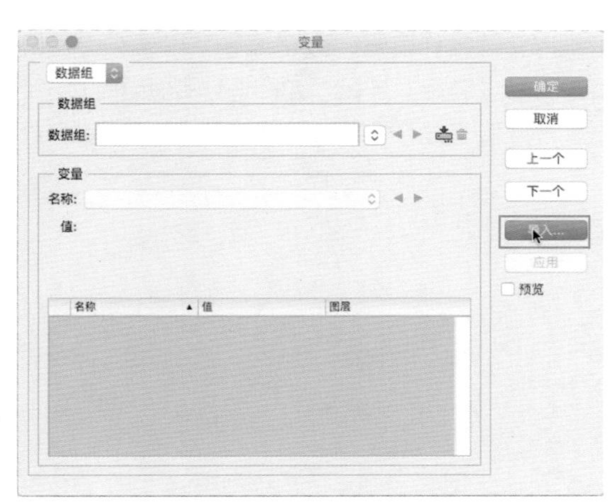

图13-87　导入数据组

图13-88　选择导入文件

图13-89　“确定”按钮

21 选择菜单【文件】|【导出】|【数据组作为文件】命令，如图13-90所示。

22 弹出“将数据组作为文件导出”对话框，单击“选择文件夹”按钮，设置存储位置，如图13-91所示。

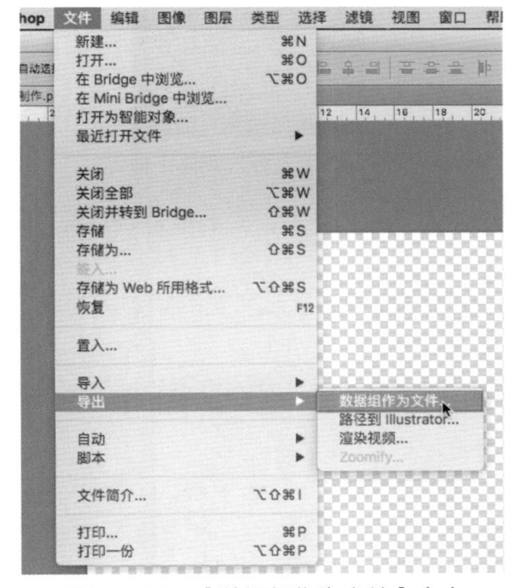

图13-90　【数据组作为文件】命令

图13-91　“选择文件夹”按钮

23 将文件名称设置为数字编号，以便在之后的工作中可以直接按顺序进行添加，设置完成后，单击右侧的“确定”按钮，如图13-92所示。

24 导出完成后，可以在存储位置上查看所有导出的字幕PSD文件，如图13-93所示。

图13-92　设置文件名称

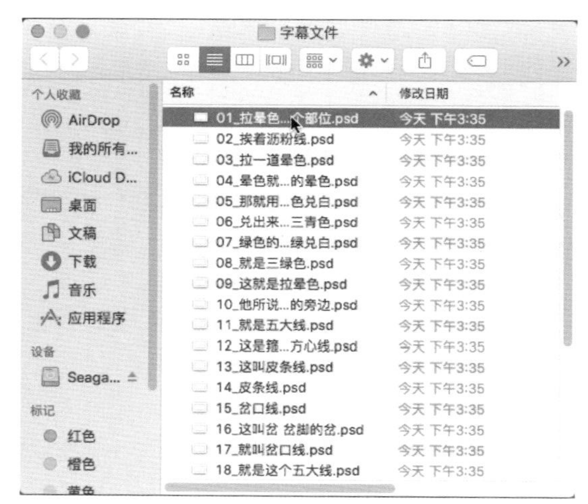

图13-93　导出字幕PSD文件

提示

将字幕文件导入Final Cut Pro中后出现错误，画面呈白色状态时，需要修改文件的图像设置。在Photoshop中选择菜单【图像】|【模式】|【8位/通道】命令，如图13-94所示。

25 在浏览器中的空白区域上单击鼠标右键，在弹出的快捷菜单中选择【导入媒体】命令(快捷键为Command+I)，如图13-95所示。

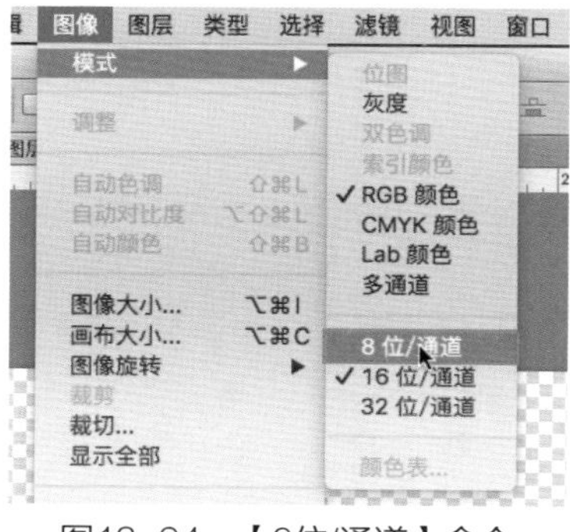

图13-94　【8位/通道】命令

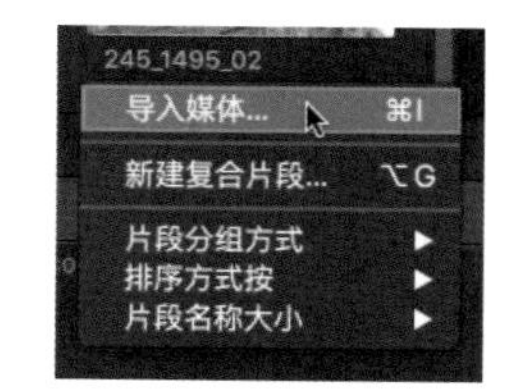

图13-95　【导入媒体】命令

26 在“媒体导入”窗口中选择“字幕文件”文件夹，并勾选“从文件夹”复选框，设置完成后，单击右下角的“导入所选项”按钮，如图13-96所示。

27 单击从字幕文件夹创建的“字幕文件”关键词精选，在浏览器中会显示所有的字幕PSD文件，如图13-97所示。

28 将字幕文件拖曳至时间线中主要故事情节的上方，并根据语速调整字幕的位置与持续时间，如图13-98所示。

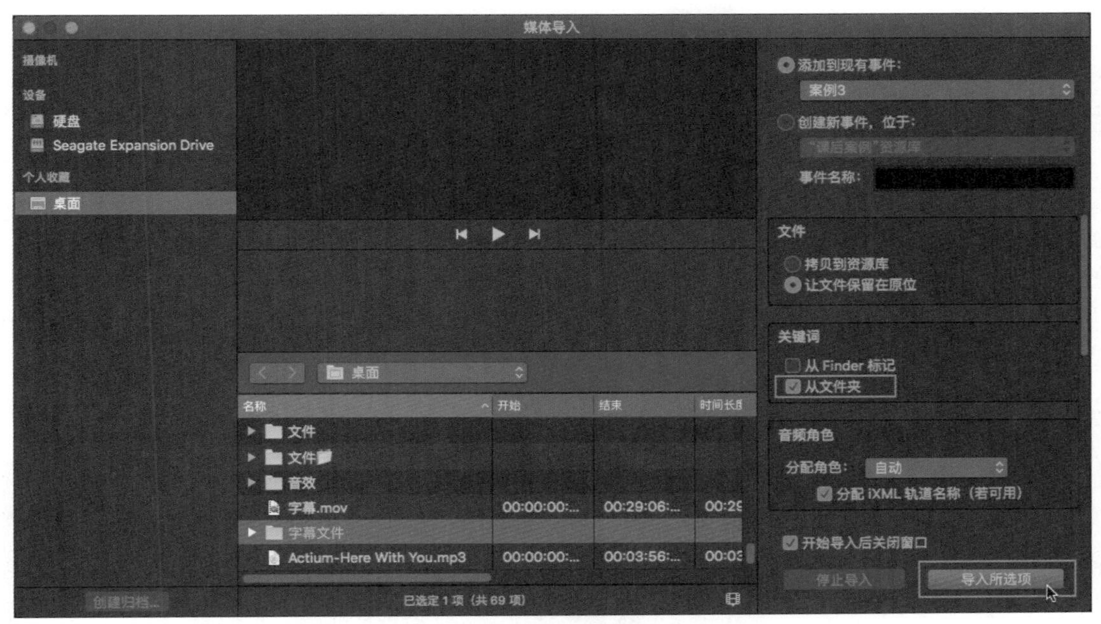

图13-96 “导入所选项”按钮

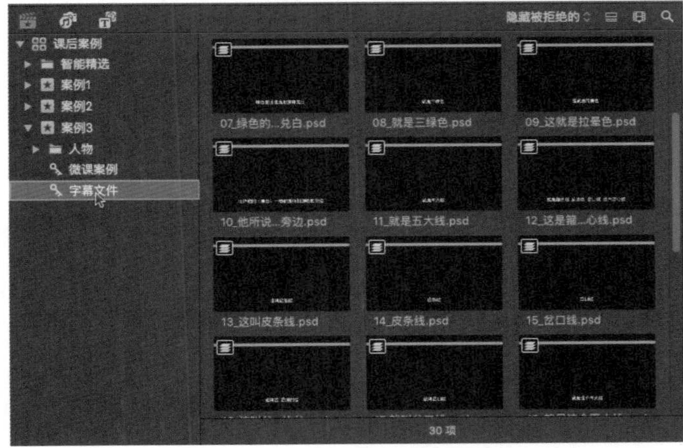

图13-97 导入字幕PSD文件

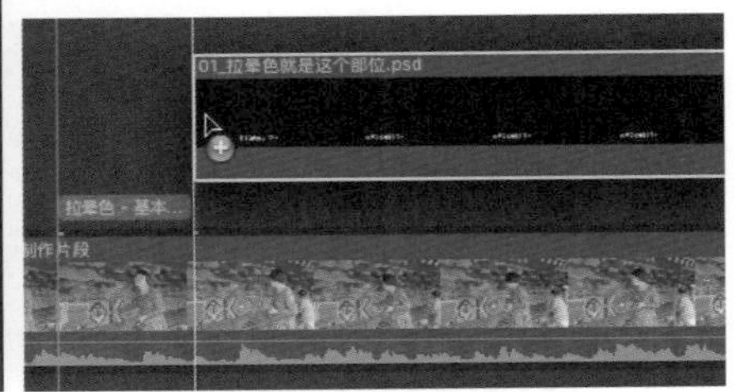

图13-98 添加字幕文件

29 依次添加与设置字幕文件，如图13-99所示。

图13-99 添加字幕

13.3 共享MP4文件

1 项目调整完成后，激活时间线，选择菜单【文件】|【共享】|【Apple设备720p】命令，如图13-100所示。

2 弹出“Apple设备720p”对话框，单击“设置”按钮，切换到“设置”选项卡，单击“格式”下拉列表框右侧的下三角按钮，在弹出的下拉列表中将格式切换为“电脑”。设置完成后单击右下角的“下一步”按钮，如图13-101所示。

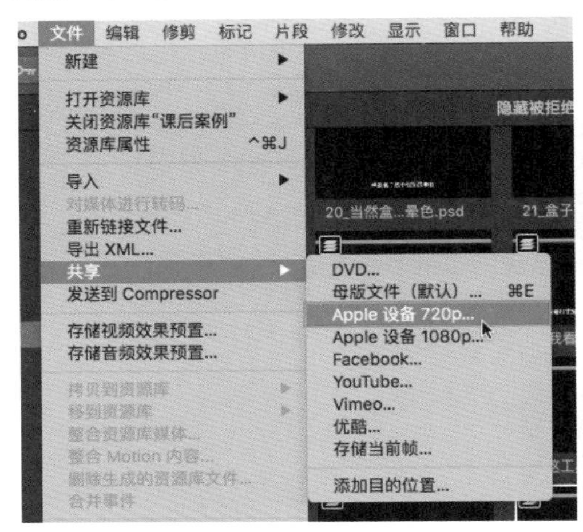

图13-100 【Apple设备720p】命令

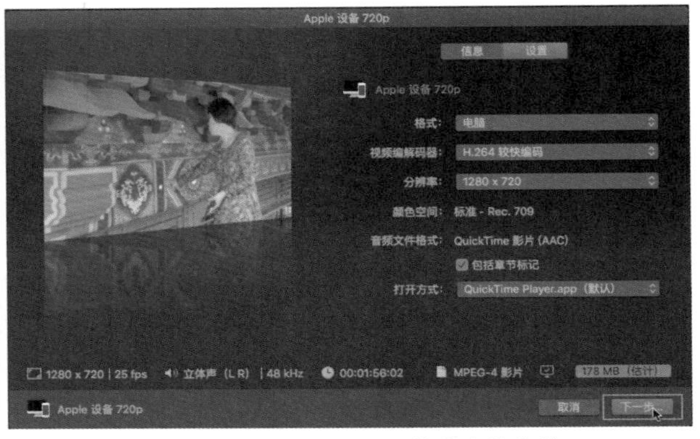

图13-101 设置共享文件参数

3 在打开的“存储”对话框中设置导出视频文件的存储位置，然后单击“存储”按钮，如图13-102所示。

4 按快捷键Command+9，打开“后台任务”窗口，查看导出进程，如图13-103所示。

图13-102 设置共享文件存储位置

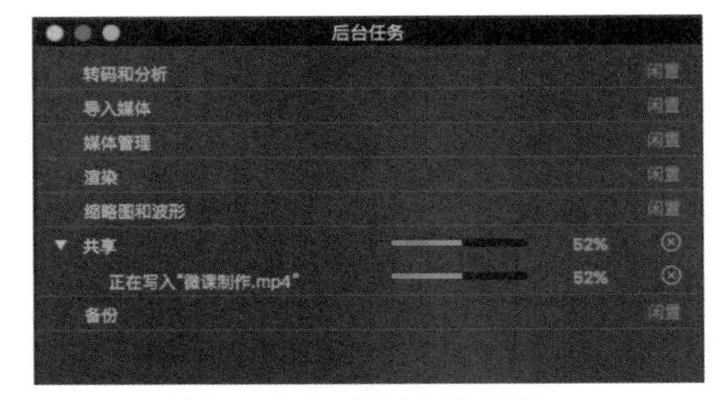

图13-103 查看共享进程

5 在存储位置上找到进行共享的MP4格式文件，如图13-104所示。

图13-104 导出视频文件